智能科学与技术丛书

人工智能

原理与实践

[美] 查鲁·C. 阿加沃尔（Charu C. Aggarwal） 著

杜博 刘友发 译

ARTIFICIAL INTELLIGENCE

A Textbook

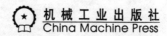

机械工业出版社
China Machine Press

图书在版编目（CIP）数据

人工智能：原理与实践 /（美）查鲁·C.阿加沃尔（Charu C. Aggarwal）著；杜博，刘友
发译 . -- 北京：机械工业出版社，2022.6
（智能科学与技术丛书）
书名原文：Artificial Intelligence: A Textbook
ISBN 978-7-111-71067-7

I.①人… II.①查…②杜…③刘… III.①人工智能 IV.① TP18

中国版本图书馆 CIP 数据核字（2022）第 110086 号

北京市版权局著作权合同登记　图字：01-2022-0854 号。

First published in English under the title
Artificial Intelligence: A Textbook
by Charu C. Aggarwal.
Copyright © Springer Nature Switzerland AG, 2021.
This edition has been translated and published under licence from Springer Nature
Switzerland AG.

本书介绍了经典人工智能（逻辑或演绎推理）和现代人工智能（归纳学习和神经网络）的相关知识。
首先讨论演绎推理方法，主要包括搜索和逻辑；然后讨论归纳学习方法，使用统计方法，结合大量示例
以得出假设，包括回归建模、支持向量机、神经网络、强化学习、无监督学习和概率图模型；最后介绍
基于推理和学习的方法，包括知识图谱和神经符号人工智能等技术。此外，还讨论了迁移学习和终身学
习等重要话题。

本书可作为高等院校人工智能等课程的研究生教材，或作为相关领域研究人员的参考读物。

出版发行：机械工业出版社（北京市西城区百万庄大街 22 号　邮政编码：100037）
责任编辑：李永泉　　　　　　　　　　　　责任校对：陈　越　　王　延
印　　刷：三河市国英印务有限公司　　　　版　　次：2023 年 1 月第 1 版第 1 次印刷
开　　本：185mm×260mm　1/16　　　　　印　　张：24.5
书　　号：ISBN 978-7-111-71067-7　　　　定　　价：149.00 元

客服电话：(010) 88361066　68326294

推荐序一

　　人工智能是一个多计算机技术融合、多实践应用领域交叉的热门研究方向，其研究涵盖了经典逻辑编程、机器学习和数据挖掘。随着人工智能领域的发展和演化，演绎推理和归纳学习两种主流思想之间的碰撞愈发激烈。

　　在演绎推理观点中，人们根据各种形式化表达的知识自上而下学习，并使用这些形式的领域知识进行推理。这种自上而下的严谨逻辑推理方法通常具有高度可解释性的理论优势。我们可以用已有定理来建立假设，然后利用这些假设进行合理预测。例如，在国际象棋游戏中，棋子重要性和位置的联系可以用来创建关于位置优劣评估的假设。基于这个假设可以通过搜索一棵可能的移动树来预测棋子的移动位置，其最多可以搜索特定数量的移动树。在该学习方法中，数据驱动的证据被用来学习如何进行合理预测。例如，我们可以从象棋游戏实例中生成数据，然后学习预测对于任何特定（类型）位置，哪种走法是最好的。由于国际象棋中可能的备选移动序列数量太过庞大，无法明确计算，因此国际象棋程序经常使用各种类型的机器学习方法将棋盘上典型的棋子模式关联起来，以便从选出的序列中做出预测。这种方法已经向人类下棋的方式靠近。在早期，演绎推理方法更受主流学术界所认可，但是随着归纳学习方法的实践效果的不断提升，这种方法近年来也越来越受欢迎。许多有关人工智能的书倾向于着重关注演绎推理，而本书试图在演绎推理和归纳学习之间寻求动态平衡。

　　归纳学习方法的主要缺点是它具有不可解释性，并且通常需要大量训练样本数据。但一个有悖常识的关键点是人的推理通常不需要大量数据来学习。例如，小孩子通常能够通过使用少量的例子来学习识别一辆卡车。虽然人工智能中许多问题的最佳解决方案将这两个领域的方法结合在一起，但人们通常很少讨论这种类型的组合模式。本书的重点是给出人工智能的综合观点，同时讨论不同观点的优势。

　　本书分为13章，第1章为人工智能导论，主要给出了在人工智能领域中的演绎推理与归纳学习的基本概述。本书的其余部分主要分为三类，第一大类为基于演绎推理的方法：第2章至第5章讨论演绎推理方法，主要关注人工智能领域中的搜索和逻辑。第二大类为基于归纳学习的方法：第6章至第11章详细讨论了归纳学习方法，涵盖的内容包括分类、神经网络、无监督学习、概率图模型以及强化学习。第三大类为基于演绎推理和归纳学习的方法：第12章至第13章讨论了一些既有演绎推理又有归纳学习的方法，主要包括贝叶斯网络、知识图谱和神经符号人工智能等内容。第13章还讨论了一些近期比较有热度且关注度相对较高的话题，例如迁移学习和终身学习。

　　相信本书的出版将会给广大教学和科研工作者带来极大的帮助，也会为那些对人工智能感兴趣的业余人士提供一定的指导，期待本书对我国人工智能教育事业的发展起到如虎添翼的作用！

中国科学院院士、中国工程院院士

李德仁教授

推荐序二

    人工智能可以理解为"人工"和"智能"两部分,"人工"指通常意义下的人工系统,"智能"则是由于人类对于自身智能的理解程度有限,导致对于构成人的"智能"的必要元素也了解有限,所以很难去定义什么是"人工"制造的"智能"。因此人工智能的研究往往涉及对人本身的智能的研究。在计算机领域内,人工智能愈发得到重视,并在机器人、经济政治决策、控制系统和仿真系统等领域中得到广泛应用。

    人工智能跨越了多个领域并集合了多种先进技术,包括经典的逻辑编程、机器学习和数据挖掘。在该领域建立以来,人工智能在运用演绎推理和归纳学习方法之间存在着明显的差异。在演绎推理的观点中,我们从各种形式的领域知识(通常为知识库)出发,将这些形式的领域知识用于演绎推理。该方法通过对这些领域知识的假设创建,进而利用它们进行预测,使得演绎推理方法通常具有高度的可解释性。例如,在国际象棋游戏中,棋子重要性和位置的联系可以用来创建关于位置权重的可能性假设。基于这个假设可以进一步通过搜索一棵可能的移动树来预测棋子的移动位置,其最多可以搜索特定数量的移动树。在学习方法中,数据驱动的实例记录被用来学习如何做出预测。例如,我们有可能使用从国际象棋游戏中生成的数据,去学习对于某特定(类型)位置的棋局策略,比如哪些动作是最好的。在实际训练场景中,因为国际象棋问题规模太大,无法明确评估出最佳棋局策略,所以国际象棋程序通常使用各种类型的机器学习将棋盘上棋子的典型图案联系起来,从而进行关联预测。这种方法有点类似于现实生活中人类的下棋方式。近年来,归纳学习方法越来越流行,但在早期,演绎推理方法反而更受欢迎。在之前许多人工智能方面的书籍更倾向于重点关注演绎推理方法,并奠定了该方法在该领域的早期主导地位。这本书统筹兼顾,融归纳与演绎为一体,以一种全新的视角来对待人工智能这门学问。

    本书从第一性原理出发,系统地阐述了人工智能的基本知识与关键技术,实现了对六十多年来人工智能领域技术发展重要环节的一次精准提炼。本书的内容具备一定的理论深度,同时适当兼顾初学者,可作为相关专业高年级本科生、研究生的教学用书,也可供有一定数学和程序设计基础的技术人员参考。人工智能技术正处于蓬勃发展的时期,需要大量的青年人才加入。本书的出版无疑为中国人工智能人才培养提供了契机,对实现中国人工智能技术人才梯队的规模化大有裨益。

澳大利亚科学院院士、欧洲科学院院士

陶大程教授

译者序

人工智能近些年来发展迅猛。2016 年，AlphaGo 战胜了围棋世界冠军；2021 年，AlphaFold 预测了人类 98.5% 的蛋白质；2021 年，中国队在东京奥运会的一些参赛项目中利用人工智能辅助训练并顺利夺金。人工智能在某些复杂任务上具有和人类媲美的能力，因此受到社会的关注。但人工智能的发展并非一帆风顺。自 1965 年达特茅斯会议提出人工智能以来，人工智能经历了三次寒冬，幸运的是每次寒冬都遇到了转机。由于硬件水平的发展，现在的人工智能的前景是光明的。

本书对人工智能领域的介绍十分全面，适合作为研究生教材或高年级本科生教材，亦可作为行业参考书。本书所介绍的机器学习、神经网络、无监督学习、强化学习、概率图模型等都是人工智能主流话题。从基本概念到原理解析，本书语言表述精确、内容详尽、结构合理且知识层次分明。每章后面都附有练习题，可以帮助读者检验学习的效果，达到举一反三的目的。对于学有余力的读者，本书也提供了拓展阅读的指南。尽管学术界目前主流的研究集中在归纳学习范式中，但本书不局限于此，这有利于引导读者客观地看待当前的人工智能。

翻译本书花费了很长时间，特别感谢张嘉伟和刘倩的参与。同时，也感谢各位编辑的指导与信任，使得本书如期出版。由于译者水平有限，译文不可能十全十美，不当之处还请海涵！

刘友发（华中农业大学）

杜博（武汉大学）

2021 年 11 月

前　言

"人工智能可能是发生在我们身上的最好的事情，也可能是最坏的事情。"

——斯蒂芬·霍金

人工智能是一个跨学科的领域，包括经典逻辑编程、机器学习和数据挖掘。自这个领域诞生以来，演绎推理和归纳学习之间存在着明显的二分法。在演绎推理的观点中，我们先介绍各种形式的领域知识（通常存储为知识库），然后使用领域知识的形式进行推理。这样的方法具有高度的可解释性。领域知识可用于创建假设，然后利用这些假设进行预测。例如，在国际象棋游戏中，关于棋子的重要性和位置的领域知识可用于创建关于位置质量的假设。这个假设可以通过搜索特定移动数量的可能移动树来预测移动。在学习方法中，数据驱动的证据用于学习如何进行预测。例如，可以使用自我对弈的方式从国际象棋游戏中生成数据，然后学习哪种棋式最适合哪种（类型）位置。由于可能的替代移动序列的数量太大，无法显式计算，因此国际象棋程序通常使用各种类型的机器学习方法将棋盘上的典型棋子图案关联起来，从精心挑选的序列中进行预测。这种方法有点类似于人类移动棋子的方法。尽管归纳学习方法近年来越来越流行，但在早期演绎推理方法更受欢迎。人工智能领域的许多书籍倾向于关注演绎推理，正是因为其早期的主导地位。本书试图找到演绎推理和归纳学习之间的平衡。

归纳学习方法的主要缺点是不可解释，以及通常需要大量的数据。一个关键点是，人类不需要大量的数据来学习。例如，一个孩子通常能够通过少量的例子学会如何识别一辆卡车。虽然人工智能中许多问题的最佳解决方案整合了演绎推理和归纳学习领域的方法，但通常很少讨论这类整合。本书着重介绍人工智能的整合观点，同时讨论人工智能不同观点的优势。

在第 1 章的概述之后，本书的其余内容主要分为以下三部分。

1. 基于演绎推理的方法：第 2 ~ 5 章讨论演绎推理方法，主要关注领域包括搜索和逻辑。

2. 基于归纳学习的方法：第 6 ~ 11 章讨论归纳学习方法，涵盖的主题包括机器学习、神经网络、无监督学习、强化学习和概率图模型。

3. 基于演绎推理和归纳学习的方法：第 12 章和第 13 章讨论一些基于演绎推理和归纳学习的方法，包括知识图谱和神经符号人工智能等技术。

本书也讨论了一些近期的重要话题，如迁移学习和终身学习。

在本书中，向量或者多维数据点用上划线标记，如 $\overline{X}$、$\overline{y}$，其中字母用小写或者大写表示都行，上划线必须要有。向量的点积用中心圆点表示，如 $\overline{X} \cdot \overline{y}$。矩阵则用无上划线的大写斜体字母表示，如 R。在本书中，n 行 d 列的矩阵对应整个训练集，用 D 表示，代表 n 个数据点和 d 维特征。因此 D 中的单个数据点为 d 维行向量，通常表示为 $X_1, \cdots, X_n$。另一方面，数据点的某一个分量上的向量是 n 维列向量，如 n 个数据点的 n 维列变量 $\overline{y}$。观测值 y_i 与预测值 $\hat{y}_i$ 的区别在于变量顶部的"^"符号。

美国

纽约州约克敦高地

Charu C. Aggarwal

CONTENTS

目 录

第 1 章

人工智能导论

"人工智能的成功创造可能是人类历史上最大的事件。不幸的是，如果我们不学会如何避免风险，这也可能是最后一次。"

——史蒂芬·霍金

1.1 引言

尽管计算机擅长执行计算密集型任务，但将人类的智能和直觉与计算机算法进行匹配一直是一个激动人心的目标。然而，我们在执行几十年前被认为是不可想象的预测性任务的算法上已经取得了显著的进步。人工智能几乎在通用计算机问世后就流行起来。尽管早期的人工智能领域令人振奋，但计算机有限的计算能力与当时过高的期望相比，它们的成功显得微不足道。然而，随着计算机硬件能力和数据可用性的提升，它们在越来越困难的应用中取得了佳绩。因此该领域的前沿发展迅速，特别是在过去十年中。

在早期的几年中，研究人员利用机器发现了一种开发人工智能的自然方法，该机器可以基于事实知识库进行推理。这是人工智能的*演绎推理*方法，即使用事实和逻辑规则得出结论。换言之，人们试图用逻辑（或其他系统的方法，如搜索）和建立良好的假设基础进行推理，来得出可以被证明是正确的逻辑结论。然而，人们很快意识到，这种方法在推断明显的事物之外显得捉襟见肘。这是因为人类的智能是从日常生活中支持直觉选择的证据经验中收集而来的（但可能不会得出可以被证明是正确的结论）。做出不明显的推论通常需要牺牲可证明的正确性。很快，从数据中学习证据的方法应运而生。从某种意义上说，数据实例提供了构建假设和预测所需的证据（而不是做出预定义的假设）。这导致了人工智能的*归纳学习*方法。正如我们将在本书中看到的，这两种方法构成了人工智能的主要主题。事实上，人工智能的未来在很大程度上取决于把这两种观点结合起来的能力，就像人类依赖证据推论和逻辑这两种能力以便做出明智的选择一样。

1.2 节将介绍人工智能领域的两大流派，1.3 节将讨论人工智能的一般形式与图灵测试，1.4 节将介绍代理的概念是人工智能的基础，1.5 节将讨论演绎推理系统，1.6 节将讨论归纳学习方法，1.7 节将讨论生物学原理，1.8 节将进行总结。

1.2 两大流派

在人工智能的早期，有两个主要的人工智能流派，分别为演绎推理和归纳学习。它们的不同之处在于如何处理与推论相关的假设。假设的定义是：对观察、现象或科学问题的初步解释，或可以通过进一步调查来检验的科学问题。从现有理论（如牛顿引力理论）中推导出来的假设已经确定（因此从实际角度来看它们不是真正具有试探性的），但是仍然可以被认为是假设，从某种意义上说，它们可以被进一步测试确认。例如，牛顿引力理论在某些特定的（相对的）情况下可能并不完全有效。一般来说，所有假设都被认为是完美预测世界状况的近似模型。两大流派之间的主要区别在于这些假设是如何构建和使用的。这些流派由以下原则定义。

- ❑ **演绎与归纳**。在演绎中，我们以系统的方式从一般到具体，而在归纳法中，我们从具体到一般。演绎如下："所有犬科动物都有四条腿。所有的狗都是犬科动物。因此，狗有四条腿。"归纳如下："我昨天看到了几只狗，它们都有四条腿。因此，所有的狗都有四条腿。"注意，归纳法总是提供在数学上准确的结论，而归纳法是一种基于概括特定经验的"错误"逻辑。然而，归纳法更强大，正是因为它的潜在不准确性，将其与统计方法相结合以确保鲁棒性可能得到不明显的推论，它们通常是准确的。

- ❑ **推理与学习**。前面提到的狗的例子是推理方法的例子，其中一系列断言是相互关联的。学习方法尝试对许多例子进行统计推论以得出结论。例如，人们可能会收集数千种海洋生物的数据，包括它们是卵生的还是胎生的。从这些数据中，可以推断海洋生物最有可能是卵生的（即使鲸鱼和海豚不产卵）。收集更多数据，例如生物身体上是否存在气孔，可以提高预测的准确性。这是一个（可能是错误的）基于不同类型属性关联的统计推论，这一事实在前面已经被充分理解。

实际上，归纳法通常是学习方法，而演绎法几乎总是推理方法。原因是使用推理来进行归纳不自然，因为推理方法中的结论倾向于绝对确定，而不是统计上的可能性。同样，由于学习方法在处理单个证据时，将逻辑推理与零碎证据结合使用是不自然的，因此，人工智能中的两大主要流派为演绎推理和归纳学习（尽管事实上，有些方法可以被认为是归纳推理或演绎学习）。本书只关注主要的流派。

演绎推理方法通常使用已知假设的基础进行推理，这些假设是无可争辩的真理的基础（尽管这种假设经常随着世界状况相关知识的变化而演变）。演绎推理学派十分依赖于直接或间接地使用以事实为基础的系统方法和使用系统算法得出结论。而演绎推理方法通常被认为是像符号逻辑一样的代数方法，它们有时使用不基于代数的系统算法，如图搜索。演绎推理方法用于推断直接从断言的基础中得出的结论。这种方法在现实环境中的实际应用包括专家系统（例如，税务软件）和基于知识的推荐系统。这些类型的系统通常依赖于硬编码方法或从数理逻辑推导出的方法，例如一阶逻辑。这些类型的方法在以事实为基础的环境中效果最好（如税法）是毋庸置疑的。另一方面，归纳学习方法通常从例子中学习，以建立假设。然后依次使用这些假设预测新的例子。这些方法在（可能有噪声的）数据可用的地方效果最好（例如，带有标签的图像），但需要明确定义的假设（例如，用于生成香蕉的像素的手工数学描述）很难定义。我们正式定义了以下两种思想流派：

- ❑ **演绎推理方法**。在演绎推理方法中，我们从一般事实到具体事实（甚至是例子）进行推理。这一学派的思想始于断言和假设的知识库，然后使用逻辑推论来推理未知事实。因此，它从知识库中的一组假设开始（通常来自成熟的理论或已知事实），然后利用这些假设得出具体结论。例如，知识库可以包含"没有犬齿的动物是食草动物"这一假设。当这与大象没有犬齿的断言相结合时，人们会得出结论，即大象是食草动物。一阶逻辑等方法提供了一种以符号形式表达此类语句的机制，以借助符号逻辑规则进行推理。请注意大象是食草动物这一结论是一个基于知识库中事实的（例如大象没有犬齿）合乎逻辑的确定性的推论。

❑ **归纳学习方法**。在归纳学习方法中，我们从具体到一般。例如，我们可能有一些关于许多动物的例子，以及这些动物是否有某些不同类型牙齿的信息。食草动物和食肉动物相比，它们的牙齿和爪子通常具有不同的特征。然后，我们可以开发一种学习算法，从这些具体的例子中提出一般性假设。这种假设通常以数学函数的形式对例子进行数值描述。通常情况下，假设由与输入数据的可观察特征相关的统计可能性定义，而不是以从断言（如演绎推理方法）中获得的逻辑确定性的形式来定义。学习可能的预测而不是某些确定的预测的能力实际上给模型带来了更强的能力，因为我们可能得到范围更广的非明显结论。在学习算法创建一个模型之后，我们可能会使用这个一般性假设再次推断另一个之前没见过的例子。这个过程被称为泛化。这种算法通常被称为统计学习算法，其假设通常以观察到的输入数据的数学函数的形式定义，例如下式：

$$概率(食草动物)=f(犬齿长度, 爪子长度)$$

通常使用机器学习算法或从函数的一般形式（即先验假设）开始，然后以数据驱动的方式学习其特定细节的神经网络来构建函数 $f(\cdot)$。通过举例，学习算法可以推断出食肉动物有尖锐的爪子和长犬齿，而食草动物没有。即使有一些特殊的动物没有表现出它们的种类特征，学习算法也将能够根据统计概率捕获这些变种。这些变种将在学习函数 $f(\cdot, \cdot)$ 中间接表示。因此，在归纳学习中，假设（通常）是一个近似地将输入映射到输出的数学函数，并使用示例学习此函数。

演绎方法中的结论通常⊖间接地包含在作为逻辑确定性断言的知识库中。因此，演绎推理模型的不同实现通常会产生相同的结果（根据具体情况有一些小的变化）。归纳学习模型的情况通常不是这样的，在归纳学习模型中，我们可以创建统计概率方面的数学模型。学习模型及其预测严重受到关于函数 $f(\cdot, \cdot)$ 的先验假设的影响。这是自然的，因为不期望从不完整的证据形式到假设能创造出逻辑上确定的预测。而演绎推理推论的确定性乍一看似乎十分有用，但实际上是一件紧身衣，因为它防止从不完整的证据中得出创造性的推论。世界上大多数形式的人类科学进步源于不完整的证据所产生的创造性假设。因此，我们可以将这种差异总结如下：

在演绎推理中，假设被表述为绝对事实，然后运用各种逻辑程序将其用于做进一步的推理。在归纳学习中，假设不是事先完全形成的（而且可能被表示为具有未定义参数的不完全指定函数）；然后必须在学习过程中使用数据来完成假设。因此，最终的假设是过程的输出，而不是输入。因此，演绎推理对知识做出了更有力的假设，因为人们认为做出这些假设所需的知识之前已经发生过（由人或机器）。

从这个角度来看，与演绎推理相比，归纳学习可以被认为是人工智能中一个更基本的

⊖ 这不适用于某些演绎方法，如模糊逻辑。

过程，因为它更容易发现不明显的结论；
从某种意义上说，演绎推理往往会找到
已经以间接形式存在于知识库中的结论。
另一方面，归纳学习可能会发现不太明
显的结论，这个过程的代价是学习到的
假设可能是近似的而不是绝对的真理。
后者更接近于人类为了直觉而放弃精确
性的特性；然而，令人惊讶的是，传统
人工智能在早年通常更重视演绎推理。
人工智能中的两个流派如图 1.1 所示。在

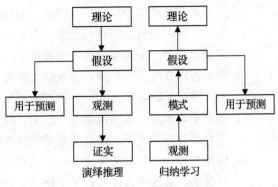

图 1.1   人工智能的两大流派

每一种情况下，很明显假设是用来对新的例子进行预测的。然而，主要的区别在于这两种
情况下该假设是如何产生的。在演绎推理方法中，假设代表了对当前领域的先验知识的符
号编码。在归纳学习方法中，这一假设需要从基础数据的模式中学习。该模型的某些部分
（例如，函数的基本形式）是预先假定的，而其他部分（例如函数的细节，如其参数）是在
数据驱动模式中学习到的。

　　古典科学中的过程使用归纳学习和演绎推理。例如，牛顿首先对下落物体进行了真实
世界的观测，然后使用它建立一个关于引力的一般假设。这一过程显然是归纳的，因为它
从具体的观察转移到一般的假设。这一假设最终通过反复的确认过程成为一种理论。这一
理论现在经常被用作对现代太空飞行进行预测的既定知识。使用知识库的过程当然是演绎
推理的一种形式，人们用已知的理论进行预测。人工智能中归纳学习方法的相似之处在于
它们从观察（数据实例的示例）中创造假设（将输入映射到输出的数学函数）。在科学界，
需要更大程度的确定性，因此，还必须确认关于新例子的一般性假设，以确定该假设确实
是正确的。假设只有在被证实足够的次数后才成为理论。然而，在人工智能的归纳学习形
式中，人们通常对大多数情况下都正确的假设感到满意。这类部分确认通常使用一部分数
据执行，称为验证数据。例如，一个经过训练的神经网络将图像像素作为输入，并使用数
学函数预测图像的类别（例如，胡萝卜、香蕉或汽车），这可以被视为一种假设，尽管这种
假设对于许多例子通常会出错。因此，从最严格的意义上（我们在科学中把它们视为绝对
真理的方式）来说，这些假设不能被认为是理论。然而，鉴于科学中的假设也是（人类科
学家）从观察和学习中得出的这一事实，随着新数据的产生，它们也不是绝对正确的。例
如牛顿关于万有引力的理论最终需要通过相对论物理学加以修正，因为人们进行了新的观
测[⊖]。从这个意义上讲，归纳学习和演绎推理可以被视为一个更广泛的科学过程的两个部
分，它们相互影响。

　　演绎流派主要关注知识工程，其中关于这个世界的具体事实被存储起来，存储方式与
人类专家的存储方式大致相同，人类专家被认为是一个主题中事实的储存库。这一事实基
础也被作为一个知识库。以事实为基础，在推论中结合逻辑推理，往往可以得出不明显的
结论。这些结论通常是基于知识库中事实的逻辑确定性。

　　有很多方法可以进行这种推理，包括使用搜索或基于逻辑的方法。在这些基于逻辑的

　　⊖ 关于光速的 Michaelson-Morley 实验是观测中的重要部分，牛顿物理学无法解释该实验。

方法中，有许多方法根据逻辑规则对知识进行编码。当使用规则时，系统也被称为专家系统，引擎中使用规则进行推理的部分也被称为推理机。专家系统在各种以业务为中心的应用程序中非常流行。人工智能中归纳和演绎系统的一些例子如下：

- 早期基于演绎推理法开发的医学专家系统是 MYCIN[162]。该系统使用细菌和抗生素的知识库，以及一套表明它们之间关系的规则。根据医生对一组问题的答复，它使用知识库和规则来为特定患者提供建议。该系统的优点是它的建议具有高度的可解释性。然而，该系统的建议受到人类专家提供的知识的限制。因此，系统通常很难提出不能通过一系列推理从知识库中派生出来的建议。知识库是在医学领域中知识渊博的专家的帮助下建立的。另一方面，归纳系统将使用抗生素的特征表示法（如化学成分）和细菌的表示法来推断可能对以前未发现的细菌株起作用的新抗生素。

- 一种使用游戏规则的国际象棋程序，在两个棋手的棋步可能性树上前进，双方都是知识工程系统，从中选择最佳的棋步顺序。请注意，该方法需要对树的终端节点的棋盘位置进行人工评估的知识。这类最著名的国际象棋程序是 IBM 的深蓝（Deep Blue）[33]，这是第一个在标准时间控制下进行的比赛中击败世界冠军的计算机程序。2017 年以前开发的大多数国际象棋程序主要是基于知识的系统，尽管一些归纳学习已经潜入此类系统。人工评估通常在国际象棋大师们的帮助下编程，它们可以被看作关于位置优度的假设（尽管这些假设显然不完善）。另一方面，在像 AlphaZero[168] 这样的归纳系统中，人们使用学习方法确定位置的优度，它是关于棋盘位置编码的数学函数。系统通过自我对弈和程序在特定位置上的输赢经验学习对棋盘位置的评估。

- 一种对语法规则进行编码的机器翻译系统，将其用作执行翻译的知识库可以被视为一种知识工程系统。语言学专家经常深入参与这种系统的设计。另一方面，归纳系统会使用两种语言的例句建立数学模型（例如，在神经网络参数内编码的模型），能够用来自另一种语言的句子生成一种语言的句子。

演绎推理系统的定义相当广泛。几乎任何一种计算机程序，只要有明确的、合乎逻辑的控制流（从一组假设开始），可以实现特定的目标，并得出逻辑上可证明的结论，就可以被认为是一个演绎推理系统。然而，在实际中，在业务流程中实现日常功能的程序通常不被视为人工智能的形式，即使它们是演绎推理系统。这是因为曾经被认为很难做的任务现在被认为是例行任务。例如，尽管根据这一定义，TurboTax 可以被视为一个演绎推理系统（特别是专家系统），它在现代并不被视为人工智能的一种形式，因为它所执行的功能具有常规性。然而，它提供了一个很好的案例研究，说明了只要明确定义了规则，专家系统就很容易建立。从这个意义上讲，人工智能的定义随着时间的推移逐渐演变。表 1.1 给出了归纳法和演绎法的例子。

表 1.1　归纳学习和演绎推理系统的例子（生物和人工智能领域）

系统	归纳学习还是演绎推理
TurboTax	演绎推理
WebMD 症状检查器	演绎推理
深蓝国际象棋	演绎推理

（续）

系统	归纳学习还是演绎推理
AlphaZero 围棋	归纳学习
将所有来自黑名单发送者的邮件标记为垃圾邮件	演绎推理
通过将电子邮件内容与以前的垃圾邮件 / 非垃圾邮件内容进行比较来标记垃圾邮件	归纳学习
用语法书学习一门语言	演绎推理
通过对话学习一门语言	归纳学习
将语法书和对话实践结合起来	归纳与演绎的结合
阅读代数运算的数学规则	演绎推理
阅读一个有效示例来学习代数运算	归纳学习
使用先验知识减少机器学习中的数据需求（也称为正则化）	归纳和演绎的结合

值得注意的是，在现实世界中，人们经常结合使用归纳学习和演绎推理。归纳学习通常能激发创造力，而演绎推理通常在日常使用。大多数科学理论都是通过从现实世界的观察中使用归纳学习得到的。物理学中著名理论的发现，如牛顿力学和相对论就是这个过程的例子。为了证实这一假设，可能需要进行很多个实验，以使其成为一种理论。然而，一旦这些理论得到证实，它们就会被用来以演绎的方式对有用的应用进行推断。例如，美国国家航空航天局使用牛顿力学和相对论（以及其他理论）来对火箭在太空旅行中的轨道进行各种计算和预测。不难看出，可以将图 1.1 中的两个图链接在一起，以创造归纳学习和演绎推理的综合过程。

演绎方法的一个要点是它们的能力往往更狭隘。这是因为所有可以用演绎方法推导出来的事实都已经隐式存在于一些知识库中。可以说归纳法更具创造性，而且它通常允许人们得出直观的结论 / 预测，这些结论 / 预测是根据数据中的事实进行的广义假设。这一广义假设可能并不总是正确的，它可能只能表示为一个数学函数，而不是一个可解释的逻辑语句。缺乏可解释性通常被认为是归纳系统的一个弱点，实际上这是它们的一个隐藏的优势，因为这把它们从可解释性的束缚中解放了出来。例如，一位象棋大师在一盘棋中所做的选择可以被映射到直觉和经验上，但不能被映射到可解释性上。归纳学习法有时将这种直觉视为一种习得的数学功能，而演绎推理系统无法做到这一点。

归纳和演绎：历史概览

在早期，演绎推理方法和符号逻辑在人工智能中受到高度青睐。几个计算机语言，如 LISP 和 Prolog，都是显式地开发以支持符号和基于逻辑的方法。最早的这些努力中少数是归纳 / 学习方法，尽管它们给出了长期承诺，但很快就不受欢迎了。1943 年，Warren McCulloch 和 Walter Pitts[121] 提出了一个神经元的人工模型，他们表明使用计算机神经元网络，任何功能都可以被计算。此外，该网络计算的函数可以通过在网络中使用可修改的权重来学习。

1950 年，哈佛大学的两名本科生 Marvin Minsky（马文·明斯基）和 Dean Edmonds（迪安·埃德蒙兹）提出了 SNARC，这是第一个神经网络体系结构。讽刺的是明斯基最终得出结论——这一领域的工作是一条死胡同，于是他成为神经网络最主要的反对者之一。很快，演绎推理和符号人工智能变得越来越流行。1958 年，约翰·麦卡锡提出了 LISP［LISt

Processor（列表处理器）的首字母缩写］。这种语言使用符号表达，以与演绎流派一致的方式寻找问题的解决方案。大约在同一时间（1959 年），Newell、Shaw 和 Simon[128] 提出了通用问题求解器，旨在解决复杂的通用任务。这种方法可以解决任何可以表述为源节点（公理）和汇节点（期望结论）之间的有向转换网络的问题。然而，事实证明，这种方法只能解决简单的问题，比如⊖河内的高塔。早年，能够解决玩具问题［由马文·明斯基命名为微世界（microworld）］让人兴奋不已，人们希望这些解决方案最终能够推广到更大规模的推理问题。由于解的复杂性组合问题，这一承诺从未通过演绎人工智能方法实现。例如，井字游戏、国际象棋和围棋三种棋盘游戏的复杂度依次增强。演绎系统非常适用于井字游戏和国际象棋，但对围棋来说相当糟糕。演绎游戏系统显式搜索可能的移动的树，同时人工评估树的叶子。这对于围棋来说效果很差，因为树的分支系数很大，并且评估中间棋盘位置的能力有限，这种评估方式可以通过在语义上可解释的方式编码。国际象棋是一个特别有趣的案例研究，因为基于搜索（演绎）的系统，如 Stockfish 和 Fritz，直到最近也总是比学习系统表现出色。只有当能够使用改进的计算能力对系统进行大规模学习时，归纳学习才会出现最新进展。事实上，击败人类冠军的第一个计算机程序是 IBM 的深蓝 [33]，它是一个演绎系统。那时，学习系统不擅长像国际象棋这样的游戏，人们认为太多关于象棋的领域知识为人类所知——假设象棋领域知识为演绎系统提供了优于学习系统的决定性优势。随着计算能力的提高，归纳学习系统能够通过自我对弈和强化学习处理大量数据。AlphaZero[168] 等算法开始通过学习人类领域知识无法表达的位置的直观特征来超越传统系统。这一现象在许多其他问题领域（如机器翻译）中重复出现，其中归纳学习系统最近的表现优于演绎推理系统。归纳学习方法最近的优势是技术进步的结果，计算机越来越强大，能够处理大量数据。然而，在某些应用程序中，即使对于现代硬件来说，数据和计算要求也过于繁重，因此演绎推理系统继续保持其有用性。

许多早期系统使用谓词逻辑（也称为一阶逻辑）解决问题。像 LISP 和 Prolog 这样的语言被设计用来进行逻辑推理中常见的推理，而这些语言是在早期考虑应用程序后提出的。像 FORTRAN 这样的传统编程语言是过程性的，而像 LISP 和 Prolog 这样的语言是声明性的。在过程语言中，控制流是计算机程序的关键属性，而声明性语言则侧重于程序逻辑和要执行的内容，而不是控制流。显然 Prolog 是基于逻辑设计的，它代表 LOGic 中的 PROgramming。

然而，逻辑并不是用演绎推理方法解决问题的唯一途径。例如，许多国际象棋程序使用组合搜索来推断动作。这样的系统更容易用过程编程语言实现。这种情况下的假设是一种（可能不完美且手工制作的）评估棋位的功能。关键是演绎推理系统使用一些预先定义的真理和假设的概念。尽管这些事实在现实中可能并不完美（例如对国际象棋位置的评估），它们被视为"完美"领域知识，并用于推理后续推论（如移动）。另一方面，归纳学习系统从标记的示例开始（例如，特定的国际象棋位置和胜负结果标签）并使用这些示例来创建看不见的实例的标签的数学模型（例如，国际象棋中看不见的位置的胜负预测）。通常，可以使用神经网络将位置映射到评估中。

同时，演绎推理的进步也在早期被提出，归纳学习也取得了一些进展。重要的学习模型是亚瑟·塞缪尔的跳棋计划 [155]，该计划于 1959 年实施，并且这是第一次实现基于学习

⊖ https://mathworld.wolfram.com/TowerofHanoi.html。

的游戏算法。事实上这一思想是一类著名的现代学习算法的前身，被称为强化学习。神经网络的第一个重大进展（在明斯基的 SNARC 之后）程序是罗森布拉特在 1958 年创建的感知器 [149]，该机器基于 McCulloch-Pitts 神经元模型，它具有能够将多维实例分为两类之一的功能。这种模式最初创造了巨大的成功，《纽约时报》在罗森布拉特的默许支持下，夸大了其未来作为"能够行走、说话、观看、书写、复制和感知存在"的机器的能力。然而，这种过于乐观的假设很快让人们失望了。1969 年，明斯基和派波特出版了一本关于感知器的书 [125]，这本书对于感知器能够正确训练多层神经系统的潜力持负面态度。这本书表明，单个感知器的表达能力有限，没有人知道如何训练多层感知器。明斯基是人工智能领域一位有影响力的人物，他在书中的消极语调促成了神经网络领域的第一个冬天。这是人工智能界所不知道的，实际上，利用控制理论中的思想来训练神经网络是可能的 [32]。事实上，Paul Werbos 在 1974 年提出了一种用于训练神经网络的方法 [200]。Werbos 努力推广这个想法，然而，反对神经网络（通常是学习的方法）的意见已经强硬到研究界对这些进步不感兴趣的程度。直到很久以后（1986 年），Rumelhart 和 Hinton 写了一篇很好的关于反向传播的论文 [150]，论文表明了训练神经网络的可行性。因此，20 世纪七八十年代的大部分时间，演绎流派仍然是人工智能的主导力量。

到了 20 世纪 80 年代末，人们意识到演绎推理方法过于狭窄，无法实现所有承诺。在通用领域，它们需要大量知识才能很好地发挥作用（正如归纳法需要大量数据一样），尽管它们有时可以在狭义的定义中很好地完成这项工作。建立知识库的另一个问题是，它们只能在高度可解释的设置下工作。这一特性嵌入知识库的固有本质中，因为人类通过其语义洞察构建知识库。而乍一看，可解释的知识库似乎很好，但它也是一个问题，因为人类做出的明智决定不能轻易用语言表达出来。例如，国际象棋大师或围棋专家有时可能无法具体地解释他们为什么选择某个特定的动作，而不仅仅是他们从以前的游戏中获得的经验转化为对有利空间模式的直观但难以表达的理解。人们试图将这类直觉知识制作成语义上可解释的棋盘评估函数，而这往往是不准确性的根源，因为它忽略了决策过程中的无形影响。

在早期，大多数领先的研究人员，如马文·明斯基和帕特里克·亨利·温斯顿（Patrick Henry Winston）是人工智能演绎形式的狂热支持者。明斯基和许多资深研究人员也是神经网络（在某种程度上，是广义归纳学习的更广泛的概念）的强烈反对者。明斯基的立场尤其讽刺，因为 SNARC 机器可以被认为是最早的神经网络成果之一。然而，在职业生涯的后期，明斯基本人承认，20 世纪 80 年代最流行的基于演绎推理的人工智能策略已经走到了死胡同。约翰·麦卡锡是基于逻辑编程语言 LISP 的创始人，在 1984 年还严厉批评了专家系统的有限成功。在 1987 年，LISP 编程语言崩溃，这对于人工智能演绎流派未来的发展是一个坏兆头。到 20 世纪 80 年代末，归纳法和演绎法流派都陷入了困境，尽管演绎流派开始变得越来越像走了一条死胡同。然而，从广义上看，这一时期被认为是人工智能的冬天；在此期间，美国和英国等多个国家都削减了政府预算，从而加剧了这种情况。

在整个 20 世纪 90 年代，支持向量机和神经网络 [41, 77] 等归纳学习方法的进展有增无减。虽然由于数据可用性和计算能力有限，最初在许多类型的数据集上表现不佳，从 1990 年到 2010 年的 20 年间，计算机硬件的性能持续快速提高。机器学习方法，如最小二乘回归和支持向量机似乎在多维数据上表现良好，但在高度结构化的数据（如图像）上表现不佳。到 2010 年，一种神经网络通过使用与 20 年前提出的概念基本相同的神经网络模型赢得了"ImageNet 图像分类大赛"[107]。主要区别在于它现在可以用硬件有意义地训练一个更深更大的神经网络。最近的系统[72, 73]能够对图像进行分类，甚至比人的准确性更高。十年前，在识别一幅图像的类别时，机器比人更精确这一事实被认为是不可想象的。这一成功最终导致了人们对广义归纳学习的兴趣激增，尤其是神经网络。

归纳学习系统的主要优势在于能够捕获人类认知中无法表达的部分。例如，当一个孩子通过说来学习语言时，她不是从记住语法规则开始的，而是用即使在今天也无法完全解释的方式"学会"语言。因此，孩子通过例子学习来增强语言能力。孩子可能偶尔会得到一些来自父母的知识，如语法或词汇中的特定概念，但它几乎不是母语学习的主要形式。学习语法的系统性过程确实减少了一个人可能需要的例子的数量，但是例子似乎比系统学习更重要。人类天生就是归纳学习者。

尽管归纳学习系统已经越来越流行，但现实是这两种系统的优势是互补的。没有某种程度的指导，纯归纳系统在许多挑战性和开放式任务中可能需要太多的数据。类似地，在领域知识有用的情况下，使用纯学习系统可能很浪费。也有一些归纳学习被敌对或有偏见的例子引入歧途的案例。例如，微软的聊天机器人泰伊（Tay）在被释放到"野外"后，很快就被搞恶作剧的人们训练得可以发表攻击性言论。这个例子表明，归纳系统拥有"成长"的自由，也没有防止不良后果的防御措施。事实上，最成功、最安全的学习系统很可能通过以下方式实现：结合归纳学习和演绎学习（如人类学习）。例如，IBM 的 Watson 也使用知识库，但它将该方法与归纳机器学习相结合，以获得准确的性能[76]。

1.3　通用人工智能

大多数现代形式的人工智能都是特定于应用和领域的，其中系统执行相对具体的任务。这类任务的例子可以是将实例分类或下棋。TurboTax 应用程序和 WebMD 症状检查器可以被看作属于人工智能演绎流派的特定于领域的专家系统。类似地，图像分类系统[72, 73, 107]属于人工智能中的归纳学习流派。在这些特定任务中，取得了高水平的成功。然而，人工智能的最初目标是开发通用智能；处理通用智能发展的人工智能子领域被称为通用人工智能（Artificial General Intelligence，AGI）。渴望实现这一目标的系统的一个例子是 Newell、Shay、Simon 的通用问题解决者。不幸的是，大多数这样的系统都还不能超越简单的玩具设置，这被人工智能界称为微世界。通用人工智能最近的例子是 Cyc 系统[113]，这是一个自 20 世纪 80 年代以来一直在进行的大型项目。而这个系统在特定领域的应用中确实有一些商业价值，其作为通用推理系统的实用性是相当基本的（并且不能达到小孩的推理能力）。通用系统缺乏成功导致了一个自然的问题，即通用人工智能的最终目标是什么。这一目标在早期的测试中得到了明确阐述，该测试称为图灵测试。

图灵测试

很早以前，计算机先驱艾伦·图灵（Alan Turing）提出了一种测试方法，用以确定机器何时可以被认为拥有人类的能力。此测试被称为图灵测试。图灵测试包含三个终端，它们彼此分离。两个终端被人类占据，而第三个终端被计算机占据。其中一个人充当提问者，而其他两个终端的人类和计算机为受访者。由于终端与终端在物理上是分开的，人类提问者不知道这两个终端中的哪一个由响应人员占用，哪一个由正在测试人工智能能力的计算机占用。同样地，人类受访者和计算机受访者无法访问对方的回复。提问者向人类受访者和计算机受访者提同样的问题，以测试他们的回答有多"像人类"。如果人类提问者无法分辨人类受访者和计算机受访者之间的差异，那么就说计算机受访者通过了图灵测试。

构建一个能够通过图灵测试的人工智能系统是非常必要的，这有时被视为人工智能的终极目标。然而，目前尚不清楚这在实践中是否可以实现，甚至不清楚是否可取。足够聪明以通过图灵测试的机器也可能足够聪明到故意不通过测试、欺骗或执行其他危险的操作。到目前为止，我们没有任何系统或机器可以近乎通过图灵测试。这也意味着我们没有真正的方法来判断一个特定的系统是否已经达到被称为通用人工智能的标准。

1.4　代理的概念

当为了实现一个特定的目标，需要制定一系列决策时，人工智能中经常使用代理的概念。例如，下棋、执行机器人任务或在迷宫中寻找路径等任务都需要代理的一系列决策。代理可能是机器人、聊天机器人、国际象棋游戏实体或路线规划器。代理有时被称为智能代理或智能自动代理。

代理的决策是在环境的上下文中制定的，该环境提供代理交互的平台。代理通过以下方式与环境交互：感知（获取信息）和行动（改变环境）。这类似于人类与环境的互动。代理与环境互动的主要方式是使用状态的概念。在人工智能应用的背景下，状态对应于手头的应用程序变量的当前配置。例如，状态可能对应于机器人的位置及其肢体在机器人技术应用中的精确配置，国际象棋系统中棋盘上棋子的位置，或代理在路由应用程序中的空间位置。总之，状态会告诉代理它需要知道的所有信息，以采取有效的行动，就像一个人根据自己对环境的感觉采取行动一样。

在这一点上，定义一些与代理相关联的术语是非常有用的，我们将在整本书中使用它们。与代理和环境的交互相关的两个关键概念是感知（即，将环境信息转换为内部表示）和操作（即，更改环境状态）。代理通过一组传感器（用于感知）和一组执行器（用于操作）与环境交互。代理从环境接收的输入被称为感知。对人类来说，传感器与我们从环境中获取信息的感官相对应，这些信息是我们通过各种感官，如眼睛或耳朵接收到的感知。我们的执行器包括手、腿或我们完成特定任务的任何其他身体部位。对于人工代理来说，类似的类比也成立。对于机器人来说，它的传感器对应于它的运动摄像机、听觉输入，甚至是引导它执行特定任务的电子信号。它的执行器与执行其功能的各种假肢相对应。医疗诊断系统中的传感器是输入系统，它允许记录患者症状或医生的诊断。执行器将显示可能的患者症状。许多传统的知识工程和归纳学习系统在台式机上使用传统的编程方法来实现。在这种情况下，传感器和执行器通常分别是输入和输出接口。

值得注意的是，人们并不总是会遇到人工智能中各种形式的代理的概念。例如，对于机器学习中的单个决策问题，代理的概念很少出现；分类就是一个例子，人们试图将实例分类为多个类中的一种。这些环境设置是情节性的，尽管代理的概念是隐式的，但它在实践中很少使用。在这些情况下，此问题的解决方案是一个单步过程（例如，数据实例的分类）。因此，系统状态或环境的问题不再同连续过程中一样重要，连续过程中的一个动作会影响后续的状态。因此，在这种情况下，代理接收单个感知并执行单个操作。下一个感知－动作对独立于当前动作对。换句话说，个人情节是相互独立的。然而，在现实世界的交互中，如机器人，谈论与环境互动（并影响环境）的代理会产生更多的直观感觉。这仅适用于与一系列决策相关的问题，此时使用代理的概念和系统的状态变得非常重要。这样的设置称为顺序设置。基于实现预期目标的一系列选择，智能代理扮演着与人类在生物系统中相同的角色。信息技术值得注意的是，术语情节稍微过载，因为只要个体序列是相互独立的，一个有限的动作和感知序列有时也被称为情节。从这个角度来看，情节和顺序任务之间并不是完全分离的（尽管不同的书在这方面似乎使用不同的术语）。没有有限终止点的任务被称为连续的。例如，国际象棋游戏包含一组有限的棋步（每个游戏都被视为一个独立的情节），而机器人在一段（相对较长的）时间内可以连续操作，因此永远不能被认为是情节性的。这在一些基于学习的环境中（如强化学习）尤其重要，因为它会影响每种情况下可使用的算法的性质。在强化学习中，像国际象棋这样的设置被称为情节。因此，我们会使用术语情节非顺序、情节顺序和连续顺序来区分这三种类型的任务。

代理通常按动作序列与环境交互以完成一个特定的目标。这个目标也被称为人工智能应用的目标。在学习应用中，这个目标使用损失函数或效用函数明确量化，尽管用于评估代理有效性的性能指标（例如，分类准确度）与代理使用（通常更简单的）的损失函数不同。在某些应用中，可能不使用可量化和明确的性能指标，评估可能由人为主观完成，以提供反馈。大多数人工智能应用中的关键是选择正确的行动，以实现特定目标或优化特定目标函数。不同设置类型的代理及各自的传感器和执行器等的示例如表 1.2 所示。

表 1.2　代理的例子

代理	传感器	执行器	目标	状态	环境
扫地机器人	相机、关节传感器	四肢、关节点	干净度评估	物体／关节点的位置	打扫的空间
国际象棋系统	棋盘输入面板	移动输出界面	位置评估	棋的位置	棋盘
自动驾驶汽车	相机、声音传感器	汽车控制面板	驾驶安全性和目标	行进速度／位置	交通状况
聊天机器人	键盘	屏幕	聊天评估	对话记录	聊天参与者

代理的每个动作都会导致向相同状态或不同状态的转换。代理的转换也可能产生奖励。在某些应用程序中，奖励不是在每次转换时接收，而是在整个动作序列（例如，国际象棋系统）结束时接收。奖励的目的是以一种有助于应用程序实现目标的方式指导代理的动作。

环境的类型

代理遇到的环境类型有很大不同，这具体取决于问题设置。例如，像自动驾驶汽车这样的环境有一个代理，而国际象棋环境可能有多个代理。另一个重要因素是环境中的不确定性水平。概率性或者不完全可观测到的环境都有不确定性。一个国际象棋代理完全可以观察其在棋盘上动作的影响，因此这是一个确定性和完全可观测的环境。请注意，由于对抗方代理的行动而产生的不确定性不被视为违反确定论，因为代理可以完全控制它们的自身行为及其对环境的影响。另一方面，纸牌游戏通常是不确定性的，代理何时从一堆卡片中选择一张卡片，以及该卡片的选择均不在代理的控制之中。另一个问题是环境的可观测性。例如，自动驾驶汽车不是一个完全可观测的环境。这是因为代理的传感器可能无法完全观察到部分路况。当然，对于人类代理来说也是如此，因为他们的感官感知往往是向前的。完全可观测性不同于环境的确定性，尽管两种情况有时可能同时发生。在纸牌游戏中，代理的抽牌行为的结果不确定，结果以概率方式影响状态。此外，如果代理不知道对方手中的牌，那么环境也可能是部分可观测的。因此，代理只知道关于游戏真实状态的不完整信息。在计算机视频游戏中，通常有一些随机性，以确保游戏保持有趣。所以，当玩家做出动作时，系统的状态可能会以某种不可预测的方式发生变化。这是一个不确定的环境。另一方面，双人骰子游戏可能是不确定的，但只要每个玩家在游戏时对双方都是完全可见的，那游戏就是完全可观测的。值得注意的是，多代理环境（如国际象棋）从每个代理的角度来看可能是概率性的（因为它们不能预测对方的行动）。然而，此类环境仍然被视为确定性环境，因为每个代理都控制着自己的行为。不确定的环境被称为马尔可夫决策过程。因此，在马尔可夫决策过程中，状态成果仅部分由代理的行动控制。值得注意的是，从数学建模的角度看，非确定性环境通常很难完全与部分可观测环境区分，以及它们之间的区别主要是语义上的区别。

环境的时间性质本质上可以是离散的，也可以是连续的。例如，在国际象棋中，棋子移动的动作是离散的，每一步都是一个动作。状态更改仅在这些离散时间戳上发生。另一方面，自动驾驶汽车被认为是一个状态可能随时发生变化的连续时间环境。我们区分离散时间环境和连续时间环境的依据在于前者仅指环境是否划分成独立的几段。

最后，环境可以是静态的，也可以是动态的。在静态环境中，例如填字游戏，状态不会改变，除非代理做了什么。另一方面，在像自动驾驶汽车这样的动态环境中，环境可以在代理未做任何事情的情况下更改（例如，车流量的更改）。一些环境（如定时棋盘游戏）是半动态的，因为如果代理不采取行动，棋盘的状态可能不会改变。另一方面，代理得分改变是因为随着时间的流逝，它们获胜的机会减少了。

1.5 人工智能中的演绎推理

演绎推理方法从事实知识库开始，使用逻辑或其他系统的方法进行推理。演绎推理有几种方法，包括搜索和基于逻辑的方法。此外，还有许多这些方法的应用，如定理证明或游戏。值得注意的是，使用归纳和演绎方法解决的问题类型通常是完全不同的，虽然有些方法可以用这两种方法中的任何一种来解决。一般来说，将任务明确定义为已知事实的逻辑推理这一问题需要大量已知领域知识，或使用演绎推理方法解决对大量（用于归纳学习的）数据/计算能力的需求。在某些情况下，随着计算能力和数据可用性的提升，使用演绎推理方法解决的问题逐渐进入归纳学习领域。近年来，归纳学习方法越来越多地被用于早期使用演绎推理解决的问题类型，这在很大程度上是计算能力提高的结果，使得方法能够使用越来越多的数据。例如，像国际象棋这样的游戏方法在早期（大部分）是使用演绎推理方法来解决的（如对抗性搜索），但最近的进步使得（大部分）归纳学习方法（如强化学习）优于前者。

1.5.1　实例

某些类型的问题以人工智能中的演绎形式反复出现。这些都是"典型"问题的重要代表，其解决方案通常可以推广到其他类似的问题。因此，研究这些问题可以提供在演绎环境中解决更一般问题的见解。

约束满足问题

约束满足问题实际上是一系列满足类似结构类型的问题。从广义上讲，问题与将一组变量实例化为特定值有关，以便满足变量之间预定义的约束集。这个变量和约束可能有各种类型，这会导致不同版本的约束满足问题。这些不同版本的约束满足在不同的应用程序设置中可能更有用。一个典型的约束满足问题示例是布尔可满足性问题，也被称为 SAT。例如，考虑布尔变量 a 和 b，每个变量可以取真和假两个布尔值中的一个。现在我们考虑如下布尔不等式：

$$a \wedge \neg b$$

这里，"$\neg$"表示"非"，它将"真"反转为"假"，反之亦然。"$\wedge$"表示二元合取算子。如果其两边均为"真"，则结果为"真"；否则，结果为"假"。我们希望找到 a 和 b 的值，以使整个表达式的计算结果都是真的。这是需要满足的约束条件。在这种情况下，如果 b 为"假"，a 为"真"，则整个表达式的值为真。所以这个表达式通过为基础操作数选择合适的值来生成可满足的解操作数。现在，我们考虑如下表达式：

$$a \wedge \neg a$$

此表达式的计算结果始终为假，而与我们可能选择的 a 的值无关，这是因为表达式两侧的两个操作数之一始终为假。因此，此表达式无解，且问题不可满足。当表达式变得更复杂时，就更难确定是否存在可满足的解。SAT 问题是 NP 完全问题，这意味着它被强烈怀疑不是多项式可解的（尽管是否存在多项式 – 时间算法是一个开放性问题）。事实上，SAT 问题是第一个被证明的 NP 完全问题，这是一类被强烈怀疑不是多项式可解的问题（尽管是否存在多项式 – 时间算法是一个开放性问题）。因此，SAT 问题也对发展 NP 难理论做出了根本性的贡献。从 NP 难理论 [61] 的角度来看，这是最先出现的问题之一。它们的一个重要特性是可以在多项式时间内检查一个给定的解是否正确。例如，在 SAT 问题的情况下，很容易检查给定的变量赋值是否会导致整个表达式的计算结果为真。然而，如果没有检查所有可能的变量赋值，很难确定一个造成可满足性的特定任务。

SAT 问题属于一类问题，称为约束满足。约束满足问题并不局限于仅使用布尔变量。约束满足问题的一般形式允许使用来自任意值域的变量，例如数字或分类数据值。变量类型的选择在很大程度上取决于当前问题。同样，可以提出适合这些变量的值域的任意约束。一般来说，约束满足问题以值的形式提出：

定义 1.5.1（一般约束满足） 给定一组变量，每个变量从一个特定域和一个约束中提取，给变量赋一个值，以便满足约束。

这个问题的有趣变体（通常出现在人工智能中）也是 NP 难的。人工智能中的许多难题，如八皇后问题，都可以看作数值变量问题上约束满足的特例。在八皇后问题中，必须把八个皇后放在棋盘上，这样就没有皇后可以攻击其他皇后了。我们可以把问题归结为选择八对整数数值变量的值，每一对对应于皇后的行和列位置。皇后是一种强大的棋子，它可以沿行、列或对角线移动，因此，它们覆盖了相当多的正方形。因此，大多数皇后在棋盘上的位置将违反皇后们不会互相攻击的约束。此问题的解决方案如图 1.2 所示。注意，在这种情况下，没有一对皇后沿着行、列或对角线对齐。

图 1.2   八皇后问题求解

为了解决八皇后问题，可以根据棋盘上八个皇后的位置定义变量，可以定义约束以确保这些皇后不会互相攻击。令 (x_i, y_i) 为一个皇后的位置，即在第 x_i 行的第 y_i 列，x_i 和 y_j 的取值均为 $1 \sim 8$。则约束如下：

$$x_i \neq x_j \quad \forall i \neq j \text{ [行坐标互异]}$$
$$y_i \neq y_j \quad \forall i \neq j \text{ [列坐标互异]}$$
$$x_i - y_i \neq x_j - y_j \quad \forall i \neq j \text{ [不在同一对角线上]}$$
$$x_i + y_i \neq x_j + y_j \quad \forall i \neq j \text{ [不在同一对角线上]}$$
$$x_i, y_i, x_j, y_j \in \{1, 2, \cdots, 8\}$$

因此，这个问题的解是满足这些约束条件的变量的一组相互一致的状态。问题的一个更难的变体是放置一小组皇后，然后找到需要填补的剩余位置，以满足所有要求的约束条件。约束满足问题存在于人工智能各种各样的问题中，如解决数独或填字游戏。

人工智能中的许多问题都饱受可能解的组合的爆炸性数量的困扰。例如，在八皇后问题中，必须在 64 个位置中选择 8 个位置。可能的解的数量为 $\binom{64}{8} = 4\ 426\ 165\ 368$。因此，对于人工智能中的一个游戏问题，就有 40 多亿种可能的解。当面对更实际的问题时，我们甚至无法列举所有的可能性，让我们来单独评估它们。例如，将八皇后问题推广到 n 皇后问题会导致 NP 难 [62] 设置。因此，使用多种基于搜索的启发式方法来解决这些问题。本书后面将详细讨论这些类型的方法。

求解 NP 难问题

NP 难理论与人工智能算法是并行发展的，它们自然地成为优化问题。NP 难问题在预先指定的约束条件下找到问题的最优解，搜索空间为指数大小。人们怀疑这些问题没有多项式－时间解，虽然还没有提出缺乏多项式可解性的正式证明。NP 完全问题是 NP 难问题的一个决策版本，其中必须确定是否存在约束问题的有效解决方案。这些约束之一可以根据目标函数的质量来定义。布尔值可满足性问题是 NP 完全问题的第一批例子之一，并且有很多约束满足问题也是 NP 完全问题。n 皇后的推广问题也是 NP 完全问题。在这个推广中，n 个皇后的子集（即小于 n 个皇后）已以有效配置放置在棋盘上，通过在有效位置放置其他皇后来完成此配置是可取的。这个问题的 NP 难版本是确定在不违反任何约束的情况下可以额外放置在棋盘上的皇后的最大数量。一般来说，NP 难问题可以作为优化问题提出，而它总是作为决策问题提出，在决策问题中对解的值施加约束。其中许多这种问题具有重要的实际应用价值。一个具有广泛适用性的 NP 难问题是旅行推销员问题。

旅行推销员问题定义在一组 n 个城市上，与在城市 i 和城市 j 之间旅行（任一方向）成本 C_{ij} 相关。旅行中的推销员要从一个给定的城市出发，每个城市只访问一次，然后回到起点。此次旅行的成本是经过的边的成本之和。旅行推销员的目标就是要在网络中找到一个城市的循环，使沿此循环旅行的成本最低。这个问题是众所周知的 NP 难问题，它代表了问题的优化版本。问题的决策版本是旅行推销员必须找出是否存在成本最高为 C 的路径，乍一看问题的决策版本似乎容易得多，而事实并非如此。如果我们对问题的决策版本有一个解决方案，那么将在 C 上执行二进制搜索，以在多项式时间内找到问题优化的解。只有在人们能够在多项式时间内轻松检查出给定解决方案的成本是否最多为 C 时，决策版本才更容易。无法对问题的优化版本进行这种检查。因此，问题的决策版本是 NP 完全的。布尔可满足性问题推动了 NP 难理论的发展。

玩游戏

许多棋类游戏（如国际象棋和围棋）的复杂程度极高，这个问题可以看作试图从一棵概率树中找到最佳的移动选择，该树与通过连续移动获得的棋盘位置相对应。每个节点的子节点对应于使用单个移动到达的棋盘位置。这些棋盘位置是游戏代理遇到的状态。这类游戏通常通过具体化可能移动的树，然后选择从双方棋手的角度来看最好的一步来处理。理想情况下，人们希望可以向下移动到最终结果以具体化整棵树（由于树大小的组合太多），虽然这在实践中通常是不可能的。因此，一种自然的方法是将树具体化到有限的深度，然后再使用人类领域专家（例如，国际象棋大师）设计的启发式函数评估树的最底层的位置。启发式函数可以看作领域知识的一种形式（就像在所有演绎推理系统中一样），以及启发式选择的不完善性通常会导致游戏代理在做出选择时出错。

用于游戏的演绎系统通常严重依赖于人类领域知识，这些知识以位置评估的形式进行编码。这在很多情况下通常是很难实现的，这是比赛质量的致命弱点。例如考虑图 1.3 所示棋局位置，这是从归纳国际象棋程序 AlphaZero(白色) 和演绎国际象棋程序 Stockfish(黑色) 的比赛中得到的。在这种情况下，黑色多一个棋子，但它在白色方格中的象被自己的棋子堵死了，很难预见它将如何进入游戏。因此，尽管白方的棋子数量不利，但它仍更占优势。这样的棋局通常可以由经验丰富的人类大师进行准确的评估，但对于机器来说，使用编码评估函数对其进行准确评估更具挑战性。一部分问题在于正确评估这个棋局需要可以被足够熟练的人类玩家感知的经验和直觉，但同一个人很难用通用且可解释的方式对其进行编码——不幸的是，人类编码评估通常使用过于简单（但可解释）的启发式方法创建。虽然国际象棋程序的评估功能在现代是高质量的，但这样的棋局还在继续成为演绎学习者的一大挑战。这是这次国际象棋比赛中归纳学习者 AlphaZero 获胜，但无法通过演绎程序正确评估的原因。这说明演绎推理系统的可解释性也被证明是一个隐藏的弱点，因为现实世界中的许多选择需要无法以可解释的方式具体编码的决策。

图 1.3   国际象棋中 AlphaZero（白色）和 Stockfish（黑色）的棋局位置

规划

规划问题总是对应于一系列决策的确定，这些决策用于实现一个特定的目标。规划问题中的代理示例可以是机器人甚至是象棋游戏中的自动玩家。通过制作一系列动作，代理可能会完成特定任务（例如，机器人将物体从一个位置移到另一个位置或赢得一盘国际象棋游戏）。在这种情况下，就机器人示例或国际象棋示例中棋子在棋盘上的位置而言，状态可能对应于机器人在特定时间的位置和配置。代理的动作类型可能对应于机器人可用的各种动作选择或者自动棋手下的棋。规划问题的另一个例子就是在迷宫中找到一条路。大多数规划问题都使用奖励功能（或效用功能），以控制代理的动作顺序。值得注意的是，大多数顺序环境都会以一种或多种形式产生规划问题。

在经典的规划问题中，状态代表确定性的选择以及奖励，并且状态也是完全可观测的。经典规划问题的最简单例子是手机上的桌面地图应用程序，可以找到从一个点到另一个点的最佳路线。与所有基于代理的应用程序一样，规划问题也有很多变体，这取决于环境是单代理的还是多代理的，是完全可观测的还是部分可观测的，是确定性的还是概率性的，是离散的还是连续的。1.4 节讨论了这些变体。规划问题可以是单代理规划问题，也可以是多代理规划问题。例如，玩电子游戏的代理（如 PacMan）是一个单代理规划问题。另一方面，像国际象棋这样的游戏既可以由代理与人类对手玩，也可以由两个代理对玩。在多代理规划问题中，通常（但不是始终）存在计划过程中涉及的敌对因素。

规划可以是独立于域的，也可以是依赖于域的。独立于域的计划任务可以用于从不同设置中提取的各种任务，而依赖于域的规划仅适用于特定的任务域。依赖于域的规划任务的示例是查找一对城市之间的路线。规划问题通常利用演绎推理方法。例如，规划问题可以归结为布尔可满足性问题，许多以代理为中心的顺序决策问题都是规划问题的间接形式。规划问题的主要区别在于，它通常需要大量为实现特定目标而做出的顺序决策。

值得注意的是，规划问题不仅可以通过演绎推理方法来解决，也可以通过归纳学习方法来解决。近年来特别流行的一种方法是强化学习，这将在第 10 章详细介绍。强化学习算法通常可以使用经验驱动的培训学习长序列动作，这是一种计划形式。许多基于强化学习的国际象棋程序显示出高水平的长期规划，这无法通过基于树的（演绎推理）方法进行匹配。

专家系统

专家系统最初的目的是模拟人类专家在执行特定任务时的任务，例如在医疗应用中进行诊断。这个专业类系统是爱德华·费根鲍姆（Edward Feigenbaum）在 20 世纪 60 年代针对通用解算器初始工作的失败而提出的。一个专家系统包含两个关键部分，对应于知识库和规则推理机。推理机使用一组 IF-THEN 规则为当前问题得出特定结论。这些规则通常使用一阶逻辑编码到知识库中。专家系统通常根据用户查询提供的输入使用一系列推论以根据事实和规则进行推理。

例如，考虑一个病人 John 来看医生，同时提出他的情况如下：

John 正在发烧。

John 在咳嗽。

John 有色痰。

假设专家系统包含以下规则：

如果咳嗽和发烧，那么感染。

如果有色痰和感染，那么是细菌感染。

如果是细菌感染，那么使用抗生素。

然后医生可以在专家系统中输入 John 的症状，然后使用一系列推断，以得出需要给 John 使用抗生素的结论。有两种用于推论的链接，称为正向链接和反向链接。在实践中，必须输入大量规则和案例才能使系统正常工作。医疗专家系统的例子存在于各个领域，如医学中的 MYCIN[162] 和用于税法的 TurboTax。需要注意的是，专家系统主要适用于非常特定的应用领域，其中知识库可以限制为一组定义良好的事实。另一方面，像 Cyc[113] 这样的通用系统只取得了有限的成功。而专家系统在通用人工智能方面取得了有限的成功，它们已经相当成功，并在许多特定领域实现了商业化。然而，在许多这些领域中，专家系统实现了相对简单的业务逻辑，这并不能满足非显性智能高性能的最初期望。现代使用的专家系统的一个例子是 TurboTax，它解决一系列问题，为个人计算税收。这种类型的应用是专家系统的理想选择，因为税法趋于精确，定义良好，相应的 RILE 可以很容易地在知识库中编码。然而，尽管 TurboTax 是一个专家系统，但因为底层应用程序的常规性质，大多数人并不认为 TurboTax 是一种人工智能。

1.5.2　演绎推理的经典方法

在本节中，我们将讨论人工智能中用于演绎推理的一些常用方法。在各种方法中，基于搜索的技术和逻辑编程方法是最流行的。

基于搜索的方法

搜索是人工智能中最常用的方法之一，因为它经常被用于从大量可能性中选择一种解决方案。领域知识通常被编码到环境的过渡结构中，并被反馈给代理，以及为代理提供的用于指导搜索的启发式评估函数。需要搜索的人工智能应用程序示例如下：

1. 在迷宫中找到从特定源到目的地的路径可以被认为是基于搜索的方法。迷宫的入口定义了开始状态，而搜索的最终目标被指定为目标。请注意，这种方法适用于没有网络图结构的全局视图的情况。另一方面，在道路网络中查找从特定源到目的地的路径也是基于搜索的方法，但它需要完全了解道路网络的图结构（因为和迷宫不同，大多数道路网络的地图已经可用）。

2. 求解任何类型的填字游戏都可以被认为是基于搜索的方法的理想候选，因为人们必须尝试各种可能性来填充游戏中的槽值以解决这个难题。可以定义多种在状态之间执行转换的方式（谜题的部分解决方案），以便能够搜索到一个完整的解决方案。

3. 大多数游戏（如国际象棋）都可以通过搜索移动的可能性树来解决。通常使用特定于领域的评估函数来指导搜索，这些函数可以从每个棋手的角度估计棋盘上某个特定位置的好坏。这种类型的搜索也称为对抗性搜索，其中交替移动从对手优化自己的目标函数的角度出发。

基于搜索的方法是在经典图论中探索的，因为这样一个问题的状态（例如棋盘上的棋子位置）可以表示为节点，其中的转换（例如，国际象棋的移动）可以表示为图的边。这样的图是巨大的，甚至无法完全实现。图中最常见的搜索方法是深度优先搜索和广度优先搜索。但是，取决于代理可用的知识量，不同的搜索策略的效用可能或多或少有所不同。例如，当代理想要在迷宫中找到路径时，只有有限的关于迷宫底层结构的信息可用。然而，在道路网络中，有许多关于网络结构的信息可用。在大多数人工智能问题中，底层的图非常大，甚至无法在计算机的存储可用性范围内完全具体化。因此，人们对于探索特定节点的效果总会缺乏远见。在这些情况下，人们必须在信息有限的情况下，对进行特定选择的效果进行知识的学习。例如，在国际象棋程序中，可以根据每个对手的特定移动次数（启发式地）评估棋盘位置，但在这一系列动作之外，还有其他不确定性。棋盘位置评估函数也不完善这一事实加剧了这种可能性。例如图 1.3 中的棋盘位置显示了黑子的子力优势，尽管黑子在位置上较弱，因为它的白色方格已经被自己的棋子封住了。这些微妙的点往往无法通过启发式设计的假设（如人工位置评估）捕捉到，只有在评估了一棵非常深的可能性树之后，这一弱点才会变得显而易见。然而，归纳法可以发现棋子位置的这些微弱方面。所有这些权衡和搜索的各种其他特征都将在第 2 章和第 3 章中讨论。

逻辑编程

逻辑编程方法也以知识工程为基础，只是它们侧重于形式逻辑表达，如 IF-THEN 规则，以便进行推断。逻辑编程有几种形式，包括命题逻辑和一阶逻辑。一阶逻辑比命题逻辑更先进，它更注重表现特定域中对象之间的复杂关系。这种逻辑代理的常见应用包括自动定理证明和专家系统设计。专家系统是人工智能研究人员最早开发的系统之一，它们被广泛用于商业中许多任务的自动化（例如，在工厂车间实现流程自动化）。因此，专家系统几乎总是以特定于领域的方式设计。其中一些应用程序非常简单，以至于它们甚至不被认为是人工智能的形式。逻辑程序设计方法将在第 4 章和第 5 章中讨论。逻辑编程中使用的方法，如正向链接和反向链接与搜索中使用的链接密切相关。

随着应用程序复杂性的增加，知识库变得越来越复杂，其中包含对象和层次关系。事实上，许多范例，如面向对象的编程与人工智能的这些进步并行发展。对象的组合及其关系也被作为本体，这些类型的表示被捕获为知识图谱。知识图谱表示一阶逻辑中固有思想的非正式扩展，因为它们可以以图的形式表示对象之间的关系，并且更易于机器学习技术。第 12 章将讨论知识图谱。

1.5.3　演绎推理的优势和局限

演绎推理最大的优点也是它最大的局限性。演绎推理需要一种在知识库中编码专家知识的方法。编写这样的知识需要人去理解和解释这些知识。这导致系统是高度可解释的，这显然是可取的。然而，这种可解释性也是类人类行为目标的致命弱点，因为许多人类决策依赖于不易解释的高水平理解。

演绎推理最重要的优点是它提供了一条整合我们已经知道的知识的途径。这为从头开始了解众所周知的事实提供了捷径。没有理由为了得到已经知道的假设使用归纳学习。演绎推理方法在专业领域最有效，因为用少量的知识就足以推断出有用的结论，或者在基础知识具体且毫无疑问的情况下也很有效。近年来，演绎方法经常被用作归纳学习系统的附加组件，以减少提供大小适度的知识库的数据需求。从生物学的角度来看，这是一种自然的方法，因为人类的行为也是演绎推理和归纳学习的结合。

值得注意的是，IBM 的 Watson 系统结合使用了知识库和机器学习，以获得高质量的结果 [76]。演绎推理方法在自然语言分析等各个阶段都需要，并且使用知识库确定重要事实。同时，机器学习被用来实现预测，并为各种选择打分。一般来说，纯演绎推理系统或纯归纳学习系统通常无法在全范围内令人满意地执行一系列的任务。这也与生物智能的经验相一致，生物智能将从具体教学中获得的（演绎）知识与从过去的经验中获得的（归纳）知识相结合，似乎提供了最好的结果。

1.6　人工智能中的归纳学习

尽管演绎推理系统试图将领域知识编码到知识库中以做出假设，归纳学习系统试图利用数据创造它们自己的数据相关假设。归纳学习使用数学模型定义假设，所得到的模型被用于预测以前从未见过的例子。这个过程被称为泛化，因为一个人在从特定的示例集合中创造一个更广义的假设（适用于所有例子，包括看不见的例子）。使用示例学习模型以进行预测的总体思路也被称为机器学习。

归纳学习的一组简化的"重要"任务已由多年来的研究人员和从业人员识别出来，这些任务会作为以应用程序为中心的解决方案的构建块重复出现。本节将介绍这些任务及其应用的数据类型。在很大程度上，许多机器学习任务本质上是非连续性和偶发性的，每一个动作都独立于以前的动作（例如，对装配线中的零件是否有缺陷进行分类）。所以，在处理这些类型的机器学习问题时，通常不会遇到"代理"或"环境"的概念。一个显著的例外是强化学习，其环境天生是连续的（例如，下棋），并且始终使用代理的概念（例如，玩家代理）。

归纳系统可以使用多种数据类型创建模型。在下文中，我们将提供归纳学习应用中常见的数据类型：

❑ 最常见的数据类型是多维数据，其中每个数据点由一组数值表示，称为维数、特征或属性。例如，一个数据点可能对应于一个个体，特征可能是个人的年龄、工资、性别或种族。虽然特征可能是按类别划分的，但它们通常通过各种类型的编码方案转换为数字数据类型。例如，考虑一个属性，比如颜色，可以取红色、蓝色和绿色三个值。在这种情况下，可以创建三个二进制属性，每个属性都属于其中一种颜色。这些属性中只有一个值为1，其他属性值为0。多维数据集始终可以表示为数值矩阵，这使得归纳学习算法的发展特别简单。

❑ 序列数据可能对应于文本、语音、时间序列和生物序列。每个基准可以被视为一组具有特定顺序的特征，以及每个基准中的特征数量可能不同。例如，两个不同系列的长度可能会有所不同，或者两句话的字数可能会有所不同。注意，相邻的特征（例如，句子中的连续单词或时间序列中的连续值）密切相关，在数学模型的构造期间，机器学习模型需要考虑到这一事实。

❑ 空间数据具有按空间组织的特征。例如，图像具有空间排列的像素，并且相邻像素具有密切相关的值。在图像中，两个相邻像素很可能具有相同的值，并且关于图像的大部分信息通常嵌入具有高度可变性区域的少量像素中。机器学习模型需要考虑这些关系。当数据域的特定特征在学习过程中使用时，这是效率最高的机器学习算法的一般特征。

其他相关类型的数据包括图或包含不同类型属性的异构数据类型。强化学习设置生成序列数据。第8章和第10章将讨论处理序列和空间数据的归纳学习方法。

本节中的大多数示例将使用多维数据，因为它简单易用。在下文中，我们将介绍表示与多维数据相关联的向量所需的符号。向量 $\overline{X}_i = [x_i^1, \cdots, x_i^d]$ 为第 i 个数据点 $\overline{X}_i$ 的 d 个数值属性的集合。例如，如果第 i 个数据记录 $\overline{X}_i$ 与第 i 个人关联，则分量 $x_i^1, \cdots, x_i^d$ 代表不同的含义，如年龄、工资、受教育年限等。$\overline{X}_i$ 中的下标 i 表示我们正在谈论第 i 个人。假设总共有 n 个人 $\overline{X}_1, \cdots, \overline{X}_n$，整数 d 表示维数，因此，多维数据集可以表示为一个行为 n、列为 d 的矩阵。

1.6.1　学习的类型

有两种主要的学习类型，即有监督的和无监督的。首先，我们将描述无监督学习。想象一个你从未做过的思想实验，你在生活中从未见过人以外的动物。这样你就有了一个有限的机会仔细检查特定群体中的各种动物（如哺乳动物），并创建你见过的所有不同动物的心理模型。然后，你被要求给出一个在此过程中遇到的各种哺乳动物的简要描述。因为你只能保留关于各种动物的简明记忆，所以可能只能够简略地描述动物的主要特征，甚至可以创建一个你所见过的不同类型动物的紧凑内部模型或分类法。这是无监督学习的任务。请注意，对哺乳动物的描述的简洁性是这一过程的关键，因为不寻常的动物特有的属性通常在这个过程中被忽略了。在人工智能中，无监督学习系统（通常）尝试创建数据的压缩表示（例如聚类或低维表示），也可用于大致重构特定示例。这个过程被称为无监督的，因为人们正在寻找一整类例子通用特征，而不是试图寻找能够在不同类别的例子之间区分的特征。

现在考虑一种不同的情况，每个动物都用圆圈标签来标记，表明它是食草动物还是食肉动物。检查后，你会看到一种全新的动物，然后被要求预测这种动物是食草动物还是食肉动物。在你构建心理模型时展示给你的动物代表"训练数据"，你用它来了解食草动物和食肉动物之间的不同特征（例如，牙齿类型和爪子锋利度）。新显示的动物是"测试"数据。请注意，在本例中，你对动物特征的理解完全取决于该动物是否为食草动物。因此，你将特别注意对每只动物进行牙齿和爪子检查（与无监督的情况不同）。这种形式的指导被称为"监督"。在无监督的情况下，你不会特别注意动物的特定特征（如牙齿），并平等看待每一种属性与动物的其他属性，只要该属性能够很好地描述整个示例组。因此，标签扮演监督教师的角色。

有监督方法和无监督方法之间的差异比人们认为的小得多。在无监督模型中，我们试图了解数据点的所有特征及其相互关系，而在监督学习中，我们尝试学习如何从其他特征中预测重要特征的子集。两种类型的学习是从一组输入到一个或多个输出的映射，这种相似性在使用神经网络时变得尤其明显（输入和输出已明确指定）。在这两种情况下，都构建了数据的压缩模型，但它们有不同的目标。这种差异如图 1.4 所示。请注意，图 1.4 中的压缩模型通常使用机器学习模型的数学参数进行编码，如神经网络。此模型也是（有时无法解释）归纳学习模型发现的假设。例如，图 1.4a 中使用神经网络的无监督模型可以是自动编码器，而图 1.4b 的监督模型可以是类似于线性支持向量机的分类器。在图 1.4a 的情况下，压缩过程确保只能重建输入数据的关键元素，同时会丢失一些细节。大多数人类的学习都是无监督类型。我们一直通过感官和无意识地以某种形式存储"重要"的事实和经验来接收数据，而不考虑我们以后可能会使用它做什么。选择重要的事实和经验来存储是一种压缩。当尝试执行更多特定的、以目标为导向的任务时，这些知识通常是有用的，这些任务与监督学习相对应。

图 1.4　无监督学习为数据属性间共同的相互关系和模式建模，而监督学习为属性与所有重要属性（监督标签）的关系建模

1.6.2　无监督学习任务

无监督方法通常使用属性和数据记录之间的聚合趋势对数据进行建模。此类问题的示例包括数据聚类、数据分布建模、矩阵分解和降维。一些无监督的模型还可用于使用概率数据分布生成合成记录的"典型"示例。无监督方法的典型应用如下：

1. 一个重要的应用是创建完整数据集的摘要表示，以便更好地理解和进行以应用程序为中心的分析。一个例子是数据聚类问题，它用于创建相似数据点的段。一些类型的聚类，如 Kohonen 自组织地图 [103] 用于创建数据的视觉表示，以便更好地理解。

2. 第二个有用的应用示例是无监督降维，例如通过使用线性或非线性映射，以减少的维数表示每个数据点。这里的基本思想是使用属性间的依赖关系，以压缩形式表示数据。在前面章节讨论的示例中，拥有强大犬齿的动物也可能有长而锋利的爪子，而犬齿不发育的动物不太可能有锋利的爪子。这些依赖关系可用于创建更简洁的数据表示，由于某些属性可以通过与其他属性组合来进行近似预测。

3. 由无监督模型创建的压缩表示（有时）也可以用于生成合成数据记录的示例，表示来自该分布的数据点的典型示例。这类无监督模型也同样被称为生成模型。

值得注意的是，上述应用程序通常由类似的（有时是相同的）模型启用。

在下文中，我们将简要描述作为无监督方法的代表的聚类问题。聚类问题就是将不同

的数据记录 $\overline{X}_1,\cdots,\overline{X}_n$ 依据相似性按组划分。例如，考虑数据记录 $\overline{X}_i$ 包含对应于客户的人口统计特征。然后，电子商务站点可能会使用聚类算法分割数据集，把相似的人分成一组。这是一个有用的练习，因为每一部分的人口统计特征的相似性有时可能反映在其在不同商品的购买模式的相似性上。通常可以使用聚类创建的分段作为其他分析目标的预处理步骤。例如，更仔细地考察聚类，人们可能会了解到特定的个体对杂货店中特定类型的物品感兴趣，尽管任何特定的个体可能只购买了一小部分这些物品的子集。杂货商可以利用这些信息为小组中的个人可能购买的物品提供建议。事实上这种方法通常用于电子商务应用程序中的推荐，并且被称为协同过滤 [5]。

一种流行的聚类算法是 k-均值算法，我们首先随机从数据中抽取 k 个点作为聚类代表，并将每个点分配给其最近的聚类代表，这将产生 k 聚类。然后，我们将聚类中的所有点取平均值以重新计算质心，并将质心指定为更新的聚类代表。再次将所有点指定给最近的聚类代表。迭代地重复该过程，直到聚类代表和点的聚类成员关系稳定。这将导致数据的聚类，其中在每个聚类中放置相似的点。

值得注意的是，聚类是数据压缩的一种形式，因为通常每个聚类都可以使用其统计特性以简洁的方式进行描述。例如每个点都可以简单地替换为其质心（在 k-均值算法中），因此可以使用每个质心的计数来表示整个数据集——这将产生数据的压缩表示（尽管会有一些信息丢失）。信息丢失是自然的，因为无监督模型试图提取数据中最重要的模式，这些模式可以用来近似地重建数据，但并不精确，在每个聚类中创建点的概率分布的一些聚类形式，也可用于从真实数据集中为其他应用程序生成合成（代表性）点。另一个在高维数据表现良好的无监督应用的例子是利用降维得到 d 维数据的 k 维表示，其中，$k \ll d$。这是通过使用将数据点映射到其低维表示的参数化模型实现的。这是许多无监督模型的一个共同特征，这些模型使用参数向量 $\overline{W}$ 构建数据的压缩模型。基本思想是将每一个数据点 $\overline{X}_i$ 经过压缩阶段后近似地表示为自身的函数：

$$\overline{h}_i = F_{压缩}(\overline{X}_i), \overline{X}_i \approx F_{解压}(\overline{h}_i)$$

$$\overline{X}_i \approx G(\overline{X}_i) = F_{解压}(F_{压缩}(\overline{X}_i))$$

压缩表示 $\overline{h}_i$ 可以被视为包含数据点 $\overline{X}_i$ 中最重要特征的精简描述。"隐含"表示 $\overline{h}_i$ 在图 1.4a 的盒子中被构建，并且至少从输入 - 输出的角度看，它通常是不可见的（尽管我们可以从模型中将它提取出来）。它的属性通常也是不可解释的。情况并非总是如此。例如，在 k-均值聚类中，值 $\overline{h}_i$ 仅仅是包含 $\overline{X}_i$ 的聚类的质心，以及解压缩过程只是复制这个质心。在其他应用，如降维中，$\overline{h}_i$ 可能是 $\overline{X}_i$ 的线性或非线性变换，这是难以用原始属性解释的术语。

从该隐含表示重构数据点是近似的，并且有时可能会落掉不寻常的信息。例如，在 k-均值算法中通过其聚类质心表示每个点会明显丢失信息。在上一节的哺乳动物示例中，如果将一只不寻常的无爪狮子输入图 1.4a 的模型中，它可能仍然会输出一个在其他方面具有非常相似特性的狮子，但添加了爪（基于模型看到的其他典型示例）。（非冗余的）简明表示 $\overline{h}_i$ 不能捕获罕见的信息，而且它的属性之间具有更少的相互关系。因此，对具有概率分布的隐含数据进行建模通常比较简单，并由此概率分布直接生成示例 $\overline{h}_i$。这些例子能被用来生成如 $F_{解压}(\overline{h}_i)$ 等新的数据点。在我们前面讨论的哺乳动物类比中，我们可以将这一过程视为生成对人们从未见过的典型（但奇幻的）哺乳动物的描述。第 9 章将讨论无监督学习方法。

1.6.3 监督学习任务

两种最常见的监督学习任务是分类和回归建模。在分类任务中，每个数据点 $\overline{X_i}$ 与目标变量 y_i 相关，也被称为类标签。类标签是指示变量，表示点 $\overline{X_i}$ 属于哪一组。在二进制分类的最简单情况下，从 $\{-1, +1\}$ 中提取目标变量 y_i，而从 k 个无序分类值（例如，蓝色、绿色或红色）中的某一个提取目标变量。k 值表示数据中的组数，就像聚类一样。与聚类不同，使用特定标准以监督的方式确定这些组（例如，食草动物或食肉动物）。请注意，聚类算法可能并不总是自然地将数据聚类为这些特定类型的组。将 $y_1, \cdots, y_n$ 的值赋给 n 个训练数据点。然后，该数据用于构建特征与组标识的关系模型（例如，食肉动物有特定类型的牙齿）。在许多情况下，组标识可能是特征的复杂函数，可能不容易解释，但可能表示为 $\overline{X_i}$ 中数值特征的有点复杂的数学函数。组标识也称为类或类别。在多分类的情况下，需要注意的是，类标签不是按顺序排列的。

分类问题的一个具体例子为：$\overline{X_i}$ 中输入特征的设置对应于图像的像素值，而 y_i 中的标签对应于图像的类别（例如，香蕉、汽车或胡萝卜的类别标识符）。因为个体像素是相当原始的特征，通常很难将类别 y_i 表示为个体像素值的可解释函数。然而，归纳学习法通常能够以数据驱动的方式学习这个函数，而演绎推理方法不可以根据像素精确地对图像进行分类。

回归建模问题与分类密切相关。它们的主要区别是在回归建模问题中，y_i 的值是数值的。例如，人们可能会试图根据个人过去的信用卡收支记录来预测其信用分数。在分类和回归中，目标都是学习目标变量 y_i（无论是分类还是数值的），该变量作为第 i 个数据点 $\overline{X_i}$ 的函数。

$$y_i \approx f(\overline{X_i})$$

函数 $f(\cdot)$ 可能具有高度复杂且难以解释的形式，尤其是在神经网络和深度学习模型的情况下。函数 $f(\overline{X_i})$ 通常被一个权重向量 $\overline{W}$ 参数化。例如，考虑如下二分类问题（标签值属于 $\{-1, +1\}$）：

$$y_i \approx f_{\overline{W}}(\overline{X_i}) = \text{sign}(\overline{W} \cdot \overline{X_i}) \qquad (1.1)$$

注意，这里对函数添加了一个下标以表示参数化。如何计算参数 $\overline{W}$？关键点是使用精心构造的损失函数惩罚观察值 y_i 和预测值 $f(\overline{X_i})$ 之间任何类型的不匹配。因此，机器学习模型往往归结为以下优化问题：

$$\text{Minimize}_{\overline{W}} \sum_i y_i \text{和} f_{\overline{W}}(\overline{X_i}) \text{的不匹配度}$$

一旦通过求解优化模型计算权重向量 $\overline{W}$ 后，就可以预测无标签类变量 y_i 的值。在分类情形下，损失函数通常应用在 $f_{\overline{W}}(\overline{X_i}) = \text{sign}(\overline{W} \cdot \overline{X_i})$ 的连续松弛上，目的是最优化连续函数时可以利用微积分。二分类的这种损失函数的一个例子是最小二乘损失函数，也称为 Widrow-Hoff 损失：

$$\text{Minimize}_{\overline{W}} \sum_i (y_i - \overline{W} \cdot \overline{X_i})^2$$

注意离散的符号函数在 $\overline{W} \cdot \overline{X_i}$ 之前被抛弃了，进而产生了一个连续目标函数。求解该优化问题，得到 $\overline{W}$ 的最优解，式（1.1）可以用来预测算法之前没有见过的样例。在监督学习算法中，近些年神经网络变得日益流行，因为它们在某些领域，比如图像和文本领域表现非凡。神经网络使用一个计算节点网络，其权重与边关联。学习是通过改变神经网络中的权重来实现的，用于响应预测中的错误。这种改变权重的过程是生物学中的一种直接类比，因为学习是通过改变连接生物神经元的突触的强度从而在活体生物中实现的。

强化学习

尽管无监督学习和有监督学习定义的是相当简单和狭窄的任务，但强化学习算法尝试为特定任务启用端到端学习。其核心思想是通过试错过程向学习者提供反馈，例如教机器人如何走路。请注意，强化学习算法通常用监督学习算法（类似于神经网络）作为一个子例程，并将不断地训练它，因为它会收到关于其动作的积极或消极反馈。强化学习与生物学习最为相似。可以训练老鼠学习迷宫路径，在其到达迷宫出口点时给它适当的奖励（如食物），使其通过迷宫。通过多次尝试，老鼠将逐渐了解哪些路径是正确的，哪些路径是不正确的。每当老鼠得到奖励时，其体内的突触强度将进行更新。更新的累积效应会导致学习。这跟强化学习中使用的过程非常相似。

AlphaZero 是一个基于强化学习的国际象棋程序⊖，它可以通过反复与自身对抗学习最好的棋法，使用棋盘的当前位置作为输入，以更新用于预测棋步的学习模型。学习模型使用神经网络，并根据博弈结果更新神经网络的权重。它的学习模式更像人类，而不像依赖移动树的程序（即使用知识工程的程序）。因此，它的游戏风格比传统的象棋程序更具进取心和人性化。与强化学习有关的主要挑战学习是它需要非常大量的数据。这可能在封闭系统中（如游戏）产生，其中可以通过自我对弈生成无限量的数据。在视频游戏或电子机器人领域也有类似的成功案例，其中可以通过模拟生成无限量的数据。然而，有限的数据可用性（如实际的机器人）的表现要差得多。将系统暴露于试错过程中有实际问题，在试错过程中，故障往往会损害系统。这是在现实环境中与强化学习相关的主要挑战，尽管其在可以模拟生成大量数据的场景中表现出色。第 10 章将探讨强化学习。

1.7　人工智能中的生物进化

所有的生物智能都归功于生物体的达尔文进化过程。在生物进化中，生物体为了生存而竞争，因此，更健康的动物往往会更频繁地交配。随着时间的推移，生物体为了有更好的生存机会会努力适应环境。人类站在进化论等级制度的顶端，主要是因为我们具有优越的智力，这为我们提供了最好的生存机会。因此，进化可以被认为是生物学中的主要算法。请注意，生物进化是强化学习的一种大规模形式，其中许多生物体通过相互作用以及与环境的相互作用而进化。所有的强化学习算法都是归纳法，它们从实例/经验中学习。因此，我们自己就是归纳学习的产物。

生物进化的成功引出了以下自然问题。如果进化为生物学创造了奇迹，为什么它没有为人工智能创造奇迹呢？当然不是因为缺乏尝试。优化和人工智能都存在进化范式。与生物进化最相关的优化范式是遗传算法[85]，而人工智能中相应的范式是遗传程序设计[106]。这些方法的主要问题是（到目前为止）未能在某些受限问题领域之外提供令人鼓舞的结果。

⊖ 它也能玩围棋和日本将棋。

在这种情况下，遗传算法比遗传程序设计方法要有用得多。

在遗传算法中，优化问题的解被编码为字符串。例如，考虑 d 维中的一个问题，在这里我们要找到一组 k 个聚类的质心（中心点）的集合，使每个点到与其最近聚类的质心的平均距离尽可能小。此问题的解决方案可以编码为包含 k 个质心（每个维度 d）的长度为 $k \times d$ 的字符串。此字符串被用作染色体，该字符串的目标函数称为适应度函数。在聚类问题中，适应度是每个点到最近质心的平均距离。有时，可以将两个解（即两组质心）组合在一起以创建两个新的解，它们共享其父母的重要特征。这些是父母的后代，这个过程被称为交叉。通过选择合适的个体，以有偏见的（达尔文式）方式选择用来重组的父母，使子解也可能更为适合。选择往往通过使用有偏随机抽样完成，其中适应度函数用于合并选择过程中的偏见。这一过程类似于生物学中的自然选择过程，这在遗传算法中也被称为选择。此外，还有一个所谓的变异过程在解决方案中引入了更大的差异。例如，你可以为解集中的质心添加一些噪波，以鼓励多样性。和生物进化一样，一个人总是使用一组解，并重复选择、交叉和变异过程，直到群体中的所有个体变得更相似。结果是一组启发式最优解集。第 2 章将对遗传算法进行讨论。

遗传程序设计是遗传算法的一个分支，在遗传算法中求解优化问题本身就是计算机程序，而适应度函数是计算机程序执行特定任务的能力。通过使用这种方法，预计计算机程序将随着时间的推移而发展，以便能够更高效地执行这项任务。遗传程序设计的范例与生物进化的范例非常相似。

因为计算上的挑战，遗传程序设计范例的实际成功有限。生物进化已经有了数十亿年的历史，遗传算法在无数大小动物身上并行运算。例如，蚂蚁的数量超过 10^{16} 只，而昆虫的数量达到了 10^{18} 只。这些生物体中的每一种都可以被看作一个微小的"程序"，可以与其他程序交互，基于自然选择过程重组、变异和自我复制。此外，整个进化系统已经获得了数十亿年来太阳的"计算"能力。虽然这个过程效率相当低下，但其规模令人难以置信。显然，我们今天没有一种技术能与生物进化的规模和计算能力相匹配。因此，有很多遗传程序设计的批评者们认为，该领域从"第一原则"出发，在未来的发展中过于雄心勃勃，但没有正确理解它的功能的局限性。这一批评是否有充分的根据还有待观察，特别是作为一种更强大的计算范例，如新兴的量子计算。遗传计划在狭义领域的成功是有限的。在人工智能的大多数领域中也是如此，（通过图灵测试的）通用智能仍然难以捉摸。从这个意义上讲，遗传程序设计的未来潜力（随着计算能力的提高）在很大程度上仍然未知。

1.8　总结

人工智能有两个主要的流派，区别在于解决特定问题时使用的方法类型。这两个学派对应于演绎推理和归纳学习的思想流派。演绎推理方法，如逻辑编程在早期很受欢迎，但随着时间的推移，它的普及程度逐渐降低，因为它们无法在更具挑战性的环境中适用。后来，归纳学习方法（如机器学习和深度学习）变得越来越流行。这些方法从经验和证据中学习，它们更接近于人类学习方式。在归纳学习方法中，强化学习和遗传程序设计仍然是人工智能最雄心勃勃的形式，因为它们试图模拟通用人工智能。这些方法也最接近生物学范例。然而，这些方法仅适用的领域有限，原因在于它们对海量数据和计算的需求。

1.9　拓展阅读

Russell 和 Norvig 的书 [153] 是一本关于人工智能的优秀而详细的资料。这本书通常更侧重于人工智能的传统（演绎）形式，尽管其中的一个章节也致力于学习。对于归纳法，有几本聚焦机器学习的书 [6，7，20，21，67，71]，以及与机器学习的数学原理相关的书 [8，45，176]。还有关于编程语言（如 LISP[133, 163] 和 Prolog[37]）的书籍。

1.10　练习

1. 将以下每一项归类为归纳学习或演绎学习推理：
   (a) 使用组合算法找到从一点到另一点的最短路径。
   (b) 利用过去在城市中驾驶的经验来构建从一点到另一点的最短路径。
   (c) 在井字游戏中枚举整个可能性树，并基于此树定义移动。
   (d) 基于过去在类似位置上移动的结果在井字游戏中移动。
   (e) 通过将机加工板材的测量值与其他有缺陷和无缺陷的板材测量值进行比较，将其分类为有缺陷或无缺陷的。
   (f) 通过将其测量值与一组理想测量值进行比较，将机加工板材归类为有缺陷或无缺陷的。

2. 由万有引力理论可知，从塔中降落的物体初始速度为零，它的以米为单位的距离 y 由 $y=4.9x^2$ 近似给出，其中 x 是以秒为单位的时间。假设科学家 Ignoramus 先生不知道万有引力理论，但怀疑 y 是一个 x 的次数最多为 3 的多项式函数。他将函数建模为 $y=a_0+a_1x+a_2x^2+a_3x^3$。然后，他通过反复让一个球从塔上落下来估计 a_0、a_1、a_2 和 a_3 的值，并用一个丢球的视频测量不同 x 值处的 y。然后，当 x 为 10^6 秒时，他使用这个模型来估计 y 的值（以米为单位）（因为塔的高度不足以产生此 y 值）。
   (a) 这个过程是演绎推理还是归纳学习？
   (b) Ignoramus 先生的实验结果是否会得到理论模型 $y=4.9x^2$？如果理论模型有任何变化，请解释原因可能是什么。
   (c) 假设 Ignoramus 先生进行了所有的实验，并在不同的两天估计了在 $x=10^6$ 的情况下 y 的值。他这两天会得到同样的结果吗？

3. 讨论下面的每个代理设置是情节非顺序、情节顺序还是连续顺序的：(a) 将一组图像中的每一个分为三类中的一类；(b) 下棋；(c) 长时间开车；(d) 玩吃豆人的电子游戏；(e) 电子零售商通过预订单数量预测某书籍第一年的销售量；(f) 根据机加工板材的尺寸预测其是否有缺陷。

4. 考虑一个小学生的数据集，包括他们的出生日期、年龄，以及学生的成绩。讨论一个将数据压缩为单个维度的非常简单的过程，以及最有可能由此类压缩导致的错误。

5. 请针对后面的代理：(a) 在走廊中行走的机器人；(b) 井字游戏；(c) 通过键盘界面与人交谈的聊天机器人列举静态 / 动态和离散 / 连续时间环境的示例。上述问题的答案可能取决于你的假设。因此，请说明你所做的假设（如果需要）。

6. 八皇后问题的解决方案不是唯一的。请提供除了本章正文中给出的解之外的替代解决方案。

7. 假设一位精明的数据科学家发现，垃圾邮件通常含有"免费"这两个字。随后，数据科学家实现了一个通过删除包含这两个字的所有电子邮件来识别垃圾邮件的系统。讨论为什么这个过程同时涉及归纳学习和演绎推理。

第 2 章

搜索状态空间

"在真理和寻求真理之间，我选择后者。"

——伯纳德·贝伦森

2.1 引言

人工智能中代理的目标（通常）是达到特定类别的状态（例如，国际象棋中的获胜状态），或根据手头的应用程序定义的特定标准达到具有高"期望值"的状态。换句话说，代理需要搜索整个空间，以达到特定目标或最大化其回报。在某些情况下，代理通过搜索空间选择的路径会对赢得的回报产生影响。

在大多数现实环境中，状态空间非常大，这使得搜索过程非常具有挑战性。这是因为少量操作可以达到的可能状态的数量非常大，并且代理通常可以到达空间中不相关的部分。虽然搜索问题自然适合于对状态执行顺序操作的设置（例如，国际象棋中的移动），但它们的使用并非仅限于这些情况。即使在决策顺序无关紧要的环境中，也可以通过创建关键决策过程的人工序列，使用搜索来探索可能解决方案的空间。例如，对于约束满足问题，当人们在可能的变量分配空间中搜索时，可以顺序设置问题的变量。以搜索为中心的设置有两种变体，如下所示：

- 给定特定的开始状态，以达到特定的目标结束状态。许多迷宫和谜题（包括约束满足问题）的解决方案都可以用这个场景建模。起始状态对应于拼图的初始配置，目标状态对应于任何所需配置。在某些情况下，还可能希望最小化从开始状态到达结束状态所需的路径成本。在路由应用程序中经常出现这种情况。因此，成本与用于从一个状态到达另一个状态的路径相关联，一些状态被视为目标状态。请注意，为规划从开始状态到结束状态的路径而选择的特定方法可能取决于代理的背景知识和当前环境的详细信息。例如，拥有迷宫地图的代理将使用与不具有此信息的代理不同的基于搜索的算法。
- 给定特定的起始状态和与每个状态相关的损失函数，达到损失最小的结束状态。因此，成本与状态有关。这种类型的设置通常需要不同类型的算法，而不是成本与路径相关联的算法。本例中使用的典型算法示例包括爬山、模拟退火、禁忌搜索和遗传算法。

第一种情况是面向目标的搜索，尽管因为遍历的成本，有时也会在搜索中加入损失。第二种方案试图优化以状态为中心的损失，这是模拟退火和遗传算法等方法的重点。搜索的某些版本也与计划密切相关，其中特定的行动序列实现特定的目标。一般来说，对应于实现特定目标所需的行动序列的设置的规划相对较长。虽然规划问题有时被视为人工智能的一个独立领域，但它与人工智能中的其他设置的区别只是在于它需要找到正确的行动顺序，从而导致复杂性增加。例如，一名棋手可能会寻找一长串有可能确保胜利的动作。

本章讨论的方法属于演绎推理方法。然而，许多搜索和规划场景也可以通过使用强化学习算法来解决，强化学习算法是一种归纳学习方法。一个关键点是，本章中基于搜索的算法使用有关状态空间的领域知识，以便对可能有益的路径做出决策。然而，强化学习算法利用代理在遍历状态空间时的先前经验来决定要使用哪些动作来获得奖励。利用先前经验进行决策是一种数据驱动的方法，可以将其视为归纳学习的一种形式。当收集有关代理先前经验的数据的成本较高时，演绎推理方法更可取。下一章和第 10 章将讨论学习和强化算法。

本章重点介绍单代理设置，其中所有操作均由同一代理执行。此设置不包括两个代理或多代理设置，如国际象棋。多代理设置更为复杂，因为从不同代理的角度来看，优化的目标函数可能不同。这些情况经常出现在所有类型的游戏应用程序中。由于用于单代理和多代理设置的方法存在根本性差异，下一章将讨论多代理设置。

本节的其余部分将讨论如何在概念上将状态空间建模为图。2.2 节讨论目标导向搜索算法。2.3 节讨论使用路径成本和特定于状态的目标函数值来改进目标导向算法。2.4 节讨论具有特定于州的损失值的本地搜索，这包括爬山法和模拟退火法。2.5 节讨论用于搜索和优化的遗传算法。2.6 节讨论约束满足问题。2.7 节给出总结。

作为图的状态空间

将状态空间建模为图，可以开发利用空间图结构进行搜索的算法。换言之，将状态空间搜索转化为图搜索。这种方法的优点是，图搜索问题是图论、数学和计算机科学中研究得很深入的问题。因此，一旦问题转化为以图为中心的设置，将状态空间搜索问题建模为一种图搜索，就可以使用各种现成的算法。图论中的搜索方法已经被研究了五十多年，有各种各样的方法可用于处理各种设置。

用于搜索的状态空间可以被视为一个有向图，其中每个状态都可以被视为图的一个节点。在有向图中，节点之间的边有一个方向，用箭头表示。如果代理可以通过单个动作从状态 i 移动到状态 j，则两个节点 i 和 j 通过有向边 (i, j) 连接。建模图中的边的方向反映了代理从状态 i 过渡到状态 j 的方向。换句话说，边的尾部⊖在节点 i 处，而边的头部在状态 j 处。注意，在一些问题中，节点的定义和图的结构很大程度上取决于如何定义代理的动作（这是搜索策略设计的一部分）。我们将在本节中举例说明这种灵活性。

为了提供对这一概念的理解，将八皇后问题作为一个案例研究。在这个问题中，目标是将八个皇后放在一个 8×8 的棋盘上，这样就不会有皇后互相攻击。我们建议读者在进一步阅读之前参考上一章中讨论的八皇后问题（参见图 1.2）。请注意，棋盘上 $k \leqslant 8$ 的 k 个皇后的任何位置都可以被视为一个状态。然而，只有当一个皇后不攻击另一个皇后且 $k=8$ 时的状态才被视为目标状态。代理不断地尝试在板上放置额外的皇后，因此，当且仅当状态 j 相对于状态 i 在板上放置了额外的皇后（并且在其他方面与状态 i 相同）时，状态 i 与状态 j 之间存在一条边。由一条边连接的两个节点示例如图 2.1 所示。虽然从技术上讲，该

⊖ 在图论中，边的头与箭头相对应，而边的尾与另一端相对应。边从尾部指向头部，与过渡方向相对应。

图可能包含违反攻击约束的节点，但只有两个节点之间不违反"攻击约束"的边才能被遍历，因为代理将继续尝试构建到目前为止不违反有效性的解决方案。这种边缘遍历也称为转换，因为它定义了代理的操作如何更改状态。由于攻击约束在任何遍历中从未被违反，因此也可以考虑仅包含不违反攻击约束的节点的图；因此，有效状态对应于没有一对皇后相互攻击的位置。过渡起点处的节点称为边的尾部，过渡终点处的节点称为边的头部。边的尾部的节点称为头部节点的前置节点，边的头部的节点称为尾部节点的后继节点。由于边的头部节点总是比边的尾部节点多一个皇后，这样的图不能包含边序列形成闭环的有向循环；换句话说，在这种特殊情况下，状态空间图是有向无环图。值得注意的是，大多数以应用程序为中心的设置的状态空间图本质上不是非循环的。

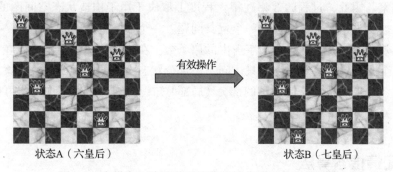

状态A（六皇后）   状态B（七皇后）

图 2.1   在棋盘上放置皇后的代理操作引起的有效转换

图遍历过程从 $k=0$ 个皇后开始，并在板上放置更多皇后的同时连续增加 k。因此，初始状态可能对应于板为空的解决方案，因此 k 的值为 0。代理的目标是继续遍历状态空间，直到得到有效的解决方案。当皇后的数量值 k 远小于 8 时，很容易找到皇后不相互攻击的位置。然而，随着 k 的增加，在不违反攻击约束的情况下，要找到一个可以放置皇后的正方形变得越来越困难。在某些情况下，代理可能会到达一个状态，在该状态下，不再可能在不违反进一步约束的情况下将女王置于棋盘上。例如，图 2.1 右侧的解决方案有七个皇后，但不可能在任何正方形上放置第八个皇后而不被其他七个皇后中的一个攻击。因此，这种状态是一条死胡同，代理无法在边上继续寻找有效的解决方案。对于只包含有效状态的图表示，这样的节点将没有传出边。因此，在这种情况下，回溯是必要的，其中较早的位置（皇后较少）以不同的方式扩展。搜索算法的目标是系统地探索状态空间，以找到包含八个皇后的有效状态。用图的形式对状态空间进行抽象，使这个过程具有一定程度的简单性，因为在经典数学和计算机科学中，对图上搜索算法的设计进行了广泛的探索。

如前所述，状态空间图的设计可能取决于搜索使用的策略，因此状态或转换的定义也可能不同（取决于手头的探索策略）。即使在八皇后问题的情况下，也可以设计一种完全不同的搜索策略，并使用相应的不同图结构来表示状态和转换定义的不同方式。例如，可以在状态空间上设想不同的图结构，其中任何包含八个皇后的解都是一个状态，而不管皇后是否相互攻击。如果一个人可以通过将一个皇后从一个正方形移动到另一个正方形来在这两个状态之间转换，反之亦然，那么两个状态通过一条无向边连接。代替无向边，还可以在两个方向上使用两条有向边，因为过渡发生在两个方向上。目标是继续移动皇后，直到找到有效的解决方案。因此，状态由包含八个皇后的所有可能位置定义，无论它们是否相互攻击，关键点是从一个状态移动到另一个状态，直到达到攻击次数最少的位置。关键的一点是，代理策略在这里是不同的，无论是在初始状态的选择方面，还是在所使用的操作方面，因此底层图的结构也是不同的。事实上，最好通过定义惩罚该状态中相互攻击次数的启发式损失函数，然后尝试通过爬山或模拟退火方法从一个状态移动到另一个状态来解决这些情况。2.4 节将讨论此类方法。

最后，值得注意的是，大多数人工智能问题的状态空间是巨大的。例如，在一块有 64 个正方形的板上放置 $k=8$ 个皇后的方法的数量为 $\binom{64}{8} \approx 4.43 \times 10^8$（包括皇后可能相互攻击的解决方案）。状态空间图中包含哪些状态取决于手头的算法。一些算法可能只使用皇后不相互攻击的状态，而其他算法可能只通过违反问题约束的状态（例如皇后相互攻击）找到最终解决方案。因此，过程的效率在很大程度上取决于用于构造状态空间图的特定策略。八皇后问题被认为是人工智能中的一个玩具问题。一个非常复杂的状态空间，如国际象棋游戏中的有效位置，其状态数大于宇宙中的原子数。在这种情况下，不可能在任何存储设备上保存整个图结构，必须设计出只访问一小部分状态空间的明智的解决方案。因此，在探索过程中，代理通常必须使用图的部分（局部）知识。这就产生了许多与可使用的搜索算法类型相关的挑战和权衡。

2.2　不知情搜索算法

在本节中，我们将讨论面向目标搜索的算法，其中代理在搜索过程中从一个状态移动到另一个状态，但它们没有关于中间状态的启发式优点的任何信息。由于缺乏关于中间状态可取性的信息，这些算法被称为不知情算法。不知情搜索算法在实践中表现得相当糟糕，因为它们往往在很大的搜索空间中漫无目的地徘徊。然而，这些算法很重要，因为它们定义了构建更复杂算法的基础。

如前一节所讨论的，状态空间图是通过状态的选择以及每个状态中动作的选择隐式定义的。对于像八皇后问题这样的目标导向算法，通常有一个初始状态 s 和一个或多个条件 G，它们定义了一个状态是否对应于目标。这些值是搜索算法的输入。在许多情况下，状态空间的选择不是唯一的；根据初始状态的性质（例如，八皇后问题中的初始位置）、状态的定义以及用于实现目标的特定操作选择（例如，按顺序放置皇后或在板上随机排列皇后对），可以通过多个状态空间图来定义同一问题。用于从一个状态移动到另一个状态的操作通常以这样的方式构造，以便能够实现高效的搜索过程。换句话说，我们希望创建一个搜索过程，通过有序遍历过程最大化状态达到目标条件的机会。然而，一旦选择了图和转换策略，搜索过程的具体设计也会对方法的效率产生影响。此外，图通常在探索时动态创建，因为通常不可能预先存储大型状态空间图。在大多数涉及大型状态空间的实际应用中，通常从要访问的一组潜在状态中选择当前状态来局部扩展图，然后使用转换展开与当前状态相邻的节点。要访问的一组潜在状态存储在一个列表中，该列表由变量列表（LIST）表示，其中的状态称为活动状态。这组活动节点定义了搜索过程的边界。从列表中选择节点的具体方式对搜索过程的计算效率和内存需求有重大影响。

在下文中，我们提供了对搜索算法通用版本的详细描述（参见图 2.2）。搜索算法从初始状态开始，并将其添加到列表中。随后，它从列表中选择该节点，从列表中删除该节点，并将其邻居添加到列表中。然后将该节点标记为"已访问"。所有已访问的状态都添加到一个哈希表中，称为访问（VISIT）。重要的是要跟踪这些节点，以避免探索先前已经探索过的冗余状态。当同一节点有多条路径，或者当状态空间图包含循环时，经常会发生这种情况。如果算法已经访问了这些节点，则在搜索扩展期间不将这些特定节点添加到列表中，可以避免此类冗余路径。在每次迭代中，算法从列表中选择一个节点并将其指定为当前节点。如果当前节点（状态）已满足代理所需的所有目标，则已达到终止，并报告此节点（以及当前节点的路径，如果需要）。该算法检查从列表中选择的当前节点是否为目标状态。在第一步中，所选节点不太可能是目标状态，因为它是源节点。

```
Algorithm GenericSearch(Initial State: s, Goal Condition: G)
begin
 LIST= { s };
 repeat
  Select current node i from LIST based on pre-defined strategy;
  Delete node i from LIST;
  Add node i to the hash table VISIT;
  for all nodes j ∈ A(i) directly connected to i via transition do
  begin
   if (j is not in VISIT) add j to LIST;
   pred(j) = i;
  end
 until LIST is empty or current node i satisfies G;
 if current node satisfies G return success
   else return failure;
 { The predecessor array can be used to trace back path from i to s }
end
```

图 2.2　大状态空间上的通用搜索算法

如果当前节点不满足目标状态的条件，则从当前选定节点（通过单个转换）可以达到的所有可能状态，以及到目前为止尚未访问的所有可能状态都将被添加到列表中。已访问的节点将在哈希表访问中可用。同时，当前节点将从列表中删除。当没有未访问的节点添加到列表中，但该节点本身从列表中删除时，边界（即列表）的大小可能在节点扩展期间减小。这种情况称为回溯，因为要访问的下一个节点始终是先前访问过的状态（而不是刚刚删除的状态）的邻居。检查一个节点并将其从列表中删除后，需要从列表中选择另一个节点进行扩展。节点的选择定义了搜索策略，这将在后面讨论。直到列表变为空，或者达到目标，列表中节点的连续扩展才会终止。此时，算法终止。如果列表变为空，则表示无法从初始状态达到满足目标条件的状态。在某些情况下，这可能意味着定义状态空间图的方法或初始状态的选择是次优的。例如，为八个皇后问题选择一个起始状态，七个皇后已经被放置在随意选择的位置上，这通常会导致死胡同。或者，它也可能意味着不存在满足代理目标的有效解决方案。通用搜索算法的概述如图 2.2 所示。值得注意的是，包含活动节点的变量列表表示当前正在探索的状态空间的边界（frontier）。单词"frontier"对应于这样一个事实，即该节点列表包含所有未访问的节点，这些节点可以从迄今为止访问过的所有节点直接访问（通过一条边）。因此，节点包含访问节点和未访问节点之间的边界（在未访问侧）。当在搜索过程中从列表中选择一个节点时，基本上是从当前探索的图的边界中选择一个节点，以便进一步扩展它。集合访问包含图中已探测部分的节点，而集合列表包含与访问中的节点相邻的边界节点，这些节点已被观察为探测候选节点（通过与已探测节点的直接邻接），但尚未被完全探测。

如前所述，如何从列表中选择节点很重要。此选择定义了列表的大小和正在探索的图中边界的形状。它还对计算效率和内存需求产生影响。可选择节点进行扩展的一些方法示例如下：

- 如果列表中的元素按照添加节点的顺序进行排序，并选择添加到列表中的最新节点进行进一步探索和扩展，则搜索策略称为深度优先搜索。深度优先搜索按后进先出（Last-In-First-Out，LIFO）顺序搜索节点。因此，随着当前节点的探索，人们会继续深入探索，直到到达目标节点或死胡同。如果到达死胡同，就有必要回溯。在选择列表中的下一个节点时，将自动进行回溯，该节点是比最近浏览的节点更早添加到列表中的节点。在深度优先搜索中，回溯可能会非常频繁地发生（当回溯的节点从列表中删除而不添加任何邻居时，这往往会限制列表的大小）。深度优先搜索倾向于扩展到访问节点的长路径，这导致边界是深的而不是宽的。从起始状态到当前状态的路径长度称为当前状态的深度。请注意，在深度优先搜索中，列表将仅包含与正在探索的当前路径（即从源节点到当前探索的节点的路径）直接相邻的节点。因此，列表的大小相当有限，因为大多数真实图中的最大路径长度非常有限。

- 如果列表中的元素按照添加节点的顺序进行排序，并选择添加到列表中的最早节点进行进一步探索和扩展，则搜索策略称为广度优先搜索。广度优先搜索按先进先出（First-In-First-Out，FIFO）顺序搜索节点。广度优先搜索尝试以节点添加到列表中的相同顺序访问节点，这会导致大量积压的节点在列表中等待处理。广度优先搜索通常会导致需要探索的节点的广泛边界。宽度优先搜索的另一个特性是，它倾向于找到到具有最少边数的节点的路径，这是因为在访问距离（$d+1$）处的节点之前，此策略将始终访问距离起始状态 d 处的所有节点。此外，在深度 d 处勘探时，边界列表将包含深度 d 处的所有未勘探节点以及与深度 d 处勘探节点直接连接的节点。值得注意的是，对于大的状态空间，深度 d 处的节点数量可以随着深度 d 呈指数增长。因此，广度优先搜索在边界列表的大小方面往往有很高的内存需求。

- 面向距离的扩展概括了广度优先搜索，因为边与成本相关，并且选择扩展从源节点到当前选定节点的最短路径（到目前为止）尽可能小的节点。选择用于进一步扩展的最低成本节点称为统一成本搜索。在这种情况下，列表被实现为排序优先级队列。

- 对于与成本相关的面向目标的扩展，节点通常与代理分配的启发式成本值相关，该成本是对目标距离的启发式或特定领域的估计。按此顺序排序列表将导致最佳优先搜索。请注意，此方法不同于统一成本搜索，因为在最佳优先搜索中使用目标的距离估计，而在统一成本搜索中使用源的距离估计。使用来自目标的启发式距离估计来指导搜索自然会导致更快地发现目标节点（与其他节点相比），尤其是当目标节点与图中大多数其他节点相比距离源节点更远时。由于最佳优先搜索使用到目标节点距离的启发式估计，因此它被认为是一种知情搜索算法。因此，不知情搜索算法的框架也支持经过少量修改的知情搜索。

有几种方法，例如 $A*$ - 搜索结合了统一成本搜索和最佳优先搜索的思想。其中一些方法将在后面的知情搜索算法一节中讨论。

这些不同的策略与不同的权衡有关。例如，在广度优先搜索的情况下，列表大小迅速

扩展，因此内存需求相当高。这主要是因为对于代理在每个状态下都有 b 个可执行操作[⊖]
的状态空间，深度 d 处的节点数可以达到 b^d。b 的值称为分支因子。广度优先搜索通常会
找到从源到目标的短路径，而深度优先搜索有时可能会找到到目标的长路径（因为它会在
从特定节点回溯之前访问可从该节点访问的所有节点）。深度优先搜索倾向于在搜索的早期
阶段周期性地到达死角节点（和其他搜索策略相比）。在这种情况下，深度优先搜索将回溯
到早期节点以进行进一步搜索。这种类型的回溯可以控制列表的大小，因为回溯会将边界
列表的大小减 1。由于广度优先搜索通常会在搜索的早期阶段更快地扩展列表，因此边界
列表的大小要大得多。图 2.3a 和图 2.3b 分别显示了广度优先和深度优先搜索情况下的边
界列表示例。在每种情况下，（列表中的）访问节点和边界节点分别用 "V" 和 "F" 表示。
尚未访问且当前不在边界列表中的节点保留为空。从初始状态可以访问的所有这些节点最
终将被添加到边界列表并访问（对于有限状态空间）。

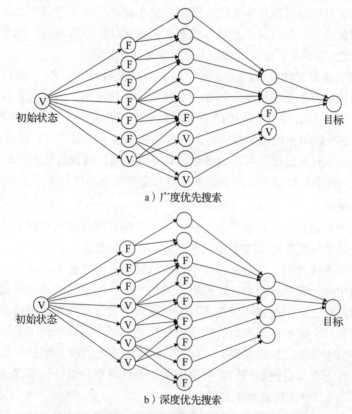

a）广度优先搜索

b）深度优先搜索

图 2.3　广度优先和深度优先搜索访问五个节点后的边界节点

　　在基于搜索的算法中，代理需要跟踪其重建路径时所需的几条信息，以从源点到达目
的地（忽略代理中间可能遇到的死胡同）。为了实现这一目标，代理始终跟踪每个节点的前
置节点。此前置节点保存在数组 pred(·) 中，如图 2.2 所示。节点的前置节点定义为边的尾
部的节点，该边首先用于将该节点添加到列表中。由于每个节点最多被添加到列表中一次，
因此从源节点到每个访问的节点将存在一条路径。换句话说，由前置节点定义的边集将创
建一个根在源节点的有向树。一旦达到目标状态，代理将从目标状态向后跟踪到初始（源）

状态。这为代理提供了重建从初始状态到目标状态的有效路径所需的知识。例如，在八皇后问题的情况下，代理将能够重建皇后被添加到棋盘中的顺序和位置，以便创建最终配置。虽然这条路径在八皇后问题中并不特别重要（因为放置皇后的其他顺序也同样有效），但在其他一些任务中（例如在迷宫中寻找路径）它更为重要。特别是在操作顺序至关重要的环境中（与八皇后问题不同），此类重建非常重要。

时空复杂性

这种类型的搜索算法的运行时间受图中边数的限制。对于有向图，当对应于节点尾部的状态展开时，每个边只扫描一次。因此，搜索过程在图的大小上是线性的。虽然乍一看这似乎很有效，但现实情况是，这在实践中可能相当昂贵。值得注意的是，与搜索算法相关的主要挑战是它们试图探索的大状态空间。如果没有适当的搜索设计，算法可能会长时间探索而无法找到有意义的解决方案。因此，时间复杂度在很大程度上取决于找到目标状态的速度——通常只有通过使用知情搜索策略，其中包含一些关于该方法找到的中间解决方案质量的附加信息，才能减少找到目标状态所需的时间。一般来说，通常很难预测哪种方法（例如深度优先搜索或广度优先搜索）能更快地达到目标。

另一个重要问题是空间复杂性。空间复杂度由列表的大小定义，与时间复杂度相比，它对用于搜索的特定方法更加敏感。例如，在深度优先搜索中，边界列表仅包含当前路径上的相邻节点。某些图结构使得图中的最大路径长度非常有限。例如，在八皇后问题中，当每个操作（状态空间图中的边）都是将皇后放置在棋盘上的动作时，最大路径长度为 8。对于最大路径长度 p 有限且每个状态的操作数 a 有限的图，列表的最大大小为 $p \cdot a$。另一方面，在广度优先搜索的情况下，列表的大小往往会变得无法控制地大。

离线与在线搜索

许多搜索问题都是在脱机设置中制定的，其中代理首先在状态空间上执行搜索以查找目标状态，然后简单地报告解决方案中从开始状态到目标状态的路径。换句话说，初始搜索可以被视为一个离线过程，只有从搜索中获得的解决方案才能实时报告。为确定最终操作顺序而执行的中间步骤并不重要。这是很自然的设置，例如试图用地图找到从一个城市到另一个城市的路径。这一过程可以在实际开始旅程之前进行。在找到路径后，当实际穿越从一个城市到另一个城市的路径时，将实时使用该路径。另一个例子是八皇后问题，其中只有最终解决方案（皇后如何放置）很重要，而用于确定解决方案的中间步骤并不那么重要。事实上，对于八皇后问题的特定解决方案，可以将皇后以任何顺序放置在板上以获得相同的解决方案（只要正确选择正方形）。

然而，在许多人工智能环境中，代理需要实时执行搜索，同时对选择特定状态进行探索的长期影响的可见性有限。这种情况被认为是一种更具挑战性的环境。在这些情况下，代理在探索状态后可能会到达死胡同，在这种情况下，代理需要回溯到较早的（前一个）状态，然后向前移动到列表中的另一个候选节点以进行进一步扩展和探索。例如，如果必须解决在迷宫中寻找从起始点到最终目的地（无法获得迷宫地图）的路径的问题，则通常会到达死胡同，然后返回到路径中做出不同选择的较早分叉点。因此，回溯通常是实时完成的（而不是在离线算法中使用状态空间图的更好的全局视图）。因为对不同状态与目标状态之间距离的部分了解，在线算法对知情搜索算法提出了特殊的挑战。

在线设置通常出现在机器人等应用中，机器人可以实时做出选择。在特定阶段做出错

误的选择可能会导致机器人进入死胡同。在某些情况下，错误的决定可能会对机器人造成
损害（通过使用与这些状态相关联的负奖励来建模）。通常，在线设置比离线设置更复杂，
因为特定操作会产生不可预见的影响，并且需要根据这些事件的类型调整操作。因此，归
纳学习可以更好地解决实时设置问题，过去的经验有助于形成未来的调整。这些设置将在
第10章中讨论。

2.2.1　案例研究：八个拼图问题

八个拼图问题是使用 3×3 个图块和一个允许相邻图块滑入的空白空间来定义的。每
个图块都由一个从 1 到 8 的数字进行标注。通过将图块滑动到空白区域上，可以与相邻的
空白区域（共享一侧）交换图块。这种类型的滑动表示从一种状态到另一种状态的转换，
从而创建已编号图块的不同排列。通过反复滑动图块，可以显著改变拼图中编号图块的位
置。八个拼图问题的目标是通过重复的转换重新排列图块，以便在从左到右访问每行的图
块时，图块按 1 到 8 的顺序并从上到下排列。状态数的上限⊖为 9! = 362 880，它创建了一
个大小相对适中的图。此外，每个节点的阶数最多为 4，因为每个空白图块最多可以移动
到 4 个位置之一。这个特定的状态空间对应于一个无向图，在该图中，一对相邻状态中的
每一个状态总是可以从另一个状态到达。或者可以创建在任一方向上具有对称变换的有向
图。过渡示例如图 2.4a 所示，最终状态（即目标状态）如图 2.4b 所示。

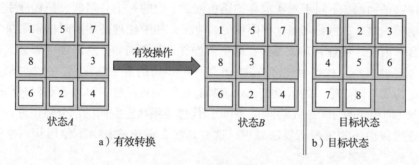

图 2.4　八个拼图问题

对于这个问题，起始状态可以是拼图图块的无序排列，在该排列处，一个人获得拼
图。每当将图块移动到相邻的空插槽时，都会导致转换。可以使用上一节中讨论的任何
搜索方法来找到八个拼图问题的解决方案。尽管图的大小适中，但由于只有一个目标状
态，因此使用不知情搜索算法仍然具有挑战性。在这种情况下，搜索可能漫无目的地徘徊
很长一段时间而没有达到目标状态。因此，包含与状态相关联的某种目标函数变得非常重
要，这样，当靠近目标状态时，目标函数就会得到改进。换句话说，目标函数起着引导搜
索过程的作用，因此可以更经常地避免无结果的路径。人们可以将此过程视为在问题定义
中包含特定领域的信息，以提高搜索成功的可能性。毕竟，搜索方法属于基于知识的方法，
因此使用特定领域的信息是常见的。这种策略称为知情搜索策略，这是 2.3 节将讨论的
主题。

⊖　并非图块的所有位置都能达到目标状态。因此，在实际制作拼图时，图块始终位于正确的位置。这种制作
　　拼图的方法会自动限制开始求解拼图时的"随机"安排。

2.2.2 案例研究：在线迷宫搜索

在这个问题中，我们有一个代理可以穿越的迷宫，如图 2.5a 所示。状态由代理的位置定义。从这个意义上说，它可以被认作一个连续的状态空间，尽管可以通过选择迷宫中的重要中间点作为状态来离散状态空间。这些中间点是代理移动方向可能发生变化的点。特别是，这些点可以是转折点，也可以是死角点。这些状态如图 2.5a 所示。在转折点，代理可以选择一条或多条路径，这与代理执行的操作相对应（这会导致转换到新状态）。迷宫可以自然地建模为图，将转折点或死角视为节点，将它们之间的直接连接视为边。状态空间结构的对应图如图 2.5b 所示。

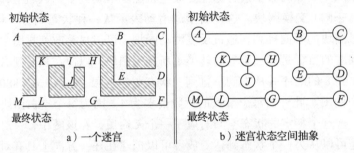

图 2.5 迷宫及其状态空间抽象

基于迷宫的问题（不同于现实世界的路由问题）中的一个自然假设是代理手头没有完整的迷宫地图。此外，我们考虑（更困难的）情况，其中代理必须实时搜索解决方案，同时探索迷宫。因此，代理只知道当前状态下的操作选择（例如，从路径中的分叉处进行选择），并且对于选择特定操作后迷宫中进一步发生的事情的可见性有限。在某些情况下，代理可能会走到死胡同。唯一的假设是，代理具有足够的可见性，可以看到何时已经访问了相邻的状态（即相邻的分叉或死胡同）。因此，代理使用状态空间的部分知识进行工作。但是，此设置可以由不知情搜索算法处理，这些算法在做出选择时不使用状态空间的全局结构。

对于中等大小的迷宫，代理探索此类问题相对简单，并且只要存在从初始状态到结束状态的路径，使用直接的深度优先搜索就可以保证达到最终（目标）状态。由于可见性有限，代理将被迫在各种路径上执行重复探索和回溯，直到达到最终状态。请注意，当代理的操作实时发生时，此类问题称为联机问题。在回溯过程中，代理需要对其先前通过迷宫的操作有足够的记忆。要点是，当选择列表中的某个节点进行扩展时，该节点可能不会直接连接到当前节点；在这种情况下，代理可能必须从其当前节点 i 回溯，才能到达下一个选择进行探索的列表上的节点。这是通过跟踪当前节点和列表中的前置节点来实现的，以找到它们的共同祖先。因此，需要保留先前的信息，以进行有效的探索。问题的某些变体还将成本与边联系起来，在这种情况下，代理可能必须继续探索迷宫，直到找到最短路径。

2.2.3 通过双向搜索提高效率

目标导向搜索的一个问题是，当状态空间很大时，搜索可能需要很长时间。在双向搜索中，从开始状态开始向前探索，从目标状态开始向后探索。继续双向搜索，直到向前和向后移动方向到达同一节点。双向搜索的关键点是搜索的两个方向在扩展其访问列表时，只需要偶然发现一个公共节点。这可能使得需要扩展的节点要少得多，以使这两个搜索最终发现至少一个公共节点。

在双向搜索中，需要维护两个列表：FLIST 和 BLIST，它们分别对应于前向和后向搜索。前向搜索类似于图 2.2 中讨论的搜索算法。但是，还可以从目标状态开始执行后向搜索。对于有向图，这意味着沿相反方向遍历边。在每次迭代中，FLIST 的单个节点向前扩展，BLIST 的单个节点向后扩展。类似地，在前向和后向搜索中访问的节点的哈希表分别由 FVISIT 和 BVISIT 维护和表示。集合 $A(i)$ 表示对应于从 i 传出的节点的前向邻接列表。集合 $B(i)$ 表示进入 i 的节点的后向邻接列表。在每次迭代中，分别从 FLIST 和 BLIST 中选择一个节点并向后和向前展开。这些节点分别被添加到 FVISIT 和 BVISIT。当 FVISIT 和 BVISIT 有一个公共节点时，搜索就会终止，因为可以通过该公共节点创建从起始状态到目标状态的路径。这种双向搜索算法如图 2.6 所示。前置和后继数据结构需要单独维护；前置数据结构由前向搜索维护，后继数据结构由后向搜索维护。这两种数据结构用于重建从源状态到目标状态的路径。其思想是选择一个在 FLIST 和 BLIST 之间通用的节点，然后使用前置和后继列表来跟踪分别指向源状态和目标状态的路径。图 2.6 中的算法设计用于单一目标状态。还可以修改算法，以处理预定义的目标状态集。这是通过在算法开始时将所有目标状态添加到 BLIST 来实现的。

```
Algorithm BiSearch(Initial State: s, Goal State: g)
begin
 FLIST= { s }; BLIST= { g };
 repeat
   Select current node i_f from FLIST based on pre-defined strategy;
   Select current node i_b from BLIST based on pre-defined strategy;
   Delete nodes i_f and i_b respectively from FLIST and BLIST;
   Add nodes i_f and i_b to the hash tables FVISIT and BVISIT, respectively;
   for each node j ∈ A(i_f) not in FVISIT reachable from i_f do
     Add j to FLIST; pred(j) = i_f;
   for each node j ∈ B(i_b) not in BVISIT do
     Add j to BLIST; succ(j) = i_b;
   until FLIST or BLIST is empty or (FLIST ∩ BLIST)≠ {};
 if (either FLIST or BLIST is empty) return failure;
      else return success;
   { Reconstruct source-goal path by selecting any node in FLIST ∩ BLIST
     and tracing predecessor and successor lists from that node; }
end
```

图 2.6　双向搜索算法

尽管双向搜索算法在探索的节点数量方面比单向搜索算法更高效，但它确实需要计算 FLIST 和 BLIST 之间的交集，这可能会很昂贵。换句话说，算法的每一步都比较昂贵。此外，该方法需要识别特定目标状态以启动反向搜索，当可能目标状态的数量较大时，这可能会有问题，并且以间接方式定义（例如通过对状态的特定约束的算法计算）。在许多问题中，甚至可能不知道目标状态的详尽列表。

2.3　知情搜索：最佳优先搜索

对于许多目标导向的算法，不知情搜索算法的性能相当差。原因是搜索空间非常大，代理在这个大空间中漫无目的地四处游荡，同时试图大海捞针。不知情搜索方法也对状态空间图建模的特定方式非常敏感，并设计了代理的操作，以在此空间中从一种状态过渡到另一种状态。对于同一问题，有多种方法可以执行此建模。例如，在八皇后问题的情况下，可以限制在特定状态下执行的操作（例如在连续步骤中仅将皇后放置在连续列上），以减小搜索空间的大小。这种选择是特定的，而其他放置皇后的方式可能更昂贵。因此，在许多问题中，效率的很大一部分可能取决于特定的启发式算法和用于定义状态空间和相应操作的初始建模。对于更大的问题，这种启发式选择可能只能带来有限的改进，而不知情搜索的总体策略可能过于昂贵而不被认为是有用的。在知情搜索中，向每个节点 i 添加一个额外的特定于域的函数 $l(i)$，该函数在指导搜索方向方面起着关键作用。

在许多知情搜索算法中，从起始状态到目标状态的路径长度也起着重要作用。在许多这样的问题中，一对节点之间的每条路径都与成本相关联，而知情搜索过程的目标是找到从源节点到目标节点的成本最小的路径。一条路径的成本被假定为各个边上的成本之和，尽管可能有更一般的路径成本。在这种情况下，做出以下两个假设：

1. 代理能够仅使用到目前为止访问过的节点计算从源节点到边界列表中任何当前节点的最佳成本。对于列表中的任何特定节点 i，该成本的值用 $c(i)$ 表示。现在，我们假设成本 $c(i)$ 是与从起始节点到节点 i 的路径上的每个单独边 (j, k) 相关联的成本 d_{jk} 的值的最小和。注意，对于所有非起始节点，$c(i)$ 的值被初始化为 ∞，0 表示起始节点。随着算法访问更多节点，$c(i)$ 的值不断更新。因此，$c(i)$ 仅仅是从起始节点到节点 i 的最佳成本路径的当前估计，因为对应的路径被约束为仅通过迄今为止已经访问过的节点。这是通过向图 2.2 中的伪代码部分添加一行来实现的。该伪代码扫描当前节点 i 的相邻节点，如下所示：

```
for all nodes j ∈ A(i) directly connected to i via transition do
begin
  if (j is not in VISIT) add j to LIST;
  pred(j) = i;
  c(j) = min{c(j), c(i) + d_ij}  [New addition of single line]
end
```

当前的估计 $c(i)$ 显然是从源状态到该状态的路径的最佳成本的悲观界，因为在算法过程中会继续探索更多的节点；如果通过新探索的节点发现替代路由，从起始节点到节点 i 出现更好的路径，则最佳成本可能会提高。

2. 代理能够计算从列表中的任何状态到目标状态的最佳成本估计。这是一个非常重要的启发式（和特定于领域的）数量，在指导代理的选择方面起着重要作用。对于任何特定节点 i，该值由 $l(i)$ 表示。总的来说，估计可能是对最佳成本的高估或低估。但是，对于某些算法，例如 A*- 搜索，重要的是 $l(i)$ 被低估（即乐观界），以使算法正确工作。

由于成本 d_{ij} 本质上是非负量，自然的假设是 $c(i)$ 和 $l(i)$ 对于所有状态都是非负的。这也意味着在目标状态下，当 $l(i)$ 的值为下限或与目标状态距离的估计值时，$l(i)$ 的值为 0。这是因为我们不允许下限 $l(i)$ 为负值，并且已知从目标状态到自身的真实成本为 0。

任何知情搜索算法都必须使用数量 $l(i)$，以确保算法不会绕过状态空间图，发现与当前状态无关的状态。请注意，数量 $c(i)$ 没有提供关于正确搜索方向的见解，至少从查找目标状态的角度来看是这样的。重要的是要注意 $l(i)$ 的值是一个启发式值，它是一种结合关于手头问题的领域知识的方法。到目标状态的距离 $l(i)$ 的值被低估是正常的（因为低估的期望属性的特殊类型，如下文所述）。计算低估的具体方式取决于手头的问题。例如，在路由问题中，可以选择 $l(i)$ 作为从当前状态 i 到目标状态的直线距离。在八个拼图问题中，

$l(i)$ 的值可以简单地表示状态 i 与目标状态之间的距离的估计值，方法是将每个图块与其在目标状态中的理想位置之间的"距离"相加。如果"距离"表示图块达到目标状态所需移动的最小次数，则这也可能是低估。使用特定于域的函数 $l(i)$ 的目标是最小化扩展节点的数量，以达到目标状态。

路径成本 $c(i)$ 和特定于域的成本 $l(i)$ 可用于在通过状态 i 的所有路径中创建关于从源状态到目标状态的最佳成本的估计 $e(i)$：

$$e(i) = F[c(i), l(i)]$$

$e(i)$ 的值是 $c(i)$ 和 $l(i)$ 的递增函数 $F(\cdot,\cdot)$。正如我们稍后将看到的，A*- 算法使用 $c(i)$ 和 $l(i)$ 之和。这两个因素 $c(i)$ 和 $l(i)$ 分别降低路径成本（从源节点到目标节点的最终路径）和探索成本（在通往目标节点的途中需要扩展的无结果节点的数量）。对这两个因素进行更大程度的加权将发现路径成本和节点探索成本之间的不同权衡。对图 2.2 中的无信息搜索算法稍做修改即可实现最佳优先搜索；主要的改进是使用 $e(i)= F [c(i), l(i)]$ 从列表中选择节点。因此，图 2.2 修改版本中的节点选择策略如下：

选择具有最小值 $e(i)= F[c(i), l(i)]$ 的节点 i，以在图 2.2 的算法中进行进一步扩展。

在函数 $F(\cdot,\cdot)$ 中不使用 $l(i)$ 的情况下，该方法简化为一种不知情搜索方法。例如，考虑一个简单的线性成本函数，它增加了边上的成本。对于此类线性成本函数，从图 2.2 中具有最小值 $c(i)$ 的列表中选择节点进行进一步扩展相当于称为 Dijkstra 算法的简单算法，该算法保证找到从源节点到每个节点的最短路径；但是，如果目标节点与源节点的距离较远，它将晚于其他节点找到目标节点。该算法也称为统一成本搜索。统一成本搜索相当于设置 $l(i)=0$，并在图 2.2 的每次迭代中从列表中选择具有最小值 $e(i)=c(i)$ 的节点。然而，统一成本搜索并不被视为一种知情搜索算法，因为它在选择节点时没有使用任何关于距离目标状态有多远的领域知识。因此，在选择下一个要展开的节点时，统一成本搜索基本上对正确的搜索方向视而不见，并且在选择后继节点时，它只使用当前访问节点的最为人知的遍历成本（以及单个附加边成本）。然而，在选择过程中，它不使用任何关于候选人可能离目标状态有多远的估计。这一特性使得统一成本搜索算法在目标状态终止之前需要处理过多的节点（尽管它确实具有返回最短路径的优点）。

当函数 $F[c(i), l(i)]$ 确实使用 $l(i)$ 来执行节点选择时，相对于其他节点来说，这能快速达到目标状态，并且该算法被称为最佳优先搜索。函数 $F(\cdot,\cdot)$ 有很多选择。我们探讨最佳优先搜索的两种常见变体，即贪婪最佳优先搜索和 A*- 搜索。

关于终止标准的评论

在某些情况下，知情搜索需要更改终止条件。在图 2.2 中，当发现第一个目标状态时，算法终止。在很大程度上，知情搜索继续使用相同的终止标准。然而，需要注意的是，当函数 $F(\cdot,\cdot)$ 不独立于 $l(i)$ 时，算法可能不会以最短成本路径终止。为了确保找到最短的成本路径，$l(i)$ 和 $c(i)$ 的值需要满足特定的标准。最重要的标准是 $l(i)$ 和 $c(i)$ 必须是非负的；其他标准及其影响将在后面的章节中讨论。

2.3.1 贪婪最佳优先搜索

在某些应用程序中，例如"八个拼图"问题，人们只关心到达目标状态（同时探索尽可能少的中间状态），并且（与路由问题不同）起始状态和目标状态之间的路径的具体成本只是次要问题。因此，使用 $c(i)$ 来决定首先扩展哪个节点是没有意义的，因为 $c(i)$ 表示从开始状态到达状态 i 所需的路径成本。在这种情况下，仅使用值 $l(i)$ 来选择要从列表展开的节点是有意义的，因为 $l(i)$ 表示对到目标状态的最佳路径的成本的估计。通过选择节点 i 进行进一步扩展，做出此选择增加了向目标状态靠近的可能性。因此，贪婪最佳优先搜索规则如下：

选择具有最小值 $l(i)$ 的节点 i，以便在图 2.2 的算法中进一步扩展。换句话说，我们设置 $e(i) = F[c(i), l(i)]$。

函数 $l(i)$ 通常是手工制作的，包含了关于手头问题的领域知识，它表示了对到目标的最低成本路径的估计。例如，在八个拼图问题中，可以将 $l(i)$ 设置为行数和列数之和，通过这些行数和列数，每个图块从其理想位置分离。因此，此方法首选将图块移动到尽可能接近其理想位置（总的来说）的操作。使用贪婪最佳优先搜索不能保证快速达到目标状态。这是因为最佳优先搜索仅使用当前探索位置的单个移动的效果来检查对特定于域的函数 $l(i)$ 的影响。在这种情况下，搜索过程通常可能会进入死胡同（并且必须回溯到列表中的其他节点）。然而，基于该标准选择用于扩展的节点减少了可能需要执行这种回溯的次数，因为搜索一般偏向目标状态。因此，与不知情搜索策略相比，最佳优先搜索通常会缩短探索时间。

2.3.2　A*- 搜索算法

A*- 搜索算法是针对从起始状态到目标状态的路径成本需要优化的情况而设计的，同时在到达目标状态时也要控制不相关的被探测节点的数量，该算法的一个关键属性是，即使在节点选择过程中同时使用 $l(i)$ 和 $c(i)$，到达目标状态的第一条路径的成本始终是最少的。A*- 搜索算法使用值 $e(i) = c(i) + l(i)$ 进行进一步扩展。我们具体将这条规则写在下面：

选择具有最小值 $e(i) = c(i) + l(i)$ 的节点 i，以便在图 2.2 的算法中进行进一步扩展。换句话说，我们设置 $F[c(i), l(i)] = c(i) + l(i)$。

注意，当节点 i 是目标节点时，$l(i)$ 的值始终为零，因此 $e(i) = c(i) + l(i)$ 的值始终与目标节点的 $c(i)$ 的值相同。在 $l(i)$ 的某些条件下，当 A*- 搜索算法到达目标节点 i 时，可以显示为在最优值 $c(i)$ 处终止，这将在本节后面讨论。

A*- 搜索算法结合了统一成本搜索和贪婪最佳优先搜索的基本原理，但不会失去寻找最短路径的能力（如统一成本搜索）。统一成本搜索只使用 $c(i)$，贪婪最佳优先搜索只使用 $l(i)$。因此，前者在探测的节点数量方面表现不佳，而后者在路径成本方面表现不佳（当存在路径成本时）。因此，A*- 搜索算法结合 $c(i)$ 和 $l(i)$ 从列表中选择相关节点。还值得注意的是，搜索方法的适当选择在很大程度上取决于手头的应用程序；对特定类型的应用程序来说，统一成本搜索或贪婪最佳优先搜索可能是比（更复杂的）A*- 搜索算法更合适的选择。例如，对于路径成本不太相关的应用程序，贪婪最佳优先搜索是一个更具吸引力的选择，并且希望尽快发现目标节点。A*- 搜索算法能够解决满足成本代数特定规则的广义成本（超出边上的加性成本）[51]。这在某些应用中可能是可取的。

A*- 搜索算法在 $l(i)$ 性质的合理假设下，可以证明该算法以到达目标节点的最优路径成本终止。与所有知情搜索算法的情况一样，$c(i)$ 和 $l(i)$ 的值始终是非负的，对于目标状态，$l(i)$ 的值为零。此外，在这种情况下还做出了两个额外的假设。

- 乐观假设：值 $l(i)$ 是从节点 i 到目标状态的路径的最佳成本的下限，因此是达到目标状态所需成本的乐观表示。这一标准也被称为可受理性。
- 广义三角形不等式：估计 $l(i)$ 可以写成成对估计成本 $L(s, i)$，其中 s 是起始状态。广义三角形不等式定义为任意三种状态 i、j 和 k 之间的成对代价，如下所示：

$$L(i, k) \leqslant L(i, j) + L(j, k)$$

这种情况也称为一致性或单调性。

$l(\cdot)$ 的一致选择总是可接受的，而 $l(\cdot)$ 的可接受选择通常是一致的。我们作出以下断言：

- 如果目标成本估计 $l(i)$ 是可接受的，则图 2.2 中的算法始终达到目标状态的最优解（成本最低）。
- 如果成本估计 $c(i)$ 一致，则可以显示图 2.2 的算法将从列表中按 $e(i)$ 的递增顺序选择节点。值得记住的是，当 i 是目标节点时，$l(i)$ 的值始终为零，因此在目标状态之前访问的节点将始终具有较低的 $c(i)$ 值。

在成本一致的情况下，该算法按 $c(i)$ 的递增顺序选择节点，并且具有非负边成本的 Dijkstra 算法也满足这一性质。事实上，A*- 搜索算法可以被证明是 Dijkstra 算法的一个广义版本。

重要的一点是 A*- 搜索算法从不扩展从源节点到该节点的最佳成本大于目标成本的任何节点。此属性对于确保在算法第一次达到目标状态时已找到最短路径非常重要（并且不存在通过未探索节点的成本较小的替代路径）。如果 $l(i)$ 是以富有洞察力的方式手工制作的，那么 A*- 搜索算法将扩展相对数量的节点，以找到到达目标的最短路径。尽管它具有启发式效率，但 A*- 搜索算法在最坏的情况下可以显示启发式性能，这在搜索深度上是指数级的。因此，在不正常的例子中，该算法可能代价高昂。然而，它通常在实际环境中表现得很好，这就是该算法在经典人工智能中如此流行的原因。

2.4 具有特定于状态的损失函数的局部搜索

A*- 搜索算法最适合于从起始状态到目标的路由成本是搜索过程中主要目标的应用。然而，在许多情况下，只需要找到最终状态，而不必（过多）担心路径长度——通常，最终状态具有我们首先需要的所有编码信息。在上一节的算法中，只有贪婪最佳优先搜索对到达特定状态所需的路径长度是不可知的。在其他一些情况下，可能没有明确的目标状态定义，只想找到损失最小的状态（即目标函数），损失需要最小化。这可能发生在状态空间太大而无法发现特定目标状态的设置中，对于手头的应用程序来说，损失最少的状态就足够了。

在什么情况下，最终状态比达到最终状态所需的路径更重要？考虑八皇后问题的情况。在这种情况下，人们只关心皇后在最终状态中的具体位置，而不关心达到该状态所需的具体步骤的数量。在八个拼图问题的情况下，虽然人们不喜欢从开始状态开始有大量冗余转换的解决方案，但可能不会对长度稍有不同的两个解决方案进行太多区分。这就是在这些情况下损失值通常与状态关联的原因。此类损失值类似于上一节中使用的 $l(i)$ 值，尽管本节中考虑的框架中没有成本和距离的概念。

虽然可以通过贪婪最佳优先搜索来处理诸如"八皇后"或"八个拼图"之类的场景，但使用局部搜索算法可以解决更多类型的问题。在诸如"八皇后"或"八个拼图"设置之类的问题中，存在一个或多个期望的目标状态，可以定义启发式损失值来衡量与这些状态的接近程度。损失函数的定义方式应确保目标状态的损失为零。在其他应用程序中，一个人根本没有目标状态的概念，但他试图简单地找到损失最小的状态。在 NP 难问题的优化版本中，每个解都可以被视为一个状态，其目标函数是一个人们试图优化的状态；然而，人们不会有目标状态的概念。例如，在旅行推销员问题的情况下，一个人将试图找到一个成本最低的周期。这在以损失为中心的设置中极为常见，在这些设置中，人们试图优化目标函数，而不是达到目标。一般来说，优化是一个比实现目标更一般的问题，因为大多数以目标为中心的问题可以通过使用适当定义的损失函数转换为以优化为中心的问题。以优化为中心的视图比以目标为中心的视图更一般，因为人们通常可以在以优化为中心的设置中，通过使用状态与目标的距离作为要最小化的相关目标函数（如贪婪最佳优先搜索中使用的启发式值 $l(i)$）来建模以目标为中心的问题。本节中考虑的设置的主要区别在于，目标函数是以优化为中心的设置中问题定义的一部分，而它需要在以目标为中心的设置中进行启发式定义。与每个状态 i 相关联，我们有一个损失值 $L(i)$，可以将其视为目标状态下其值的启发式损失。例如，在八个拼图问题的情况下，可以使用图块与其理想位置的距离之和来定义 $L(i)$。

损失 $L(i)$ 的最佳值可能已知，也可能未知，这取决于手头的应用。一些例子如下：

1. 考虑八个拼图问题，其中的图块需要放置在正确的位置。状态由图块的任何有效位置定义。任何图块的移动都会导致过渡。状态 i 的损失 $L(i)$ 只是每个图块与其理想位置之间距离的总和。因此，当图块放置在正确位置时，此设置中的最佳损耗值为 0；由于图块与理想位置间的距离为 0，聚合损耗值也为 0。在这种情况下，损失的最佳值是已知的，因为需要达到特定的目标状态。

2. 考虑本章前面讨论过的八皇后问题，在这一章中没有皇后可以互相攻击。在这种情况下，棋盘上任何八个皇后的位置都是有效状态。状态的损失被定义为根据棋盘上皇后的特定位置，相互攻击的皇后对的数量。由于没有一对皇后在理想位置相互攻击，最佳损失值为 0。在这种情况下，损失的最佳值是已知的，因为需要达到特定的目标状态。

3. 考虑一个旅行推销员的问题，我们希望能找到一个成本最低的城市的集合。在这种情况下，解的成本是路径的成本，状态空间图包含通过交换一对城市得到的解决方案之间的边。值得注意的是，一个解决方案的最佳成本是未知的，除非我们详尽地列举了所有可能的旅行（这在实践中可能很难实现）。

如果到达最终状态的路径成本只是次要的（或者根本没有定义），那么定义特定于状态的损失值是有意义的，因此状态的损失值取决于它离目标状态的距离。这些算法被称为局部算法，因为它们只依赖于搜索过程中状态的局部特征，例如特定区域中特定于状态的损失。另一方面，上一节中的搜索算法非常关注搜索过程中特定于路径的信息，这需要图结构的全局视图。由于不再需要维护图结构的全局视图，因此在这些情况下可以使用更大的算法系列。

所有这些局部搜索算法的一般原理非常相似；一种是搜索给定状态的相邻状态，以改善连续转换的状态损失。有几种算法是为使用这种局部过渡方法优化特定于状态的损失而设计的。其中最流行的是爬山、禁忌搜索、模拟退火和遗传算法。这些方法中的前三种非常相似，因为它们使用的是单独的解决方案，随着时间的推移，这种解决方案会得到改进。

另一方面，遗传算法与生物学范式相结合，通过允许解的相互作用来改进解的总体。然而，所有这些方法都可以看作不同形式的局部搜索。本节将介绍爬山、禁忌搜索和模拟退火，下一节将介绍遗传算法。

2.4.1　爬山

尽管术语爬山自然指的是以最大化为中心的目标函数，但它现在普遍适用于以最大化和最小化为中心的目标函数。毕竟，通过对目标函数值求反，可以将任何以最小化为中心的目标函数转换为以最大化为中心的目标函数。因此，我们将继续使用本章其他部分使用的以最小化为中心的目标函数的一致约定。因此，爬山将真正代表下降而不是上升。

爬山的名字源于寻找山顶时爬山的比喻；山顶表示优化问题的最优解决方案（在以最大化为中心的目标函数的背景下）。此"爬升"的每一步都是由代理移动到状态空间图中相邻解决方案的操作。但是，此操作必须始终提高目标函数值。在最大化问题中，目标函数必须因转换而增加，而在最小化问题中，损失必须减少。换句话说，无论是最大化问题还是最小化问题，人们总是移动到相邻状态以"改进"目标函数值。由于每次代理操作都会改进目标函数值，因此可以保证不会重新访问状态。重复改进目标函数值的步骤，直到来自当前状态的所有操作恶化目标函数值。请注意，该算法保证在具有有限状态数的任何问题中终止，因为爬山过程中不会重复任何状态。爬山的整体算法如图 2.7 所示。

```
Algorithm HillClimb(Initial State: s, Loss function: L(·))
begin
 CURRENT= {s};
 repeat
   Scan adjacent states to CURRENT until all states are scanned or a
     state NEXT is found with lower loss than CURRENT;
   if a state NEXT was found with lower loss than that of CURRENT
       set CURRENT=NEXT;
 until no improvement in previous iteration;
 return CURRENT;
end
```

图 2.7　爬山的整体算法

如图 2.7 所示，该算法始终保持当前节点，并尝试通过移动到目标函数值较低的相邻状态来不断改进目标函数。为此，扫描相邻状态，直到发现目标函数值较低的状态。这是爬山的基本形式。最简单的方法是扫描相邻状态，直到找到目标函数值较低的第一个状态。在最陡峭的爬山中，使用目标函数值改进得最好的相邻状态。图 2.7 中爬山的具体实施使用交换的第一个状态（而不是改进得最好的状态），只要其具有更好的目标函数值。使用第一个状态通常可以提供更高的效率，因为需要扫描一小部分状态以提高目标函数值（尽管步骤数通常更大）。这种方法也可以通过改变扫描状态的顺序来随机化（如果执行多次爬山以选择最佳状态）。基本爬山算法有许多变体，具体取决于如何选择一个状态以与当前状态交换的精确细节。然而，在所有情况下，都会找到具有更好目标函数的相邻状态来执行转换。对于有限状态空间图，爬山总是保证终止。然而，如 2.4.1 节所述，终止状态不能保证是最优的。

相邻状态的定义基于状态空间图中两个状态之间存在的边。各种问题公式中的损失函数示例如下。

❑ 八皇后问题：前几节讨论了一种基于搜索的方法，该方法在满足所有约束条件的情况下，将皇后逐个放置在棋盘上。而不是将皇后逐个放在板上，爬山将有效状态定义为八个皇后都在板上的状态，包括违反对角线约束的状态。但是，所有行和列约束都会得到尊重。一个状态的损失函数是沿着对角线互相攻击的皇后对数。代理的每个操作（即转换）对应于国际象棋棋盘上一对行的交换。通过"交换"第 i 行和第 j 行，我们指的是第 i 行和第 j 行中皇后的列位置在转换期间交换的事实。在爬山中，目标是从一个状态移动到另一个状态，直到没有违反任何约束。例如，图 2.8 显示了一个有效的转换，其中第 2 行和第 4 行互换，从而减少了对角攻击的数量。虽然乍一看，这种方法似乎是一种快速获得最优解的方法，但现实情况是，人们可能陷入局部最优，没有任何行动可以改进损失函数。这个问题将在下一节讨论。

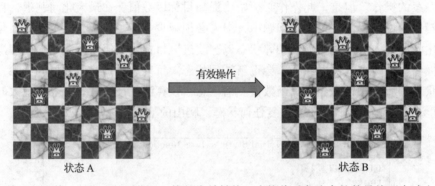

状态 A   有效操作   状态 B

图 2.8   第 2 行和第 4 行皇后的列位置互换的有效转换。交换将对角攻击的数量从两个减少到一个

❑ 八个拼图问题：在这种情况下，每个状态都是图块的位置，每个转换对应于图块向相邻空插槽的移动。损失函数是每个图块距其理想位置的"距离"之和。每个图块距其理想位置的距离是其距理想位置的行距离和列距离之和——此值还表示图块移动到其理想位置需要的最小次数。

❑ 旅行推销员问题：在旅行推销员问题中，每个状态对应于问题的一个有效解决方案，这是一个有序的城市序列（定义推销员的旅行）。向相邻状态的过渡对应于任何一对城市的交换。一个状态的损失函数对应于代表该状态的旅游成本。

可以用多种方式定义状态和转换，这种选择对启发式算法的效率有着至关重要的影响。爬山的主要问题是它往往陷入局部最优。当爬山法陷入局部最优时，尽管尚未找到全局损失值，但从当前状态的转换不能改进损失函数。

局部最优问题

爬山的关键问题是局部最优解。在许多情况下，不可能通过单个转换来改进状态的损失，尽管这可以通过多个转换来实现。例如，图 2.8 中的状态 B 不是最佳位置，因为两个皇后互相攻击。然而，这种状态也是局部最优的。原因是状态 B 的任何一对行之间的交换都不能改进⊖损失函数。因此，在这种情况下，爬山无法找到全局最优解，即使距离当前

⊖ 读者可以尝试 13 种可能的互换，只涉及状态 B 的两个违规皇后中的一个。所有这些互换都不会改进损失函数。

解存在多个步骤。

局部最优在 NP 难问题中尤其常见，例如旅行推销员问题。事实上，在几乎所有试图用 NP 难问题进行爬山的尝试中，陷入局部最优是很常见的。毕竟，很难找到此类问题的最佳解决方案，而且期望使用像爬山这样的简单算法找到最佳解决方案也太简单了。人们可以用类似于在搜索中查看死角的方式查看局部最优解——主要区别在于搜索提供了一种使用边界列表执行回溯的方法，因此人们可以尝试找到另一条通向目标状态的路径。另一方面，局部最优是爬山中的最终解决方案，在爬山中没有执行回溯的选项。例如，如果要检查八皇后问题的决策版本，其中我们希望找到一个零损失状态（即没有皇后相互攻击），则局部最优提供了一个包含两个皇后相互攻击的位置的死胡同（参见图 2.8），通过一次转换无法达到预期的目标。从这个意义上讲，如果搜索过程有无限多的时间可用，纯爬山可能会找到比基于回溯搜索的方法更差的解决方案（尽管爬山可以相当快地到达局部最优）。在这种情况下，与纯爬山相比，使用贪婪最佳优先搜索是很有意义的。人们可以将贪婪最佳优先搜索视为对最陡爬山的一种增强，在这种情况下，当一个人达到局部最优时，边界列表提供了可供选择的探索路线。在做出错误选择后无法执行回溯是爬山的重要弱点之一，这会导致爬山陷入局部最优。另一方面，爬山通常可以在适当的时间内找到质量相当好的解决方案。对于具有 n 个节点和最大度数 d 的状态空间图，爬山算法可以显示为终止于损失函数的至多 $O(nd)$ 次评估。在任何特定状态下，最多需要评估 $O(d)$ 个状态的损失。此外，由于无法重新访问任何状态，因此需要执行最多 $O(n)$ 次此类评估。因此，总时间最多为 $O(nd)$ 次评估。实际上，评估的数量要小得多，因为图中的最长路径长度 m 比状态数 n 小几个数量级。爬山算法从不重新访问状态，因此需要遍历图中最长路径定义的多个状态。换句话说，爬山算法的真实时间复杂度是 $O(md)$ 而不是 $O(nd)$。

尽管爬山的效率很高，但执行回溯的能力为贪婪最佳优先搜索等方法提供了优于爬山的优势。即使是简单的问题，如八个拼图问题，也经常会陷入爬山法的局部最优解。事实证明，在爬山解决方案集合的背景下，创建回溯的算法替代方案确实是可能的。实现这一目标的确定性方法称为禁忌搜索，概率性方法称为模拟退火。在禁忌搜索中，允许通过选择较差的解决方案跳出局部最优，但不允许再次访问以前访问过的解决方案。模拟退火方法从物理上进行类比，并允许损失函数以某种概率恶化。随着算法的发展，这种概率会随着时间的推移而降低。尽管这些局部搜索方法中的大多数方法在实际问题中无法找到全局最优解，但它们确实能够充分提高解的质量，从而在实际应用中变得更加有用。

2.4.2 禁忌搜索

禁忌搜索算法与爬山非常相似，不同的是它允许解决方案在达到局部最优或"几乎"局部最优时恶化。如果只提前访问改进目标函数的状态，则状态被视为"几乎"局部最优。早些时候访问的状态可能有更好的目标函数，因为禁忌搜索不会单调地改进损失函数（如爬山）。这些状态是"禁忌"状态，这就是该方法的名称来源。在这种情况下，禁忌搜索会选择一种非禁忌状态的随机状态，即使选择这种状态可能会恶化目标函数值。

禁忌状态集包含在哈希表 VISIT 中，并且随着访问更多状态，禁忌状态集会随着时间的推移而增长。哈希表 VISIT 可以被视为类似于其他通用搜索算法中的变量 VISIT，如图 2.2 所示。在禁忌搜索的大多数实际应用中，该列表会随着时间不断增长，因此当列表大小变得无法管理时，需要对其进行修剪。我们将首先讨论该算法的简化版本，然后讨论在标准禁忌搜索中用于处理这些实际挑战的修改。

禁忌搜索算法的简化版本如图 2.9 所示。我们使用了与图 2.7 中的爬山算法非常相似的伪代码结构，以清楚显示这些方法之间的异同。与图 2.7 中的爬山算法不同，哈希表 VISIT 用于跟踪先前访问的状态。每次访问某个状态时，都会将其添加到 VISIT 中，从而确保⊖不会再次访问此状态。在任意给定的节点上，该算法检查任意未访问的节点是否能提高目标函数值。如果存在这样的节点，则算法将移动到该节点。否则，该算法检查当前节点是否至少有一个未访问的邻居。在这种情况下，算法为下一步选择一个随机的未访问节点。如果当前节点的邻域中不存在未访问的节点，则算法终止，因为随机节点自动设置为 ϕ。算法返回当前节点。该节点可能是局部最优，但它几乎总是比爬山算法的结果要好得多。

```
Algorithm TabuSearch(Initial State: s, Loss function: L(·))
begin
 CURRENT= {s};
 VISIT= {}; { VISIT is the Tabu [taboo] list }
 repeat
  Add CURRENT to VISIT;
  if all neighbors of CURRENT are in VISIT then set RANDOM= φ;
    else set RANDOM to a random neighbor of CURRENT that is not in VISIT;
  Scan adjacent states to CURRENT until all states are scanned or a
   state NEXT ∉ VISIT is found with lower loss than CURRENT;
  if a state NEXT∉ VISIT was found with lower loss than that of CURRENT
       then set CURRENT=NEXT else if RANDOM≠ φ set CURRENT=RANDOM;
 until RANDOM= φ;
 return CURRENT;
end
```

图 2.9 禁忌搜索

图 2.9 的算法是禁忌搜索的一个非常简化的版本。它没有针对计算或存储效率进行优化。实际上，为了获得更好的性能，通常使用两种修改：

❑ 通常使用损失函数定义的最佳未访问邻居，而不是选择任何可以改进损失函数的邻居。这将导致每个步骤的改进更快，但每个步骤的实施速度较慢，因为需要评估所有未访问的邻居。

❑ 不允许哈希表 VISIT 以未经检查的方式增长，而是保持哈希表中节点数量的界限，以提高计算效率和空间效率。当达到此界限时，最早添加到哈希表中的节点将被删除。最早访问的节点将被删除，因为它的损失值更可能是次优的（因为损失值通常会随着时间的推移而改进）。这也降低了再次访问的可能性。请注意，这种方法需要对节点的访问顺序和添加到 VISIT 中的顺序进行一些簿记。

❑ 使用允许删除的哈希表 VISIT 类似于使用短期内存。禁忌搜索还允许以各种方式保留中期和长期记忆。这是通过使用基于规则的方法实现的。我们请读者参考 [65] 来讨论这些技术。

禁忌搜索是由 Fred Glover 在 1986 年提出的。一般来说，禁忌搜索有很多变体，这取决于爬山或"禁忌"方法的具体选择。禁忌搜索不能保证达到全局最优，可以构造陷入局

⊖ 只有在节点不被从 VISIT 中删除时才能实现。实际上，节点几乎都被从 VISIT 中删除了。

部最优的特殊例子。当一个局部最优节点的所有邻居都已被访问时，就会发生这种情况，因此将 RANDOM 设置为 ϕ。关于禁忌搜索的教程可以在 [65] 中找到。

2.4.3 模拟退火

模拟退火 [101] 可被视为爬山的随机版本，其中从一种状态到另一种状态的移动本质上是概率性的。这种概率方法允许当前状态的损失值恶化的非零概率；矛盾的是，这种在短期内（偶尔）恶化损失值的明显次优方法允许模拟退火避免局部最优。毕竟，如果只允许通过一次转换来提高损失值，就没有办法摆脱局部最优——这也是爬山陷入局部最优的主要原因。模拟退火与禁忌搜索在概念上有许多相似之处，禁忌搜索允许错误的移动，尽管是以概率的方式。

模拟退火的名字源于冶金中的退火概念，其中金属被加热到高温，然后冷却以达到低能结晶状态。加热到更高的温度类似于允许解决方案以某种概率朝错误方向移动。该概率在初始阶段很高，以使解决方案脱离局部最优，但随着时间的推移，该概率会降低，因为解决方案通常会移动到状态空间的"更好"区域。模拟退火的基本原理是为了避免局部最优而做出次优选择，这一原理适用于所有类型的优化，包括梯度下降等连续优化方法⊖。

为了理解模拟退火背后的基本原理，想象一个表面布满凹坑的大理石。大理石会自然地停在离它最近的坑洞里。这个凹坑不一定是解空间中最深的凹坑，因此，有时会有一种动机让大理石从这些类型的凹坑中钻出来。如果大理石最初移动足够快，其初始速度（类似于温度）将允许它从浅坑中出来。但它可能无法走出更深的坑。随着时间的推移，大理石会因摩擦而减速，并且通常会停在坑中，坑的深度取决于初始速度和表面的地形。在大多数情况下，大理石不会停在最浅的坑中，尽管它也可能不会停在最深的坑中。这是通过使用温度参数 T 在模拟退火中实现的，该参数调节从给定状态向错误方向移动的概率。与大理石的情况一样，模拟退火不能保证找到全局最优解。

模拟退火使用与移动到相邻状态的爬山相似的算法框架，尽管在移动到相邻状态时，解决方案不能保证从当前状态改进。假设 i 是当前状态，j 是通过使用来自当前状态的随机操作获得的候选状态。然后，损耗差为 $\Delta L = L(j) - L(i)$。注意，如果 ΔL 的值为负值，则相邻状态可改善损耗值。因此，温度 T 下从状态 i 移动到 j 的概率定义如下：

$$P(i, j, T) = \min\{1, \exp(-\Delta L/T)\}$$

当从 i 到 j 的移动减少损失值时，移动的概率为 1。另一方面，当从 i 到 j 的移动增加损失值时，移动的概率小于 1。该概率是损失增量 ΔL 的递减函数和温度 T 的递增函数。对于非常大的温度值，所有移动的概率几乎都为 1，因此可以接受任何随机移动。随着温度的降低，使损失恶化的移动具有中等概率值，这取决于损失恶化的程度。因此，虽然损失很少大幅增加，但损失的轻微增加相对频繁。当温度接近 0 时，损失值的增量逐渐减小，直至方法类似于爬山。最初选择的 T 值与 ΔL 的典型值具有相同的数量级。这种更新状态的特定方法也被称为 Metropolis 算法，尽管这种模式有许多变体。

模拟退火的总体方法如下所示。该算法首先将 T 设置为 T_0。T_0 的值通过随机抽样相邻

⊖ 在梯度下降法中，像 bold driver 算法和动量法这样的方法允许解决方案暂时恶化。请读者参考 [8] 来讨论这些方法。

状态对并计算损失差来初始化。T_0 的值最初可设置为大于该平均损失差的小常数因子。在每次迭代中，对与当前状态相邻的随机状态进行抽样。如果此状态改善了目标函数值，则接受此更改。否则，基于上述退火概率，接受恶化率。由于转换会恶化状态质量，因此该算法始终跟踪到目前为止找到的最优解。在每次迭代中，通过将初始温度除以 $\log(t+1)$，温度会稍微降低，其中 t 是迭代的指数。关于随着迭代指数的增加而降低温度的不同方法，有大量参考文献。用于降低温度的具体方法称为模拟退火冷却计划。

模拟退火算法如图 2.10 所示。同样值得注意的是，退火算法的这种特殊实现是该方法的许多流行变体之一。在更好的解和避免局部最优之间，存在许多替代退火方案，它们提供了不同的权衡。在大多数情况下，通过使用选择正确的冷却计划来调节平衡。模拟退火的随机方法可以被看作一种随机的替代方法，以避免搜索中经常使用的回溯方法。

```
Algorithm Simulated-Annealing(Initial State: s, Loss function: L(·))
begin
  CURRENT= {s}; BEST= {s};
  Set initial value of T = T₀ in the same magnitude as the
    typical differences between adjacent losses;
  t = 1;
  repeat
    Set NEXT to randomly chosen adjacent state referred to as CURRENT;
    ΔL = L(NEXT) − L(CURRENT);
    Set CURRENT=NEXT with probability min{1, exp(−ΔL/T)};
    if L(CURRENT) < L(BEST) set BEST=CURRENT;
    t ⟸ t + 1; T ⟸ T₀/log(t + 1);
  until no improvement in BEST for N iterations;
  return BEST;
end
```

图 2.10   模拟退火算法

2.5   遗传算法

上一节的模拟退火方法借用了物理学和冶金学的范例来执行搜索。为了设计优化和人工智能中的算法，通常会借用科学中的范例。遗传算法借鉴了生物进化过程中的范例 [66, 85]。生物进化可以被认为是自然界的终极优化实验，在这个实验中，生物体通过达尔文称为"适者生存"的艰难过程，随着时间的推移而进化并变得更适应环境。在遗传算法中，优化问题的每一个解都可以被视为一个个体，"个体"的适应度等于相应解的目标函数值。虽然将遗传算法中的目标函数定义为最大化问题是很自然的（符合"适应度"的概念），但同样可以说损失值较低的解更适合。在本节中，我们将假设状态 i 的损失由 $L(i)$ 表示，其逆定义了解的适应度。

爬山和模拟退火都使用一个在算法过程中得到改进的单一解。然而，遗传算法使用的是一个解群，它们的适应度随着时间的推移而提高（如在生物进化中）。解群用 $\mathcal{P}$ 表示。解（即状态）被编码为字符串，这是生物学中染色体的类似物。例如，在旅行推销员问题中，一个代表性字符串可以是城市的指数序列，它定义了旅行推销员的旅行。字符串的"适合度"可以由对应于该城市序列的旅游成本来定义。在生物进化中，定义了选择、交叉和变异三个过程，以提高解群的适应度。这些过程定义如下。

❑ 选择：在选择过程中，以有偏差的方式对群体 $\mathcal{P}$ 的成员进行重新抽样，以使新群

体更可能包含更多具有更好（更低）损失值的解的副本。选择的过程实际上类似于确保适者生存的概念，因为糟糕的解往往在选择后更不具代表性。有几种方法可以执行选择，其中一些直接使用目标函数值，另一些仅使用目标函数值的秩。例如，如果 $L(i)$ 是非负损失函数，可以创建一个轮盘赌轮，状态 i 的概率为 $1/[L(i)+a]$，其中 $a > 0$ 是特定于算法的参数。轮盘赌旋转 $|\mathcal{P}|$ 次，并包括在轮盘赌旋转中获胜的所有群体成员。在基于秩的选择中，轮盘赌轮受解的秩的偏置，其中在适应度顺序中具有较高秩的解是优选的。

□ **交叉**：在交叉中，选择成对的解，并重新组合其特征，以创建新的解。通常，使用两个解的字符串表示来创建重新组合的解。但是，必须仔细执行此过程，以确保不会创建不可行的解。例如，对于旅行推销员问题，如果一个人只是从两个字符串中的对齐位置对中随机抽样，那么抽样的字符串很可能包含重复的城市。相反，人们可以将城市的等级视为其在字符串中的位置；然后，可以从两个解中的每一个解中对城市的排名进行抽样，并使用抽样的排名对城市进行排序。值得注意的是，从父母那里创建儿童解的过程是一个启发式的过程，它为领域专家提供了将他们对问题的理解编码为交叉过程的机会。可以从每对父解中创建两个子解，这两个子解将替换群体中的父解。如果没有正确实施，交叉过程可能会导致遗传算法失败。因此，重要的是使用特定于领域的知识，从而以有意义的方式组合父解。交叉过程通常只使用群体的一个百分比，因此子集只是从一代传递到下一代。

□ **变异**：变异过程与模拟退火中选择邻居的方式没有太大区别。和模拟退火一样，该过程随机选择解的相邻状态。然而，无论其解的适合度是否更好，变异解总是替换其父解。剔除不良突变的责任留给了选择过程，就像在生物进化中一样。在每一代中发生突变的解的比例由突变率控制。在某些变异中，突变率最初保持在较高水平，但随着时间的推移而降低。这种方法让人想起模拟退火。

遗传算法通过选择、交叉和变异的循环过程进行。每个这样的周期称为一代。由于选择过程会产生多个更合适的解的副本，因此随着时间的推移，群体中的个体往往会变得更相似。当群体中 95% 的位置相同时，De Jong 定义了遗传算法的收敛性[46]；换句话说，对于群体中任意随机抽样的一对字符串，它们相应的位置在 95% 的时间内匹配。然而，其他终止标准是可用的，例如使用固定数量的代，或损失达到特定收敛特性的解（其中群体的平均损失值不会随时间显著改善）。遗传算法的基本伪代码如图 2.11 所示。

```
Algorithm GeneticAlgorithm(Initial Population: P, Loss function: L(·))
begin
  t = 1;
  repeat
    P = Select(P); { Select procedure uses loss function }
    P = Crossover(P); { A subset of solutions may remain unchanged }
    P = Mutate(P); { Uses mutation rate as a parameter }
    t ⇐ t + 1;
  until convergence condition is met;
  return P;
end
```

图 2.11 遗传算法的基本伪代码

值得注意的是，研究界对于交叉技术的实际效果存在一些分歧。一个问题是，除非以特定于领域的方式小心地控制交叉，否则通常会导致不可行或次优的解。另一方面，控制突变要容易得多，因为在大多数问题域中定义相邻状态通常并不困难。事实上，即使放弃交叉，遗传算法也能很好地工作。这并不特别令人惊讶，因为所产生的基于变异的方法与模拟退火非常相似。毕竟，当结合选择机制的偏差时，突变可以被看作一种随机邻域搜索。然而，通过仔细设计交叉过程，通常可以在基于纯变异的算法上获得改进。主要的一点是，交叉必须能够交换解的有用部分，以创建子解。因此，一些方法使用优化的交叉机制，以重新组合解的重要部分，并创建具有更好目标函数值的解[9]。从这个意义上讲，需要注意的是，为了实现现成的遗传算法而任意将解编码为字符串的遗传算法的盲变体并不总是能够很好地工作。

2.6　约束满足问题

约束满足问题是人工智能中的基本问题之一，其中必须找到满足预定义变量集的系统配置。人工智能中的许多难题都可以建模为约束满足问题。从数学上讲，约束满足问题是在一组变量上建模的，每个变量都接受特定领域的值。在这些变量上定义一组约束，约束满足问题的目标是找到变量的赋值，从而满足每个约束。约束满足问题的标准形式是布尔可满足性问题，其中所有变量均从布尔值 True 或 False 中提取。约束满足问题是一个相当普遍的表述，大多数 NP 完全问题都可以表示为约束满足问题。这并不特别令人惊讶，因为大多数 NP 完全问题都可以通过定义整数变量上的约束条件，然后找到这些约束条件的可行解来表述——这一数学和优化的一般领域被称为整数规划。

形式上，约束满足问题表示为一组变量 $x_1, \cdots, x_d$。变量 x_i 是从域 $\mathcal{D}_i$ 中提取的，它通常是一组离散值。此外，我们还有一组约束条件 $C_1, \cdots, C_n$。约束满足问题的目标是找到变量 $x_1, \cdots, x_d$ 的赋值，以满足所有约束。本章前面讨论的许多问题，如八皇后问题和八个拼图问题，都可以表述为整数变量上的约束满足问题。

2.6.1　作为约束满足的旅行推销员问题

本章前面讨论的旅行推销员问题可以表示为约束满足。在这种情况下，我们有一组用 $\{1, \cdots, n\}$ 表示的城市，有 $[n(n-1)]$ 个变量 $z_{ij} \in \{0, 1\}$ 对应于旅行推销员是否从城市 i 旅行到城市 j。因此，每个变量的域是从 $\{0, 1\}$ 中提取的，它对应于一个二进制整数程序。从 i 市到 j 市的旅行费用用 d_{ij} 表示。目标是找到一个成本最高为 C 的城市旅行。然后，约束满足问题需要找到满足以下约束的解决方案：

$$\sum_{j=1}^{n} z_{ij} = 1 [\text{ 每个城市只退出一次 }]$$

$$\sum_{i=1}^{n} z_{ij} = 1 [\text{ 每个城市只输入一次 }]$$

$$\sum_{i=1}^{n} \sum_{j=1}^{n} z_{ij} d_{ij} \leq C [\text{ 旅游费用最高不超过 } C]$$

这个问题是一个二进制整数程序，因为每个变量都来自 $\{0, 1\}$。这个整数规划的一个可行解是一个成本最高为 C 的有效旅行。

2.6.2 作为约束满足的图着色

图着色问题适用于图 $G=(V, E)$，其中 V 中有 n 个节点，E 中有连接 V 中节点的无向边。V 中的每个节点都需要指定 q 种颜色中的一种，以使 E 中边相对端的节点 i 和 j 的颜色不同。然后，确定是否存在最多 q 种颜色的着色是 NP 完全的。

接下来，我们定义对应于图着色问题的变量和约束。首先，我们定义 $n \times q$ 变量 z_{ij}，使 i 从 1 变化到 n，j 从 1 变化到 q。每个变量 z_{ij} 的域是 $\{0, 1\}$。如果节点 i 被指定为颜色 j，则 z_{ij} 的值为 1。然后，约束满足问题可如下定义：

$$\sum_{k=1}^{q} z_{ik} = 1 \ [\text{为每个节点精确着色一次}]$$

$$z_{ik} + z_{jk} \leq 1 \ \forall (i, j) \in E, \ \forall k \in \{1, \cdots, q\} \ [\text{没有两个相邻节点具有相同的颜色}]$$

图着色问题与地图着色问题密切相关，其中我们希望给地图中的区域（例如省或州）着色，以使每对相邻区域具有不同的颜色。地图着色问题在地图学中有实际应用，因为它有助于从视觉上区分地图中的不同区域。如果你查看美国的彩色地图，你会注意到所有相邻的州都有不同的颜色。通过用一个节点表示每个区域，并用相应节点之间的边表示区域之间的每个邻域关系，可以将地图着色问题转换为图着色问题。地图着色问题比图着色问题简单，因为基础图是平面的。$q=4$ 的着色总是存在的（并且可以在多项式时间内找到）。这个结果被称为四色定理。

2.6.3 数独作为约束满足

数独是一个众所周知的谜题，它在一个 9×9 的数组中创建一个不完全指定的数字网格。网格中的每个数字都应该是 1 到 9 之间的值。指定网格中数字的子集，但缺少其他数字。问题的目标是填充缺失的数字，以满足以下约束条件：

- ❑ 每行包含数字 1 到 9 的单个匹配项。
- ❑ 每列包含数字 1 至 9 的单个匹配项。
- ❑ 9×9 网格分为 3×3 个网格，每个网格的大小为 3×3。这 9 个网格中的每一个都必须包含数字 1 到 9 的单个匹配项。

任意初始数字赋值可能根本没有解。然而，一个适定的数独问题总是有一个可以填充的值网格。图 2.12a 和图 2.12b 分别提供了一个适定数独游戏及其解的示例。如果第 (i, j) 个条目的整数值为 k，则通过将 z_{ijk} 定义为 1，可以将数独问题建模为约束满足问题。k 的值范围为 1 到 9。否则，z_{ijk} 的值为 0。那么，数独问题可以定义为约束满足问题，如下所示：

$$\sum_{k=1}^{9} z_{ijk} = 1 \ \forall i, j \ [\text{每个方块有一个值}]$$

$$\sum_{i=1}^{9} z_{ijk} = 1 \ \forall j, k \ [\text{每列 / 数字对出现一次}]$$

$$\sum_{j=1}^{9} z_{ijk} = 1 \ \forall i, k \ [\text{每行 / 数字对出现一次}]$$

$$\sum_{i=1}^{3} \sum_{j=1}^{3} z_{i+r, j+s, k} = 1 \ \forall r, s \in \{0, 3, 6\}, \forall k \ [\text{每个数字在 } 3 \times 3 \text{ 子网格中出现一次}]$$

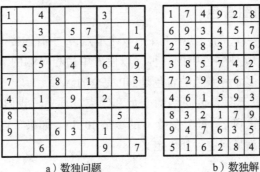

a）数独问题   b）数独解

图 2.12   数独问题及其解

人们还可以为更大的网格定义数独问题，随着网格大小的增加，解决数独问题变得越来越困难。例如，当从 $\{1, \cdots, n\}$ 中提取用于填充数独网格的整数时，求解子网格大小为 $n \times n$，且网格大小为 $n^2 \times n^2$ 的数独问题是 NP 完全问题。这是因为网格填充方式的数量随着网格大小的增加呈指数增长。目前还没有已知的填充网格的系统方法，因此可以在多项式时间内找到解。

2.6.4   约束满足的搜索算法

在下面，我们将介绍一些约束满足的搜索算法。我们将使用本节开头讨论的符号，其中有 d 个变量 $x_1, \cdots, x_d$ 和 n 个约束条件 $\mathcal{C}_1, \cdots, \mathcal{C}_n$。根据选择如何定义状态，可以使用多种搜索算法来满足约束。

执行搜索的一种自然方式是连续实例化变量。在这种情况下，每个状态对应于将每个变量 x_i 实例化为 $\mathcal{D}_i \cup \{*\}$ 中的值，其中"$*$"表示"不在乎"。值"不在乎"表示对应变量尚未实例化。仅在实例化变量满足应用于它们的所有约束的情况下定义状态。请注意，如果某些约束包含与"不在乎"值对应的变量，则可能不需要应用这些约束。起始状态将每个变量设置为"不在乎"值。在八皇后问题中，这个初始状态对应于没有皇后被放置在板上的情况。

由此产生的状态空间图是一个有向无环图，它仅用一个附加的实例化变量连接成对的节点。值得注意的是，在以任何顺序实例化变量后，都可以达到相同的状态。这是因为从起始状态到特定状态存在多条路径。例如，在八皇后问题中，可以将八个皇后以任意随机顺序放置以达到相同的状态。但是，选择首先实例化哪个变量会影响搜索的效率。一般来说，如果一个人选择了一条没有结果的搜索路径，那么尽早发现它是有帮助的。因此，首先选择具有最小可能分支因子（即有效值）的变量进行实例化是有意义的。这确保了一个人不太可能做出错误的决定，因为他要做的选择更少，而且从概率的角度来看，他更有可能做出正确的选择。例如，如果一列接一列地将皇后放在棋盘上，那么首先选择剩余合适位置数最少的列以实例化下一个皇后的位置是有意义的。但是，在为该变量选择要实例化的值时，在下一步中选择产生最大可能分支因子的值是有意义的。这确保了后面的步骤有更多的选项可用，并减少了被迫从死胡同状态返回的可能性。这种类型的搜索算法在约束满足上的应用也被称为回溯搜索。正如我们稍后将看到的，这些类型的搜索算法在与命题逻辑和一阶逻辑相关的技术中也起着关键作用。因此，第 4 章和第 5 章将重新讨论其中一些方法。

2.6.5 利用特定于状态的损失值

还可以使用特定于状态的损失值搜索约束满足问题的解。在这种情况下，可以使用可能不一致但完整的变量赋值，并通过使用损失函数逐渐减少不一致性。在八皇后问题中，一开始可能八个皇后都在棋盘上，但状态不一致。损失可以根据违反约束的皇后对的数量来定义。随后，每次转换都允许皇后移动，目标是进行转换以减少损失。有多种方法可以定义状态和转换，特定方法的具体有效性在很大程度上取决于这种选择。2.4.1 节讨论了八皇后问题中定义状态和执行转换的不同方法示例。

一旦定义了状态和转换，就有几种方法可以搜索状态空间。一种可能性是使用损失函数和最佳优先搜索。在纯爬山中，人们只会为了减少目标函数值而进行转换，但这通常会导致局部最优。因此，可以使用其他方法，如模拟退火或遗传算法，以寻找更好的解决方案。损失函数的选择是高度特定于应用程序的，它取决于当前领域。一般来说，约束满足问题为大多数困难的组合问题提供了模板，这些组合问题是 NP 完全的，并且经常使用搜索方法来解决。

2.7 总结

搜索算法是人工智能中最早使用的方法之一，因为该领域中的大多数问题都可以用图结构的状态空间来看待。最简单的搜索形式是不知情搜索，例如深度优先和广度优先搜索。然而，这些算法通常需要很长时间才能找到目标状态，因为它们往往在大的搜索空间中漫无目的地徘徊。因此，可以使用特定于状态的损失值来改进搜索过程，从而为搜索算法提供关于良好搜索方向的有用提示。许多算法，如最佳优先搜索、爬山、禁忌搜索、模拟退火和遗传算法，都可以看作这一广泛方法的变体。这些方法也密切相关。本章讨论了搜索算法的许多应用，如八皇后问题、迷宫求解和约束满足。本章讨论单代理搜索的情况。下一章将讨论与游戏等应用程序相关的多代理搜索。

2.8 拓展阅读

搜索的基本算法可以在算法教科书 [40] 以及网络流算法图书 [12] 中找到。在 Russell 和 Norvig 的经典人工智能书 [153] 中也可以找到许多搜索算法。关于禁忌搜索方法的教程可以在 [65] 中找到。Bertsimas 和 Tsitsiklis[19] 的综述文件中对模拟退火进行了很好的总结。Goldberg 的书 [66] 是遗传算法的经典著作。遗传算法对遗传程序设计的扩展可以在 Koza 的书 [106] 中找到。

2.9 练习

1. 本书中的算法提出了一种非递归搜索算法。提出了一种深度优先搜索的递归算法。
2. 提出一种改进深度优先搜索的递归算法，该算法对搜索深度施加限制 d。换句话说，当算法从起始状态开始的当前路径具有 d 条边时，该算法总是回溯。如何通过修改图 2.2 中的非递归算法来实现这一点？

3. 修改最佳优先搜索，以使用最多 d 条边查找从开始状态到目标状态的最佳备选路径。

4. 在图 2.5b 中提供执行宽度优先和深度优先搜索时节点的遍历顺序。按字典顺序执行断开连接。

5. 将八个拼图问题表示为约束满足问题。

6. 假设使用遗传算法解决布尔可满足性问题，其中变量的值被编码为字符串，且适应度等于结果表达式的布尔值。讨论为什么直接使用遗传算法不可能很好地工作。

7. 假设你修改了最佳优先搜索，以限制每次迭代中添加到列表中的节点数（参见图 2.2）。讨论在每次迭代中限制添加到列表中的节点数量以及使用最佳优先标准如何在爬山和最佳优先搜索之间提供连续性。

8. 创建最佳优先搜索的变体，其中列表的大小通过仅向列表添加前 r 个后继节点（由当前节点的转换引起）来限制。讨论与此类修改相关的权衡。

9. 考虑一个包含 n 个节点的图，其中 s ($s < n$) 个节点已经通过双向搜索在正向和反向方向上进行了探索（见图 2.6）。该图包含单个开始状态和单个目标状态。前向搜索包含单个目标状态的概率是多少？假设前向和后向搜索均到达 s 个节点的随机子集，则前向和后向搜索至少有一个共同节点的概率是多少？使用此分析讨论为什么双向搜索可能更有效。

10. 编写禁忌搜索的伪代码，其中算法总是从每个位置移动到可能的最佳状态。你可以使用本书的伪代码作为起点。

第 3 章

多代理搜索

"在赛场上留下的友谊是竞争的真谛所在。奖杯会磨损，但是友谊地久天长。"

——杰西·欧文斯

3.1 引言

前一章侧重于涉及单个代理的搜索。但是，许多真实设置与涉及多个代理的环境相关联。在多代理环境中，有多个代理与环境交互并影响环境状态，进而影响所有代理的操作。因此，如果不考虑其他代理行为的影响，代理就不能执行操作。由于不能总是准确地预测其他代理的行为，因此多代理环境使用部分知识；然而，一些关于其他代理的目标和效用函数的信息是可用的。因此，这种类型的设置被认为与不确定或概率环境相关但又与之不同。

不同的代理可能是相互合作的、独立的，也可能是竞争的（取决于手头的应用程序）。多代理环境的一些示例如下。

❑ 竞争代理：象棋这样的游戏代表了代理相互竞争的竞争环境。代理的操作导致环境状态的转换（对应于棋盘上棋子的位置）。这种环境也被称为对抗性环境。除了以对抗性方式影响环境之外，对抗性代理之间不会相互交流。

❑ 独立代理：在汽车驾驶环境中，可能有多个汽车驾驶代理，每个代理都在优化自己的目标函数，即在道路上安全行驶并到达特定目的地。然而，代理不是对抗性的。事实上，代理是部分合作的，因为任何一个代理都不希望与另一个代理发生意外。然而，合作只是隐含的，因为每个代理都在优化自己的目标函数，合作是它们互惠互利的副作用。

❑ 合作代理：在这种情况下，代理正在相互通信，并且正在优化定义共同目标的全局目标函数。例如，可以设想一个游戏环境，在该环境中，大量代理执行协作任务并互相通报它们的进展。如果比赛是由两支球队相互对抗来定义的，则该设置具有竞争和合作两个方面。

本章将提出可以在这些不同类型环境中工作的方法。一些方法能够在所有三种类型的环境中工作，而其他方法仅适用于对抗性环境。我们将讨论通用方法（可以在所有类型的环境中工作）以及面向对抗性环境的特定方法。对对抗性环境的特别关注是由于其在游戏等关键人工智能应用中的重要性。

在许多设置中，代理可能会交替执行它们的操作，尽管这并不总是必要的。例如，在象棋这样的游戏中，代理通常会轮流走棋。但是，在某些环境中，代理不会交替进行移动选择。由于本章的大部分重点是对抗性环境，因此假设代理的移动是交替的。此外，我们将特别关注包含两个代理的环境，尽管许多想法可以推广到包含多个代理的环境。

与单代理环境相比，多代理环境需要不同类型的搜索设置。一个问题是给定的代理无法控制另一个代理所做的选择，因此它可能必须为由另一个代理的行为引起的所有可能的意外事件制订计划。换句话说，仅仅找到从起始状态到目标的单一路径来确定是否有可能通过特定的行动取得成功是不够的——相反，我们必须考虑其他代理可能做出的所有可能的选择，同时评估特定操作的长期影响。例如，在评估国际象棋中的某一特定棋步是否会获胜时，必须考虑对手可能采取的所有棋步（而不仅仅是一个棋步）。理想情况下，代理必须假设对手会做出最好的移动。值得注意的是，这种设置与概率环境中发生的情况非常相似，在这种环境中，代理执行操作后产生的结果具有随机性。因此，在评估特定操作的影响时，可能需要考虑所有可能的随机结果。

多代理环境本质上是在线的，因为如果不考虑其他代理可能做的所有选择（即所有可能的意外事件），就无法对代理的未来操作做出决定。由于枚举所有可能性（即所有意外事件）通常成本太高，因此只需提前查看一些转换，然后执行启发式评估，以确定当前状态下哪个操作最合适。因此，多代理算法主要用于仅对特定状态下的下一个操作进行选择；后续操作要求人们在重新评估如何做出进一步选择之前观察其他代理的操作。例如，下棋的代理只能决定下一步操作，并且在不知道对手会下什么棋的情况下，其下一步操作存在相当大的不确定性。只有在对手执行下一步操作之后，下棋代理才能重新评估它可能采取的具体操作选择。这种类型的搜索称为以意外事件为中心的搜索。

执行以意外事件为中心的搜索的一种有用方法是使用 AND-OR 树。这样的树有 OR 节点，其对应于代理做出特定决策的选择（其中代理可以自由选择并且可以选择任何一个），并且它们具有对应于其他代理操作的 AND 节点（即代理人别无选择的意外事件）。对于竞争代理的情况，这些树可以转换为以效用为中心的变体，称为极小极大树。在讨论此类对抗性搜索之前，我们将讨论更普遍的应急计划问题，该问题发生在对抗性环境之外的情况下。然而，本章的大部分内容将关注竞争环境和游戏，它们是对抗性环境。关注游戏环境是因为它们作为人工智能设置的缩影具有特殊的重要性，在那里可以以类似于游戏的方式考虑许多现实世界的情况。虽然游戏显然比现实生活中的情况简单得多（并且定义得更清晰），但它们为可用于更复杂和更一般场景的基本原则提供了一个试验场。

3.2 节将介绍 AND-OR 树，用于解决在多代理环境中经常发生的意外事件；AND-OR搜索的使用代表一种不知情搜索的场景，这在大多数现实环境中可能需要很长时间。3.3 节将讨论具有状态效用的知情搜索的使用。3.4 节将使用 alpha-beta 剪枝优化此方法。3.5 节将介绍蒙特卡罗树搜索。3.6 节将给出总结。

3.2　不知情搜索：AND-OR 搜索树

单代理环境对应于搜索设置，其中找到从起始状态到目标状态的任何路径都可以被认为是成功的。换句话说，人们可以在给定状态下选择最终到达目标节点的任何操作。因此，所有节点都可以被认为是 OR 节点，找到从起始节点到目标节点的单一路径就足够了。在多代理环境中情况并非如此，在这种环境中，一个人无法控制其他代理的操作。多代理设置的一个后果是，通过状态空间图找到一条路径不再足以确保选择特定的操作方案会取得成功。例如，如果国际象棋中的某个特定走法仅因为对手采取了次优走法而获胜，而另一走法必胜，则两个走法中的第一个可能不可取。因此，在选择特定状态下的操作方案时，必须考虑由这种不确定性导致的不同选择（即路径）。换句话说，人们必须使用一棵选择树来选择从任何特定状态到目标的路径；对抗节点是 AND 节点，其中必须遵循所有可能的路径以解决最坏情况，即对手做出最适合自己的选择。因此，与单代理环境不同，多代理环境包含 AND 节点和 OR 节点。

在本节中，我们将主要考虑双代理环境的情况。在双代理环境中，树的每个节点对应于特定代理所做的选择，而树的交替级别对应于两个不同的代理。代理做出的决定由选择树表示（例如国际象棋中的移动树）。AND 节点和 OR 节点的放置取决于从执行特定操作的角度选择的代理。我们将这两个代理分别称为主要代理和次要代理。树的根对应于主要代理所做的选择，它总是一个 OR 节点。整个树是从主要代理的角度构建的。在树的级别，次要代理将进行转换，主要代理无法预测次要代理可能执行的操作，因此必须考虑次要代理执行的所有操作的可能性；因此，这样的节点是 AND 节点，因为树是从主要代理的角度构建的。AND 节点的使用确保人们探索由次要代理选择的操作的所有可能性。这导致 AND-OR 搜索，其中 OR 节点对应于主要代理（从其角度解决问题），而 AND 节点对应于次要代理所做的选择。为简单起见，我们首先考虑一个双代理问题，其中目标是从（主要）代理 A 的角度定义的，而（次要）代理 B 可能会做出代理 A 无法控制的转换。此外，代理 A 和代理 B 进行交替转换。虽然这个模型可能看起来很简单，但它是适用于大型双人游戏设置的模型。可以通过相对较小的修改来获得更强大的设置，例如多代理设置（参见 3.2.1 节）。在 AND-OR 树中，代理 A 和代理 B 使用交替级别的节点执行交替操作。因此，有向边仅存在于对应于两个代理的转换的节点之间。我们假设状态空间图被构造为一棵树，这是对前一章中所做假设的简化。这种简化的一个结果是，相同的状态可能在树中重复多次，而在上一章的状态空间图中，每个状态通常只表示一次。例如，可以通过使用不同的移动序列来达到国际象棋中的相同位置，这在游戏的开局部分尤其明显，其中到达相同开局位置的交替移动序列被称为换位。然而，这些状态中的每一个都是树中的不同节点，因此给定的状态可以在树中多次表示。也可以将这棵树折叠成一个状态空间图，其中每个状态只表示一次（参见练习 9），这样做可以得到更有效的表示，它通常不是树。使用树结构的简化确保人们不必用单独的数据结构跟踪先前访问过的节点。在实践中，保持这样的数据结构可以节省大量的计算量，尽管它会导致算法复杂性增加并失去阐述的简单性。

起始状态 s 是与正在检查的状态空间图对应的树的根。问题的初始状态用 s 表示，其中代理 A 采取第一个操作。当从代理 A 的角度假设条件 $\mathcal{G}$ 为 True 时，假设达到目标状态。总体过程如图 3.1 所示，它是对图 2.2 中使用的过程的修改。这个算法被构造为递归算法，其输出是 True 或 False 的布尔值，这取决于是否可以从起始节点 s 到达任何目标节点（由约束集 $\mathcal{G}$ 定义）。请注意，返回一个布尔值就足以确定在当前节点采取哪种操作，因为人们总是可以打印出递归顶层遵循的分支，以确定代理 A 应该采取什么操作。虽然可以在树的顶层识别相关分支，但由于无法预测次要代理 B 的操作，因此不再可能报告从起始状态到目标节点的完整操作路径。毕竟，所有 AND 节点都需要探索，即使 OR 节点允许仅遵循单一路径的灵活性。通常，人们只能从当前节点预测下一个操作，并且该方法通常用于在线环境（因为次要代理执行操作并且随后的状态变得已知）。

AND-OR 搜索算法的单个递归调用处理树的两个层次，第一个对应于代理 A 的操作，第二个对应于代理 B 的操作。因此，在每个递归调用中处理两个级别。算法从节点 s 开始，检查起始节点是否满足 $\mathcal{G}$ 中的目标条件。如果满足，则算法返回布尔值 True。否则，该算法对当前节点以下两级的每个节点启动递归调用。这是通过首先从当前状态 i 检索可通过单个操作访问的所有状态 $j \in A(i)$，然后从 j 的每个子级调用过程来实现的。请注意，主要代理应在 i 的每个这样的子级上采取行动。节点 i 的孙子集 S 定义如下：

$$S = \cup_{j \in A(i)} A(j)$$

递归调用是针对每个这样的节点 $k \in S$ 发起的，除非来自这些节点之一的递归调用可以满足目标条件 $\mathcal{G}$。递归调用返回 True 或 False，这取决于使用递归搜索的 AND-OR 结构是否可以从该节点到达目标。如果对于来自当前节点的代理 A 的任何一个操作，子节点上代理 B 的所有操作都返回一个 True。则将下两级节点上的所有递归调用的结果合并为一个布尔值 True。换句话说，OR 条件应用于当前节点，AND 条件应用于下一级节点。因此，这两个布尔运算符应用于树的交替级别。图 3.1 的递归描述只返回一个布尔值，它也可以用来决定树顶层的操作。特别是，如果算法返回布尔值 True，则任何产生 True 值的 OR 分支的顶层都可以被报告为操作选择。请注意，不会报告树更深层次上任一代理的后续操作选择；这是因为次要代理做出的选择是不可预测的，有时可能是次优的。

```
Algorithm AO-Search(Initial State: s, Goal Condition: 𝒢)
begin
 i = s;
 if i satisfies 𝒢 then return True;
      else initialize resultA= False;
 for all nodes j ∈ A(i) reachable via agent A action from i do
 begin
    resultB= True;
    if (j satisfies 𝒢) then return True;
    for all nodes k ∈ A(j) reachable via agent B action from j do
    begin
      resultB= (resultB AND (AO-Search(k, 𝒢)));
      if (resultB = False) then break from inner loop;
    end;
 resultA = (resultA OR resultB);
 if (resultA= True) then return True;
 end;
 return False;
end
```

图 3.1   AND-OR 搜索算法

AND-OR 树的示例如图 3.2 所示。目标节点由"G"标记。目标节点始终是返回值 True 的节点。目标节点可能出现在代理 A 或代理 B 的操作中，尽管在某些以游戏为中心的设置中，目标节点可能仅对应于两个代理中的一个。例如，井字游戏中的胜利（即出现目标节点）仅在主代理移动之后发生。很明显，由于 AND 条件，需要遍历树的更多分支和路径（与仅需要遍历单个路径的单代理设置相比）。请注意，单代理设置可以被视为只有 OR 节点的搜索树，这是只需要遍历单个路径的主要原因。

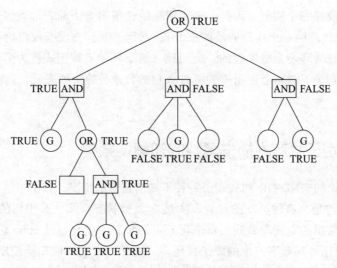

图 3.2 多代理搜索的 AND-OR 树

对于大型状态空间，需要在 AND-OR 树中遍历多条路径可能是一个问题，因为需要评估大量路径以确定是否可以达到目标条件。可能路径的数量与树中的节点数量成正比。由于状态空间在现实世界中可能很大，这在许多情况下是不切实际的。

3.2.1 处理两个以上的代理

上一节对 AND-OR 搜索算法的描述只涉及两个代理。在有两个以上代理的设置中会发生什么？多代理环境乍一看似乎相当繁重，特别是如果次要代理可以以任意顺序进行转换，而不必与主要代理交替交错。例如，当一个人有三个代理 A、B 和 C 时，代理 B 的转换可能发生在代理 C 之前，反之亦然。在这种情况下，可以通过使用其他代理的所有可能操作的联合，并将其视为单个虚拟（次要）代理所做的操作来建模由多个次要代理进行的转换；类似地，主要代理在次要代理的连续步骤之间丢失的步骤可以用从状态转换到自身的虚拟操作建模。然后，由此产生的问题可以简化为两个代理问题，其中两个代理采取交替步骤。当然，这种方法有其局限性。局限性是由于将多个操作组合成一个操作可能会导致特定状态下可能的操作数量激增。这将生成具有非常高的度数的树，其大小随着深度的增加而迅速增加。因此，只有当底层树较浅时，才能实际解决这种类型的情况。

3.2.2 处理非确定性环境

有趣的是，AND-OR 搜索在非确定性环境中也很有用，在这种环境中，单个代理产生的转换本质上是概率性的。在概率设置中，代理无法完全控制选择特定结果所产生的状态。这在原则上类似于多代理设置，在这种设置中，主要代理无法完全控制由其他代理所做的选择而导致的自己所处的状态。换句话说，就代理在进行转换后到达的最终状态而言，代理所做的每个操作都有不同的结果分布。这种类型的随机性可以通过允许处于状态 i 的代理的每个操作 a 从状态 i 移动到特定于虚拟操作的状态 (i, a) 来捕获。这个虚拟状态是一个 AND 节点。从这个节点，移动到与状态 i 中操作 a 允许的各种可能性相对应的不同状态。从虚拟状态移动到特定状态的概率受特定于状态 (i, a) 的概率分布控制。此设置与上一节中讨论的双代理设置完全相似。因此，多代理环境在很多方面都非常类似于非确定性设置（从无法预测其他代理的单个代理的角度来看）；然而，我们并没有仅仅因为环境是一个多代理环境就正式认为环境是概率性的。类似地，概率环境不被正式视为多代理环境。尽管如此，从单个代理（不能完全控制树的所有级别的转换）的角度来看，这两种情况下的算法非常相似。

3.3   具有特定于状态的损失函数的知情搜索树

上一节中讨论的 AND-OR 树代表了一种不知情搜索的情况，其中可能需要探索大部分搜索空间。不幸的是，这种类型的设置不太适合大型状态空间，其中树的大小也非常大。例如，考虑国际象棋的双代理游戏。每个玩家走四步后，就有超过 1000 亿种可能的状态。40 步棋的状态数比可观测宇宙中的原子数还多。显然，人们不能期望使用 AND-OR 搜索来搜索整个移动树。主要问题是，在最坏的情况下，树的深度可能非常大，因此无法将树探索到具有终止结果和明确定义的布尔值的叶子节点。因此，拥有一种可以控制需要探索的树的深度（和状态数）的方法是很有用的。换句话说，需要一种方法来有效地探索树的上部并做出有关转换的决策，而无须访问叶子节点的最终结果。

在这种情况下，只能在特定于状态的损失函数的帮助下对树的子集执行搜索。从每个代理的角度来看，特定于状态的损失函数代表了每个节点的启发式"优点"，因此将代理从必须知道叶子节点终止结果的棘手任务中解脱出来。通过使用特定于状态的损失函数，人们能够评估中间状态，其中较低的数值表示更理想的状态。此评估可用于各种类型的修剪，例如减少探索树的深度或修剪树的特定分支。请注意，从每个代理的角度来看，特定状态的效用通常是不同的；在对抗性游戏设置的情况下，两个玩家的效用可能完全相反。对一个代理有利的状态对另一个代理不利，反之亦然。事实上，在国际象棋等对抗性设置的情况下，从一个代理的角度对特定位置的评估恰恰是从对手的角度进行的评估的否定。

在下文中，我们将使用拥有两个代理的环境，分别由代理 A 和代理 B 表示。每个状态都与一个损失函数相关联。代理 A 的状态 i 的损失用 $L(i, A)$ 表示，而代理 B 的状态 i 的损失用 $L(i, B)$ 表示。从每个代理的角度来看，较小的损失值被认为是可取的。在这种情况下，一个重要的假设是两个参与者都知道彼此的评估函数。代理可以使用这些知识从另一个代理的角度探索树。代理不知道彼此的评估函数的情况通常无法使用推理方法解决；在这些情况下，使用学习方法变得很重要，其中代理从过去的经验中学习最佳选择。

与状态相关的损失函数通常是在领域知识的帮助下使用状态的启发式评估来构建的。为了说明这一点，我们将以国际象棋游戏为例。在这种情况下，一个状态对应一个棋盘位置，一个代理对应一个棋手。在这种情况下，棋盘位置的评估对应于从将要走棋的玩家的角度对位置好坏的评估。这些类型的优度值通常是基于人类专家的算法构建的，他们利用自己的国际象棋知识，从相应玩家的角度为位置给出数字分数（因为评估是针对对抗游戏中的每个玩家的）。此评估可能会汇总材料、位置因素、国王安全等方面的数字分数。评估函数几乎总是在人类领域专家的帮助下被构建并编码到系统中；毕竟，领域知识的使用是所有演绎推理方法的标志。一个问题是，这样的评估很难用明确的材料和位置因素以可解释的方式进行编码（不损失一定程度的准确性）。人类棋手通常根据直觉和洞察力走棋，而这些直觉和洞察力很难以可解释的方式进行编码。这个一般原则适用于大多数现实世界的设置，其中特定于领域的代理可以以不完整的方式编码与手头问题相关的因素。换句话说，这样的评估在设计上本质上是不完美的，因此必然会导致底层系统做出的决策不准确。近年来，以强化学习的形式进行棋盘评估的归纳学习方法激增。该主题将在本章后面以及有关强化学习的专门章节中讨论（参见第 10 章）。

对于像国际象棋这样的对抗性设置，我们可能有 $L(i, A) = -L(i, B)$。在这种情况下，这些类型的搜索减少到最小 – 最大搜索，其中通过定义单个损失来最小化或最大化替代级别的搜索目标。然而，我们在本节中不做这个假设，而是处理两个代理的目标可能相互独立的一般情况。因此，假设 $L(i, A)$ 和 $L(i, B)$ 之间没有关系。在树的根部采取行动的代理被称为主要代理 A，而在根下方采取行动的代理是次要代理 B。在玩游戏的情况下，系统可以使用两个代理中的一个（例如代理 B）对行动做出决定，另一个代理（例如代理 A）在预测人类可能做出的最佳行动方面发挥预期作用。但是，在其他情况下，每个代理都可以完全自动化（并且是同一系统的一部分）。此外，两个代理的目标可以部分或完全独立。为了适当的损失选择，代理甚至可以与其他代理部分或完全合作。

使用与状态相关的损失函数有助于创建一个知情的探索过程，其中通过修剪大大减少了访问的状态数量。一个关键点是，这种知情搜索算法还使用特定于域的损失函数来探索达到特定深度 d（作为输入参数）的可能性树，以减少正在探索的树的大小。深度 d 对应于从根到叶的最大长度路径上的操作数。当 d 为奇数时，树最底层的最后一个转换对应于主要代理 A。例如，使用 $d=1$ 对应于主要代理只走一步棋并使用启发式评估后，在国际象棋中走出最好的一步棋。当 d 为偶数时，最后一个转换由次要代理 B 完成。这样做的计算优势是显著的，因为搜索树中的大多数节点都在树的较低级别。

通过限制探索的深度，人们会暴露在评估函数不完善导致的不准确中。搜索的目标只是通过使用向下移动树的前瞻来改善对可能不完美的损失函数的评估。例如，在国际象棋游戏中，可以在执行每个可能的合法移动后简单地应用评估函数，并从代理的角度简单地选择最佳评估。然而，这种类型的移动将是次优的，因为它无法考虑后续移动的影响，而这些影响很难用固有的次优评估来解释。毕竟，如果从当前棋盘位置开始进行一长串棋子交换，则很难评估国际象棋中一个位置的好坏。通过应用深度锐化评估，人们可以探索到特定深度的整个走法树，然后在树的顶层报告最佳走法（在特定深度，从被考虑的玩家的角度来看，每个走法都是最佳的）。由于使用了前瞻，这种评估的质量要好得多。因此，与仅使用难以设计的损失函数（但没有前瞻）进行的移动相比，在树的根部做出的选择的质量也好得多（因为有深度的前瞻）。

由代理 A 和代理 B 表示的两个代理的知情搜索的整体算法如图 3.3 所示。算法的输入是初始状态 s 和探索树的最大深度 d。请注意，代理的每个操作都会对深度贡献 1。因此，每个代理的单个操作对应的深度为 2。从代理 A 和代理 B 的角度来看，处于状态 i 的损失分别为 $L(i, A)$ 和 $L(i, B)$。在对抗性环境中，这些损失彼此否定，但在一般设置中可能不是这种情况。符号 $A(i)$ 表示通过代理在该状态下的单个操作可从状态 i 直接到达的状态集。其中，$A(i)$ 表示移动树中节点 i 的邻接表。该算法的结构是一种相互递归的算法，其中代理 A 的搜索算法的每个节点调用代理 B 的搜索算法，反之亦然。代理 A 的搜索调用由 SearchAgentA 表示，代理 B 的搜索调用由 SearchAgentB 表示。这两个程序之间的主要区别在于，在两种算法中使用不同的损失 $L(i,A)$ 和 $L(i,B)$ 来做出关键选择，这些选择根据首选操作控制手头算法的行为。这两种算法分别由相互递归的子程序调用 SearchAgentA 和 SearchAgentB 表示。前一种算法返回从代理 A 的角度探索 d 沿着树向下移动后获得的最佳可能状态，而第二个算法返回从代理 B 的角度探索 d 沿着树向下移动后获得的最佳可能状态。换句话说，这两个伪代码在结构上几乎相同，只是它们在不同的损失函数上最小化。每次调用都会返回可能的最佳状态 d 从相关代理的角度沿树向下转换。还可以重写每个伪代码以返回最优节点评估的值以及沿着树向下的最佳状态 d 层（实践中通常是这样做的）。这是通过在当前调用序列期间跟踪每个节点的最佳状态值来实现的，并且有助于避免在回溯期间对同一节点进行重复评估。与 AND-OR 树不同，通过使用损失函数，确实可以在树的 d 层找到单一的最佳路径。因此，除了减少正在考虑的树的深度之外，与 AND-OR 算法（需要探索多个路径和相应的簿记）相比，该方法减少了算法所需的簿记量。

```
Algorithm SearchAgentA (Initial State: s, Depth: d)
begin
    i = s;
    if ((d = 0) or (s is termination leaf)) then return s;
    min_a = ∞;
    for j ∈ A(i) do
    begin
        OptState_b(j) = SearchAgentB(j, d − 1);
        if (L(OptState_b(j), A) < min_a) then min_a = L(OptState_b(j), A); beststate_a = OptState_b(j);
    end;
    return beststate_a;
end

Algorithm SearchAgentB (Initial State: s, Depth: d)
begin
    i = s;
    if ((d = 0) or (s is termination leaf)) then return s;
    min_b = ∞;
    for j ∈ A(i) do
    begin
        OptState_a(j) = SearchAgentA(j, d − 1);
        if (L(OptState_a(j), B) < min_b) then min_b = L(OptState_a(j), B); beststate_b = OptState_a(j);
    end;
    return beststate_b;
end
```

图 3.3　双代理环境中的多重搜索算法

递归算法的工作原理如下。如果输入深度 d 为 0 或当前节点 i 是终止叶子节点，则返回当前状态。另一方面，当每个算法是为非终端节点 i 调用的时，特定代理的相应算法递归地从每个节点 $j \in A(i)$ 调用其他代理的算法，深度参数固定为 $(d-1)$。返回状态评估的最小值。因此，这些 $|A(i)|$ 递归调用中的每一个都将返回树向下的 $d-1$ 层的状态。通过在这些状态中选择损失最小的状态，来从 $A|i|$ 个可能的状态中选择最终状态。当代理 A 为每个状态 $j \in A(i)$ 调用 SearchAgentB 时，从代理 B 的角度来看的最佳状态存储在 $OptState_b(j)$ 中，而从代理 A 的角度来看，返回这些状态中来自 j 的不同值的最佳状态。返回树下的最佳多代理状态 d 不一定直接在当前节点产生最佳操作。但是，可以单独跟踪遵循哪个分支以到达树下的最佳状态 d 层。

尽管该算法可以通过选择一个代理的损失函数作为另一个代理的损失函数的负数，从而用于对抗性环境，但它也可以用于其他类型的多代理环境，只要两个代理的损失函数被正确定义。在这种情况下，如果相应的损失函数与特定目标充分一致，则两个代理之间可能有一定程度的合作。

3.3.1 启发式变化

图 3.3 的算法是该方法的最基本版本，并未针对性能进行优化。一个问题是树的许多探索分支通常是多余的。例如，在国际象棋游戏中，人类只能通过在非常浅的深度探索可能性树来很快排除一些明显次优的移动。一种可能性是，仅当从执行评估的代理的角度来看其评估优于特定阈值时，才探索分支。通过使用这种方法，可以在早期启发式地修剪大部分搜索空间。这可以通过使用额外的损失阈值参数 l 来实现。当当前节点的损失函数大于这个质量阈值时，这个特定的分支不太可能产生一个好的评估（尽管在树的更深处总会有惊喜）。因此，为了实际效率，算法直接返回对应于该节点的状态（通过在该状态下应用损失函数）而没有进一步探索。这种类型的更改非常小，它倾向于删除不太可能与评估过程密切相关的分支。有很多可以通过使用浅探索深度进行修剪评估（例如 2 或 3）和深度探索进行初步评估（如上一节所示）来进一步锐化修剪的方法。

另一个自然优化是通过树中的替代路径到达许多状态。例如，在国际象棋游戏中，不同的移动顺序$^{\ominus}$可能会导致相同的位置。维护一个先前访问过的位置的哈希表，并在需要时使用这些位置的评估是有帮助的。这有时会很棘手，因为较早对深度 d_1 处的位置进行评估可能不如对深度 $d_2 > d_1$ 处的位置进行评估准确。因此，也需要在哈希表中维护位置的评估深度。在很多情况下，可以在树的不同分支中获得相同的位置（通过移动的简单转置），在这种情况下，将评估存储在哈希表中可以节省大量时间。这种类型的位置称为换位表。虽然保留所有先前看到的位置是不切实际的，但如果它们被认为在未来相关，则可以缓存它们的合理子集。例如，当棋子的子集已经交换，或者当前位置已经距缓存位置足够远时，缓存国际象棋中的位置是没有意义的。在国际象棋这样的游戏中，有些位置是其他位置无法到达的。例如，如果一个士兵棋子从其起始状态移动，则无法再次到达相应的状态。

3.3.2 适应对抗环境

知情搜索方法自然适用于像国际象棋这样的对抗性双人环境。对抗搜索与知情搜索算法的主要区别在于，在前一种情况下，两个代理的损失函数彼此相关；损失函数 $L(i, A)$ 和 $L(i, B)$ 通过否定相互关联：

$$L(i, A) = -L(i, B)$$

结果树被称为极小极大树，因为它们在交替级别上最小化和最大化。这些树构成了过去二十年中大多数传统国际象棋程序的基础，例如 Stockfish 和 DeepBlue，尽管 AlphaZero 等较新的算法倾向于使用强化学习的思想。前者是一种使用领域知识（例如评估函数）的演绎方法，而后者是一种从数据和经验中学习的归纳学习方法。许多方法结合了两种思想

$\ominus$ 对于那些熟悉正式移动符号的棋手，以下两个序列 (1.e4, N c6, 2.N F3) 和 (1.N f3, N c6, 2.e4) 导致相同的位置。

流派的想法。

　　国际象棋程序中常用的一种约定是使用效用函数而不是损失函数，其中目标需要最大化而不是最小化。因此，我们以极小极大的形式重申图 3.3 的算法，其中效用函数 $U(\cdot)$ 的最大化在偶数层中执行（从基础递归的级别开始），相同函数 $U(\cdot)$ 的最小化在奇数层中执行（从基础递归下面的一层开始）。因此，效用函数相对于树根处的主要代理最大化。我们在本节中遵循这种不同的约定（与以最小化为中心的损失函数相反），以使其与这种方法在国际象棋程序中最常见的使用一致。

　　结果算法如图 3.4 所示。如图 3.3 所示，算法的输入是初始状态 s 和搜索深度 d。假设代理 A 在递归的基础上作为最大化代理出现，而代理 B 作为最小化代理出现在递归基础以下的一层。该算法与图 3.3 所示的伪代码几乎完全相同，是一种相互递归的算法，只是两个代理没有不同的损失函数；相同的效用函数 $U(\cdot)$ 被代理 A 通过 MaxPlayer 调用最大化，并且被代理 B 通过 MinPlayer 调用最小化。图 3.3 和图 3.4 中的所有其他变量都类似。除了最大化发生在一个伪代码中，而最小化发生在另一个伪代码中之外，控制流也类似。子程序 MaxPlayer 从最大化玩家的角度描述方法，而子程序 MinPlayer 从最小化玩家的角度描述方法。值得注意的是，极小极大树经常被实现，因此并不总是返回最佳移动，特别是如果下一个最佳移动具有非常相似的评估值。毕竟，特定领域的效用函数只是一种启发式方法，允许稍微"更糟"的移动会导致游戏程序具有更大的多样性和不可预测性。这确保了对手不能通过简单地从以前的程序中学习来识别程序中的弱点。

```
Algorithm MaxPlayer(Initial State: s, Depth: d)
begin
  i = s;
  if ((d = 0) or (s is termination leaf)) then return s;
  max_a = -∞;
  for j ∈ A(i) do
  begin
    OptState_b(j) = MinPlayer(j, d - 1);
    if (U(OptState_b(j)) > max_a) then max_a = U(OptState_b(j)); beststate_a = OptState_b(j);
  end;
  return beststate_a;
end


Algorithm MinPlayer(Initial State: s, Depth: d)
begin
  i = s;
  if ((d = 0) or (s is termination leaf)) then return s;
  min_b = ∞;
  for j ∈ A(i) do
  begin
    OptState_a(j) = MaxPlayer(j, d - 1);
    if (U(OptState_a(j)) < min_b) then min_b = U(OptState_a(j)); beststate_b = OptState_a(j);
  end;
  return beststate_b;
end
```

图 3.4　双代理对抗性环境中的极小极大搜索算法

　　一个极小极大树的例子如图 3.5 所示。树的交替级别的节点由圆形或矩形表示，这取决于节点是执行最大化还是最小化。圆形节点执行最大化（玩家 A），而矩形节点执行最小化（玩家 B）。叶子节点可能是游戏终止的节点（例如，国际象棋中的将死或重复抽签），也可能是评估函数对节点进行评估的节点（因为最大搜索深度已达到）。图 3.5 中的每个节点都标有与效用函数对应的数值。圆形节点处的数值使用其子节点值中的最大值计算，而矩形节点处的值使用其子节点值中的最小值计算。效用是使用叶子节点上的域特定函数计算的，叶子节点可能是终端节点（例如，国际象棋中的将死），或者它们可能是存在于计算极小极大树的最大深度处的节点。因此，需要有效地计算特定于领域的评估函数，因为它调节了方法的计算复杂性。图 3.5 的树并不完全平衡，因为在许多情况下可能会提前到达终止状态。例如，在国际象棋中，在少于 10 步或多于 100 步后可能会将死。因此，此类树在实际环境中可能高度不平衡。如果使用图 3.4 的递归算法，将按深度优先顺序访问节点，以计算各个节点的值。也可以组织图 3.4 的算法，以使用其他策略来探索节点（例如广度优先搜索）。然而，深度优先搜索是可取的，因为它具有空间效率，并且支持特定类型的修剪策略，这将在后面讨论。对于国际象棋这样的问题，广度优先搜索效率太低，根本无法使用。

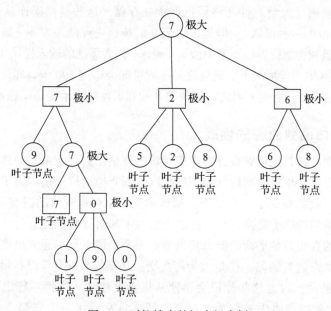

图 3.5   对抗搜索的极小极大树

3.3.3   预存储子树

在许多设置中，树的某些部分会一遍又一遍地重复。例如，在国际象棋中，就已知接近最优的树的部分而言，树的上部是相当标准的。树的开局部分有相当多的路径，导致两个对手的位置几乎相等。这些序列中的每一个在国际象棋中通常都以独特的名称命名，例如 Sicilian Defense。这组序列统称为开局理论，它们可以串在一起形成一个树结构，该结构是极小极大树（的开局部分）的一个非常稀疏选择的子集。由于分析特定开局的长期后果的复杂性，人类专家花费大量时间研究开局理论，并发现可以在实际游戏中为他们提供优势的新发现（即已知理论的微小变化）。搜索树（或其他演绎方法）通常很难轻易发现此类新发现，因为选择特定开局的影响会在游戏中持续很长时间（超出通常的搜索深度）。同时，极小极大树也很难通过搜索方法发现已知理论（以及最佳开局操作），因为极小极大树无法区分已知理论和新发现。一个关键是，人类专家集体花了数百年的时间来了解不同开局的长期影响，这很难完全匹配搜索方法。因此，这部分树（称为开局书）预先存储在前面，用于通过选择开局书中的一个分支在早期进行快速移动。这样做可以显著提高最终游戏系统的强度。这是一个非正式知识库的经典示例，其中数百年人类游戏的集体智慧预先存储为假设，供系统用于更好的游戏。实际上，带有开局书的极小极大树的性能明显优于不使用开局书的树。

在树的较低级别，棋盘包含较少数量的棋子，其结果以完美的游戏方式已知。例如，皇后对车的最终游戏（即棋盘上的四个棋子，包括国王）总是会导致有皇后的玩家获胜。然而，完美地得到这样的结局并不总是一件简单的事情，即使是人类专家也会在这个过程中犯错[⊖]，并达到次优的结果。使用计算机时，这些树的下部很容易处理，可以将树扩展到叶子。在许多情况下，扩展树可能需要进行几天的计算，这在实时游戏中是无法实现的。因此，对于最多有五个棋子的所有位置，其最佳移动已经被明确地计算出来并且已经预先存储在表库中。这些表库通常实现为海量哈希表。简单来说，可以使用哈希表来实现从位置到最佳移动的映射。大量六件套终局也已预先存储。这些最佳操作是通过计算得出的（可以看作归纳学习的一种形式）。但是，由于它们被预先存储为表库（知识库的非正式形式），因此它们也被视为演绎方法，其中假设（表库）作为系统的输入提供（无论它实际上是如何导出的）。在其中一些情况下，最佳终局序列可能会超过 100 步，即使是最好的大师也很难在游戏过程中完全弄清楚。因此，这些额外的知识库极大地提高了极小极大树的能力。

3.3.4　设计评估函数面临的挑战

为以游戏为中心或其他设置设计特定于领域的评估函数并不总是一件简单的事情，并且某些状态在没有进一步扩展到较低级别的情况下固有地抵抗评估。为了理解与评估函数设计相关的挑战，我们提供了一个基于尝试预测国际象棋位置值的固有不稳定性的示例；一些位置需要一系列的棋子交换，并且在动态交换中间对这些位置进行评估可能导致评估值反映玩家之间的真实力量平衡的能力相当差。一个关键点是，通常很难使用特定函数对片段之间的复杂动态进行编码。这是因为每次交换都会导致任何（以材料为中心的）特定领域评估的剧烈波动，因为这些片段会迅速从棋盘上移除。这种不稳定的位置并不"静止"，因此在国际象棋术语中被称为非静止。图 3.6a 显示了一个非静止位置的示例。在图 3.6a 的位置上，黑子似乎具有显著的物质优势，同时也抑制了白王。但是，经过一系列强制交换后，位置变得安静（如图 3.6b 所示），并且理论上白黑之间是相等的（作为双方最佳发挥的平局）。因此，评估棋盘位置的一种常用方法是在一系列短操作后首先找到"最可能"的静止位置。在国际象棋中寻找静止位置本身就是一个重要的研究领域，尽管多年来取得了重大进展，但它仍然是一门不完善的科学。这个问题不是国际象棋特有的，它出现在所有类型的游戏设置中。用于达到静止的算法并不完美，并且经常会被特定的棋盘位置所迷惑。这通常会对整体评估产生破坏性影响。糟糕的评估也会导致游戏过程中出现错误，尤其是在使用浅的极小极大树时。

⊖　这种情况的一个很好的例子对应于 2001 年莫斯科国际棋联世界国际象棋锦标赛的第 5 轮季后赛。特级大师彼得·斯维德勒（Peter Svidler）与鲍里斯·格尔凡德（Boris Gelfand）进行了皇后对车的终局比赛，后者拒绝认输并有效地向对手发起挑战，以证明他知道如何完美地进行终局比赛。彼得·斯维德勒在这个过程中犯了错误，比赛结果是平局。

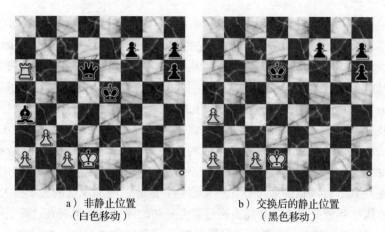

　　　a）非静止位置　　　　　　　　　b）交换后的静止位置
　　　（白色移动）　　　　　　　　　　（黑色移动）

图 3.6　黑色在位置 a 上似乎有更多的棋子。经过一系列的交换，位置如 b 所示，这是双
　　　　方最佳发挥的平局

　　除了非静态位置这一更明显的问题之外，由于评估的微小方面无法轻易通过人工方式获得，因此出现了挑战。例如，人类国际象棋大师根据从过去经验中获得的模式和直觉的复杂组合来评估棋盘位置。评估函数很难对此类知识进行编码。这是任何依赖于可解释假设（例如，棋子的数值与象的数值）将知识人工输入系统中的演绎推理方法的问题。因此，除了克服这些挑战之外，重要的是要知道哪些位置比其他位置更难评估，以便可以更深入地探索树的那些特定部分。事实上，这已经在大多数具有各种启发式的游戏程序中完成了，这往往会使树有些不平衡。最近的经验似乎表明，人们可以以数据驱动的方式学习可靠的评估，而不是手工制作它们。这是像蒙特卡罗搜索树一样的强化学习方法的任务，这将在后面的部分中讨论。然而，这些方法属于归纳学习的流派，而不是演绎推理。这将是 3.5 节的讨论主题。

3.3.5　极小极大树的缺点

　　极小极大树通常太深而无法详尽地评估到最终结果，这就是在叶子节点上使用启发式评估的原因。通过使用极小极大搜索，可以通过向前看树的几个层级来有效地锐化评估函数。对于足够深的评估，平凡评估函数可能变得非常强大。例如，在下棋程序的情况下，考虑使用简单的评估函数，当游戏处于将死位置时（取决于哪个玩家获胜），只需将评估设置为 +1 或 −1，否则为 0。

　　国际象棋是一种长度有限的游戏，已知国际象棋游戏最大长度的上限是 17 697 个半步。在这种情况下，深度为 17 698 的极小极大树（将每个玩家的移动计算为额外深度）将导致具有上述平凡评估的国际象棋程序在根节点（通过极小极大计算）加强到完美评估。这是因为根据国际象棋的终止规则，最多有 17 698 步的序列将导致将死或平局。然而，这种方法不能在任何计算上实际的环境中实现，因为这种树中的节点数量将大于宇宙中的原子数量。主要问题是，由于需要评估的节点数量激增，无法使用非常大的评估深度。毕竟，对于树的每个附加级别，节点数量增加了 10 倍以上。因此，需要使用启发式评估函数来评估中间位置。在国际象棋程序的上下文中，这种评估的深度被称为地平线或半层⊖。实际

　　⊖　一个层对应于每个玩家的一个动作。半层对应于两个玩家之一的一次移动。

上，由于可能位置数量的组合爆炸，视界通常会受到很大限制。在作为搜索起点的某些位置上，一盘棋可以有超过 1000 亿个可能的结果位置，用于在每个玩家走四步后进行评估。在实践中，大多数国际象棋程序需要更深入地评估位置，以获得更高质量的移动。使用上面讨论的平凡评估函数，任何具有计算可行深度的极小极大树都将进行随机移动，因为所有叶子节点通常都是非终端的；因此，该算法将在大多数位置进行随机移动。重要的是开发更好的启发式方法来评估国际象棋位置，以减少进行高质量移动的树的深度。例如，如果有一个 oracle 评估函数来准确地预测位置的价值，如赢、输或平局，那么深度为 1 的树就足以使棋局完美发挥。现实情况是，虽然评估函数变得越来越复杂，但使用特定于领域的启发式方法对其进行评估的效果存在严重限制。因此，增加深度的极小极大评估对于高质量的国际象棋比赛至关重要。此外，执行非常复杂的评估函数本身在计算上可能很昂贵，这最终会导致在时间受限的环境中评估深度较低。在这种情况下，使用复杂的评估函数（由于深度减小）获得的计算增益可能会损失为评估每个函数的额外成本。因此，在设计一个也可以被有效评估的复杂评估函数时，它往往成为一种敏感的平衡行为。花费时间以获得更好的评估函数，以及更深入地探索极小极大树之间的权衡仍然是计算机国际象棋从业者和研究人员相当感兴趣的主题。

当评估的深度有限时，不完善的评估函数的弱点就更加明显。多年来，游戏系统的评估深度有所提高（因为硬件复杂），叶子节点的评估功能也得到了改进，因为程序员已经学习了将领域知识编码到国际象棋软件中的新方法。两者的结合大大增加了程序的游戏强度。比如一个具体的例子，深蓝在 1997 年的六场比赛中使用专门的硬件和精心设计的评估函数击败了世界冠军加里·卡斯帕罗夫。硬件是高度专业化的，芯片是专门为特定于国际象棋的评估而设计的。深蓝拥有使用专用计算机芯片每秒评估 2 亿个位置的能力，这对于当时可用的计算机硬件来说非常令人印象深刻。这是第一次将如此强大的机器与复杂的评估函数相结合，以创造出最高水平的下棋机器。然而，卡斯帕罗夫在六场比赛的过程中确实赢了一场比赛，并有三局平局。在现代，世界冠军不太可能⊖期望在与像 Stockfish 这样在商用笔记本计算机或手机上运行的现成国际象棋软件的六场比赛中获得哪怕一局平局。简单地说，就国际象棋而言，人工智能已经远远超越了人类。这种成功的很大一部分源于以有效方式实施日益复杂的评估函数和搜索机制的能力。最先进的计算机硬件的改进也极大地帮助了以有效的方式构建和探索极小极大树。为了减小探索的计算负担，在设计修剪极小极大树无果枝的策略方面也取得了许多进步。

国际象棋一直是极小极大树的成功案例，因为有大量可解释的领域知识可用，以从棋盘上的给定位置执行高质量的效用函数评估。尽管如此，现代国际象棋程序确实存在许多弱点。这些弱点在计算机对计算机的比赛中变得特别明显，导致国际象棋位置中的评估需要更高水平的直观模式识别。在树的度数很大的棋盘位置中，不完美的启发式评估可能会成为更大的问题，因此无法创建非常深的树。因此，重要的是制定一个总体策略来修剪从每个参与者的角度来看不太有希望的分支，以便能够更深入地评估位置。这样做的一种简单方法是从正在采取下一步行动的代理的角度修剪即时评估极差的分支。然而，这样做有

⊖ 可以使用国际象棋棋手和计算机的 Elo 评级系统计算赔率。在撰写本书时，最佳国际象棋程序的 Elo 评分比现任世界冠军的 Elo 评分高出约 530 分。这种差异转化为世界冠军每平局一次，计算机将赢得 10 场胜利。

时会无意中修剪相关的子树，因为更有希望的移动可能隐藏在树的下方。另一方面，某些类型的修剪保证不会丢失相关的子树。这种方法利用了极小极大树的一些特殊属性，称为 alpha-beta 剪枝。

3.4　alpha-beta 剪枝

alpha-beta 剪枝的主要目标是排除树的不相关分支，从而使搜索过程变得更加高效。我们使用效用函数 $U(\cdot)$ 提出 alpha-beta 剪枝，该函数在树的不同级别最大化和最小化。因此，本节中的所有符号与 3.3.2 节中使用的符号相同。修改后的算法如图 3.7 所示。alpha-beta 方法非常类似于上一节中讨论的极小极大方法，除了当从对应玩家的视角可以理解当前分支无法在树的更高级别的节点上找到更好的操作时，它添加了一行代码来修剪不相关的分支。

```
Algorithm AlphaBetaMaxPlayer(Initial State: s, Depth: d, α, β)
begin
    i = s;
    if ((d = 0) or (s is termination leaf)) then return s;
    for j ∈ A(i) do
    begin
        OptState_b(j) = AlphaBetaMinPlayer(j, d − 1, α, β);
        if (U(OptState_b(j)) > α) then α = U(OptState_b(j)); beststate_a = OptState_b(j);
        if (α > β) then return beststate_a; { Alpha-Beta Pruning }
    end;
    return beststate_a;
end


Algorithm AlphaBetaMinPlayer(Initial State: s, Depth: d, α, β)
begin
    i = s;
    if ((d = 0) or (s is termination leaf)) then return s;
    for j ∈ A(i) do
    begin
        OptState_a(j) = AlphaBetaMaxPlayer(j, d − 1, α, β);
        if (U(OptState_a(j)) < β) then β = U(OptState_a(j)); beststate_b = OptState_a(j);
        if (α > β) then return beststate_b; { Alpha-Beta Pruning }
    end;
    return beststate_b;
end
```

图 3.7　alpha-beta 搜索算法

为了理解 alpha-beta 剪枝，我们将提供一个示例，说明如何在特定情况下修剪某些分支。考虑图 3.5 中所示的示例，其中在树的顶层执行最大化，而在下一层执行最小化。处理完从树根挂起的第一个子树的整体后，将值 7 返回给根（从树根代理 A 的角度来看，这是当前的最大化值）。当处理根处的第二个子树时，下一层的最小化代理 B 遇到第一个叶子，其值为 5。而从最小化代理 B 的角度来看，处理更多的叶子可能会导致更低的值，已知最大化代理 A 已经从第一个子树中获得了可用值 7（并且永远不会选择具有较低效用的操作）。因此，从代理 B 的角度来看，进一步处理整个子树是徒劳的，可以修剪进一步的分支（对应于包含值 2 和 8 的叶子节点）。图 3.5 中树的相关部分如图 3.8 所示。

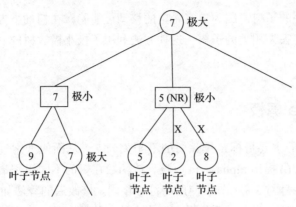

图 3.8   如何修剪无枝的例子

接下来，我们更正式地描述 alpha-beta 搜索算法。该方法在历史上被称为 alpha-beta 搜索是因为从两个对抗代理的角度来看，最佳评估通常分别用 α 和 β 表示。整体算法如图 3.7 所示，与图 3.4 中的算法非常相似。参数 α 和 β 与图 3.4 中的变量 $\max_a$ 和 $\min_b$ 的作用相同，除了它们不再在每次调用相互递归的伪代码时从头开始初始化。相反，α 是在整个算法过程中从代理 A 的角度对最佳评估的运行估计，而 β 是在整个算法过程中从代理 B 的角度对最佳评估的运行估计。因此，这些参数会随着参数的更新而向下传递。因此，考虑到更多的信息通过相互递归调用传递，可以从每个代理的角度对最佳状态进行更严格的估计。在算法的基本调用中，α 的值设置为 $-\infty$，而 β 的值设置为 ∞。在整个算法过程中，我们在节点处将始终有 $\alpha \leq \beta$，否则不再需要探索该节点的子节点。理解 α 和 β 的最好方法是，它们分别是从最大化和最小化参与者的角度对评估的悲观界限。在最优极小极大设置中，当代理 A 使用相同的效用函数时，代理 A 做出的最优移动与代理 B 期望 A 做出的最优移动相同。因此，在过程结束时，在树的根部必须有 $\alpha = \beta$。然而，对于悲观界限，必须始终有 $\alpha \leq \beta$。因此，每当我们在树的节点上有 $\beta < \alpha$ 时，导致该节点的操作序列将永远不会被两个玩家中的至少一个选择并且被修剪。图 3.7 中的整体算法与图 3.4 中使用的方法非常相似，除了附加参数 α 和 β，它们为两个参与者提供悲观估计。此外，两个代理的每个伪代码中的一行代码执行 alpha-beta 剪枝，这在基本极小极大算法的伪代码中不存在。将 α 和 β 作为递归参数向前推进的一个结果是，该算法能够使用在树的远处区域建立的边界进行修剪。

图 3.9 显示了 alpha-beta 剪枝的示例，还显示了每个节点的评估。与最佳状态的计算无关的节点被标记为"(NR)"，并且这些节点内的评估不准确。首字母缩略词 NR 代表 Not Relevant。该节点不相关的原因是已经探索了以该节点为根的一个或多个后代子树，并且认为以该节点为根的最佳状态是对手无法接受的（基于对手在树更高处可用的其他选项）。因此，不会进一步探索从该树下降的其他子树（因为以该节点为根的整个子树被认为是不相关的）。因此，标记为"(NR)"的节点内的值基于探索的分支，并且是悲观界限。相应地，许多以这些节点为根的分支都标有"X"，并且不再进一步探索它们。尽管在图 3.9 中只修剪了少量节点，但在许多情况下可以使用这种方法修剪整个子树。

在我们迄今为止展示的所有示例中，修剪是基于在树的交替级别中开发的边界完成的。然而，由于 α 和 β 被向下传递到树的较低级别，因此修剪也可能发生在树的较低级别，因为边界在树中较高的地方开发。

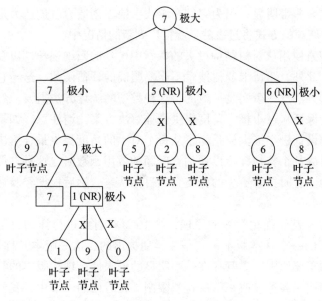

图 3.9 对抗搜索的极小极大树

分支评估顺序的重要性

重要的一点是修剪的有效性在很大程度上取决于探索极小极大树分支的顺序。首先从每个代理的角度探索树的有希望的分支更有意义，因为它会导致在过程的早期进行更清晰的评估。"有希望的"分支的概念是通过从执行操作的代理的角度立即计算采取单一行动后的状态效用，以短视的方式进行评估的。首先探索从进行转换的代理的角度来看具有最佳效用的状态。这是通过在进行一次转换（例如，在国际象棋中移动）后应用特定于领域的效用函数（例如，国际象棋位置的评估）来实现的，然后从所有这些可能性中选择最好的一个。更复杂的分支排序方法可能会使用多个转换来进行评估中的浅前瞻。通过按此顺序探索分支，代理更有可能在深度优先搜索过程的早期在树的更深层次上获得更有利的评估。这导致在该过程的早期对每个代理产生更严格的悲观界限，因此大部分冗余分支被修剪。

3.5 蒙特卡罗树搜索：归纳视图

尽管蒙特卡罗树搜索的变体可用于任何决策问题，但它在历史上仅用于对抗性环境。因此，本节中的讨论基于对抗性环境。上一节中的极小极大方法的主要问题是它基于特定于领域的评估函数，这在更复杂的游戏中有时可能不可用。特定于领域的评估功能的弱点在游戏中尤其明显，在游戏中，位置的评估不容易解释，并且依赖于大量人类直觉。这在像围棋这样的游戏中尤其明显，它依赖于高水平的空间模式识别。即使在像国际象棋这样的游戏中，特定于领域的评估功能是可用的，它们也往往有明显的弱点。因此，为了确保不会遗漏好的解决方案，通常需要深入评估（采用某种程度的启发式修剪）可能树。这在国际象棋中可能非常昂贵，在围棋这样的游戏中也很难解决。即使在国际象棋中，计算机在某些需要高水平直觉才能理解的位置上也往往很弱。事实上，在早期，人类通过利用极小极大树的这些弱点，能够在国际象棋中始终如一地击败极小极大树。极小极大树与人类在游戏风格上的差异非常明显，因为它们在游戏中缺乏创造力。创造力是学习系统的一个标志，它能以一种新颖的方式将过去的经验推广到新的情况中。

蒙特卡罗树搜索使用从对树结构过去的探索中学习的归纳视角，以随着时间的推移学习有希望的路径。此外，蒙特卡罗树搜索不需要明确的评估函数，这与它是一种学习方法而不是基于知识的方法这一事实是一致的。这种类型的统计方法需要从经验角度进行较少的评估，尽管不能保证从极小极大角度提供最佳解决方案。请注意，如果要构建一棵直至终止节点的树，则设计极小极大树是为了从每个对手的角度提供最佳解决方案。然而，当人们不得不停在树的某个特定深度以评估有问题的效用函数时，这种"最佳"解决方案的意义是值得怀疑的。有时探索更少的分支直到目标状态，然后根据经验选择最有希望的分支可能更有意义。

蒙特卡罗树搜索基于强化学习的原理，第10章将对此进行详细讨论。我们将首先讨论蒙特卡罗树搜索的一个基本版本，它是在早期提出的。这一版本被称为预期结果模型，它抓住了该方法的重要原则，尽管存在一些明显的局限性；现代版本的蒙特卡罗树搜索基于这些原则，它们使用各种修改来解决这些限制。在后面的一节中，我们将讨论现代版本的蒙特卡罗树搜索与此模型相比是如何改进的。

蒙特卡罗树搜索的灵感来自这样一个事实，即在给定位置做出最佳移动通常会导致在树的多条路径上提高获胜机会。因此，基本方法将抽样路径扩展到最后，直到游戏终止。通过对 rollout 进行抽样直到最后，人们能够避免与特定于领域的评估函数相关的弱点。正如我们稍后将看到的，抽样方法使用过去经验的一些知识来缩小需要探索的分支数量。

在树的根部，考虑通过单个转换可达到的所有可能状态，然后使用蒙特卡罗抽样选择特定节点。在这个新选择的节点上，从对手的角度抽样所有可能的操作，并随机选择其中一个节点进行进一步扩展。因此，这个过程不断重复，直到达到满足目标条件的状态。此时，抽样过程终止。请注意，节点抽样的重复过程将导致一条路径，以及路径上节点的所有直接子节点。因此，抽样路径比相对平衡的极小极大模型所考虑的任何路径都要深得多。这种重复抽样直至博弈树终止的过程称为 rollout。在算法过程中重复抽样路径的过程以创建多个 rollout。多个 rollout 提供了在树的顶层做出选择所需的经验数据。在对足够数量的路径进行抽样后，算法终止。

算法终止后，赢-输-平局统计数据沿每个分支反向传播直到根。对于每个分支，存储它玩的次数以及赢、平局和输的次数。对于遍历 N_b 次的给定分支 b，设赢和输的次数分别为 W_b 和 L_b。然后，分支 b 的一种可能的启发式评估 E_b 如下：

$$E_b = \frac{W_b - L_b}{N_b}$$

这种评估有利于具有有利输赢比的分支。该值将始终介于 -1 和 $+1$ 之间，具有更高输赢比的分支会达到更大的值。在蒙特卡罗模拟结束时，评估树根处所有分支来推荐一个移动。特别是 E_b 值最大的分支。这种方法本质上是蒙特卡罗树搜索的最原始形式，尽管需要进行重大修改才能使其正常工作。特别是，我们将看到在过程中稍后抽样的分支与之前抽样的分支并不独立。这种从过去的经验中不断学习的过程称为强化学习。

值得注意的是，蒙特卡罗树搜索是在它已经扩展的树上相继建立起来的。因此，它可能包含对应于多个 rollout 的多个分支。因此，由此产生的树是浓密且不平衡的。因此，生成的蒙特卡罗树中的叶子节点（具有最终结果）的数量受 rollout 数量的限制（因为某些 rollout 可能偶尔⊖会重播）。连续 rollout 后的蒙特卡罗树示例如图 3.10 所示。

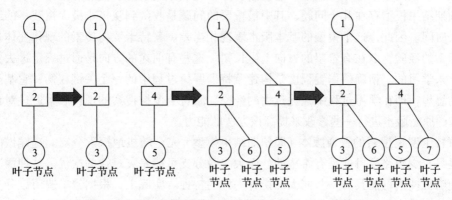

图 3.10 在预期结果模型中的蒙特卡罗 rollout 的结果

蒙特卡罗树搜索的成功在很大程度上取决于来自树的特定分支的不同评估彼此相关的事实。因此，树的特定分支的统计输赢率通常会导致在顶层的准确评估，即使从任一对手的角度来看，特定的 rollout 可能不是远程最优的。这意味着人们通常能够通过统计抽样来估计特定移动的价值。这与极小极大树不同，它试图从每个对手的角度找到最佳路径。已知（在某些假设下）将蒙特卡罗树搜索的基本版本的预测收敛到极小极大树的基本版本，所有的方式都是向下构造到终端节点的。然而，对于甚至远程接近收敛的蒙特卡罗方法来说，所需的样本数量太大，并且无论如何都不能（实际）构造到终端节点的最小结构树。在实践中，实证方法的影响与极小极大树的特定于域的策略完全不同。

蒙特卡罗树搜索等归纳学习方法的一个优点是它们不会拥有特定于域的评估函数的硬码弱点，如在极小极大树的情况下。蒙特卡罗树搜索特别适用于具有非常大的分支因子的游戏（如 Go），以及没有发达的理论的游戏中，以执行特定于域的评估。与国际象棋相比，Go 倾向于需要从人类参与者那里获得更大程度的直觉，并且通常很难明确计算特定位置的质量。在这种情况下，将游戏模拟到最终位置似乎是一个合理的解决方案，因为它在现实中既不可以将树构造到（极小极大所需的）较大深度，也不可以以准确的方式合理地评估中间节点。

虽然蒙特卡罗树搜索理论上会评估到最终位置，但它可以导致某些类型的游戏中的无限（或很长的）循环。因此，通常在树路径的长度上施加实际限制以避免不切实际的情况。在评估过程中可以忽略这些节点。

如上所述，对极小极大树的收敛需要大量 rollout。为了解决这个问题，蒙特卡罗树搜索的许多变体都不会完全随机地执行 rollout。相反，可以通过使用特定于域的评估函数，使用一定程度的偏差或者基于先前的 rollout 的成功来选择分支。结合这种类型的偏差的目标是加速分支评估的收敛；权衡在于最终解决方案可以是次优的，在可以执行更多数量的模拟的情况下，可以在无偏差的抽样中获得更好的解决方案。因此，探索和开发之间的权衡是自然的。下一节将讨论其中一些增强功能，它们定义了如何在实践中使用这种树。

⊖ 对于许多具有长序列的复杂游戏，它几乎不可能重播相同的 rollout。重复在井字游戏等简单的游戏中更有可能。

3.5.1 对预期结果模型的改进

上一节描述了预期结果模型，它是蒙特卡罗树搜索的前身，但实际上并未以该名称命名。预期结果模型存在几个问题，其中最重要的问题是收敛到从极小极大树获得的结果需要很长时间。因此，这个模型的基本版本表现相当差。蒙特卡罗树搜索的现代变体依赖于过去探索的经验，以在有希望的方向上生长树。这些有前途的方向是通过确定过去更好的输赢比来学习的。精确的偏置程度是构建蒙特卡罗树过程中的一个关键权衡，它基于强化学习的思想，即在学习过程中强化过去的经验。蒙特卡罗树搜索的现代版本通过对预期结果模型的原始版本进行一些修改来提高该方法的能力。

蒙特卡罗树搜索的普通版本（即预期结果模型）完全随机地探索分支。这样做的主要挑战是只有少数路径可能是有希望的，而大多数分支可能是灾难性的次优。这种情况的缺点是纯随机搜索可能具有一些同大海捞针一样的特性。实际上，根据较早遍历该分支的输赢比，某些分支可能比其他分支更有利。因此，探索中的确定性级别包含在树的上层。然而，通过仅利用先前遍历的输赢比（在执行少量遍历之后），人们会反复偏爱特定分支（这可能是次优的），并且无法探索可能最终导致更好选择的新分支。因此，使用探索和开发之间的权衡，这基于多臂老虎机原理的思想。在多臂老虎机中，赌徒通过反复尝试来发现最好玩的两台老虎机（假设两台老虎机的预期收益不同）。众所周知，交替玩老虎机以了解它们的输赢比是一种浪费，特别是如果其中一台机器在早期产生重复奖励，而另一台机器没有产生任何奖励。因此，多臂老虎机方法通过调节探索（通过随机尝试不同的老虎机）和开发（通过随机偏向迄今为止表现更好的老虎机）之间的权衡来发挥作用。

多臂老虎机方法使用多种策略来随着时间的推移学习最好的老虎机，其中之一是上限方法。第 10 章将详细描述这种方法，它根据分支的"乐观"潜力探索分支。换句话说，赌徒比较每台老虎机最乐观的统计结果，并选择乐观意义上奖励最高的老虎机。请注意，赌徒可能会偏爱不常玩的机器，因为它们预测的统计性能存在更大的可变性——乐观主义者总是喜欢更大的可变性。同时，具有卓越历史结果的机器也将受到青睐，因为过去的性能确实增加了对性能的乐观估计。在树搜索的上下文中，该方法也称为 UCT 算法，它代表应用于树的上界算法。基本思想是基于该分支较早的输赢经验（以及基于之前将分支评估为探索该分支的频率的奖励）数量的总和。不常被探索的分支会获得更高的奖励，以鼓励更多的探索。例如，节点 i（对应于特定分支）的可能评估如下：

$$u_i = \underbrace{\frac{w_i}{n_i}}_{\text{开发}} + c \underbrace{\frac{\sqrt{N_i}}{n_i}}_{\text{探索}} \tag{3.1}$$

这里，N_i 是节点 i 的父级被访问的次数，w_i 是从节点 i 被访问的 n_i 次开始赢的数量。数量 u_i 称为评估质量的"上限"。将其作为上限的原因是我们正在为特定分支的胜利记录添加探索奖金，而这种探索奖金利于不经常访问的分支。这里的关键点是 w_i / n_i 部分是良好性能的直接奖励，而表达的第二部分与 $1/n_i$ 成比例，其利于不经常探索的分支。换句话说，表达的第一部分利于开发，而表达的第二部分利于探索。参数 c 是平衡参数。同样重要的是要注意从玩家移动的角度来评估 u_i 的值，并且还从该玩家的角度来计算 w_i / n_i 的值（在树的备用级别不同）。

如果 n_i 和 N_i 以相同的速率生长，分子中存在 $\sqrt{N_i}$（与分母中的 n_i 值相比）可以确保探索分量以相对值减少。通常，分母总是需要比分子增长得更快才能发生这种情况。在极端情况下，当 n_i 的值为 0 并且 N_i 为正时，$\sqrt{N_i}/n_i$ 的值被设置为 ∞ 的值（这是表达式的右侧），而（正值）n_i 变为 0^+。因此，始终优先探索从未被选择的分支，而不是至少被选择过一次的分支。

u_i 评估的另一个可能的例子如下：

$$u_i = \frac{w_i}{n_i} + c\frac{\sqrt{\ln(N_i)}}{\sqrt{n_i}}$$

该表达式还满足探索分量的分子随着 N_i 的增加而增长的速度比分母随着 n_i 的增加而增长的速度更慢的性质。

一棵树从只有根节点开始，并在多次迭代中增加大小。具有最大上限的分支被确定性地构建，直到在树中找到一个以前从未探索过的新节点。这个新节点被创建并从当前树的角度被称为叶子节点。叶子节点的概率评估从这里开始（反向传播到树统计中的每个分支）。请注意，构建的整个树仍将具有随机分量，因为叶子节点的评估是使用蒙特卡罗模拟进行的。下一次迭代的上限值确实取决于这些模拟的结果，这将影响树的结构。尽管蒙特卡罗 rollout 用于评估叶子节点，但 rollout 采取的路径并未添加到蒙特卡罗树中。

上面对树构建过程的描述表明，树构建的每次迭代的确定性方法（使用上述探索 – 开发权衡）和使用蒙特卡罗 rollout 的叶子节点评估之间存在区别。换句话说，就像极小极大树一样，叶子节点可能是特定对抗环境（例如国际象棋游戏）中的中间位置，而不是终端位置（对应于赢、输或平局）。然而，在这些树的结构如何到达以及如何从这些叶子节点使用蒙特卡罗 rollout 以评估向下直到终端节点的位置方面，与极小极大树有几个重要区别。使用蒙特卡罗 rollout 进行评估可确保归纳学习优先于领域知识。通常从同一个叶子节点执行多个蒙特卡罗 rollout，以提高评估的鲁棒性。这种用于评估叶子节点的方法使用的一般原则是，这种 rollout 通常可以导致预期意义上的鲁棒评估，即使 rollout 显然会做出次优移动。

就预期结果模型而言，评价的性质也存在显著差异。与预期结果模型的情况不同，在给定位置的所有有效移动上不使用统一概率来执行蒙特卡罗 rollout。相反，移动通常是使用机器学习算法来预测的，该算法经过训练以预测当前状态下最佳移动的概率。机器学习算法可以在国际象棋位置的数据库上进行训练，并结合对各种操作的评估，最终导致赢、输或平局。机器学习算法的优度评估用于在蒙特卡罗 rollout 的每个步骤中对移动进行抽样。

机器学习算法不仅可以用于偏向蒙特卡罗 rollout（在较低级别执行并且不会添加到蒙特卡罗树中），而且它们还可以用于影响在确定性树构建过程的较高级别期间探索的最佳分支。例如，文献 [168] 中的方法使用每个分支的启发式上限量化，并通过机器学习方法进行了增强。具体来说，机器学习方法可以预测特定状态（国际象棋位置）下每个操作的概率。这个概率是使用过去类似位置的表现训练数据库来学习的。更高的概率表示更理想的分支。每个状态的探索奖励乘以这个概率 p_i 以产生 u_i 的修改值，如下所示：

$$u_i = \frac{w_i}{n_i} + c \cdot p_i\frac{\sqrt{N_i}}{n_i}$$

这种关系与式（3.1）相同，只是使用 p_i 的值来加权探索分量。p_i 的值是使用机器学习算法计算的。因此，在创建蒙特卡罗树时，往往会更频繁地选择所需的分支。这个一般原则被称为添加渐进偏差 [36] 的原则。

其中许多增强功能用于 AlphaZero[168]，这是一种用于围棋、国际象棋和将棋的通用强化学习方法。由此产生的程序（以及其他基于类似原理的程序）已被证明优于纯粹基于具有特定于领域的启发式的极小极大搜索的国际象棋程序。关于归纳方法的一个重点是，它们通常能够从经验中隐式地学习评估状态的微妙方法，这超出了特定领域方法的自然以视界为中心的限制。通过使用蒙特卡罗 rollout，它们探索了更少的路径，但路径更深，并且在预期的意义上进行了探索。为了理解为什么这种方法效果更好，重要的是要注意国际象棋中一次糟糕的移动通常会导致在许多可能后续中的损失，并且人们并不真正需要最佳的极小极大路径来评估位置。换句话说，此次移动的糟糕性质将体现在蒙特卡罗 rollout 的输赢比上。

过去在国际象棋中使用这种方法的经验是游戏风格极具创意。特别是，AlphaZero 还能够在游戏过程中识别细微的位置因素。作为一个具体的例子，AlphaZero-Stockfish 游戏 [168] 的一个棋局如图 3.11 所示，其中蒙特卡罗程序 AlphaZero 下白棋，极小极大程序 Stockfish 下黑棋。这个位置是皇后印度防御的开局变体，而白骑士正受到威胁。当时所有的极小极大程序都建议将骑士移回安全的地方。相反，AlphaZero 移动了它的车（参见图 3.11b），从而可以捕获骑士。然而，这种选择的战略影响是它导致黑色的位置在较长时间内保持不利状态，其许多棋子处于起始位置。AlphaZero 最终利用这一事实赢得了长期比赛。由于与极小极大计算相关的自然地平线效应，极小极大程序通常更难做出这些类型的战略选择。另一方面，归纳方法学习形式经验，因为它们比典型的极小极大程序更深入地探索蒙特卡罗树，并且还从过去的游戏中学习棋盘上的重要模式。这些模式是通过将 rollout 与深度学习方法相结合来学习的。尽管 AlphaZero 过去可能并不总是看到相同的位置，但它可能遇到过类似的情况（就棋盘模式而言），有利的结果让它知道，从长远来看，对手的不利位置对其有利。该信息被间接编码在其神经网络的参数中。这正是人类从过去的经验中学习的方式，过去游戏的结果改变了存储在我们大脑神经网络中的模式。其中一些方法将在第 10 章中讨论。

a）Minimax 建议移动受威胁的骑士　　　　b）AlphaZero 移动车
（白色移动）　　　　　　　　　　　（黑色移动）

图 3.11   AlphaZero（白色）的深骑士在与 Stockfish（黑色）的比赛中牺牲

AlphaZero 能够自己发现国际象棋的所有开局理论，这与需要将已知开局树（基于过去的人类游戏）硬编码为"开局书"的极小极大程序不同。这是演绎推理方法（通常利用人类经验中的领域知识）和归纳学习方法（基于机器经验中的数据驱动学习）之间的自然区别。在某些情况下，AlphaZero 发现了开局创新，或者复活了开局理论中经常被忽视的玩法。这导致人类玩家使用的方法发生了变化。原因是从特定开局位置重复推出蒙特卡罗会遇到输赢比，这对学习过程非常有用。这也是人类从许多国际象棋游戏中学习的方式。对西洋双陆棋进行类似的观察，其中 Tesauro[186] 的强化学习程序导致人类玩家的游戏风格发生变化。超越人类领域知识的能力通常是通过归纳学习方法实现的，这种方法不受演绎方法领域知识缺陷的约束。

同样值得注意的是，尽管蒙特卡罗方法在 AlphaZero 方法之前已经被 KnightCap[17] 等国际象棋程序很好地尝试过，但它们从未成功地超越基于极小极大方法的国际象棋程序。直到 2016 年，AlphaZero 才能够战胜当时最好的极小极大程序之一（Stockfish）。重要的一点是，归纳学习方法需要大量的数据和计算能力。虽然可以通过计算机自我对弈在国际象棋领域生成无限量的数据，但计算能力的限制会阻碍有效训练此类程序。由于这个限制，归纳方法没有以优于特定领域的极小极大树（它们本身已经非常强大）所需的规模进行训练或优化（2016 年之前）。毕竟，人类世界冠军加里·卡斯帕罗夫早在 1997 年就已经被特定于领域的极小极大程序（深蓝）打败了。AlphaZero 还通过使用深度学习方法预测每个位置的最佳操作，增加了蒙特卡罗树搜索方法的威力。目前，最优秀的人类棋手通常无法击败极小极大国际象棋程序或归纳蒙特卡罗方法，即使在开始位置用两个被移除的棋子阻碍国际象棋程序之后也是如此。在这两类方法中，蒙特卡罗方法直到最近才超过极小极大树。

3.5.2 演绎与归纳：最小值和蒙特卡罗树

极小极大树使用特定于领域的评估函数（以及初始移动的开局书）创建假设，然后使用该假设进行预测。这是一种演绎推理方法，因为它将专家棋手的假设纳入了评估函数和开局书中。虽然这个假设可能是错误的，但它的质量可以通过多次下国际象棋程序并获得多次胜利来确认。虽然有时认为演绎推理方法只处理绝对真理，但这些真理在最初输入系统的知识的背景下成立。如果知识库不完善（比如不好的开局书或评估函数），也会体现在下棋的质量上。用极小极大树创建的模型是假设，用于预测每个位置的移动。图 3.12 左侧显示了极小极大国际象棋程序的不同元素与演绎推理中不同步骤的映射。

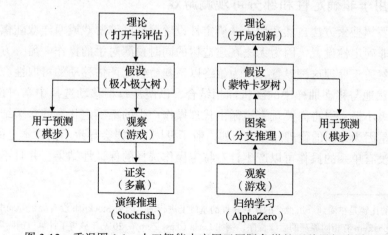

图 3.12　重温图 1.1：人工智能中应用于国际象棋的两种思想流派

另一方面，蒙特卡罗树搜索是一种归纳学习方法。蒙特卡罗树搜索通过生成示例（rollout）进行预测，然后根据该算法对这些示例的经验进行预测。蒙特卡罗树搜索的现代变体进一步将树搜索与强化学习和深度学习相结合，从而改进预测。深度学习用于学习评估函数，而不是使用领域知识。例如，AlphaZero 使用蒙特卡罗树搜索进行 rollout，同时还使用深度学习来评估移动质量并指导搜索。蒙特卡罗树与深度学习模型一起构成了程序用于移动的假设。请注意，这些假设是使用游戏中经验行为的统计模式创建的。AlphaZero关于国际象棋理论的初始知识为零，它在几个小时的训练中就自己发现了国际象棋理论。在许多情况下，它发现了人类大师不知道的令人兴奋的开局创新。显然，这种能力超出了演绎推理方法的范围，基于已知（或被认为是"正确"的）信息，演绎推理方法的性能有一个上限。

一般来说，蒙特卡罗树倾向于根据先前经验的评估更深入地探索一些有希望的分支，而极小极大树以大致相似的方式探索所有未修剪的分支。人类处理国际象棋的方法与前者类似，人类评估少数有希望的下棋方向，而不是详尽考虑所有可能性。结果是蒙特卡罗树搜索的国际象棋风格比极小极大树的国际象棋风格更类似于人类。如果过去的经验表明，从长远来看，这种风险是有保证的，那么由蒙特卡罗树产生的程序通常会在玩游戏时承担更多风险。另一方面，极小极大树倾向于阻止任何超出树探索范围的风险，特别是因为对叶子级别的评估是不完美的。

传统版本的国际象棋程序，例如 Deep Blue 和 Stockfish，都基于极小极大方法。从历史上看，人们一直认为下棋程序（依赖于人类早期经验发现的高级特定于领域的知识）总是比归纳方法（从头开始，没有领域知识）做得更好。毕竟，评估函数使用各种特定于国际象棋的启发式方法，这些启发式方法取决于人类对各种国际象棋位置的过去经验。这种趋势在 2016 年年底之前似乎确实如此，当时 AlphaZero 的表现明显优于[一]Stockfish。这种逆转是由计算能力的提升引起的，这几乎总是比演绎推理方法更能改善归纳学习方法。事实上，过去十年人工智能领域的许多激动人心的成果已经开始表明，人工智能的经典思想流派（即演绎推理）具有严重的局限性，而这些局限性在早期常常被忽视（以归纳推理为代价的学习方法）。

3.5.3   应用于非确定性和部分可观测游戏

蒙特卡罗树搜索方法自然适用于非确定性设置，如纸牌游戏或西洋双陆棋。极小极大树并不适合非确定性设置，因为无法在建造树的同时预测对手的操作。另一方面，蒙特卡罗树搜索自然适于处理这种设置，因为始终以预期的感觉评估移动的可取性。游戏中的随机性可以自然地与移动抽样中的随机性相结合，以便从每种移动选择中学习预期的结果。另一方面，极小极大树将需要玩家遵循由代理操作产生的不确定状态的每个结果，以便执行评估；这是因为相同的代理操作（例如，骰子投掷）可能会导致不同样本上的不同结果。换句话说，没有单一的操作可以产生针对特定操作选择的保证性结果，并且不可能创建一

○一 最初的比赛是在受到严厉批评的比赛条件的基础上进行的，因为 Stockfish 没有提供开局书。然而，基于与 AlphaZero 有相同原理的后续程序，例如 Leela Chess Zero 在 2019 年赢得了计算机国际象棋冠军，确实胜过所有早期的极小极大程序。

个极小极大树，其分支可以由两个对手确定。

类似的观察适用于纸牌游戏，从包装中抽出牌可能会导致不同的结果，具体取决于包装中牌的随机顺序。同样，持有特定牌可能具有不同的结果，具体取决于对手手中牌的未知状态。这是一个部分可观测的设置。结果，由于游戏状态的不确定性，如代理所观察到的，极小极大树永远不会提供任何特定选择的扑克牌的保证性结果。由于无法使用两个对手的自愿选择来完全控制结果，除非一个与预期的结果有关，否则根本无法在给定的状态下挑选最佳分支。这种类型的设置可以自然地用蒙特卡罗方法解决，其中重复的重放在每个分支中产生得分，并且始终选择最佳评分分支。毕竟，蒙特卡罗方法提供了经验最佳的选择，而不是具有最优性保证的选择，这在不确定的环境中运行良好。此外，人们不会从极小极大树的保证最优性获得太多好处，因为特定于域的评估函数中的异常缺陷通常会出现在特定的叶子节点上，并且可以彻底影响移动选择。当一个人使用挑选分支的统计方法时，这有时不太可能导致更频繁的胜利。

3.6 总结

多代理搜索与具有单个代理的非确定性环境有许多相似之处，并且可以在这两种情况下使用类似的技术。例如，非确定性环境中的单代理设置可以以类似于双代理确定性环境的方式处理，其中另一个"代理"用于处理不确定性。在这种情况下，可以使用 AND-OR 树，其中 AND 对应于非确定性选择。然而，AND-OR 树并不实用，因为与面向目标的搜索相关的组合数量庞大；在这种情况下，可以借助效用函数或损失函数来利用知情搜索。与多代理搜索相关的一个重要设置是对抗环境，它经常出现在游戏环境中。生成的树被称为极小极大树，因为它们在交替级别上最大化和最小化效用函数。极小极大树在具有大分支因子的环境或非确定性环境中效果不佳。在这种情况下，蒙特卡罗树搜索更有效。蒙特卡罗树搜索是一种归纳学习方法，它可以更好地扩展到具有非常大分支因子的设置。

3.7 拓展阅读

极小极大方法起源于博弈论，也与机器学习中的对偶理论密切相关。特别是，约翰·冯·诺依曼（John von Neumann）的极小极大定理是机器学习中对偶理论的核心 [8]。对极小极大树使用 alpha-beta 剪枝最早出现在 Arthur Samuel 的跳棋程序 [155] 中，该程序也是强化学习中首次使用自举方法。蒙特卡罗树搜索的几种变体在早期被用于改进极小极大搜索，它的第一个已知应用是在 Abramson 的博士论文中，随后于 1990 年发表 [1]。这个模型是预期结果模型，它不是特别强大，看起来不像今天使用的蒙特卡罗树搜索。特别是，Abramson 的模型使用从树根开始随机移动的随机 rollout，而现代版本的上限方法首先使用上限策略扩展树，然后使用从叶子开始的有偏 rollout。该技术的第一个现代版本出现在 Colulom [42] 的方法中。Kocsis 和 Szepesvari [102] 提出了在 Monte Carlo 树搜索中加入上限思想。可以在 Browne 等人 [31] 中找到对蒙特卡罗搜索方法的调查。

3.8 练习

1. 考虑一个有五层（包括根）的 AND-OR 树，其中根是一个 OR 节点，所有目标节点都包含在叶子层。AND-OR 树在每个节点有三个分支，并且是完美平衡的。

   (a) 树中叶子节点的总数是多少？

   (b) 为了终止算法并成功实现代理的目标，需要达到的最小叶子节点数是多少？

   (c) 为了终止算法并未成功实现代理的目标，需要达到的最小叶子节点数是多少？

2. 解释你将如何定义 AND-OR 树的节点以处理不确定性环境。

3. 考虑两个代理设置，其中每个代理都有自己的损失函数。具体来说，代理 A 在状态 i 的损失函数为 $L(i, A)$，代理 B 的损失函数为 $L(i, B)$。讨论为什么代理可以与适当的损失函数合作和竞争。

4. 为井字游戏实现没有 alpha-beta 剪枝的极小极大树。现在将 alpha-beta 修剪添加到程序中。

5. 众所周知，下棋具有"先发优势"，实力相当的强者下白比下黑更有可能获胜。然而，不知道使用白子的优势是否能保证棋手以最佳方式获胜（因为没有计算机或人类可以以最佳方式进行游戏）。

   (a) 如果玩白子能保证获胜优势以及"经常体验优势"，请根据国际象棋中极小极大树和蒙特卡罗搜索树的基本结构解释这意味着什么。

   (b) 如果玩白子不能保证获胜优势，但确实会导致"经常体验优势"，请根据国际象棋中的极小极大树和蒙特卡罗搜索树的基本结构解释这意味着什么。

6. 讨论在相同的计算能力下，在国际象棋游戏中极小极大树可能胜过蒙特卡罗树的游戏情况。

7. 实现蒙特卡罗树搜索的原始版本（预期结果模型）来玩井字游戏。在每个位置使用随机移动进行蒙特卡罗 rollout。

8. 考虑一个井字游戏，开局玩家在其中一个角上放一个"X"，对手在对角放一个"O"。构建极小极大树的骨架（仅说明从该位置开始的每个玩家的最佳移动）以显示第一个玩家总是获胜。

9. 考虑一个 AND-OR 树，其中交替级别代表不同棋手在国际象棋中的走法。讨论如何将这棵树压缩成一个状态空间图，它不一定是一棵树，但节点较少。

10. 前面的练习讨论了 AND-OR 搜索树到一般图的转换。讨论如何将 AND-OR 搜索应用于一般状态空间图，它不是树状结构。你可以假设每个状态都包含有关哪个代理正在进行转换的信息。[提示：与树上的 AND-OR 搜索算法的主要区别在于需要跟踪已访问过的状态。你可能会发现单代理搜索框架在提供指导方面很有用。]

第4章

命题逻辑

"一颗全是逻辑的头脑就像一把全是锋刃的刀。它会让使用它的人手上流血。"

——泰戈尔

4.1 引言

前几章已经展示了几个例子,说明了如何使用领域知识来解决面向搜索的问题。例如,特定于领域的效用和成本函数可以用于通过搜索高质量的移动来玩国际象棋之类的游戏。面向搜索的设置中的关键点是,领域知识在转换图、开始/目标状态以及与转换图节点关联的效用函数中被捕获。然而,一般来说,领域知识的性质可能更复杂,简单的转换图可能无法捕获此类设置中所需的复杂性。此外,许多领域中的查询和问题设置的性质可能很复杂,这不能用这种简单的建模来处理。

为了超越狭窄的领域,需要创建一个更通用的框架来存储领域知识。这在人工智能中是通过使用_知识库_实现的,知识库包含各种人工智能应用程序构建的背景知识。用非正式的术语来说,知识库是关于问题领域的已知事实的存储库。然后使用这些事实来做出与特定用户定义的问题或查询相关的推论。逻辑提供了一种使用逻辑语句表示知识库的自然方式,这些逻辑语句共同创建了知识库的_知识表示语言_。知识表示语言的例子包括命题逻辑和一阶逻辑。一阶逻辑是知识库的首选语言,但它建立在命题逻辑的原则之上。虽然命题逻辑不足以支持大多数真实世界的知识库,但它为一阶逻辑提供了基础。

逻辑语言使用命题表达式的句子来表达关于世界状态的知识。句子是用数学定义的知识表示语言(在本章中是命题逻辑)对世界的断言。句子的例子如下:

打雷时也有闪电。

今天没有闪电。

今天没有打雷。

在这种情况下,第三句可以从前两句逻辑推断出来。请注意,这些句子是用自然语言写成的,这使得从前两句中正式派生第三句变得很困难。对世界进行推理的人工智能系统需要具备这种能力。为了进行逻辑推理,知识库必须以数学形式表达这些句子。知识库中的句子表示与当前问题相关的已知事实,可以利用不同句子之间的逻辑关系来推断有用的事实。这个过程是逻辑推理的形式化数学过程,它使用句子的符号表示。

知识库中的句子可能是也可能不是彼此的派生词,尽管假设它们彼此并不矛盾。在将知识库用于人工智能应用程序之前，必须先检测并消除知识库中的任何不一致性。一些被认为是基本真理的句子被视为公理，这些句子不是其他句子的派生句，因为它们被认为是基本真理。知识库中的所有句子要么是公理，要么可以从公理中派生出来。一旦建立了知识库，就可以利用命题逻辑中的一系列规律进行不明显的推理。在许多情况下，代理被赋予一个一般事实的知识库，然后根据更具体的事实进行查询。在上述示例中，知识库可能只包含第一句话，然后在询问其他衍生事实之前，可能会将第二句话作为附加（更具体的）事实提供给代理。例如，知识库可能包含关于疾病症状和各种疾病治疗的一般逻辑断言。然后，关于特定患者症状的特定事实可以用来推断他们可能的治疗方法。因此，代理经常使用知识库来响应以特定方式生成的各种类型的查询。

然而，命题逻辑在表达能力上相当有限。大多数基于逻辑的人工智能系统使用一阶逻辑而不是命题逻辑。尽管命题逻辑的表达能力有限，但理解命题逻辑及其应用作为讨论一阶逻辑的前奏是很重要的。本章将介绍命题逻辑的基本数学机制，这也是一阶逻辑所继承的。这将为下一章更详细地讨论一阶逻辑奠定基础。

4.2 节将介绍命题逻辑的基础知识，4.3 节将介绍命题逻辑的定律，4.4 节将说明命题逻辑在专家系统中的使用，4.5 节将讨论使用命题逻辑定律进行定理证明的基础，4.6 节将介绍自动定理证明的方法，4.7 节将讨论矛盾证明的方法，4.8 节将讨论使用命题表达式的特殊类型表示来提高推理程序的效率，4.9 节将给出总结。

4.2 命题逻辑：基础

知识库包含逻辑表达式，这些表达式被非正式地称为句子。句子或语句是计算机科学家用来代替逻辑表达式的另一个术语。"句子"一词的使用源于这样一个事实，即人工智能研究人员通常喜欢将逻辑表达式视为知识库中断言的形式类型，而不是自然语言句子。虽然用自然语言句子创建知识库（确实有一些知识库试图这样做）是理想的，但这种方法增加了处理和解析自然语言句子的复杂性。逻辑表达式定义清晰、明确，并且易于计算解析，这在自然语言句子中并不总是如此。此外，存在使用命题逻辑定律从另一个句子中推理逻辑句子的定义良好的程序。因此，这样的句子可以用命题代数进行逻辑推理，命题代数的定义非常明确。另一方面，检查两个自然语言句子是否相互跟随是相当困难的，这仍然是人工智能的一个研究领域。

命题逻辑中的句子被正式表示为由一组布尔变量组成的逻辑表达式，每个布尔变量的值要么为真（True），要么为假（False）。值 True 和 False 被称为原子操作数，它们表示数理逻辑中的两个基本常数（就像实值表示算术中的基本常数一样）。所有命题表达式最终都被计算为这两个值之一。这两个值是相互否定的，它们代表了命题逻辑中仅有的两个可能的值，这两个值是由对命题表达式进行求值产生的。否定运算符用 ¬ 表示，两个原子操作数之间的关系可以表示为：

$$\text{True} = \neg \,\text{False}, \quad \text{False} = \neg \,\text{True}$$

逻辑否定运算符翻转其后表达式的真值。否定运算符也称为 NOT 运算符。严格地说，在命题逻辑中使用"="符号没有意义，而是由等价运算符代替，表示为"≡"。因此，上述等价性可以更准确地表示为：

$$\text{True} \equiv \neg \text{False}, \quad \text{False} \equiv \neg \text{True}$$

命题变量用 a 等字母表示，每个变量的值可能为真或假。每个变量都被视为一个原子命题，使用逻辑运算符可以从这些原子命题中构建更复杂的表达式。原子命题概念的泛化是字面的泛化，包括对原子命题的否定。换句话说，原子命题 a 的否定 $\neg a$ 也被认为是字面意义上的，而 a 不被认为是原子命题。当且仅当 a 为假时，$\neg a$ 的值为真，反之亦然。

命题逻辑从原子命题中构造命题表达式，这可能对应于连接这些简单命题的复杂语句的数学表示。这些数学表示可用于组合多个句子的真值，以衍生出新的句子，而这些复杂句子的真值有时乍一看可能并不明显。命题逻辑的机器是用来推导这些真理的。

为了在命题逻辑中加入更大的表现力，命题逻辑中还使用了另外两个运算符，即"逻辑 AND"和"逻辑 OR"运算符。这些运算符由 $\wedge$ 及 $\vee$ 表示。当且仅当两个变量中至少有一个值为真时，$a \vee b$ 的值才为真。类似地，当且仅当两个变量的值均为真时，$a \wedge b$ 的值才为真。表达式 $a \wedge b$ 被称为 a 和 b 的合取，而表达式 $a \vee b$ 被称为 a 和 b 的析取。例如，考虑下面的一对句子：

要么不下雨，要么约翰不上班。

下雨了。

从这两句话可以推断约翰不上班。这些句子可以用命题变量 a 和 b 来表达。让 a 表示正在下雨，b 表示约翰正在上班。那么上面的第一句话可以用 $\neg a \vee \neg b$ 来表示，上述句子中的第二句是原子命题 a。一旦我们有了上述句子的数学表示，命题逻辑的任务就是使用命题逻辑的符号操作规则来推断约翰不上班（即 $\neg b$）。本章将讨论这些规则。为了让人工智能建立一个推理系统，它还需要能够以一种正式的方式进行这种推理。基于逻辑的方法论提供了一种在命题代数中表达这些语句的形式化方法，并利用命题逻辑定律进行进一步的推理。命题逻辑的设计需要引入命题运算符和语法，以恰当地表达这些类型的逻辑句子，并从中得到推理序列。

以上示例基于在句子中使用单个运算符。当原子命题或字面值与此类运算符组合时，它们被称为命题表达式。实际上，一个逻辑句子包含多个运算符。为了用多个运算符有意义地表示句子，首先需要定义命题逻辑中构成有效句子的规则。命题逻辑中的表达式具有定义良好的语法，就像数值代数中的所有代数表达式一样。命题逻辑包含使用以下递归构造规则的格式良好的公式：

- ❑ 任何原子命题都格式良好。
- ❑ 原子命题的否定格式良好。
- ❑ 如果 a 和 b 是格式良好的公式，则 $a \vee b$ 和 $a \wedge b$ 的格式良好。
- ❑ 如果 a 的格式良好，则 (a) 的格式良好。使用 $(\cdot)$ 可以让我们更早地计算表达式的特定部分，就像在传统（数值）代数中一样。这对于定义表达式各部分的计算优先级至关重要。值得注意的是，运算符 $\wedge$、$\vee$ 和 $\neg$ 有一些自然的先例，类似于数值代数中使用的运算符的先例⊖。这些先例将在本节后面的段落中描述。当需要推翻这些先例时（如在数值代数中），使用括号是很有用的。

人们可以从原子命题中构造复杂的命题表达式（或格式良好的公式）。这些表达式也称

⊖ 数值算法使用 PEMDAS 系统。该系统创建括号、指数、乘法、除法、加法和减法的顺序。

为命题表达式或命题公式。例如，考虑布尔变量 a 和 b。现在考虑下面的命题表达式：

$$a \wedge \neg b$$

此表达式包含两个运算符，当 a 为 True 且 b 为 False 时，其值为 True。否则，表达式的值为 False。请注意，$\neg$ 运算符首先执行，这是由命题逻辑中的优先定律定义的（本节稍后讨论）。这些格式良好的公式在命题逻辑中起着关键作用，因为它们用于在知识库中正式表示句子。

虽然三大基本运算符 $\wedge$、$\vee$ 和 $\neg$ 足以表示所有逻辑表达式，使用额外的运算符，以便为复杂命题表达式提供更好的语义解释能力。在基于规则的命题逻辑系统中，一个非常重要的运算符是"蕴涵"运算符：

$$a \Rightarrow b$$

蕴涵也被称为规则，在专家系统中非常常见。左侧的表达式被称为规则的前件，右侧的表达式被称为规则的后件。这个表达式意味着如果 a 为 True，那么 b 也必须为 True，整个表达式才能为真。另一方面，如果 a 为 False，那么 b 可以接受任何值，整个表达式仍然为 True。很容易看出，此表达式等价于以下表达式：

$$\neg a \vee b$$

也可以在格式良好的表达式中包含蕴涵运算符，例如：

$$(a \vee b) \Rightarrow (\neg c \wedge d)$$

蕴涵运算符是单边的，因为前件的值为 False 保证了完整表达式的值为 True，而与结果的值无关。因此，当完整表达式的值为 True 时，前件和后件不一定彼此相等。为了证明两个命题表达式的等价性，我们需要一个不同的运算符，它由符号"$\equiv$"表示，这是在本节开头介绍的。换言之，可以如下表示这种等价性：

$$a \equiv b$$

对于相互简化的命题表达式，通常使用等价运算符，例如：

$$(a \Rightarrow b) \equiv (\neg a \vee b)$$

请注意，蕴涵运算符"$\Rightarrow$"是单向的，对应于逻辑语句"if"，而等价运算符实际上是一个双向蕴涵，代表"if and only if"。该运算符也可以用 $\Leftrightarrow$ 表示，详情如下：

$$a \Leftrightarrow b$$

当且仅当 a 和 b 具有相同的布尔值时，此表达式为真。等价与单向蕴涵之间的关系如下：

$$(a \Leftrightarrow b) \equiv (a \equiv b)$$
$$\equiv [(a \Rightarrow b) \wedge (b \Rightarrow a)]$$

由于运算符 $\Leftrightarrow$ 及 $\equiv$ 相同，我们在本书中将始终使用后者。a 和 b 之间的等价（$a \equiv b$）也可以用命题逻辑的三个基本运算符来表示：

$$(\neg a \vee b) \wedge (\neg b \vee a)$$

在复杂的命题表达式中，理解运算符优先级的概念非常重要，以便知道首先执行哪个运算符。例如，在表达式 $a \wedge \vee c$ 中，应该是先执行 $\wedge$，还是先执行 $\vee$？两种不同的优先顺序会导致不同的结果。这是一个与数值代数中出现的问题类似的问题，其中乘法运算符首先

在表达式 $2+3×4$ 中执行。一组类似的先例可在命题逻辑中定义如下：

❑ 否定运算符 $\neg$ 具有最高优先级。

❑ 第二高优先级是 $\wedge$ 运算符。

❑ 第三高优先级是 $\vee$ 运算符。

❑ $\Rightarrow$ 及 $\equiv$ 运算符的优先级最低。

注意 $\wedge$ 是数值代数中乘法的逻辑模拟，而 $\vee$ 是数值代数中加法的逻辑模拟。在数值代数中，乘法的优先级高于加法。同样，在命题表达式中，$\wedge$ 运算符的优先级高于 $\vee$ 运算符。实际上，命题逻辑的一些论述使用 " $+$ " 代替 $\vee$，使用 " $\cdot$ " 代替 $\wedge$。换句话说，表达式 $a \wedge b \vee c$ 将被写为 $a \cdot b+c$。因此，表达式 $a \wedge b \vee c$ 相当于 $(a \wedge b) \vee c$ 而不是 $a \wedge (b \vee c)$。为了表明这两个表达式不等价，可以将 a 设置为 False，将 c 设置为 True。在这种情况下，两个表达式的计算结果不同，如下所示：

$$[(a \wedge b) \vee c] \equiv [(\text{False} \wedge b) \vee \text{True}] \equiv \text{True}$$
$$[a \wedge (b \vee c)] \equiv [\text{False} \wedge (b \vee \text{True})] \equiv \text{False}$$

因此，这两个表达式并不等价。如果存在歧义或想要强制执行与自然优先级不同的优先级，可以使用圆括号强制执行。换句话说，当 $a \wedge b \vee c$ 自动计算为 $(a \wedge b) \vee c$，可以用表达式 $a \wedge (b \vee c)$ 强制 $\vee$ 运算符首先被执行。同样，这是一种类似于数值代数的方法。

命题逻辑中还使用了其他几个运算符，如 NAND、NOR 和 XOR，这些表达式可以用运算符 $\wedge$、$\vee$ 以及 $\neg$ 表示。例如，a 和 b 上的 XOR 函数，记为 $a \oplus b$，当且仅当 a 和 b 中正好有一个值为真时才为真。可以用三个基本运算符 $\wedge$、$\vee$ 以及 $\neg$ 来表示 XOR 函数，如下所示：

$$a \oplus b \equiv (a \wedge \neg b) \vee (\neg a \wedge b)$$

NAND/NOR 运算符是 AND/OR 运算符的反运算，分别表示为 $\barwedge$ 及 $\veebar$。因此，NAND 和 NOR 运算符定义如下：

$$(a \barwedge b) \equiv [\neg(a \wedge b)]$$
$$(a \veebar b) \equiv [\neg(a \vee b)]$$

在命题逻辑中显式使用这些运算符是罕见的。一般来说，为简单起见，命题表达式是通过使用 $\wedge$、$\vee$、$\neg$ 以及 $\Rightarrow$ 来表达的。尽管任何命题表达式都可以用 $\neg$ 和其他两个运算符中的一个（$\vee$ 或 $\wedge$）来表示，命题表达式的可读性被认为是重要的。因此，$\Rightarrow$ 运算符在命题逻辑中被广泛使用，因为它具有在知识库中表示语义上可解释的规则的自然能力。类似地，等价运算符经常用于在不同类型的命题表达式之间进行转换。

真值表

真值表是编写逻辑表达式的另一种方法。用 k 个原子变量定义的真值表有 2^k 行。每行对应于表中布尔变量的可能实例化。表的 $(k+1)$ 列对应于 k 个输入变量的值和最终结果。例如，考虑处理 $k=1$ 的 $\neg$ 运算符的最简单情况，如表 4.1 所示。在这种情况下，表包含 $(k+1)=2$ 列和 $2^1=2$ 行，它们对应于不同的输入和输出值。

考虑表达式稍微复杂的情况 $a \wedge b$，其中 a 和 b 是原子表达式。然后，该表达式的真

表 4.1　$\neg a$ 的真值表

a	$\neg a$
True	False
False	True

值表如表 4.2a 所示。该表包含 2+1=3 列和 2^2=4 行。很容易验证每行的输出是否与 ∨ 表达式的相应布尔值相同。真值表 $a \lor b$ 如表 4.2b 所示。该表有 3 列 2^2 行。

如果真值表中至少有一行的计算结果为 True，则表达式是可满足的。另一方面，如果表的所有行都计算为 True，则表达式是重言式。确定表达式是可满足的还是重言式是命题逻辑中的重要问题。上面的论述意味着可以使用真值表来确定表达式是可满足的还是重言式的。这种方法需要关于变量 k 的数量的指数时间，因为需要检查二进制变量值的每个组合；然而，表中的行数是 2^k。因此，一种自然的方法是首先简化命题表达式，以确定它是否简化为重言式或确定它是否可满足。本章将介绍这些简化类型的一些关键算法。

表 4.2 $a \land b$ 和 $a \lor b$ 的真值表

a	b	$a \land b$
True	True	True
True	False	False
False	True	False
False	False	False

a) $a \land b$

a	b	$a \lor b$
True	True	True
True	False	True
False	True	True
False	False	False

b) $a \lor b$

到目前为止，我们已经展示了如何将命题表达式转换为真值表。也可以执行将真值表转换为命题表达式的反向任务。在表达布尔表的自然方式中，n 行在最后一列中的值为 True，作为以下形式的命题表达式：

$$R_1 \lor R_2 \lor \cdots \lor R_n$$

每个 R_i 都是一个命题表达式（而不是原子表达式），它包含表的 k 列中原子命题变量的逻辑 AND 或它们的否定。例如，考虑在第 i 行中将变量 a_2 和 a_3 设置为 False，所有其他变量都为 True 的情况。在这种情况下，第 i 行的逻辑表达式如下所示：

$$R_i \equiv (a_1 \land \neg a_2 \land \neg a_3 \land a_4 \land \cdots \land a_{k-1} \land a_k)$$

换句话说，每个 R_i 都是字面值的合取，其中每个字面值都是原子命题或其否定，这取决于该符号在真值表中的值是 True 还是 False。上述命题表达式被称为析取范式，这将在本章后面讨论。

为了理解如何将真值表转换为命题表达式，考虑表 4.2a 的情况，其中只有一行具有真值，并且相应的符号 a 和 b 在这行中取真值。分别用 R_1、R_2、R_3 和 R_4 表示表 4.2a 和表 4.2b 中有相应顺序的行。因此，表 4.2a 对应的逻辑表达式为单项 R_1，即 $a \land b$。另一方面，在表 4.2b 的情况下，有三行的值为 True。相应的表达式是三个表达式 R_1、R_2 和 R_3 的析取，这可得到以下表达式：

$$R_1 \lor R_2 \lor R_3$$
$$\equiv (a \land b) \lor (a \land \neg b) \lor (\neg a \land b)$$

乍一看，这个结果似乎与表达式 $a \lor b$ 不同，为此构建了表 4.2b 中的真值表。然而，事实证明这两个表达式是等价的，因为可以用代数的方法证明 $R_1 \lor R_2 \lor R_3$ 相当于 $a \lor b$。这种类型的等价可以通过使用命题逻辑的法则来表现，这是下一节的主题。

4.3   命题逻辑定律

命题逻辑定律用于使用代数操作将表达式转换为更简单的形式。原则上，这类似于在数值代数中表示等价的方式。命题代数定律也与在数值代数中使用的相似，尽管存在一些关键的差异。在经典的数理逻辑领域，数学家用这些定律来证明逻辑表达式是等价的。一个自然的问题是，这是否也可以以自动化的方式完成。人工智能中的这一领域被称为自动定理证明。命题表达式的代数简化和操作在人工智能的各种应用中都很有用，例如在专家系统中。

　　我们首先定义命题逻辑中的一些基本公理，这些公理被称为幂等、恒等和湮灭关系：

$$a \lor a \equiv a \qquad [\lor \text{的幂等}]$$
$$a \land a \equiv a \qquad [\land \text{的幂等}]$$
$$a \lor \text{False} \equiv a \qquad [\lor \text{的恒等}]$$
$$a \land \text{True} \equiv a \qquad [\land \text{的恒等}]$$
$$a \lor \text{True} \equiv \text{True} \qquad [\lor \text{的湮灭}]$$
$$a \land \text{False} \equiv \text{False} \qquad [\land \text{的湮灭}]$$

与否定运算符有关的一个重要公理是双重否定公理。使用双重否定会导致相同的表达式：

$$\neg(\neg a) \equiv a \quad [\text{双重否定定律}]$$

这个定律的正确性来自这样一个事实：将一个原子操作数的值翻转两次会得到相同的值。

　　因为 a 的真值总是不同于 $\neg a$ 的真值，所以在 a 和 a 之间应用 $\lor$ 及 $\land$ 运算符总是导致两个原子真值中的一个：

$$a \lor \neg a \equiv \text{True} \quad [\lor \text{的互补律}]$$
$$a \land \neg a \equiv \text{False} \quad [\land \text{的互补律}]$$

这些定律在命题逻辑中称为互补定律。

　　$\land$ 及 $\lor$ 运算符是交换和结合的。交换律如下：

$$(a \lor b) \equiv (b \lor a)$$
$$(a \land b) \equiv (b \land a)$$

请注意，这些定律类似于数值代数中加法和乘法使用的交换律。同样，命题逻辑的结合律与数值代数中加法和乘法的结合律相似：

$$[(a \lor b) \lor c] \equiv [a \lor (b \lor c)]$$
$$[(a \land b) \land c] \equiv [a \land (b \land c)]$$

可以将 AND 运算符应用于多个命题变量，而无须使用括号，且不会有歧义。这是因为分组由于结合性而不相关：

$$(a \land b \land c) \equiv [(a \land b) \land c]$$
$$\equiv [a \land (b \land c)]$$

类似的结果也适用于 OR 运算符，因为它是结合的。

$$(a \lor b \lor c) \equiv [(a \lor b) \lor c]$$
$$\equiv [a \lor (b \lor c)]$$

很明显，这些规则中有许多与数值代数中常见的规则相似。与优先规则一样，$\lor$ 运算符的行为类似于数值代数中的加法运算符，而 $\land$ 运算符的行为类似于数值代数中的乘法运算符。

然而，命题逻辑定律在某些关键方面也不同于数值代数中的定律。第一个区别是分配律以对称的方式应用于 ∧ 及 ∨ 操作符：

$$[a \wedge (b \vee c)] \equiv [(a \wedge b) \vee (a \wedge c)]$$
$$[a \vee (b \wedge c)] \equiv [(a \vee b) \wedge (a \vee c)]$$

第一个定律与数值代数中的分配律非常相似，尽管在数值代数中没有任何与后者类似的定律。这是因为 $a+bc$ 在数值代数中并不等同于 $(a+b)(a+c)$。

最后，德摩根定律是"否定推送"定律，它允许我们通过 AND/OR 运算符推送否定。德摩根定律如下所示：

$$\neg (a \vee b) \equiv \neg a \wedge \neg b$$
$$\neg (a \wedge b) \equiv \neg a \vee \neg b$$

德摩根定律与数值代数定律大不相同，在这些情况下，数值代数中没有精确的类比。德摩根定律的一个结果是，它表明人们并不需要 ∨ 及 ∧ 运算符两者兼而有之，以表示任何命题语句；任何一个运算符都可以与否定运算符结合使用。然而，由于命题表达式的可读性至关重要，因此这三种运算符在命题逻辑中都被广泛使用。

4.3.1　蕴涵和等价的有用性质

人工智能中的许多命题逻辑用于处理规则，因此蕴涵运算符的性质特别重要。上述一些定律可用于推导涉及蕴涵运算符的命题逻辑中的其他定律。这些定律被频繁地使用，以至于它们常常被视为命题逻辑的基本定律（即使它们可以从其他定律中派生出来）。注意，蕴涵和等价运算符可以用基本命题运算符 AND、OR 和 NOT 完全表示，因此这些（更基本的）运算符的定律可以用来推导蕴涵和等价运算符的定律。例如，一条重要的定律是对位运算符：

$$(a \Rightarrow b) \equiv (\neg b \Rightarrow \neg a)$$

这个定律可以用关于基本运算符 ∨ 和 ¬ 的蕴涵定义来表示，证明每边都相当于 ¬ a ∨ b。根据定义，左边相当于 ¬ a ∨ b，要表明右边相当于 ¬ a ∨ b 需要使用双重否定定律来表示与 ¬ a ∨ b 的等价性，然后利用 ∨ 运算符的交换性。对位法非常重要，即使它可以从命题逻辑的其他定律中推导出来，也足以作为一个基本公理。换句话说，它在技术上是一个定理（源自其他公理定律），而不是公理定律本身。通过考虑以下两种语句，我们可以看出对位法在语义上是有意义的：

如果今天下雨了，我今天就用了伞。

如果我今天没用伞，今天就没有下雨。

这里，原子命题 a 和 b 分别是"今天下雨了"和"我今天用了伞"。那么，第一个语句相当于 $a \Rightarrow b$，第二句话相当于 $\neg b \Rightarrow \neg a$。

蕴涵的另一个重要性质是传递性。根据传递性定律，这两条规则 $a \Rightarrow b$ 和 $b \Rightarrow c$ 可以用来推断 $a \Rightarrow c$。这可以通过对 b 的两个不同布尔值进行案例分析来说明。如果 b 为 True，那么 c 也必须为 True，因此规则 $b \Rightarrow c$ 等于 True。因此，$a \Rightarrow c$ 也必须是 True。另一方面，如果 b 是 False，那么 a 以及 $a \Rightarrow b$ 的对位也必须是 False。因此，$(a \Rightarrow c) \equiv \neg a \vee c$ 也必须是 True。案例分析是一个显示命题逻辑中的许多结果的有用工具。

还有许多与等价性相关的定律，它们可以作为命题逻辑中其他定律的副产品导出。所有表达式都等价于它们自己，这是自反性质。

$$a \equiv a$$

等价关系也是可交换和可传递的：

$$(a \equiv b) \equiv (b \equiv a)$$
$$[(a \equiv b) \wedge (b \equiv c)] \Rightarrow (a \equiv c)$$

等价关系适用于单个参数的否定：

$$(a \equiv b) \equiv (\neg a \equiv \neg b)$$

4.3.2 重言式和可满足性

某些类型的命题表达式总是具有真值，称为重言式，示例如下：

$$(a \wedge \neg b) \vee (a \wedge b) \vee (\neg a)$$

无论我们如何设置 a 和 b 的值，表达式的值都可以显示为 True。这样的重言式总是可以用命题逻辑的规则来表现。例如，使用分配律，上述表达式的第一部分 $(a \wedge \neg b) \vee (a \wedge b)$ 相当于 $a \wedge (\neg b \vee b)$。因此，我们得到以下结果表达式：

$$[a \wedge (\neg b \vee b)] \vee \neg a \equiv [a \wedge \text{True}] \vee \neg a$$
$$\equiv a \vee \neg a$$
$$\equiv \text{True}$$

重言式的否定（如上面的整个表达式）总是有一个值 False，因此它是不可满足的。可满足性是指可以找到至少一个变量赋值，这样整个表达式就变成了 True。这个确定表达式是否可满足的问题被称为 NP 完全问题，因此不适用多项式时间算法。另一方面，有一个简单的指数时间算法可以测试可满足性。这种算法尝试将所有 2^k 个可能的值赋值给变量，以检查表达式是否至少有一个赋值为 True。如果所有结果都产生真值，则一个包含所有 2^k 个变量可能值的表和表达式是重言式。如前所述，所有可能结果的表被称为真值表，它是表示命题表达式的等效方式。在重言式的情况下，真值表最后一列中的所有条目都为 True。对于不可满足表达式，真值表最后一列中的所有条目都将为 False。非重言式的可满足表达式将在真值表的最后一列中同时包含 True 和 False。在实践中，使用真值表检查表达式是否为重言式或是否可满足对于包含多个变量的表达式是不切实际的。原因是该方法需要 2^k 时间来处理包含 k 个变量的表达式。许多基于逻辑的系统使用大量变量，因此这种运行时间变得不切实际。确定一个表达式是否是重言式的问题也是 NP 完全问题（参见本章练习 14）。

特殊类型的重言式可以用来证明数学中使用的著名证明技术。例如，当一个人想要证明数学中的一个特定结果时，他经常假设这个结果是否定的，然后证明该假设矛盾。正式地说，如果一个人假设 a 并且想要显示 b，那么他真的想要显示 $a \Rightarrow b$。然而，通过假设否定 $\neg b$，人们通常可以显示 $\neg a$，这与 a 为 True 的假设相矛盾。一种方法是有效地使用以下重言式：

$$(a \Rightarrow b) \equiv (\neg b \Rightarrow \neg a)$$

事实上，这是人工智能中用于在知识库中进行推理的关键方法之一。

4.3.3　子句和规范形式

　　命题可满足性问题是知识库证明系统中的一个重要问题。通过将表达式转换为特定类型的规范形式，可以方便地确定表达式是否可满足。为了理解标准形式，我们首先需要介绍一些术语和表达式。例如，考虑 a、b 和 c 是（不一定是原子）表达式的情况。然后，其中的 a、b 和 c 在表达式 $a \vee b \vee c$ 中被称为析取项（disjunct）。类似地，a、b 和 c 在表达式 $a \wedge b \wedge c$ 中被称为合取项（conjunct）。

　　知识库通常包含特定类型的格式良好的公式，也称为子句形式。子句被定义为文字的析取，是规则的另一种表示形式。知识库总是以规则的形式表示，以支持推理过程。只要规则的前件只包含 $\wedge$，就可以考虑以下形式的规则：

$$b_1 \wedge b_2 \wedge \cdots \wedge b_k \Rightarrow a$$

如果规则的前件为 True，则后件也必须为 True，以使该命题表达式（即规则）具有 True 的值。这是因为这个规则可以表示为 $a \vee \neg b_1 \vee \neg b_2 \vee \cdots \vee \neg b_k$，它是字面值的析取。类似地，字面值的析取可以转换为规则，方法是将任意一个字面值放在后件中，其余字面值的析取（否定后）放在前件中。由于知识库包含与推理相关的规则，因此自然要围绕可转换为规则的子句来构建它们。

　　逻辑表达式的一个有趣特性是，所有表达式都可以表示为合取的析取。这是逻辑表达式的规范形式，称为析取范式（Disjunctive Normal Form，DNF）。析取范式表达式的示例如下：

$$(a \wedge \neg b) \vee (c \wedge d) \vee e \vee (b \wedge c \wedge \neg d)$$

请注意，a、b、$\neg b$、c、d、$\neg d$ 和 e 中的每一个都必须是字面值，以便将上述表达式视为析取范式。此外，每个析取项必须是字面值的合取。它需要多项式时间来检查析取范式命题公式的布尔可满足性（根据 DNF 表达式的长度）。这是因为当且仅当每个析取都是不可满足的，表达式才是不可满足的；当每个析取包含一个字面值与其否定的合取时，这是可能的。根据 DNF 表达式的长度，可以非常有效地检查所有这些条件。然而，以表达式长度表示的可满足性检查的多项式复杂性并不意味着该问题以任意命题公式的长度表示是多项式可解的，这是因为将命题表达式转换为析取范式可能需要指数时间。此外，DNF 表达式的长度可能与命题表达式原始版本中的项数成指数关系。例如，当表达式 $\wedge_{i=1}^{n}(a_i \vee b_i)$ 转换为析取范式时，其长度为 $O(2^n)$。这个结果可以用归纳法表示，其中我们假设结果适用于 $n=r$，然后用这个假设证明结果也适用于 $n=r+1$。这也解释了为什么布尔可满足性问题是 NP 难问题，而它需要多项式时间来检查 DNF 形式表达式的可满足性。有趣的是，发现一个表达式是否可满足等同于发现表达式的否定是否是重言式。通常，检查表达式是否是重言式也是一个 NP 难问题（如布尔可满足性）。因此，可满足性和重言式问题同样困难。

　　表达式的另一个重要规范形式是合取范式（Conjunctive Normal Form，CNF），其中表达式被写成析取项的合取形式。合取范式的表达式示例如下：

$$(a \vee \neg b) \wedge (c \vee d) \wedge e \wedge (b \vee c \vee \neg d)$$

只有 a、b、$\neg b$、c、d、$\neg d$ 和 e 中的每一个都是字面值，才能将表达式视为合取范式。当表达式以合取范式（根据 CNF 表达式的长度）表示时，检查表达式是否为重言式相对简单。这是因为每个合取项必须包含形式为 $a \vee \neg a$ 的字面值，以使每一个合取项评价为重言式。值得注意的是，将表达式转换为 CNF 形式可能会创建一个比原始表达式长得多的新表达式。因此，尽管检查 CNF 表达式是否是重言式很简单，但将表达式转换为合取范式的过程是复杂性增加的原因。

4.4　命题逻辑作为专家系统的先驱

一般来说，命题逻辑不能有效地构造专家系统。原因是专家系统需要一种对对象进行推理的方法。例如，一些真理可能与所有对象相关，而另一些真理可能与特定对象相关。因此，我们需要找到一种方法来区分一般命题语句和特定对象的命题语句。此外，人们需要能够在所有对象的通用语句和关于特定对象的特定语句之间进行连接和推理。然而，命题逻辑没有可以进行推理的对象的概念。一种更高级的逻辑形式，称为一阶逻辑，能够使用量词（如 ∀ 及 ∃）。这些量词提供了对一般和特定对象组进行推理的机制。然而，由于命题逻辑构成了一阶逻辑的基础，因此创建一个具有命题逻辑的专家系统的虚拟示例是很有帮助的，以了解此类系统通常如何工作的（尽管由于命题逻辑过于简单，但该过程有些烦琐）。在下一章中，我们将展示如何使用一阶逻辑更清晰地实现这个示例。

知识库通常包含多个句子（逻辑语句），人们通常希望使用这些语句来推断特定的结论。例如，考虑一种情况，其中一个人正在尝试创建专家系统，以进行患者诊断。我们回顾第 1 章中讨论的一个例子，其中一位患者 John 出现了一组特定的症状。患者 John 的情况如下：

John 正在发烧。

John 在咳嗽。

John 有色痰。

现在想象一个案例，其中专家系统包含以下规则子集：

如果咳嗽和发烧，那么感染。

如果有色痰和感染，那么是细菌感染。

如果是细菌感染，那么使用抗生素。

请注意，这些语句适用于所有个人，因此也适用于 John。因此，我们可以从这些特定于 John 的语句中创建命题变量。请注意，这种类型的转换是隐式完成的，是一阶逻辑，尽管我们在本例中已显式完成：

如果 John 咳嗽而且发烧，那么他就感染了。

如果 John 有色痰和感染，那么他就有细菌感染。

如果 John 有细菌感染，那么给他服用抗生素。

然后，我们可以定义命题变量 c 表示 John 咳嗽，t 表示 John 发烧，f 表示 John 感染，p 表示 John 有色痰，b 表示 John 有细菌感染，a 表示 John 服用抗生素。知识库的规则可以按照命题规则的形式进行编码，如下所示：

$$c \wedge t \Rightarrow f$$
$$p \wedge f \Rightarrow b$$

$$b \Rightarrow a$$

这组规则仅提供知识库的快照，因为许多其他规则可能是基于知识库中的其他医疗条件定义的。John 的情况可总结如下：

$$t \wedge c \wedge p$$

专家系统中推理机的目标是利用知识库中的规则并结合命题逻辑的规律进行推理。因此，推理机将从 $t \wedge c \wedge p$ 开始，进行一系列推断，最终得出与服用药物（例如，服用抗生素）相对应的逻辑变量。

我们对这类系统常见的知识工程过程进行了三个重要观察。首先，知识库包含关于疾病及其具体实例的一般知识。知识库的这一部分是稳定的，在大多数情况下，其随着时间的推移变化相对缓慢。第二，额外的特定信息通常在查询上下文中可用，而查询最初并不存在于知识库中。在这个特殊的案例中，我们有与 John 的症状相对应的额外知识，并且该查询还与 John 的可能治疗相关。最后一部分是针对特定查询的推断过程（例如，John 的治疗）。严格地说，区分一般知识（关于疾病和症状）和特定知识（关于特定患者）是使用一阶逻辑完成的，因此对特定对象的实例化是作为代数的一部分自动完成的（参见第 5 章）。这是因为一阶逻辑允许命题与特定主题（如 John）绑定，而我们被迫对每个可能的人（如 John）硬编码命题逻辑中的每个规则，以使专家系统工作。然而，在这种情况下，我们将简化假设，即知识库中的每个命题都是 John 特有的，并且将其用于需要我们适当地修改知识库的不同患者。这一假设使我们能够展示推理的基本原理，尽管它不是构建专家系统的实用方法。

推理过程不断地向知识库中添加语句。因为每个断言 c 和 t 都适用于 John，因为在知识库中有规则 $c \wedge t \Rightarrow f$，所以我们可以为 John 推断 f。此外，我们知道 John 有色痰，所以 p 是真的。换句话说，可以推断出 $p \wedge f$，这意味着 b 是真的。使用规则 $b \Rightarrow a$，得 a。换句话说，专家系统向 John 推荐使用抗生素。在特定类型的设置中，人们可能希望显示具有 True 值的特定命题表达式，并且该过程被称为蕴涵。在这种特殊情况下，目标子句对应于建议特定操作的布尔变量的合取。请注意，当专家系统包含数十万条规则时，达成这些类型的结论（目标子句）就变得非常重要了。我们所展示的是蕴涵的过程，其中一个语句在逻辑上遵循另一个语句。在下一节中，我们将形式化这些使用命题逻辑的想法，以通过使用一系列转换达到特定的命题表达式（类似于搜索中目标状态的想法）。正如我们将在本章后面展示的，用于获得命题表达式的系统过程类似于搜索中使用的算法。因此，基于逻辑的系统与搜索中使用的系统基本上没有太大区别，它们为实现相同的目标提供了一种更为形式化和数学化的机制。

4.5 命题逻辑中表达式的等价性

在定理证明中，我们试图利用命题逻辑定律证明一个命题表达式与另一个命题表达式等价。正如我们已经讨论过的，这种等价性可以通过使用真值表来显示。不幸的是，使用真值表在计算上是昂贵的，因为一个包含 k 个变量的表达式需要尝试 2^k 个可能的赋值，对应于真值表中的不同行。知识库中真实世界的命题表达式可能包含大量变量。注意，确定

两个表达式 A 和 B 是否相等的问题与确定表达式 $A \equiv B$ 是否是重言式的问题相同。如前所述，确定任意命题表达式是否为重言式的问题被称为 NP 难问题。因此，确定两个命题表达式是否等价的问题通常是 NP 难问题。然而，在实践中，有许多计算技巧可以降低过程的复杂性。

尽管可以通过构造命题表达式的真值表（并显示真值表所有行中的结果都是等价的）来证明命题表达式的等价性，但这是一种相当昂贵的方法。如果命题表达式包含 20 个变量，则会创建一个真值表，其中两个表达式各有 $2^{20}=1\,048\,576$ 个条目。评估 $1\,048\,576$ 对表达式并对其进行比较是昂贵的。因此，一种更有效的方法是使用前一节中的命题逻辑定律将一个表达式转换为另一个表达式。此外，这些定律需要通过计算机算法系统地应用。为了说明使用命题逻辑来证明等价性，我们将使用几个例子。

例 4.5.1（表达式的等价性） 演示 $(a \vee c) \wedge (a \vee d) \wedge (b \vee c) \wedge (b \vee d)$ 和表达式 $(a \wedge b) \vee (c \wedge d)$ 等价。

为了证明上述表达式的等价性，我们将使用命题逻辑定律的一系列变换。下面显示了这一系列步骤，并给出了相应的解释：

$$
\begin{aligned}
(a \vee c) \wedge (a \vee d) \wedge (b \vee c) \wedge (b \vee d) &\equiv [(a \vee c) \wedge (a \vee d)] \wedge [(b \vee c) \wedge (b \vee d)] \quad &\text{关联性}\\
&\equiv [(a \vee (c \wedge d)] \wedge [b \vee (c \wedge d)] \quad &\text{分配性}\\
&\equiv (a \wedge b) \vee (c \wedge d) \quad &\text{分配性}
\end{aligned}
$$

请注意，这种转换只需要三个步骤，而构建真值表则需要我们用 {True，False} 中的 $2^4=16$ 个可能值组合替换四个变量 a、b、c 和 d。显然，为了表明这两个表达式的等价性，构建真值表将是更麻烦的方法。通过证明这两个表达式是等价的，我们有效地证明了以下语句是重言式：

$$(a \vee c) \wedge (a \vee d) \wedge (b \vee c) \wedge (b \vee d) \equiv (a \wedge b) \vee (c \wedge d)$$

表明两个表达式是等价的，与表明通过在两个表达式之间放置"$\equiv$"运算符是重言式相同。类似地，表明表达式是重言式与表明表达式等价于原子表达式 True 是相同的。考虑下面的例子：

例 4.5.2（重言式） 表明以下语句是重言式：

$$[(a \Rightarrow b) \wedge (b \Rightarrow c)] \Rightarrow (a \Rightarrow c)$$

证明一个语句是重言式可以归结为将该语句还原为 True 的原子值。可以通过多种方式简化上述语句，并将使用案例分析来显示结果：

案例一：布尔变量 b 的值为 True。在这种情况下，表达式的简化如下：

$$
\begin{aligned}
\{[(a \Rightarrow b) \wedge (b \Rightarrow c)] \Rightarrow (a \Rightarrow c)\} &\equiv \{[(\neg a \vee \text{True}) \wedge (\neg \text{True} \vee c)] \Rightarrow (a \Rightarrow c)\}\\
&\equiv \{[\text{True} \wedge c] \Rightarrow (a \Rightarrow c)\}\\
&\equiv [c \Rightarrow (a \Rightarrow c)]\\
&\equiv \neg c \vee \neg a \vee c\\
&\equiv (\neg c \vee c) \vee \neg a\\
&\equiv \text{True} \vee \neg a\\
&\equiv \text{True}
\end{aligned}
$$

案例二：布尔变量 b 的值为 False。在这种情况下，表达式的简化如下：

$$\{[(a \Rightarrow b) \land (b \Rightarrow c)] \Rightarrow (a \Rightarrow c)\} \equiv \{[(\neg a \lor \text{False}) \land (\neg \text{False} \lor c)] \Rightarrow (a \Rightarrow c)\}$$
$$\equiv \{[\neg a \land \text{True}] \Rightarrow (a \Rightarrow c)\}$$
$$\equiv [\neg a \Rightarrow (a \Rightarrow c)]$$
$$\equiv a \lor \neg a \lor c$$
$$\equiv (a \lor \neg a) \lor c$$
$$\equiv \text{True} \lor c$$
$$\equiv \text{True}$$

因此，在这两种情况下都会得到 True 的结果。值得注意的是，真值表是案例分析中最极端的实例，在这种情况下，人们尝试所有可能的变量组合，以获得每种情况下的真值。虽然在大多数情况下使用真值表是不切实际的，但在命题逻辑证明中，限制形式的案例分析很常见。在大多数情况下，可以简单地构造证明，而无须进行案例分析，并且只使用命题逻辑的基本公理。例如，可以简化上述表达式，而无须进行案例分析：

$$\{[(a \Rightarrow b) \land (b \Rightarrow c)] \Rightarrow (a \Rightarrow c)\} \equiv \{[(\neg a \lor b) \land (\neg b \lor c)] \Rightarrow (\neg a \lor c)\}$$
$$\equiv \neg[(\neg a \lor b) \land (\neg b \lor c)] \lor (\neg a \lor c)$$
$$\equiv (a \land \neg b) \lor [(b \land \neg c) \lor (\neg a \lor c)]$$

利用 AND 大于 OR 的分配性质，我们得到以下结果：

$$(a \land \neg b) \lor [(b \lor \neg a \lor c) \land (\neg c \lor \neg a \lor c)] \equiv (a \land \neg b) \lor [(b \lor \neg a \lor c) \land \text{True}]$$
$$\equiv \neg(\neg a \lor b) \lor (\neg a \lor b) \lor c$$
$$\equiv \text{True} \lor c$$
$$\equiv \text{True}$$

一个问题是，上述证明在本质上是临时性的，这对于人类来说是可能的，但对于自动化系统来说不是简单的事情。当使用人工智能系统进行定理证明时，需要使用一种系统的方式来显示这些类型的结果。这将是后续章节讨论的主题。

4.6 知识库中的证明基础

如前所述，专家系统需要从知识库中的规则推断结论的方法。上一节还提供了如何利用命题逻辑定律进行推理的例子。在本节中，我们将讨论如何以更系统的方式自动化此过程。在知识库中，一般问题可表述如下：

如果 *KB* 表示知识库中所有语句的连接，*q* 表示查询，那么我们希望表明 *KB* ⇒ *q*。

在我们前面的医学专家系统示例（参见 4.4 节）中，*KB* 表示所有关于症状、其隐含的疾病和治疗的一般性语句的合取。问题 *q* 是一句话，John 的症状意味着某种特定的候选治疗方法，如使用抗生素。从技术上讲，也可以将 John 的症状添加到知识库中，在这种情况下，查询语句只对应于 John 的候选治疗方法。

一个很自然的问题出现了，它表明人们可以用状态和操作形式化自动定理证明的问题。这创建了一个类似于搜索的框架，其中从开始状态搜索特定状态。我们需要定义依赖于知识库的状态的概念，然后定义允许代理从一个状态移动到另一个状态的操作集。因此，接下来定义状态和操作的概念。

❑ 状态：当前知识库及其所有句子 / 规则称为状态。推理过程的结果是，当更多的语句添加到知识库中时，状态会发生变化。初始状态对应于初始知识库，其中包含初始句子集。例如，在医学专家系统中，初始知识库可能包含与疾病症状相关的所有规则以及与各种疾病的候选治疗方法相对应的语句。目标状态对应于任何知识库，其中包含与针对具有特定症状的患者的建议治疗方法相对应的句子。请注意，只能通过向知识库中添加语句来将这些句子添加到知识库中。该过程描述如下。

❑ 操作：操作对应于使用其前件与知识库中的一个或多个语句相匹配的规则，从而推断出后件，然后可以将此后件添加到知识库中。例如，当患者的症状与知识库中规则的前件匹配时，其后件中的疾病或治疗方法将添加到知识库中（因为它适用于当前患者）。将后件添加到知识库会自动更改状态，因为知识库现在已通过附加断言进行了扩充。如果这些附加断言与现有规则的前件相匹配，则可能会触发进一步的操作。这些类型的操作是专家系统中一种推理的核心，称为正向链接。然而，也有其他替代方案，如矛盾证明或反向链接，这也将在本章中讨论。

当前件为 True 时，上述向知识库添加后件的示例被称为假言推理（Modus Ponens）。有许多其他用于推断的常用技术，最常见的包括和消除和或消除。我们将在下面讨论每种技术。

我们首先讨论 Modus Ponens 技术背后的基本原理。正式地说，如果 $a \Rightarrow b$ 是一条规则，而 a 也会接受 True 的值，则可以推断语句 b 也是 True，并将其添加到知识库中。Modus Ponens 遵循以下重言式：

$$[(a \Rightarrow b) \wedge a] \Rightarrow b$$

为了表明这种重言式，可以使用以下证明方法：

$$
\begin{aligned}
\{[(a \Rightarrow b) \wedge a] \Rightarrow b\} &\equiv \{\neg[(a \Rightarrow b) \wedge a] \vee b\} \\
&\equiv \neg(a \Rightarrow b) \vee \neg a \vee b \\
&\equiv \underbrace{\neg(\neg a \vee b)}_{\neg c} \vee \underbrace{(\neg a \vee b)}_{c} \\
&\equiv \neg c \vee c \\
&\equiv \text{True}
\end{aligned}
$$

在上述证明中，我们反复用 $\vee$ 替换 $\Rightarrow$，并为简明起见，将 $(\neg a \vee b)$ 转化为一个变量 c。语句的最终结果为 True，这证明了该语句是重言式的。作为一种通用的证明方法，当重言式以 $x \Rightarrow y$ 的形式出现时，它有时对扩充知识库很有用。这是因为知识库中的 x 可以用来用语句 y 扩充知识库。因此，Modus Ponens 模式是重言式的一个例子，可以反复用于演绎推理和通过向知识库添加语句来改变知识库的状态。

在知识库中用于推理的另一种有用技术是和消除原理，其基本思想是，给定 $a \wedge b$ 和 a，我们可以推断出 b，和消除原理是以下重言式的结果：

$$[(a \wedge b) \wedge a] \Rightarrow b$$

这种重言式可以做如下推断：

$$
\begin{aligned}
\{[(a \wedge b) \wedge a] \Rightarrow b\} &\equiv \neg[(a \wedge b) \wedge a] \vee b \\
&\equiv [\neg(a \wedge b) \vee \neg a] \vee b \\
&\equiv [(\neg a \vee \neg b) \vee \neg a] \vee b
\end{aligned}
$$

$$\equiv (\neg a \vee \neg a) \vee (b \vee \neg b)$$
$$\equiv \neg a \vee \text{True}$$
$$\equiv \text{True}$$

或消除的原则表明，给定 $a \vee b$ 和 $\neg a$，可以推断出 b。或消除对应于以下重言式：

$$[(a \vee b) \wedge \neg a] \Rightarrow b$$

或消除重言式等同于 Modus Ponens，因为在上述重言式中可以用 $\neg a \Rightarrow b$ 代替 $a \vee b$：

$$[(\neg a \Rightarrow b) \wedge \neg a] \Rightarrow b$$

很容易看出，这种重言式与 Modus Ponens 的重言式是相同的，只是在语句中使用了 $\neg a$ 而不是 a。因此，相对于 Modus Ponens 来说，尽管在自动化系统中仍然非常频繁地使用或消除，但这种方法在很大程度上是多余的。

为了向知识库中添加语句，可以结合使用和消除和 Modus Ponens。也可以使用上一节中讨论的任何命题定律。因此，人们可以将自动定理证明问题建模为一个搜索所有可能状态的过程，这些状态可以使用命题逻辑的各种定律从知识库的语句中推断出来。这个过程会一直持续下去，直到到达目标语句。这个过程保证是可靠的，因为它总是得出有效的推论。该程序的一个挑战是，经常可以添加无限多的可能语句，这导致知识库和相应数量的状态无限制地扩展。对于大型知识库，这有时会在达到目标状态方面带来重大挑战，但是，可以使用系统方法在有限的时间内实现目标。正如我们稍后将展示的，有多种方法可以实现这一目标。我们将讨论的第一种方法是矛盾证明法。

4.7   矛盾证明法

你可能在高中数学中经常遇到证明，为了证明一个特定的语句，人们经常假设它的否定为真。然后，我们可以通过推导一个我们已经知道是错误的语句来得出矛盾。这种广泛的方法基于命题逻辑中的一个原则，即矛盾证明。假设语句的否定被证明是一个先决条件，目的是证明某些表达式及其否定在知识库中的值为 True。由于一个语句及其否定不能同时为真，这意味着对结论的否定首先必须是假的（与最初的假设相反）。因此，我们能够证明这个结论一定是正确的。

作为一个例子，考虑一个简单的知识库的情况，命题表达式 $a \Rightarrow b$ 和 a 都存在，我们希望证明 b 也是真的。在本例中，附加表达式 b 是查询，它本身可能是一个复杂的命题表达式。请注意，我们可以使用 Modus Ponens 立即显示这个结果，尽管我们在这里的目标是通过矛盾来进行证明。在矛盾证明中，我们可以简单地假设，对于知识库语句为真的命题变量的任何设置，语句 b（即待证明语句的否定）的值为真。因此，我们的目的是要表明无法找到知识库的一致配置和查询子句的否定（附加假设）。换句话说，无论命题变量如何设置，要么知识库中的某个语句是假的，要么查询子句的否定是假的（或者两者都是假的）。

在命题逻辑语言中，实现这一点的正式方法是表明无论命题变量的设置如何，知识库中的语句与附加（否定）假设的连接必须始终计算为假。在上面讨论的知识库和查询的简单示例中，我们需要说明将 $\wedge$ 运算符应用于三个表达式 a、$(a \Rightarrow b)$ 和 $\neg b$ 产生的值为假，无论命题变量的设置如何。换句话说，我们得到下面的命题表达式，必须证明无论命题变量如何设置，这个表达式都是假的：

$$a \wedge (a \Rightarrow b) \wedge \neg b$$

可以用 $\vee$ 运算符代替命题表达式中的 $\Rightarrow$ 运算符来获得以下信息：

$$a \wedge (\neg a \vee b) \wedge \neg b$$

在命题表达式和重新分组中应用 $\vee$ 上 $\wedge$ 的分布定律，可以得到以下结果：

$$[\underbrace{(a \wedge \neg a)}_{\text{False}} \wedge \neg b] \vee [a \wedge \underbrace{(b \wedge \neg b)}_{\text{False}}]$$

根据零化子定律，命题变量与 False 的结合是 False。因此，我们得到以下命题表达式：

$$(\text{False} \vee \text{False})$$

请注意，表达式 False $\vee$ False 计算结果为 False（根据幂等定律）。然而，我们最初的假设是在命题变量的某些设置中，a、$(a \Rightarrow b)$、和 $\neg b$ 都被证明是 True。因此，我们得出了一个矛盾。这种矛盾一定来自额外的假设，因为知识库总是假设为自一致的（即，它有一些变量设置，以使知识库中的每个语句都是 True）。因此，在这些变量设置中，表达式 b 不能为 True（其中知识库的语句为 True，而 b 在这些设置中必须为 True），这就完成了证明。

矛盾证明的一个优点是它可以简化为命题可满足性问题。在前面的示例中，需要证明以下命题表达式是不可满足的：

$$a \wedge (a \Rightarrow b) \wedge \neg b$$

通常，如果 KB 表示知识库中所有语句的连接，并且我们希望证明语句 q（即目标子句），那么必须显示 $KB \wedge \neg q$ 是不可满足的。

上述证明在本质上有点特别，它对于人类定理证明者来说效果很好，但对于自动化系统来说效果不太好。我们需要的是一种通过矛盾来证明的系统方法，这种方法可以用计算机算法有效地编码。这是通过将 $KB \wedge \neg q$ 表达为合取范式，表示表达式的计算值始终为 False。命题表达式的合取范式之所以有用，是因为它允许使用称为分解的系统过程来证明不可满足性。在讨论解决方案之前，我们将展示如何以合取范式在知识库中表达语句。

将知识库转换为合取范式

知识库中的语句可能包含复杂的命题表达式。因此，需要一系列定义良好的步骤，以将知识库转换为合取范式。我们假设知识库中的所有句子都用运算符 $\equiv$、$\Rightarrow$、$\wedge$、$\neg$ 以及 $\vee$ 表示。使用以下步骤序列，从命题表达式 $KB \wedge \neg q$ 开始：

1. 使用只包含运算符 $\Rightarrow$ 的表达式替换每个 $KB \wedge \neg q$ 中的 $\equiv$。例如，语句 $a \equiv b$ 可以被下列表达式替换：

$$(a \Rightarrow b) \wedge (b \Rightarrow a)$$

请注意，a 和 b 本身可能是命题表达式，而不是字面值。

2. 使用 $\vee$ 替换每个 $KB \wedge \neg q$ 中的 $\Rightarrow$。例如，如果我们有表达式 $a \Rightarrow b$，它可能由 $\neg a \vee b$ 替换。请注意，a 和 b 本身可能是命题表达式，而不是字面值。

3. 当命题表达式以合取范式表示时，否定运算符必须仅出现在字面值前面。例如，子表达式，如 $\neg(a \vee b)$ 永远不会出现在 $KB \wedge \neg q$ 中，因为在复杂表达式前面的是否定运算符，而不是字面值。然而，在 $KB \wedge \neg q$（不一定是合取范式）的初始语句集合中，这种情况可能不成立。这个问题可以用德摩根定律来解决。在本例中，我们将否定运算符推入子表达式中，以使所有否定运算符都只应用于字面值。

4.在将否定运算符推送到字面值后，可能有一个包含 ∧ 及 ∨ 运算符的嵌套表达式。此时，我们使用分配律，其中运算符 ∨ 分布在 ∧ 上。例如，将表达式 $a \lor (b \land c)$ 替换为以下内容：

$$(a \lor b) \land (a \lor c)$$

通过执行此分布，可以将表达式转换为合取范式。一般来说，可能需要在 ∧ 上重复分发 ∨，这样我们最终得到一个表达式，在这个表达式中，不再有任何 ∨ 运算符分布在 ∧ 运算符上。可以看出结果表达式始终是合取范式。需要两个连续分布的表达式示例为 $(a \lor b \land c \land d)$。

一旦 $KB \land \neg q$ 已转换为合取范式，则需要一个分解过程用于确定表达式是否可满足。

我们将提供一个将表达式转换为合取范式的过程示例。考虑下面的命题表达式，它不是最初的合取范式（但我们希望把它转换成这种形式）：

$$[(d \land e) \Rightarrow f] \equiv [g \lor \neg h]$$

首先，我们用具有两条规则的合取替换 "≡"，对应于以下内容：

$$\{[(d \land e) \Rightarrow f] \Rightarrow [g \lor \neg h]\} \land \{[g \lor \neg h] \Rightarrow [(d \land e) \Rightarrow f]\}$$

可以依次用 "∨" 替换每个 "⇒"，同时用德摩根定律一起获得以下信息：

$$\equiv \{[(\neg d \lor \neg e) \lor f] \Rightarrow [g \lor \neg h]\} \land \{[\neg g \land h] \lor [(\neg d \lor \neg e) \lor f]\}$$
$$\equiv \{[(d \land e) \land \neg f] \lor [g \lor \neg h]\} \land \{[\neg g \land h] \lor [(\neg d \lor \neg e) \lor f]\}$$

此时，否定运算符被直接放在字面值的前面。然而，该表达式仍然不是合取范式，必须反复使用分配律才能将其表示为子句的合取。然后可以重复使用分配律来获得以下表达式：

$$(d \lor g \lor \neg h) \lor (e \lor g \lor \neg h) \lor (\neg f \lor g \lor \neg h) \lor (\neg g \lor \neg d \lor \neg e \lor f) \lor (h \lor \neg d \lor \neg e \lor f)$$

值得注意的是，转换为 CNF 导致了输出规模的显著扩大。这是一种常见的情况，最终长度可能与初始输入的长度呈指数关系（以字面值数为单位）。就输入而言，CNF 输出长度的增加并不特别令人惊讶；如果 CNF 表达式的长度不明显长于输入，它将提供一种在多项式时间内解决 NP 难问题的途径。换句话说，识别重言式问题的 NP 难度隐藏在用该方法创建的 CNF 表达式的长短中。

分解过程

分解过程被设计为使用合取范式推断矛盾。它的工作原理是反复观察成对的合取，这些合取只在单个字面值前面的否定方面有所不同。这一对合取的一个例子是 $(f \lor \neg g \lor h)$ 和 $(f \lor \neg g \lor \neg h)$。这两个合取仅在最后一个字面值上有所不同，其中 h 是一种情况，$\neg h$ 是另一种情况。从这两种说法可以推断出 $(f \lor \neg g)$。原因是人们可以利用分配性质来做如下推断：

$$\underbrace{(f \lor \neg g \lor h)}_{d} \land \underbrace{(f \lor \neg g \lor \neg h)}_{d} \equiv (f \lor \neg g) \lor (h \land \neg h)$$
$$\equiv (f \lor \neg g) \lor \text{False}$$
$$\equiv (f \lor \neg g)$$

因此，这一步导致从一对 $KB \wedge \neg q$ 的合取中删除一个字面值。重复此步骤以减少合取的数量和大小是分解过程的核心。通过不断重复此过程，将在某个时刻出现两种情况之一。第一种情况是无法进一步消除字面值。在这种情况下，可以正式表明 $KB \wedge \neg q$ 是可满足的，因此 KB 并不蕴涵 q。另一方面，重复减少单个合取的大小可能会导致原子命题及其否定出现在扩充的知识库中。这种情况导致了一种矛盾，我们可以得出这样的结论：$KB \wedge \neg q$ 是不可满足的。因为 $KB \wedge \neg q$ 是不可满足的，这意味着它的否定 $\neg[KB \wedge \neg q]$ 始终具有 True 值。换言之，语句 $\neg KB \vee q$ 的值为 True，这反过来意味着 $KB \Rightarrow q$ 是重言式，这意味着 KB 蕴涵 q。因此，可使用以下步骤描述分解的整体算法：

1. 如果 $KB \wedge \neg q$ 的 CNF 形式中不存在单个文字的否定不同的子句对，那么 KB 不一定意味着 q 和终止。

2. 如果 $KB \wedge \neg q$ 中存在一对子句是原子命题，同时是另一个的否定命题，那么 KB 就意味着 q 和终止。

3. 选择一对有单个字面值的否定不同的子句，然后应用分解过程创建新的较短子句。将新子句添加到 KB 并返回第一步。

值得注意的是，分解过程也可用于通过追踪如何获得相互否定的原子命题来构造证明。重要的一点是从 $(b \vee a) \wedge (\neg b \vee c)$ 删除变量 b 只是两个规则 $\neg a \Rightarrow b$ 和 $b \Rightarrow c$ 的传递性的应用，以创建新规则 $-a \Rightarrow c$，因此，我们可以用反复使用传递性来证明。此外，用 $\neg b$ 解决 $b \vee a$ 来产生 a 只是 Modus Ponens 的一种方式。

同样值得注意的是，当试图显示 $KB \wedge \neg q$ 的一个矛盾时，查询语句 q 的表达式将始终用于蕴涵过程的某个点。如果不是这样，则意味着知识库本身存在矛盾，任何命题表达式都可以包含在内。这些方法的一般假设是，我们使用的知识库是自一致的。例如，任何合理的知识库都不会包含以下两种语句：

如果下雨，就会倾盆大雨 $(r \Rightarrow p)$

天在下雨，不下雨 $(r \wedge \neg p)$

有了这样一个包含矛盾的知识库，分解过程将始终包含任何其他语句，无论其内容如何。

为了理解分解过程是如何工作的，我们将提供一个示例。考虑知识库 $KB \wedge q$ 以下形式表示的情况：

$$(c \vee d) \wedge (\neg d \vee e \vee b) \wedge (d \vee e \vee b) \wedge (\neg d \vee \neg e \vee b) \wedge (d \vee \neg e \vee b) \wedge \neg b$$

可以按如下方式对字面值前面否定不同的子句进行配对：

$$(c \vee d) \wedge \underbrace{(\neg d \vee e \vee b) \wedge (d \vee e \vee b)}_{\text{成对}} \wedge \underbrace{(\neg d \vee \neg e \vee b) \wedge (d \vee \neg e \vee b)}_{\text{成对}} \wedge \neg b$$

通过折叠子句对进行简化，可以得到以下结果：

$$(c \vee d) \wedge \underbrace{(e \vee b) \wedge (\neg e \vee b)}_{\text{成对}} \wedge \neg b$$

进一步简化后，可以得到以下结果：

$$(c \vee d) \wedge \underbrace{b \wedge \neg b}_{\text{矛盾}}$$

请注意，对 $b \wedge \neg b$ 被评估为 False（或空子句），这是一个矛盾。这意味着 KB 必须蕴涵 q，因为在知识库中蕴涵 $\neg q$ 会导致矛盾。隐含的假设是初始知识库 *KB* 是可满足的，而只有蕴涵 $\neg q$ 才会导致矛盾。因此，在构建初始知识库时必须小心，以确保它是可满足的。

分解过程的一个重要特性是它是完整的。完整性的意思是如果 *KB* 蕴涵 q，则无论操作的执行顺序如何，$KB \wedge q$ 都会产生矛盾。众所周知，该程序是可靠的。鲁棒性是指如果 *KB* 不蕴涵 q，则程序将在某个点终止，而无法添加更多的子句。事实上，分解过程既完整又可靠，这意味着该程序是可判定的。可判定性的概念意味着人们可以以某种方式清楚地判断 *KB* 是否蕴涵 q（给定足够的计算时间）。正如我们将在第 5 章中看到的，其他高级逻辑形式，如一阶逻辑不是完全可判定的。

4.8　具有明确子句的有效蕴涵

知识库的 CNF 形式中的每个合取都是一个子句，可以表示为字面值的析取。因此，出于推理的目的，知识库自然以子句的形式表示。知识库中通常使用一种特殊类型的子句，称为明确子句。明确子句被用来实现 CNF 形式的一个特例。明确子句的定义如下：

1. 主体被定义为一个原子命题，或 $k > 1$ 个原子命题 $b_1, \cdots, b_k$ 的合取。因此，主体的示例是 $b_1 \wedge b_2 \wedge \cdots \wedge b_k$。

2. 明确子句是一个原子命题 a，其规则的形式为 $b_1 \wedge b_2 \wedge \cdots \wedge b_k \Rightarrow a$。在后一种情况下，原子命题被称为规则的头部。

请注意，如果我们将明确子句表示为字面值的析取，它可以表示为 $a \vee \neg b_1 \vee \neg b_2 \vee \cdots \vee \neg b_k$。值得注意的一点是，这个析取只包含一个正字面值。另一种类型的子句，被称为 Horn 子句，它是对这一思想的轻微概括。当表示为字面值的析取时，Horn 子句最多有一个正原子命题，其余的析取是原子命题的否定。因此，一个只包含否定字面值的子句，如 $\neg b_1 \vee \neg b_2 \vee \cdots \vee \neg b_k$ 是一个 Horn 子句，但它不是一个正定子句。然而，所有正定子句都是 Horn 子句。仅包含否定字面值的 Horn 子句被视为目标子句，因为否定一组肯定断言 $b_1 \vee b_2 \vee \cdots \vee b_k$ 导致这些字面值的否定的析取（即表达式 $\neg b_1 \vee \neg b_2 \vee \cdots \vee \neg b_k$）。值得注意的是，分解两个 Horn 子句会导致另一个 Horn 子句。此外，Horn 子句和目标子句（没有正字面值）的分解结果将始终是（简化的）目标子句。因此，Horn 子句在分解中关闭。从分解过程的角度来看，这种类型的递归属性使得 Horn 子句特别有用。因此，Horn 子句导致了用于进行有效推理的系统程序。例如，用正定子句分解目标子句会导致目标子句的大小迅速减小。因此，通常可以相当快地到达 null 子句。

其他几个过程，如正向链接和反向链接，尤其适用于正定子句。这是接下来几节将讨论的主题。

4.8.1　正向链接

处理正定子句的一个有用的分解算法是正向链接算法。正向链接算法从知识库中的已知事实开始。这些已知事实在数据库中始终表示为正字面值，包含在列表中。为了简单起见，我们假设一个原子命题 q 对应于目标子句（尽管通过引入一个与目标子句等价的新原子命题，这个想法可以扩展到更复杂的命题表达式）。其基本思想是从 LIST 中的已知事实开始，并反复使用 Modus Ponens 方法推导规则结果中的其他事实。这些事实随后也被添加到 LIST 中。正定 Horn 子句用于创建规则。由于正定 Horn 子句始终只包含一个正字面值，因此，规则可以由前件中的正字面值和后件中的正字面值的合取来表示。在算法初始化时，仅将已知事实（原子命题）添加到 LIST 中。由于规则意味着从正字面值到其他正字面值，因此该算法始终维护 LIST 一直仅包含正字面值的这一属性（由于 Modus Ponens 的修改）。

Algorithm *ForwardChain*(Knowledge Base: KB, Goal proposition: q)
begin
　LIST= Positive facts (atomic propositions) in KB;
　Initialize *unmatched*[r] for each rule r in KB;
　{ Set *unmatched*[r] to number of atomic propositions in antecedent of r; }
　repeat
　　Select proposition p from LIST based on pre-defined strategy;
　　If p matches q **return**(*True*);
　　{ Success in inferring q from KB }
　　$\mathcal{R}$ = All rules in KB containing p in antecedent;
　　for each rule $r \in \mathcal{R}$ **do**
　　begin
　　　Reduce *unmatched*[r] by 1;
　　　if *unmatched*[r] = 0 add consequent of r to LIST;
　　end
　　Delete node p from LIST;
　until LIST is empty;
　return(*False*);
　{ Failure in inferring q from KB }
end

图 4.1　正向链接算法

　　一个关键点是系统地匹配规则前件中的命题与动态变化 LIST 中原子命题的合取。请注意，当前所有命题都不匹配的规则最终可能会在新命题进入 LIST 时使用 Modus Ponens 触发。对于知识库中的每个规则 r，都会维护 unmatched[r] 值，该值是 r 的前件中迄今为止在数据库中不匹配的原子命题的数量。该值初始化为相应规则的前件中的原子命题数。例如，对于规则 $b_1 \wedge b_2 \vee, \cdots, \vee b_k \Rightarrow a$ 的 unmatched[r] 的值在初始化时为 k。

　　随后，我们从 LIST 中选择任何原子命题 p，并检查它是否与 q 匹配。如果 p 确实与 q 匹配，那么可以在报告知识库包含 q 之后终止算法。否则，我们选择知识库 KB 中的所有规则 $\mathcal{R}$，其前件包含 p。每个规则 $r \in \mathcal{R}$ 的 unmatched[r] 的值减少 1。如果任何规则 $r \in \mathcal{R}$ 的 unmatched[r] 的值达到 0，表示其前件中的所有命题都是事实，因此，r 的结果也可以添加到 LIST 中。此时，原子命题 p 从 LIST 中删除。如果该 LIST 因该删除而变为空，则可以推断知识库不包含 q，并在报告该事实后终止。另一方面，如果 LIST 不是空的，则选择可获得的下一个命题，并继续与上述相同的过程。正向链接算法如图 4.1 所示。请注意，正向链接算法的基本结构与搜索算法有一些相似之处，在搜索算法中，列表维护要进一步探索的节点。值得注意的是，图 4.1 的算法可视为一种广度优先搜索形式。假设目标子句是一个原子命题 q。

　　因此，正向链接是一种重复使用 Modus Ponens 的方式，是一种有效的程序。此外，该过程与矛盾分解过程（和折叠字面值）密切相关。虽然字面值折叠方法同时使用 Modus Ponens 和传递性，但正向链接算法仅使用后者。这是可能的，因为它适用于 Horn 子句。

如果知识库包含断言，则此过程始终能够在有限的时间内得出此结论。因此，正向链接是一个完整的算法。此外，如果知识库不包含语句，那么 LIST 最终将在有限的时间内变为空。原因是在算法过程中，各种规则中的不匹配命题数量不断减少，且不匹配命题数量的下限为 0。对于以 Horn 子句表示的数据库，正向链接是可靠和完整的。重要的一点是，即使该算法在知识库的大小方面是有效的，但当知识库被约束为用 Horn 子句表示时，它本身也会变得相当大。

4.8.2　反向链接

反向链接是一种从预期结论到已知事实的反向工作过程。考虑是否要测试 $KB \Rightarrow q$。这种情况下，算法首先检查知识库以确定 q 是否为 True。如果为 True，则算法终止。否则，结果中包含 q 的至少一个规则的前件必须具有 True 值。请注意，这本质上是对可用规则的 OR 操作。然而，对于给定的规则，其在前件中的所有原子命题都必须为 True，这是对前件中可用的原子命题的 AND 运算。这是因为数据库中的规则总是包含前件中原子命题的合取。我们再次检查知识库，以确定是否满足至少一条规则的所有合取字面值（即，在知识库中以肯定事实的形式呈现）。如果是这样，我们将以成功告终。否则，我们通过搜索结果中包含字面值（具有未知真值）的规则来递归地重复该过程。因此，我们需要证明至少一条规则的所有合取。换句话说，该算法归结为 AND-OR 搜索，这在 3.2 节中进行了讨论。与 AND-OR 搜索算法一样，反向链接本质上是一种深度优先搜索过程。这与正向链接方法不同，正向链接方法是一种广度优先搜索过程。因此，反向链接更自然地作为一种递归算法出现。

例如，考虑知识库包含规则 $a \wedge c \Rightarrow q$，$d \Rightarrow a$，$e \Rightarrow c$ 以及肯定事实 d 和 e。从目标 q 开始，反向链接将发现需要满足的字面值 a 和 c。然后，算法将使用 a 和 c 分别作为新目标来调用过程，这分别产生 d 和 e 作为新目标。由于知识库包含 d 和 e 作为肯定事实，因此该过程将以成功结束。

反向链接的整体程序如图 4.2 所示。与正向链接过程不同，反向链接算法被表示为递归过程（尽管正向链接算法也可以表示[⊖]为递归过程）。除了与正向链接过程（知识库 KB 和目标 q）相同的输入参数外，反向链接算法还有一个名为 MUST-PROVE 的列表，根据递归的早期深度可知，这是一组需要被证明的命题。为了正确处理存在循环的情况，如规则 $c \Rightarrow d$ 和 $d \Rightarrow c$，这个列表是需要的。如果不正确跟踪这种情况，反向链接过程可能永远卡在递归的循环中。MUST-PROVE 列表已初始化为空集。在启动调用之后，目标 q 被添加到 MUST-PROVE 中，以使递归的未来深度知道这个目标在前面已经遇到过。如果 q 在知识库中作为一个肯定事实（原子命题）出现，算法将返回 True。然后，该算法找到以 q 为结果的所有规则。对于每一个这样的规则 r_i，它都会在 r_i 的前件中找到所有字面值 $p_1, \cdots, p_k$，这些字面值不在必证明中。对于每个这样的字面值，它递归调用反向链接算法 k 次，其中第 j 次递归调用使用 p_j 作为新目标。如果所有调用都返回 True，那么反向链接过程也会返回 True。对每个规则 r_i 重复该过程，其中 q 作为结果出现。处理完所有这些规则后，如果过程尚未返回 True，则反向链接过程将以返回 False 终止。

⊖ 通过使用标准方法[40]，所有递归算法都可以被系统地转换为非递归变量。

```
Algorithm BackwardChain(Knowledge Base: KB, Goal proposition: q, List: MUST-PROVE)
begin
  MUST-PROVE= MUST-PROVE ∪{q};
  { MUST-PROVE contains all facts that need to be proved }
  if q appears as a positive fact (atomic proposition) in KB return(True);
  R = All rules in KB containing q as consequent;
  if R is empty return(False);
  for each rᵢ ∈ R do
  begin
    Let p₁ . . . pₖ be literals in antecedent of rᵢ not in MUST-PROVE;
    if ∧ᵏⱼ₌₁ BackwardChain(KB, pⱼ, MUST-PROVE) ≡ True then return(True);
  end
  return(False);
  { Failure in inferring q from KB }
end
```

图 4.2　反向链接算法

4.8.3　比较正向链接和反向链接

正向链接和反向链接是实现相同结果的两种搜索方法。然而，这两种方法在效率和可解释性方面存在显著差异。首先，正向链接盲目地试图在前进方向上实现所有可能的目标。因此，正向链接通常会产生许多与当前目标无关的中间推论。当知识库很大，并且包含许多不相关的事实时，这一点尤其明显。正向链接倾向于探索与目标 q 无关的事实，这使得该方法相当缓慢。另一方面，反向链接从一个狭窄的目标开始，并在反向方向上使用深度优先搜索，以探索使用知识库中的规则证明此特定目标的不同方式。因此，向后生成的新目标是有限的，并且与当前目标非常相关。当知识库包含许多不相关的事实时，该方法通常根本不会探索知识库的这些部分。

正向链接的中间结果也往往不太容易解释，因为大量推断是以不加选择的方式进行的。在这种情况下，很难将相关的推论与不相关的推论区分开来。这主要是因为正向链接推理通常不是专门针对目标子句的。另一方面，反向链接的聚焦方法倾向于生成相关路径，这些路径在它们与目标的关系方面是高度可解释的。因此，在定理证明系统中经常使用反向链接方法。

4.9　总结

本章介绍命题逻辑，它是数学中最基本的逻辑形式。虽然命题逻辑过于简单，不能直接应用于专家系统，但它为构建一阶逻辑提供了基础。后者是专家系统和人工智能中其他基于逻辑的方法的首选语言。本章介绍了命题逻辑的基本知识及其各种定律。这些定律在传统数学中被用于各种类型的证明。然而，为了将这些方法应用于人工智能，需要更系统的程序。

本章介绍了命题逻辑的一些关键步骤，它们有助于定理的自动证明。其中一个关键概念是蕴涵，即人们试图使用知识库中的一组初始条件和规则来证明特定事实。蕴涵是由命题逻辑定律和一些特殊的证明技术，如 Modus Ponens 方法实现的。蕴涵的一个关键思想是使用反证法，其中目标表达式的否定被添加到知识库中以显示矛盾。基本的计算方法称为分解。此外，以 Horn 子句表示的知识库可以与正向和反向链接过程结合使用，以实现高效的推理。命题逻辑的这些广泛概念被推广到一阶逻辑，这将在下一章讨论。

4.10　拓展阅读

逻辑的基础知识可在文献 [88] 中找到。关于逻辑在人工智能中的作用的早期讨论可以在文献 [131] 中找到。在 Aho 和 Ullman 关于计算机科学基础的经典著作 [11] 中，可以找到关于命题逻辑的经典内容。此外，Russell 和 Norvig 的书 [153] 从人工智能的角度提供了概述。

4.11　练习

1. 证明如果 $\neg a \vee (b \wedge c)$ 及 $\neg b \vee d$ 每个值都为真，那么 $a \Rightarrow d$ 必须也为真。

2. 使用真值表表明表达式 $a \Rightarrow b$ 和 $\neg b \Rightarrow \neg a$ 是等价的。

3. 为下列每个命题表达式构造真值表。并指出这些表达式中是否有重言式：

   ① $(a \wedge b) \Rightarrow a$

   ② $(a \vee b) \Rightarrow a$

   ③ $a \Rightarrow (a \wedge b)$

   ④ $a \Rightarrow (a \vee b)$

4. 对于练习 3 中使用真值表方法显示为重言式的每个表达式，使用命题法显示它是重言式。

5. 构造真值表（$a \vee b \vee c$）。现在使用真值表创建一个包含七个术语的命题表达式。使用命题逻辑定律将该表达式简化为（$a \vee b \vee c$）。

6. 证明以下命题表达式是重言式：

$$(a \Rightarrow b_1 \wedge b_2 \wedge \cdots \wedge b_k) \equiv [\wedge_{i=1}^{k}(a \Rightarrow b_i)]$$

7. 表明以下表达式不可满足：

$$\neg[(a \wedge b) \Rightarrow a] \wedge b$$

   构造一个真值表以表明表达式不可满足。

8. 将以下表达式转换为合取范式：

$$(a \equiv b) \vee \neg(c \wedge d)$$

9. 表明以下表达式是重言式：

$$(\wedge_{i=1}^{k} a_i) \Rightarrow (\vee_{i=1}^{k} a_i)$$

10. 显示以下表达式的等价性：

$$[(\vee_{i=1}^{k} a_i) \Rightarrow b] \equiv [\wedge_{i=1}^{k}(a_i \Rightarrow b)]$$

11. 考虑包含以下规则和肯定事实的知识库：

$$a \wedge c \wedge d \Rightarrow q$$
$$e \Rightarrow a$$
$$e \Rightarrow c$$
$$f \Rightarrow e$$
$$d$$
$$f$$

在此模拟知识库上模拟一个反向链接过程，以显示它包含目标 q。

12. 对于练习 11 的知识库和目标子句，模拟正向链接过程，以表明知识库包含目标 q。

13. 为 XOR、NAND 和 NOR 逻辑运算符创建真值表。

14. 假设你有一个算法可以在多项式时间内确定表达式是否为重言式。使用此算法可以提出多项式时间算法来确定表达式是否可满足。假设可满足性是 NP 完全的，那么关于重言式问题的计算复杂性，你能推断出什么呢？

15. 考虑以下两个语句：

    如果爱丽丝喜欢雏菊，她也喜欢玫瑰。

    爱丽丝不喜欢雏菊。

    上面的句子包含以下内容吗？

    爱丽丝不喜欢玫瑰。

第 **5** 章

一 阶 逻 辑

"依赖逻辑、哲学和理性思考的人，最终会荒废头脑中最好的思维模式。"

——威廉·巴特勒·叶芝

5.1 引言

一阶逻辑是命题逻辑的概括，也被称为谓词逻辑。谓词逻辑是命题逻辑的更强大的延伸，可以执行人工智能中更复杂的推理任务，这些任务在仅使用命题逻辑的情况下是不可能的。命题逻辑不适用于人工智能推理任务的主要原因是知识库中的许多语句在整个对象中都是如此，然后需要应用于特定情况。例如，考虑以下语句：

所有哺乳动物都会胎生。

猫是哺乳动物。

从上述两个语句中，人们可以推断猫是胎生。虽然可以推断猫是胎生的事实，但这需要我们定义猫与哺乳动物相关的规则。当有一个大域的对象时，这是一个问题，必须为域中的每个哺乳动物定义规则；这样做可以根据规则的数量扩大知识库的规模。

这种情况经常发生在专家系统中，其中一些语句适用于整个对象域，而其他语句则仅适用于该域的特定成员。例如，医学诊断系统可能会产生适用于所有患者的语句，然后人们可能希望将这些语句应用于像约翰这样的特定患者。换句话说，我们希望通过一种方法来引用特定类型的对象，产生关于他们的一般性语句，然后使用关于特定对象的这些一般性语句。一阶逻辑提供了在特定对象和关于对象域的语句之间移动的灵活性，反之亦然。

谓词是以一个或多个对象或实体作为参数并返回布尔值的函数。例如，通过在对象 x、y 和 z 上应用谓词 $F(\cdot,\cdot,\cdot)$ 来返回命题变量 a：

$$a \equiv F(x, y, z)$$

该谓词的输出是 a 中包含的真实值，它是真或假的。谓词的参数数量被称为它的元数。请注意，变量 x、y 和 z 不是逻辑变量，但它们表示这些语句适用的对象。只有将谓词应用于这些对象之后，才能获得逻辑表达式。例如，考虑对象 x 是导演史蒂文·斯皮尔伯格的情况，对象 y 是电影拯救大兵瑞恩，而对象 z 是最佳导演奖。当导演史蒂文·斯皮尔伯格因拯救大兵瑞恩赢得最佳导演奖时，谓词函数 $F(x, y, z)$ 是真的。换句话说，我们有以下这个式子：

$$F(\text{史蒂文·斯皮尔伯格}, \text{拯救大兵瑞恩}, \text{最佳导演奖}) \equiv True$$

允许这些类型的谓词创建一种更具表现力的逻辑形式，这可以是在人工智能中设计更复杂的演绎推理系统（如专家系统）的基础。这是因为，如果我们有一个由史蒂文·斯皮尔伯格执导的不同电影或不同的电影、导演和奖项，我们可以使用相同的谓词，但我们可以更改对象变量的绑定：

$$F(\text{史蒂文·斯皮尔伯格}, \text{幸福终点站}, \text{最佳导演奖}) \equiv True$$
$$F(\text{约翰·威廉姆斯}, \text{幸福终点站}, \text{BMI流行音乐奖}) \equiv True$$

通过使用这种方法，我们能够基于它们适用的对象将不同的真理语句绑定在一起。

　　其至可以生成关于整个对象群体的语句；一个例子是 $B(x)$ 对应于哺乳动物 x 是胎生的事实的情况。通过允许这一语句对于所有哺乳动物来说是真实的，可以通过简单地定义哺乳动物领域（并且在哺乳动物领域中没有每种哺乳动物的单独命题语句）来生成所有哺乳动物都是胎生的语句。在命题逻辑的情况下，这种类型的全称语句是不可能的，其中关于对象域的一组类似语句需要被分解成关于各个对象的单独断言。这往往会使推理过程变得有些笨拙，计算成本也很高。此外，在这种情况下，使用命题逻辑不能辨别与不同对象的类似断言之间的任何关系。推理系统几乎总是在关于对象的语句的上下文中使用，并且将它们与这种谓词绑定在一起的能力对于对对象进行复杂的推论至关重要。例如，上述一组语句意味着电影《幸福终点站》赢得了至少两个主要奖项；这不可能以有效的方式仅使用命题逻辑来进行推理。但是，为了介绍计数电影数量的概念，需要将其他规则添加到定义计数概念的知识库中。一阶逻辑可以更好地代表自然语言的语义，因为它能够处理对象和关系的概念。

　　一阶逻辑具有与命题逻辑相似的整体代数结构；然而，一个重要的区别是，命题逻辑只处理断言的真实性，而一阶逻辑在其与对象和断言相关的上下文中处理断言的真实性，断言表明彼此的关系和相互作用。同时，还可以具有与特定对象（如命题逻辑）无关的断言。一阶表达可以包括命题变量，如以下内容：

如果明天下雨，托米会吃他的胡萝卜。

明天下雨的命题变量是 r，托米吃胡萝卜的谓词表达是 $E(\text{托米}, \text{胡萝卜})$。然后，可以使用命题和一阶变量来表达上述语句，如下所示：

$$r \Rightarrow E(\text{托米}, \text{胡萝卜})$$

注意，上述句子包括命题和谓词表达式，更广泛的语法类似于命题逻辑的语法。这使得一阶逻辑成为比命题逻辑更丰富的形式主义，并且可以表达和推导关于对象之间关系的真理语句。事实上，后者是前者的特殊情况。正如我们在本章后面会看到的那样，一阶逻辑的许多推理程序都是命题逻辑中使用的程序的推广（对谓词进行了适当的修改）。

　　还可以使用不同的对象类和对象之间的层次关系来增强一阶逻辑。这种层次关系被称为本体。当一阶逻辑与这些集合论概念一起使用时，它被称为二阶逻辑。正如我们将在第 12 章中看到的，知识图谱编码了二阶逻辑的某些方面，尽管知识图谱本身不能被视为符号范式的正式部分。事实上，知识图谱为演绎推理和归纳学习方法的集成提供了一条便捷的途径。一阶逻辑的进一步推广是时态逻辑，它允许我们导出关于碰巧是事件的对象之间的时态关系的真理语句。一阶逻辑（与命题逻辑相比）的更大复杂性和丰富性使得我们能够构建知识库及其相关证明系统。本章将详细讨论这些问题。

5.2 节将介绍一阶逻辑的基础知识，5.3 节将讨论填充知识库的过程，5.4 节将讨论使用一阶逻辑的虚拟专家系统的示例，5.5 节将讨论按一阶逻辑进行推理的系统性程序，5.6 节将给出总结。

5.2 一阶逻辑的基础

在本节中，我们将讨论一阶逻辑的基本形式，以及可以对底层对象执行的不同类型的运算。一个重要的观察是，通过使用谓词代替命题变量来执行逻辑运算，我们能够以更详细的方式表达对象之间的关系。例如，请考虑以下断言：史蒂文·斯皮尔伯格因拯救大兵瑞恩而获得最佳导演奖。人们还可以将三元组视为史蒂文·斯皮尔伯格、拯救大兵瑞恩和最佳导演奖之间的关系，如下所示：

(史蒂文·斯皮尔伯格, 拯救大兵瑞恩, 最佳导演奖)

人们可以创建一组三元组，显示人、电影和奖项类别之间的关系，如下所示：

$$\{(\text{史蒂文·斯皮尔伯格}, 拯救大兵瑞恩, 最佳导演奖),$$
$$(\text{史蒂文·斯皮尔伯格}, 幸福终点站, 最佳导演奖),$$
$$(\text{约翰·威廉姆斯}, 幸福终点站, \text{BMI 流行音乐奖}), \cdots\}$$

换句话说，现在可以通过使用单个谓词，使用有关获得各种电影奖项的实体的原始数据填充知识库。注意，在命题逻辑中也可以通过使用关于每个三元组的单个语句来实现这一点。然而，在命题逻辑中，这些语句中的每一个都是一个独立的断言，因此很难以可解释的方式将不同断言之间的结构相似性联系起来。在一阶逻辑中，这些断言自然是相关的，因为它们是用同一谓词的面向对象实例化表示的；这在处理与各种对象之间的关系相对应的证明时特别有用。此外，可以根据对象变量，如 x，进行全称断言，这些变量可以绑定到特定兴趣域中的任何值，稍后将讨论这个问题。定义各种对象的领域也被称为论域。论领域可能对应于人、地方或特定类型的事物。

考虑我们想要断言赢得奖项的任何实体都将被自动邀请到奥斯卡的情况，并且谓词 $O(x)$ 表示实体 x 已被邀请到奥斯卡。在这种情况下，我们可以为知识库添加以下断言，这对于 x、y 和 z 的所有值都是如此：

$$F(x, y, z) \Rightarrow O(x)$$

在实践中，关于对象的整个域的这些类型的一般性语句前面都有数学符号 $(\forall x、y, z)$，以表明它适用于当前域中的所有实体。这个数学符号被称为量词，将在下一节讨论。如果可以通过将 x 实例化为史蒂文·斯皮尔伯格的值来证明 $F(x, y, z)$ 为真，那么就可以自动证明史蒂文·斯皮尔伯格被邀请参加奥斯卡颁奖典礼。换言之，我们可以推断这个断言是 O（史蒂文·斯皮尔伯格）。请注意，在命题逻辑的情况下，为了推断史蒂文·斯皮尔伯格被邀请参加奥斯卡颁奖典礼的事实，需要对人、电影和奖项的每一个三元组都有一个单独的语句。当一个人处理一个包含数百万对象的大型域时，这在计算上是具有挑战性的，因此需要扫描大量断言并相互比较，才能做出相同的推断。在某些情况下，论域甚至可以是无限大的，这使得不可能为域中的每个对象都表达规则（使用有限的知识库）。一阶逻辑的一个重要优点是，可以将多个逻辑语句（可以是关于对象的一般语句或特定语句）中的信息组合起来，以便对对象进行特定的推断。这在专家系统这样的应用中尤其重要，在专家系统中，人们必须从关于世界状况的一般性语句开始，并使用这些语句对特定案例或个人做出更具体的推断。这在使用命题逻辑时是不可能的，除非选择为 x、y 和 z 的每个可能实例创建一个像 $F(x, y, z) \Rightarrow O(x)$ 这样的规则。注意，语句的数量随着谓词中参数的数量呈指数增长，因为必须从每个成员的论域中独立地实例化每个变量。

5.2.1　量词的使用

考虑前一节讨论的规则的例子：

$$F(x, y, z) \Rightarrow O(x)$$

注意，断言是关于论域中的所有对象的。在某些情况下，断言可能与论域中的"至少一个"对象相关。因此，我们需要一种形式化表示断言是关于所有对象，还是仅关于某些对象的方法。这是通过量词的概念实现的，量词在命题逻辑中没有对应的概念。一阶逻辑中的两个关键量词是 (∀) 及 (∃)。前者被称为全称量词，而后者被称为存在量词。全称量词可以对知识库中的所有对象进行断言，而存在量词可以对某些（至少一个）对象进行陈述。我们前面的规则示例 $F(x, y, z) \Rightarrow O(x)$，隐含地用于论域中 x，y 和 z 的所有值（尽管没有明确显示量词），因此，使用全称量词表达这一语句的更正式和正确的方式如下：

$$\forall x, y, z[F(x, y, z) \Rightarrow O(x)]$$

类似地，一个参数可能有一个特定值，对于该值，表达式可能变为真，而与其他参数无关。例如，考虑 $E(x, y)$ 是指人 x 吃食物 y 的事实。此外，$N(x)$ 是一个谓词，表示人 x 是非素食者。考虑下面的语句：

对任何人来说，如果他吃牛肉，那么他就是非素食者。

这句话可以用全称量词正式表达如下：

$$\forall x[E(x, 牛肉) \Rightarrow N(x)]$$

请注意 $\forall x$ 量词适用于方括号内 x 的每次出现，称为量词的范围。在量词的这个范围内出现任何 x 都会使变量绑定到量词。变量 x 在范围之外的任何其他出现都被称为自由。自由变量通常由逻辑表达式外部嵌套中定义的不同量词绑定，因此生成的语句通常是由多个量词绑定的较大句子的子表达式。没有自由变量的公式称为闭合公式或句子形式。建立在一阶逻辑基础上的知识库通常包含语句的句子形式，自由变量在知识库中很少出现（如果有的话）（尽管从分析的角度来看，在证明过程中它是一个有用的概念）。全称和存在量化等运算提供了重要的表达能力，以赋予一阶逻辑相对于命题逻辑更大的灵活性。然而，一阶逻辑是建立在命题逻辑中使用的基本代数形式之上的。通过使用谓词代替命题变量，命题逻辑的所有规则和定律也适用于一阶逻辑。正如命题逻辑的表达式是使用命题变量构建的一样，一阶逻辑的表达式是使用命题逻辑的运算符和形式主义从谓词构建的。然而，一阶逻辑也可以支持命题变量，这使得它成为命题逻辑的严格超集。命题逻辑中的一个原子命题可以被简单地看作一阶零参数逻辑中的一个原子公式。

命题逻辑所共有的一阶逻辑运算符具有与命题逻辑相同的优先顺序。从根本上不同于命题逻辑的关键运算符集是量词；这些运算符在所有运算符中具有最高的优先级。一阶逻辑中的运算符优先级如下所示：

- □ 量化运算符具有最高优先级。
- □ 否定运算符 ¬ 具有次高优先级。
- □ 第三高优先级是 ∧ 运算符。
- □ 第四高优先级是 ∨ 运算符。
- □ ⇒ 及 ≡ 运算符的优先级最低。

撇开量词优先级不谈，值得注意的是，所有其他优先级都与命题逻辑中使用的优先级相似。为了强调量词优先级的重要性，我们注意到以下一对一阶语句并不相同：

$$\forall x \, [E(x, 牛肉) \Rightarrow N(x)]$$
$$\forall x \, E(x, 牛肉) \Rightarrow N(x)$$

在第一条语句中，由于使用了括号，量词应用于整个表达式。在第二个语句中，量词仅适用于 $E(x, \text{Beef})$，因为量词的优先级高于 ⇒ 运算符，因此，第二个语句中谓词 $N(x)$ 中变量 x 的第二次出现是自由的。

上述示例对自由变量和绑定变量使用相同的符号 x。尽管该表达式在语法上是正确的，但由于难以区分变量 x 的两种不同用法，它通常会引起混淆。由于对自由变量和绑定变量使用相同的表示法会导致混淆，因此通常会对每个变量使用不同的表示法，无论是自由变量还是绑定变量。为了清楚起见，将使用不同的符号来区分特定于特定量词的变量的每次出现。编写前一个自由变量和绑定变量示例的更清晰方法如下：

$$\forall x \, E(x, 牛肉) \Rightarrow N(y)$$

在这种情况下，显然变量 x 是一个绑定变量，而变量 y 是自由变量。在某种意义上，对不同范围内的变量使用不同的符号可以使表达式更具可读性。此外，在这种情况下，包含括号不会改变断言的含义：

$$\forall x [E(x, 牛肉) \Rightarrow N(y)]$$

这种为具有不同绑定的每个变量使用不同符号的方法称为标准化，这在一阶逻辑中非常常见（并广受推荐）。一阶逻辑中的大多数算法过程都使用标准化作为预处理步骤，以提高可读性并避免混淆。

量词的第二种形式，称为存在量词，表示至少存在一个变量值，该变量的语句为真。例如，地球上至少有一个人吃牛肉的说法可以如下表达：

$$\exists x \, E(x, 牛肉)$$

可以将全称量词和存在量词组合在一个语句中，例如：

$$\exists y \forall x \, E(x, y)$$

值得注意的是，运算符的顺序很重要。例如，在上述断言中，运算符 ∃ 优先于 ∀。考虑下面两个一阶表达式：

$$\exists y \forall x \, E(x, y)$$

$$\forall x \exists y \, E(x, y)$$

断言 (∃) $y(\forall)x \, E(x, y)$ 意味着地球上的每个人都会吃到至少一种特别令人惊奇的食物（这是非常值得怀疑的）。另一方面，语句 $(\forall)\ x(\exists yE(x, y)$ 意味着地球上的每个人至少吃一种食物（尽管不同的人吃的食物可能不同）。这是一个弱得多的说法，显然在总体上是正确的。可以通过在两个量词之间添加括号来表明这两个语句之间的差异，如下所示：

$$\exists y[\forall x\, E(x, y)]\ [\ 每个人都至少吃一种特殊的东西\ ]$$

$$\forall x[\exists y\, E(x, y)]\ [\ 每个人都吃东西\ ]$$

在实践中，这种类型的显式括号很少使用，因为从运算符的顺序来看，句子的语义是清楚的。

现在想想我们之前的说法，所有吃牛肉的人都应该被视为非素食者：

$$\forall x[E(x, 牛肉) \Rightarrow N(x)]$$

我们希望将这一说法概括为这样一种断言：如果人 x 至少吃了一种肉（如牛肉或鸡肉），那么人 x 是非素食者。显然，我们需要某种方法来定义可被视为肉类的食物子集。因此，我们引入附加谓词 $M(y)$，表示食物 y 是肉，以在一阶表达式中过滤出肉。然后，非素食者的定义可以用存在量词重新表述如下：

$$\forall x\exists y[E(x, y) \wedge M(y) \Rightarrow N(x)]$$

在这种情况下，$\forall$ 量词具有优先权，因此该语句转换为以下内容：

对于每个人来说，如果他们至少吃一种肉（每个人可能不同），那么这个人就是非素食者。为了正确地解释语句，正确的运算符顺序很重要。颠倒量词的顺序意味着在一个社会中，每个人都必须吃同样的肉（比如鸡），才能被认为是非素食者。此外，由于存在量词允许出现多个满足断言的对象的实例，因此可能存在多个这样的特殊肉食。

在某些情况下，在句子中使用存在量词 $\Rightarrow$ 运算符可能会导致非预期的语义解释。例如，考虑一下我们想说的是一些吃牛肉的非素食者。那么，表达这一主张的自然方式可能是：

$$\exists x[N(x) \Rightarrow E(x, 牛肉)]$$

不幸的是，只要在整个论域中有一个素食者（这不是最初的语义解释），这一说法就是正确的。作为一个如何达到错误的语义解释的示例，约翰是素食主义者。因此，$N(约翰)$ 为假的，这是断言实例化的前件。换句话说，以下语句是正确的：

$$N(约翰) \Rightarrow E(约翰, 牛肉)$$

因此，可以使用存在量词来推断语句 $\exists x[N(x) \Rightarrow E(x, 牛肉)]$ 是真的。此外，在域上使用存在量词隐含地意味着域是非空的。否则，结果语句可能导致无效的推断。

当量词用于顺序传递关系链时，它们可能非常强大。考虑一下，我们试图通过个体之间的父子关系来推断一个人是否是另一个人的祖先。在知识库中只指定父子关系是很方便的，因为它们远远少于祖先关系的数量。然而，关键是祖先关系是父子关系的逻辑结果，一阶逻辑的量词正好提供了推断这种关系所需的工具。假设 $P(x, y)$ 对于 x 是 y 的父代的每一对父子都是真的。如果 x 是 y 的祖先，我们希望 $A(x, y)$ 为真。但是，我们如何将这种意图编码为一阶断言的形式呢？知识库无法知道与父谓词关联的关系如何与祖先关系相连接，除非向知识库中添加指定此连接的规则。特别是，向知识库中添加以下语句有助于从知识库中可用的父子关系推断祖先关系：

$$\forall x, y[P(x, y) \Rightarrow A(x, y)]$$
$$\forall x, y\{\exists z[P(x, y) \wedge A(z, y)] \Rightarrow A(x, y)\}$$
$$\forall x, y\{\exists z[A(x, z) \wedge A(z, y)] \Rightarrow A(x, y)\}$$

上面的第一条规则建立了这样一个定义：如果 x 是 y 的父代，那么 x 也是 y 的祖先。可以将此规则视为定义一个人是另一个人的祖先的基本定义，尽管祖先关系（通常）是递归定义的。第二条和第三条规则提供了两种不同的方法来描述祖先关系定义中递归部分的特征。第二条规则规定，如果 x 是某个 z 的父代，而该 z 是 y 的祖先，那么 x 就是 y 的祖先。第三条规则假设 z 是 x 的后代和 y 的祖先（而不是使用直接的父子连接）。使用这些祖先关系和父子关系的定义，可以很容易地推断出知识库中的所有祖先关系。然而，上述定义并不完整，因为我们还需要声明与上述语句的父定义相反：

$$\forall x, y\{A(x, y) \Rightarrow P(x, y) \vee \exists z[P(x, z) \wedge A(z, y)]\}$$

此外，由于每个人都有自己的父母，以下情况适用：

$$\forall x \exists z \, P(z, x)$$

使用一个更复杂的表达式，你甚至可以将每个人都有父母的事实编码起来（参见练习 16）。人们已经可以看到，为了处理每一个细微的情况，一个简单的定义（比如祖先关系）会变得多么复杂。

　　知识库可能包含大量特定的父子关系实例，而祖先关系的数量与父子关系的数量呈指数关系，其中关系的指数与世代数相关。我们可以通过定义父子关系中的兄弟姐妹关系或表亲关系等，进一步建立这组关系。在所有这些情况下，一阶逻辑通过使用递归形式的定义提供了一种定义大量关系的简洁方法。

　　将量化运算符视为整个论域中 $\wedge$ 和 $\vee$ 运算符的简写形式是有帮助的。例如，在表达式之前使用全称量词意味着该表达式对于论域中的每个对象都是正确的。因此，当应用到论域中所有对象上时，一个人正在有效地在表达式上执行 $\wedge$。同样地，$\exists$ 运算符可以看作论域中所有对象上的 $\vee$ 的简要形式运算符。以这种方式理解全称量词和存在量词有助于在使用量词时将命题逻辑的规则推广到一阶逻辑。基本思想是，可以使用此技巧将一阶表达式转换为命题表达式，然后在使用适当简化后用量词将其转换回一阶表达式（参见 5.2.5 节中的德摩根定律的一阶模拟）。

5.2.2　一阶逻辑中的函数

　　除了谓词和量词之外，一阶逻辑还包含使用函数的能力，这些函数将对象映射到其他对象。因此，谓词作为输入对象并输出真值（与命题变量非常相似），函数则输出对象而不是真值。例如，考虑函数 $\text{Fav}(x)$，它输出人 x 喜爱的食物。

　　由 "=" 表示的相等运算符用于表明两个对象相同。例如，考虑下面的语句：

$$\forall x[\text{Fav}(x) = 牛肉]$$

这句话表明，对于每个 x 来说，x 最喜欢的食物是牛肉。请注意，相等运算符两侧的值都是对象，而不是真值。这使得相等运算符不同于等价运算符，等价运算符涉及真值之间的关系。但是，根据语句是否为真，使用相等运算符本身将返回真值 True 或 False。当每个人都喜欢吃牛肉时，上述说法是正确的。相等运算符是自反的、对称的和传递的，就像它在数学中几乎所有的用途一样。

相等运算符在初始化知识库中函数的值时特别有用。Fav(x) 的值通常会被初始化为知识库中的特定值,例如:

$$Fav(约翰) = 牛肉$$
$$Fav(玛丽) = 胡萝卜$$

从技术上讲,一种方法是在初始化 Fav 函数时,将每个布尔表达式的值设置为 True。

每个人 x 总是吃他们喜欢的食物的断言可以用一个全称量词和函数 Fav(x) 如下表示:

$$\forall x\ E(x, Fav(x))$$

因此,现在可以推断以下语句的值为 True:

$$E(约翰, 牛肉)$$
$$E(玛丽, 胡萝卜)$$

人们通常可以借助函数来定义对象的复杂属性,而使用谓词并不总是能够做到这一点。考虑 $M(y)$ 是一个谓词的情况,该词指示 y 是否是肉类食物。在这种情况下,如果我们知道 $M(Fav(x))$ 对人 x 是真的,那么可以推断人 x 是非素食者。请注意,这是 x 的间接属性,与他们所吃的食物类型相关。但是,该属性需要在知识库中明确定义和编码。在一阶逻辑的形式机制中,可以将 $M(Fav(x))$ 的真值与存在性语句 $\exists y\, E(x, y) \Rightarrow N(x)$(对所有 x 来说都是如此)结合起来,以断言 x 是非素食者。这意味着知识库需要包含以下断言:

$$\forall x\ \{M[Fav(x)] \Rightarrow N(x)\}$$

可以将表达式(Fav(x) = 牛肉)用作返回 True 或 False 的一阶表达式,并将其像任何其他一阶表达式一样合并到更大的表达式中。这个较大的一阶表达式将使用一阶逻辑的正常规则返回真值:

$$\forall x[E(x, 鱼) \wedge \neg (Fav(x) = 牛肉)]$$

当且仅当每个人都吃鱼并且不把牛肉作为他们最喜欢的食物时,这个语句的值才为 True。换句话说,每个人都吃鱼,但没有人把牛肉作为他们最喜欢的食物。

5.2.3　一阶逻辑如何建立在命题逻辑上

为了能够在人工智能的实际应用(如专家系统)中使用不同对象 / 实体之间的关系,对真理进行语义陈述的能力至关重要。命题逻辑天生不适合这样的环境,因为它无法将对象的概念和与之相关的真值结合起来。

一阶逻辑的许多机制是从命题逻辑中借用或推广的,这包括命题逻辑中的术语和定义。例如,谓词 $A(x)$、$B(x)$ 和 $C(x)$(或者)被称为原子公式,原子公式是命题逻辑中原子命题的精确模拟。字面值是原子公式概念的概括,因为它既可以是原子公式,也可以是其否定。例如,$C(x)$ 和 $\neg C(x)$ 都是字面值,而只有 $C(x)$ 是原子公式。命题逻辑的运算符,如 $\wedge$、$\vee$、$\Rightarrow$、$\Leftrightarrow$、$\equiv$ 和 $\neg$ 直接从命题逻辑推广到一阶逻辑。同样,涉及运算符及其相对优先级的定律与命题逻辑中的定律相同。

一个原子公式可以有任意数量的参数,包括零个参数。例如,上面讨论的谓词 $F(x, y, z)$ 是具有三个参数的原子公式的示例(对应于谓词的算术)。包含零参数的原子公式只是前一章讨论的原子命题变量；这自动意味着命题逻辑是一阶逻辑的特例——命题逻辑只是一阶逻辑，具有零参数原子公式。因为在零参数原子公式中不引用对象，所以也不需要量词。即使如此，控制量词的定理也可以用命题逻辑中的德摩根定律来证明（见 5.2.5 节）。

在一阶逻辑中，当组合多个句子时，必须小心不要被绑定变量的符号所混淆。有界变量符号的选择与命题逻辑定律如何推广到一阶表达式无关。为了解释这一点，我们讨论结合使用传递性的两个规则。考虑知识库在一阶逻辑中编码以下两个句子的情况：

　　任何未参加考试的人都将得到不及格分数。

　　任何成绩不及格的人都不会获得奖学金。

从这两句话的语义可以很容易地推断，任何不参加考试的人都会得到不及格分数。然而，我们想用一阶逻辑的机制更正式地证明这个结论的正确性。在一阶逻辑的形式主义中，谓词 $A(x)$ 对应于人 x 不参加考试的情况。谓词 $B(x)$ 对应于人 x 获得不及格分数的情况。最后，谓词 $C(x)$ 对应于人 x 获得奖学金的情况。然后，可以在知识库中对以下规则进行编码，以对已知事实进行建模：

$$\forall x [A(x) \Rightarrow B(x)]$$

$$\forall y [B(y) \Rightarrow \neg C(y)]$$

请注意，可以将 x 和 y 绑定到个人域中的任何对象，如约翰、玛丽等。在上述规则中使用不同的变量 x 和 y 并不重要，只要它们引用相同的实体域。这是因为这两种语句都适用于论域内的所有对象。因此，第二条规则也相当于以下内容：

$$\forall x [B(x) \Rightarrow \neg C(x)]$$

请注意，对于任何特定对象（如约翰），我们都知道 $A(约翰) \Rightarrow B(约翰)$ 和 $B(约翰) \Rightarrow C(约翰)$ 是真的。因此，我们可以利用蕴涵的传递性（和在命题逻辑中一样）来推断 $A(约翰) \Rightarrow C(约翰)$。由于这一事实适用于论域中的每一个对象，我们可以用一个全称量词来推断这一语句：

$$\forall x [A(x) \Rightarrow \neg C(x)]$$

这意味着任何没有参加考试的人都不会获得奖学金。换句话说，如果我们知道 $A(约翰)$ 是真的，我们可以推断 $C(约翰)$，这意味着约翰不会获得奖学金。

为了理解上述方法的工作原理，考虑一个包含三个对象的域，对象分别对应于约翰、玛丽和安。然后，根据全称量词的使用，可以推断以下规则中的每一条都是正确的：

$$A(约翰) \Rightarrow B(约翰),\ A(玛丽) \Rightarrow B(玛丽),\ A(安) \Rightarrow B(安)$$

$$B(约翰) \Rightarrow \neg C(约翰),\ B(玛丽) \Rightarrow \neg C(玛丽),\ B(安) \Rightarrow \neg C(安)$$

然后，我们可以（基于命题逻辑）应用约翰、玛丽和安中每一个的含义的传递性来推断以下内容：

$$A(约翰) \Rightarrow \neg C(约翰),\ A(玛丽) \Rightarrow \neg C(玛丽),\ A(安) \Rightarrow \neg C(安)$$

因为规则 $A(x) \Rightarrow \neg C(x)$ 适用于该领域的所有人，很明显，以下规则也适用：

$$\forall x [A(x) \Rightarrow \neg C(x)]$$

这种类型的证明完全类似于命题逻辑中的证明。通过对所有情况进行实例化，可以将仅涉及全称量词的证明转换为仅涉及命题逻辑的证明。因此，在一阶逻辑中仅涉及全称量词的证明相对简单，因为我们可以使用与命题逻辑中完全相同的证明机制。

将命题逻辑的许多证明方法推广到一阶逻辑是很容易的，只要这些操作数不以意外的方式与量词交互。例如，传递性不适用于受存在量词约束的两个规则，因为这两个规则所适用的实例可能不同。例如，如果对于某些 x，$A(x) \Rightarrow B(x)$ 和 $B(x) \Rightarrow C(x)$ 都是真的，那么对于某些 x，$A(x) \Rightarrow C(x)$ 的情况不一定是真的。例如，如果规则 $\exists x(A(x) \Rightarrow B(x))$ 和 $\exists x(B(x) \Rightarrow C(x))$ 为真，则只有以下两条规则适用：

$$A(\text{约翰}) \Rightarrow B(\text{约翰})$$
$$B(\text{玛丽}) \Rightarrow C(\text{玛丽})$$

在这种情况下，不能再使用隐含的传递性，因为这两个规则适用于不同的对象。一般来说，从命题逻辑中概括涉及全称量词的定律比概括涉及存在量词的定律更容易。正如我们将在本章后面看到的，在设计一阶逻辑的系统证明时，记住这一原则尤为重要。

假言推理也可以直接从命题逻辑推广到一阶逻辑，只要它是在全称量词的范围内使用。例如，如果 $(\forall x)[A(x) \Rightarrow B(x)]$ 和 $A(x)$ 取真值，也可以推断 $(\forall x)B(x)$ 取真值。然而，假言推理不能在存在量词的语境中使用。这是我们将在下一节讨论的问题。

有些定律可以用在任何类型的量词中。例如，只要在量词中使用，同一律、幂等律、零化子律、双重否定律和互补律都直接从命题逻辑继承到一阶逻辑。例如，可以使用同一律做出以下断言：

$$(\forall x)[A(x) \vee \neg A(x)] \equiv \text{True}$$
$$(\exists x)[A(x) \vee \neg A(x)] \equiv \text{True}$$

然而，$(\forall x)A(x) \vee (\forall x)\neg A(x)$ 不是重言式。关键的一点是，我们有两个独立的量词，完整的表达式不在这两个量词的范围之内。为了能够创建一个嵌套量词扩展到完整表达式的表达式，必须首先标准化一阶表达式。

5.2.4 标准化问题和范围扩展

我们再次讨论标准化问题，因为它在一阶证明中对于将量词的范围扩展到完整的一阶表达式尤为重要。当使用相同的符号表示根本不同的变量时，通常会在一阶表达式中引起混淆。例如，考虑下面的表达式：

$$\exists x[A(x) \vee \forall x\, B(x)]$$

在这里，重要的是要理解 x 的两次出现并不是指同一个变量。谓词 $A(x)$ 属于存在量词的范围，而第二个谓词 $B(x)$ 属于全称量词的范围。然而，这个表达式似乎有些混乱，读者很容易混淆，认为这两个谓词是基于同一个对象的。因此，最好使用标准化的表达形式，例如下面所示的等式右侧的表达形式：

$$\exists x[A(x) \vee \forall x\, B(x)] \equiv \exists y[A(y) \vee \forall x\, B(x)]$$
$$\equiv \exists y \forall x[A(y) \wedge B(x)]$$

以这种方式更改变量也被称为置换，我们将在后面的部分中更详细地讨论。请注意，标准化允许将全称量词的范围扩展到完整表达式，因为由存在量词绑定的变量 y 与由全称量词绑定的变量 x 不交互。这个例子表明，标准化不仅有助于提高可读性，而且有助于以一种将所有量词的范围扩展到完整表达式的方式编写一阶表达式。范围扩展在一阶证明中特别有用，其中一个关键步骤是将所有量词的范围扩展到完整表达式。结果表达式只包含不同变量上的一组嵌套量词。在范围扩展之后，人们可以在一阶表达式中直接使用命题逻辑的机制。我们作出以下观察：

观察 5.2.1　完全在该表达式所有（嵌套）量词范围内的一阶表达式，它可以像任何命题表达式一样简化，方法是将每个唯一的谓词 – 对象组合视为命题变量。

然而，如果否定词直接出现在量词前面，那么将量词的范围扩大到完全表达式是不可能的。例如，考虑表达式 $\exists x[A(x)\vee\neg\forall y\,B(y)]$ 与上面讨论的类似，但否定出现在量词前面。突然，范围扩展变得更加困难，因为无法移动否定之外的 $\forall$ 量词：

$$\exists x[A(x)\vee\neg\forall y\,B(y)]\not\equiv\exists x\forall y[A(x)\vee\neg B(y)]$$

因此，我们需要一种机制来解决量词前面存在否定的问题，以将量词的范围扩展到完整表达式。这一点将在下一节讨论。

5.2.5　否定与量词的相互作用

正如全称和存在量词的顺序在一阶逻辑中很重要一样，特定类型的量词和否定运算符的顺序也很重要。为了理解这一点，我们将使用一个例子。设 $N(x)$ 是断言 x 是非素食者这一事实的谓词。然后，考虑下面的一对语句：

$$\forall x[\neg N(x)]$$
$$\neg[\forall x\,N(x)]$$

这两条语句不一样。第一条语句声称没有人是非素食者（即地球上的每个人都是素食者）。这是因为否定在量词的范围内。另一方面，第二条语句声称并非每个人都是非素食者（即地球上至少有一个人是素食者）。在这种情况下，否定不在量词的范围之内。使用短语"至少"来指代事件的发生意味着存在量词起作用。因此，第二条语句相当于以下内容：

$$\exists x\neg N(x)$$

换句话说，将否定推到 $\forall$ 量词中会把它变成一个存在量词。我们还指出，第一条语句 $\forall x\neg N(x)$ 相当于通过量词翻转获得的以下语句：

$$\neg\exists x\,N(x)$$

因此，可以将上述观察总结如下：

翻转否定和量词的顺序会将全称量词变为存在量词，反之亦然。

值得注意的是，这些否定推通定律与命题逻辑的德摩根定律相当。这是因为德摩根定律通过将否定词推入或移出表达式，将 $\wedge$ 运算符变为 $\vee$ 运算符（反之亦然）。关键的一点是，全称量词实际上是整个论域上的 $\wedge$ 运算符的间接形式，而存在量词是同一论域上的 $\vee$ 运算符的间接形式。由于德摩根定律通过推通将 $\wedge$ 运算符翻转为 $\vee$ 运算符（反之亦然），因此将否定推到量词中会将量词的类型从全称量词更改为存在量词，反之亦然。

我们将通过一个例子来说明量词 – 否定相互作用的性质。考虑包含三个对象 $\{a, b, c\}$ 的论域。那么语句 $\forall xN(x)$ 等价于下列命题表达式：

$$N(a)\wedge N(b)\wedge N(c)$$

同样，语句 $\exists xN(x)$ 等价于下列命题表达式：

$$N(a) \lor N(b) \lor N(c)$$

因此，一阶逻辑直接继承了命题逻辑中用于构造证明的机制。请注意，命题逻辑的德摩根定律意味着：

$$\underbrace{\neg[N(a) \lor N(b) \lor N(c)]}_{\neg \exists x N(x)} \equiv \underbrace{[\neg N(a) \land \neg N(b) \land \neg N(c)]}_{\forall x \neg N(x)}$$

$$\underbrace{\neg[N(a) \land N(b) \land N(c)]}_{\neg \forall x N(x)} \equiv \underbrace{[\neg N(a) \lor \neg N(b) \lor \neg N(c)]}_{\exists x \neg N(x)}$$

因此，德摩根定律解释了量化运算符可以被否定翻转的事实。

5.2.6　置换和斯科伦化

经常出现的一个重要问题是，某些规则适用于域中的所有对象，而其他规则可能适用于特定的个体，如约翰。使用命题逻辑的规则，全称量词中的表达式特别容易处理，也可以应用涉及多个语句的规则。例如，如果我们有两个全称量化的断言，比如 $\forall x[E(x, 牛肉) \Rightarrow N(x)]$ 和 $\forall x E(x, 牛肉)$，我们可以使用假言推理方法来推断表达式 $\forall x N(x)$。这是因为我们可以用论域中的每个对象来表达前两个断言，对每个对象应用假言推理方法来获得特定于对象的命题表达式，然后将全称量化应用到这些特定于对象的推理中，以获得相同形式的全称量化表达式。然而，如果我们可能有一个实例化的断言，比如 $E(约翰, 牛肉)$，那么来自假言推理的结论只针对约翰。在这种情况下，应用假言推理的过程只能通过置换的方法来实现：

观察 5.2.2（基本置换）　对于任何全称量化的表达式 $\forall x A(x)$，一个人可以用论域中的任意对象 o 来代替 x，由此产生的表达式 $A(o)$ 与 $\forall x A(x)$ 有相同的值。

第二种类型的置换称为平面置换，它简单地交换变量的符号：

观察 5.2.3（平面置换）　对于任何全称量化的表达式 $\forall x A(x)$，可以用任何其他变量 y 代替 x，只要量化适用于切换变量：

$$[\forall x A(x)] \equiv [\forall y A(y)]$$

很明显，平面置换比基本置换更普遍，因为它们适用于较大的对象集。

置换对于能够通过提升的思想在一阶逻辑中执行假言推理是至关重要的。提升的思想是通过适当的置换，可以使一对公式相同。例如，如果我们有命题语句 $\forall x[E(x, 牛肉) \Rightarrow N(x)]$，表示任何吃牛肉的人都是非素食者。然而，我们也知道约翰吃牛肉，因此断言 $E(约翰, 牛肉)$ 存在于知识库中。对每个人都为真的事对约翰一定是真的。因此，可以在全称量化表达式中用约翰代替 x，以获得规则的提升版本：

$$E(约翰, 牛肉) \Rightarrow N(约翰)$$

因此，我们可以在推理 $N(约翰)$ 时使用规则提升版本的假言推理方法。我们之所以能够使用假言推理方法，是因为提升规则的新前件与断言 E（约翰，牛肉）相同。通过适当置换使两个表达式相同的过程称为统一。执行统一时，首选最全称的统一。例如 $\forall x E(x, 牛肉)$ 和 $\forall y E(y, 牛肉)$ 可以统一为 $\forall z E(z, 牛肉)$（通过平面置换），或者两个表达式可以统一为 $E(约翰, 牛肉)$（通过基本置换）。前者是首选的，因为它是统一两个表达式的最全称表达式。这种通过统一的方式结合假言推理的方法被称为广义假言推理。统一过程递归地同时探索两个表达式以检查它们是否匹配，其复杂性在子表达式的长度上是二次的。我们省略了统一算法的细节，请读者参考本章末尾的参考文献注释。虽然了解统一的具体算法并不是必要的（因为它可以被视为一个黑箱包），但读者理解这个概念很重要，因为它将在本章中广泛使用。

只要只使用全称量词（而不是存在量词），置换原则允许命题逻辑中的证明技术被很容易地推广到一阶逻辑。例如，将一个量词的范围扩展到一个表达式允许我们将命题逻辑规则应用到该表达式中的任何内容，但在多个量化表达式的情况下会出现一个问题，因为置换不适用于存在量词。每当我们使用涉及多个语句的命题逻辑规则时（例如，假言推理或蕴涵的传递性），就需要置换。例如，这两个语句 $\exists x[A(x) \Rightarrow B(x)]$ 和 $\exists y[B(y) \Rightarrow C(y)]$ 不一定通过传递性暗示 $\exists x[A(x) \Rightarrow C(x)]$。另一方面，传递性确实适用于全称量化的语句。因此，许多命题定律，如传递性（涉及多个断言）不适用于存在量词，而它们通过置换过程适用于全称量词：

观察 5.2.4 *使用置换原则创建匹配的谓词 – 对象组合，命题逻辑规则可以应用于多个量化表达式，只要 (i) 表达式包含（可能嵌套）量词，每个量词都延伸到相应表达式的整体，(ii) 这些表达只包括全称量词，而不包含存在量词。*

处理存在量词需要一个被称为斯科伦化（Skolemization）的过程。首先，我们讨论存在量词不出现在全称量词范围内的简单情况，其中需要 Skolem 常数：

定义 5.2.1（Skolem 常数） *在全称量词范围之外存在量化的任何对象变量（例如 $\exists x A(x)$）可以被一个新的常量表达式代替，比如 $A(t)$，其中 t 是一个 Skolem 常数（Skolem constant）。存在量化可以省略。*

请注意，如果存在多个与存在量词相关的变量（例如，$\exists x$、y），则需要为每一个使用单独的 Skolem 常数（例如，t 代表 x，u 代表 y）。此外，对于 Skolem 常数，重要的是不要使用与一阶表达式中表示常数基本对象（例如约翰）或变量对象相同的符号。

斯科伦化导致表达式在推理上与原始表达式等价，但等价性仅适用于证明。例如，置换 $\exists x C(x)$ 和 $C(t)$ 似乎意味着只有一个对象 t 满足谓词 $C(\cdot)$，然而事实可能并非如此。然而，这种置换并不影响证明的有效性。例如，考虑以下表达式与没有存在量词的表达式之间的等价性：

$$\{[\exists y B(y)] \vee [\exists y C(y)]\} \equiv_I [B(t) \vee C(u)]$$

这里 t 和 u 是 Skolem 常数，它们是不同的常数，因为它们"属于"不同的存在量词。可以使用左边的语句证明的任何一阶表达式也可以使用右边的语句证明（反之亦然）。尽管左侧的表达式可能意味着有多个基本对象满足该表达式，但仍然存在这种情况。因此，我们在上述等价中使用了下标"I"，以表明等价本质上是推理的。在实践中，我们不在证明中使用这种类型的下标，以避免晦涩的符号。

当存在量词属于全称量词的范围，并且存在量词中的表达式包含一些全称绑定变量时，盲目引入 Skolem 常量可能会导致问题。例如，考虑表达式 $\forall x \exists y E(x, y)$，这意味着每个人至少吃一种食物。然而，一种食物是特定于我们在全称量化中所谈论的人的。因此，所讨论的存在对象（特定食物）需要是我们所谈论的人的函数，这是通过使用 Skolem 函数而不是 Skolem 常数实现的：

定义 5.2.2（Skolem 函数） 全称量词范围内的任何存在量化 [例如 $\forall y \exists x B(x, y)$] 可以置换为全称变量的 Skolem 函数 [例如 $\forall y B(f(u), y)$]。多个全称量词范围内的存在量词（如 $\forall y \forall z \exists x B(x, y, z)$ ）可置换为多变量 Skolem 函数 [例如 $\forall y \forall z B(g(y, z), y, z)$]。

不同的存在量词需要引入不同的 Skolem 函数，在这个过程中需要考虑全称量词的范围。考虑下面的一阶表达式：

$$\forall x\{\exists y[A(x) \Rightarrow B(y)] \vee \forall w \exists z[D(x) \wedge E(w) \wedge F(z) \Rightarrow C(z)]\}$$

此表达式包含多个存在量词和全称量词，不同的存在量词位于不同的全称量词范围内，尽管涉及变量 x 的全称量词适用于所有存在量词。然后，斯科伦化产生以下表达式：

$$\forall x\{[A(x) \Rightarrow B(f(x))] \vee \forall w[D(x) \wedge E(w) \wedge F(g(x, w)) \Rightarrow C(g(x, w))]\}$$

在上面的例子中，$f(x)$ 和 $g(x, w)$ 是 Skolem 函数。请注意，不同的 Skolem 函数用于不同的存在量词，Skolem 函数的参数数量取决于其范围内的全称量词数量。同样值得注意的是，存在变量 z 的两次出现使用了相同的 Skolem 函数 $g(x, w)$，因为两次出现都由相同的量词绑定，因此必须引用相同的基本实例。斯科伦化的最终目标是创建一个只包含全称量词的一阶表达式（因为它们更容易处理）。

我们将通过一个例子来说明同时使用置换和斯科伦化。考虑这种情况，我们有下列语句对：

$$\forall x[A(x) \Rightarrow B(x)]$$
$$\exists x[B(x) \Rightarrow C(x)]$$

我们希望使用上述两个结果来显示以下内容：

$$\exists x[A(x) \Rightarrow C(x)]$$

从第二条语句 $\exists x[B(x) \Rightarrow C(x)]$，可以表明 $B(t) \Rightarrow C(t)$ 对于论域中的某些对象 t 是真的。这一结论直接通过将存在变量置换为 Skolem 常数 t 得出。此外，通过组合第一个语句 $\forall x[A(x) \Rightarrow B(x)]$ 和（基本）置换原理，可以推断 $A(t) \Rightarrow B(t)$。因此，可以推断 $A(t) \Rightarrow C(t)$，它意味着以下语句是真的：

$$\exists x[A(x) \Rightarrow C(x)]$$

一般来说，由于量词和函数的存在，一阶证明比命题逻辑更具挑战性。

5.2.7 为什么一阶逻辑更具表现力

变量与特定对象的绑定赋予了一阶逻辑真正的表达能力。它使一阶逻辑能够对对象及其之间的关系进行推理。在命题逻辑中，单独的命题语句被用来表达诸如"史蒂文·斯皮尔伯格导演的拯救大兵瑞恩"和"史蒂文·斯皮尔伯格导演的幸福终点站"之类的语句。不幸的是，使用这种方法失去了这两个语句的语义结构非常相似的事实，主要区别在于它们使用不同的对象作为参数。然而，在一阶逻辑中，这两个语句都可以表示为 $G(史蒂文·斯皮尔伯格, y)$，其中变量 y 对应于史蒂文·斯皮尔伯格导演的任何电影。这允许我们在推理过程中使用这些代数连接。这种将类似语句表示为命题表达式的能力，使我们能够提出更复杂、更丰富的推论，从而充分发挥一阶逻辑的威力。

一个关键点是命题逻辑是声明性的，而一阶逻辑是组合性的。在组合语言中，句子的意义取决于构成句子的对象和谓词的语义。因此，一阶逻辑中句子的意义取决于上下文。这是一阶逻辑比命题逻辑更接近于表达自然语言语义的原因之一。

正如我们将在第 12 章中看到的，还有各种以结构形式表示这些关系的其他方法，例如使用知识图谱。在知识图谱中，对象对应于节点，它们之间的关系对应于边。然而，知识图谱表示这些关系的（实用且有用的）简化，因为每个关系仅定义在两个对象之间。另一方面，一阶逻辑中的谓词可以是任意多个对象之间的关系。例如，将史蒂文·斯皮尔伯格、拯救大兵瑞恩和最佳导演奖之间的关系表示为实体对之间的三种独立的二元关系（参见图 12.1b）。在知识图谱中，这些关系以结构形式显式表示，作为对象图的边。此外，对象子集之间的关系可以使用本体以及这些节点之间的边来表示。因此，知识图谱隐式地使用二阶逻辑的某些方面，其中允许对象类之间的区别，并且在分析中使用不同类之间的层次关系。

5.3　填充知识库

为了在人工智能中使用一阶逻辑，首先需要用论域的重要事实填充知识库。与命题逻辑一样，句子通过断言添加到知识库中。随后，特定论域的断言被输入知识库中。这些公理对应于数据库中对象之间的基本关系以及这些关系的定义。这种关系的一个例子是基于父关系 $P(x, y)$ 的祖先关系 $A(x, y)$。我们重新讨论上文讨论的这些规则：

$$\forall x, y[P(x, y) \Rightarrow A(x, y)]$$
$$\forall x, y\{\exists z[P(x, z) \wedge A(z, y)] \Rightarrow A(x, y)\}$$
$$\forall x, y[A(x, y) \Rightarrow P(x, y) \vee \{\exists z[P(x, z) \wedge A(z, y)]\}]$$

这里，$A(x, y)$ 表示 x 是 y 的父亲，$A(x, y)$ 表示 x 是 y 的祖先。这些可以被看作构建知识库的基本断言。有些断言可以是关于特定对象的简单事实；这些事实构成了推断知识库中关于特定对象的更复杂事实的基础。例如，如果一个人知道吉姆是苏的父亲，苏是安的父亲，那么他可以用两个断言来说明这些事实：

$$P\,(吉姆\,,安)$$
$$P\,(安\,,苏)$$

构建知识库的这一部分通常是一个简单的问题，即机械地阅读我们已经知道的关于世界的事实，就像计算机程序经常机械地阅读大量的输入数据一样。从这些基本断言开始，可以使用其他以关系为中心的断言来推断不明显的事实。例如，这两个基本断言可以与知识库中的其他一般规则相结合，以推断吉姆是苏的祖先。

以自洽的方式指定公理是很重要的。请考虑上面讨论的吉姆、苏和安的具体例子。如果吉姆是安的父亲，安是苏的父亲，那么苏就不可能是吉姆的父亲。另一方面，如果知识库包含断言 $P(苏，吉姆)$，那么它将导致知识库不一致。因此，需要在知识库中添加机制，以检测和排除此类不一致。有几种方法可以实现这一目标，其中之一是向知识库添加更多规则，以明确排除此类情况。此类断言的示例如下所示：

$$\forall x,y[A(x, y) \Rightarrow \neg A(y, x)]$$

换句话说，x 和 y 不能是彼此的祖先，这就排除了图中循环的可能性。在这里，一个关键点是知识库无法知道"明显的"语义关系对我们来说是自然的，除非它们被明确地编码。确保知识库包含一组关于当前领域的一致且完整的断言，这通常是一个挑战。在许多情况下，知识库中缺少重要的公理，只有当对知识库的查询不能产生预期结果时，才会发现这些公理。因此，即使是简单的知识库也常常包含大量断言，以便以有效的方式定义有用的关系。没有最基本的断言，知识库就不完整，这些断言被称为公理。然而，像以下这样的断言将被视为一个定理，因为它可以从先前关于祖先关系的语句中推导出来：

$$\forall x, y[P(x, y) \Rightarrow \neg P(y, x)]$$

尽管知识库中只有公理就足够了，但知识库中的许多规则通常不是公理，它们可能是其他公理的派生定理。这样做是为了使证明更加简洁和可行。即使是人类数学家也不会仅从第一原理推导出所有证明，而是经常使用（重要的）中间结果来创建简洁的证明。

　　构建知识库的总体任务是首先收集当前任务所需的所有知识，然后构建对象、谓词、函数和常量的词汇表。再根据该词汇表对该领域的一般知识进行编码。然后使用一阶逻辑的通用推理程序（见 5.5 节），以得出进一步的事实并响应查询。这些通用程序通常使用类似的程序（如正向或反向链接）作为命题逻辑，以得出类似的结论。然而，为了考虑一阶逻辑的更大复杂性，必须对这些程序进行一些修改。这种更大的复杂性通常与命题公式及其相关量词的以对象为中心的性质有关。

　　重要的一点是，将对象添加到知识库时，往往很容易忽略对象之间关系的基本事实。知识库没有预先存在的语义理解概念，这对人类来说可能是显而易见的。换句话说，在构建知识库的过程中，任何看似"显而易见"的推论都需要以某种方式明确表示。例如，考虑这样一种情况，其中一个人试图通过声明具有相同的两个父集来设置兄弟姐妹关系的定义。一种错误的说法是：

$$\forall x \forall y \exists z \exists w[P(z, x) \wedge P(z, y) \wedge P(w, x) \wedge P(w, y) \Rightarrow S(x, y)]$$

这种定义兄弟姐妹关系的方法是错误的，因为当 z 和 w 都被选择为两个表兄弟姐妹的同一生物父代时，它也包括表兄弟姐妹。定义兄弟姐妹关系的正确方法是使用相等运算符确保两个对象 z 和 w 不相同：

$$\forall x \forall y \exists z \exists w\{\neg(z = w) \wedge [P(z, x) \wedge P(z, y) \wedge P(w, x) \wedge P(w, y) \Rightarrow S(x, y)]\}$$

这个例子说明了在构建知识库的过程中，犯逻辑错误是多么容易。最常见的问题是缺少关系，这些关系通常由分析人员隐式地假设，而没有将它们显式编码到知识库中。通常需要对知识库进行大量调试，以确保不会使用可用的规则做出错误的推断。这可以通过使用适当选择的查询，重复测试知识库中的已知关系来实现。建立一个知识库是一个相当乏味的过程，在早期的迭代中经常会返回意想不到的结果，因为关于世界状态的"显而易见"但缺失的真理会被发现并添加到知识库中。

　　一阶逻辑构成了许多现有专家系统的主力。在所有这些情况下，主要的挑战是构建底层知识库，并用适当的规则填充它，以调节对象之间的关系。知识库对论域的"明显"事实没有任何理解，除非将适当的规则仔细编码到知识库中。由于缺少规则，导致知识库不完整的情况极为常见，因此解决过程可能无法按预期工作。在开放领域环境中创建知识库通常是一项极具挑战性且无休止的任务。这是这些方法的大部分成功都来自严格限制的领域设置的原因之一。

5.4　一阶逻辑专家系统示例

为了理解一阶逻辑的威力，我们将回顾上一章命题逻辑（参见 4.4 节）中讨论的医疗专家系统示例。在这个医学专家系统中使用命题逻辑的主要问题是需要为知识库中的每个对象创建一个单独的命题，这在计算上可能很昂贵，有时是不可行的（当一个人事先不知道对象域的精确成员时）。正如我们将在本节中展示的，一阶逻辑提供了一种更紧凑的方式，通过使用量词来表示知识库，因此，同一套规则不必在论域中的每个对象上重复（人们也可以处理那些没有明确定义其精确成员身份的域）。通过研究这种方法的细节，可以了解在给定所有或某些对象的通用语句的情况下，如何对特定对象进行推断。虽然本节没有提供一种系统的推理方法，但它提供了一种理解，即如何使用一阶逻辑的一般规则对特定对象进行推理。

在前一章关于命题逻辑的讨论中，医学专家系统使用了大量关于患者约翰的症状语句，然后尝试推断诊断。具体而言，约翰的症状可通过以下语句来描述：

约翰正在发烧。

约翰在咳嗽。

约翰有色痰。

现在想象一个案例，其中专家系统的知识库包含以下与症状、诊断和治疗相关的规则子集：

如果咳嗽和发烧，则感染。

如果是有色痰和感染，则是细菌感染。

如果是细菌感染，则使用抗生素。

尽管上一章（隐式地）为每个可能的实体创建了命题表达式，但这不是一种有效的推理方法，因为每个可能的实体都需要一个单独的规则：

如果约翰咳嗽和约翰发烧，则约翰感染。

如果玛丽咳嗽和玛丽发烧，则玛丽感染。

请注意，这种方法将一阶逻辑简化为命题逻辑，从而在整个论域创造了许多重复的规则。主要的问题是，一些语句（如约翰有色痰）是针对实体约翰的，而其他语句（如咳嗽和发烧表明感染的事实）则与论域中的任何人有关。通过为论域中的每个对象创建一个语句，确实可以使用命题逻辑进行解析。然而，如果论域很大，这就不是一种实用的方法。此外，如果论域随着时间的推移而改变，它将带来以一种相当尴尬的方式不断更新知识库的挑战。对于无限大的域，或者在我们不知道前面所有个体的名字的情况下，根本不可能使用这种方法。在这里，使用量化谓词而不是命题表达式是有用的。毕竟，量词提供了一种表达域的事实的途径，而无须明确担心对象的特定成员身份。这使得表示变得紧凑，与域大小无关。

可以为人 x 咳嗽定义命题变量 $C(x)$，为人 x 发烧定义变量 $T(x)$，为人 x 感染定义变量 $F(x)$，为人 x 有色痰定义变量 $P(x)$，为人 x 细菌感染定义变量 $B(x)$，为人 x 服用抗生素定义变量 $A(x)$。与我们在第 4 章中的分析不同，这些规则不再只为约翰定义，而是可以应用于任意的人 x。换句话说，我们不再需要成员被显式枚举的对象域。知识库中的规则可按如下方式编码：

$$\forall x[C(x) \wedge T(x) \Rightarrow F(x)]$$

$$\forall x[P(x) \land F(x) \Rightarrow B(x)]$$
$$\forall x[B(x) \Rightarrow A(x)]$$

约翰的条件可总结如下：

$$T(约翰) \land C(约翰) \land P(约翰)$$

推断的过程与 4.4 节所述的过程相似，它通过使用与约翰有关的绑定变量来推导特定于约翰的新推断。因为每个断言 $C(约翰)$ 和 $T(约翰)$ 都是真的，我们有规则 $C(x) \land T(x) \Rightarrow F(x)$，如果 x 被允许绑定到约翰，我们也可以推断 $F(约翰)$。这直接源于置换的使用，其中全称量化可以绑定到任何值。这本质上是一种广义假言推理。此外，我们知道约翰有色痰，所以 $P(约翰)$ 是真的。换句话说，$P(约翰) \land F(约翰)$ 也是真的，这意味着 $B(约翰)$ 是真的（通过广义假言推理方式）。有人从约翰的症状中有效地推断出他患有细菌感染。使用规则 $B(x) \Rightarrow A(x)$ 加上广义假言推理，我们得到 $A(约翰)$。换句话说，专家系统向约翰推荐使用抗生素。

上面的示例使用了一种达到目标状态的特殊方法，这对于大型知识库显然是不实用的。因此，我们需要某种系统的程序来达到目标状态，在这种状态下，新的事实是按照特定的顺序推断出来的。这将是下一节讨论的主题。

5.5 系统推断程序

前几节讨论如何将命题逻辑中的个体推理规则推广到一阶逻辑。此外，上一节提供了一种一阶逻辑中的特殊推断方法。在本节中，我们将介绍利用知识库中的断言实现特定推理目标的系统方法。这将通过使用矛盾证明以及正向和反向链接程序来实现；这些程序与命题逻辑中使用的程序完全相似。一般来说，一阶逻辑的证明比较困难，因为它是以对象为中心的代数。例如，真值表提供了一种在命题逻辑中构造证明的方法，但它们在一阶逻辑中不起作用。这是因为在一阶逻辑中，这些表的大小可能太大，或者可能事先不完全知道对象域的成员身份。在这种情况下，不可能在域中的对象上创建命题（和相应的真值表值）。

一阶逻辑中的推理过程与命题逻辑中的推理过程相似。例如，矛盾证明、正向链接和反向链接等过程在一阶逻辑中有相应的类比（它们概括在命题逻辑中如何使用它们）。这将是本节讨论的主题。

5.5.1 矛盾证明法

一阶逻辑中的矛盾证明与命题逻辑中的矛盾证明相似。对于给定的知识库 KB，如果要从 KB 推断 q，足以表明 $KB \land \neg q$ 是不可满足的。假设变量已经标准化，因此单个变量在量化中不会多次使用。例如，一个表达式，如 $\forall x A(x) \lor \exists x B(x)$ 未标准化，因为变量 x 在量化中使用多次。但是，该表达式也可以表示为 $\forall x A(x) \lor \exists y B(y)$，这是标准化的。为了避免推理过程中的混淆，使用标准化表达式非常重要。一旦获得标准化表示，数据库将转换为合取范式（和命题逻辑中的一样）。一旦数据库转换为合取范式，将使用类似的解析方法来简化此表示并得出矛盾。

合取范式的转换

将知识库转换为合取范式的总体步骤与命题逻辑中的步骤类似，主要区别在于需要以特殊方式处理存在量词。因此，将 $KB \land \neg q$ 转换为合取范式的步骤与 4.7 节中的相似。但是，为了解决一阶表达式中量词的存在问题，需要进行一些修改。将一阶逻辑表达式转换为合取范式的步骤总结如下：

1. 将 $KB \land \neg q$ 中的每个 $\equiv$ 替换为仅包含运算符 "$\Rightarrow$" 的表达式。例如，语句 $A(x) \equiv B(x)$ 可置换为以下表达式：

$$[A(x) \Rightarrow B(x)] \land [B(x) \Rightarrow A(x)]$$

请注意，$A(x)$ 和 $B(x)$ 本身可能是复杂的一阶表达式，而不是字面值。

2. 将 $KB \land \neg q$ 中的每个 "$\Rightarrow$" 运算符替换为 $\lor$。例如，如果我们有表达式 $A(x) \Rightarrow B(x)$，它可以替换为 $\neg A(x) \lor B(x)$。请注意，每个 $A(x)$ 和 $B(x)$ 本身可能是一个较长的一阶表达式，而不是一个字面值。

3. 当表达式以合取范式表示时，否定运算符仅出现在字面值前面。例如，像 $\neg(A(x) \lor B(x))$ 这样的子表达式永远不允许出现在 $KB \land \neg q$ 的 CNF 形式中，因为否定运算符出现在复杂表达式而不是字面值的前面。当 $KB \land \neg q$ 的当前表示中确实出现了这个问题时，可以使用德摩根定律来解决这个问题。在这种情况下，我们将否定推入子表达式，以使所有否定仅适用于字面值。在一阶逻辑表达式的情况下，重要的是在通过它推入否定时翻转量词。因此，像 $\neg \forall x\, A(x)$ 和 $\neg \exists x\, B(x)$ 这样的表达式分别转换为 $\exists x \neg A(x)$ 和 $\forall x \neg B(x)$。

4. 此时，所有存在量词都通过斯科伦化移除。因此，表达式现在只包含全称量词（和常量）。由于表达式是标准化的，所有全称量词的范围都可以扩展到完整表达式。

5. 将否定推入文本级别后，可能会有一个嵌套表达式，其中包含 $\land$ 及 $\lor$ 运算符。此时，我们使用分配律（继承自命题逻辑），其中运算符 $\lor$ 分布在 $\land$ 上。例如，表达式 $A(x) \lor (B(x) \land C(x))$ 使用 $\lor$ 在 $\land$ 上的分配性质替换为以下表达式：

$$\forall x\{[A(x) \lor B(x)] \land [A(x) \lor C(x)]\}$$

将 $\lor$ 在 $\land$ 上重复分布后，得到一个合取范式的表达式。

由于假定全称量词绑定到表达式中的所有匹配对象变量（已标准化），因此不需要显式写出这些量词以实现紧凑性。这使得整体表达式看起来更类似于合取范式中的命题表达式。每个唯一的谓词变量和谓词常量都可以用与命题变量类似的方式来处理（因为它们总是遵循命题逻辑的定律）。

这一过程与命题逻辑的主要区别在于处理量词所需的额外步骤。只要 $KB \land \neg q$ 已转换为合取范式，就使用分解程序确定表达式是否可满足。

分解过程

一阶逻辑中的合取过程类似于命题逻辑中的合取过程，即使用表达式的 CNF 形式来证明它等价于 False 的真值。然而，与命题逻辑的主要区别在于，字面值和否定之间的精确匹配也许是不可能的；因此，有时可能需要执行统一，以将原子公式与原子命题相匹配。换句话说，可能需要一定量的提升。

最简单的情况是，合取过程反复查看成对的合取，这些合取只在单个字面值前面的否定中有所不同。这样一对连词的例子是 $(F(x) \lor \neg G(x) \lor H(x))$ 和 $(F(x) \lor \neg G(x) \lor \neg H(x))$。请注意，这两个合取之间的唯一区别在于最后一个字面值 $H(x)$ 前面的否定。可以使用分配属性推断以下内容：

$$\{\underbrace{[F(x)\lor\neg G(x)\lor H(x)]}_{D(x)}\land\underbrace{[F(x)\lor\neg G(x)\lor\neg H(x)]}_{D(x)}\}\equiv\{[F(x)\lor\neg G(x)]\lor[H(x)\land\neg H(x)]\}$$

$$\equiv\{[F(x)\lor\neg G(x)]\lor\text{False}\}$$

$$\equiv[F(x)\lor\neg G(x)]$$

请注意，这两个合取将合并，并且合取的单个字面值和不同部分将被删除。然而，可能存在这样一种情况，即通过统一消除其中一个字面值。例如，考虑下面的表达式，它在 x 上被全称量化：

$$[D(x)\lor H(x)]\land[D(x)\lor\neg H(\text{约翰})]$$

在这种情况下，仍然可以统一 $H(x)$ 和 H（约翰），并得出表达式等价于 $D(x)$ 的结论。为了简化，可能需要反复使用这种统一。在每一步中，确定一对子句，这些子句可以通过这种方式合并，以减少每一对合取的长度。因此，分解过程是命题逻辑中使用的分解过程的提升版本。

每一个消除字面值及其否定的步骤都会导致在知识库中添加一条新语句。在某一点上，重复减少单个连词的大小可能会导致在扩充的知识库中出现原子公式及其否定的情况。这种情况导致了一种矛盾，我们可以得出这样的结论：KB 蕴涵 q。因此，可重复使用以下一对步骤来描述分解的整体算法：

1. 如果一对合取以 $KB\land\neg q$ 的 CNF 形式存在，它们是原子公式并且是彼此的否定，则报告 KB 蕴涵 q 并终止。

2. 选择一对不同于单个字面值否定的子句，然后应用分解过程创建新的较短子句。

3. 将新子句添加到 KB 并返回到第一步。

值得注意的是，通过跟踪如何获得相互否定的原子公式，分解过程也可用于构造证明。

一阶逻辑中的分解过程是否像命题逻辑中一样是可靠和完整的，这是一个自然的问题。完整性是指知识库中包含的任何事实都可以在有限的步骤中推断出来。可靠性是指如果知识库没有包含某个事实，那么它也可以在有限的步骤中显示出来。结果表明，一阶逻辑的分解过程是完整的，但并不可靠。这个过程是完整的，因为知识库真正包含的任何句子都可以通过分解过程在有限的步骤中得出。然而，如果知识库不包含某句子，算法可能无法在有限的步骤内得出此结论。对于任何确实可以包含的句子，可以将问题转化为有限大小知识库上的命题包含问题。这个结果被称为赫伯兰定理。然而，对于知识库不包含的句子，这是不可能实现的。因此，该过程与命题逻辑的一个区别是它不能保证在一阶逻辑中终止。因此，一阶逻辑被认为是半可判定的。

5.5.2　正向链接

前一章讨论了命题逻辑中的正向和反向链接方法。还可以将命题逻辑的正向和反向链接算法推广到一阶逻辑。为了实现这一目标，有必要创建一阶定子句，它类似于命题逻辑中的正定子句。主要区别在于，一阶定子句也可能包含变量，这些变量被认为是全称量化的。在命题逻辑中，一阶定子句通常在前件中有一组正字面值，在后件中有一个正字面值。有时前件可能会丢失，在这种情况下，子句的形式是一个正字面值（断言）。假设变量是标准化的，因为两个单独的变量不使用相同的符号，除非它们引用相同的变量。由于全称量词是隐式的，所以在论述中经常被省略（为简洁起见）。以下是正向定子句的例子：

$$A(x)$$

$$A(约翰)$$

$$A(x) \land B(x) \Rightarrow C(x)$$

虽然不能保证任意知识库可以转换为一阶确定形式，但事实是大多数知识库都可以转换为这种形式。一旦建立了一阶定子句，命题逻辑中的正向链接方法就可以推广到一阶逻辑中。然而，由于我们处理的是变量，因此在这种情况下，统一变得更加重要。因此，在每次迭代中，检查每个规则的未满足的前件，并与知识库中的现有语句统一。统一可能需要置换规则前件中的变量。同一规则可以用多种方式置换不同的置换，并尝试所有可能导致统一的置换。这个过程将不断迭代，直到知识库不再扩展，或者发现目标子句的泛化。如果发现了目标子句的泛化，则算法将以布尔值 True 终止。另一方面，在没有发现目标子句（但知识库没有进一步扩展）的情况下，这种情况被称为知识库的不动点。在这种情况下，该方法以布尔值 False 终止。该方法的总体结构类似于图 4.1 中讨论的正向链接算法。主要区别在于该方法在查找匹配规则的过程中必须使用统一。

当知识库包含目标子句时，该方法保证终止。然而，如果知识库不包含目标子句，则无法保证过程终止，因为函数符号可以生成无限多的新事实。因此，即使使用一阶定子句，这种方法也是半可判定的。然而，在大多数实际情况下，可以找到一个合理的终止点，在该终止点可以断定目标从句是否由知识库包含。前面的讨论仅提供了正向链接算法的基本讨论，然而有许多方法可以使其更有效。

5.5.3   反向链接

反向链接是一个从预期结论到已知事实的反向工作过程，就像正向链接从已知事实到预期结论一样。因此，在这种情况下，该过程向后执行统一。该算法首先检查是否可以通过将适当的变量置换为知识库的已知事实来获得目标子句。如果是这种情况，那么算法将成功终止。否则，所有规则都将被标识，其结果是目标子句的推广。这些规则中至少有一个的前件必须显示为真。换句话说，我们必须将尽可能多的规则的右侧与目标子句统一起来，然后尝试证明左侧的所有合取都是新的目标（至少是这些规则中的一个）。因此，递归深度优先搜索是以这些合取作为新目标启动的，然后将所有这些子句的布尔结果与 ∧ 运算符结合。该步骤向后重复，直到终止。该方法与命题逻辑中使用的方法相似，只是它与统一过程相结合。该算法的整体结构与图 4.2 中的结构相似，不同之处在于在该算法中必须注意将目标与规则结果相匹配（利用统一过程），以在前件中发现新的目标。与正向链接的情况一样，该方法是半可判定的；如果知识库中没有隐含目标子句，则不能保证终止。

5.6   总结

虽然命题逻辑为符号人工智能提供了数学基础，但它本身的能力太弱，无法支持大规模推理系统的需要。原因是命题逻辑无法在对象的整个域上进行推理，也无法将这些对象实例化为特定情况。另一方面，一阶逻辑能够利用谓词、函数和量词的概念对对象的事实进行推理。与命题逻辑相比，一阶逻辑最重要的创新是引入了对象变量的概念，并使用谓词来构造具有布尔值的原子公式。然后，通过使用量词的概念，可以生成关于对象的域的语句。

　　通过向现有的命题逻辑工具中添加概念，一阶逻辑建立在命题逻辑的基础上，因此可以将其视为命题逻辑的严格超集。一阶逻辑的证明系统也类似于命题逻辑的证明系统。一阶逻辑已被用于构建在现实环境中经常使用的大型专家系统。然而，所有使用一阶逻辑的现有系统都用于相对狭窄的问题领域，到目前为止还没有应用于广义形式的人工智能。其中一个原因是，它需要非常大的知识库才能对现实世界的环境做出推断。在这种情况下，计算复杂性仍然是一个问题。此外，一阶逻辑仅限于以可解释的方式从已知事实推导推论的环境。在人工智能的一般环境中，情况往往并非如此。

5.7　拓展阅读

　　Hurley 和 Watson 的经典教科书中讨论了一阶逻辑的基础 [88]。这本书更广泛地讨论不同类型的逻辑方法，包括命题逻辑。然而，这本书是从数学家的角度写的，而不是从人工智能领域人员的角度写的。关于人工智能背景下的一阶逻辑的详细讨论见文献 [11，153]。统一算法的伪代码可在文献 [153] 中找到。文献 [57，171] 中讨论了更详细的数学讨论和自动定理证明方法。

5.8　练习

1. 语句 $\forall x P(x) \Rightarrow \exists y P(y)$ 是重言式吗？
2. 考虑一个包含两个句子的知识案例。第一句是 $\exists x[A(x) \Rightarrow B(x)]$，第二句是 $A(约翰)$。这个知识库包含 $B(约翰)$ 吗？
3. 使用一阶逻辑与命题逻辑的连接来论证为什么下列语句是重言式：

$$(\forall x)[A(x) \wedge B(x)] \equiv [(\forall y)A(y)] \wedge [(\forall z)B(z)]$$
$$(\exists x)[A(x) \wedge B(x)] \Rightarrow [(\exists y)A(y)] \wedge [(\exists z)B(z)]$$

通过反例论证，为什么第二个断言中的单向蕴涵的相反含义不成立。你可以再次使用一阶逻辑和命题逻辑之间的连接。

4. 考虑以下知识库：

$$\forall x[A(x) \Rightarrow B(x)]$$
$$\forall x[B(x) \wedge C(x) \Rightarrow D(x)]$$
$$A(约翰)$$

这个知识库包含 $D(约翰)$ 吗？

5. 考虑以下知识库：

$$\forall x[A(x) \wedge \neg A(约翰) \Rightarrow B(x)]$$

这句话是重言式吗？下面的语句是重言式的吗？

$$\exists x[A(x) \wedge \neg A(约翰) \Rightarrow B(x)]$$

6. 在一阶逻辑中考虑下面的语句：

$$\forall x P(x) \vee \forall y Q(y)$$

假设每个原子式 $P(\cdot)$ 和 $Q(\cdot)$ 的论域是 $\{a_1, a_2, a_3\}$。使用命题逻辑编写语句。

7. 设 $E(x, y)$ 表示 x 吃 y。以下哪项是表示汤姆吃鱼或牛肉的方式？

　（a）$E(汤姆，鱼 \vee 牛肉)$，（b）$E(汤姆，鱼) \vee E(汤姆，牛肉)$

8. 请考虑以下表达式：

$$[A(x) \vee B(x)] \wedge [A(x) \vee \neg B(约翰)] \wedge \neg A(汤姆)$$

这个表达式是合取范式，变量 x 被全称量化。使用统一表示表达式的计算结果始终为 False。

9. 找到一种以一阶确定形式表达语句 $\forall x[\neg A(x) \Rightarrow \neg B(x)]$ 的方法。

10. 考虑下面的一阶确定规则，这些规则都是用变量 x 来全称量化的：

$$A(x) \Rightarrow B(x)$$
$$B(x) \Rightarrow C(x)$$
$$B(x) \wedge C(x) \Rightarrow D(x)$$

假设语句 $A(约翰)$ 是真的。使用正向链接来表明 $D(约翰)$ 也是真的。

11. 假设以下语句为真：

$$(\forall x)[A(x) \wedge B(x) \Rightarrow C(x)]$$
$$(\exists x)[B(x) \wedge \neg C(x)]$$

使用一阶逻辑定律证明以下语句为真：

$$(\exists x)\neg A(x)$$

12. 将以下句子转换为符号形式，并根据前两句为最后一句构建证明：

哪里有鹿，哪里就有狮子。塞伦盖蒂至少有一只鹿。因此，塞伦盖蒂至少也有一头狮子。

分别用 $D(x)$ 和 $L(x)$ 表示 x 是鹿或狮子，用 $P(x, y)$ 表示 x 在地方 y 生活。用常数 s 表示塞伦盖蒂。

13. 将下列句子转换为符号形式，然后根据前两句为最后一句构建证明：

任何同时学习人工智能和植物学的人都很酷。至少有一个人学习植物学，但并不酷。因此，必须至少有一个人不学习人工智能。

分别使用 $A(x)$ 和 $B(x)$ 表示 x 学习人工智能和植物学。用 $C(x)$ 表示 x 是酷的。

14. 假设下列语句为真：

$$(\exists x)\{A(x) \Rightarrow (\forall y)[F(y) \Rightarrow C(y)]\}$$
$$(\exists x)\{B(x) \Rightarrow (\forall y)[E(y) \Rightarrow \neg F(y)]\}$$
$$\neg(\exists x)[C(x) \wedge \neg E(x)]$$

然后使用一阶逻辑定律证明以下语句为真：

$$(\exists x)[A(x) \wedge B(x)] \Rightarrow \neg(\exists x)F(x)$$

15. 假设下列语句为真：

$$(\exists x)[A(x) \wedge B(x)] \Rightarrow (\forall x)[C(x) \wedge D(x)]$$
$$(\exists x)A(x) \Rightarrow (\forall x)[B(x) \wedge C(x)]$$
$$A(c)$$

证明下列语句为真：

$$(\forall x)[B(x) \wedge D(x)]$$

16. 令 $P(x, y)$ 表示 x 是 y 的父代这一事实。使用相等运算符编写一个一阶表达式，断言每个人都恰好有两个父代。

第 6 章

机器学习：归纳观点

"真理太复杂了，除了近似，什么都不允许。"

—— 约翰·冯·诺依曼

6.1 引言

在人工智能的演绎观点中，人们从最初的假设（例如，知识库中的语句）开始，然后推理以推断出进一步的结论。不幸的是，人工智能的这一观点相当有限，因为人们只能推断出与知识库中已经存在的知识相关的事实，或者可以从这些已知事实中表达为具体句子的事实。在归纳的观点中，一个词的顺序是相反的，不同的事实被用来创造假设，然后被用来做出预测。

一般来说，人类的认知方法是基于证据经验的，证据经验有一个概括的要素，该要素不能用基于逻辑的方法完全证明。例如，人们（通常）不会通过对卡车外观的描述（如在知识库中）来学习识别卡车。相反，人们通常会在童年时期遇到卡车的例子，并最终学会如何将对象分类为卡车，即使卡车看起来与人们以前见过的其他卡车有些不同。换句话说，人类已经能够从例子中创建一个广义的假设，尽管这个假设通常是隐式的，无法用语言（比如知识库中的语句）来轻易地描述。类似的观察也适用于语言的学习，在这种情况下，人们通过说和听来学习语言，这往往比在课堂上教授语言语法更有效。即使在具体定义的领域，如数学/逻辑证明，人类通过实践学习也比试图阅读正式定义的系统的规则要快。在许多情况下，人类可能通过列举几个例子来更快地学习，而不是通过学习正式的学习方法。这些例子不必在其范围内涵盖所有可能的情况，人类都有一种天生的能力，将他们有限的经验推广到更广泛的环境中。换句话说，人类自然地从例子（以某种隐含的形式）中创造假设，然后用这些假设来解决类似环境中的新问题。这种方法自然可以被认为是归纳学习。换言之，人类天生就是归纳学习者，他们从例子中学习通常比吸收严格的逻辑规则更有效（即使在非常适合这种方法的情况下）。同时，人类确实保留了根据已知事实进行演绎推理的能力。

人类能力的这种自然二分法也反映在使用人工智能设计的方法的能力上。我们在图 6.1 中回顾了人工智能中的两个流派。请注意，归纳学习从观察（如标记数据）开始，而不是假设（如带有语句的知识库），因此它是一种证据驱动学习（或统计学习）形式。这与基于逻辑的方法大不相同，基于逻辑的方法本质上是为了通过从已知事实的逻辑推理链发现绝对真理。

可以说归纳学习是更强大的，尤其是当大量数据可用于训练时。在归纳学习方法的预测不能很容易地用基本属性来解释的情况下，使用演绎推理方法有时很难达到预测的质量。例如，当一个人随着时间的推移学会驾驶汽车时，许多决策都是使用从经验中获得的"假设"做出的，而这些假设无法以可解释的方式表达出来。当我们甚至不知道对预测有用的观察结果的重要特征时，以格式良好的句子（如在知识库中）向演绎推理系统提供知识具有内在的局限性。在这种情况下，人类将其先前的经验与直觉结合起来，以对任何特定场景中的最佳选择做出推断。人类的大部分力量来自将现实世界的观测转化为预测和决策的能力（从数学角度可以用具体的方式表达）。

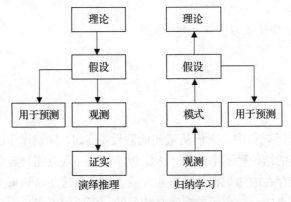

图 6.1　重温图 1.1：人工智能中的两大流派

基于逻辑的方法是基于绝对真理的，因为命题逻辑和一阶逻辑定律处理从已知断言中可证明正确的推论。机器学习方法旨在从数据中学习，并对以前从未见过的类似数据进行预测。虽然预测有时可能是错误的（就像人类一样），但通过证据驱动学习可以获得更强大的洞察力。例如，人们通常很难准确地描述为什么在驾驶过程中会采取特定的行动，除了驾驶过程中的早期证据经验引导人们采取行动这一事实。显然，人类不可能在驾驶过程中阐明所有可能的选择，以决定各种行动方案（这将是使用知识库会采取的方法）。类似的观察结果也适用于机器学习，在机器学习中，预测不能保证是真实的或可解释的，但通常比使用绝对的、可解释的真理系统可能做出的预测更准确。虽然机器学习算法由于缺乏可解释性经常受到批评，但现实情况是，机器学习的这一特性是其优势之一。

归纳学习方法使用什么类型的数据？最常见的一种数据是多维数据，其中输入数据包含向量 $\overline{X}_1, \cdots, \overline{X}_n$，以及每个 $\overline{X}_i$ 可能（可选地）与因变量 y_i 相关。向量 $\overline{X}_i$ 的分量称为属性或维度。虽然传统的向量只包含数字属性，但机器学习中的算法可以使用分类属性。其他形式的数据包括序列、图像和文本数据。本书主要使用多维数据形式以阐明各种思想。

归纳学习有各种不同的抽象概念，第 1 章中对此进行了简要讨论。这些抽象概念讨论如下。

❑ 监督学习：在监督学习中，代理尝试学习多维向量 $\overline{X}_i$（包含独立变量集），并将其映射到因变量 y_i，

$$y_i \approx f(\overline{X}_i)$$

因变量 y_i 可以是数字变量，也可以是分类变量。当因变量为数字变量时，该问题称为回归。当因变量是分类变量时，该问题称为分类。函数 $f(\overline{X}_i)$ 可能以封闭形式表

示，也可能不以封闭形式表示，但其精确形式通常由一组参数或在训练期间固定的算法选择控制。人们可以将训练过程视为从观察中建立假设的过程，然后将其用于预测（见图 6.1）。本章主要关注监督学习。

❑ 无监督学习：无监督学习应用程序尝试学习数据属性之间的相互关系，而无须以明确的方式给出因变量。无监督学习方法的例子包括聚类和降维。这将是第 9 章讨论的主题。

❑ 强化学习：强化学习方法代表了学习的一般形式，在这种学习中，需要学习最佳行动序列，就像代理需要学习行动序列，以便在基于搜索的方法中最大限度地发挥其效用一样。因此，强化学习方法为前面章节讨论的许多演绎方法提供了数据驱动的替代方法。例如，可以使用基于搜索的方法（和特定于领域的效用函数）来解决类似于国际象棋的游戏，或者可以使用强化学习方法训练计算机下棋。前者可视为演绎推理方法，后者可视为归纳学习方法。

6.2 节将介绍线性回归问题；6.3 节将讨论最小二乘分类问题，这些模型中有许多是二进制分类器，只能处理两个类；6.6 节将讨论将这些二进制分类推广到多类情况；6.7 节将介绍贝叶斯分类器；6.8 节将介绍最近邻分类器；6.9 节将讨论决策树分类；6.10 节将讨论基于规则的分类器；6.12 节将给出总结。

6.2 线性回归

在线性回归问题中，对于 $i \in \{1, \cdots, n\}$，我们有 n 对观测值 $(\overline{X}_i, y_i)$。如前面的小节所讨论的，（行）向量 $\overline{X}_i$ 包含与数据点的属性相对应的 d 数值。使用以下关系预测目标 y_i：

$$\hat{y}_i \approx f(\overline{X}_i) = \overline{W} \cdot \overline{X}_i^{\mathrm{T}}$$

注意 $\hat{y}_i$ 顶部的回旋符号表示它是一个预测值。这里，$\overline{W} = [w_1, \cdots, w_d]^{\mathrm{T}}$ 是一个 d 维列向量，需要以数据驱动的方式学习。每个向量 $\overline{X}_i$ 的值被称为自变量或回归系数，而每个 y_i 被称为因变量或回归变量。每一个 $\overline{X}_i$ 是一个行向量，因为在机器学习中数据点被表示为数据矩阵的行很常见。因此，行向量 $\overline{X}_i$ 需要在对列向量 $\overline{W}$ 执行点积之前进行转置。向量 $\overline{W}$ 定义了一组参数，这些参数需要以数据驱动的方式学习。目标是找到向量 $\overline{W}$，以使每个向量 $\overline{W} \cdot \overline{X}_i^{\mathrm{T}}$ 在训练数据上都尽可能接近 y_i。

学习到的参数向量有助于对看不见的测试实例进行预测。一旦已通过优化上述目标函数从训练数据中学习到 $\overline{W}$，未知测试实例 $\overline{Z}$ 的（这是一个 d 维行向量）目标变量的数值可以预测为 $\overline{W} \cdot \overline{Z}^{\mathrm{T}}$。请注意，测试实例显示了与训练实例类似的行为，但模型并没有直接在其上训练。因此，这些方法对测试数据的精度几乎总是低于对训练数据的精度。

线性回归是机器学习中最古老的问题之一，它比更广泛的机器学习领域早了几年。它通常用于许多应用中，如预测或推荐系统。举个例子，向量 $\overline{X}_i$ 可能包含不同项目的属性，变量 y_i 可能包含特定用户对项目 i 给出的数值评分。训练数据可用于基于预测项目 $\overline{Z}$ 的属性（包含在向量 $\overline{Z}$ 中），为其预测此用户的评分。用户或训练期间均未看到此新项目，因此可使用预测评级来决定是否向用户显示此项目的广告。

如何学习参数向量 $\overline{W}$ 以确保 $\overline{W} \cdot \overline{X}_i$ 尽可能接近预测 y_i？为了实现这一目标，我们为每

个训练数据点计算损失 $(y_i - \overline{W} \cdot \overline{X}_i^{\mathrm{T}})^2$，然后在所有点上加上这些损失，以创建目标函数：

$$J = \frac{1}{2}\sum_{i=1}^{n}(y_i - \overline{W} \cdot \overline{X}_i^{\mathrm{T}})^2 \qquad (6.1)$$

在大多数情况下，将正则化项 $\lambda \|\overline{W}\|^2 /2$ 添加到目标函数中，以减少过拟合：

$$J = \frac{1}{2}\sum_{i=1}^{n}(y_i - \overline{W} \cdot \overline{X}_i^{\mathrm{T}})^2 + \frac{\lambda}{2}\|\overline{W}\|^2 \qquad (6.2)$$

这里，$\lambda > 0$ 是正则化参数。正则化的目的是有利于求解绝对大小较小的向量 $\overline{W}$。这种方法避免了过拟合，其中权重向量对训练数据预测良好，但对测试数据执行较差。6.2.4 节讨论了正则化的重要性。

这种连续优化公式是通过将微分学与梯度下降等计算方法相结合来解决的。可以计算损失函数相对于权重向量 $\overline{W}$ 的导数，以便执行优化。J 相对于权重 $\overline{W}$ 的导数如下：

$$\frac{\partial J}{\partial W} = \left[\frac{\partial J}{\partial w_1}, \cdots, \frac{\partial J}{\partial w_d}\right]^{\mathrm{T}} = -\sum_{i=1}^{n}(y_i - \overline{W} \cdot \overline{X}_i^{\mathrm{T}})\overline{X}_i^{\mathrm{T}} + \lambda\overline{W} \qquad (6.3)$$

前面提到的标量 J 的导数的矩阵演算表示相对于列向量 $\overline{W}$ 导致矩阵分母布局 [8] 中的列向量。使用矩阵演算中关于二次函数的导数相对于向量的恒等式获得特定导数 [8]。

在梯度下降中，在导数的负方向上更新权重向量以执行优化。具体而言，更新如下：

$$\overline{W} \Leftarrow \overline{W} - \alpha\frac{\partial J}{\partial \overline{W}} \qquad (6.4)$$

$$= \overline{W}(1 - \alpha\lambda) + \alpha\sum_{i=1}^{n}\underbrace{(y_i - \overline{W} \cdot \overline{X}_i^{\mathrm{T}})}_{\overline{X}_i\text{上的误差}}\overline{X}_i^{\mathrm{T}} \qquad (6.5)$$

$\alpha > 0$ 的值称为步长或学习率。在大多数情况下，目标函数按不同的步长减少（尽管不是单调的），并收敛到接近最优的解。较大的步长会导致算法更快地终止，但如果选择的步长过大，则会导致算法不稳定。这种类型的不稳定性通常表现为发散行为，其中权重向量依次变大，导致数值溢出。可以随机初始化权重向量，然后执行更新直到收敛。

6.2.1   随机梯度下降

上述方法使用整个数据集来建立目标函数 J。在实践中，可以使用训练实例的子集建立目标函数 $J(S)$：

$$J(S) = \frac{1}{2}\sum_{i \in S}(y_i - \overline{W} \cdot \overline{X}_i^{\mathrm{T}})^2 + \frac{\lambda}{2}\|\overline{W}\|^2 \qquad (6.6)$$

值得注意的是，正则化参数 λ 需要按比例调整为较小的值，因为我们使用的训练实例数量较少。使用此修改后的目标函数的相应更新如下：

$$\overline{W} \Leftarrow \overline{W} - \alpha\frac{\partial J(S)}{\partial \overline{W}}$$

$$= \overline{W}(1 - \alpha\lambda) + \alpha\sum_{i \in S}\underbrace{(y_i - \overline{W} \cdot \overline{X}_i^{\mathrm{T}})}_{\overline{X}_i\text{上的误差}}\overline{X}_i^{\mathrm{T}}$$

所有训练实例以某种随机顺序排列，然后从该排列中提取 k 批训练实例以执行更新。n/k 更新的整个周期（以使每个训练实例只显示一次）称为一个历元。

这种类型的更新称为小批量随机梯度下降。集合 S 被称为用于更新的小批量训练实例。这种小批量随机梯度下降的基本思想是，在大多数情况下，训练实例的子集足以很好地估计梯度的方向。可以使用远小于数据实例 n 的集合 S 来执行非常精确的估计；因此，每次更新只需要计算工作量的一小部分，而不会损失单个更新的准确性。例如，使用 1000 个训练点的样本计算的梯度通常与使用 100 万个点的完整数据集获得的梯度几乎相同。在这种情况下，收敛速度要快得多，因为近似不会显著增加步数。

这种方法的一个限制性情况是使用最小批量 1。换句话说，集合 S 包含单个元素。此设置称为随机梯度下降。在这种情况下，训练实例 $(\overline{X}_i, y_i)$ 的更新如下：

$$\overline{W} \Leftarrow \overline{W}(1-\alpha\lambda) + \alpha \underbrace{(y_i - \overline{W} \cdot \overline{X}_i^{\mathrm{T}})}_{\overline{X}_i \text{上的误差}} \overline{X}_i^{\mathrm{T}}$$

一个典型的方法是随机循环所有训练实例以执行更新。所有训练实例上的单个更新周期称为历元。

6.2.2 基于矩阵的解决方案

虽然梯度下降是解决大多数机器学习问题的自然方法，但在最小二乘回归的特殊情况下，也可以找到封闭形式的解决方案。考虑 J 相对于权重向量 $\overline{W}$ 的梯度，我们从式（6.3）复制如下：

$$\frac{\partial J}{\partial \overline{W}} = -\sum_{i=1}^{n} (y_i - \overline{W} \cdot \overline{X}_i^{\mathrm{T}}) \overline{X}_i^{\mathrm{T}} + \lambda \overline{W} \tag{6.7}$$

通过定义一个 $n \times d$ 数据矩阵 D，可以将这个梯度改写为矩阵形式，该矩阵包含数据点 $\overline{X}_1, \cdots, \overline{X}_n$ 及其行，以及一个 n 维列向量 $\overline{y} = [y_1, y_2, \cdots, y_n]^{\mathrm{T}}$，其中包含回归变量：

$$\frac{\partial J}{\partial \overline{W}} = D^{\mathrm{T}}(D\overline{W} - \overline{y}) + \lambda \overline{W}$$

读者应花点时间验证上述矩阵形式是否简化为式（6.7）。注意，该梯度也可通过使用目标函数矩阵形式的矩阵演算技术得出：

$$J = \frac{1}{2} \| D\overline{W} - \overline{y} \|^2 + \frac{\lambda}{2} \| \overline{W} \|^2 \tag{6.8}$$

矩阵演算方法如文献 [8] 所述。还可以使用方程式的矩阵形式实现更新：

$$\overline{W} \Leftarrow \overline{W}(1-\alpha\lambda) + \alpha D^{\mathrm{T}} \underbrace{(\overline{y} - D\overline{W})}_{\text{误差向量}}$$

矩阵形式的一个优点是，它允许我们指定线性回归解的封闭形式。这是通过将目标函数的梯度设置为 0 来实现的：

$$D^{\mathrm{T}}(D\overline{W} - \overline{y}) + \lambda \overline{W} = 0$$

可以将此条件简化如下：

$$(D^{\mathrm{T}}D + \lambda I)\overline{W} = D^{\mathrm{T}}\overline{y}$$

这里，矩阵 I 是 $d \times d$ 单位矩阵。因此，可以获得以下权重向量：

$$\overline{W} = (D^{\mathrm{T}}D + \lambda I)^{-1} D^{\mathrm{T}} \overline{y}$$

这是线性回归问题的闭式解。所有的机器学习问题都没有这种封闭形式的解决方案。线性回归是一种特殊情况，因为它的目标函数很简单。

6.2.3　偏差的使用

值得注意的是，预测 $y_i = \overline{W} \cdot \overline{X}_i^{\mathrm{T}}$ 始终通过原点。换句话说，在 $\overline{X}_i = 0$ 处的预测必须始终是 $y_i = 0$。然而，对于一些问题域，并不是这样的，并且最终会产生很大的误差。因此，通常会添加一个常量参数 b，称为偏差，需要以数据驱动的方式学习偏差：

$$y_i = \overline{W} \cdot \overline{X}_i^{\mathrm{T}} + b$$

当 $\overline{X}_i$ 的所有值都被设置为 0 时，参数 b 是定义预测 y_i 的偏移。虽然可以使用此新预测函数创建目标函数 $\sum (y_i - \overline{W} \cdot \overline{X}_i^{\mathrm{T}} - b)^2$，以便以代数方式评估梯度，但更常见的是使用特征工程技巧间接合并偏差。不显式使用偏差 b，而是向 $\boldsymbol{D}$ 添加一个仅包含 1 的附加列。所以，每个特征向量现在变成 $\overline{V}_i = (\overline{X}_i, 1)$。现在，我们使用与之前相同的预测函数和修改后的权重向量 $\overline{W}'$，该权重向量是通过将第 $(d+1)$ 个元素 w_{d+1} 增加到 $\overline{W}$ 的末端，作为 $(d+1)$ 维参数向量而得到的。简单地把这个问题当作 $(d+1)$ 维线性回归 $\overline{y}_i = \overline{W}' \cdot \overline{V}_i^{\mathrm{T}}$。与前一种情况相同的更新和封闭形式解决方案也适用，但使用包含 $(d+1)$ 维度的扩充数据矩阵。参数 w_{d+1} 产生偏差。这种类型的特征工程技巧可用于大多数机器学习问题。因此，我们不会在随后的大部分讨论中明确引入偏差，尽管在实践中使用偏差是极其重要的（为了考虑持续效应）。

6.2.4　为什么正则化很重要

如前所述，在线性回归中，将一种规范惩罚 $\lambda \| \overline{W} \|^2$ 添加到目标函数中。这种惩罚似乎有些奇怪，因为它似乎与预测误差 $\| y_i - \overline{W} \cdot \overline{X}_i \|^2$，甚至与训练数据的特征都没有任何关系。为什么目标函数中看似不相关的部分会改善预测误差？

在这里，重要的是理解机器学习模型是建立在训练数据之上的，而预测是在测试数据上进行的。训练数据的预测精度几乎总是优于测试数据。当训练数据较小，且训练和测试精度之间的差距增大时，这一点尤为明显。在这种情况下，正则化倾向于支持参数较小的参数向量。重要的一点是，分量大小越小的参数向量在训练和测试误差性能之间的差距越小。因此，尽管正则化倾向于恶化训练数据上的误差性能，但它改善了测试数据上的误差性能。为了理解这一点，我们将使用一个例子。

考虑一个情况，我们有两个训练点和三个属性。由属性 $[x_1, x_2, x_3]$ 表示的训练点为 $[1, -1, 2]$ 和 $[5, 2, 3]$。从领域知识可知，目标变量值始终是 x_1 值的两倍，而其他两个变量 x_2 和 x_3 与预测目标变量完全无关。因此，在这种情况下，两个向量的目标变量值 $[1, -1, 2]$ 和 $[5, 2, 3]$ 分别是 2 和 10。现在考虑如下情况，我们尝试执行线性回归，而不访问有关 X_1 的相关性的领域知识。在这种情况下，我们可以学习三个参数 w_1、w_2 和 w_3，因此以下内容成立：

$$y \approx w_1 x_1 + w_2 x_2 + w_3 x_3$$

可以看出，设置 $w_1=2$、$w_2=0$ 和 $w_3=0$ 会产生完美的预测，这与已知的领域知识是一致的。然而，训练示例数量的缺乏导致了一个不幸的结果——w_1、w_2 和 w_3 的许多其他选择也会产生完美的预测。要理解这一点，请注意，我们有两个方程，其中有三个未知数：

$$2 \approx w_1 - w_2 + 2w_3$$
$$10 \approx 5w_1 + 2w_2 + 3w_3$$

因此，有无限多可能的解决方案可以提供完美的预测。例如，我们可以将唯一相关的参数 w_1 设置为 0，并将 w_2 和 w_3 均设置为 2 以产生完美的预测。这种"完美"预测是由训练数据的随机细微差别造成的，而"幸运的完美"预测只有在缺乏训练数据的情况下才可能实现。如果添加了多个训练实例，预测将（很可能）不再适用于新的训练实例，而设置 $w_1=2$ 的原始解决方案将很好地工作。即使在训练实例数量略大于属性数量的情况下，也会出现这些问题。一般来说，需要一个非常大的训练数据集来概括从训练到测试数据的预测。

一个关键点是，相对于训练点的属性数量的增加为优化问题提供了额外的自由度，因此不相关的解决方案变得更可能。因此，一个自然的解决方案是为使用附加特征增加惩罚。具体来说，我们可以为每个参数 w_i 添加一个惩罚，它是非零的。我们可以用向量 $\overline{W}$ 的 L_0 范数 $\|\overline{W}\|$ 来表示这种惩罚。不幸的是，这样做会产生一个离散优化问题，该问题无法使用微分学进行优化。因此，我们使用平方 L_2 范数，其表示为 $\|\overline{W}\|^2 = w_1^2 + w_2^2 + w_3^2$。参数 λ 控制正则化的权重，该权重通常通过保留部分训练数据来设置。保留的训练数据不用于梯度下降，而是用于估计 λ 特定值处的误差。这部分数据被称为验证数据，用于确定适当的 λ 值，使误差最小化。值得注意的是，在前面的示例中添加正则化将导致算法更喜欢解 $w_1=2$，而不是 $w_2=w_3=2$，因为前者是更简洁的解。一般来说，人们不希望优化问题使用不必要的自由度来创建复杂的解决方案，该解决方案在训练数据上运行良好（因为随机细微差别），但在测试数据上的泛化能力较差。

值得注意的是，正则化与人工智能中的演绎流派密切相关，该流派的假设是分析员为预测（基于已知理论或领域知识）而构建的，而不是以完全数据驱动的方式进行预测。这里，一个重要的假设是，给定两个解决方案，一个更简洁的解决方案可能更好。将此假设添加到优化公式中类似于将领域知识添加到问题中以改进基础解决方案。还有许多经常使用正则化的其他间接方法。在许多机器学习问题中，我们可能有更多关于不同参数之间关系的领域知识。该信息用于适当修改目标函数。例如，你可能知道，诸如先前违约次数之类的属性与一个人的信用分数呈负相关。因此，如果试图用信用评分作为第 i 个属性和回归参数 $[w_1, \cdots, w_d]$ 对回归问题中的信用评分进行建模，则可能会在优化模型中将 w_i 限制为非正。这种类型的约束通常会恶化训练数据的损失值（因为优化空间受到更多约束），但它会改善测试数据的性能。因此，在许多归纳设置中使用了一些领域知识，以减少数据需求。

6.3　最小二乘分类

上一节讨论了目标变量 y_i 为数值的回归。然而，在许多现实世界的设置中，目标变量本质上是离散的，其中该变量可能具有许多无序的可能值之一。例如，如果某对象拥有一组动物的属性，我们试图将它们分类为"鸟""爬行动物"或"哺乳动物"，那么这些值之间就没有顺序。给定一组 $\overline{X}_i$ 中的特征向量，需要将数据点放在这些类别中的一个。

上述带有两个以上无序标签的设置表示多类分类，这是分类设置的最常见情况。分类的一个重要特例是类变量为二进制的情况。在这种情况下，我们可以通过假设两个标签从 $\{-1, +1\}$ 中取值来在类之间施加排序。在类之间施加排序有助于将最小二乘回归中使用的方法推广到分类。标签为 +1 的实例称为正类实例，而标签为 -1 的实例被称为负类实例。在本节中，我们将主要讨论二进制分类，因为它在机器学习中的重要性和普遍性。此外，多标签分类问题可以简化为二进制分类的重复应用（见 6.6 节）。

在讨论学习模型的细节之前，我们先介绍与线性回归类似的符号。包含特征值的 d 维行向量存储在 $\overline{X}_1, \cdots, \overline{X}_n$ 中。从 $\{-1, +1\}$ 中提取的目标变量存储在 n 维向量 $\overline{y} = [y_1, \cdots, y_n]^T$ 中。

最小二乘分类通过假设二元目标是实值目标，直接将线性回归应用于分类。这只有在二进制情况下才可能，在二进制情况下，可以在两个类之间创建任意顺序，并为其设置标签 $\{-1, +1\}$。因此，我们将每个目标建模为 $y_i \approx \overline{W} \cdot \overline{X}_i^T$，其中 $\overline{W} = [w_1, \cdots, w_d]^T$ 是包含权重的列向量。使用与线性回归相同的平方损失函数：

$$J = \frac{1}{2} \sum_{i=1}^{n} (y_i - \overline{W} \cdot \overline{X}_i^T)^2 + \frac{\lambda}{2} \|\overline{W}\|^2 = \frac{1}{2} \| D\overline{W} - \overline{y} \|^2 + \frac{\lambda}{2} \|\overline{W}\|^2 \qquad (6.9)$$

由于目标函数与线性回归相同，因此其为 $\overline{W}$ 产生了相同的封闭形式解决方案：

$$\overline{W} = (D^T D + \lambda I)^{-1} \overline{y} \qquad (6.10)$$

即使 $\overline{W} \cdot \overline{X}_i^T$ 为实例 $\overline{X}_i$（类似回归）产生一个实值预测，将超平面 $\overline{W} \cdot \overline{X}^T = 0$ 作为分隔符或模型化决策边界更为合理，其中任何带标签 +1 的实例 $\overline{X}_i$ 将满足 $\overline{W} \cdot \overline{X}_i^T > 0$，并且任何带标签 -1 的实例满足 $\overline{W} \cdot \overline{X}_i^T < 0$。由于模型的训练方式，大多数训练点将在分离器的两侧对齐，以使训练标签 y_i 的标志与标记 $\overline{W} \cdot \overline{X}_i^T$ 的标志匹配。图 6.2 显示了二类数据集的示例，其中两类分别为 "+" 和 "★"。在这种情况下，$\overline{W} \cdot \overline{X}_i^T = 0$ 的值显然仅适用于分隔符上的点。分离器两侧的训练点满足以下要求：$\overline{W} \cdot \overline{X}_i^T > 0$ 或 $\overline{W} \cdot \overline{X}_i^T < 0$。两个类之间的分隔符 $\overline{W} \cdot \overline{X}_i^T = 0$ 是建模的决策边界。请注意，某些数据分布可能不具有如图 6.2 所示的整齐可分性。在这种情况下，要么需要忍受误差，要么使用特征变换技术来创建线性可分性。

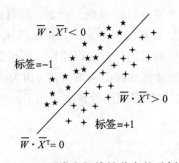

图 6.2   两类之间线性分离的示例

然后，将分隔符两侧的正类和负类训练实例的对齐推广到一个看不见的测试实例 $\overline{Z}$（一旦训练完成并 $\overline{W}$ 已计算）。请注意，测试实例 $\overline{Z}$ 是行向量，而 $\overline{W}$ 是列向量。列向量 $\overline{W}$ 和 $\overline{Z}^T$ 之间的点积产生实值预测，它利用符号函数将其转换为二进制预测：

$$\hat{y} = \text{sign}\{\overline{W} \cdot \overline{Z}^{\mathrm{T}}\} \tag{6.11}$$

因此，该模型学习一个线性超平面 $\overline{W} \cdot \overline{X}^{\mathrm{T}} = 0$，将正、负类分开。预测 $\overline{W} \cdot \overline{X}_i^{\mathrm{T}} > 0$ 的所有测试实例都属于正类，而 $\overline{W} \cdot \overline{X}_i^{\mathrm{T}} < 0$ 的所有实例都属于负类。分隔两类的线性超平面（见图 6.2）也称为决策边界。所有分类器（直接或间接）创建决策边界来划分不同的类。

封闭形式方法并不是解决这个问题的唯一方法。与实值目标的情况一样，也可以使用小批量随机梯度下降进行关于二进制目标的回归。让 S 成为特征变量和目标的小批量对 $(\overline{X}_i, y_i)$。每一个 $\overline{X}_i$ 是数据矩阵 $\boldsymbol{D}$ 的一行，而 y_i 是从 $\{-1, +1\}$ 中获取的目标值。然后，最小二乘分类的小批量更新与最小二乘回归相同：

$$\overline{W} \Leftarrow \overline{W}(1 - \alpha\lambda) - \alpha \sum_{(\overline{X}_i, y_i) \in S} \overline{X}_i^{\mathrm{T}}(\overline{W} \cdot \overline{X}_i^{\mathrm{T}} - y_i) \tag{6.12}$$

这里，$\alpha > 0$ 是学习率，$\lambda > 0$ 是正则化参数。请注意，此更新与最小二乘回归中的更新相同。但是，由于每个目标 y_i 都是从 $\{-1, +1\}$ 中获取的，通过使用 $y_i^2 = 1$ 这一事实，还存在另一种写入目标的方法。更新的替代形式如下所示：

$$\overline{W} \Leftarrow \overline{W}(1 - \alpha\lambda) - \alpha \sum_{(\overline{X}_i, y_i) \in S} \underbrace{y_i^2}_{1} \overline{X}_i^{\mathrm{T}}(\overline{W} \cdot \overline{X}_i^{\mathrm{T}} - y_i)$$

$$= \overline{W}(1 - \alpha\lambda) - \alpha \sum_{(\overline{X}_i, y_i) \in S} y_i \overline{X}_i^{\mathrm{T}}[y_i(\overline{W} \cdot \overline{X}_i^{\mathrm{T}}) - y_i^2]$$

设置 $y_i^2 = 1$，我们得到以下结果：

$$\overline{W} \Leftarrow \overline{W}(1 - \alpha\lambda) + \alpha \sum_{(\overline{X}_i, y_i) \in S} y_i \overline{X}_i^{\mathrm{T}}[1 - y_i(\overline{W} \cdot \overline{X}_i^{\mathrm{T}})] \tag{6.13}$$

我们强调，这种形式的更新仅对要从 $\{-1, +1\}$ 中提取的目标变量的特定类型的编码有效。这种形式的更新与支持向量机和逻辑回归（本章后面将讨论）等密切相关模型的更新更密切相关。损失函数也可以转换为从 $\{-1, +1\}$ 中提取的二进制目标的更方便表示形式。

损失函数的替代表示

上述更新的替代形式也可以从损失函数的替代形式导出。（正则化）最小二乘分类的损失函数可以写成如下形式：

$$J = \frac{1}{2}\sum_{i=1}^{n}(y_i - \overline{W} \cdot \overline{X}_i^{\mathrm{T}})^2 + \frac{\lambda}{2}\|\overline{W}\|^2 \tag{6.14}$$

利用二元目标的 $y_i^2 = 1$ 这一事实，我们可以如下修改目标函数：

$$J = \frac{1}{2}\sum_{i=1}^{n}y_i^2(y_i - \overline{W} \cdot \overline{X}_i^{\mathrm{T}})^2 + \frac{\lambda}{2}\|\overline{W}\|^2$$

$$= \frac{1}{2}\sum_{i=1}^{n}[y_i^2 - y_i(\overline{W} \cdot \overline{X}_i^{\mathrm{T}})]^2 + \frac{\lambda}{2}\|\overline{W}\|^2$$

设置 $y_i^2 = 1$，我们得到以下损失函数：

$$J = \frac{1}{2}\sum_{i=1}^{n}[1 - y_i(\overline{W} \cdot \overline{X}_i^{\mathrm{T}})]^2 + \frac{\lambda}{2}\|\overline{W}\|^2 \tag{6.15}$$

对该损失函数进行微分可直接得出式（6.13）。然而，重要的是要注意最小二乘分类的损失函数 / 更新与最小二乘回归的损失函数 / 更新是相同的，尽管在前一种情况下，人们可能会使用目标的二进制性质，以使它们从表面上看起来不同。

执行启发式初始化的一个好方法是分别确定属于负类和正类的点的均值 $\bar{\mu}_0$ 和 $\bar{\mu}_1$。这两种方法之间的差异在于 $\bar{w}_0 = \bar{\mu}_1^{\mathrm{T}} - \bar{\mu}_0^{\mathrm{T}}$ 是一个 d 维列向量，它满足 $\bar{w}_0 \cdot \bar{\mu}_1^{\mathrm{T}} \geqslant \bar{w}_0 \cdot \bar{\mu}_0^{\mathrm{T}}$。选择 $\overline{W} = \bar{w}_0$ 是一个很好的起点，因为正类实例将比负类实例（平均）具有更大的 $\bar{w}_0$ 点积。在许多实际应用中，类与线性超平面大致可分离，而类质心连线的法线超平面提供了良好的初始分隔符。

最小二乘分类在神经网络学习领域也得到了独立的研究。最小二乘分类的更新也称为 Widrow-Hoff 更新 [202]。Widrow-Hoff 更新是独立于最小二乘回归的经典文献提出的；然而，这些更新结果却完全相同。

最小二乘分类问题

最小二乘法分类存在一些挑战，这是其损失函数固有的。我们将最小二乘分类的目标函数复制如下：

$$J = \frac{1}{2} \sum_{i=1}^{n} [1 - y_i (\overline{W} \cdot \overline{X}_i^{\mathrm{T}})]^2 + \frac{\lambda}{2} \| \overline{W} \|^2$$

一个重要的问题是，当 $\overline{W} \cdot \overline{X}_i^{\mathrm{T}}$ 不同于 -1 或 $+1$ 时，点会被惩罚，误差的方向似乎并不重要。考虑一个正类实例，其中 $\overline{W} \cdot \overline{X}_i^{\mathrm{T}} = 100$ 是高度正的。至少从预测的角度来看，这显然是一种理想的情况，因为训练实例以"可靠"的方式位于分离器的正确一侧。然而，训练模型中的损失函数将此预测视为 $[1 - y_i(\overline{W} \cdot \overline{X}_i^{\mathrm{T}})]^2 = [1 - (1)(100)]^2 = 99^2 = 9801$ 的巨大损失贡献。因此，将对以下训练实例执行大梯度下降更新，它位于与正确一侧的超平面 $\overline{W} \cdot \overline{X}^{\mathrm{T}} = 0$ 距离较远处。事实上更新通常会大于对实例 $\overline{X}_i$ 的更新，因为 $\overline{W} \cdot \overline{X}_i^{\mathrm{T}}$ 位于分隔符的错误一侧。这种情况是不可取的，因为它会混淆最小二乘分类；来自超平面 $\overline{W} \cdot \overline{X}^{\mathrm{T}} = 0$ 正确一侧的这些点的更新倾向于将超平面推向与某些错误分类点相同的方向。为了解决此问题，许多机器学习算法以特殊方式处理此类正确分类点（远离分隔符）。这导致了现代机器学习模型，如支持向量机。

6.4 支持向量机

支持向量机（Support Vector Machine，SVM）解决了最小二乘分类模型的一些弱点。我们首先介绍符号和定义。假设我们有 n 对形式为 $(\overline{X}_i, y_i)$，$i \in \{1, \cdots, n\}$ 的训练对。每个 $\overline{X}_i$ 是一个 d 维行向量，每个 $y_i \in \{-1, +1\}$ 是标签。我们想找到一个 d 维列向量 $\overline{W}$，以使 $\overline{W} \cdot \overline{X}_i^{\mathrm{T}}$ 的符号生成类标签。

最小二乘分类模型和支撑向量机之间的主要区别在于处理分离良好的点的方式。我们首先正式定义一个分离良好的点。当值 $y_i(\overline{W} \cdot \overline{X}_i^{\mathrm{T}}) > 0$ 时，最小二乘分类模型会正确地对点进行分类。换句话说，y_i 有和 $\overline{W} \cdot \overline{X}_i^{\mathrm{T}}$ 相同的的标识。此外，当 $y_i(\overline{W} \cdot \overline{X}_i^{\mathrm{T}}) > 1$ 时，点被良好地分离。因此，分离良好的点不仅能够正确分类，而且能够可靠地进行正确分类。当满足此条件时，可以通过将损失设置为 0 来修改最小二乘分类的损失函数。这可以通过将最小二乘损失修改为支持向量机损失来实现：

$$J = \frac{1}{2}\sum_{i=1}^{n} \max\{0, [1 - y_i(\overline{W} \cdot \overline{X}_i^{\mathrm{T}})]\}^2 + \frac{\lambda}{2}\|\overline{W}\|^2 \quad [L_2 - \text{损失支持向量机}]$$

请注意，与最小二乘分类模型的唯一区别是使用最大化项，以将分离良好的点的损失设置为 0。尽管该目标函数与线性回归和分类损失直接相关，但在支持向量机中使用 L_1 损失更为常见，这就是它的工作原理在 Cortes 和 Vapnik 的开创性论文 [41] 中提出。该损失称为铰链损失，其定义如下：

$$J = \sum_{i=1}^{n} \max\{0, [1 - y_i(\overline{W} \cdot \overline{X}_i^{\mathrm{T}})]\}^2 + \frac{\lambda}{2}\|\overline{W}\|^2 \quad [\text{铰链损失支持向量机}] \qquad (6.16)$$

在本节中，我们将讨论铰链损失，因为它在机器学习社区中很受欢迎。

值得注意的是，Hinton 提出 L_2- 支持向量机的损失函数 [77] 比 Cortes 和 Vapnik[41] 关于铰链损失支持向量机的工作早得多。有趣的是，Hinton 提出 L_2 损失作为修复 Widrow-Hoff 损失（即最小二乘分类损失）的一种方法，为了以更有效的方式处理分离良好的点。此外，由于尚未提出支持向量机，Hinton 没有提出将该工作作为支持向量机的示例。相反，损失函数是在神经网络的背景下提出的。最终，Hinton 的工作与支持向量机之间的关系在过去 10 年被发现。

目标函数通过目标函数或对偶公式的梯度下降进行优化。使用对偶公式是许多机器学习环境中使用的一种优化方法。在本书中，我们只关注原始公式（即使支持向量机的对偶公式也非常流行）。一旦使用梯度下降法学习了向量 $\overline{W}$，就可以对一个看不见的变量实例进行分类，该过程与最小二乘分类相似，对于看不见的测试实例 $\overline{Z}$，$\overline{W} \cdot \overline{Z}^{\mathrm{T}}$ 的符号表示类标签。

小批量随机梯度下降

在本节中，我们将计算铰链损失支持向量机的梯度。L_1 损耗（铰链损失）和 L_2 损失支持向量机的目标函数形式均为 $J = \sum_i J_i + \lambda\|\overline{W}\|^2/2$，其中 $J_i = max\{0, [1 - y_i(\overline{W} \cdot \overline{X}_i^{\mathrm{T}})]\}$ 是特定于点的损失。J_i 相对于 $\overline{W}$ 的梯度是 $-y_i\overline{X}_i^{\mathrm{T}}$ 或者零向量，这取决于是否为 $y_i(\overline{W} \cdot \overline{X}_i^{\mathrm{T}}) < 1$。正则化项的梯度为 $\lambda\overline{W}$。

考虑小批量随机梯度下降的情形，其中训练集 S 实例包含形式 $(\overline{X}_i, y_i)$ 的特征标签对。对于铰链损失支持向量机，我们首先确定集合 $S+ \subseteq S$ 训练实例的数量，其中 $y_i[\overline{W} \cdot \overline{X}_i^{\mathrm{T}}] < 1$。

$$S^+ = \{(\overline{X}_i, y_i) : (\overline{X}_i, y_i) \in S, y_i(\overline{W} \cdot \overline{X}_i^{\mathrm{T}}) < 1\} \qquad (6.17)$$

S^+ 中的实例子集对应于那些要么在决策边界的错误一侧，要么令人不安地接近决策边界（在正确一侧）的实例。这两种类型的实例都会触发支持向量机中的更新。通过使用损失函数的梯度，L_1 损失支持向量机中的更新可以显示为以下内容：

$$\overline{W} \Leftarrow \overline{W}(1 - \alpha\lambda) + \sum_{(\overline{X}_i, y_i) \in S^+} \alpha y_i \overline{X}_i^{\mathrm{T}} \qquad (6.18)$$

该算法被称为原始支持向量机算法。也可以对 L_2 损失支持向量机进行类似的更新（参见练习 2）。

6.5　逻辑回归

与铰链损失不同，逻辑回归使用平滑损失函数。但是，两个损失函数的形状非常相似。使用与上一节相同的符号，逻辑回归的损失函数公式如下：

$$J = \sum_{i=1}^{n} \underbrace{\log\{1+\exp[-y_i(\overline{W}\cdot\overline{X}_i^{\mathrm{T}})]\}}_{J_i} + \frac{\lambda}{2}\|\overline{W}\|^2 \quad [逻辑回归] \tag{6.19}$$

本节中的对数均为自然对数。当 $\overline{W}\cdot\overline{X}_i^{\mathrm{T}}$ 绝对值较大且符号与 y_i 相同时，特定于点的损失 J_i 接近 $\log(1+\exp(-\infty))=0$。另一方面，当 $\overline{W}\cdot\overline{X}_i^{\mathrm{T}}$ 和 y_i 的符号不一致时，损失大于 $\log(2)$。此外，与铰链损耗一样，当 y_i 和 $\overline{W}\cdot\overline{X}_i^{\mathrm{T}}$ 的符号不一致时，对于较大量级 $\overline{W}\cdot\overline{X}_i^{\mathrm{T}}$，损失函数几乎与 $\overline{W}\cdot\overline{X}_i^{\mathrm{T}}$ 的量级成线性增加。

6.5.1　计算梯度

与支持向量机的情况一样，逻辑回归的目标函数的形式为 $J = \sum_i J_i + \lambda\|\overline{W}\|^2/2$，其中 J_i 的定义如下：

$$J_i = \log\{1+\exp[-y_i(\overline{W}\cdot\overline{X}_i^{\mathrm{T}})]\}$$

我们可以使用微分学的链式规则来计算相对于 $\overline{W}$ 的 J_i：

$$\frac{\partial J_i}{\partial \overline{W}} = \frac{-y_i\overline{X}_i^{\mathrm{T}}}{\{1+\exp[y_i(\overline{W}\cdot\overline{X}_i^{\mathrm{T}})]\}}$$

给定特征目标对 $(\overline{X}, y)$ 的小批量 S，可以定义一个目标函数 $J(S)$，该函数仅使用 S 中训练实例的损失。正则化项保持不变，因为可以简单地将正则化参数重新缩放 $|S|/n$。根据小批量 S 计算梯度 $\nabla J(S)$ 相对容易，如下所示：

$$\nabla J(S) = \lambda\overline{W} - \sum_{(\overline{X}_i, y_i)\in S} \frac{y_i\overline{X}_i^{\mathrm{T}}}{\{1+\exp[y_i(\overline{W}\cdot\overline{X}_i^{\mathrm{T}})]\}} \tag{6.20}$$

因此，小批量随机梯度下降法可以如下实现：

$$\overline{W} \Leftarrow \overline{W}(1-\alpha\lambda) + \sum_{(\overline{X}_i, y_i)\in S} \frac{\alpha y_i\overline{X}_i^{\mathrm{T}}}{\{1+\exp[y_i(\overline{W}\cdot\overline{X}_i^{\mathrm{T}})]\}} \tag{6.21}$$

逻辑回归与铰链损失支持向量机进行了类似的更新。主要区别在于处理分离良好的点，支持向量机不进行任何更新，逻辑回归进行（小）更新。

6.5.2　比较支持向量机和逻辑回归

支持向量机的性能惊人地类似于逻辑回归，尤其是用一个很大的 $\overline{W}\cdot\overline{X}_i^{\mathrm{T}}$ 将点 $\overline{X}_i$ 错误地分类时，因此，我们将考虑一个在绝对量值和负值上都很大的 $x_i = y_i(\overline{W}\cdot\overline{X}_i)$ 测试实例。令 $J_l(z_i)$ 是该实例的逻辑回归的损失函数，并且令 $J_s(z_i)$ 是该实例中铰链损失支持向量机的损失函数。在这种情况下，我们将证明 $J_s(z_i) - J_l(z_i)$ 变为 1 的常数值，即 $z_i \Rightarrow -\infty$。因此，严重错误分类点的梯度也将类似（因为损失函数中的恒定差异意味着梯度中的零差异）。由于严重错误分类的点会导致最大的更新，这意味着至少在许多点严重错误分类的初始阶段，两个损失函数的更新是相似的。首先，假设 z_i 为严重负的，我们用 z_i 表示损失函数。支持向量机的损失函数如下所示：

$$J_s(z_i) = \max\{0, 1 - z_i\} = 1 - z_i \quad [\text{其中} z_i < 0]$$

逻辑回归的损失函数可以表示为：

$$J_l(z_i) = \log[1 + \exp(-z_i)]$$

因此，可以将损失函数的差异表示为：

$$\lim_{z \to -\infty} [J_s(z_i) - J_l(z_i)] = \lim_{z \to -\infty} \{1 - z_i - \log[1 + \exp(-z_i)]\}$$
$$= \lim_{z \to -\infty} \{1 - \log[\exp(z_i)] - \log[1 + \exp(-z_i)]\}$$
$$= 1 - \lim_{z \to -\infty} \log[1 + \exp(z_i)] = 1 - \log(1) = 1$$

因此，对于严重错误分类的实例，两种情况下的损失函数变得非常相似，因为它们仅相差 1 的常量偏移量。两种损失函数之间的常量值差将导致坡度差为零，因为两种情况下的坡度相同：

$$\frac{\partial J_s(z_i)}{\partial z_i} - \frac{\partial J_l(z_i)}{\partial z_i} = 0$$

我们在图 6.3 中绘制了 z_i 变化值的两个目标函数 X 轴上显示的是 z_i 的值（与正类实例的 $\overline{W} \cdot \overline{X}$ 相同），而 Y 轴上显示的是损失函数。最小二乘分类的目标函数显示在同一个图中。很明显，支持向量机和逻辑回归的两个损失函数的形状非常相似。主要差异出现在分离良好的点的情况下，其中由于损失值为 0，铰链损失支持向量机不进行任何更新，而逻辑回归由于轻微的非零损失而进行更新。因此，当点线性可分离时，铰链损失支持向量机趋向于较快收敛。然而，在大多数情况下，两个模型的精度性能非常相似，最小二乘分类的损失函数大不相同，因为它允许目标函数因分类越来越正确而恶化（见图 6.3）。这从相应曲线的上升部分以及 X 轴上的增加值可以看出。

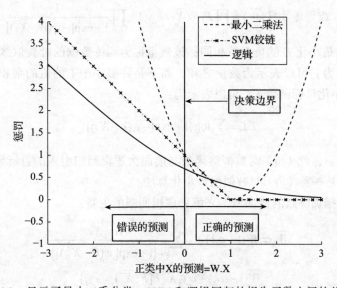

图 6.3　显示了最小二乘分类、SVM 和逻辑回归的损失函数之间的差异

6.5.3 逻辑回归作为概率分类器

到目前为止，我们已经介绍了没有任何损失函数的解释的逻辑回归。在本节中，我们提供了逻辑回归分类器的概率解释。可以从确定性或概率的角度解释逻辑回归中测试实例 $\overline{Z}$ 的预测。

$$F(\overline{Z}) = \text{sign}\{\overline{W} \cdot \overline{Z}\} \, [\text{确定性预测}]$$

$$P[F(\overline{Z}) = 1] = \frac{1}{1 + \exp(-\overline{W} \cdot \overline{Z})} \, [\text{概率预测}]$$

值得注意的是，决策边界上满足 $\overline{W} \cdot \overline{Z} = 0$ 的点的预测概率为 $1/[1 + \exp(0)] = 0.5$，这是一个合理的预测。

概率观点对于设计可解释损失函数至关重要。本质上，逻辑回归假设目标变量 $y_i \in \{-1, +1\}$ 是由隐藏的伯努利概率分布生成的观测值，即 $\overline{W} \cdot \overline{X}_i$。由于 $\overline{W} \cdot \overline{X}_i$ 可能是一个任意的量（与伯努利分布的参数不同），我们需要将某种函数应用到它上，以使其位于范围（0，1）内。选择的特定函数为 sigmoid 函数。换句话说，我们有：

$$y_i \sim \overline{W} \cdot \overline{X}_i \text{ 的 sigmoid 参数化的伯努利分布}$$

正是这种概率解释使我们得到了对于给定的数据点 $\overline{Z}$ 的预测函数 $F(\overline{Z})$：

$$P[F(\overline{Z}) = 1] = \frac{1}{1 + \exp(-\overline{W} \cdot \overline{Z})}$$

可以更一般地为任何目标 $y \in \{-1, +1\}$ 编写此预测函数。

$$P[F(\overline{Z}) = y] = \frac{1}{1 + \exp[-y(\overline{W} \cdot \overline{Z})]} \tag{6.22}$$

很容易验证 y 的两个结果的概率之和是 1。

概率模型学习概率过程的参数，以最大化每个训练实例被分类到正确类别的概率。将具有 n 对形式为 $(\overline{X}_i, y_i)$ 的整个训练数据集定义为这些概率的乘积：

$$\mathcal{L}(\text{训练数据} \,|\, \overline{W}) = \prod_{i=1}^{n} P[F(\overline{X}_i) = y_i] = \prod_{i=1}^{n} \frac{1}{1 + \exp[-y_i(\overline{W} \cdot \overline{X}_i)]}$$

最大化似然 $\mathcal{L}$ 与最小化 $\mathcal{L}$ 的负对数相同；该数量称为训练数据的对数似然。对数似然在数值上更稳定，因为它可以表示为数量之和，而不是许多小于 1 的值的乘积（这可能导致下溢）。因此，最小化目标函数 $\mathcal{LL}$ 可以表示为：

$$\mathcal{LL} = \sum_{i=1}^{n} \log\{1 + \exp[-y_i(\overline{W} \cdot \overline{X}_i)]\} \tag{6.23}$$

在添加正则化项后，此（负）对数似然函数与前面为逻辑回归引入的目标函数相同。因此，逻辑回归本质上是一种（负）对数似然最小化算法。

甚至可以根据训练点的错误概率来解释逻辑回归的更新：

$$\overline{W} \Leftarrow \overline{W}(1 - \alpha\lambda) + \sum_{(\overline{X}_i, y_i) \in S} \frac{\alpha y_i \overline{X}_i^{\mathrm{T}}}{\{1 + \exp[y_i(\overline{W} \cdot \overline{X}_i^{\mathrm{T}})]\}}$$

$$= \overline{W}(1 - \alpha\lambda) + \alpha y_i \overline{X}_i^{\mathrm{T}} P[F(\overline{X}_i) = -y_i]$$

$$= \overline{W}(1 - \alpha\lambda) + \alpha y_i \overline{X}_i^{\mathrm{T}} P(\overline{X}_i \text{的误差})$$

注意，最小二乘回归中的更新与误差的大小成正比 [见式（6.5）]。另一方面，在逻辑回归的情况下，误差的概率被用来调整更新。

6.6 多类设置

在多类设置中，我们有多个与每个数据点关联的类。与每个训练点 $\overline{X}_i$ 相关，我们有一个 k 无序类，它们由 $\{1, \cdots, k\}$ 索引。注意，这些 k 指数不是有序的；例如，索引可以表示"绿色""蓝色"或"红色"等颜色。在这种情况下，可以使用两种不同的方法来执行学习：

- 可以通过相互测试类，将问题分解为多个二进制类问题，然后对结果进行投票。
- 可以同时学习不同类别的 k 个分隔符（每个类别都有正负侧），并选择类别尽可能位于分隔符正侧的分隔符。

后一种方法更有效，因为人们正在学习以集成的方式而不是以解耦的方式在不同的类之间进行分离。然而，第一种方法的优点是有许多二进制分类器可用作子例程，这使得实现特别简单。我们将讨论这两种方法。

6.6.1 一对其余，一票反对一票

在两种投票方法中，二进制分类器 $\mathcal{A}$ 都被视为子例程。随后，一个元算法被包装在这个二进制分类器周围，以创建不同方法的集合。随后，使用后处理方法，也被称为投票阶段。投票阶段的获胜者用于决定类别标签。这两种方法都需要在数据标签或特定实例的预选方面修改训练数据。

我们首先讨论一对其余方法，也称为一对所有方法。在这种方法中，创建了 k 个不同的二进制分类问题，使得每个类对应一个问题。在第 i 个问题中，第 i 个类被视为一组正例子，而所有剩余的例子都被视为负例子。二进制分类器 $\mathcal{A}$ 应用于这些训练数据集中的每一个。这将总共创建 k 个模型。然后将这些模型中的每一个应用于测试实例 $\overline{Z}$。如果在测试实例 $\overline{Z}$ 的第 i 个问题中预测了正类，则第 i 个类将获得与预测置信度成比例的投票。还可以使用分类器的数字输出（例如，逻辑回归中的正类概率）来加权相应的投票。选择特定类别的最高数值分数来预测标签。请注意，用于加权投票的数字分数的选择取决于当前分类器。

第二种策略是一对一方法。在该策略中，为每 $\binom{k}{2}$ 对类构造一个训练数据集。算法 $\mathcal{A}$ 应用于每个训练数据集。这将导致总共 $k(k-1)/2$ 个模型。对于每个模型，预测都会为获胜者投票。还可以根据当前分类器，使用数字分数来加权投票。最后，得票最多的类被宣布为获胜者。乍一看，这种方法的计算成本似乎更高，因为它需要我们训练 $k(k-1)/2$ 个分类器，而不是训练 k 个分类器，如一对一方法。然而，在一对一方法中，较小的训练数据可以减少计算量。具体而言，后一种情况下的训练数据大小平均约为一对其余方法中使用的训练数据大小的 $2/k$。如果每个分类器的运行时间与训练点数呈超线性关系，那么这种方法的总体运行时间实际上可能低于第一种方法（这要求我们只训练 k 个分类器）。对于许多使用复杂特征工程方法的分类器来说，情况可能就是这样。

6.6.2 多项式逻辑回归

多项式逻辑回归是学习多个分隔符 $\overline{W}_1,\cdots,\overline{W}_k$ 的直接方法，每类一个。广义的思想是将逻辑回归推广到多类。我们假设第 i 个训练实例由 $[\overline{X}_i,c(i)]$ 表示。训练实例包含 d 维特征向量 $\overline{X}_i$（行向量）和它的观察类索引 $c(i)\in\{1,\cdots,k\}$。在这种情况下，将学习 k 个不同的参数向量是 $\overline{W}_1,\cdots,\overline{W}_k$ 的分隔符，并且具有最大点积 $\overline{W}_j\cdot\overline{Z}^{\mathrm{T}}$ 的类被预测为测试实例 $\overline{Z}$ 的类。

多项式逻辑回归是二元逻辑回归的自然推广，它对属于第 r 个类的点的概率进行建模。属于类 r 的训练点 $\overline{X}_i$ 的概率定义如下：

$$P(r\mid\overline{X}_i)=\frac{\exp(\overline{W}_r\cdot\overline{X}_i^{\mathrm{T}})}{\sum_{j=1}^{k}\exp(\overline{W}_j\cdot\overline{X}_i^{\mathrm{T}})} \tag{6.24}$$

我们想学习 $\overline{W}_1,\cdots,\overline{W}_k$，以在给定训练实例 $\overline{X}_i$ 时，使概率 $P(c(i)\mid\overline{X}_i)$ 对于 $c(i)$ 类尽可能高。这是通过使用交叉熵损失来实现的，交叉熵损失是逻辑回归中损失函数的自然推广。这一损失被定义为属于正确类 $c(i)$ 的实例 $\overline{X}_i$ 的概率的负对数：

$$J=-\sum_{i=1}^{n}\underbrace{\log[P(c(i)\mid\overline{X}_i)]}_{J_i}+\frac{\lambda}{2}\sum_{r=1}^{k}\|\overline{W}_r\|^2$$

随机梯度下降

由于在梯度下降过程中需要更新每个分隔符，因此我们需要评估 J 相对于每个 $\overline{W}_r$ 的梯度。除了正则化项之外，损失函数的特定于点的部分由 $J_i=-\log[P(c(i)\mid\overline{X}_i)]$ 表示。因此，梯度也可以与正则化项的梯度一起分解为特定于点的梯度之和。特定于点的梯度由 $\frac{\partial J_i}{\partial W_r}$ 表示。令 v_{ji} 表示 $\overline{W}_j\cdot\overline{X}_i^{\mathrm{T}}$ 的数量。然后，$\frac{\partial J_i}{\partial W_r}$ 的值计算如下：

$$\frac{\partial J_i}{\partial W_r}=\sum_{j}\left(\frac{\partial J_i}{\partial v_{ji}}\right)\frac{\partial v_{ji}}{\partial\overline{W}_r}=\frac{\partial J_i}{\partial v_{ri}}\underbrace{\frac{\partial v_{ri}}{\overline{W}_r}}_{\overline{X}_i^{\mathrm{T}}}=\overline{X}_i^{\mathrm{T}}\frac{\partial J_i}{\partial v_{ri}} \tag{6.25}$$

上面的求和中删除了几个项，因为当 $j\neq r$ 时，v_{ji} 对于 $\overline{W}_r$ 具有零梯度。只需要计算 J_i 对 v_{ri} 的偏导数。为了实现这一目标，特定于点的损失 J_i 直接表示为 $v_{1i},v_{2i},\cdots,v_{ki}$ 的函数，如下所示：

$$J_i=-\log\{P[c(i)\mid\overline{X}_i]\}=-\overline{W}_{c(i)}\cdot\overline{X}_i^{\mathrm{T}}+\log\left[\sum_{j=1}^{k}\exp(\overline{W}_j\cdot\overline{X}_i^{\mathrm{T}})\right]\quad[\text{使用式 (6.24)}]$$

$$=-v_{c(i),i}+\log\left[\sum_{j=1}^{k}\exp(v_{ji})\right]$$

因此，我们可以计算 J_i 对 v_{ri} 的偏导数，如下所示：

$$\frac{\partial J_i}{\partial v_{ri}}=\begin{cases}-\left[1-\dfrac{\exp(v_{ri})}{\sum_{j=1}^{k}\exp(v_{ji})}\right] & \text{如果 }r=c(i)\\[4mm] \left[\dfrac{\exp(v_{ri})}{\sum_{j=1}^{k}\exp(v_{ji})}\right] & \text{如果 }r\neq c(i)\end{cases}$$

$$=\begin{cases}-[1-P(r\mid\overline{X}_i)] & \text{如果 }r=c(i)\\ P(r\mid\overline{X}_i) & \text{如果 }r\neq c(i)\end{cases}$$

通过替换式（6.25）中偏导数 $\dfrac{\partial J_i}{\partial v_{ri}}$ 的值，我们获得以下信息：

$$\frac{\partial J_i}{\partial \overline{W}_r} = \begin{cases} -\overline{X}_i^{\mathrm{T}}[1 - P(r \mid \overline{X}_i)] & \text{如果} r = c(i) \\ \overline{X}_i^{\mathrm{T}} P(r \mid \overline{X}_i) & \text{如果} r \neq c(i) \end{cases} \tag{6.26}$$

然后可以使用此特定于点的梯度计算随机梯度下降更新：

$$\overline{W}_r \Leftarrow \overline{W}_r(1 - \alpha\lambda) + \alpha \begin{cases} \overline{X}_i^{\mathrm{T}}[1 - P(r \mid \overline{X}_i)] & \text{如果} r = c(i) \\ -\overline{X}_i^{\mathrm{T}} P(r \mid \overline{X}_i) & \text{如果} r \neq c(i) \end{cases} \forall r \in \{1, \cdots, k\} \tag{6.27}$$

上述更新中的概率可使用式（6.24）进行替换。

6.7 Naïve Bayes 模型

前面的部分介绍了各种形式的逻辑回归，它对实例属于特定类的概率进行建模。这种将类的概率直接建模为给定特征实例函数的方法称为判别模型。另一种模型是生成模型，它将特征向量的概率分布建模为类标签的函数。换句话说，我们不需要建模类概率（给定特征），而是建模特征概率分布（给定类）。这种相反的方法允许我们以概率方式生成样本数据集，首先选择一个类，然后根据概率分布生成特征值。这就是为什么这种方法被称为生成模型。生成方法要求我们使用概率论中的一个基本定理，称为贝叶斯定理，这就是该方法的名称。Naïve Bayes 分类器假设数据集中的每个点都是使用概率过程生成的，首先对类进行抽样，然后使用特定于类的概率分布生成特征向量。我们将使用多路分类设置，其中总共有 k 类。与第 r 个类相关的混合分量用 C_r 表示，其中 $r \in \{1, \cdots, k\}$。每个数据点的生成过程 $\overline{X}_i$ 的详情如下：

1. 选择先验概率 $\alpha_r = P(C_r)$ 的第 r 个类（混合分量）C_r。

2. 从 C_r 的概率分布生成数据点 $\overline{X}_i$，为了简单起见，我们讨论 $\overline{X}_i$ 的特征是从 $\{0, 1\}$ 中提取的情况，因此使用伯努利模型。

假设观测到的（训练和测试）数据是该生成过程的结果，并估计该生成过程的参数（使用训练数据集），从而使生成过程创建该数据集的可能性最大化。随后，这些参数用于估计测试实例中每个类的概率。上述模型称为混合模型，也用于无监督学习的概率形式。

在伯努利模型中，假设 $\overline{X}_i$ 的每个特征都是从 $\{0, 1\}$ 中提取的。虽然乍一看，这种假设似乎有局限性，但通过简单地改变每个类的概率分布，就可以将该模型应用于其他类型的数据集。例如，如果我们有一个包含连续属性的数据集，我们可以简单地使用高斯分布对每个类进行建模。伯努利模型假设在第 r 个类（混合分量）中，数据点的第 j 个属性值设置为 1，并且概率为 $p_j^{(r)}$。现在，考虑一个在它的 d 属性中具有二进制值 $[z_1, z_2, \cdots, z_d]$ 的测试实例 $\overline{Z}$。然后，从混合分量 C_r 生成数据点 $\overline{Z}$ 的概率 $P(\overline{Z} \mid C_r)$ 由分别设置为 1 和 0 的二元属性值对应的 d 个不同贝努利概率的乘积给出：

$$P(\overline{Z} \mid C_r) = \prod_{j: z_j = 1} p_j^{(r)} \prod_{j: z_j = 0} (1 - p_j^{(r)}) \tag{6.28}$$

该模型采用 Naïve Bayes 假设，即给定类的选择，二进制属性的值是条件独立的。这就是该方法被称为 Naïve Bayes 分类器的原因。这个假设很方便，因为它允许将 $\overline{Z}$ 中属性的联合概率表示为各个属性上相应值的乘积。

在训练阶段，使用最大似然模型来估计模型的参数。然后在预测阶段使用这些参数，如下所示：

- ❑ 训练阶段：仅使用训练数据估计参数 $p_j^{(r)}$ 和 α_r 的最大似然值。
- ❑ 预测阶段：使用参数的估计值预测每个未标记测试实例的类别。

首先执行训练阶段，然后执行预测阶段。然而，我们首先介绍预测阶段，因为该阶段是理解 Naïve Bayes 分类器的关键。下一节假设模型参数已在训练阶段学习。

预测阶段

预测阶段使用后验概率的贝叶斯规则来预测实例的类别。根据后验概率的贝叶斯规则，后验概率由混合分量 C_r（即第 r 个类的生成分量）生成的 $\overline{Z}$ 的后验概率可如下估计：

$$P(C_r \mid \overline{Z}) = \frac{P(C_r) \cdot P(\overline{Z} \mid C_r)}{P(\overline{Z})} \propto P(C_r) \cdot P(\overline{Z} \mid C_r) \tag{6.29}$$

使用比例常数代替分母中的 $P(\overline{Z})$，因为估计概率仅在多个类别之间进行比较，以确定预测类，而 $P(\overline{Z})$ 独立于当前的类。我们使用式（6.28）的伯努利分布进一步扩展式（6.29）中的关系，如下所示：

$$P(C_r \mid \overline{Z}) \propto P(C_r) \cdot P(\overline{Z} \mid C_r) = \alpha_r \prod_{j:z_j=1} p_j^{(r)} \prod_{j:z_j=0} (1 - p_j^{(r)}) \tag{6.30}$$

右侧的所有参数都是在下面讨论的训练阶段估计的。因此，现在每个类别被预测的估计概率达到一个恒定的比例因子。预测后验概率最高的类别为相关类别。

训练阶段

贝叶斯分类器的训练阶段使用标记的训练数据来估计式（6.30）中参数的最大似然值。有两组关键参数需要估计；这些是对于每个混合分量的先验概率 α_r 和伯努利生成参数 $p_j^{(r)}$。可用于参数估计的统计信息包含属于第 r 个类 C_r 的标记数据点 n_r 的数量，以及属于包括 t_j 的第 r 个类 C_r 的标记数据点的数量 $m_j^{(r)}$。这些参数的最大似然估计值如下所示。

1. 先验概率估计：由于训练数据包含语料库大小为 n 的第 r 个类的 n_r 数据点，因此该类先验概率的自然估计如下，

$$\alpha_r = \frac{n_r}{n} \tag{6.31}$$

如果语料库较小，则有助于通过将小值 $\beta > 0$ 添加到分子和将 $\beta \cdot k$ 添加到分母来执行拉普拉斯平滑，

$$\alpha_r = \frac{n_r + \beta}{n + k \cdot \beta} \tag{6.32}$$

β 的精确值包含平滑量，在实践中通常设置为 1。当数据量非常小时，这导致先验概率估计接近 $1/k$，这是在缺乏足够数据的情况下的合理假设。

2. 类别条件混合参数的估计：类别条件混合参数 $p_j^{(r)}$ 估计如下，

$$p_j^{(r)} = \frac{m_j^{(r)}}{n_r} \tag{6.33}$$

当训练数据点的数量很小时，估计可能很差。例如，训练数据可能不包含属于第 j 个属性值为 1 的第 r 个类的数据点。在这种情况下，可以将相应的 $p_j^{(r)}$ 值估计为 0。由于式（6.30）的乘法性质，第 r 个类的估计概率为 0。这种预测通常是错误的，并且是对较小的训练数据的过拟合造成的。

类条件概率估计的拉普拉斯平滑可以缓解这个问题。设 d_a 为二进制数据每行中 1s 的平均数，d 为维数。基本思想是将拉普拉斯平滑参数 $\gamma > 0$ 添加到式（6.33）的分子中，并将 d_γ / d_a 添加到分母中，

$$p_j^{(r)} = \frac{m_j^{(r)} + \gamma}{n_r + d_\gamma / d_a} \qquad (6.34)$$

在实践中，γ 值通常设置为 1。当训练数据量非常小时，此选择会导致 $p_j^{(r)}$ 的 d_a / d 默认值，这反映了数据中的稀疏程度。

这种概率模型因其简单性和可解释性而非常流行。通过改变每个混合分量生成模型的性质，可以将其推广到任何类型的数据（而不仅仅是二进制数据）。

6.8 最近邻分类器

与最近邻分类器一样，我们使用（更通用的）多路设置，其中有 $\kappa \geqslant 2$ 个不同的类。最近邻分类器使用以下原则：

相似的实例具有相似的标签。

实现这一原则的自然方法是使用 $\kappa-$ 最近邻[一]分类器。其基本思想是识别测试点的 $\kappa-$ 最近邻，并计算属于每个类的点的数量。点最多的类被报告为相关类。为了实现最近邻分类器，可以使用多种距离函数。因此，只要适当的距离函数可用，该方法可用于任何类型的数据。最近邻分类可以用于二进制类和多路分类，只要使用投票数最大的类。如果因变量为数字，则可以报告最近邻中因变量的平均值。因此，最近邻分类器的一个重要优点是，它们可以用于几乎任何类型的数据，并且该方法的复杂性被很好地限制在距离（或相似性）函数的设计上。

最近邻分类器也称为懒惰学习者、基于记忆的学习者和基于实例的学习者。它们被称为懒惰的学习者，因为分类的大部分工作被推迟到最后。从某种意义上说，这些方法记住了所有训练示例，并使用与当前实例最匹配的示例。与基于模型的方法（如支持向量机）不同，较少的泛化和学习是预先完成的，大多数分类工作都是以一种懒惰的方式进行的。最近邻方法的直接实现不需要训练，但需要 $O(n)$ 个相似度计算来对每个测试实例进行分类。通过使用各种索引结构，可以加快最近邻分类器的速度。

最近邻数 κ 是算法的一个参数。可以通过在训练数据上尝试不同的 κ 值来设置其值。使用在训练数据上达到最高精度的 κ 值。在计算训练数据的准确性时，使用了一种留一方法，其中计算 $\kappa-$ 最近邻的点不包括在最近邻中。例如，如果我们不采取这种预防措施，则每个点都有自己的最近邻，并且 $\kappa=1$ 的值将始终被视为最佳值。这是一种过拟合的表

㊀ 我们用 κ 代替更常用的变量 k，因为类的数量为 k。

现，使用留一方法可以避免这种情况。通过使用大小为 s 的验证样本计算分类精度。对于样本中的每个点，计算整个数据的相似性（不包括最近邻点本身）。这些计算出的相似性用于对每个样本的 $n-1$ 个训练点进行排序，测试 κ 的各种值。该过程需要进行 $O(n \cdot s)$ 相似度计算和 $O(n \cdot s \cdot \log(n))$ 时间对点进行排序。对于 s 的验证样本量，调整参数 κ 所需的时间为 $O(s \cdot n \cdot (T+\log(n)))$。这里，$T$ 是每次相似度计算所需的时间。

当有大量数据可用时，最近邻分类器可能非常强大。对于无限量的数据，可以以较高的精度学习一对类之间的决策边界。然而，在实践中，数据往往是有限的，最近邻分类器往往提供较差的性能。通过对近邻选择过程进行一些监督，可以提高最近邻分类器的准确性。事实上，可以证明许多其他分类器，例如决策树和支持向量机，可以被视为监督最近邻分类器的特殊情况。关于这些连接的详细讨论见文献 [7]。

6.9 决策树

决策树是数据空间的分层分区，其中分区是通过一系列属性拆分条件（即决策）实现的。其思想是在训练阶段将数据空间划分为严重偏向某一特定类的属性区域。因此，分区与它们喜欢的（即多数）类标签相关联。在测试阶段，为测试实例标识数据空间的相关分区，并返回分区的标签。请注意，决策树中的每个节点对应于由其祖先节点上的拆分条件定义的数据空间区域，而根节点对应于整个数据空间。

6.9.1 决策树构建的训练阶段

决策树使用拆分条件或谓词以自上而下的方式递归地划分数据空间。基本思想是选择拆分条件，使细分部分由一个或多个类控制。此类拆分谓词的评估标准通常类似于分类中的特征选择标准。拆分标准通常对应于一个或多个单词的频率约束。使用单个属性的拆分称为单变量拆分，而使用多个属性的拆分称为多变量拆分。决策树中的每个节点通常只有两个子节点。例如，如果拆分谓词对应于一个属性，例如年龄小于 30 岁，那么年龄小于 30 岁的所有个体将位于一个分支，而年龄大于 30 岁的个体将位于另一个分支。拆分以自上而下的方式递归应用，直到树中的每个节点都包含一个类。这些节点是叶子节点，并用其实例的类进行标记。为了对标签未知的测试实例进行分类，拆分谓词以自上而下的方式在树的各个节点上使用，以标识要沿着树向下移动的分支，直到到达叶子节点为止。例如，如果一个拆分谓词对应于一个小于 30 岁的个体的年龄，则检查测试点是否对应于小于 30 岁的年龄属性。重复此过程，直到识别出相关的叶子节点，并将其标签报告为测试实例的预测。

这种创建一棵树直到每个叶子只包含一个类的实例的极端方式称为令树生长到全高。这种完全生长的树将提供在训练数据上 100% 的准确性，即使对于类标签随机生成且与训练实例中的特征无关的数据集也是如此。这显然是过拟合的结果，因为人们不能期望从带有随机标签的数据集中学到任何东西。一棵完全生长的树通常会将训练数据中的随机细微差别误解为辨别力的指示，而这些类型的过拟合选择将导致在不同训练样本上构建的树之间对同一测试实例的预测显著不同。这种类型的可变性通常是预期分类器性能差的标志，因为这些不同的预测中至少有一些是不正确的。因此，即使对于特征值与类标签相关的数据集，这种树的测试数据的性能也会很差。这个问题是通过修剪树的较低级别上的节点来解决的，这些节点对看不见的测试实例的泛化能力没有积极的影响。因此，修剪过的树的叶子可能不再包含单个类别，因此标记为多数类别（或 k-way 分类的主类别）。

　　剪枝是通过保留一部分训练数据来完成的，这些数据在（初始）决策树构造中没有使用。对于每个内部节点，通过移除根在该节点上的子树（并将该内部节点转换为叶），测试保留数据的准确性是否有所提高。将根据准确性是否提高执行修剪。选择内部节点进行自下而上的测试，直到所有节点都测试一次为止。决策树构建的总体过程如图 6.4 所示。请注意，这些通用伪代码中没有详细说明具体的拆分标准。这是一个将在下一节讨论的问题。伪代码中也没有指定要拆分的节点的合格性概念。由于底部节点无论如何都会被修剪，因此可以使用其他标准提前停止，而不是令树生长到全高。各种停止条件使节点不符合拆分标准，例如实例数的最大阈值，或主类的最小百分比阈值。最简单的拆分标准是当节点中的所有数据点都属于同一标签时拆分节点。在这种情况下，通过进一步拆分无法获得额外收益。这种方法被称为令树长到全高。

Algorithm *ConstructDecisionTree* (Labeled Training Data Set: D_y)
begin
　Hold out a subset H from D_y to create $D'_y = D_y - H$;
　Initialize decision tree $\mathcal{T}$ to a single root node containing D'_y;
　{ **Tree Construction Phase** }
　repeat
　　Select any eligible leaf node from $\mathcal{T}$ with data set L;
　　Use split criteria of section 6.9.2 to partition L into subsets L_1 and L_2;
　　Store split condition at L and make $\{L_1, L_2\}$ children of L in $\mathcal{T}$;
　until no more eligible nodes in $\mathcal{T}$;
　{ **Tree Pruning Phase** }
　repeat
　　Select an untested internal node N in $\mathcal{T}$ in bottom-up order;
　　Create $\mathcal{T}_n$ obtained by pruning subtree of $\mathcal{T}$ at N;
　　Compare accuracy of $\mathcal{T}$ and $\mathcal{T}_n$ on held out set H;
　　if $\mathcal{T}_n$ has better accuracy **then** replace $\mathcal{T}$ with $\mathcal{T}_n$;
　until no untested internal nodes remain in $\mathcal{T}$;
　Label each leaf node of $\mathcal{T}$ with its dominant class;
　return $\mathcal{T}$;
end

图 6.4　决策树中的训练过程

　　为了说明决策树构造的基本思想，将使用一个示例。表 6.1 显示了一个假设的慈善捐赠数据集的快照。这两个特征变量表示年龄和薪资属性。这两个属性都与捐赠倾向相关，捐赠倾向也是类标签。具体而言，个人捐赠的可能性与其年龄和薪资呈正相关。然而，只有通过组合这两个属性才能实现类的最佳分离。决策树构建过程中的目标是以自上而下的方式执行一系列拆分，以在叶子级别创建节点，其中捐赠者和非捐赠者被很好地分离。实现这一目标的一种方法如图 6.5a 所示。该图显示了树状结构中训练示例的分层排列。第一级拆分使用年龄属性，而两个分支的第二级拆分使用薪资属性。请注意，同一决策树级别上的不同拆分不必位于同一属性上。此外，图 6.5a 中的决策树在每个节点上有两个分支，但情况并非总是如此。在这种情况下，所有叶子节点中的训练示例都属于同一类，因此，没有必要将决策树扩展到叶子节点之外。图 6.5a 中所示的拆分称为单变量拆分，因为它们使用单个属性。为了对测试实例进行分类，树中的单个相关路径通过使用拆分标准自上而下地遍历，以确定在树的每个节点上遵循哪个分支。叶子节点中的主类标签报告为相关类。例如，年龄小于 50 岁、薪资小于 60 000 的测试实例将遍历图 6.5a 中树的最左侧路径。由于此路径的叶子节点仅包含非捐赠者训练示例，因此测试实例也将被分类为非捐赠者。

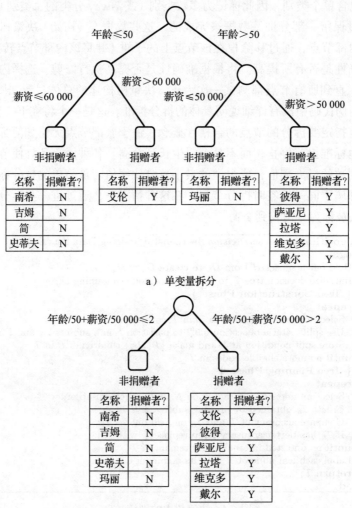

图 6.5   用于决策树构建的单变量和多变量拆分的说明

表 6.1   薪资和年龄特征与慈善捐赠倾向相关的训练数据快照

名称	年龄	薪资	捐赠者?
南希	21	37 000	N
吉姆	27	41 000	N
艾伦	43	61 000	Y
简	38	55 000	N
史蒂夫	44	30 000	N
彼得	51	56 000	Y
萨亚尼	53	70 000	Y
拉塔	56	74 000	Y
玛丽	59	25 000	N
维克多	61	68 000	Y
戴尔	63	51 000	Y

多变量拆分在拆分标准中使用多个属性。图 6.5b 中说明了一个示例。在这种特殊情况下，单个拆分会导致类的完全分离。这表明多变量标准更有效，因为它们会导致树木变浅。对于训练数据中相同级别的类分离，较浅的树通常更可取，因为叶子节点包含更多示例，因此，在统计上不太可能过拟合训练数据中的噪声。

6.9.2 拆分节点

拆分标准的目标是最大化子节点之间不同类的分离。以下仅讨论单变量标准。假设有用于评估拆分的质量标准。拆分标准的设计取决于基础属性的性质。

1. 二进制属性：只有一种类型的拆分是可能的，并且树总是二进制的。每个分支对应一个二进制值。

2. 分类属性：如果一个分类属性有 r 个不同的值，有多种方法可以拆分它。一种可能性是使用 r 路拆分，其中拆分的每个分支对应于特定的属性值。另一种可能性是通过测试分类属性的每 2^r-1 个组合（或分组）来使用二进制拆分，并选择最佳组合。当 r 值较大时，这显然不是一个可行的选择。有时使用的一种简单方法是将分类数据转换为二进制数据，即创建二进制属性，其中一个二进制变量对应于分类属性的每个可能结果。因此，只有一个二进制变量的值为 1，而其他属性的值为 0。在这种情况下，可以使用二进制属性的方法。

3. 数字属性：如果数字属性包含少量 r 个有序值（例如，小范围 $[1, r]$ 内的整数），则可以为每个不同的值创建 r 路拆分。但是，对于连续的数值属性，通常使用二进制条件，如对于属性值 x 和常数 a，执行 $x \leqslant a$。

考虑节点包含 m 个数据点的情况。因此，该属性有 m 个可能的分割点，并且 a 的对应值可以通过沿着该属性对节点中的数据进行排序来确定。一种可能性是对于拆分测试 a 的所有可能值，并选择最佳值。一个更快的替代方法是，基于等深度的范围划分，只测试 a 的一组较小的可能性。

上述许多方法都需要从一组选择中确定"最佳"分割。具体来说，需要从多个属性和可用于分割每个属性的各种备选方案中进行选择。因此，需要对分割质量进行量化。此类量化的一些示例如下：

1. 错误率：设 p 是属于主类的一组数据点 S 中实例的分数。那么，错误率就是 $1-P$。对于集合 S 到集合 $S_1, \cdots, S_r$ 的 r 路分割，分割的总体错误率可量化为单个集合 S_i 的错误率的加权平均值，其中 S_i 的权重为 $|S_i|$。从备选方案中选择错误率最低的拆分。

2. 基尼指数：一组数据点 S 的基尼指数 $G(S)$ 可根据 S 中训练数据点的类别分布 $p_1, \cdots, p_k$ 进行计算。

$$G(S) = 1 - \sum_{j=1}^{k} p_j^2 \qquad (6.35)$$

集合 S 分成集合 , $S_1, \cdots, S_r$ 的 r 路分割的总体基尼指数可量化为每个 S_i 的基尼指数值 $G(S_i)$ 的加权平均值，其中 S_i 的权重为 $|S_i|$。

$$\text{Gini-Split}(S \Rightarrow S_1, \cdots, S_r) = \sum_{i=1}^{r} \frac{|S_i|}{|S|} G(S_i) \qquad (6.36)$$

从备选方案中选择基尼指数最低的分割方案。CART 算法使用基尼指数作为分割标准。

3. 熵：熵测度用于最早的分类算法之一，称为 ID3。可以根据节点中训练数据点的类

分布 $p_1, \cdots, p_k$ 来计算集合 S 的熵 $E(S)$。

$$E(S) = -\sum_{j=1}^{k} p_j \log_2(p_j) \qquad (6.37)$$

与基尼指数的情况一样，集合 S 分成集合 $S_1, \cdots, S_r$ 的 r 路分割的总熵可计算为每个 S_i 的基尼指数值 $G(S_i)$ 的加权平均值，其中 S_i 的权重为 $|S_i|$。

$$\text{Entropy-Split}(S \Rightarrow S_1, \cdots, S_r) = \sum_{i=1}^{r} \frac{|S_i|}{|S|} E(S_i) \qquad (6.38)$$

熵的值越低越好。ID3 和 C4.5 算法使用熵度量。

信息增益与熵密切相关，并且等于作为拆分结果的熵 $E(S) - \text{Entropy-Split}(S \Rightarrow S_1, \cdots, S_r)$ 的减少。大的减值是可取的。在概念层面上，虽然在信息增益的情况下，分割程度的标准化是可能的，但在分割时使用两者并没有区别。请注意，熵和信息增益度量只能用于比较相同程度的两个拆分，因为这两个度量自然偏向于更大程度的拆分。例如，如果一个分类属性有许多值，则首选具有许多值的属性。C4.5 算法已经表明，将整体信息增益除以归一化因子 $-\sum_{i=1}^{r} \frac{|S_i|}{|S|} \log_2\left(\frac{|S_i|}{|S|}\right)$ 有助于调整不同数量的分类值。

上述标准用于选择分割属性和属性上的精确标准。例如，对于数字数据库，将为每个数字属性测试不同的分割点，并选择最佳分割。

为了执行回归，将决策树推广到数值目标变量是相对容易的。主要区别在于拆分需要使用目标变量的方差来选择拆分属性（而不是使用基尼指数等度量）。这种树称为回归树。回归树的一个优点是，它们可以学习特征变量和目标变量之间的关系，即使这种关系是非线性的。线性回归的情况并非如此，它往往很难对这种非线性关系进行建模。

预测

一旦建立了决策树，使用它进行预测就相对容易了。在构建决策树期间，与每个节点关联的分割标准始终与该节点一起存储。对于测试实例，将测试根节点上的拆分标准，以确定遵循哪个分支。此过程递归重复，直到到达叶子节点。叶子节点的标签作为预测返回。置信度与预测相关联，对应于相关叶子节点中属于预测类的标签的分数。

决策树的优缺点

决策树与最近邻分类器非常相似，因为它们使用数据局部区域中的类分布来进行预测。与最近邻分类器一样，决策树可以学习底层数据中任意复杂的决策边界，前提是数据量无限。不幸的是，情况并非如此。在数据量有限的情况下，决策树提供了非常粗略的决策边界近似值。这样的近似可能会过拟合数据，而使用随机森林可以改善这个问题。

6.9.3 将决策树推广到随机森林

尽管决策树可以用无限量的数据捕获任意决策边界，但它们只能用有限量的数据捕获这些边界的分段线性近似。这些近似值在较小的数据集中尤其不准确。处理这个问题的一个有效方法是通过允许树的更高级别的拆分，使用从有限的特征子集中选择的最佳特征来随机化树的构建过程。换句话说，在每个节点上随机选择 r 个特征，并且仅从这些特征中选择最佳拆分特征。此外，不同的节点使用随机选择的特征的不同子集。使用较小的 r 值会导致树构造中随机化的数量增加。乍一看，使用这种随机树结构似乎会以有害的方式影响预测。然而，关键是要生长多个这样的随机树，并对不同树上每个测试点的预测进行平均，以产生最终结果。通过平均，我们的意思是统计一个类被随机树预测为一个测试实例的次数。为测试实例预测获得最多投票数的类。通过有效地使用不同集合分量中不同树的更高级别上的不同特征选择，该平均过程在单个树上显著提高了预测的质量。这将导致更鲁棒的预测。由于平均预测不存在单棵树预测的过拟合问题，因此单棵树可以在不修剪的情况下生长到全高。总体方法称为以集成为中心的方法，该方法降低了分类器创建底层数据锯齿状决策边界的倾向。

由决策树和随机森林创建的决策边界示例如图 6.6 所示。很明显，在决策树的情况下，决策边界是非常参差不齐的，这在数据有限的情况下经常发生。为了理解这一点，请注意，在只有两个不同类别的点的数据集上构建的决策树将是拆分这两个点的直线。然而，这种决策树显然过拟合了数据，并且不能很好地用于任意测试实例。通过创建多棵树并对不同树的预测进行平均，可以获得更平滑的决策边界，如图 6.6b 所示。

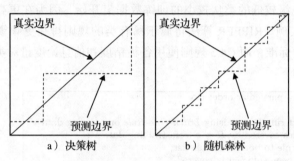

图 6.6 决策树和随机森林中的决策边界

6.10 基于规则的分类器

基于规则的分类器使用一组"if-then"规则 $\mathcal{R} = \{R_1, \cdots, R_m\}$，以将规则左侧的特征上的条件与右侧的类标签相匹配。与逻辑规则的情况一样，规则左侧的表达式称为前件，规则右侧的表达式称为后件。规则通常以以下形式表示：

如果是条件，则得出结论。

为了有效地实现基于规则的分类器，通常将数据点离散为分类值。然后，对于离散化特征向量 $\bar{X} = [x_1, x_2, \cdots, x_d]$，前件包含形式 $(x_j = a)$ 和 $(x_l = b)$ 以及 $(, \cdots,)$ 的条件。这里，a 和 b 是分类值的选择。前件条件与数据点的匹配导致触发规则。每种情况 $(t_j \in \bar{X})$ 被称为合取，和在命题逻辑中一样。规则的右侧称为后件，它包含类变量。因此，规则 R_i 的形式为 $Q_i \Rightarrow c$，其中 Q_i 是前件，c 是类变量。"$\Rightarrow$"符号表示"THEN"条件。换句话说，规则将数据记录中特定类别值的存在与类变量 c 相关联。

与所有归纳分类器一样，基于规则的方法有一个训练阶段和一个预测阶段。基于规则的算法的训练阶段创建一组规则。测试实例的预测阶段发现测试实例触发的部分或全部规则。当实例中的特征满足前件中的逻辑条件时，规则被称为由训练或测试实例触发。或者，对于训练实例的特定情况，称这样的规则覆盖了训练实例。在某些算法中，规则按优先级排序，因此，测试实例触发的第一条规则用于预测结果中的类标签。在某些算法中，规则是无序的，并且（可能）具有冲突结果值的多个规则由测试实例触发。在这种情况下，需要使用方法来解决类标签预测中的冲突。虽然有其他算法生成无序规则，但顺序覆盖算法生成的规则是有序的。

6.10.1　顺序覆盖算法

顺序覆盖算法的基本思想是通过将感兴趣的类视为正类，将所有其他类的并集视为负类，一次为每个类生成规则。生成的每个规则始终包含正类作为结果。在每次迭代中，使用 Learn-One-Rule 过程生成单个规则，并删除该类涵盖的训练示例。生成的规则将被添加到规则列表的底部。此过程将继续，直到至少涵盖该类实例的某个最小部分。通常使用其他终止条件。例如，当下一个生成的规则的误差在单独的验证集上超过某个预先确定的阈值时，该过程可以终止。当进一步添加规则会使模型的最小描述长度增加一定量以上时，有时会使用最小描述长度（Minimum Description Length，MDL）标准。该过程会对所有类重复。请注意，优先级较低的类从较小的训练数据集开始，因为在更高优先级的规则生成中已经删除了许多实例。RIPPER 算法将属于稀有类的规则排在更频繁类的规则之前，尽管其他算法使用其他标准，而 C4.5 规则使用各种精度和信息论度量对类进行排序。顺序覆盖算法的总体框架如下：

```
for each class c in a particular order do
  repeat
    Extract the next rule R ⇒ c using Learn-One-Rule on training data V;
    Remove examples covered by R ⇒ c from training data V;
    Add extracted rule to bottom of rule list;
  until class c has been sufficiently covered
```

下面将描述学习单个规则的程序。只有 $(k-1)$ 个类的规则增长，并且最终类被假定为默认的 catch-all 的类。还可以将剩余类 c_l 的最终规则视为 catch-all 规则 $\{\} \Rightarrow c_l$。此规则被添加到整个规则列表的最底部。这种规则生成的有序方法使预测过程相对简单。对于任何测试实例，第一个触发的规则都会被识别。该规则的结果将作为类标签报告。请注意，当没有触发其他规则时，catch-all 规则保证会被触发。对这种方法的批评之一是，有序规则生成机制可能更倾向于某些类。但是，由于存在多个标准来对不同的类进行排序，可以使用这些不同的顺序重复整个学习过程，并报告平均预测。

Learn-One-Rule 规则

单个类的规则是如何生成的还有待解释。当生成 c 类的规则时，每个合取都被顺序地添加到前件中。该方法从 c 类的空规则 $\{\} \Rightarrow c$ 开始，然后将诸如 $x_j = a$ 之类的合取一一添加到前件。将一项添加到当前规则 $R \Rightarrow c$ 的前件的标准应该是什么？

1. 最简单的标准是将项添加到前件中，以尽可能提高规则的准确性。换句话说，如果 n_* 是规则覆盖的训练样例的数量（在与前件相加后），而 n_+ 是这些实例中正例的数量，那么规则的准确度由 n_+/n_* 定义。为了减少过拟合，有时使用平滑精度 A：

$$A = \frac{n_+ + 1}{n_* + k} \tag{6.39}$$

这里，k 是类的总数。

2. 另一个标准是 FOIL 的信息增益。术语"FOIL"代表一阶归纳学习器。考虑规则覆盖 n_1^+ 个正例和 n_1^- 个负例的情况，其中正例被定义为与结果中的类匹配的训练示例。此外，假设向前件添加一项会将正例和负例的数量分别更改为 n_2^+ 和 n_2^-。那么，FOIL 的信息增益 FG 定义如下：

$$FG = n_2^+ \left(\log_2 \frac{n_2^+}{n_2^+ + n_2^-} - \log_2 \frac{n_1^+}{n_1^+ + n_1^-} \right) \tag{6.40}$$

该度量倾向于选择覆盖率高的规则，因为 n_2^+ 是 FG 中的乘法因子。同时，由于括号内的术语，信息增益以更高的精度增加。RIPPER 算法使用此特定度量。

通常会使用其他一些度量，如似然比和熵。合取可以连续添加到规则的前件中，直到规则对训练数据达到 100% 的准确度，或者添加一个术语无法提高规则的准确度。在许多情况下，此终止点会导致过拟合。由于节点剪枝是在决策树中进行的，因此基于规则的学习者需要进行先件剪枝以避免过拟合。提高泛化能力的另一种改进方法是在给定时间同时增长 r 个最佳规则，并根据保留集的性能在最后只选择其中一个。该方法也可以被认为是*光束搜索*。

规则剪枝

过拟合可能是由于存在过多的合取。与决策树剪枝一样，可以使用最小描述长度原则进行修剪。例如，对于规则中的每个合取，可以在规则增长阶段向质量标准添加惩罚项 δ。这将导致悲观的误差率。因此，具有许多合取的规则将具有更大的总惩罚，以解释其更大的模型复杂性。计算悲观误差率的更简单方法是使用单独的保持验证集，用于计算误差率（无惩罚）。但是，Learn-One-Rule 规则不使用这种方法。

在规则增长期间连续添加合取（在顺序覆盖中），然后按相反的顺序对其进行剪枝测试。如果剪枝降低了规则所涵盖的训练示例的悲观误差率，则使用广义规则。虽然有些算法（如 RIPPER）首先测试最近添加的合取进行规则剪枝，但这不是严格的要求。可以以任何顺序或贪婪方式删除合取来进行测试，以尽可能降低悲观误差率。规则剪枝可能会导致某些规则变得相同。在分类之前，将从规则集中删除重复的规则。

6.10.2 将基于规则的分类器与专家系统中的逻辑规则进行比较

本书的前几节以专家系统中使用的方式介绍了基于规则的推理方法。因此，将这些基于规则的分类器与基于规则的推理系统进行比较是很自然的。专家系统创建逻辑规则，以便从领域知识中执行推理。因此，规则通常表示专家的理解，并包含在知识库中。另一方面，本节中基于规则的分类器是纯粹的归纳和数据驱动系统。重要的一点是，专家系统不能超出领域专家已经知道的特定设置。另一方面，如果有充足的数据，本节中基于规则的方法通常可以从基础数据中推断出新的见解。但是，如果数据量较小，则使用领域知识更有意义。在许多情况下，此类基于规则的分类器可以与领域知识相结合，以创建一个能够在不丢失数据驱动分析中可用的洞察力的情况下进行鲁棒的预测的集成系统。

6.11 分类的评估

评估算法不仅从理解学习算法的性能特征的角度来看很重要，而且从通过模型选择优化算法性能的角度来看也很重要。给定一个特定的数据集，我们如何知道使用哪种算法？我们应该使用支持向量机还是随机森林？因此，模型评估和模型选择的概念紧密交织在一起。

给定一个带标签的数据集，不能将所有数据集都用于模型构建。这是因为分类的主要目标是将带标签数据的模型推广到看不见的测试实例。因此，在模型构建和测试中使用相同的数据集大大高估了准确性。此外，用于模型选择和参数调整的数据集部分也需要与模型构建中使用的不同。一个常见的错误是在参数调整和最终评估（测试）中使用相同的数据集。这种方法部分混合了训练和测试数据，结果的准确性过于乐观。给定一个数据集，它应始终分为三部分。

1. 训练数据：这部分数据用于建立训练模型，如决策树或支持向量机。训练数据可在不同的参数选择或完全不同的算法上多次使用，以多种方式建立模型。该过程为模型选择阶段奠定了基础，在该阶段，最佳算法从这些不同的模型中选择。但是，实际评估这些算法以选择最佳模型不是在训练数据上进行的，而是在单独的验证数据集上进行的，以避免偏向过拟合的模型。

2. 验证数据：这部分数据用于模型选择和参数调整。例如，可以通过在数据集的第一部分（即训练数据）上多次构建模型来调整核带宽和正则化参数的选择，然后使用验证集来估计这些不同模型的精度。参数的最佳选择取决于使用该精度。从某种意义上说，验证数据应被视为一种测试数据集，以调整算法的参数，或选择算法的最佳选择（例如，决策树与支持向量机）。

3. 测试数据：这部分数据用于测试最终（已调整）模型的准确性。重要的是，在参数调整和模型选择过程中，甚至不查看测试数据，以防止过拟合。测试数据仅在过程结束时使用一次。此外，如果分析师使用测试数据的结果以某种方式调整模型，那么结果将被测试数据的知识污染。只允许一个人查看一次测试数据集的想法是一个非常严格的要求（也是一个重要的要求）。然而，在现实生活中，这一要求经常被违反。使用从最终准确性评估中学到的知识的诱惑实在太大了。

图 6.7 显示了将标记数据集划分为训练数据、验证数据和测试数据。严格来说，验证数据也是训练数据的一部分，因为它影响最终模型（尽管只有模型构建部分通常被称为训练数据）。按 2:1:1 的比例划分是很常见的。然而，这不应被视为一项严格的规则。对于非常大的标记数据集，只需少量示例即可估计精度。当一个非常大的数据集可用时，尽可能多地使用它来建立模型是有意义的，因为验证和评估阶段产生的估计误差通常很低。验证和测试数据集中恒定数量的示例（例如，少于几千个）足以提供准确的估计。

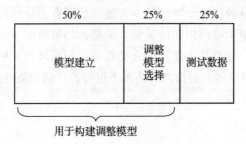

图 6.7　为评估设计对标记数据集进行分区

6.11.1　分为训练和测试部分

上述将标记数据划分成三段的描述是对称为 hold-out 的将标记数据划分成各个部分的方法的隐含描述。该方法用于将标记数据划分为各个部分。然而，分为三个部分并不是一次性完成的。相反，训练数据首先分为两部分进行训练和测试。然后，将测试部件小心地隐藏起来，不进行任何进一步的分析，直到最后只能使用一次。然后将数据集的其余部分再次划分为训练和验证部分。这种递归除法如图 6.8 所示。

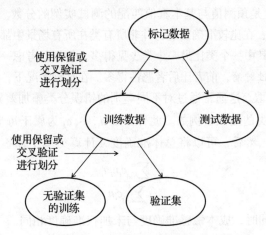

图 6.8　训练、验证和测试部分的分层划分

一个关键点是，两个层次的划分类型在概念上是相同的。在下文中，我们将始终如一地将图 6.8 中第一级划分的术语用于"训练"和"测试"数据，即使同样的方法也可用于模型构建和验证部分的第二级划分。术语上的一致性使我们能够为划分的两个级别提供通用描述。

hold-out

在 hold-out 方法中，使用一小部分实例来构建训练模型。其余实例（也称为保留（held-out）实例）用于测试。然后，将预测保留实例的标签的准确性报告为总体准确性。这种方法确保报告的准确性不是由于过拟合特定数据集而导致的，因为不同的实例用于训练和测试。然而，这种方法低估了真正的准确性。考虑保留实例具有比标记数据集更高的特定类的存在的情况。这意味着保留示例中同一类的平均存在率较低，这将导致训练数据和测试数据不匹配。此外，held-in 示例的类频率始终与 held-out 示例的类频率成反比。这将导致评估中出现一致的悲观偏见。

交叉验证

在交叉验证方法中，标记的数据被分成 q 个相等的段。其中一个 q 段用于测试，其余的 $(q-1)$ 段用于训练。该过程通过使用每个 q 段作为测试集重复 q 次。报告了 q 个不同测试集的平均准确度。请注意，当 q 值较大时，此方法可以精确估计真实准确度。一种特殊情况是，选择 q 等于标记数据点的数量，因此使用单个数据点进行测试。由于该单一数据点不在训练数据中，因此该方法被称为留一交叉验证。虽然这样的方法可以近似于准确度，但对模型进行大量训练通常成本太高。然而，对于像最近邻分类器这样的惰性学习算法来说，省略一项交叉验证是首选的方法。

6.11.2　绝对准确度测量

一旦数据在训练和测试之间被分割，一个关于分类和回归中可以使用的准确度度量类型的自然问题就会出现。

分类的准确度

当输出以类别标签的形式呈现时，将基本真值标签与预测标签进行比较，以得出以下度量。

1. 准确度：准确度是预测值与基本真值匹配的测试实例的分数。

2. 成本敏感准确度：在比较准确度时，并非所有类在所有场景中都同等重要。这在不平衡的类问题中尤其重要，其中一个类比另一个类少见得多。例如，考虑一种应用，其中希望将肿瘤分为恶性肿瘤或非恶性肿瘤，前者比后者恶性得多。在这种情况下，前者的错误分类通常比后者的错误分类更不可取。这通常通过对不同类别的错误分类施加差异成本 $c_1, \cdots, c_k$ 来量化。设 $n_1, \cdots, n_k$ 为属于每个类的测试实例数。此外，设 $a_1, \cdots, a_k$ 为属于每个类的测试实例子集的准确度（表示为分数）。然后，可以将总体准确度 A 计算为单个标签上准确度的加权组合。

$$A = \frac{\sum_{i=1}^{k} c_i n_i a_i}{\sum_{i=1}^{k} c_i n_i} \qquad (6.41)$$

当所有成本 $c_1, \cdots, c_k$ 相同时，成本敏感准确度与未加权准确度相同。

除了准确度之外，模型的统计鲁棒性也是一个重要问题。例如，如果在少量测试实例上对两个分类器进行训练并进行比较，则准确度的差异可能是随机变化的结果，而不是两个分类器之间真正具有统计意义的差异。此度量与本章前面讨论的分类器的方差相关。当两个分类器的方差很大时，通常很难评估其中一个分类器是否真的比另一个好。测试鲁棒性的一种方法是通过以多种不同方式重复创建折叠的随机过程，以多种不同方式（或试验）重复上述交叉验证（或保留）过程。计算第 i 对分类器（构造在相同折叠上）之间的准确度差 δa_i，并计算该差的标准偏差 σ。在 s 试验中，准确度的总体差异计算如下：

$$\Delta A = \frac{\sum_{i=1}^{s} \delta a_i}{s} \qquad (6.42)$$

注意，ΔA 可能是正的，也可能是负的，这取决于哪个分类器获胜。标准偏差计算如下：

$$\sigma = \sqrt{\frac{\sum_{i=1}^{s} (\delta a_i - \Delta A)^2}{s-1}} \qquad (6.43)$$

然后，一个分类器胜过另一个分类器的总体统计显著性水平由以下公式给出：

$$Z = \frac{\Delta A \sqrt{s}}{\sigma} \qquad (6.44)$$

因子 $\sqrt{s}$ 解释了我们使用样本均值 ΔA 的事实，它比个体准确度差异 δa_i 更稳定。ΔA 的标准偏差是个体准确度差异标准偏差的 $1/\sqrt{s}$ 倍。显著大于 3 的 Z 值明显表明一个分类器在统计上显著优于另一个分类器。

回归的准确度

可以使用均方误差（Mean Squared Error，MSE）或均方根误差（Root Mean Squared

Error，RMSE）来评估线性回归模型的有效性。设 $y_1, \cdots, y_r$ 为 r 个测试实例的观测值，$\hat{y}_1, \cdots, \hat{y}_r$ 为预测值。然后，用 MSE 表示的均方误差定义如下：

$$\text{MSE} = \frac{\sum_{i=1}^{r} (y_i - \hat{y}_i)^2}{r} \tag{6.45}$$

均方根误差定义为该值的平方根：

$$\text{RMSE} = \sqrt{\frac{\sum_{i=1}^{r} (y_i - \hat{y}_i)^2}{r}} \tag{6.46}$$

另一个度量是 R^2- 统计量，即确定系数，它可以更好地了解特定模型的相对性能。为了计算 R^2- 统计量，我们首先计算观测值的方差 σ^2。设 $\mu = \sum_{j=1}^{r} y_j / r$ 为因变量的平均值。然后，计算试验实例的 r 观测值的方差 σ^2，如下所示：

$$\sigma^2 = \frac{\sum_{i=1}^{r} (y_i - \mu)^2}{r} \tag{6.47}$$

然后，R^2- 统计量如下所示：

$$R^2 = 1 - \frac{\text{MSE}}{\sigma^2} \tag{6.48}$$

较大的 R^2- 统计量是可取的，最大值 1 对应于 0 的 MSE。当 R^2- 统计量应用于样本外测试数据集时，或者甚至与非线性模型结合使用时，R^2- 统计量可能为负值。

虽然我们已经描述了测试数据的 R^2- 统计量的计算，但为了计算模型中未解释方差的分数，通常在训练数据上使用此度量。在这种情况下，线性回归模型总是返回范围 (0, 1) 内的 R^2- 统计量。这是因为当特征系数设置为 0 且仅偏差项（或伪列系数）设置为平均值时，可通过线性回归模型预测训练数据中因变量的平均值 μ。由于线性回归模型总是在训练数据上提供具有较低目标函数值的解，因此 MSE 值不大于 σ^2。因此，训练数据的 R^2- 统计量始终位于范围 (0, 1) 内。换句话说，使用平均值预测训练数据集永远不会比使用线性回归预测更好。然而，与使用线性回归预测相比，使用其平均值可以更好地对样本外测试数据集进行建模。

可以通过增加回归器的数量来增加训练数据的 R^2- 统计量，因为 MSE 随着过拟合的增加而减少。当维数较大时，需要对训练数据计算 R^2- 统计量，调整后的 R^2- 统计量提供更精确的度量。在这种情况下，使用更多的特征进行回归将受到惩罚。具有 n 个数据点和 d 个维度的训练数据集的调整后 R^2- 统计量计算如下：

$$R^2 = 1 - \frac{(n-d)}{(n-1)} \frac{\text{MSE}}{\sigma^2} \tag{6.49}$$

R^2- 统计量通常仅用于线性模型。对于非线性模型，更常见的是使用均方误差作为误差的度量。

6.11.3 排名措施

分类问题以不同的方式提出，这取决于使用它的设置。在将标签或数值因变量预测为最终输出的情况下，上一节讨论的绝对准确度度量非常有用。然而，在某些设置中，特定的目标类使人特别感兴趣，并且所有测试实例都是按照它们属于目标类的倾向顺序排列的。一个特别的例子是将电子邮件分类为"垃圾邮件"或"非垃圾邮件"。当一个人有大量数据点，并且类的相对比例很不平衡时，直接返回二进制预测是没有意义的。在这种情况下，根据属于"垃圾邮件"类别（即目标类别）的概率，只返回排名靠前的电子邮件。基于排名的评估措施通常用于不平衡的类设置，其中从检测的角度来看，其中一个类（即稀有类）被认为是更相关的。在不同的背景下，还对这些不同的排名标准进行了讨论 [5, 7]。

接收机工作特性

在返回特定兴趣类别的排序列表的情况下，经常使用排序方法。假设基本真值是二进制的，其中感兴趣的类对应于正类，其余的数据点属于负类。在大多数这样的设置中，两个类的相对频率严重不平衡，因此更需要发现（罕见的）正类实例。

在观测数据中属于正类的实例是基本真阳性类或真阳性类。值得注意的是，当使用信息检索、搜索或分类应用程序时，该算法可以预测任意数量的实例为正，这可能不同于观察到的正（即真阳性）数量。当更多的实例被预测为正时，可以恢复更多的真阳性，但预测列表中正确的百分比较小。这种类型的权衡可以通过使用精确召回或接收器工作特性（Receiver Operating Characteristic，ROC）曲线来可视化。这种权衡图通常用于稀有类检测、异常值分析评估、推荐系统和信息检索。事实上，这种权衡图可以用于任何应用中，其中二进制基本真值与通过算法发现的排序列表相比较。

基本假设是可以使用数字分数对所有测试实例进行排名，这是当前算法的输出。在朴素贝叶斯分类器或逻辑回归等方法中，该数值分数通常以属于正类的概率形式从分类算法中获得。对于像支持向量机这样的方法，可以报告点到分离类的（有符号）距离，而不是将其转换为二进制预测。数字分数上的阈值将创建一个正类的预测列表。通过改变阈值（即，预测列表的大小），可以量化列表中相关（基本真阳性）实例的分数，以及列表遗漏的相关实例的分数。如果预测列表太小，算法将错过相关实例（假阴性）。另一方面，如果建议使用非常大的列表，则会有太多错误预测的实例（即假阳性）。这导致了假阳性和假阴性之间的折衷，这可以通过准确度召回曲线或接收器工作特性（ROC）曲线可视化。

假设选择排名前 t 的实例集，并预测它们属于正类。对于正预测列表的大小的任何给定值 t，预测为属于正类的实例集由 $\mathcal{S}(t)$ 表示。注意 $|\mathcal{S}(t)|=t$。因此，当 t 改变时，$\mathcal{S}(t)$ 的大小也改变。设 $\mathcal{G}$ 表示相关数据点的真实集合（基本真阳性）。然后，对于预测列表的任何给定大小 t，精度定义为预测属于正类的实例的百分比，该实例在预测标签中实际属于正类：

$$\text{Precision}(t) = 100 \cdot \frac{|\mathcal{S}(t) \cap \mathcal{G}|}{|\mathcal{S}(t)|}$$

$\text{Precision}(t)$ 的值在 t 中不一定是单调的，因为分子和分母随 t 的变化可能不同。召回率相应地定义为已被推荐为大小为 t 的列表的正类的真阳性类的百分比。

$$\text{Recall}(t) = 100 \cdot \frac{|\mathcal{S}(t) \cap \mathcal{G}|}{|\mathcal{G}|}$$

虽然准确度和召回率之间存在着一种自然的权衡，但这种权衡并不一定是单调的。换句话说，召回率的增加并不总是导致准确度的降低。创建汇总准确度和召回率的单个度量的一种方法是 F_1 度量，它是准确度和召回率之间的调和平均值。

$$F_1(t) = \frac{2 \cdot \text{Precision}(t) \cdot \text{Recall}(t)}{\text{Precision}(t) + \text{Recall}(t)} \tag{6.50}$$

虽然 $F_1(t)$ 度量提供了比准确度或召回率更好的量化，但它仍然取决于预测属于正类的实例数量的大小 t，因此仍然不是准确度和召回率之间权衡的完整表示。通过改变 t 值并绘制准确度与召回率的对比图，可以直观地检查准确度与召回率之间的整体权衡。准确度的单调性使得结果难以解释。

以更直观的方式生成权衡的第二种方法是使用 ROC 曲线。真阳性率与召回率相同，定义为已包含在大小为 t 的预测列表中的基本真阳性率的百分比。

$$\text{TPR}(t) = \text{Recall}(t) = 100 \cdot \frac{|\mathcal{S}(t) \cap \mathcal{G}|}{|\mathcal{G}|}$$

假阳性率 $\text{FPR}(t)$ 是预测列表中假阳性与基本真阴性（即，观察标签中属于阴性类别的无关数据点）的百分比。因此，如果 $\mathcal{U}$ 代表所有测试实例的范围，则基本真阴性集由 $\mathcal{U}-\mathcal{G}$ 给出，预测表中虚报部分为 $\mathcal{S}(t)-\mathcal{G}$。因此，假阳性率定义如下：

$$\text{FPR}(t) = 100 \cdot \frac{|\mathcal{S}(t) - \mathcal{G}|}{|\mathcal{U} - \mathcal{G}|} \tag{6.51}$$

假阳性率可被视为一种"坏"召回，其中报告了预测列表 $\mathcal{S}(t)$ 中错误捕获的基本真阴性部分（即，观察到标签为负类的测试实例）。ROC 曲线是通过绘制 X 轴上的 $\text{FPR}(t)$ 和 Y 轴上的 $\text{TPR}(t)$ 来定义的。换句话说，ROC 曲线描绘了"好"召回和"坏"召回。请注意，当 $\mathcal{S}(t)$ 设置为整个测试数据点范围（或响应查询返回的整个数据点范围）时，两种形式的召回率均为 100%。因此，ROC 曲线的端点始终在 $(0, 0)$ 和 $(100, 100)$，并且预期随机方法将沿着连接这些点的对角线显示性能。在该对角线上方获得的升力提供了方法准确度的概念。ROC 曲线下的面积为特定方法的有效性提供了具体的定量评估。尽管可以直接使用图 6.9a 中所示的区域，但通常会修改梯形 ROC 曲线，以使用不平行于 X 轴或 Y 轴的局部线性段。然后使用所得梯形 [52] 的面积稍微更精确地计算面积。从实际的角度来看，这种变化通常对最终的计算影响很小。

为了说明从这些不同的图形表示获得的洞察力，考虑一个具有 100 个测试实例的场景的例子，其中 5 个数据点确实属于正类。将两种算法 A 和 B 应用于该数据集，将所有测试实例从 1 到 100 排列为正类，在预测列表中首先选择较低的等级。因此，真阳性率和假阳性率值可以从阳性类中的 5 个测试实例的等级中生成。在表 6.2 中，针对不同算法说明了 5 个真实正实例的一些假设等级。此外，还指出了随机算法的基本真阳性实例的秩。该算法对所有测试实例进行随机排序。类似地，完美预言算法的排名是这样的：正确的正实例被放在排名列表的前 5 位。结果 ROC 曲线如图 6.9a 所示。相应的准确度召回曲线如图 6.9b 所示。注意，ROC 曲线总是单调递增，而准确度召回曲线不是单调递增的。虽然准确度召回曲线的解释性不如 ROC 曲线，但很容易看出，在这两种情况下，不同算法之间的相对趋势是相同的。一般来说，ROC 曲线使用更频繁，因为更容易解释。

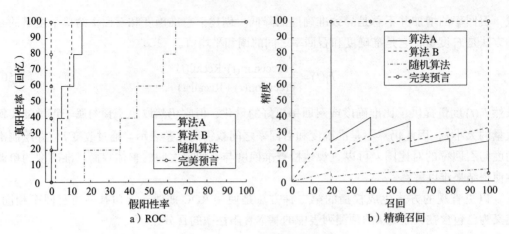

图 6.9   ROC 曲线和精密度召回曲线

表 6.2   基本真阳性实例的排名

算法	基本真阳性类的秩（基本真阳性）
算法 A	1、5、8、15、20
算法 B	3、7、11、13、15
随机算法	17、36、45、59、66
完美预言	1、2、3、4、5

这些曲线到底告诉了我们什么？对于一条曲线严格控制另一条曲线的情况，显然前一条曲线的算法更优越。例如，很明显 oracle 算法优于所有算法，而随机算法低于所有其他算法。另一方面，算法 A 和 B 在 ROC 曲线的不同部分显示出优势。在这种情况下，很难说一种算法是绝对优越的。从表 6.2 可以明显看出，算法 A 对三个正实例的排名非常高，但其余两个正实例的排名很差。在算法 B 的情况下，排名最高的正实例的排名不如算法 A，尽管所有 5 个正实例在排名阈值方面确定得更早。相应地，算法 A 在 ROC 曲线的早期部分占主导地位，而算法 B 在后面的部分占主导地位。可以使用 ROC 曲线下的面积作为算法整体有效性的代理。然而，并非 ROC 曲线的所有部分都同等重要，因为预测列表的大小通常有实际限制。

ROC 曲线下面积的解释

ROC 曲线下的区域具有清晰的解释。考虑一个有两个类的情况，我们从每个类中随机抽样一个实例。然后，一个完美的分类器将总是给真实正实例打更高的分，使其属于正类，给真正负实例打更低的分，使其属于负类。ROC 曲线下的面积只是算法保持实例正确顺序的时间的一部分。从某种意义上说，ROC 曲线下的面积是分类准确度的间接度量，尽管它是在对两个类别的实例进行特定类型的两两抽样后进行的（无论属于每个类别的实例的相对存在情况如何）。

6.12   总结

本章提供人工智能的归纳学习观点，其中数据驱动方法用于学习模型和执行预测。归纳学习方法比演绎推理方法具有优势，因为它们通常可以从数据中学习不明显的结论，而这些结论不容易以可解释的方式表达。演绎推理方法通常需要在知识库中加入可解释的语句，以进行推理。并非机器学习中的所有预测都能以可解释的方式进行，这仅仅是因为人类做出的许多选择（例如驾驶汽车）不容易用可解释的选择来表达。针对不同类型的数据，如数值数据和分类数据，文献中提出了许多机器学习方法。本章讨论了一些优化方法，如线性回归、最小二乘分类、支持向量机、逻辑回归、贝叶斯分类器、最近邻方法、决策树和基于规则的方法。此外，还讨论了用于评估分类和基于回归的方法的各种技术。在随后的章节中，也将讨论诸如深度学习方法等最新进展。

6.13 拓展阅读

书 [3，4，20，71] 中讨论了机器学习分类方法的设计。关于机器学习算法的经典讨论见文献 [43，48]。文献 [8] 中讨论了机器学习的线性代数和优化方法。文献 [153] 的《人工智能》一书也从人工智能的角度对归纳学习方法进行了讨论。关于最近邻分类器的讨论见文献 [48]。文献 [144] 中介绍了 C4.5 算法，文献 [29] 中讨论了随机森林。本章的顺序覆盖算法将在 RIPPER 算法 [38，39] 的上下文中讨论。

6.14 练习

1. 讨论为什么任何线性分类器都是基于规则的分类器的特例。
2. 本章介绍了 L_2 损失支持向量机的损失函数，但没有讨论随机梯度下降所使用的更新。推导 L_2 损失支持向量机的随机梯度下降更新。
3. 本练习的目的是展示各种机器学习模型的随机梯度下降更新是密切相关的。最小二乘分类、SVM 和逻辑回归模型的更新可以统一表示为当前训练对 $(\overline{X}_i, y_i)$ 的特定于模型的误差函数 $\delta(\overline{X}_i, y_i)$。特别是，显示所有三种算法的随机梯度下降更新具有以下形式：

$$\overline{W} \Leftarrow \overline{W}(1-\alpha\lambda) + \alpha y_i [\delta(\overline{X}_i, y_i)] \overline{X}_i^{\mathrm{T}} \qquad (6.52)$$

推导最小二乘分类、铰链损失支持向量机和逻辑回归的误差函数 $\delta(\overline{X}_i, y_i)$ 的形式。
4. L_1- 损失回归模型使用修正的损失函数，其中误差的 L_1 范数用于创建目标函数（而不是平方范数）。推导 L_1- 损失回归的随机梯度下降更新。
5. 无余量铰链损失：假设我们通过移除最大化函数中的常量值修改铰链损失，如下所示：

$$J = \sum_{i=1}^{n} \max\{0, [-y_i(\overline{W} \cdot \overline{X}_i^{\mathrm{T}})]\} + \frac{\lambda}{2} \| \overline{W} \|^2$$

这种损失函数称为感知器准则。推导该损失函数的随机梯度下降更新。
6. 讨论如何从决策树生成规则。评论决策树和最近邻分类器之间的关系。

第 7 章

神经网络

"当我们谈论数学时，我们可能是在讨论建立在神经系统初级语言基础上的第二语言。"

——约翰·冯·诺依曼

7.1 引言

前一章讨论了一些机器学习算法，这些算法通过首先确定预测函数的一般形式，然后使用权重对其进行参数化来学习函数。目标是学习目标变量 y_i 作为第 i 个数据点 $\overline{X_i}$（即 d 维向量）的函数：

$$y_i \approx f(\overline{X_i})$$

目标变量可以是分类变量，也可以是数值变量。函数 $f(\cdot)$ 可能具有高度复杂且难以解释的形式，特别是在神经网络和深度学习模型的情况下。函数 $f(\overline{X_i})$ 通常用权重向量 $\overline{W}$ 参数化。在传统的机器学习中，函数 $f(\overline{X_i})$ 的性质相对简单且易于理解。一个例子是线性回归的问题，其中我们创建 $\overline{X_i}$ 的线性预测函数，以便预测数值变量 y_i：

$$y_i \approx f_{\overline{W}}(\overline{X_i}) = \overline{W} \cdot \overline{X_i} \tag{7.1}$$

预测的性质取决于表示 $\overline{X_i}$ 和目标变量 y_i。预测函数的另一个例子是将特征向量 $\overline{X_i}$ 的二进制分类到标签 $\{-1,+1\}$：

$$y_i \approx f_{\overline{W}}(\overline{X_i}) = \text{sign}\{\overline{W} \cdot \overline{X_i}\} \tag{7.2}$$

在回归和分类的每种情况下，我们都为函数添加了一个下标，以指示其参数化。参数向量 $\overline{W}$ 强力控制预测函数的性质，需要学习参数向量 $\overline{W}$，以使用精心构造的损失函数惩罚观测值 y_i 和预测值 $f(\overline{X_i})$ 之间任何类型的不匹配。因此，许多机器学习模型简化为以下优化问题：

$$\text{Minimize}_{\overline{W}} \sum_i y_i \text{ 和 } f_{\overline{W}}(\overline{X_i}) \text{间的不匹配}$$

一旦通过求解优化模型计算出了权重向量 $\overline{W}$，它就用于预测类变量未知的实例下目标变量 y_i 的值。在分类的情况下，损失函数通常应用于 $f(\overline{W} \cdot \overline{X_i})$ 的连续松弛，以能够使用微分学进行优化。换句话说，在损失函数中不使用符号函数。此类损失函数的示例包括最小二乘分类损失、SVM 铰链损失和 logistic 损失（用于 logistic 回归）。然后使用梯度下降算法来执行优化。在前一章中讨论了一些此类梯度下降算法的示例，如 SVM 梯度下降和 logistic 回归。

神经网络代表了我们在前面章节中已经看到的优化思想的自然概括。在这些情况下，建模函数 $f_{\overline{W}}(\cdot)$ 表示为计算图，其中输入节点包含函数的参数，输出节点包含函数的输出。但是，在整体函数是简单函数的复杂组合的情况下，也可以使用中间节点来计算中间值，例如：

$$f_{\overline{W}}(x_1, x_2, x_3) = F_{\overline{w}}(G_{\overline{u}}(x_1, x_2, x_3), H_{\overline{v}}(x_1, x_2, x_3))$$

这里，在中间节点处计算函数 $G(\cdot)$ 和 $H(\cdot)$，并获得整体参数向量 $\overline{W}$，作为特定于节点的参数 $\overline{u}$、$\overline{v}$ 和 $\overline{w}$ 的串联。同样值得注意的是，这种类型的预测函数比我们在前面章节中看到的任何预测函数都要复杂得多。在中间节点中计算的函数通常是非线性函数，这会为下游节点创建更复杂的特征。使用计算图抽象创建如此复杂的预测函数的能力是神经网络获得能力的方式。事实上，神经网络被称为通用函数逼近器，它可以在给定足够数据的情况下精确地建模任何预测函数。

参数向量 $\overline{W}$ 对应于与边关联的参数，它们直接影响在连接到这些边的节点上计算的函数。这些参数以数据驱动的方式学习，以使节点中的变量反映数据实例中属性值之间的关系。每个数据实例都包含输入和目标属性。输入节点子集中的变量固定为数据实例中的输入属性值，而所有其他节点中的变量则使用特定于节点的函数进行计算。将某些计算节点中的变量与数据实例中的观测目标值进行比较，并修改特定于边的参数，以尽可能接近观测值和计算值。通过以数据驱动的方式沿边学习参数，可以学习与数据中的输入和目标属性相关的函数。

前馈神经网络是这类计算图的一个重要特例。输入通常对应于每个数据点中的特征，而输出节点可能对应于目标变量（例如，类变量或回归变量）。优化问题定义在边参数上，以使预测变量与相应节点中的观测值尽可能接近。这类似于线性回归中预测函数 $f_{\overline{W}}(\cdot)$ 中学习参数向量 $\overline{W}$ 的过程。为了达到学习 $\overline{W}$ 的目的，计算图的损失函数可能会惩罚计算图输出节点处预测值和观测值之间的差异。在具有连续变量的计算图中，可以使用梯度下降进行优化。许多基于连续优化的机器学习算法，如线性回归、逻辑回归和支持向量机，都可以建模为具有连续变量的有向无环计算图。

下一节将介绍计算图的基础知识。

7.2 计算图简介

由于神经网络建立在计算图的基础上，我们将首先介绍计算图的基础知识。计算图通常是一个有向无环图（即无环的图），其中每个节点对其输入执行计算，以创建输出，并将其前馈到下游节点。这将创建函数的连续组合，从而通过图计算更复杂的复合函数。有向无环计算图定义如下：

定义 7.2.1（有向无环计算图） 有向无环计算图包含节点，因此每个节点都与一个变量相关联。一组有向边连接节点，表示节点之间的功能关系。边缘**可能**与可学习的参数相关联。节点中的变量可以是外部固定的（对于没有传入边的输入节点），也可以作为传入节点的边的尾端中的变量和传入边上的可学习参数的函数进行计算。

有向无环计算图包含三种类型的节点，即输入节点、输出节点和隐藏节点。输入节点包含计算图的外部输入，输出节点包含最终输出。隐藏节点包含中间值。每个隐藏和输出节点计算其传入节点变量的相对简单的局部函数。当有多个输入节点（例如，回归器）和单个输出节点（例如，回归器）时，一个是计算向量到标量函数。另一方面，如果有多个输入和输出节点，则使用计算图计算向量到向量函数。这种情况经常出现在多类或多标签学习应用程序中。计算在整个图上的级联效应隐含地定义了从输入节点到输出节点的**全局**函数。每个输入节点中的变量固定为外部指定的输入值。因此，在输入节点上不计算函数。特定于节点的函数还使用与其传入边关联的参数，这些边上的输入将使用权重进行缩放。通过适当地选择权重，可以控制由计算图定义的（全局）函数。这种全局函数通常通过输入计算图输入 – 输出对（训练数据）和调整权重来学习，以使预测输出与观测输出匹配。有趣的是，前一章中讨论的所有连续优化模型都可以通过使用适当的计算图来建模。

图 7.1 中提供了具有两条加权边的计算图的示例。该图有三个输入，分别用 x_1、x_2 和 x_3 表示。其中两条边具有权重 w_2 和 w_3。除了输入节点之外，所有节点都执行一个计算，例如加法、乘法或计算一个函数（如对数）。对于加权边，在计算节点特定函数之前，边尾部的值将使用权重进行缩放。

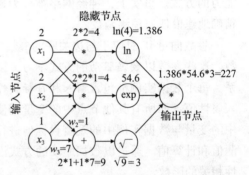

图 7.1　具有两条加权边的计算图示例

该图只有一个输出节点，计算从输入到输出按正向级联。例如，如果权重 w_2 和 w_3 分别为 1 和 7，则全局函数 $f(x_1, x_2, x_3)$ 如下所示：

$$f(x_1, x_2, x_3) = \ln(x_1 x_2) \cdot \exp(x_1 x_2 x_3) \cdot \sqrt{x_2 + 7x_3}$$

对于 $[x_1, x_2, x_3] = [2, 2, 1]$，图中显示了级联计算序列，最终输出值约为 227.1。然而，如果输出的观测值仅为 100，则意味着需要重新调整权重以改变计算函数。在这种情况下，可以从计算图的检查中观察到，减少 w_2 或 w_3 将有助于减少输出值。例如，如果我们将权重 w_3 更改为 −1，在保持 $w_2 = 1$ 的同时，计算出的函数变为：

$$f(x_1, x_2, x_3) = \ln(x_1 x_2) \cdot \exp(x_1 x_2 x_3) \cdot \sqrt{x_2 - x_3}$$

在这种情况下，对于同一组输入 $[x_1, x_2, x_3] = [2, 2, 1]$，计算输出变为 75.7，这更接近实际输出值 100。因此，很明显，必须使用预测值与观测输出的不匹配来调整计算函数，以在整个数据集的预测和观测输出之间有更好的匹配。虽然我们在这里通过检查调整了 w_3，但这种方法在包含数百万权重的大型计算图中不起作用。

机器学习的目标是使用输入 – 输出对的示例学习参数（如权重），同时借助观测到的数据调整权重。关键是将权重调整问题转化为优化问题。计算图可与损失函数相关联，该损失函数通常惩罚预测输出与观测输出之间的差异，并相应地调整权重。由于输出是输入和特定于边的参数的函数，因此损失函数也可以视为输入和特定于边的参数的复函数。学习参数的目的是最小化损失，以便计算图中的输入 – 输出对模仿观测数据中的输入 – 输出对。很明显，如果基础计算图很大且拓扑结构复杂，那么学习权重的问题很可能具有挑战性。

损失函数的选择取决于当前的应用程序。例如，可以通过使用与输入变量（回归器）数量相同的输入节点和包含预测回归器的单个输出节点来建模最小二乘回归。从每个输入节点到该输出节点都存在有向边，每个这样的边上的参数对应于与该输入变量相关的权重（参见图 7.2）。输出节点计算 d 输入节点中变量 $x_1, \cdots, x_d$ 的以下函数：

$$\hat{o} = f(x_1, x_2, \cdots, x_d) = \sum_{i=1}^{d} w_i x_i$$

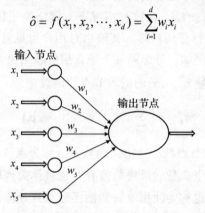

图 7.2　可执行线性回归的单层计算图

如果观测到的回归系数为 o，则损失函数仅计算 $(o - \hat{o})^2$，并调整权重 $w_1, \cdots, w_d$ 以减小该值。通常，针对计算图中的每个权重计算损失的导数，并使用该导数更新权重。逐个处理每个训练点，并更新权重。所得算法与在线性回归问题中使用随机梯度下降法相同。事实上，通过改变输出节点损失函数的性质，可以对逻辑回归和支持向量机进行建模。具体而言，如下为两种情况下的计算图和损失函数如下所示。

❑ **逻辑回归计算图**：我们假设 o 是从 $\{-1, +1\}$ 中提取的观测到的**二元类标签**，而 $\hat{o}$ 是图 7.2 的神经架构预测的**真实值**。然后，损失函数 $\log(1 + \exp(-o\hat{o}))$ 为每个数据实例生成与式（6.19）中的逻辑回归模型相同的损失函数。唯一的区别是在这种情况下不使用正则化项。

❑ **支持向量机计算图**：我们假设 o 是从 $\{-1, +1\}$ 中提取的观测到的**二元类标签**，而 $\hat{o}$ 是图 7.2 的神经架构预测的**真实值**。然后，损失函数 $\max\{0, 1 - o\hat{o}\}$ 为每个数据实例生成与式（6.16）中的 L_1 – 损失 SVM 相同的损失函数。

在图 7.2 的特殊情况下，选择一个计算图来表示模型似乎并没有用，因为单个计算节点对于模型表示是相当基本的。如第 6 章所示，可以直接计算损失函数相对于权重的梯度，而不用担心计算图。当计算的拓扑结构更复杂时，计算图的主要用途就实现了。在这种情况下，损失函数变得更加复杂，以直接的方式计算梯度变得更加困难。

图 7.2 的有向无环图中的节点分层排列，因为从输入节点到网络中任何节点的所有路径都具有相同的长度。这种类型的架构在计算图中很常见。假设从输入节点通过特定长度 i 的路径可达的节点属于第 i 层。乍一看，图 7.2 看起来像一个两层网络。然而，此类网络被视为单层网络，因为非计算输入层不计入层数。任何具有两层或多层的计算图都被称为多层网络，由其计算的函数的性质始终是在单个节点中计算的（更简单的）函数的组合。在这种情况下，使用闭式表达式（如第 6 章所示）计算权重梯度不再有意义。相反，为了计算梯度，计算图的结构被系统地使用。这是反向传播算法背后思想的精髓，将在后面的章节中讨论。

7.2.1 神经网络作为定向计算图

当一个人使用多层节点时，计算图的真正功能就实现了。神经网络代表多层计算图的最常见用例。节点（通常）以分层方式排列，以使 i 层中的所有节点都连接到 $(i+1)$ 层（没有其他层）中的节点。每一层中变量的向量可以写成前一层中变量的向量到向量函数。多层神经网络的图示如图 7.3a 所示。在这种情况下，网络除了输入层之外还包含三个计算层。输入层仅传输值，不执行任何计算。其输出对用户可见且可与观测（目标）值进行比较的最后一层称为输出层。例如，考虑第一个隐含层的输出值 $h_{11}, \cdots, h_{1r}, \cdots, h_{1,p_1}$，它可以如下被计算为输入层中具有变量 $x_1, \cdots, x_d$ 的输入节点的函数：

$$h_{1r} = \Phi\left(\sum_{i=1}^{d} w_{ir} x_i\right) \quad \forall r \in \{1, \cdots, p_1\}$$

值 p_1 表示第一个隐藏层中的节点数。这里，函数 $\Phi(\cdot)$ 称为激活函数。对于特定输入，特定节点（即，在本例中为 h_{1r}）中变量的最终数值有时也被称为该输入的激活。在线性回归的情况下，激活函数缺失，这也称为使用身份激活函数或线性激活函数。然而，计算图主要通过使用非线性激活函数获得更好的表达能力，如：

$$\Phi(v) = \frac{1}{1 + e^{-v}} \qquad \text{[sigmoid函数]}$$

$$\Phi(v) = \frac{e^{2v} - 1}{e^{2v} + 1} \qquad \text{[tanh函数]}$$

$$\Phi(v) = \max\{v, 0\} \qquad \text{[ReLU：修正线性单元]}$$

$$\Phi(v) = \max\{\min[v, 1], -1\} \qquad \text{[Hard tanh]}$$

值得注意的是，这些函数是非线性的，非线性对于深度增加的网络的更强表达能力至关重要。仅包含线性激活函数的网络并不比单层网络更强大。

为了理解这一点，考虑一个具有四维输入向量 $\bar{x}$、三维隐藏层向量 $\bar{h}$ 和二维输出层向量 $\bar{o}$ 的两层计算图（不包括输入层）。请注意，我们正在从每一层中的节点变量创建一个列向量。设 W_1 和 W_2 是两个大小分别为 3×4 和 2×3 的矩阵，因此 $\bar{h} = W_1 \bar{x}$ 和 $\bar{o} = W_2 \bar{h}$。

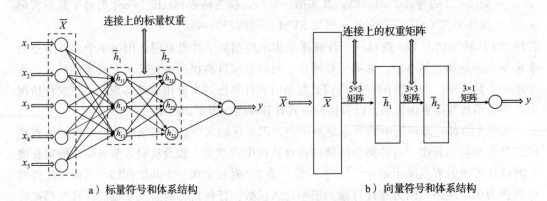

a）标量符号和体系结构   b）向量符号和体系结构

图 7.3 具有两个隐藏层和一个输出层的前馈网络

矩阵 W_1 和 W_2 包含每一层的权重参数。请注意，可以直接用 $\bar{x}$ 表示 $\bar{o}$，而无须使用 $\bar{h}$ 作为 $\bar{o} = W_2 W_1 \bar{x} = (W_2 W_1) \bar{x}$。可以用单个 2×4 矩阵 W 替换矩阵 $W_2 W_1$，而不损失任何表现能力。

换句话说，这是一个单层网络。在非线性激活函数的情况下，如果不在单个节点上创建极其复杂的函数（从而增加特定节点的复杂性），则不可能使用这种方法（轻松地）消除隐藏层。这意味着只有在使用非线性激活函数时，深度的增加才会导致复杂性的增加。

在图 7.3a 中，神经网络包含三层。请注意，输入层通常不被计数，因为它只传输数据，并且在该层中不执行任何计算。如果神经网络在其 k 层的每一层中包含 $p_1, \cdots, p_k$ 单元，然后是这些输出的（列）向量表示，表示为 $\overline{h}_1, \cdots, \overline{h}_k$ 有维度 $p_1, \cdots, p_k$。因此，每个层中的单元数被称为该层的维度。也可以创建一个计算图，其中节点中的变量是向量，连接表示向量到向量函数。图 7.3b 创建了一个计算图，其中节点由矩形而不是圆表示。节点的矩形表示对应于包含向量的节点。连接现在包含矩阵。相应连接矩阵的尺寸如图 7.3b 所示。例如，如果输入层包含 5 个节点，第一个隐藏层包含 3 个节点，则连接矩阵的大小为 5×3。然而，正如我们将在后面看到的，权重矩阵的大小是连接矩阵的转置（即 3×5），以便于矩阵运算。请注意，向量表示法中的计算图具有更简单的结构，其中整个网络仅包含一条路径。输入层和第一隐藏层之间的连接的权重包含在大小为 $p_1 \times d$ 的矩阵 W_1 中，而第 r 个隐藏层和第 $r+1$ 个隐藏层之间的权重由 W_r 表示的 $p_{r+1} \times p_r$ 矩阵表示。如果输出层包含 s 个节点，则最终矩阵 W_{k+1} 的大小为 $s \times p_k$。节点的最后一层称为输出层。请注意，权重矩阵具有相对于连接矩阵的转置尺寸。使用以下递归方程将 d 维输入向量 $\overline{x}$ 转换为输出：

$$\overline{h}_1 = \Phi(W_1 \overline{x}) \qquad \text{[输入到隐藏层]}$$
$$\overline{h}_{p+1} = \Phi(W_{p+1} \overline{h}_p) \quad \forall p \in \{1, \cdots, k-1\} \qquad \text{[隐藏到隐藏层]}$$
$$\overline{o} = \Phi(W_{k+1} \overline{h}_k) \qquad \text{[隐藏到输出层]}$$

这里，激活函数以元素方式应用于它们的向量参数。这里值得注意的是，最终输出是输入的递归嵌套复合函数，如下所示：

$$\overline{o} = \Phi\{W_{k+1}[\Phi(W_k \Phi(W_{k-1}, \cdots))]\}$$

这种类型的神经网络比单层网络更难训练，因为必须计算**嵌套**复合函数对每个权重的导数。特别是，早期层的权重位于递归嵌套内部，并且更难通过梯度下降学习，因为嵌套内部部分（即早期层）权重梯度的计算方法不明显，特别是当计算图具有复杂拓扑时。同样值得注意的是，由神经网络计算的全局输入输出函数更难以封闭形式简洁地表示。递归嵌套使封闭形式表示看起来非常麻烦。烦琐的封闭形式表示法给参数学习的导数计算带来了挑战。

7.2.2　softmax 激活函数

softmax 激活函数的独特之处在于，它几乎总是在输出层中用于将 k 个真实值映射为离散事件的 k 个概率。例如，考虑 k-路径分类问题，其中每个数据记录需要映射到 k 无序类标签中的一个。在这种情况下，可以使用 k 个输出值，在给定层中的节点处使用关于 k 个实值输出 $\overline{v} = [v_1, \cdots, v_k]$ 的 softmax 激活函数。此激活函数将实际值映射为总和为 1 的概率。具体而言，第 i 个输出的激活功能定义如下：

$$\Phi(\overline{v})_i = \frac{\exp(v_i)}{\sum_{j=1}^{k} \exp(v_j)} \quad \forall i \in \{1, \cdots, k\} \tag{7.3}$$

图 7.4 显示了具有三个输出的 softmax 函数示例，值 v_1、v_2 和 v_3 也显示在同一图中。请注

意，三个输出对应于三个类的概率，它们将最终隐藏层的三个输出转换为具有 softmax 函数的概率。最后一个隐藏层在输入到 softmax 层时通常使用线性（身份）激活。此外，由于 softmax 层仅将实值输出转换为概率，因此没有与 softmax 层相关联的权重。每个输出都是特定类的概率。请注意，使用一个单位数与类别数相同的隐藏层（以及下一节讨论的交叉熵损失）与多项式逻辑回归模型完全等效（参见 6.6.2 节）。事实上，本书中讨论的许多机器学习模型可以很容易地用适当选择的神经架构进行模拟。

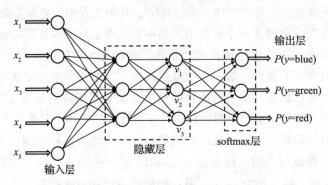

图 7.4　使用 softmax 层进行分类的多个输出示例

7.2.3　常见损失函数

损失函数的选择对于以对当前的应用程序敏感的方式定义输出至关重要。例如，对于具有目标 y 和预测 $\hat{y}$ 的单个训练实例，具有数字输出的最小二乘回归需要形式为 $(y-\hat{y})^2$ 的简单平方损失。对于分类数据的概率预测，使用两种类型的损失函数，这取决于预测是二进制的还是多路的。

1. **二元目标（逻辑回归）**：在这种情况下，假设观测值 y 是从 $\{-1,+1\}$ 中提取的，并且预测 $\hat{y}$ 使用 sigmoid 激活函数来输出 $\hat{y} \in (0,1)$，表示观测值 y 为 1 的概率。然后 $|y/2-0.5+\hat{y}|$ 的负对数提供损失。这是因为 $|y/2-0.5+\hat{y}|$ 表示预测正确的概率。

2. **分类目标**：在这种情况下，如果 $\hat{y}_1, \cdots, \hat{y}_k$ 是 k 类的概率 [使用式（7.4）的 softmax 激活]，且第 r 类为基本真值类，则单个实例的损失函数定义如下：

$$L = -\log(\hat{y}_r) \tag{7.4}$$

这种损失函数实现了多项式 logistic 回归，称为交叉熵损失。注意，二元 logistic 回归与多项式 logistic 回归相同，后者中的 k 值设置为 2。

需要记住的关键点是，输出节点的性质、激活函数和损失函数取决于当前的应用程序。

7.2.4　非线性如何增加表达能力

上一节提供了一个事实的具体证明，即仅具有线性激活的神经网络不会从增加其层数中获益。例如，考虑图 7.5 中所示的两个类数据集，其表示在由 x_1 和 x_2 表示的两个维度中。有两个实例 A 和 B，类用"*"表示，坐标分别为 (1, 1) 和 (-1, 1)。还有一个用坐标 (0, 1) 表示的"+"类的单一实例 B，只有线性激活的神经网络永远无法对训练数据进行完美分类，因为这些点不是线性可分离的。

另一方面，考虑隐藏单元具有 ReLU 激活的情况，并且它们学习两个新特征 h_1 和 h_2，如下：

$$h_1 = \max\{x_1, 0\}$$
$$h_2 = \max\{-x_1, 0\}$$

请注意，这些目标可以通过使用从输入到隐藏层的适当权重以及应用 ReLU 激活单元来实现。后者实现了将负值阈值设置为 0 的目标。我们在图 7.5 所示的神经网络中指出了相应的权重。我们在同一图中展示了 h_1 和 h_2 的数据图。二维隐藏层中三个点的坐标为 $\{(1, 0), (0, 1), (0, 0)\}$。很明显，根据新的隐藏表示，这两个类成为线性可分的。从某种意义上说，第一层的任务是表示学习，以使用线性分类器解决问题。因此，如果我们在神经网络中添加一个线性输出层，它将完美地对这些训练实例进行分类。关键的一点是，非线性 ReLU 函数的使用对于确保这种线性可分性至关重要。激活函数实现了数据的非线性映射，因此嵌入点可以线性分离。事实上，如果使用线性激活函数将从隐藏层到输出层的两个权重设置为 1，则输出 O 将定义如下：

$$O = h_1 + h_2 \tag{7.5}$$

这个简单的线性函数将这两个类分开，因为标记为 '*' 的两点的值始终为 1，标记为 '+' 的点的值始终为 0。因此，神经网络的大部分功能隐藏在激活函数的使用中。图 7.5 中所示的权重需要以数据驱动的方式学习，尽管有许多替代权重选择可以使隐藏表示线性可分。因此，如果进行实际训练，学习到的权重可能与图 7.5 所示的不同。然而，对于像（线性）logistic 回归这样的神经分类器，由于数据集在原始空间中不是线性可分的，因此无法选择期望对该训练数据集进行完美分类的权重。换句话说，激活函数可以实现数据的非线性转换，这种转换在多层结构中变得越来越强大。非线性激活序列对学习模型施加特定类型的结构，其功率随着序列的深度（即神经网络中的层数）而增加。

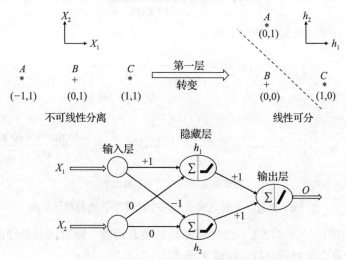

图 7.5 将数据集转换为线性可分性的非线性激活函数的能力

另一个经典例子是 XOR 函数，其中两点 $\{(0, 0), (1, 1)\}$ 属于一类，而另外两点 $\{(1, 0), (0, 1)\}$ 属于另一类。也可以使用 ReLU 激活来区分这两类，尽管这种情况下需要偏向神经元（见练习 1）。最初的反向传播论文 [151] 讨论了 XOR 函数，因为该函数是设计多层网络和训练多层网络能力的激励因素之一。XOR 函数被认为是一种试金石测试，用于确定特定神经网络家族正确预测非线性可分离类的基本可行性。虽然为了简单起见，我们使用了上面的

ReLU 激活函数，但是可以使用大多数其他非线性激活函数来实现相同的目标。有几种类型的神经架构常用在各种机器学习应用中。

7.3　有向无环图的优化

计算图中损失函数的优化需要计算损失函数相对于网络权重的梯度。此计算使用动态规划完成。动态规划是一种优化技术，可用于计算有向无环图中所有类型的以路径为中心的函数。

为了训练计算图，假设我们有对应于输入–输出对的训练数据。输入节点的数量等于输入属性的数量，输出节点的数量等于输出属性的数量。计算图可以使用输入预测输出，并将其与观测输出进行比较，以检查由图计算的函数是否与训练数据一致。如果不是这样，则需要修改计算图的权重。

7.3.1　计算图的挑战

计算图自然地计算函数的组成。在计算图中的节点中考虑变量 x，其中只有三个节点包含长度为 2 的路径。第一个节点将函数 $g(x)$ 应用于结果，而第二个节点将函数 $f(\cdot)$ 应用于结果。这样的图计算函数 $f[g(x)]$，如图 7.6 所示。图中的示例使用了 $f(x) = \cos(x)$ 和 $g(x) = x^2$ 的情况。因此，整体函数为 $\cos(x^2)$。现在，考虑另一种设置，其中 $f(x)$ 和 $g(x)$ 都被设置为相同的函数，即 sigmoid 函数：

$$f(x) = g(x) = \frac{1}{1 + \exp(-x)}$$

然后，由计算图计算的全局函数如下所示：

$$f[g(x)] = \frac{1}{1 + \exp\left[-\dfrac{1}{1 + \exp(-x)}\right]} \tag{7.6}$$

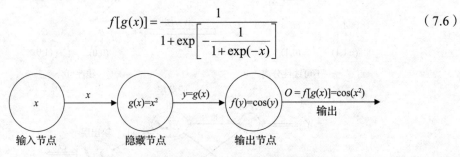

图 7.6　具有一个输入节点和两个计算节点的简单计算图

这个简单的图已经计算出了一个相当笨拙的复合函数。随着图复杂性的增加，试图用代数方法求这个复合函数的导数变得越来越乏味。

考虑一个情况，其中函数 $g_1(\cdot), g_2(\cdot), \cdots, g_k(\cdot)$ 是在 m 层中计算的函数，并且它们送入特定的层 $-(m+1)$ 节点，计算使用前一层中计算的值作为参数的多元函数 $f(\cdot)$。因此，层 $-(m+1)$ 函数计算 $f[g_1(\cdot), \cdots, g_k(\cdot)]$。这种类型的多元复合函数已经显得相当笨拙。当我们增加层数时，一个在下游多条边上计算的函数将具有与从源到最终输出的路径长度相同的嵌套层数。例如，如果我们有一个计算图，它有 10 层，每层 2 个节点，那么整个复合函数将有 2^{10} 个嵌套的"术语"。这使得处理深度网络的封闭形式函数变得笨拙和不切实际。

为了理解这一点，请考虑图 7.7 中的函数。在这种情况下，除了输出层之外，每层中都有 2 个节点。输出层简单地将其输入相加。每个隐藏层包含两个节点。第 i 层中的变量分别由 x_i 和 y_i 表示。输入节点（变量）使用下标 0，因此在图 7.7 中用 x_0 和 y_0 表示。第 i 层中的两个计算函数分别为 $F(x_{i-1}, y_{i-1})$ 和 $G(x_{i-1}, y_{i-1})$。

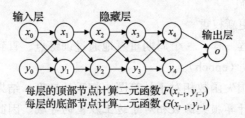

每层的顶部节点计算二元函数 $F(x_{i-1}, y_{i-1})$
每层的底部节点计算二元函数 $G(x_{i-1}, y_{i-1})$

图 7.7　由计算图引起的递归嵌套的尴尬

在下文中，我们将为每个节点中的变量编写表达式，以显示随着层数的增加而增加的复杂性：

$$x_1 = F(x_0, y_0)$$
$$y_1 = G(x_0, y_0)$$
$$x_2 = F(x_1, y_1) = F[F(x_0, y_0), G(x_0, y_0)]$$
$$y_2 = G(x_1, y_1) = G[F(x_0, y_0), G(x_0, y_0)]$$

我们已经可以看到，这些表达式已经开始显得笨拙。在计算下一层中的值时，这一点变得更加明显：

$$x_3 = F(x_2, y_2) = F\{F[F(x_0, y_0), G(x_0, y_0)], G[F(x_0, y_0), G(x_0, y_0)]\}$$
$$y_3 = G(x_2, y_2) = G\{F[F(x_0, y_0), G(x_0, y_0)], G[F(x_0, y_0), G(x_0, y_0)]\}$$

一个直接的观察结果是，闭式函数的复杂性和长度随着计算图中的路径长度呈指数增长。当优化参数与边关联时，这种类型的复杂性进一步增加，人们试图用边上的输入和参数来表示输出/损失。这显然是一个问题，如果我们尝试使用样板方法，首先根据边上的优化参数表示封闭形式的损失函数（以计算封闭形式损失函数的导数）。

7.3.2　坡度计算的广泛框架

上一节表明，在计算图的情况下，区分闭式表达式是不实用的。因此，必须通过使用计算图的拓扑结构，以某种方式算法地计算相对于边的梯度。本节的目的是介绍这个广泛的算法框架，后面的章节将详细介绍各个步骤。

为了学习计算图的权重，从训练数据中选择输入 - 输出对，并量化试图用计算图中权重的当前值预测观测输入的观测输出的误差。当误差较大时，需要修改权重，因为当前的计算图不能反映观测数据。因此，作为该误差的函数计算损失函数，并且更新权重以减少损失。这是通过计算损失相对于权重的梯度并执行梯度下降更新来实现的。训练计算图的总体方法如下：

1. 使用训练数据点输入部分的属性值来修复输入节点中的值。重复选择已计算的所有传入节点中值的节点，并应用特定于节点的函数来计算其变量。这样的节点可以在有向无环图中找到，方法是按与输入节点的距离增加的顺序处理节点。重复此过程，直到计算完所有节点（包括输出节点）中的值。如果输出节点上的值与训练点中输出的观测值不匹配，则计算损失值。此阶段称为前进阶段。

2. 计算损失相对于边上权重的梯度。此阶段称为向后阶段。稍后，当我们介绍一种算法，该算法沿着（有向无环）计算图的拓扑结构从输出向后工作到输入时，称之为"向后阶段"的原理将变得清晰。

3. 沿梯度的负方向更新权重。

与任何随机梯度下降过程一样，一个周期重复地通过训练点，直到达到收敛。通过所有训练点的单个周期称为时期（epoch）。

主要的挑战是计算损失函数相对于计算图中权重的梯度。结果表明，节点变量之间的导数可以很容易地用来计算损失函数相对于边上权重的导数。因此，在本次讨论中，我们将着重于计算变量之间的导数。稍后，我们将展示如何将这些导数转换为关于权重的损失函数的梯度。

7.3.3 使用暴力计算节点到节点的导数

如前一节所讨论的，可以使用一个使用嵌套函数组合的笨拙的封闭形式表达式，根据早期层中的节点在计算图中表示函数。如果要计算这个封闭形式表达式的导数，就需要使用微分学的链式规则来处理函数的重复组合。然而，在这种情况下盲目应用链式规则是相当浪费的，因为内部嵌套的不同部分中的许多表达式是相同的，并且会重复计算相同的导数。计算图自动微分的关键思想是认识到计算图的结构已经提供了关于哪些项被重复的所有信息。我们可以通过使用计算图本身的结构来存储中间结果（从输出节点向后开始计算导数），从而避免重复这些项的微分。这是动态规划中的一个著名思想，在控制理论[32, 99]中经常使用。在神经网络社区中，同样的算法被称为反向传播（参见 7.4 节）。值得注意的是，这一思想在控制理论[32, 99]中的应用在 1960 年为传统优化界所熟知，尽管人工智能领域的研究人员在一段时间内对其一无所知（他们在 20 世纪 80 年代创造了"反向传播"一词，在神经网络的背景下独立提出并描述了这一想法）。

链规则的最简单版本是为函数的单变量组合定义的：

$$\frac{\partial f[g(x)]}{\partial x} = \frac{\partial f[g(x)]}{\partial g(x)} \cdot \frac{\partial g(x)}{\partial x} \qquad (7.7)$$

此变量称为一元链式规则。请注意，右侧的每个项都是局部梯度，因为它计算局部函数相对于其直接参数的导数，而不是递归导出的参数。基本思想是将函数组合应用于输入 x 以产生最终输出，最终输出的梯度由沿该路径的局部梯度的乘积给出。每个局部梯度只需考虑其特定的输入和输出，这简化了计算。图 7.6 中显示了一个示例，其中函数 $f(y) = \cos(y)$，$g(x) = x^2$。因此，复合函数是 $\cos(x^2)$。使用一元链式规则，我们得到以下结果：

$$\frac{\partial f[g(x)]}{\partial x} = \underbrace{\frac{\partial f[g(x)]}{\partial g(x)}}_{-\sin[g(x)]} \cdot \underbrace{\frac{\partial g(x)}{\partial x}}_{2x} = -2x \cdot \sin(x^2)$$

请注意，我们可以在图中的两个连接上注释上述两个乘法分量中的每一个，并简单地计算这些值的乘积。因此，对于包含单个路径的计算图，一个节点相对于另一个节点的导数只是两个节点之间的连接上的注释值的乘积。图 7.6 的示例是一个相当简单的情况，其中计算图是一条路径。一般来说，具有良好表达能力的计算图不会是单一路径。相反，单个节点可以将其输出反馈给多个节点。例如，考虑我们有一个输入 x 的情况，并且我们有计算函数 $g_1(x), g_2(x), \cdots, g_k(x)$ 的 k 个独立的计算节点。如果这些节点连接到一个单独的输出节点，该节点使用 k 个参数计算函数 $f()$，则计算的结果函数是 $f[g_1(x), g_2(x), \cdots, g_k(x)]$。在这种情况下，需要使用多元链式规则。多元链式规则定义如下：

$$\frac{\partial f[g_1(x), \cdots, g_k(x)]}{\partial x} = \sum_{i=1}^{k} \frac{\partial f[g_1(x), \cdots, g_k(x)]}{\partial g_i(x)} \cdot \frac{\partial g_i(x)}{\partial x} \qquad (7.8)$$

很容易看出，式（7.8）的多元链式规则是式（7.7）的简单推广。

还可以以路径为中心而不是以节点为中心的方式查看多元链式规则。对于任何一对源 – 汇节点，汇节点中变量相对于源节点中变量的导数只是应用于该对节点之间存在的所有路径的一元链式规则产生的表达式之和。该视图直接表示任意一对节点之间的导数（而不是递归多元规则）。但是，这会导致计算量过大，因为一对节点之间的路径数与路径长度呈指数关系。为了显示操作的重复性，我们使用了一个非常简单的封闭形式函数，其中包含一个输入 x：

$$o = \sin(x^2) + \cos(x^2) \qquad (7.9)$$

结果计算图如图 7.8 所示。在这种情况下，应用多元链式规则来计算输出 o 相对于 x 的导数。这是通过将图 7.8 中从 x 到 o 的两条路径的一元链式规则的结果相加来实现的：

$$\frac{\partial o}{\partial x} = \underbrace{\frac{\partial K(p,q)}{\partial p}}_{1} \cdot \underbrace{g'(y)}_{-\sin(y)} \cdot \underbrace{f'(x)}_{2x} + \underbrace{\frac{\partial K(p,q)}{\partial q}}_{1} \cdot \underbrace{h'(z)}_{\cos(z)} \cdot \underbrace{f'(x)}_{2x}$$

$$= -2x \cdot \sin(y) + 2x \cdot \cos(z)$$

$$= -2x \cdot \sin(x^2) + 2x \cdot \cos(x^2)$$

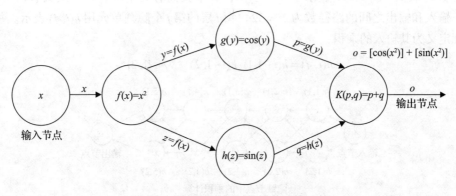

图 7.8 说明链式规则的简单计算函数

在这个简单的例子中有两条路径，它们都计算函数 $f(x) = x^2$。结果，函数 $f(x)$ 被区分两次，每个路径一次。这种类型的重复可能对包含许多共享节点的大型多层网络产生严重影响，其中同一函数作为嵌套递归的一部分可能被区分数十万次。正是这种重复且浪费的导数计算方法，使得用封闭形式表示计算图的全局函数并显式地对其进行微分是不切实际的。

可以将多元链式规则的以路径为中心的视图总结如下：

引理 7.3.1（路径聚合引理） 考虑一个有向非循环计算图，其中第 i 个节点包含变量 $y(i)$。图中有向边 (i, j) 的局部导数 $z(i, j)$ 定义为 $z(i, j) = \dfrac{\partial y(j)}{\partial y(i)}$。设从图中的节点 s 到节点 t 存在一组非空路径 $\mathcal{P}$。然后，$\dfrac{\partial y(t)}{\partial y(s)}$ 的值通过计算沿 $\mathcal{P}$ 中每条路径的局部梯度的乘积，并将这些乘积在 $\mathcal{P}$ 中的所有路径上求和来给出。

$$\frac{\partial y(t)}{\partial y(s)} = \sum_{P \in \mathcal{P}} \prod_{(i, j) \in P} z(i, j) \tag{7.10}$$

这个引理可以通过在计算图上递归应用多元链式规则 [式（7.8）] 很容易地显示出来。虽然使用路径聚合引理计算 $y(t)$ 对 $y(s)$ 的导数是一种浪费的方法，但它为导数计算提供了一种简单直观的指数时间算法。

指数时间算法

路径聚合引理提供了一种自然的指数 – 时间算法，它大致类似于将计算函数表示为关于特定变量的封闭形式，然后对其进行微分的步骤。具体而言，路径聚合引理导致以下指数 – 时间算法，以计算输出 o 相对于图中变量 x 的导数：

1. 使用计算图计算前向阶段中每个节点 i 的值 $y(i)$。

2. 计算计算图中每条边上的局部偏导数 $z(i, j) = \dfrac{\partial y(j)}{\partial y(i)}$。

3. 设 $\mathcal{P}$ 是从值为 x 的输入节点到输出 o 的所有路径的集合。对于每个路径 $P \in \mathcal{P}$，计算该路径上每个局部导数 $z(i, j)$ 的乘积。

4. 将 $\mathcal{P}$ 中所有路径上的这些值相加。

一般来说，一个计算图的路径数会随着深度呈指数增长，并且必须在所有路径上加上局部导数的乘积。图 7.9 中显示了一个示例，其中我们有五个层，每个层只有两个单元。因此，输入和输出之间的路径数为 $2^5 = 32$。第 i 层的第 j 个隐藏单元用 $h(i, j)$ 表示。每个隐藏单元定义为其输入的乘积：

$$h(i, j) = h(i-1, 1) \cdot h(i-1, 2) \quad \forall j \in \{1, 2\} \tag{7.11}$$

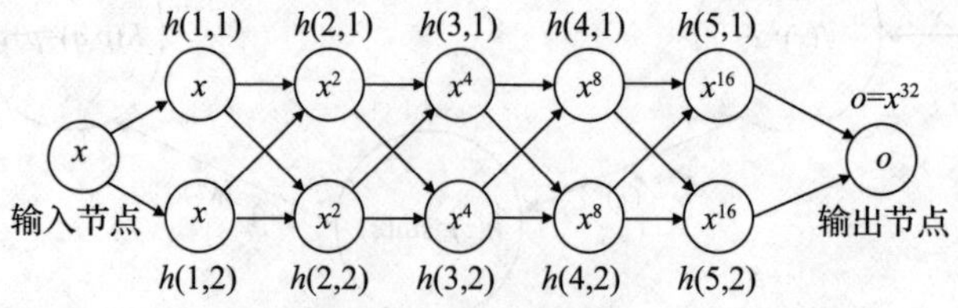

图 7.9   链式规则将沿 32 条路径的局部导数的乘积聚合起来

在这种情况下，输出是 x^{32}，它可以用封闭形式表示，并且可以很容易地相对于 x 进行区分。换句话说，我们并不真正需要计算图来执行微分。然而，我们将使用指数时间算法来阐明其工作原理。每个 $h(i, j)$ 相对于其两个输入的导数是互补输入的值，因为两个变量相乘的偏导数是互补变量：

$$\frac{\partial h(i, j)}{\partial h(i-1, 1)} = h(i-1, 2), \quad \frac{\partial h(i, j)}{\partial h(i-1, 2)} = h(i-1, 1)$$

路径聚合引理意味着 $\frac{\partial o}{\partial x}$ 的值是沿从输入到输出的所有 32 条路径的局部导数（在这种特殊情况下是互补的输入值）的乘积：

$$\frac{\partial o}{\partial x} = \sum_{j_1, j_2, j_3, j_4, j_5 \in \{1, 2\}^5} \prod \underbrace{h(1, j_1)}_{x} \underbrace{h(2, j_2)}_{x^2} \underbrace{h(3, j_3)}_{x^4} \underbrace{h(4, j_4)}_{x^8} \underbrace{h(5, j_5)}_{x^{16}}$$

$$= \sum_{\text{所有 32 条路径}} x^{31} = 32 x^{31}$$

当然，这个结果与直接相对于 x 微分 x^{32} 得到的结果是一致的。然而，一个重要的观察结果是，对于一个相对简单的图，以这种方式计算导数需要 32 个聚合。更重要的是，我们重复区分节点中计算的相同函数以进行聚合。例如，变量 $h(3,1)$ 的微分被执行 16 次，因为它出现在从 x 到 o 的 16 条路径中。

显然，这是一种计算梯度的低效方法。对于每层和三层中有 100 个节点的网络，我们将有一百万条路径。然而，当我们的预测函数是一个复杂的复合函数时，这正是我们在传统机器学习中所做的。手动计算复杂复合函数的细节是乏味的，超出一定的复杂程度是不切实际的。在这里，人们可以应用动态规划（由计算图的结构指导）来存储重要的中间结果。通过使用这种方法，可以最小化重复计算，并实现多项式复杂性。

7.3.4 计算节点到节点导数的动态规划

在图论中，使用动态规划计算有向无环图上所有类型的路径聚合值。考虑一个有向无环图，其中值 $z(i, j)$（解释为节点 j 中的变量相对于节点 i 中的变量的局部偏导数）与边 (i, j) 相关。换句话说，如果 $y(p)$ 是节点 p 中的变量，则我们有以下结果：

$$z(i, j) = \frac{\partial y(j)}{\partial y(i)} \tag{7.12}$$

图 7.10 显示了此类计算图的示例。在这种情况下，我们将边 $(2, 4)$ 与相应的偏导数相关联。我们想计算 $z(i, j)$ 在从源节点 s 到输出节点 t 的每条路径 $P \in \mathcal{P}$ 上的乘积，然后将它们相加以获得偏导数 $S(s, t) = \frac{\partial y(t)}{\partial y(s)}$：

$$S(s, t) = \sum_{P \in \mathcal{P}} \prod_{(i, j) \in P} z(i, j) \tag{7.13}$$

设 $A(i)$ 为节点 i 的输出边端点处的节点集。我们可以使用以下著名的动态规划更新计算每个中间节点 i（源节点 s 和输出节点 t 之间）的聚合值 $S(i, t)$：

$$S(i, t) \Leftarrow \sum_{j \in A(i)} S(j, t) z(i, j) \tag{7.14}$$

该计算可以从直接入射到 o 上的节点开始向后执行，因为已知 $S(t, t) = \frac{\partial y(t)}{\partial y(t)}$ 为 1。这是因为变量相对于自身的偏导数总是 1。因此，可以如下描述该算法的伪代码：

```
Initialize S(t, t) = 1;
repeat
  Select an unprocessed node i such that the values of S(j, t) all of its outgoing
      nodes j ∈ A(i) are available;
  Update S(i, t) ⇐ ∑_{j ∈ A(i)} S(j, t)z(i, j);
until all nodes have been selected;
```

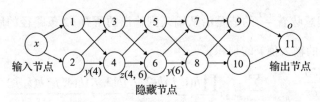

图 7.10　边缘用局部偏导数标记，例如 $z(4,6)=\dfrac{\partial y(6)}{\partial y(4)}$

注意，上述算法总是选择 $S(j,t)$ 的值可用于所有节点 $j\in A(i)$ 的节点 i。这样的节点在有向无环图中总是可用的，并且节点选择顺序总是从节点 t 开始向后。因此，上述算法仅在计算图没有循环时才有效，称为反向传播算法。

网络优化社区使用上述算法计算有向无环图上源 – 汇节点对 (s,t) 之间所有类型的以路径为中心的函数，否则需要指数时间。例如，人们甚至可以使用上述算法的变体来查找有向无环图中的最长路径 [12]。

有趣的是，前面提到的动态规划更新正是式（7.8）的多元链式规则，它从局部梯度已知的输出节点开始向后重复。这是因为我们首先使用这个链式规则导出了损失梯度的路径聚合形式（引理 7.3.1）。主要区别在于，我们以特定的顺序应用规则，以最小化计算。我们如下强调这一点：

使用动态规划沿着计算图中的指数多条路径有效地聚合局部梯度的乘积会导致动态规划更新，该更新与微分的多元链式规则相同。动态规划的要点是按照特定的顺序应用这个规则，这样不同节点的导数计算就不会重复。

这种方法是神经网络中使用的反向传播算法的主干。我们将在 7.4 节中讨论神经特定于网络的增强的更多细节。在我们有多个输出节点 $t_1,\cdots,t_p$ 的情况下，可以将每个 $S(t_r,t_r)$ 初始化为 1，然后对每个 t_r 应用相同的方法。

计算节点到节点导数的示例

为了说明反向传播方法的工作原理，我们将提供一个在包含 10 个节点的图中计算节点到节点导数的示例（见图 7.11）。在各种节点中计算各种函数，例如和函数（用 "＋" 表示）、积函数（用 "＊" 表示）和三角正弦 / 余弦函数。10 个节点中的变量由 $y(1),\cdots,y(10)$ 表示，其中变量 $y(i)$ 属于图中的第 i 个节点。传入节点 6 的两条边也具有与其相关联的权重 w_2 和 w_3。其他边没有与其关联的权重。各层中计算的函数如下所示：

第 1 层：$y(4) = y(1)\cdot y(2)$，$y(5) = y(1)\cdot y(2)\cdot y(3)$，$y(6) = w_2\cdot y(2) + w3\cdot y(3)$

第 2 层：$y(7) = \sin[y(4)]$，$y(8) = \cos[y(5)]$，$y(9) = \sin[y(6)]$

第 3 层：$y(10) = y(7)\cdot y(8)\cdot y(9)$

我们想计算 $y(10)$ 对每个输入 $y(1)$、$y(2)$ 和 $y(3)$ 的导数。一种可能是简单地用输入 $y(1)$、$y(2)$ 和 $y(3)$ 以封闭形式表示 $y(10)$，然后计算导数。通过递归地使用上述关系，很容易证明 $y(10)$ 可以用 $y(1)$、$y(2)$ 和 $y(3)$ 表示，如下所示：

$$y(10)= \sin[y(1)\cdot y(2)]\cdot\cos[y(1)\cdot y(2)\cdot y(3)]\cdot\sin[w_2\cdot y(2)+w_3\cdot y(3)]$$

如前所述，计算闭式导数对于较大的网络是不实用的。此外，由于需要计算输出对网络中每个节点的导数，因此这种方法还需要上游节点（如 $y(4)$、$y(5)$ 和 $y(6)$）的封闭形式表达式。

所有这些都会增加重复计算的数量。幸运的是，反向传播将我们从这种重复计算中解放出来，因为 $y(10)$ 中关于每个节点的导数是通过向后阶段计算的。算法首先初始化输出 $y(10)$ 相对于自身的导数，即 1：

$$S(10, 10) = \frac{\partial y(10)}{\partial y(10)} = 1$$

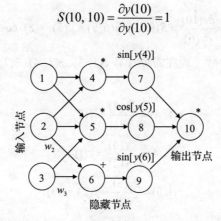

图 7.11　节点到节点导数计算的示例

随后，计算 $y(10)$ 对其传入节点上所有变量的导数。由于 $y(10)$ 是用变量 $y(7)$、$y(8)$ 和 $y(9)$ 表示的，因此这很容易做到，结果用 $z(7,10)$、$z(8,10)$ 和 $z(9,10)$ 表示（这与本章前面使用的符号一致）。因此，我们有以下几点：

$$z(7, 10) = \frac{\partial y(10)}{\partial y(7)} = y(8) \cdot y(9)$$

$$z(8, 10) = \frac{\partial y(10)}{\partial y(8)} = y(7) \cdot y(9)$$

$$z(9, 10) = \frac{\partial y(10)}{\partial y(9)} = y(7) \cdot y(8)$$

随后，我们可以使用这些值来用递归反向传播更新计算 $S(7,10)$、$S(8,10)$ 和 $S(9,10)$：

$$S(7, 10) = \frac{\partial y(10)}{\partial y(7)} = S(10,10) \cdot z(7,10) = y(8) \cdot y(9)$$

$$S(8, 10) = \frac{\partial y(10)}{\partial y(8)} = S(10,10) \cdot z(8,10) = y(7) \cdot y(9)$$

$$S(9, 10) = \frac{\partial y(10)}{\partial y(9)} = S(10,10) \cdot z(9,10) = y(7) \cdot y(8)$$

接下来，我们计算与传入节点 7、8 和 9 的所有边相关联的导数 $z(4,7)$、$z(5,8)$ 和 $z(6,9)$：

$$z(4, 7) = \frac{\partial y(7)}{\partial y(4)} = \cos[y(4)]$$

$$z(5, 8) = \frac{\partial y(8)}{\partial y(5)} = -\sin[y(5)]$$

$$z(6, 9) = \frac{\partial y(9)}{\partial y(6)} = \cos[y(6)]$$

这些值可用于计算 $S(4,10)$、$S(5,10)$ 和 $S(6,10)$：

$$S(4, 10) = \frac{\partial y(10)}{\partial y(4)} = S(7, 10) \cdot z(4, 7) = y(8) \cdot y(9) \cdot \cos[y(4)]$$

$$S(5, 10) = \frac{\partial y(10)}{\partial y(5)} = S(8, 10) \cdot z(5, 8) = -y(7) \cdot y(9) \cdot \sin[y(5)]$$

$$S(6, 10) = \frac{\partial y(10)}{\partial y(6)} = S(9, 10) \cdot z(6, 9) = y(7) \cdot y(8) \cdot \cos[y(6)]$$

为了计算相对于输入值的导数，现在需要计算 $z(1, 3)$、$z(1, 4)$、$z(2, 4)$、$z(2, 5)$、$z(2, 6)$、$z(3, 5)$ 和 $z(3, 6)$ 的值：

$$z(1, 4) = \frac{\partial y(4)}{\partial y(1)} = y(2)$$

$$z(2, 4) = \frac{\partial y(4)}{\partial y(2)} = y(1)$$

$$z(1, 5) = \frac{\partial y(5)}{\partial y(1)} = y(2) \cdot y(3)$$

$$z(2, 5) = \frac{\partial y(5)}{\partial y(2)} = y(1) \cdot y(3)$$

$$z(3, 5) = \frac{\partial y(5)}{\partial y(3)} = y(1) \cdot y(2)$$

$$z(2, 6) = \frac{\partial y(6)}{\partial y(2)} = w_2$$

$$z(3, 6) = \frac{\partial y(6)}{\partial y(3)} = w_3$$

这些偏导数可以反向传播以计算 $S(1, 10)$、$S(2, 10)$ 和 $S(3, 10)$：

$$S(1, 10) = \frac{\partial y(10)}{\partial y(1)} = S(4, 10) \cdot z(1, 4) + S(5, 10) \cdot z(1, 5)$$
$$= y(8) \cdot y(9) \cdot \cos[y(4)] \cdot y(2) - y(7) \cdot y(9) \cdot \sin[y(5)] \cdot y(2) \cdot y(3)$$

$$S(2, 10) = \frac{\partial y(10)}{\partial y(2)} = S(4, 10) \cdot z(2, 4) + S(5, 10) \cdot z(2, 5) + S(6, 10) \cdot z(2, 6)$$
$$= y(8) \cdot y(9) \cdot \cos[y(4)] \cdot y(1) - y(7) \cdot y(9) \cdot \sin[y(5)] \cdot y(1) \cdot y(3) +$$
$$y(7) \cdot y(8) \cdot \cos[y(6)] \cdot w_2$$

$$S(3, 10) = \frac{\partial y(10)}{\partial y(3)} = S(5, 10) \cdot z(3, 5) + S(6, 10) \cdot z(3, 6)$$
$$= -y(7) \cdot y(9) \cdot \sin[y(5)] \cdot y(1) \cdot y(2) + y(7) \cdot y(8) \cdot \cos[y(6)] \cdot w_3$$

注意，使用向后阶段具有相对于所有隐藏和输入节点变量计算 $y(10)$（输出节点变量）的导数的优点。这些不同的导数有许多共同的子表达式，尽管这些子表达式的导数计算不会重复。这是使用向后阶段进行导数计算的优点，而不是使用封闭形式表达式。

由于输出的封闭形式表达式的单调性，导数的代数表达式也非常长且笨拙（无论我们如何计算它们）。我们可以看到，即使对于本节中简单的十节点计算图也是如此。例如，如果检查 $y(10)$ 相对于每个节点 $y(1)$、$y(2)$ 和 $y(3)$ 的导数，代数表达式将换行为多行。此外，我们无法避免代数导数中存在重复的子表达式。这是适得其反的，因为我们在向后算法中的最初目标是避免使用封闭形式表达式进行传统导数求值时特有的重复计算。因此，在现实世界的网络中，人们不会用代数方法计算这些类型的表达式。首先从训练数据中数值计算一组特定数值输入的所有节点变量。随后，我们将在数值上向后携带导数，这样就不必向后携带大型代数表达式（具有许多重复的子表达式）。携带数值表达式的优点是多个术语合并为一个数值，这是特定于特定输入的。通过进行数值选择，必须对每个训练点重复反向计算算法，但这仍然比一次性计算（大量）符号导数并替换不同训练点的值更好。这就是这种方法被称为数值微分而不是符号微分的原因。在许多机器学习中，首先计算代数导数（即符号微分），然后替换表达式中变量的数值（用于导数），以执行梯度下降更新。这与计算图的情况不同，在计算图中，向后算法在数值上应用于每个训练点。

7.3.5 将节点到节点导数转换为损失到权重导数

大多数计算图定义了关于输出节点变量的损失函数。需要计算边上权重的导数，而不是节点变量的导数（以更新权重）。一般情况下，通过一元和多元链式规则的一些附加应用，节点到节点导数可以转换为损失到权重导数。

考虑在前一节中使用动态规划方法计算索引为 $t_1, t_2, \cdots, t_p$ 的节点对节点 i 中变量的输出变量的节点到节点导数的情况。因此，计算图具有 p 个输出节点，其中对应的变量值是 $y(t_1), \cdots, y(t_p)$（因为输出节点的索引是 $t_1, \cdots, t_p$）。损失函数用 $L[y(t_1), \cdots, y(t_p)]$ 表示。我们想计算这个损失函数对 i 的传入边上的权重的导数。为了便于讨论，设 w_{ji} 为从节点索引 j 到节点索引 i 的边的权重。因此，我们要计算损失函数对 w_{ji} 的导数。在下文中，为了符号的紧凑性，我们将用 L 缩写 $L[y(t_1), \cdots, y(t_p)]$：

$$\frac{\partial L}{\partial w_{ji}} = \left[\frac{\partial L}{\partial y(i)}\right]\frac{\partial y(i)}{\partial w_{ji}} \quad \text{[一元链式规则]}$$

$$= \left[\sum_{k=1}^{p}\frac{\partial L}{\partial y(t_k)}\frac{\partial y(t_k)}{\partial y(i)}\right]\frac{\partial y(i)}{\partial w_{ji}} \quad \text{[多元链式规则]}$$

这里值得注意的是，损失函数通常是节点索引 $t_1, \cdots, t_p$ 中变量的封闭形式函数，通常是最小二乘函数或对数损失函数（如第 6 章中的逻辑损失函数）因此，损失 L 相对于 $y(t_i)$ 的每一个导数都很容易计算。此外，每个 $\frac{\partial y(t_k)}{\partial y(i)}$ 对于 $k \in \{1, \cdots, p\}$ 的值可以使用上一节的动态规划算法计算。$\frac{\partial y(i)}{\partial w_{ji}}$ 的值是每个节点上**局部**函数的导数，通常具有简单形式。因此，一旦使用动态规划计算了节点到节点导数，就可以相对容易地计算损失到权重导数。

尽管可以应用 7.3.4 节的伪代码为每个 $k \in \{1, \cdots, p\}$ 计算 $\frac{\partial y(t_k)}{\partial y(i)}$，将所有这些计算折叠成一个向后的算法更有效。在实践中，将输出节点的导数初始化为对于每个 $k \in \{1, \cdots, p\}$ 的损失导数 $\frac{\partial L}{\partial y(t_k)}$ 而不是 1（如 7.3.4 节的伪代码所示）。随后，整个损失导数 $\Delta(i) = \frac{\partial L}{\partial y(i)}$ 向后传播。因此，计算关于节点变量和边变量的损失导数的改进算法如下：

> Initialize $\Delta(t_r) = \frac{\partial L}{\partial y(t_k)}$ for each $k \in \{1 \ldots p\}$;
> **repeat**
> 　Select an unprocessed node i such that the values of $\Delta(j)$ all of its outgoing
> 　　nodes $j \in A(i)$ are available;
> 　Update $\Delta(i) \Leftarrow \sum_{j \in A(i)} \Delta(j) z(i, j)$;
> **until** all nodes have been selected;
> **for each edge** (j, i) with weight w_{ji} **do** compute $\frac{\partial L}{\partial w_{ji}} = \Delta(i) \frac{\partial y(i)}{\partial w_{ji}}$;

在上述算法中，$y(i)$ 表示节点 i 处的变量。该算法与 7.3.4 节的算法的主要区别在于初始化的性质以及增加的计算沿边导数的最后一步。但是，计算节点到节点导数的核心算法仍然是该算法的一个组成部分。事实上，可以将边上的所有权重添加到包含权重参数的附加"输入"节点中，并添加计算节点，将权重与边尾部节点上的相应变量相乘。此外，还可以添加计算节点，计算输出节点的损失。例如，图 7.11 的体系结构可以转换为图 7.12 的体系结构。因此，具有可学习权重的计算图可以转换为具有可学习节点变量的未加权图（在节点子集上）。在图 7.12 中从损失节点到权重节点仅执行节点到节点的导数计算相当于损失到权重的导数计算。换句话说，加权图中的损失到权重的导数计算相当于修改后的计算图中节点到节点的导数计算。损失相对于每个权重的导数可以用向量 $\frac{\partial L}{\partial \overline{W}}$（在矩阵演算符号中）表示，其中 $\overline{W}$ 表示权重向量。随后，可以执行标准梯度下降更新：

$$\overline{W} \Leftarrow \overline{W} - \alpha \frac{\partial L}{\partial \overline{W}} \tag{7.15}$$

这里，α 是学习率。这种类型的更新通过使用不同的输入重复该过程来实现收敛，以学习计算图的权重。

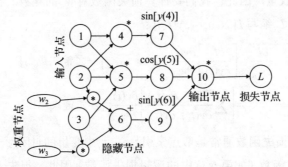

图 7.12　根据图 7.11 将损失 – 权重导数转换为节点 – 节点导数计算。注意额外的权重节点和额外的损耗节点

计算损失到权重导数的示例

考虑图 7.11 的情况，其中损失函数由 $L = \log[y(10)^2]$ 定义，并且我们希望计算相对于权重 w_2 和 w_3 的损失导数。在这种情况下，损失对于权重的导数如下所示：

$$\frac{\partial L}{\partial w_2} = \frac{\partial L}{\partial y(10)} \frac{\partial y(10)}{\partial y(6)} \frac{\partial y(6)}{\partial w_2} = \left[\frac{2}{y(10)} \right] [y(7) \cdot y(8) \cdot \cos[y(6)]] \, y(2)$$

$$\frac{\partial L}{\partial w_3} = \frac{\partial L}{\partial y(10)} \frac{\partial y(10)}{\partial y(6)} \frac{\partial y(6)}{\partial w_3} = \left[\frac{2}{y(10)} \right] [y(7) \cdot y(8) \cdot \cos[y(6)]] \, y(3)$$

请注意，数量 $\frac{\partial y(10)}{\partial y(6)}$ 是使用上一节中关于节点到节点导数的示例获得的。实际上，这些量不是用代数方法计算的。这是因为前面提到的代数表达式对于大型网络来说非常笨拙。相反，对于每个数值输入集 $\{y(1), y(2), y(3)\}$，我们在正向阶段计算 $y(i)$ 的不同值。随后，在向后阶段计算损失相对于每个节点变量（和传入权重）的导数。同样，这些值是针对特定的输入集 $\{y(1), y(2), y(3)\}$ 进行数值计算的。可以使用数值梯度来更新权重，以进行学习。

7.3.6　带有向量变量的计算图

上一节讨论了计算图的每个节点都包含一个标量变量的简单情况，而本节允许向量变量。换句话说，第 i 个节点包含向量变量 $\bar{y}_i$。因此，应用于计算节点的**局部**函数也是向量到向量函数。对于任何节点 i，其局部函数使用一个参数，该参数对应于其所有传入节点的所有向量分量。从这个局部函数的输入角度来看，这种情况与前一种情况没有太大区别，即参数是对应于所有标量输入的向量。然而，主要的区别在于该函数的输出是一个向量而不是一个标量。这种向量到向量函数的一个例子是 softmax 函数，参见式（6.24），它以 k 个实值作为输入，并输出 k 个概率。具体而言，对于输入 $v_1, \cdots, v_k$，softmax 函数的输出 $p_1, \cdots, p_k$ 如下所示：

$$p_r = \frac{\exp(v_r)}{\sum_{j=1}^{k} \exp(v_j)} \quad \forall r \in \{1, \cdots, k\} \tag{7.16}$$

请注意，该式与式（6.24）相同，除了我们使用 $v_j = \overline{W}_j \cdot \overline{X}_i^{\mathrm{T}}$。通常，函数的输入数量不必与向量到向量函数中的输出数量相同。

向量到向量的导数是一个矩阵。考虑两个向量 $\bar{v} = [v_1, \cdots, v_d]^{\mathrm{T}}$ 和 $\bar{h} = [h_1, \cdots, h_m]^{\mathrm{T}}$，它们出现在图 7.13a 所示的计算图中的某个位置。可能有节点进入 $\bar{v}$，以及在后面的层中计算的损失 L。然后，使用矩阵演算的分母布局，向量到向量的导数是雅可比矩阵的转置：

$$\frac{\partial \bar{h}}{\partial \bar{v}} = \mathrm{Jacobian}(\bar{h}, \bar{v})^{\mathrm{T}}$$

上述向量到向量导数的第 (i, j) 项就是 $\dfrac{\partial h_j}{\partial v_i}$。因为 $\bar{h}$ 是一个 m 维向量，$\bar{v}$ 是一个 d 维向量，所以向量导数是一个 $d \times m$ 矩阵。当用雅可比矩阵代替局部偏导数时，单个以向量为中心的路径上的链式规则看起来几乎与标量上的一元链式规则相同。在一元标量情况下，规则非常简单。例如考虑如下情况，标量目标 J 是标量 w 的函数：

$$J = f\{g[h(w)]\} \tag{7.17}$$

假设 $f(\cdot)$、$g(\cdot)$ 和 $h(\cdot)$ 都是标量函数。在这种情况下，J 对标量 w 的导数为 $f'\{g[h(w)]\}$ $g'[h(w)]h'(w)$。这个规则被称为微分学的一元链式规则。请注意，乘法的顺序并不重要，因为标量乘法是可交换的。

同样，考虑下面的函数，其中一个函数是向量到标量函数：

$$J = f[g_1(w), g_2(w), \cdots, g_k(w)]$$

在这种情况下，多元链式规则规定，可以使用函数的所有参数计算 J 相对于 w 的导数，作为偏导数乘积的和：

$$\frac{\partial J}{\partial w} = \sum_{i=1}^{k} \left[\frac{\partial J}{\partial g_i(w)} \right] \left[\frac{\partial g_i(w)}{\partial w} \right]$$

通过考虑函数为向量到向量函数的情况，可以将上述两种结果推广为一种形式。请注意，向量到向量导数是矩阵，因此我们将矩阵相乘，而不是标量。与标量链式规则不同，乘法顺序在处理矩阵和向量时很重要。在复合函数中，参数的导数（内部级别变量）始终与函数的导数（外部级别变量）相乘。在许多情况下，乘法的顺序是不言而喻的，因为与矩阵乘法相关的大小约束。我们正式定义向量链式规则如下：

定理 7.3.1（向量链式规则） 考虑以下形式的复合函数：

$$\overline{o} = F_k(F_{k-1}(\cdots F_1(\overline{x})))$$

假设每个 $F_i(\cdot)$ 将 n_i 维列向量作为输入，并输出 n_{i+1} 维列向量。因此，输入 $\overline{x}$ 是 n_1 维向量，最终输出 $\overline{o}$ 是 n_{k+1} 维向量。为简洁起见，用 $\overline{h}_i$ 表示 $F_i(\cdot)$ 的向量输出。然后，向量链式规则断言以下内容：

$$\underbrace{\left[\frac{\partial \overline{o}}{\partial \overline{x}} \right]}_{n_1 \times n_{k+1}} = \underbrace{\left[\frac{\partial \overline{h}_1}{\partial \overline{x}} \right]}_{n_1 \times n_2} \underbrace{\left[\frac{\partial \overline{h}_2}{\partial \overline{h}_1} \right]}_{n_2 \times n_3}, \cdots, \underbrace{\left[\frac{\partial \overline{h}_{k-1}}{\partial \overline{h}_{k-2}} \right]}_{n_{k-1} \times n_k} \underbrace{\left[\frac{\partial \overline{o}}{\partial \overline{h}_{k-1}} \right]}_{n_k \times n_{k+1}}$$

很容易看出，在这种情况下，遵守了矩阵乘法的大小约束。

$$\frac{\partial L}{\partial \overline{v}} = \frac{\partial \overline{h}}{\partial \overline{v}} \underbrace{\frac{\partial L}{\partial \overline{h}}}_{d \times m \quad m \times 1} = \text{Jacobian}(\overline{h}, \overline{v})^{\mathrm{T}} \frac{\partial L}{\partial \overline{h}}$$

换句话说，对于图 7.13a 中的单路径，我们可以推导出以下向量值链规则：

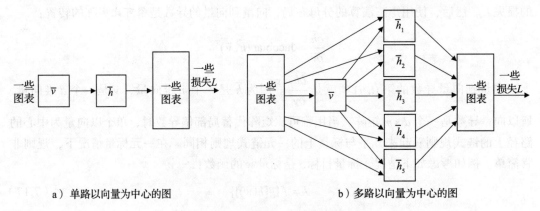

a）单路以向量为中心的图　　　　　　　　b）多路以向量为中心的图

图 7.13　以向量为中心的计算图示例

因此，一旦损失梯度相对于一个层可用，它就可以通过将其乘以雅可比矩阵的转置来反向传播。这里矩阵的顺序很重要，因为矩阵乘法是不可交换的。

上面提供的链式规则仅适用于计算图是单路径的情况。当计算图具有任意结构时会发生什么？在这种情况下，我们可能会遇到这样一种情况，即在节点 $\overline{v}$ 和后续层中的网络之间有多个节点 $\overline{h}_1, \cdots, \overline{h}_s$，如图 7.13b 所示。此外，交替层之间存在连接，称为跳过连接。假设向量 $\overline{h}_i$ 具有维度 m_i。在这种情况下，偏导数是前一种情况的简单推广：

$$\frac{\partial L}{\partial \overline{v}} = \sum_{i=1}^{s} \underbrace{\frac{\partial \overline{h}_i}{\partial \overline{v}}}_{d \times m_i} \underbrace{\frac{\partial L}{\partial \overline{h}_i}}_{m_i \times 1} = \sum_{i=1}^{s} \text{Jacobian}(\overline{h}_i, \overline{v})^{\text{T}} \frac{\partial L}{\partial \overline{h}_i}$$

在大多数分层神经网络中，我们只有一条路径，很少需要处理分支的情况。然而，这种分支可能出现在具有跳过连接的神经网络中（见图 7.13b 和图 7.15b）。然而，即使在复杂的网络结构中，如图 7.13b 和图 7.15b 所示，在反向传播过程中，每个节点只需担心其局部传出边缘。因此，我们在下面提供了一个非常通用的基于向量的算法，它甚至可以在存在跳过连接的情况下工作。

考虑具有向量 – 值变量的 p 个输出节点的情况，其中有由 $t_1, \cdots, t_p$ 表示的索引，其中的变量是 $\overline{y}(t_1), \cdots, \overline{y}(t_p)$。在这种情况下，损失函数 L 可能是这些向量中所有分量的函数。假设第 i 个节点包含由 $\overline{y}(i)$ 表示的变量列向量。此外，在矩阵演算的分母布局中，每一个 $\Delta(i) = \dfrac{\partial L}{\partial \overline{y}(i)}$ 都是一个列向量，维度等于 $\overline{y}(i)$ 的维度。正是这个损失导数向量将向后传播。

计算导数的以向量为中心的算法如下：

Initialize $\overline{\Delta}(t_k) = \frac{\partial L}{\partial \overline{y}(t_k)}$ for each output node t_k for $k \in \{1 \ldots p\}$;
repeat
　　Select an unprocessed node i such that the values of $\overline{\Delta}(j)$ all of its outgoing
　　　　nodes $j \in A(i)$ are available;
　　Update $\overline{\Delta}(i) \Leftarrow \sum_{j \in A(i)} \text{Jacobian}(\overline{y}(j), \overline{y}(i))^T \overline{\Delta}(j)$;
until all nodes have been selected;
for the vector $\overline{w}_i$ of edges incoming to each node i **do** compute $\frac{\partial L}{\partial \overline{w}_i} = \frac{\partial \overline{y}(i)}{\partial \overline{w}_i} \overline{\Delta}(i)$;

在上述伪代码的最后一步中，计算向量 $\overline{y}(i)$ 相对于向量 $\overline{w}_i$ 的导数，其本身是雅可比矩阵的转置。该最后一步将关于节点变量的偏导数向量转换为关于节点处传入的权重的偏导数向量。

7.4　应用：神经网络中的反向传播

在本节中，我们将描述如何使用基于计算图的通用算法来执行神经网络中的反向传播算法。关键思想是神经网络中的特定变量需要定义为计算图抽象的节点。相同的神经网络可以用不同类型的计算图表示，取决于神经网络中的哪些变量用于创建计算图节点。执行反向传播更新的精确方法在很大程度上取决于此设计选择。

考虑神经网络的情况，首先在其输入端施加具有权重 w_{ij} 的线性函数，以创建预激活值 $a(i)$，然后应用激活函数 $\Phi(\cdot)$ 来创建输出 $h(i)$：

$$h(i) = \Phi(a(i))$$

变量 $h(i)$ 和 $a(i)$ 如图 7.14 所示。在这种情况下，值得注意的是，有几种方法可以创建计算图。例如，可以创建一个计算图，其中每个节点包含激活后的值 $h(i)$，因此我们隐式设置 $y(i)=h(i)$。第二种选择是创建一个计算图，其中每个节点都包含激活前变量 $a(i)$，因此我们设置 $y(i)=a(i)$。甚至可以创建一个包含 $a(i)$ 和 $h(i)$ 的解耦计算图；在最后一种情况下，计算图的节点数将是神经网络的两倍。在所有这些情况下，可以使用前一节中伪代码的相对简单的特殊化 / 简化来学习梯度：

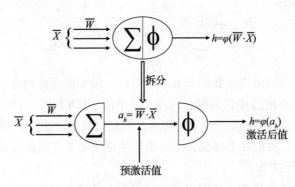

图 7.14　神经元内激活前后的值

1.激活后的值 $y(i)=h(i)$ 可以表示图中第 i 个计算节点中的变量。因此，此类图中的每个计算节点首先应用线性函数，然后应用激活函数。激活后的值如图 7.14 所示。在这种情况下，7.3.5 节的伪代码中 $z(i,j) = \dfrac{\partial y(j)}{\partial y(i)} = \dfrac{\partial h(j)}{\partial h(i)}$ 的值是 $w_{ij}\Phi'_j$。这里，w_{ij} 是从 i 到 j 的边的权重，并且 $\Phi'_j = \dfrac{\partial \Phi(a(j))}{\partial a(j)}$ 是节点 j 处相对于其参数的激活函数的局部导数。输出节点 t_r 处的每个 $\Delta(t_r)$ 的值只是损失函数对 $h(t_r)$ 的导数。对权重 w_{ji} 的最终导数（在 7.3.5 节伪代码的最后一行）等于 $\Delta(i)\dfrac{\partial h(i)}{\partial w_{ji}} = \Delta(i)h(j)\Phi'_i$。

2.激活前的值（应用线性函数后）由 $a(i)$ 表示，可以表示图中每个计算节点 i 中的变量。请注意计算节点和神经网络节点中执行的功之间的细微区别。在应用线性函数之前，每个计算节点首先将激活函数应用于其每个输入，而这些操作是以与神经网络相反的顺序执行的。计算图的结构与神经网络大致相似，只是第一层计算节点不包含激活。在这种情况下，7.3.5 节的伪代码中 $z(i,j) = \dfrac{\partial y(j)}{\partial y(i)} = \dfrac{\partial a(j)}{\partial a(i)}$ 的值是 $\Phi'_i w_{ij}$。注意，在这种情况下，$\Phi(a(i))$ 与其参数有关，而在激活后变量的情况下 $\Phi(a(j))$ 与参数有关。与第 r 个输出节点中的预激活前变量 $a(t_r)$ 有关的损失导数的值需要考虑它是激活前值这一事实，因此，我们不能直接使用关于激活后的值的损失导数。相反，激活后的损失导数需要乘以该节点处激活函数的导数 Φ'_{t_r}。关于权重 w_{ji} 的最终导数（7.3.5 节伪代码的最后一行）等于 $\Delta(i)\dfrac{\partial a(i)}{\partial w_{ji}} = \Delta(i)h(j)$。

使用激活前变量进行反向传播比使用激活后变量更为常见。因此，我们使用激活前变量在一个清晰的伪代码中提出反向传播算法。令 t_r 作为第 r 个输出节点的索引。然后，具有激活前变量的反向传播算法可以如下所示：

Initialize $\Delta(t_r) = \frac{\partial L}{\partial y(t_r)} = \Phi'(a(t_r))\frac{\partial L}{\partial h(t_r)}$ for each output node t_r with $r \in \{1\ldots k\}$;
repeat
  Select an unprocessed node i such that the values of $\Delta(j)$ all of its outgoing
      nodes $j \in A(i)$ are available;
  Update $\Delta(i) \Leftarrow \Phi'_i \sum_{j \in A(i)} w_{ij}\Delta(j)$;
until all nodes have been selected;
for each edge (j,i) with weight w_{ji} **do** compute $\frac{\partial L}{\partial w_{ji}} = \Delta(i)h(j)$;

也可以使用激活前和激活后变量作为计算图的单独节点。在下一节中，我们将把这种方法与以向量为中心的表示相结合。

7.4.1 常用激活函数的导数

从上一节的讨论中可以明显看出，反向传播需要计算激活函数的导数。因此，我们在本节中讨论常见激活函数导数的计算。

1. sigmoid 激活：当以 sigmoid 的输出而不是输入表示时，sigmoid 激活的导数特别简单。设 o 为有参数 v 的 sigmoid 函数的输出，

$$o = \frac{1}{1 + \exp(-v)} \tag{7.18}$$

然后，我们可以写出激活的导数，如下所示：

$$\frac{\partial o}{\partial v} = \frac{\exp(-v)}{[1 + \exp(-v)]^2} \tag{7.19}$$

关键点在于，就输出而言，可以更方便地写入此 sigmoid，

$$\frac{\partial o}{\partial v} = o(1 - o) \tag{7.20}$$

sigmoid 的导数通常用作输出的函数，而不是输入的函数。

2. tanh 激活：与 sigmoid 激活的情况一样，tanh 激活通常用作输出 o 的函数，而不是输入 v 的函数：

$$o = \frac{\exp(2v) - 1}{\exp(2v) + 1} \tag{7.21}$$

然后可以按如下方式计算导数：

$$\frac{\partial o}{\partial v} = \frac{4 \cdot \exp(2v)}{[\exp(2v) + 1]^2} \tag{7.22}$$

我们也可以根据输出 o 写出这个导数：

$$\frac{\partial o}{\partial v} = 1 - o^2 \tag{7.23}$$

3. ReLU 和 hard tanh 激活：ReLU 对其参数的非负值采用偏导数值 1，否则为 0。hard tanh 函数对 $[-1$、$+1]$ 中参数的值采用偏导数值 1，否则为 0。

7.4.2 softmax 的特殊情况

softmax 激活是一种特殊情况，因为函数不是针对一个输入计算的，而是针对多个输入计算的。因此，不能使用与其他激活函数完全相同的更新类型。softmax 激活函数使用以下关系将 k 真值预测 $v_1, \cdots, v_k$ 转换为输出概率 $o_1, \cdots, o_k$：

$$o_i = \frac{\exp(v_i)}{\sum_{j=1}^{k} \exp(v_j)} \quad \forall i \in \{1, \cdots, k\} \tag{7.24}$$

请注意，如果我们尝试使用链式规则反向传播损失 L 相对于 $v_1, \cdots, v_k$ 的导数，则必须计算

每一个 $\frac{\partial L}{\partial o_i}$ 以及每一个 $\frac{\partial o_i}{\partial v_j}$ 。当我们考虑以下两个事实时，softmax 的反向传播大大简化。

1. softmax 几乎总是在输出层中使用。

2. softmax 几乎总是与交叉熵损失配对。如果 $y_1, \cdots, y_k \in \{0, 1\}$ 是 k 个互斥类的热编码（观测）输出，则交叉熵损失定义如下：

$$L = -\sum_{i=1}^{k} y_i \log(o_i) \qquad (7.25)$$

关键点在于，在 softmax 的情况下，$\frac{\partial L}{\partial v_i}$ 的值具有特别简单的形式：

$$\frac{\partial L}{\partial v_i} = \sum_{j=1}^{k} \frac{\partial L}{\partial o_j} \cdot \frac{\partial o_j}{\partial v_i} = o_i - y_i \qquad (7.26)$$

请注意，6.6.2 节中已经显示了此导数。在这种情况下，我们已将 softmax 激活的反向传播更新与加权层的更新解耦。通常，创建反向传播视图是有帮助的，其中线性矩阵乘法和激活层解耦，因为它大大简化了更新。下一节将讨论此视图。

7.4.3　以向量为中心的反向传播

如图 7.3 所示，任何分层神经架构都可以表示为具有单一路径的向量变量计算图。我们在图 7.15a 中重复图 7.3b 中以向量为中心的说明。注意，该结构对应于向量变量的单一路径，可进一步解耦为线性层和激活层。尽管神经网络可能具有任意结构（路径长度可变），这种情况并不常见。最近，在一种专门用于图像数据的神经网络（称为 ResNet[6,72]）[⊖] 的背景下，人们探索了这种想法的一些变体。我们在图 7.15b 中说明了这种情况，其中在交替层之间有一条捷径。

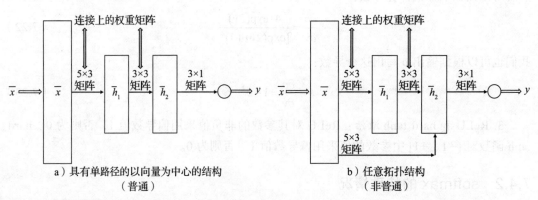

a）具有单路径的以向量为中心的结构
（普通）

b）任意拓扑结构
（非普通）

图 7.15　大多数神经网络具有分层结构，因此以向量为中心的结构具有单一路径。但是，如果存在跨层的快捷方式，则以向量为中心的结构的拓扑结构可能是任意的

由于图 7.15a 中的分层情况更常见，因此我们讨论了在这种情况下用于执行反向传播的方法。如前所述，神经网络中的节点执行线性操作和非线性激活函数的组合。在为了简化梯度计算，线性计算和激活计算被解耦为单独的"层"，一个单独反向传播通过两层。因此，可以创建一个神经网络，其中激活层与线性层交替排列，如图 7.16 所示。激活层（通

　⊖　ResNet 是一种卷积神经网络，其中层的结构是空间的，操作对应于卷积。

常）使用激活函数 $\Phi(\cdot)$ 对向量分量执行一对一的元素计算，而线性层通过与系数矩阵 W 相乘执行所有到所有计算。那么，如果 $\overline{g}_i$ 和 $\overline{g}_{i+1}$ 是第 i 层和第（$i+1$）层中的损失梯度，J_i 是第 i 层和第 $i+1$ 层之间的雅可比矩阵，更新如下。假设 J 是元素为 J_{kr} 的矩阵。那么，很容易看出，层与层之间的反向传播更新可以写为：

$$\overline{g}_i = J_i^{\mathrm{T}} \overline{g}_{i+1} \tag{7.27}$$

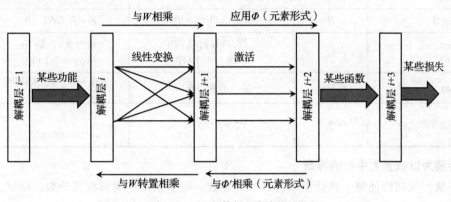

图 7.16　反向传播的解耦视图

从以实现为中心的角度来看，将反向传播方程编写为矩阵乘法通常是有益的，例如图处理器单元的加速，它特别适用于向量和矩阵运算。

首先，对输入执行正向阶段，以计算每层中的激活。随后，在反向阶段计算梯度。对于每对矩阵乘法和激活函数层，需要执行以下正向和反向步骤：

1. 当从第 i 层到第 $i+1$ 层的线性变换矩阵用 W 表示时⊖，设 z_i 和 z_{i+1} 为正向激活的列向量。梯度 $\overline{g}_i$ 的每个元素是损失函数对第 i 层中隐藏变量的偏导数。然后，我们得到以下结果：

$$\overline{z}_{i+1} = W\overline{z}_i \qquad \text{[正向传播]}$$
$$\overline{g}_i = W^{\mathrm{T}}\overline{g}_{i+1} \qquad \text{[反向传播]}$$

2. 现在考虑在第 $i+1$ 层中对每个节点施加激活函数 $\Phi(\cdot)$ 的情况，以获得在第 $i+2$ 层中的激活。然后我们有以下式子：

$$\overline{z}_{i+2} = \Phi(\overline{z}_{i+1}) \qquad \text{[正向传播]}$$
$$\overline{g}_{i+1} = \overline{g}_{i+2} \odot \Phi'(\overline{z}_{i+1}) \quad \text{[反向传播]}$$

这里，$\Phi(\cdot)$ 及其导数 $\Phi'(\cdot)$ 以元素方式应用于向量参数。符号 $\odot$ 表示元素乘法。

请注意，一旦激活与层中的矩阵乘法分离，就变得非常简单。正向和反向计算如图 7.16 所示。表 7.1 中显示了各种正向函数的不同类型的反向传播更新示例。因此，反向传播操作与正向传播相同。给定一层中的梯度向量，只需应用表 7.1 最后一列所示的操作即可获得与前一层相关的损失梯度。在表中，向量指示符函数 $I(\overline{x}>0)$ 是返回与 $\overline{x}$ 大小相同的二进制向量的元素指示符函数；当 x 的第 i 个分量大于 0 时，第 i 个输出分量被设置为 1。符号 $\overline{1}$ 表示 1 的列向量。

⊖ 严格地说，我们应该用符号 W_i 代替 W，尽管在这里为了简明起见省略了下标，因为本节中所有讨论都致力于一对层之间的线性变换。

表 7.1 i 层和 i+1 层之间不同函数及其反向传播更新的示例。i 层中的隐藏值和梯度用 $\bar{z}_i$ 和 $\bar{g}_i$ 表示。其中一些计算使用 $I(\cdot)$ 作为二进制指示函数

函数	类型	正向	反向
线性	多对多	$\bar{z}_{i+1} = W\bar{z}_i$	$\bar{g}_i = W^{\mathrm{T}}\bar{g}_{i+1}$
sigmoid	一对一	$\bar{z}_{i+1} = \mathrm{sigmoid}(\bar{z}_i)$	$\bar{g}_i = \bar{g}_{i+1} \odot \bar{z}_{i+1} \odot (\bar{1} - \bar{z}_{i+1})$
tanh	一对一	$\bar{z}_{i+1} = \tanh(\bar{z}_i)$	$\bar{g}_i = \bar{g}_{i+1} \odot (\bar{1} - \bar{z}_{i+1} \odot \bar{z}_{i+1})$
ReLU	一对一	$\bar{z}_{i+1} = \bar{z}_i \odot I(\bar{z}_i > 0)$	$\bar{g}_i = \bar{g}_{i+1} \odot I(\bar{z}_i > 0)$
hard tanh	一对一	设为 $\pm 1 (\notin [-1, +1])$ Copy $(\in [-1, +1])$	设为 $0 (\notin [-1, +1])$ Copy $(\in [-1, +1])$
max	多对一	输入的最大值	设为 0（非最大输出） Copy（最大输出）
任意函数 $f_k(\cdot)$	任意	$\bar{z}_{i+1}^{(k)} = f_k(\bar{z}_i)$	$\bar{g}_i = J_i^{\mathrm{T}}\bar{g}_{i+1}$ J_i 是 Jacobian$(\bar{z}_{i+1}, \bar{z}_i)$

转换为以权重为中心的导数

在执行反向传播时，只获得损失到节点导数，而不获得损失到权重导数。注意，$\bar{g}_i$ 中的元素表示关于第 i 层中激活的损失梯度，因此需要额外的步骤来计算关于权重的梯度。对于权重相关的损失梯度，第 $i-1$ 层的第 p 个单位和第 i 层的第 q 个单位间权重的损失梯度通过将 $\bar{z}_{i-1}$ 的第 p 个元素和 $\bar{g}_i$ 的第 q 个元素相乘获得。也可以使用以向量为中心的方法，通过简单地计算 $\bar{g}_i$ 和 $\bar{z}_{i-1}$ 的外积来实现这一目标。换言之，相对于 $i-1$ 层和 i 层中权重的损失导数的整个矩阵 M 由以下公式给出：

$$M = \bar{g}_i \bar{z}_{i-1}^{\mathrm{T}}$$

由于 M 由大小等于两个连续层的列向量和行向量的乘积给出，因此它是一个与两个层之间的权重矩阵大小完全相同的矩阵。M 的第 (q, p) 个元素产生相对于 $\bar{z}_{i-1}$ 的第 p 个元素和 $\bar{z}_{i-1}$ 的第 q 个元素间权重的损失导数。

7.4.4   以向量为中心的反向传播示例

为了解释特定于向量的反向传播，我们将使用线性层和激活层已解耦的示例。图 7.17 显示了一个具有两个计算层的神经网络示例，但它们显示为四层，因为激活层已作为分离层与线性层解耦。输入层的向量由三维列向量 $\bar{x}$ 表示，而计算层的向量为 $\bar{h}_1$（三维）、$\bar{h}_2$（三维）、h_3（一维）和输出层 o（一维）。损失函数为 $L = -\log(o)$。这些符号如图 7.17 所示。输入向量 $\bar{x}$ 为 $[2, 1, 2]^{\mathrm{T}}$，两个线性层中边的权重如图 7.17 所示。假设 $\bar{x}$ 和 $\bar{h}_1$ 之间的缺失边的权重为零。在下面，我们将提供向前和向后阶段的详细信息。

向前阶段：第一个隐藏层 $\bar{h}_1$ 与带有权重矩阵 W 的输入向量 $\bar{x}$ 的关系为 $\bar{h}_1 = W\bar{x}$。我们可以重构权重矩阵 W，然后计算正向传播的 $\bar{h}_1$，如下所示：

$$W = \begin{bmatrix} 2 & -2 & 0 \\ -1 & 5 & -1 \\ 0 & 3 & -2 \end{bmatrix}; \bar{h}_1 = W\bar{x} = \begin{bmatrix} 2 & -2 & 0 \\ -1 & 5 & -1 \\ 0 & 3 & -2 \end{bmatrix} \begin{bmatrix} 2 \\ 1 \\ 2 \end{bmatrix} = \begin{bmatrix} 2 \\ 1 \\ -1 \end{bmatrix}$$

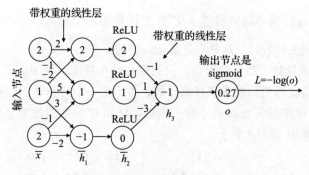

图 7.17　具有向量层 $\bar{x}$、h_1、h_2、h_3 和 o 的解耦神经网络示例：节点内显示了变量值

隐藏层 $\bar{h}_2$ 通过在向前阶段以元素方式将 ReLU 函数应用到 $\bar{h}_1$ 获得。因此，我们得出以下结论：

$$\bar{h}_2 = \mathrm{ReLU}(\bar{h}_1) = \mathrm{ReLU}\begin{bmatrix} 2 \\ 1 \\ -1 \end{bmatrix} = \begin{bmatrix} 2 \\ 1 \\ 0 \end{bmatrix}$$

随后，1×3 权重矩阵 $W_2 = [-1, 1, -3]$ 被用于将三维向量 $\bar{h}_2$ 转换为一维"向量" h_3，如下：

$$h_3 = W_2 \bar{h}_2 = [-1, 1, -3]\begin{bmatrix} 2 \\ 1 \\ 0 \end{bmatrix} = -1$$

通过对 h_3 应用 sigmoid 函数获得输出 o。换言之，我们有下式：

$$o = \frac{1}{1 + \exp(-h_3)} = \frac{1}{1 + \mathrm{e}} \approx 0.27$$

特定于点的损失为 $L = -\log_{\mathrm{e}}(0.27) \approx 1.3$。

向后阶段：在向后阶段，我们首先从初始化 $\dfrac{\partial L}{\partial o}$ 为 $-1/o$ 开始，即 $-1/0.27$。然后，通过使用表 7.1 中 sigmoid 函数的反向传播公式，获得隐藏层 h_3 的一维"梯度" g_3：

$$g_3 = o(1-o)\underset{-1/o}{\underbrace{\frac{\partial L}{\partial o}}} = o - 1 = 0.27 - 1 = -0.73 \tag{7.28}$$

隐藏层 $\bar{h}_2$ 的梯度 $\bar{g}_2$ 通过将 g_3 与权重矩阵 $W_2 = [-1, 1, -3]$ 的转置相乘而获得。

$$\bar{g}_2 = W_2^{\mathrm{T}} g_3 = \begin{bmatrix} -1 \\ 1 \\ -3 \end{bmatrix}(-0.73) = \begin{bmatrix} 0.73 \\ -0.73 \\ 2.19 \end{bmatrix}$$

根据表 7.1 中关于 ReLU 层的条目，当 $\bar{h}_1$ 中的相应分量为正值时，通过复制 $\bar{g}_2$ 到 $\bar{g}_1$ 的分量，梯度 $\bar{g}_2$ 可以向后传播到 $\bar{g}_1 = \dfrac{\partial L}{\partial \bar{h}_1}$；否则，$\bar{g}_1$ 的分量设置为零。因此，可以通过简单地将 $\bar{g}_2$ 的第一和第二分量复制到 $\bar{g}_1$ 的第一和第二分量，并将 $\bar{g}_1$ 的第三分量设置为 0 来获得梯度 $\bar{g}_1 = \dfrac{\partial L}{\partial \bar{h}_1}$。换言之，我们有以下几点：

$$\bar{g}_1 = \begin{bmatrix} 0.73 \\ -0.73 \\ 0 \end{bmatrix}$$

注意，我们也可以通过简单地计算 $\bar{g}_0 = W^{\mathrm{T}}\bar{g}_1$ 来计算相对于输入层 $\bar{x}$ 的损失梯度 $\bar{g}_0 = \dfrac{\partial L}{\partial x}$。然而，在计算重量损失导数时，这并不是真正需要的。

计算损失到权重导数：到目前为止，我们仅在这个特定示例中演示了如何计算节点导数的损失。这些都需要转换为损失到权重导数，再加上一个与隐藏层相乘的步骤。设 M 为两层之间权重矩阵 W 的损失到权重导数。注意，M 和 W 元素的位置之间存在一对一的对应关系。然后，矩阵 M 的定义如下：

$$M = \bar{g}_1 \bar{x}^{\mathrm{T}} = \begin{bmatrix} 0.73 \\ -0.73 \\ 0 \end{bmatrix}[2,1,2] = \begin{bmatrix} 1.46 & 0.73 & 1.46 \\ -1.46 & -0.73 & -1.46 \\ 0 & 0 & 0 \end{bmatrix}$$

类似地，可以计算在 h_2 和 h_3 之间的 1×3 矩阵 W_2 的损失到权重导数矩阵 M_2：

$$M_2 = g_3\bar{h_2}^{\mathrm{T}} = (-0.73)[2,1,0] = [-1.46, -0.73, 0]$$

请注意，矩阵 M_2 的大小与 W_2 的大小相同，但不应更新缺失边的权重。

7.5　计算图的一般视图

尽管对连续值数据使用有向无环图在机器学习中非常常见（神经网络是一个突出的用例），但这类图还存在其他变体。例如，计算图可以定义边上的概率函数，可以具有离散值变量，也可以在图中具有循环。事实上，概率图模型的整个领域都致力于这些类型的计算图。虽然在计算图中使用循环在前馈神经网络中并不常见，但它们在许多高级神经网络变体中非常常见，如 Kohonen 自组织映射、Hopfield 网络和 Boltzmann 机器。此外，这些神经网络使用离散和概率数据类型作为节点内的变量（隐式或显式）。

另一个重要的变体是使用无向计算图。在无向计算图中，每个节点计算节点中变量的函数，并且没有指向链接。这是无向计算图和有向计算图之间的唯一区别。与有向计算图一样，可以在节点中的观测变量上定义损失函数。无向计算图的示例如图 7.18 所示。一些节点是固定的（用于观测数据），而其他节点是计算节点。只要节点中的值不是外部固定的，计算就可以在边的两个方向上进行。

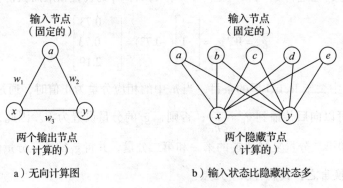

a）无向计算图　　　　　　b）输入状态比隐藏状态多

图 7.18　无向计算图示例

在无向计算图中学习参数比较困难，因为循环的存在会对节点中变量的值产生额外的约束。事实上，甚至不需要在节点中存在一组满足计算图所隐含的所有函数约束的变量值。例如，考虑具有两个节点的计算图，其中每个节点的变量是通过在另一个节点上添加变量 1 来获得的。在两个节点中不可能找到一对可以同时满足这两个约束的值（因为两个变量值不能比另一个变量值大 1）。因此，在许多情况下，人们必须对最适合的解决方案感到满意。这种情况与有向无环图不同，在有向无环图中，始终可以在输入和参数的所有值上定义适当的变量值（只要每个节点中的函数在其输入上是可计算的）。

无向计算图通常用于所有类型的无监督算法中，因为这些图中的循环有助于将其他隐藏节点与输入节点联系起来。例如，如果在图 7.18b 中假设变量 x 和 y 为隐藏变量，则该方法学习权重，以使两个隐藏变量对应于五维数据的压缩表示。权重通常被学习为最小化损失函数（或能量函数），当连接的节点以正的方式高度相关时，该函数奖励较大的权重。例如，如果变量 x 与输入 a 以正的方式高度相关，那么这两个节点之间的权重应该很大。通过学习这些权重，可以通过将其作为网络的输入来计算任何五维点的隐藏表示。

学习计算图参数的难度由图的三个特征决定。第一个特征是图本身的结构。一般来说，学习没有循环（总是有向）的计算图的参数要容易得多。第二个特征是节点中的变量是连续的还是离散的。利用微分学对具有连续变量的计算图的参数进行优化要容易得多。最后，在节点处计算的函数可以是概率函数，也可以是确定性函数。确定性计算图的参数几乎总是更容易用观测数据进行优化。所有这些变体都很重要，它们出现在不同类型的机器学习应用中。机器学习中不同类型计算图的一些示例如下。

1. **Hopfield 网络**：Hopfield 网络是无向计算图，其中节点总是包含离散的二进制值。因为图是无向的，所以它包含循环。变量的离散性使得问题更难优化，因为它排除了微积分中简单技术的使用。在许多情况下，有离散变量的无向图的最优解是 NP 难的 [61]。例如，Hopfield 网络的一个特例可用于解决旅行推销员问题，该问题被称为 NP 难问题。这类优化问题的大多数算法都是迭代启发式算法。

2. **概率图模型**：概率图模型 [104] 是表示随机变量之间的结构依赖关系的图。这种依赖关系可以是无向的，也可以是定向的；定向依赖关系可能包含循环，也可能不包含循环。概率图模型与其他类型图计算模型的主要区别在于，其变量本质上是概率的。换言之，计算图中的变量对应于从概率分布中抽样得到的结果，该概率分布以传入节点中的变量为条件。在所有类型的模型中，概率图模型是最难求解的，通常需要像马尔可夫链蒙特卡罗抽样这样的计算密集型过程。有趣的是，Hopfield 网络的一个推广，称为 Boltzmann 机器代表了一类重要的概率图模型。

3. **Kohonen 自组织映射**：Kohonen 自组织映射在隐藏节点上使用二维晶格结构图。隐藏节点上的激活类似于 k– 均值算法中的质心。这种方法是一种竞争学习算法。晶格结构确保图中彼此靠近的隐藏节点具有相似的值。因此，通过将数据点与其最近的隐藏节点关联，可以获得数据的二维可视化。

表 7.2 显示了机器学习中计算图范式的几种变体及其具体特性。显然，用于特定问题的方法在很大程度上取决于计算图的结构、其变量以及节点特定函数的性质。请读者参考文献 [6]，了解本书中讨论的基本机器学习模型的神经架构（如线性回归、逻辑回归、矩阵分解和支持向量机）。

表 7.2   不同机器学习问题的计算图类型。计算图的属性因当前应用程序而异

模型	循环	变量	函数	方法论
支持向量机 逻辑回归 线性回归 SVD 矩阵分解	否	连续的	确定性	梯度下降
前馈神经网络	否	连续的	确定性	梯度下降
Kohonen 图	是	连续的	确定性	梯度下降
Hopfield 网络	是（无方向）	离散的（二进制）	确定性	迭代的（赫比规则）
Boltzmann 机器	是（无方向）	离散的（二进制）	概率的	蒙特卡罗抽样 + 迭代（Hebbian）
概率图模型	变化	变化	概率的（大部分）	变化

7.6   总结

本章介绍用于机器学习应用的计算图的基础知识。计算图通常具有与其边相关联的参数，这些参数需要学习。从观测数据学习计算图的参数提供了从观测数据学习函数的路径（无论函数是否可以用封闭形式表示）。最常用的计算图类型是有向无环图。传统的神经网络表示一类模型，该模型是这种图的特例。然而，其他类型的无向图和循环图用于表示其他模型，如 Hopfield 网络和受限 Boltzmann 机器。

7.7   拓展阅读

计算图是定义与许多机器学习模型（如神经网络或概率模型）相关的计算的基本方法。神经网络的详细讨论见文献 [6，67]，而概率图模型的详细讨论见文献 [104]。计算图中的自动微分在控制理论 [32, 99] 中有着广泛的应用。反向传播算法是 Werbos[200] 在神经网络的背景下首次提出的，尽管它被遗忘了。最终，Rumelhart 等人 [150] 在论文中推广了该算法。文献 [6] 中讨论了 Hopfield 网络和 Boltzmann 机器。Kohonen 自组织映射的讨论也可以在文献 [6] 中找到。

7.8   练习

1. 7.2 节的讨论提出了在计算图上下文中 L_1-SVM 的损失函数。你将如何更改此损失函数，以使相同的计算图产生 L_2-SVM？
2. 重复练习 1，更改要使用相同计算图模拟 Widrow-Hoff 学习（最小二乘分类）的设置。与单个输出节点关联的损失函数是什么？
3. 本书讨论了以向量为中心的反向传播视图，其中线性层中的反向传播可以通过矩阵到向量的乘法实现。讨论如何使用矩阵到矩阵乘法一次处理成批的训练实例（即小批量随机梯度下降）。
4. 设 $f(x)$ 的定义如下：

$$f(x) = \sin(x) + \cos(x)$$

考虑函数 $f\{f[f(x)]\}$。以封闭形式编写此函数，以获得对笨拙的长函数的欣赏。通过使用计算图抽象，计算该函数在 $x=\pi/3$ 弧度处的导数。

5. 假设有一个计算图，其约束条件是特定的权重集始终约束为相同的值。讨论如何计算损失函数对这些权重的导数。请注意，神经网络文献中经常使用此技巧来处理共享权重。

6. 考虑一个计算图，其中你被告知边上的变量满足 k 线性等式约束。讨论如何训练这样一个图的权重。如果变量满足框约束，你的答案将如何更改。建议读者参考关于约束优化的章节来回答这个问题。

7. 讨论用于计算梯度的动态规划算法在计算图包含循环的情况下不起作用的原因。

8. 考虑具有交替层之间连接的神经架构，如图 7.15b 所示。假设该神经网络的递归方程如下：

$$\overline{h}_1 = \text{ReLU}(W_1\overline{x})$$
$$\overline{h}_2 = \text{ReLU}(W_2\overline{x} + W_3\overline{h}_1)$$
$$y = W_4\overline{h}_2$$

这里，W_1、W_2、W_3 和 W_4 是适当大小的矩阵。使用以向量为中心的反向传播算法导出就中间层中的矩阵和激活值而言的 $\dfrac{\partial y}{\partial h_1}$、$\dfrac{\partial y}{\partial h_2}$ 和 $\dfrac{\partial y}{\partial x}$ 的表达式。

9. 考虑一个具有隐藏层 $\overline{h}_1,\cdots,\overline{h}_t$、到每一层的输入 $\overline{x}_1,\cdots,\overline{x}_t$，以及从最终层 $\overline{h}_t$ 的输出 $\overline{o}$ 的神经网络。第 p 层的递归方程如下所示：

$$\overline{o} = U\overline{h}_t$$
$$\overline{h}_p = \tanh(W\overline{h}_{p-1} + V\overline{x}_p) \ \forall p \in \{1,\cdots,t\}$$

向量输出 $\overline{o}$ 有维数 k，每个 $\overline{h}_p$ 有维数 m，每个 $\overline{x}_p$ 有维数 d。"tanh"函数以元素方式应用。符号 U、V 和 W 分别是大小为 $k\times m$、$m\times d$ 和 $m\times m$ 的矩阵。

向量 $\overline{h}_0$ 设置为零矢量。首先为这个系统绘制一个（向量化的）计算图。使用以下递归显示节点到节点反向传播：

$$\frac{\partial\overline{o}}{\partial\overline{h}_t} = U^{\text{T}}$$
$$\frac{\partial\overline{o}}{\partial\overline{h}_{p-1}} = W^{\text{T}}\Delta_{p-1}\frac{\partial\overline{o}}{\partial\overline{h}_p} \ \ \forall p \in \{2,\cdots,t\}$$

这里，Δ_p 是对角线矩阵，其中对角线条目包含向量 $\overline{1} - \overline{h}_p \odot \overline{h}_p$ 的分量。刚才推导的公式包含递归神经网络的节点到节点反向传播方程。每个矩阵 $\dfrac{\partial\overline{o}}{\partial\overline{h}_p}$ 的大小是多少？

10. 表明如果我们在练习 9 中使用损失函数 $L(\overline{o})$，那么可以为最终层 $\overline{h}_t$ 计算损失到节点的梯度，如下所示：

$$\frac{\partial L(\overline{o})}{\partial\overline{h}_t} = U^{\text{T}}\frac{\partial L(\overline{o})}{\partial\overline{o}}$$

早期层中的更新与练习 9 类似，不同之处在于每个 $\overline{o}$ 都被 $L(\overline{o})$ 替换。每个矩阵 $\dfrac{\partial L(\overline{o})}{\partial\overline{h}_p}$ 的大小是多少？

11. 假设练习 9 中神经网络的输出结构发生了变化，使得每一层都有 k 维输出 $o_1,\cdots,o_t$，并且总损失为 $L=\sum_{i=1}^{t}L(\overline{o}_i)$。输出递归为 $\overline{o}_p=U\overline{h}_p$。所有其他递归仍然相同。显示隐藏层的反向传播递归如下更改：

$$\frac{\partial L}{\partial\overline{h}_t} = U^{\text{T}}\frac{\partial L(\overline{o}_t)}{\partial\overline{o}_t}$$
$$\frac{\partial L}{\partial\overline{h}_{p-1}} = W^{\text{T}}\Delta_{p-1}\frac{\partial L}{\partial\overline{h}_p} + U^{\text{T}}\frac{\partial L(\overline{o}_{p-1})}{\partial\overline{o}_{p-1}} \ \forall p \in \{2,\cdots,t\}$$

12. 对于练习 11，显示以下损失到权重导数：

$$\frac{\partial L}{\partial U} = \sum_{p=1}^{t} \frac{\partial L(\overline{o}_p)}{\partial \overline{o}_p} \overline{h}_p^{\mathrm{T}}, \frac{\partial L}{\partial W} = \sum_{p=2}^{t} \Delta_{p-1} \frac{\partial L}{\partial \overline{h}_p} \overline{h}_{p-1}^{\mathrm{T}}, \frac{\partial L}{\partial V} = \sum_{p=1}^{t} \Delta_p \frac{\partial L}{\partial \overline{h}_p} \overline{x}_p^{\mathrm{T}}$$

这些矩阵的大小和秩是什么？

13. 考虑一个神经网络，其中矢量节点 $\overline{v}$ 反馈到两个计算不同的函数的不同矢量节点 $\overline{h}_1$ 和 $\overline{h}_2$。在节点处计算的函数为 $\overline{h}_1 = \text{ReLU}(W_1\overline{v})$ 和 $\overline{h}_2 = \text{sigmoid}(W_2\overline{v})$。我们对网络其他部分的变量值一无所知，但我们知道 $h_1 = [2, -1, 3]^{\mathrm{T}}$ 和 $h_2 = [0.2, 0.5, 0.3]^{\mathrm{T}}$，它们连接到节点 $v = [2, 3, 5, 1]^{\mathrm{T}}$。此外，损失梯度分别为 $\frac{\partial L}{\partial h_1} = [-2, 1, 4]^{\mathrm{T}}$ 和 $\frac{\partial L}{\partial h_2} = [1, 3, -2]^{\mathrm{T}}$。显示反向传播损失梯度 $\frac{\partial L}{\partial \overline{v}}$ 可根据 W_1 和 W_2 计算，如下所示：

$$\frac{\partial L}{\partial \overline{v}} = W_1^{\mathrm{T}} \begin{bmatrix} -2 \\ 0 \\ 4 \end{bmatrix} + W_2^{\mathrm{T}} \begin{bmatrix} 0.16 \\ 0.75 \\ -0.42 \end{bmatrix}$$

W_1、W_2 和 $\frac{\partial L}{\partial \overline{v}}$ 的大小是多少？

14. **前向模式微分**：反向传播算法需要计算输出节点相对于所有其他节点的节点到节点的导数，因此向后计算梯度是有意义的。因此，7.3.4 节上的伪代码向后传播梯度。然而，考虑以下情况，我们要计算所有节点相对于源（输入）节点 $s_1, \cdots, s_k$ 的节点到节点导数。换句话说，我们要计算网络中每个非输入节点变量 x 和每个输入节点 s_i 的 $\frac{\partial x}{\partial s_i}$。提出 7.3.4 节伪代码的一种变体，计算正向上的节点到节点梯度。

15. **所有节点到节点的导数对**：设 $y(i)$ 是包含 n 个节点和 m 条边的有向无环计算图中节点 i 中的变量。考虑在计算图中要计算所有节点对的 $S(i, j) = \frac{\partial y(j)}{\partial y(i)}$ 的情况，以从节点 i 到节点 j 至少存在一条有向路径。提出一种计算所有对导数的算法，该算法最多需要 $O(n^2m)$ 时间。提示：路径聚合引理很有用。首先计算 $S(i, j, t)$，它是引理中 $S(i, j)$ 的一部分，属于长度正好为 t 的路径。如何用不同的 $S(i, j, t)$ 来表示 $S(i, k, t+1)$？

16. 使用路径聚合引理计算 $y(10)$ 对作为代数表达式（参见图 7.11）的 $y(1)$、$y(2)$ 和 $y(3)$ 的导数。你应该获得与本章正文中使用反向传播算法获得的导数相同的导数。

17. 考虑图 7.10 的计算图，对于特定的数值输入 $x=a$，会发现对于网络中每个边 (i, j)，$\frac{\partial y(j)}{\partial y(i)}$ 的值都是 0.3 的异常情况。计算输出相对于输入 x 的输出偏导数的数值 $(x=a)$。显示使用路径聚合引理和反向传播算法的计算。

18. 考虑图 7.10 的计算图，每层中的上层节点计算 $\sin(x+y)$，每层中的下层节点计算其两个输入的 $\cos(x+y)$。对于第一个隐藏层，只有一个输入 x，因此计算值 $\sin(x)$ 和 $\cos(x)$。最终输出节点计算其两个输入的乘积。单输入 x 为 1 弧度。计算输出相对于输入 x 的偏导数的数值（$x=1$ 弧度）。显示使用路径聚合引理和反向传播算法的计算。

19. 考虑图 7.19a 所示的计算图，其中显示每个边 (i, j) 的局部导数 $\frac{\partial y(j)}{\partial y(i)}$，其中 $y(k)$ 表示节点 k 的激活。输出 o 为 0.1，损失 L 由 $-\log(o)$ 给出。使用路径聚合引理和反向传播算法计算每个输入 x_i 的 $\frac{\partial L}{\partial x_i}$ 值。

20. 考虑图 7.19b 所示的计算图，其中显示每个边 (i, j) 的局部导数 $\frac{\partial y(j)}{\partial y(i)}$，其中 $y(k)$ 表示节点 k 的激

活。输出 o 为 0.1，损失 L 由 $-\log(o)$ 给出。使用路径聚合引理和反向传播算法计算每个输入 X_i 的 $\dfrac{\partial L}{\partial x_i}$ 值。

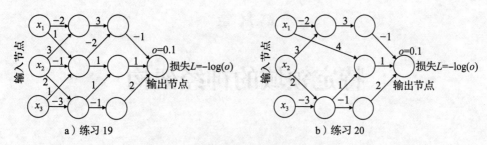

图 7.19   练习 19 和练习 20 的计算图

21. 通过定义包含 $w_1, \cdots, w_5$ 以及适当定义的隐藏节点的附加节点，将图 7.2 的加权计算图转换为未加权图。

22. **使用神经网络的多项式逻辑回归**：提出了一种使用 softmax 激活函数和适当的损失函数的神经网络架构，它可以执行多项式逻辑回归。有关多项式逻辑回归的详细信息请参阅第 6 章。

CHAPTER 8

第 **8** 章

特定领域的神经架构

"在专业化时代下的所有文化科学研究，一旦它通过特定的问题设置面向特定的主题，且形成了它的方法原则，则将会把数据分析本身作为目的。"

——马克斯·韦伯

8.1 引言

前一章的讨论介绍了神经架构的一般形式。这些架构是完全连接和分层的，从这个意义上说，计算单元是分层的，特定层的每个单元都与下一层的一个单元相连。然而，这些类型的架构并不适合应用于特定于领域的设置，在这些应用中属性之间存在已知的关系。这种已知关系的一些例子如下：

- 在图像数据集中，属性对应于特定图像中像素的强度。某一特定像素的强度值通常与相邻像素的强度值相同。图像通常包含相邻像素值变化的深层结构模式。例如，特定图像中的直线或曲线是由这种类型的值的结构化变化引起的。为了捕捉这些变化，应该构建神经网络的架构。不管图像是从哪种类型的设置中绘制的，在不同的设置中都有一些重复的公共模式。例如，任意一幅图像通常可以由一些基本的几何图形构成，这些图形可以被视为图像域的关键特征。

- 在文本数据集中，属性对应于特定句子中的词。词在句子中特定位置的同一性与相邻句子中的词密切相关。因此，应该构建神经网络架构来捕获这些类型的顺序关系。

在本章中，我们将重点讨论两种重要的神经架构类型，它们可以捕获这种架构关系。我们将特别关注卷积神经网络和递归神经网络。前者用于对图像数据建模，而后者用于对序列数据建模。

8.2 节将介绍卷积神经网络架构背后的基本原理，8.3 节将介绍卷积神经网络的基础知识、各种操作以及它们的组织架构，8.4 节将讨论一些典型卷积神经网络的案例研究，8.5 节将介绍递归神经网络的原理，8.6 节将讨论递归神经网络的基本架构以及相关的训练算法，8.7 节将讨论长短期记忆网络，8.8 节将讨论卷积神经网络和递归神经网络的应用，8.9 节将给出总结。

8.2 卷积神经网络的基本原理

卷积神经网络被设计用来处理网格结构的输入，这些输入在网格的局部区域有很强的空间依赖性。网格结构数据最明显的例子是二维图像。这种类型的数据还显示出空间依赖性，因为图像中相邻的空间位置通常具有单个像素的相似颜色值。另一个维度捕获了不同的颜色，从而创建了一个三维的输入体积。因此，基于空间距离的卷积神经网络特征之间存在依赖关系。其他形式的序列数据，如文本、时间序列和序列也可以被视为网格结构数据的特殊情况，相邻项之间存在各种类型的关系。这是因为序列或时间序列数据集可以被视为具有相邻（时间）依赖关系的一维数据集，而图像数据集可以被视为具有相邻（空间）依赖关系的二维数据集。在这两种情况下，相邻值之间的密切关系使卷积神经网络的使用成为可能。卷积神经网络的绝大多数应用都集中在图像数据上，尽管人们也可以将这些网络用于所有类型的时间、空间和时空数据。

卷积神经网络的一个重要定义特征是卷积操作。卷积操作是一组网格结构权重与输入体积中不同空间位置的相似网格结构输入值之间的点积运算。这种类型的操作对于具有较高空间级别或其他局域性的数据非常有用，例如图像数据。因此，卷积神经网络被定义为至少在一层中使用卷积操作的网络，尽管大多数卷积神经网络在多层中使用该操作。

生物启示和领域特性

卷积神经网络是深度学习的首批成功案例之一，远远早于近期训练技术进步导致其他类型架构的性能提高之前。事实上，一些卷积神经网络架构在 2011 年后的图像分类竞赛中取得了引人注目的成功，这导致人们对深度学习领域的广泛关注。卷积神经网络非常适合深度层次特征工程的处理；这反映了一个事实，即所有领域中最深的神经网络都来自卷积网络领域。此外，这些网络还代表了一个极好的例子，说明了受生物启发的神经网络有时可以提供开创性的结果。

卷积神经网络的早期动机源于 Hubel 和 Wiesel 对猫视觉皮层的实验 [87]。视觉皮层有一小部分细胞，它们对视野中的特定区域非常敏感。换句话说，如果视野中的特定区域被激活，那么视觉皮层中的那些细胞也会被激活。此外，被激活的细胞还依赖于视野中物体的形状和方向。例如，垂直的边缘会激发一些神经元细胞，而水平的边缘会激发其他神经元细胞。这些细胞是用分层结构连接的，这一发现导致了一种猜想，即哺乳动物使用这些不同的层来构建不同抽象层次的图像部分。从机器学习的角度来看，这个原理与层次特征提取的原理相似。正如我们稍后将看到的，卷积神经网络通过在早期层中编码原始形状，以及在后期层中编码更复杂的形状来实现类似的功能。

基于这些生物学启发，最早的神经模型是神经认知机 [58]。然而，该模型与现代卷积神经网络有一些不同之处。这些差异中最突出的是该模型没有使用权重分担的概念。基于该架构，第一个完全卷积架构被称为 LeNet-5 [110]。这个网络被银行用来识别支票上手写的数字。从那时起，卷积神经网络就没有太大的发展；主要区别在于使用了更多的层和像 ReLU 这样稳定的激活函数。此外，当使用深度网络和大数据集时，可以使用许多训练技巧和强大的硬件选项来获得更好的训练成果。

每年一度的 ImageNet 竞赛 [218]（也被称为 "ImageNet 大规模视觉识别挑战 [ILSVRC]"）在提高卷积神经网络重要性方面发挥了重要作用。ILSVRC 竞赛使用 ImageNet 数据集 [217]。最早在 2012 年 ImageNet 竞赛中以较大优势获得成功的方法之一是 AlexNet [107]。此外，在过去的几年里，精确度的提高也十分显著，以至于它改变了该领域的研究格局。

任何神经架构成功的秘诀在于，设计网络架构的方式要敏锐捕捉到当前领域的发展。

卷积神经网络在很大程度上基于这一原则，因为它们以域敏感的方式使用高级别参数共享的稀疏连接。换句话说，并非某一层的所有状态都以任意方式与前一层的状态相连接。相反，特定层中的特征值只与前一层中的局部空间区域相连接，并在图像的整个空间域中使用一组一致的共享参数。这种类型的架构可以被视为领域感知正则化，它源自于 Hubel 和 Wiesel 早期工作中的生物学见解。总的来说，卷积神经网络的成功对其他数据领域具有重要的借鉴意义。一个精心设计的架构，其中使用数据项之间的关系和依赖关系以减少参数占用，这是获得高精度结果的关键。

在递归神经网络中，高水平的领域感知正则化也是可用的，它共享来自不同时间周期的参数。这种共享基于这样一个假设，即时间依赖关系随时间保持不变。递归神经网络基于对时间关系的直观理解，而卷积神经网络基于对空间关系的直观理解。后一种直觉是直接从猫视觉皮层的生物神经元组织中提取出来的。这一杰出的成果为探索如何利用神经科学以巧妙的方式设计神经网络提供了动力。尽管人工神经网络只是对生物大脑真实复杂性的讽刺，但我们不应低估通过研究神经科学的基本原理而获得的直觉[70]。

8.3　卷积神经网络的基本架构

在卷积神经网络中，每一层的状态按照空间网格结构排列。这些空间关系从一层继承到下一层，因为每个特征值都基于上一层中的一个小局部空间区域。维护网格单元之间的这些空间关系十分重要，因为卷积操作和到下一层的转换都严重依赖于这些关系。卷积网络中的每一层都是一个三维网格结构，具有高度、宽度和深度。卷积神经网络中一层的深度不应该与网络本身的深度混淆。"深度"一词（在单层的上下文中使用时）是指每一层中通道的数量，如输入图像中原色通道（如蓝色、绿色、红色）的数量或隐藏层中特征图的数量。使用"深度"一词指每一层中特征图的数量或层数，会使卷积网络中的术语重载，但我们会在使用这个术语时更加小心，以使上下文指代明确。

卷积神经网络的功能很像传统的前馈神经网络，除了其各层的操作是通过层之间稀疏（精心设计）的连接进行空间组织。卷积神经网络中常见的三种层类型是卷积层、池化层和 ReLU 层。ReLU 层的激活与传统的神经网络没有什么区别。此外，最后一组层通常是完全连接的，并以特定于应用程序的方式映射到一组输出节点。下面，我们将描述每一种不同类型的操作和层，以及这些层在卷积神经网络中交错的典型方式。

为什么我们需要卷积神经网络中每一层的深度？为了理解这一点，让我们看看卷积神经网络的输入是如何组织的。卷积神经网络的输入数据被组织成一个二维网格结构，每个网格点的值被称为像素。因此，每个像素点对应于图像中的一个空间位置。然而，为了编码像素的精确颜色，我们需要每个网格位置值的多维数组。在 RGB 配色方案中，我们有三原色的强度，分别对应红、绿、蓝。因此，如果一幅图像的空间维度为 32×32 像素，深度为 3（分别对应红、绿、蓝三色通道），则该图像的总像素数为 $32 \times 32 \times 3$。这种特定的图像大小非常常见，也出现在常用的基准测试数据集中，即 CIFAR-10[220]。图 8.1a 显示了这种组织的一个示例。在这个三维结构中表示输入层是很自然的，因为二维用于表示空间关系，而三维用于表示沿着这些通道的独立属性。例如，原色的强度是第一层中的独立属性。在隐藏层中，这些独立的属性对应于从图像局部区域提取的各种形状。为了便于讨论，假

设第 q 层的输入大小为 $L_q \times B_q \times d_q$。这里，$L_q$ 指高度（或长度），B_q 指宽度，d_q 指深度。在几乎所有以图像为中心的应用程序中，L_q 和 B_q 的值都是相同的。然而，我们将使用单独的高度和宽度符号，以保持演示的通用性。

对于第一（输入）层，这些值是由输入数据的性质及其预处理决定的。在上面的例子中，$L_1 = 32$，$B_1 = 32$，$d_1 = 3$。后面的层有完全相同的三维组织，除了每个对于特定输入的值的 d_q 二维网格不再被认为是一个原始像素网格。此外，对于隐藏层而言，d_q 的值远远大于 3，因为与分类相关的给定局部区域的独立属性的数量可能相当大。对于 $q > 1$，这些网格值被称为特征图或激活图。这些值类似于前馈网络中隐藏层的值。

在卷积神经网络中，参数被组织成三维结构单元集，称为过滤器或核。根据其空间维度，过滤器通常是方形的，其空间维度通常比应用过滤器的层的空间维度小得多。另一方面，过滤器的深度总是与它所应用的图层的深度相同。假设第 q 层过滤器的尺寸为 $F_q \times F_q \times d_q$。图 8.1a 显示了一个 $F_1 = 5$ 和 $d_1 = 3$ 的过滤器示例。通常情况下，F_q 的值很小且为奇数。F_q 常用的值为 3 和 5，尽管在一些有趣的情况下，可以使用 $F_q = 1$。

卷积操作将过滤器放置在图像（或隐藏层）的每个可能位置，使过滤器与图像完全重叠，并在过滤器中的 $F_q \times F_q \times d_q$ 参数与输入体积中的匹配网格（大小同样为 $F_q \times F_q \times d_q$）之间执行点积。点积是通过将输入体积和过滤器的相关三维区域中的条目处理为大小为 $F_q \times F_q \times d_q$ 的向量来实现的，这样两个向量中的元素就会根据它们在网格结构体积中的对应位置进行排序。有多少个可能的位置可以放置过滤器？这个问题很重要，因为每一个这样的位置都定义了下一层中的一个空间"像素"（或者更准确地说，一个特征）。换句话说，过滤器和图像之间的对齐数量定义了下一个隐藏层的空间高度和宽度。根据上一层中对应空间网格左上角的相对位置，定义下一层特征的相对空间位置。当在第 q 层执行卷积时，可以沿着图像的高度在 $L_{q+1} = (L_q - F_q + 1)$ 位置对齐，沿着图像的宽度在 $B_{q+1} = (B_q - F_q + 1)$ 位置对齐（没有一部分过滤器从图像的边界"伸出"）。这将导致 $L_{q+1} \times B_{q+1}$ 个可能的点积，这将定义下一个隐藏层的大小。在上例中，L_2 和 B_2 的值定义如下：

$$L_2 = 32 - 5 + 1 = 28$$
$$B_2 = 32 - 5 + 1 = 28$$

下一层大小为 28×28 的隐藏层如图 8.1a 所示。然而，这个隐藏层的深度大小也为 $d_2 = 5$。这个深度从何而来？这是通过使用 5 个不同的过滤器和它们各自独立的参数集来实现的。从单个过滤器的输出中获得的这 5 组空间排列的特征中的每一组都被称为特征图。显然，特征图数量的增加是过滤器数量（即参数占用）增加的结果，即第 q 层为 $F_q^2 \cdot d_q \cdot d_{q+1}$。每一层使用的过滤器数量控制模型的容量，因为它直接控制参数的数量。此外，增加特定层中的过滤器数量会增加下一层的特征图（即深度）的数量。不同的层可能有不同数量的特征图，这取决于我们在前一层用于卷积操作的过滤器的数量。例如，输入层通常只有 3 个颜色通道，但后面每个隐藏层的深度（即特征图的数量）可能超过 500。这里的想法是，每个过滤器试图确定一个图像的小矩形区域的特定类型的空间格局，因此需要大量的过滤器捕捉各种可能的形状，结合这些形状以创建最终的图像（不同于输入层的情况，其中三个 RGB 通道就足够了）。通常，后面的层占用的空间更小，但在特征图的数量方面有更大的深度。例如，图 8.1b 所示的过滤器表示具有一个通道的灰度图像上的水平边缘检测器。如图 8.1b 所示，所得到的特征在每一个可以看到水平边的位置都具有高激活度。完全垂直的边会产生零激活，而倾斜的边可能产生中间激活。因此，在图像中到处滑动过滤器将已经在输出体积的单个特征图中检测到图像的几个关键轮廓。多个过滤器用于创建具有多个特征图的输出卷。例如，一个不同的过滤器可能会创建一个垂直边缘激活的空间特征图。

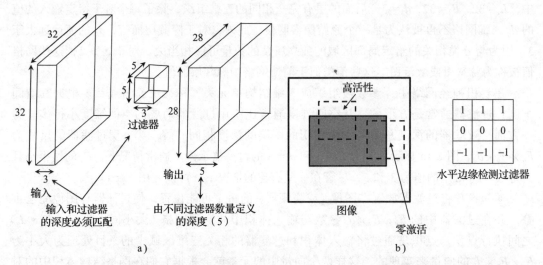

图 8.1   a）大小为 $32 \times 32 \times 3$ 的输入层与大小为 $5 \times 5 \times 3$ 的过滤器之间的卷积产生空间尺寸为 28×28 的输出层。结果输出的深度取决于不同过滤器的数量，而不是输入层或过滤器的维度。b）在图像周围滑动一个过滤器，试图在图像的各个窗口中寻找一个特定的特征

现在我们可以正式定义卷积操作了。第 q 层的第 p 个过滤器的参数由三维张量 $W^{(p,\,q)}=$ $[W_{ijk}^{(p,\,q)}]$ 表示。索引 i、j、k 表示沿着过滤器的高度、宽度和深度的位置。第 q 层的特征图由三维张量 $H^{(q)}= [h_{ijk}^{(q)}]$ 表示。当 q 的值为 1 时，对应于符号 $H^{(1)}$ 的特殊情况只表示输入层（没有隐藏）。然后如下定义从第 q 层到 $(q+1)$ 层的卷积操作：

$$h_{ijp}^{(q+1)} = \sum_{r=1}^{F_q}\sum_{s=1}^{F_q}\sum_{k=1}^{d_q} w_{rsk}^{(p,\,q)} h_{i+r-1,\,j+s-1,\,k}^{(q)} \quad \forall i \in \{1,\cdots,L_q - F_q + 1\}$$
$$\forall j \in \{1,\cdots,B_q - F_q + 1\}$$
$$\forall p \in \{1,\cdots,d_{q+1}\}$$

上面的表达式在符号上看起来很复杂，尽管底层的卷积操作实际上是对整个过滤器体积的简单点积，它在所有有效空间位置 (i, j) 和过滤器（以 p 为索引）上重复。通过将过滤器放置在图 8.1a 第一层的 28×28 个可能的空间位置中的一个，并在过滤器中值为 $5 \times 5 \times 3=75$ 的向量与 $H^{(1)}$ 中相应的 75 个值之间执行点积，可以直观地帮助理解卷积操作。虽然图 8.1a 中输入层的大小为 32×32，但一个 32×32 的输入体积与一个 5×5 的过滤器之间只有 $(32-5+1) \times (32-5+1)$ 个可能的空间对齐。

卷积操作让人想起 Hubel 和 Wiesel 的实验，他们利用视野小区域的激活来激活特定的神经元。在卷积神经网络的情况下，这个视野是由过滤器定义的，它被应用到图像的所有位置，以检测每个空间位置上的形状的存在。此外，早期层中的过滤器倾向于检测更原始的形状，而后期层中的过滤器则创建这些原始形状的更复杂的组合。这并不奇怪，因为大

多数深度神经网络都擅长分层特征工程。

卷积的一个性质是它显示了平移的等方差。也就是说，如果我们将输入的像素值在任意方向上移动一个单位，然后再进行卷积，相应的特征值将随着输入值的移动而移动。这是因为在整个卷积过程中过滤器的参数是共享的。在整个卷积中共享参数的原因是，在图像的任何部分中，特定形状的存在都应该以相同的方式处理，而不管其具体的空间位置。

下面我们提供一个卷积操作的例子。在图 8.2 中，为了简单起见，我们展示了一个输入层和深度为 1 的过滤器的示例（这确实发生在具有单一颜色通道的灰度图像的情况下）。注意，必须精确匹配层的深度及其过滤器 / 核，并且（在一般情况下）需要增加特定层的相应网格区域中所有特征图的点积的贡献，来创建下一层的输出特征值。图 8.2 在最下面一行描述了两个卷积操作的具体示例，其中一个层的大小为 $7 \times 7 \times 1$，另一个为 $3 \times 3 \times 1$。此外，下一层的整个特征图如图 8.2 的右上角所示。给出了输出分别为 16 和 26 的两个卷积操作的示例。这些值是通过使用下列乘法和聚合操作得到的：

$$5 \times 1 + 8 \times 1 + 1 \times 1 + 1 \times 2 = 16$$
$$4 \times 1 + 4 \times 1 + 4 \times 1 + 7 \times 2 = 26$$

在上面的聚合中，带有零的乘法被省略了。如果层的深度及其对应的过滤器大于 1，则对每个空间映射执行上述操作，然后在整个过滤器的深度上聚合。

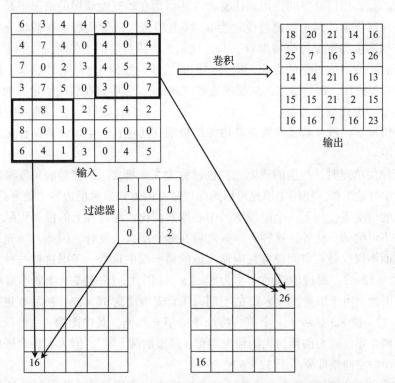

图 8.2 一个 $7 \times 7 \times 1$ 输入和一个步幅为 1 的 $3 \times 3 \times 1$ 过滤器之间的卷积示例。为简单起见，过滤器 / 输入的深度为 1。对于大于 1 的深度，将添加每个输入特征图的贡献，以在特征图中创建一个单独的值。一个过滤器总是会创建一个单一的特征图，不管它的深度是多少

第 q 层的卷积将特征的接受域从第 q 层增加到第（$q+1$）层。换句话说，下一层中的每个特征都捕获了输入层中更大的空间区域。例如，在三层连续使用 3×3 过滤器卷积时，第一、第二、第三隐藏层的激活分别捕获原始输入图像中大小为 3×3、5×5、7×7 的像素区域。正如我们稍后将看到的，其他类型的操作进一步增加了接受域，因为它们减少了层占用的空间大小。这是一个很自然的结果，因为后面的层的特征捕获了更大的空间区域的图像的复杂特征，然后结合前面的层中的简单特征。

当执行从第 q 层到第（$q+1$）层的操作时，计算层的深度 d_{q+1} 取决于第 q 层中过滤器的数量，它与第 q 层的深度或其任何其他维无关。换句话说，第（$q+1$）层的深度 d_{q+1} 总是等于第 q 层的过滤器数量。例如，图 8.1a 中第二层的深度是 5，因为在第一层中总共使用了 5 个过滤器进行转换。然而，为了在第二层执行卷积（以创建第三层），现在必须使用深度为 5 的过滤器，以匹配这一层新的深度，即使在卷积的第一层使用了深度为 3 的过滤器（以创建第二层）。

8.3.1　填充

一种观察是，与第 q 层的大小相比，卷积操作减小了（$q+1$）层的大小。这种类型的减小大小通常是不可取的，因为它往往会丢失沿图像边界的一些信息（或特征图，在隐藏层的情况下）。这个问题可以通过使用填充来解决。在填充中，人们在特征图的边界周围添加 $(F_q-1)/2$ “像素”，以保持空间占用。注意，这些像素在填充隐藏层的情况下是真正的特征值。这些填充特征值的每个值都被设置为 0，不管输入层或隐藏层是否被填充。因此，输入体积的空间高度和宽度都将增加 (F_q-1)，这正是卷积后它们（在输出体积上）减少的数量。填充部分不会影响最终的点积，因为它们的值被设置为 0。从某种意义上说，填充的作用是允许卷积操作，部分过滤器从层的边界“伸出”，然后只在层的值定义的部分执行点积。这种类型的填充被称为半填充，因为（几乎）一半的过滤器从空间输入的所有边伸出来，在这种情况下，过滤器被放置在其边缘的极端空间位置。半填充的设计是为了精确地保持空间占用。

当没有使用填充时，产生的“填充”也被称为有效填充。从实验的角度来看，有效填充通常不能很好地工作。使用半填充可以确保以独立的方式表示层边界上的一些关键信息。在有效填充的情况下，与下一个隐藏层的中心像素相比，层边界上的像素贡献将无法充分表示，这是不可取的。此外，这种表示不足将在多个层次上复合。因此，填充通常在所有层中执行，而不仅仅是在空间位置对应输入值的第一层中执行。考虑这样一种情况，该层的大小为 $32 \times 32 \times 3$，而过滤器的大小为 $5 \times 5 \times 3$。因此，$(5-1)/2 = 2$ 个零被填充在图像的所有边。因此，由于填充，32×32 的空间占用首先增加到 36×36，然后在进行卷积后又减少到 32×32。图 8.3 显示了一个单一特征图的填充示例，其中图像（或特征图）的所有边都填充了两个零。这与前面讨论的情况类似（即添加两个零），但为了在合理的空间内进行说明，图像的空间维度要小于 32×32。

另一种有用的填充形式是全填充。在全填充中，我们允许（几乎）完整的过滤器从输入的各个方面伸出。换句话说，大小为 F_q-1 的过滤器的一部分允许从输入的任意一侧伸出，只允许有一个空间特征的重叠。例如，核和输入图像可能在一个极端角落的单个像素处重叠。因此，输入两边用 F_q-1 个零填充。也就是说，输入的每个空间维度增加

$2(F_q-1)$。因此，如果原始图像中的输入维度为 L_q 和 B_q，则输入体积中填充的空间维度为 $L_q+2(F_q-1)$ 和 $B_q+2(F_q-1)$。卷积后，$(q+1)$ 层的特征图维数分别为 L_q+F_q-1 和 B_q+F_q-1。卷积通常会减少空间占用，而全填充会增加空间占用。有趣的是，全填充增加空间占用的每个维度的值 (F_q-1) 与无填充减少空间占用的值相同。这种关系不是巧合，因为"反向"卷积操作可以通过在（原始卷积的）全填充的输出上应用另一个卷积来实现，该卷积具有适当定义的相同大小的核。

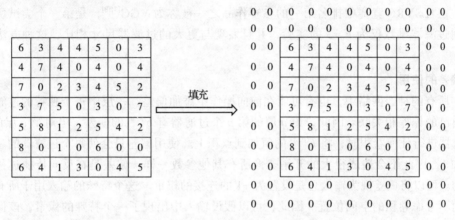

图 8.3　填充的一个例子，每个 d_q 激活图在第 q 层的所有深度都是这样填充的

8.3.2　步幅

还有其他方法可以使卷积减少图像（或隐藏层）的空间占用。上述方法在特征图的空间位置的每个位置进行卷积。但是，没有必要在层中的每个空间位置进行卷积。我们可以使用步幅的概念来降低卷积的粒度级别。上面的描述对应于步幅为 1 时的情况。当 S_q 的步幅用于第 q 层时，沿着层的两个空间维度在位置 1、S_q+1、$2S_q+1$ 等处进行卷积。执行这个卷积⊖的输出空间大小有 $(L_q-F_q)/S_q+1$ 的高度和 $(B_q-F_q)/S_q+1$ 的宽度。因此，使用步幅将使该层的每个空间维数减少至约 $1/S_q$，面积减少 $\dfrac{1}{(S_q^2)}$，虽然实际倍数可能会因边缘效应而有所不同。最常见的是使用步幅 1，虽然偶尔也会使用步幅 2。在正常情况下很少使用超过 2 步的步幅。尽管 2012 年 ILSVRC 竞赛的获胜结构 [107] 的输入层使用了 4 步，但随后一年的获奖作品为了提高准确性，将步幅减少到了 2 步 [206]。在内存受限的设置中，较大的步长是有帮助的，如果空间分辨率过高，则可以减少过拟合。步幅的作用是快速增加隐藏层中每个特征的接受域，同时减少整个层的空间占用。为了在图像的更大的空间区域捕捉复杂的特征，增加的接受域是有用的。正如我们稍后将看到的，卷积神经网络的层次特征工程过程在后面的层中捕获了更复杂的形状。从历史上看，接受域是通过另一种操作增加的，称为最大池化操作。近年来，更大的步幅被用来代替最大池化操作 [73, 172]。

8.3.3　典型的设置

在大多数设置中，通常使用大小为 1 的步幅。即使使用步幅，也使用大小为 2 的小

⊖　在这里，我们假设 (L_q-F_q) 可以被 S_q 精确地整除，以获得卷积过滤器与原始图像的干净拟合。否则，就需要进行一些特别的修改来处理边缘效应。一般来说，这并不是一个理想的解决方案。

步幅。此外，$L_q = B_q$ 是常见的。换句话说，最好使用方形图像。如果输入图像不是方形的，则使用预处理来强制执行此属性。例如，可以提取图像的正方形块来创建训练数据。每一层的过滤器数量通常是 2 的幂，因为这通常会导致更有效的处理。这种方法还会导致隐藏层深度为 2 的幂。过滤器尺寸的空间范围（用 F_q 表示）的典型值为 3 或 5。一般来说，小尺寸的过滤器通常提供最好的结果，尽管使用太小的过滤器存在一些实际的挑战。较小的过滤器通常会导致更深的网络（对于相同的参数占用），因此往往更强大。事实上，在 ILSVRC 竞赛中排名第一的参赛作品之一被称为 VGG[169]，是第一个尝试所有层的空间过滤器维数仅为 $F_q=3$ 的实验，并且发现与更大的过滤器尺寸相比，这种方法非常有效。

偏差的使用

在所有的神经网络中，也有可能在前向操作中添加偏差。一层中每个独特的过滤器都与它自己的偏差相关联。因此，第 q 层的第 p 个过滤器有 $b^{(p, q)}$ 的偏差。当对第 q 层的第 p 个过滤器进行任何卷积时，将 $b^{(p, q)}$ 的值加到点积上。使用偏差只会使每个过滤器的参数数量增加 1，因此不会造成很大的开销。像所有其他参数一样，偏差是在反向传播过程中学习到的。可以将偏差视为输入总是设置为 +1 的连接的权重。这个特殊的输入用于所有的卷积，而不考虑卷积的空间位置。因此，可以假设输入中出现了一个特殊的像素，该像素的值总是设置为 1。因此，第 q 层的输入特征个数为 $1 + L_q \times B_q \times d_q$。这是一个标准的特征工程技巧，用于处理各种形式的机器学习中的偏差。

8.3.4 ReLU 层

卷积操作与池化操作和 ReLU 操作交错。ReLU 的激活与它在传统神经网络中的应用没有太大的不同。对于一个层中的每个 $L_q \times B_q \times d_q$ 值，将对其应用 ReLU 激活函数来创建 $L_q \times B_q \times d_q$ 阈值。这些值随后被传递到下一层。因此，应用 ReLU 不会改变层的维度，因为它是激活值的简单一对一映射。在传统的神经网络中，激活函数与一个带有权重矩阵的线性变换相结合，从而产生下一层的激活。类似地，ReLU 通常遵循一个卷积操作（这是传统神经网络中线性变换的粗略等效），ReLU 层通常在卷积神经网络结构的图示图中没有明确显示。

值得注意的是，ReLU 激活函数的使用是神经网络设计的最新发展。在早期，饱和激活函数如 sigmoid 和 tanh 被使用。然而，文献 [107] 中表明使用 ReLU 在速度和准确性方面都比这些激活函数有巨大的优势。速度的提高也与准确性有关，因为它允许人们使用更深层次的模型，并训练它们更长的时间。近年来，ReLU 激活函数的使用已经取代了卷积神经网络设计中的其他激活函数，本章将简单地使用 ReLU 作为默认激活函数（除非另有说明）。

8.3.5 池化

然而，池化操作是完全不同的。池化操作在每一层中大小为 $P_q \times P_q$ 的小网格区域上工作，并生成具有相同深度的另一层（与过滤器不同）。对于每个 d_q 激活映射中大小为 $P_q \times P_q$ 的每个正方形区域，将返回这些值的最大值。这种方法被称为最大池化。如果使用 1 的步幅，那么将产生一个新的层，大小为 $(L_q-P_q+1) \times (B_q-P_q+1) \times d_q$。然而，更常见的是在池中

使用 $S_q > 1$ 的步幅。在这种情况下，新层的长度将是 $(L_q-P_q)/S_q+1$，宽度将是 $(B_q-P_q)/S_q+1$。因此，池化极大地减少了每个激活映射的空间维度。

与卷积操作不同，池化操作是在每个激活映射级别完成的。卷积操作同时使用所有的 d_q 特征图和一个过滤器来产生一个单一的特征值，而池化操作独立于每个特征图来产生另一个特征图。因此，池化操作并没有改变特征图的数量。换句话说，使用池化创建的层的深度与执行池化操作的层的深度相同。图 8.4 中显示了步幅为 1 和 2 的池化的示例。这里，我们使用 3×3 区域上的池。执行池的区域的典型大小 P_q 是 2×2。当步幅为 2 时，合并的不同区域之间不会有重叠，使用这种类型的设置是很常见的。然而，有时有人建议，在执行池的空间单元之间至少有一些重叠是可取的，因为这使方法不太可能过拟合。

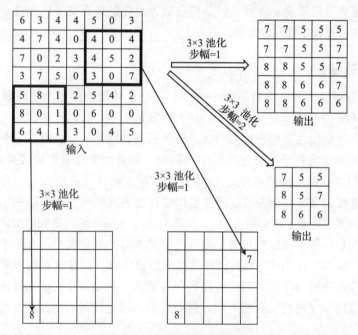

图 8.4 一个大小为 7×7、步幅为 1 和 2 的激活图的最大池化示例。由于重叠区域的最大化，步幅为 1 将创造一个带有大量重复元素的 5×5 激活图。步幅为 2 将创建一个重叠较少的 3×3 激活地图。与卷积不同，每个激活映射是独立处理的，因此输出激活映射的数量与输入激活映射的数量完全相等

其他类型的池化（如平均池化）是可能的，但很少使用。在最早的卷积网络（被称为 LeNet-5）中，使用了平均池化的一种变体，称为子抽样[⊖]。总的来说，最大池化仍然比平均池化更受欢迎。最大池化层与卷积 /ReLU 层交错，尽管前者在深度结构中出现的频率通常要低得多。这是因为池化极大地减少了特征图的空间大小，只需要几个池化操作就可以将空间映射减少到一个较小的常量大小。

当希望减少激活映射的空间占用时，通常使用带有 2×2 过滤器和步幅为 2 的池化。池化导致（一些）平移不变性，因为移动图像显著减少了激活映射中的位移。这个属性称为平移不变性。其思想是，相似的图像通常有内部独特形状的非常不同的相对位置，并且平移不变性有助于以类似的方式分类这些图像。例如，人们应该能够将一只鸟分类为鸟，

⊖ 近年来，子抽样也指减少空间占用的其他操作。因此，这个术语的经典用法和现代用法有一定的区别。

而不管它出现在图像的哪个位置。

池化的另一个重要目的是，由于使用了大于 1 的步幅，它增加了接受域的大小，同时减少了层的空间占用。需要增加接收域的大小，以便能够在以后的层中在复杂的特征中捕获更大的图像区域。层空间占用的快速减少（以及特征接收域的相应增加）大部分是由池化操作引起的。除非步幅大于 1，否则卷积只会缓慢地增加接受域。近年来，有人提出池化并非总是必要的。我们可以设计一个只有卷积和 ReLU 操作的网络，并通过在卷积操作中使用更大的步幅来扩展接受域 [73, 172]。因此，近年来有一种新兴的趋势，即完全摆脱最大池化层。然而，在本书写作之时，这一趋势尚未完全确立和证实。似乎至少有一些支持最大池化的论据。与步幅卷积相比，最大池化引入了非线性和更大数量的平移不变性。虽然 ReLU 激活函数可以实现非线性，但关键是最大池化的效果也不能通过步幅卷积精确复制。至少，这两种操作不能完全互换。

8.3.6　完全连接层

最后一个空间层中的每个特征都与第一个完全连接层中的每个隐藏状态相连接。这一层的功能与传统的前馈网络完全相同。在大多数情况下，可以使用多个完全连接层来增加计算的能力。这些层之间的连接结构就像传统的前馈网络一样。由于完全连接层连接紧密，所以绝大多数参数位于完全连接层中。例如，如果两个完全连接层都有 4096 个隐藏单元，那么它们之间的连接就有超过 1600 万的权重。同样，从最后一个空间层到第一个完全连接层的连接也会有大量参数。即使卷积层有更多的激活（和更大的内存占用），完全连接层通常有更多的连接（和参数占用）。激活对内存占用的影响更大的原因是，当在反向传播的向前和向后传递中跟踪变量时，激活的数量乘以小批量大小。在基于特定类型的资源约束（例如，数据与内存可用性）选择神经网络设计时，记住这些权衡是有用的。值得注意的是，完全连接层的性质对当前应用程序很敏感。例如，分类应用程序的完全连接层的性质与分割应用程序的情况有些不同。前面提到的讨论针对的是分类应用程序的最常见用例。

卷积神经网络的输出层是按照特定于应用的方式设计的。下面，我们将考虑分类的代表性应用。在这种情况下，输出层完全连接到倒数第二层的每一个神经元，并具有与之相关的权重。根据应用程序的性质（例如，分类或回归），可以使用数理逻辑、柔性最大值或线性激活。

使用完全连接层的一种替代方法是在最后一组激活映射的整个空间区域使用平均池化来创建单个值。因此，在最终的空间层中创建的特征的数量将与过滤器的数量完全相等。在这个场景中，如果最终激活映射的大小是 $7 \times 7 \times 256$，那么将创建 256 个特征。每个特性都是聚合 49 个值的结果。这种方法大大减少了完全连接层的参数占用，在泛化方面具有一定的优势。这种方法在 GoogLeNet[184] 中使用。在像图像分割这样的应用程序中，每个像素都与一个类标签相关联，并且没有使用完全连接层。使用带 1×1 卷积的完全卷积网络来创建输出空间图。

8.3.7　层之间的交错

卷积层、池化层和 ReLU 层通常交错在神经网络中，以增强网络的表达能力。ReLU

层通常跟随卷积层，就像传统神经网络中的非线性激活函数通常跟随线性点积一样。因此，卷积层和 ReLU 层通常是一个接一个粘在一起的。一些神经架构的图示，如 AlexNet[107]，并没有明确显示 ReLU 层，因为它们被认为总是粘在线性卷积层的末端。在两组或三组卷积 ReLU 组合之后，可能会有一个最大池化层。这个基本模式的示例如下：

CRCRP

CRCRCRP

其中卷积层用 C 表示，ReLU 层用 R 表示，最大池化层用 P 表示。为了创建一个深度神经网络，整个模式（包括最大池化层）可能会重复几次。例如，如果上面的第一个模式重复了三次，然后后面是一个完全连接层（用 F 表示），那么我们有如下神经网络：

CRCRPCRCRPCRCRPF

上面的描述是不完整的，因为需要指定过滤器 / 池化层的数量 / 大小 / 填充。池化层是减少激活映射空间占用的关键步骤，因为它使用大于 1 的步幅。用步幅卷积代替最大池化也可以减少空间占用。这些网络通常是相当深的，而且具有超过 15 层的卷积网络也并不罕见。最近的架构也使用层之间的跳过连接，随着网络深度的增加，跳过连接变得越来越重要（参见 8.4.3 节）。

LeNet-5

早期的网络相当肤浅。最早的神经网络之一是 LeNet-5[110]。输入数据为灰度，只有一个颜色通道。假设输入是字符的 ASCII 表示形式。为了便于讨论，我们假设有 10 种字符类型（因此有 10 个输出），尽管这种方法可以用于任意数量的类。

该网络包含两个卷积层、两个池化层和三个完全连接层。然而，后面的层包含多个特征图，因为在每个层中使用多个过滤器。这个网络的架构如图 8.5 所示。第一个完全连接层在原始作品中也被称为卷积层（标记为 C5），因为存在将其推广到更大输入图的空间特征的能力。而 LeNet-5 的具体实现实际上是使用 C5 作为一个完全连接层，因为过滤器空间大小与输入空间大小相同。这就是为什么我们把 C5 看作一个完全连接层。值得注意的是，LeNet-5 的两个版本如图 8.5a 和图 8.5b 所示。图 8.5a 的上部图显式地显示了子抽样层，展示了架构在原始工作中是如何呈现的。然而，像 AlexNet[107] 这样的更深层次的架构图通常不会显式地显示子抽样或最大池化层，以容纳大量的层。图 8.5b 展示了 LeNet-5 的这种简洁架构。激活函数层也没有明确显示在这两幅图中。在 LeNet-5 的原始工作中，sigmoid 激活函数在子抽样操作之后立即发生，尽管这种顺序在最近的架构中相对不常见。在大多数现代架构中，子抽样被最大池化所取代，最大池化层出现的频率低于卷积层。此外，激活通常在每次卷积之后立即执行（而不是在每次最大池化之后）。

架构中的层数通常是根据带有加权空间过滤器的层数和完全连接层数来计算的。换句话说，子抽样 / 最大池化和激活函数层通常不单独计算。LeNet-5 的子抽样采用 2×2 空间区域，步幅为 2。此外，不同于最大池化，这些值被平均，缩放一个可训练的权重，然后添加一个偏差。在现代架构中，线性缩放和偏差加法操作已经被取消。图 8.5b 简洁的架构表示有时会让初学者感到困惑，因为它缺少一些细节，比如最大池化 / 子抽样过滤器的大小。事实上，没有独特的方式来表示这些架构细节，不同的作者使用了许多变体。本章将在案例研究中展示几个这样的例子。

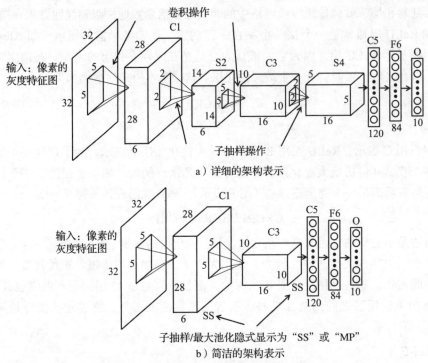

a）详细的架构表示

b）简洁的架构表示

图 8.5　LeNet-5：最早的卷积神经网络之一

以现代标准来看，这一网络极其肤浅；然而，从那时起，基本原则就没有改变过。主要的区别是，ReLU 激活在那时还没有出现，而 sigmoid 激活在早期的架构中经常使用。此外，与最大池化相比，平均池化的使用在今天是非常罕见的。近年来，最大池化和子抽样都出现了变化，大步幅卷积是首选。LeNet-5 在最后一层也使用了 10 个径向基函数（Radial Basis Function，RBF）单元（参见第 9 章），将每个单元的原型与其输入向量进行比较，并输出它们之间的平方欧氏距离。这与使用由 RBF 单位表示的高斯分布的负对数似然是一样的。RBF 单元的参数向量是手动选择的，对应于对应字符类的程式化 7×12 位图图像，该位图被平展成 7×12 = 84 维表示。请注意，倒数第二层的大小正好是 84，以便计算对应该层的向量和 RBF 单位的参数向量之间的欧氏距离。最后一层的 10 个输出提供了类的分数，10 个单元中最小的分数提供了预测。这种 RBF 单元的使用在现代卷积网络设计中是不合时宜的，并且在多项式标签输出上通常倾向于使用带有对数似然损失的 softmax 单元。LeNet-5 被广泛用于字符识别，并被许多银行用于读取支票。

8.3.8　分层特性工程

它在检查由不同层的真实图像创建的过滤器的激活方面有指导意义。早期层的过滤器的激活是像边缘这样的低级特征，而后期层的过滤器将这些低级特征放在一起。例如，一个中级功能可能会把边缘放在一起来创建一个六边形，而一个高级功能可能会把中级六边形放在一起来创建一个蜂巢。很容易理解为什么低水平过滤器可以检测到边缘。考虑这样一种情况，图像的颜色沿着边缘变化。因此，相邻像素值之间的差值仅在边缘处是非零的。这可以通过在相应的低水平过滤器中选择适当的权重来实现。请注意，检测水平边缘的过滤器与检测垂直边缘的过滤器是不同的。这让我们回到 Hubel 和 Weisel 的实验中，在猫的视觉皮层中，不同的神经元被不同的边缘激活。图 8.6 给出了检测水平和垂直边缘的过滤器示例。下一层过滤器对隐藏的特征起作用，因此它更难解释。然而，下一层过滤器能够通过结合水平和垂直边缘检测矩形。

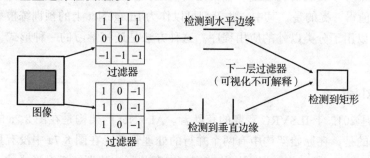

图 8.6　过滤器检测边缘并将它们组合成矩形

现实世界图像的较小部分激活了不同的隐藏特征，这很像 Hubel 和 Wiesel 的生物模型，在这个模型中，不同的形状似乎激活了不同的神经元。因此，卷积神经网络的强大之处在于能够将这些原始形状一层一层地组合成更复杂的形状。注意，第一卷积层不可能了解任何大于 $F_1 \times F_1$ 像素的特征，其中 F_1 的值通常是一个小数字，如 3 或 5。然而，下一个卷积层将能够将许多这些补丁放在一起，从一个更大的图像区域创建一个特征。在较早的层中学习到的原始特征以语义一致的方式放在一起，以学习日益复杂和可解释的视觉特征。学习特征的选择受到反向传播如何使特征适应当前损失函数的需要的影响。例如，如果一个应用程序正在训练将图像分类为汽车，那么该方法可能会学习将弧线组合在一起来创建一个圆，然后它可能将圆与其他形状组合在一起来创建一个汽车车轮。所有这一切都是由深度网络的层次特征实现的。

最近的 ImageNet 竞赛表明，图像识别的力量很大程度上取决于网络的深度增加。没有足够的层有效地阻止了网络学习图像中的层次规则，这些规则被组合起来创建语义相关的组件。另一个重要的观察是，学习到的特征的性质对当前特定数据集是敏感的。例如，学会识别卡车的特征与学会识别胡萝卜的特征是不同的。但是，有些数据集（如 ImageNet）非常多样化，因此通过对这些数据集进行训练而获得的特性在许多应用程序中具有通用意义。

8.4　卷积架构的案例研究

在下面，我们提供一些卷积架构的案例研究。这些案例研究源于近年来 ILSVRC 竞赛的成功参赛作品。这些是有指导意义的，因为它们提供了对神经网络设计中重要因素的理解，这些因素可以使这些网络良好地工作。尽管近年来在架构设计方面发生了一些变化（如 ReLU 激活），但令人惊讶的是，现代架构与 LeNet-5 的基本设计是多么相似。从 LeNet-5 到现代架构的主要变化是深度的爆炸式增长、ReLU 激活的使用，以及现代硬件 / 优化增强所支持的训练效率。现代架构更加深入，它们使用各种计算、架构和硬件技巧来有效地训练这些具有大量数据的网络。硬件的进步不应该被低估；现代基于 GPU 的平台比 LeNet-5 提出时可用的（价格相似的）系统快 10 000 倍。即使在这些现代平台上，训练卷积神经网络也往往需要一周的时间，使其足够精确，能够在 ILSVRC 上具有竞争力。硬件、数据中心和算法增强在一定程度上是相关的。如果没有足够的数据和计算能力来在合理的时间内对复杂／更深的模型进行试验，那么尝试新的算法技巧是很困难的。因此，如果没有大量的数据和日益增强的计算能力，最近的深度卷积网络革命是不可能发生的。

在下面的部分中，我们将概述一些常用的模型，这些模型通常用来设计用于图像分类的训练算法。值得一提的是，其中一些模型可以作为 ImageNet 上的预训练模型使用，因此生成的特性可以用于分类以外的应用程序。这种方法是迁移学习的一种形式，本节稍后将对此进行讨论。

8.4.1   AlexNet

AlexNet 是 2012 年 ILSVRC 竞赛的获胜者。AlexNet 的架构是在图 8.7a 的基础上设计的。值得一提的是，在原始架构中有两个并行的处理管道，在图 8.7a 中没有显示。这两个管道是由两个 GPU 一起工作，以更快的速度和内存共享构建训练模型形成的。该网络最初是在 GTX 580 GPU 上训练的，内存为 3GB，在这么大的空间中不可能容纳中间计算。因此，网络被划分到两个 GPU 上。原始架构如图 8.7b 所示，工作被划分为两个 GPU。我们还展示了在 GPU 没有造成变化的情况下的架构，以便于与本章讨论的其他卷积神经网络架构进行比较。需要注意的是，在图 8.7b 中，GPU 只是在一个层的子集之间相互连接，这导致图 8.7a 和 8.7b 在实际构建的模型上存在一些差异。具体来说，GPU 分区架构的权重更低，因为不是所有层都有互连。删除一些互连减少了处理器之间的通信时间，因此有助于提高效率。

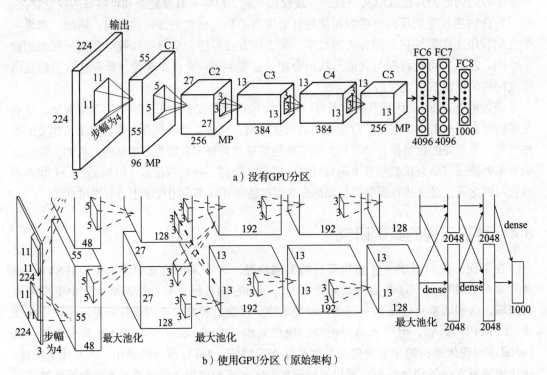

图 8.7   AlexNet 架构。ReLU 激活跟随每个卷积层，并没有显式显示。注意，最大池化层被标记为 MP，它们只跟随卷积 –ReLU 组合层的一个子集。b 中的架构图来自 [A. Krizhevsky, I. Sutskever, and G. Hinton. Imagenet classification with deep convolutional neural networks. *NeurIPS Conference*, pp. 1097–1105. 2012.] ©2012 A. Krizhevsky, I. Sutskever, and G. Hinton

AlexNet 从 $224 \times 224 \times 3$ 的图像开始，在第一层使用 96 个尺寸为 $11 \times 11 \times 3$ 的过滤器，步幅为 4。第一层的尺寸是 $55 \times 55 \times 96$。在第一层计算完成后，使用最大池化层。这一层在图 8.7a 中用 'MP' 表示。注意，图 8.7a 的架构是图 8.7b 架构的简化版本，它显式地显示了两个并行的管道。例如，图 8.7b 显示的第一卷积层深度只有 48，因为 96 个特征图被划分到 GPU 之间进行并行化。另一方面，图 8.7a 没有假设使用 GPU，因此宽度显式显示为 96。在每个卷积层之后应用 ReLU 激活函数，然后进行响应归一化和最大池化。虽然在图中已经标注了最大池化，但是在架构中并没有给它分配一个块。此外，ReLU 和响应归一化层在图中没有显式显示。这些类型的简明表示在神经架构的绘图描述中很常见。

第二卷积层使用第一卷积层的响应归一化和池化输出，使用 256 个大小为 $5 \times 5 \times 96$ 的过滤器对其进行过滤。在第三、第四或第五卷积层中不存在中间的池化或归一化层。第三、第四、第五卷积层过滤器的尺寸分别为 $3 \times 3 \times 256$（带 384 个过滤器）、$3 \times 3 \times 384$（带 384 个过滤器）和 $3 \times 3 \times 384$（带 256 个过滤器）。所有最大池化层在步幅为 2 时使用 3×3 过滤器。因此，这些池之间有一些重叠。完全连接的层有 4096 个神经元。最后一组 4096 激活可以作为图像的 4096 维表示处理。AlexNet 的最后一层使用 1000 路 softmax 来进行分类。值得注意的是，4096 激活的最后一层（在图 8.7b 中由 FC7 标记）通常用于创建图像的平面 4096 维表示，用于分类以外的应用。我们可以简单地将样本外图像通过训练好的神经网络来提取这些特征。这些特征通常适用于其他数据集和其他任务。这些特征被称为 FC7 特征。事实上，使用从倒数第二层提取的 FC7 特征是在 AlexNet 之后普及的，尽管更早的时候就已经知道这种方法了。因此，无论卷积神经网络中有多少层，从倒数第二层提取的这些特征通常被称为 FC7 特征。值得注意的是，虽然中间层的特征图的空间维度更小，但其数量远远大于输入层体积的初始深度（只有 3 种，分别对应红、绿、蓝三种颜色）。这是因为初始深度只包含红色、绿色和蓝色组件，而后面的层在特征图中捕获不同类型的语义特征。

该架构中使用的许多设计选择在后来的架构中成为标准。一个具体的例子是在架构中使用 ReLU 激活（而不是 sigmoid 或 tanh 单位）。在大多数卷积神经网络中，激活函数的选择几乎完全集中在 ReLU 上，尽管在 AlexNet 之前并非如此。其他一些训练技巧在当时是已知的，但它们在 AlexNet 上的使用使它们流行起来。一个例子是使用数据增强，这在提高准确性方面非常有用。AlexNet 还强调了使用专用硬件（如 GPU）对如此大的数据集进行训练的重要性。Dropout 与 L_2 – 权重衰减一起使用，以提高泛化程度。Dropout 在今天几乎所有类型的架构中都很常见，因为它在大多数情况下提供了额外的助推器。还使用了一种称为局部响应归一化的思想，后来的架构（包括该架构的后续实现）最终发现这种思想没有用，并放弃了它。

我们还简要提到了在 AlexNet 中使用的参数选择。感兴趣的读者可以在文献 [219] 找到 AlexNet 的完整代码和参数文件。采用 L_2 正则化，参数为 5×10^{-4}。Dropout 被用于抽样单位，其概率为 0.5。基于动量的（小批量）随机梯度下降法对 AlexNet 进行训练，参数值为 0.8。批量大小为 128。学习率为 0.01，虽然因为该方法开始收敛，它最终下降了几次。即使使用 GPU，AlexNet 的训练时间也在一周左右。

最终的前 5 位错误率约为 15.4%，该错误率定义为正确图像未包含在前 5 位图像中的情况的百分比。这个错误率○与之前的获奖者的错误率超过 25% 形成了对比。与第二名的

○ 前 5 位的错误率在图像数据中更有意义，因为一个图像可能包含多个类的对象。在本章中，我们使用术语"错误率"来指代前 5 位的错误率。

差距也差不多。使用单一卷积网络获得的前 5 位的错误率为 18.2%，而使用由 7 个模型组成的集合的错误率为 15.4%。请注意，对于大多数架构，这些类型的基于集成的技巧提供了 2% 到 3% 的一致改进。此外，由于大多数集成方法的执行是令人尴尬的并行化，因此只要有足够的硬件资源可用，执行它们就相对容易。AlexNet 被认为是计算机视觉领域的一个根本性进步，因为它以巨大的优势赢得了 ILSVRC 竞赛。这一成功重新燃起了人们对深度学习的兴趣，尤其是卷积神经网络。

8.4.2　VGG

VGG[169] 进一步强调了网络深度增加的发展趋势。被测试的网络被设计成不同的配置，大小在 11 层到 19 层之间，尽管性能最好的版本有 16 层或更多层。VGG 是 2014 年在 ISLVRC 中表现最好的参赛作品，但它并没有获奖。最终胜出的是 GoogLeNet，它的前 5 位错误率为 6.7%，而 VGG 的前 5 位错误率为 7.3%。然而，VGG 是重要的，因为它说明了几个重要的设计原则，这些原则最终成为未来架构的标准。

VGG 的一个重要创新是它减小了过滤器的尺寸，但增加了深度。重要的是要明白减小过滤器的尺寸需要增加深度。这是因为小过滤器只能捕获图像的一小部分，除非网络是深的。例如，一个由三个大小为 3×3 的序列卷积产生的单一特征将捕获大小为 7×7 的输入区域。注意，直接在输入数据上使用一个 7×7 的过滤器也可以捕获 7×7 输入区域的视觉属性。在第一种情况下，我们使用 $3 \times 3 \times 3 = 27$ 个参数，而在第二种情况下，我们使用 $7 \times 7 \times 1 = 49$ 个参数。因此，在使用三个序列卷积的情况下，参数占用更小。然而，三个连续的卷积通常可以比单个卷积捕获更有趣和复杂的特征，单个卷积产生的激活看起来就像原始的边缘特征。因此，7×7 过滤器将无法在较小的区域捕获复杂的形状。

一般来说，深度越大，非线性和正则化程度越高。更深的网络会有更多的非线性，因为存在更多的 ReLU 层，也会有更多的正则化，因为增加的深度通过使用卷积的重复组合迫使层上的结构。如上所述，具有更大深度和更小过滤器尺寸的架构需要更少的参数。出现这种情况的部分原因是，每一层的参数数量由过滤器大小的平方给出，而参数数量与深度线性相关。因此，我们可以通过使用更小的过滤器来大幅减少参数的数量，而通过使用更大的深度来"消耗"这些参数。增加深度还允许使用更多的非线性激活，这增强了模型的鉴别能力。因此，VGG 总是使用空间占用为 3×3 的过滤器和大小为 2×2 的池化。卷积是用步幅 1 完成的，并使用填充 1。池化是用步幅 2 完成的。使用填充值为 1 的 3×3 过滤器可以保持输出体积的空间占用，尽管池化始终会压缩空间占用。因此，池化是在不重叠的空间区域上完成的（不像前两个架构），并且总是将空间占用（即高度和宽度）减少到原来的 1/2。VGG 的另一个有趣的设计选择是，每次最大池化后，过滤器的数量通常会增加 1 倍。我们的想法是，每当空间占用减少 1/2 时，深度总是增加 1 倍。这种设计选择导致了跨层计算工作的某种程度的平衡，并被后来的一些架构（如 ResNet）继承。

使用深度配置的一个问题是，深度的增加会导致初始化的敏感性更高，这会导致不稳定性。这个问题通过使用预训练来解决，即先训练一个较浅的架构，然后再添加进一步的层。然而，预训练并不是逐层进行的。而是首先训练架构的 11 层子集。这些经过训练的层用于初始化更深层次架构中的层子集。VGG 在 ISLVRC 比赛中获得了 7.3% 的前 5 位的误差，是表现最好的选手之一，但不是冠军。VGG 的不同配置如表 8.1 所示。其中，以 D 列表示的架构是获奖的架构。注意，过滤器的数量在每次最大池化之后增加 1 倍。因此，最大池化导致空间高度和宽度减少了 1/2，但这是通过增加 1 倍的深度来补偿的。使用 3×3 过滤器和填充 1 执行卷积不会改变空间占用。因此，表 8.1 的 D 列中不同的最大池化层之间各空间维度（即高度和宽度）的大小分别为 224、112、56、28 和 14。在创建完全连接层之前执行最终的最大池化，这将进一步将空间占用减少到 7。因此，第一个完全连接层是 4096 个神经元与 $7 \times 7 \times 512$ 体积之间的紧密连接。我们稍后会看到，神经网络的大部分参数都隐藏在这些连接中。

表 8.1　VGG 使用的配置。术语 C3D64 指的是使用 64 个空间大小为 3×3（偶尔为 1×1）的过滤器进行卷积的情况。过滤器的深度与相应的层匹配。选择每个过滤器的填充是为了保持层的空间占用。所有卷积后面都跟着 ReLU。最大池化层称为 M，局部响应归一化称为 LRN。softmax 层用 S 表示，FC4096 是一个具有 4096 个单元的完全连接层。除了最后一组层，过滤器的数量总是在每次最大池化之后增加。因此，空间占用的减少往往伴随着深度的增加

名称	A	A-LRN	B	C	D	E
#层	11	11	13	16	16	19
	C3D64	C3D64	C3D64	C3D64	C3D64	C3D64
		LRN	C3D64	C3D64	C3D64	C3D64
	M	M	M	M	M	M
	C3D128	C3D128	C3D128	C3D128	C3D128	C3D128
			C3D128	C3D128	C3D128	C3D128
	M	M	M	M	M	M
	C3D256	C3D256	C3D256	C3D256	C3D256	C3D256
	C3D256	C3D256	C3D256	C3D256	C3D256	C3D256
				C1D256	C3D256	C3D256
						C3D256
	M	M	M	M	M	M
	C3D512	C3D512	C3D512	C3D512	C3D512	C3D512
	C3D512	C3D512	C3D512	C3D512	C3D512	C3D512
				C1D512	C3D512	C3D512
						C3D512
	M	M	M	M	M	M
	C3D512	C3D512	C3D512	C3D512	C3D512	C3D512
	C3D512	C3D512	C3D512	C3D512	C3D512	C3D512
				C1D512	C3D512	C3D512
						C3D512
	M	M	M	M	M	M
	FC4096	FC4096	FC4096	FC4096	FC4096	FC4096
	FC4096	FC4096	FC4096	FC4096	FC4096	FC4096
	FC1000	FC1000	FC1000	FC1000	FC1000	FC1000
	S	S	S	S	S	S

文献 [96] 中展示了一个有趣的练习，该练习关于激活的大多数参数和内存的位置。特别是在占用空间最大的卷积神经网络的早期部分，需要存储前向和后向阶段的激活和梯度

所需的绝大部分内存。这一点很重要，因为小批量处理所需的内存是按小批量处理的大小缩放的。例如，文献 [96] 中显示每个图像大约需要 93MB。因此，对于 128 的小批量处理大小，总内存需求大约是 12GB。尽管早期层由于空间占用大而需要最多的内存，但由于稀疏的连接性和权重共享，它们的参数占用并不大。事实上，大部分参数都是末端的完全连接层所需要的。最终的 $7 \times 7 \times 512$ 空间层（见表 8.1 的 D 列）与 4096 个神经元的连接需要 $7 \times 7 \times 512 \times 4096 = 102\,760\,448$ 个参数。各层参数总数约为 1.38 亿。因此，近 75% 的参数在单层连接中。此外，其余的大部分参数都在最后两个完全连接层中。总的来说，密集连接性占神经网络参数占用的 90%。

值得注意的是，有些架构允许 1×1 卷积。虽然 1×1 卷积不结合空间相邻特征的激活，但当体积深度大于 1 时，它确实结合了不同通道的特征值。使用 1×1 卷积也是一种将额外的非线性融入架构的方法，而无须在空间层面上做出根本的改变。这种额外的非线性是通过每个层上的 ReLU 激活来合并的。详情请参考文献 [169]。

8.4.3　ResNet

ResNet[73] 使用了 152 层，几乎比以前其他架构使用的大一个数量级。该架构在 2015 年的 ILSVRC 竞赛中获得了冠军，并取得了 3.6% 的前 5 位的误差，这生成了第一个具有人类水平性能的分类器。这种精度是通过 ResNet 网络的集成实现的；即使是一个单一的模型也能达到 4.5% 的准确率。训练一个有 152 层的架构通常是不可能的，除非有一些重要的创新。

训练这种深度网络的主要问题是，在深层进行的大量操作会增加或减少梯度的大小，从而阻碍层与层之间的梯度流动。这些问题被称为消失梯度和爆炸梯度问题，它们是由深度增加引起的。然而，文献 [73] 的研究表明，这种深度网络中的主要训练问题不一定是由这些问题引起的，尤其是使用批处理归一化时。主要问题是很难使学习过程在合理的时间内适当收敛。这种收敛问题在具有复杂损失面的网络中很常见。虽然一些深度网络在训练和测试误差之间存在很大的差距，但在许多深度网络中，训练和测试数据的误差都很高。这意味着优化过程没有取得足够的进展。

尽管层次特征工程是神经网络学习的圣杯，但它的分层实现使图像中的所有概念都需要相同的抽象层次。有些概念可以通过使用浅层网络来学习，而有些概念则需要细粒度的连接。例如，想象一只马戏团的大象站在一个方框上。大象的一些复杂的特征可能需要大量的层来设计，而方框的特征可能只需要很少的层。当一个人使用一个深度非常深的网络，在所有的路径上都有一个固定的深度来学习概念时，收敛将不必要地放缓，其中许多概念也可以使用浅架构来学习。为什么不让神经网络来决定使用多少层来学习每个特征呢？

ResNet 使用层与层之间的跳过连接，以实现层与层之间的复制，并引入了特性工程的迭代视图（与层次视图相反）。正如后面一节所讨论的，长短期记忆网络利用序列数据的类似原则，通过使用可调节门将部分状态从一层复制到下一层。大多数前馈网络只包含 i 层和 $(i+1)$ 层之间的连接（这往往会扰乱状态），而 ResNet 包含 $r > 1$ 的第 i 层和第 $(i+r)$ 层之间的直接连接。这种跳过连接构成了 ResNet 的基本单元，在图 8.8a 中 $r = 2$ 时可以使用。这个跳过连接简单复制第 i 层的输入，并将其添加到第 $(i+r)$ 层的输出。这种方法可以实现有效的梯度流，因为反向传播算法现在有了一个超级高速公路，可以使用跳过连接反向传播梯度。这个基本单元被称为残差模块，整个网络是由许多这些基本模块组成的。在大多数层中，使用一个适当填充的过滤器[⊖]，步幅为 1，这样输入的空间大小和深度不会因层而改变。在这种情况下，很容易将第 i 层的输入加到第 $(i+r)$ 层的输入中。然而，有些层确实使用步幅卷积来将每个空间维度减少为原来的 1/2。同时，通过使用更多的过滤器，深度增加了 1 倍。在这种情况下，不能在跳过连接上使用标识函数。因此，为了调整维度，可能需要在跳过连接上应用线性投影矩阵。该投影矩阵定义了一组步幅为 2 的 1×1 卷积操作，以将空间范围减少为原来的 1/2。在反向传播过程中需要学习投影矩阵的参数。

在 ResNet 的最初想法中，只添加了第 i 层和第 $(i+r)$ 层之间的连接。例如，如果我们使用 $r=2$，则只使用连续奇数层之间的跳过连接。后来的改进，如 DenseNet，通过在所有层对之间添加连接，显示了性能的提高。图 8.8a 的基本单元在 ResNet 中重复，因此可以重复遍历跳过连接，以在执行很少的正向计算后将输入传播到输出。图 8.8b 显示了该架构的前几个层的示例。这个快照基于 34 层架构的前几层。图 8.8b 中的实线显示了大多数跳过连接，它们对应于使用过滤器体积不变的标识函数。然而，在某些层中，使用的步幅为 2，这会导致空间和深度占用发生变化。在这些层中，需要使用投影矩阵，它由虚线跳过连接表示。在原著作 [73] 中测试了四种不同的架构，分别包含 34、50、101 和 152 层。152 层架构具有最好的性能，但即使是 34 层架构也比前一年表现最好的 ILSVRC 条目表现得更好。

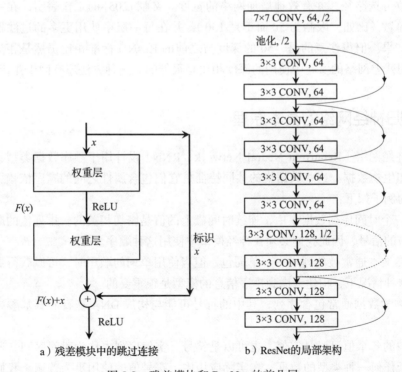

a）残差模块中的跳过连接 b）ResNet的局部架构

图 8.8　残差模块和 ResNet 的前几层

⊖ 典型讲，3×3 过滤器在步幅/填充为 1 时使用。这一趋势始于 VGG 的原则，并被 ResNet 所采用。

跳过连接的使用提供了无阻碍梯度流的路径，因此对反向传播算法的行为有重要的影响。跳过连接发挥了超级高速公路的功能，使梯度流成为可能，创造了从输入到输出存在多个可变长度路径的情况。在这种情况下，最短路径的学习能力最强，较长的路径可视为残差贡献。这使得学习算法可以灵活地为特定的输入选择适当的非线性程度。可以使用少量的非线性分类的输入将跳过许多连接。其他具有更复杂结构的输入可能会遍历大量连接，以提取相关特征。因此，该方法也被称为残差学习，长路径学习是对较容易的短路径学习的一种微调。换句话说，这种方法非常适合图像的不同方面具有不同程度的复杂性的情况。文献 [73] 的研究表明，来自更深层次的残差响应往往相对较小，这证实了固定深度是正确学习的障碍的直觉。在这种情况下，收敛通常不是问题，因为较短的路径使学习的很大一部分具有不受阻碍的梯度流。文献 [188] 中一个有趣的观点是，ResNet 的行为类似于浅层网络的集合，因为这种类型的架构可以启用许多长度较短的替代路径。只有在绝对必要的情况下，更深层次的学习才能实现少量的学习。文献 [188] 中的工作实际上提供了一个 ResNet 的分解架构的绘图描述，其中不同路径以并行管道显式显示。这个分解的视图提供了一个清晰的理解，即为什么 ResNet 与以集成为中心的设计原则有一些相似之处。这种观点的结果是，在预测时间从训练过的 ResNet 中删除一些层，不会像 VGG 等其他网络那样显著降低准确度。

通过阅读关于宽残差网络的研究，可以获得更多的见解 [205]。这项工作表明，增加残差网络的深度并不总是有帮助，因为大多数极深的路径无论如何都不会被使用。跳过连接确实会导致可选路径，并有效地增加网络的宽度。文献 [205] 的工作表明，在一定程度上限制层的总数（比如，限制为 50 而不是 150），并在每一层中使用更多的过滤器，可以获得更好的结果。值得注意的是，50 的深度与之前的 ResNet 标准相比仍然是相当大的，但与最近使用残差网络的实验中使用的深度相比是很低的。这种方法还有助于并行化操作。

8.5　递归神经网络的基本原理

递归神经网络（Recurrent Neural Network，RNN）设计用于顺序数据类型，如时间序列、文本和生物数据。这些数据集的共同特征是它们包含属性之间的顺序依赖关系。这些依赖关系的例子如下：

1. 在一个时间序列数据集中，连续时间戳上的值是密切相关的。排列值的顺序会丢失时间序列中的信号，因此我们必须在神经模型中使用这种顺序。

2. 虽然文本通常被处理成一个单词包，但当使用单词的顺序时，可以获得更好的语义洞察。在这种情况下，构建考虑到排序信息的模型是很重要的。

3. 生物学数据通常包含序列，其中的符号可能与构成 DNA 基石的氨基酸或某个碱基相对应。

序列中的各个值可以是实值，也可以是符号。实值序列也称为时间序列。递归神经网络可以用于任何一种类型的数据。在实际应用中，符号值的使用更为普遍。我们的论述将主要集中在一般的符号数据上，特别是文本数据。默认的假设是递归网络的输入是一个文本段，其中序列的相应符号是词典的单词标识符。但是，我们还将检查其他设置，例如单个元素是字符或它们是实际值的情况。

许多以序列为中心的应用程序（如文本）通常被处理为单词包。这种方法忽略了文档中单词的顺序，对于大小合理的文档非常有效。然而，在对句子的语义解释很重要的应用中，或者在文本段的大小相对较小的应用中（例如，一个单独的句子），这种方法是不够的。为了理解这一点，考虑下面的句子：

狮子追赶鹿。

鹿追赶狮子。

这两句话显然非常不同（第二句很不寻常）。然而，单词包的表示会认为它们是相同的。因此，这种类型的表示在简单的应用（如分类）中工作得很好，但在更复杂的应用（如情感分析、机器翻译或信息提取）中需要更大程度的语言智能。

一种可能的解决方案是避免单词包的方法，为序列中的每个位置创建一个输入。考虑这样一种情况，一个人试图使用传统的神经网络来对句子进行情感分析，句子中的每个位置都有一个输入。情感可以是一个二元标签，取决于它是积极的还是消极的。人们面临的第一个问题是，不同的句子长度是不同的。因此，如果我们使用具有 5 组独热编码单词输入的神经网络（参见图 8.9a），则不可能输入一个超过 5 个单词的句子。此外，任何少于 5 个单词的句子都会缺少输入（参见图 8.9b），这就需要使用虚拟单词进行潜在的浪费填充。在某些情况下，例如 Web 日志序列，输入序列的长度可能会达到几十万。更重要的是，以某种方式在网络架构中更直接地编码关于单词排序的信息是很重要的。因此，处理序列的两个主要要求包括能够接收和处理与序列中出现顺序相同的输入，以及在每个时间戳上以与之前输入历史相似的方式处理输入。一个关键的挑战是，我们需要以某种方式构建一个具有固定数量参数，但具有处理可变数量输入的能力的神经网络。

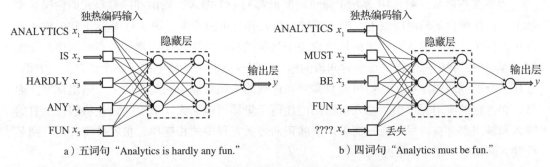

a）五词句 "Analytics is hardly any fun."　　　　　b）四词句 "Analytics must be fun."

图 8.9　尝试使用传统神经网络进行情感分析面临着变长输入的挑战。网络架构也不包含关于连续单词之间的顺序依赖关系的任何有用信息

使用递归神经网络自然可以满足这些需求。在递归神经网络中，网络中的各层与序列中的特定位置之间存在一一对应关系。序列中的位置也称为它的时间戳。因此，网络不是在单个输入层中有可变数量的输入，而是包含可变数量的层，并且每一层都有对应于该时间戳的单个输入。因此，输入可以根据其在序列中的位置直接与下游隐藏层交互。每一层使用相同的参数集，以确保在每个时间戳进行相似的建模，因此参数的数量也是固定的。换句话说，相同的分层架构在时间上重复，因此网络被称为递归网络。递归神经网络也是一种基于时间分层概念的具有特定结构的前馈网络，它可以取一个输入序列，产生一个输出序列。每个时态层都可以接收一个输入数据点（单个属性或多个属性），并可选地生成多维输出。这种模型对于序列到序列学习应用程序（如机器翻译或预测序列中的下一个元素）特别有用。

在学习递归神经网络的参数方面有重大的挑战。因此，递归神经网络的许多变体，如长短期记忆（Long Short-Term Memory，LSTM）和门控递归单元（Gated Recurrent Unit，GRU）被提出。递归神经网络及其变体已被用于许多应用程序，如序列到序列学习、图像字幕、机器翻译和情感分析。

8.6　递归神经网络的结构

下面，将描述递归网络的基本结构。尽管递归神经网络几乎可以应用于任何顺序域，但它在文本域的应用却是广泛而自然的。为了直观地简单解释各种概念，我们将在本节中使用文本域。因此，本章的重点将主要放在离散 RNN 上，因为这是最流行的用例。请注意，完全相同的神经网络可以用于构建单词级 RNN 和字符级 RNN。两者之间的唯一区别是用于定义序列的一组基本符号。为了保持一致性，我们将在介绍符号和定义时使用单词级 RNN。然而，这个设置的变化也在本章中讨论。

最简单的递归神经网络如图 8.10a 所示。这里的一个关键点是图 8.10a 中存在的自循环，它会导致序列中每个单词输入后神经网络的隐藏状态发生变化。在实践中，我们只能处理有限长度的序列，将循环展开为一个"时间分层"网络是有意义的，它看起来更像一个前馈网络。如图 8.10b 所示。注意，在这种情况下，我们在每个时间戳都有一个不同的隐藏状态节点，并且自循环被展开成一个前馈网络。这种表示在数学上与图 8.10a 等价，但由于与传统网络相似，因此更容易理解。在不同时间层的权重矩阵被共享，以确保在每个时间戳使用相同的函数。图 8.10b 中权重矩阵的符号 W_{xh}、W_{hh}、W_{hy} 使共享变得明显。

值得注意的是，图 8.10 显示了每个时间戳都有一个输入、输出和隐藏单元的情况。实际上，在任何特定的时间戳上，输入或输出单元都有可能丢失。图 8.11 显示了缺失输入和输出的例子。缺失输入和输出的选择取决于当前的特定应用程序。例如，在时间序列预测应用程序中，我们可能需要每个时间戳的输出，以预测时间序列中的下一个值。另一方面，在序列分类应用程序中，我们可能只需要在序列的末尾对应于它的类的一个输出标签。通常，在特定的应用程序中，输入或输出的任何子集都可能丢失。下面的讨论将假设所有的输入和输出都存在，尽管通过简单地删除正向传播方程中的相应项，很容易将其推广到某些输入和输出不存在的情况。

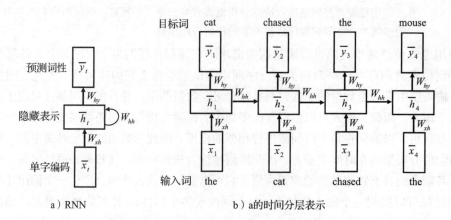

a）RNN　　　　　　　　　　b）a的时间分层表示

图 8.10　递归神经网络及其时间分层表示

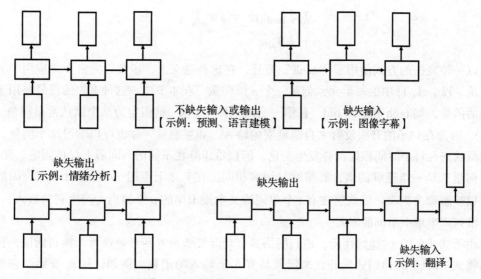

图 8.11 缺失输入和输出的递归网络的不同变化

图 8.10 中所示的特定架构适合于语言建模。语言模型是自然语言处理中的一个众所周知的概念，它根据单词的历史预测下一个单词。给定一个单词序列，将它们的独热编码输入图 8.10a 中的神经网络。这个时间过程相当于在图 8.10b 的相关时间戳处输入单个单词。时间戳对应于序列中的位置，从 0（或 1）开始，在序列中向前移动一个单位，然后增加 1。在语言建模的设置中，输出是预测序列中下一个单词的概率向量。例如，考虑这个句子：

The lion chased the deer.

当输入单词"The"时，输出将是包含单词"lion"的整个词典的概率向量，当输入单词"lion"时，我们将再次得到预测下一个单词的概率向量。当然，这是语言模型的经典定义，在这个模型中，一个单词的概率是根据前一个单词的直接历史来估计的。一般情况下，t 时刻的输入向量（例如第 t 个单词的独热编码向量）为 $\bar{x}_t$，t 时刻的隐藏状态为 $\bar{h}_t$，t 时刻的输出向量（例如第 $(t+1)$ 个单词的预测概率）为 $\bar{y}_t$。对于大小为 d 的词典，$\bar{x}_t$ 和 $\bar{y}_t$ 都是 d 维。隐藏向量 $\bar{h}_t$ 是 p 维的，其中 p 调节嵌入的复杂性。为了便于讨论，我们假设所有这些向量都是列向量。在许多应用程序（如分类）中，输出不是在每个时间单元产生的，而是只在句子末尾的最后一个时间戳触发。虽然输出和输入单元可能只出现在时间戳的一个子集中，但我们研究了它们出现在所有时间戳中的简单情况。则 t 时刻的隐藏状态由 t 时刻的输入向量与 $(t-1)$ 时刻的隐藏向量的函数给出：

$$\bar{h}_t = f(\bar{h}_{t-1}, \bar{x}_t) \qquad (8.1)$$

这个函数是用权重矩阵和激活函数定义的（就像所有用于学习的神经网络所使用的那样），并且在每个时间戳使用相同的权重。因此，即使隐藏状态随时间而变化，在神经网络经过训练后，权重和底层函数 $f(\cdot,\cdot)$ 在所有时间戳（即顺序元素）上保持固定。一个单独的函数 $\bar{y}_t = g(\bar{h}_t)$ 用来学习隐藏状态的输出概率。

接下来，我们更具体地描述函数 $f(\cdot,\cdot)$ 和 $g(\cdot)$。我们定义一个 $p \times d$ 的隐输入矩阵 W_{xh}，一个 $p \times p$ 的隐隐矩阵 W_{hh}，以及一个 $d \times p$ 的隐输出矩阵 W_{hy}。然后，我们可以展开式（8.1），写出输出的条件如下：

$$\overline{h}_t = \tanh(W_{xh}\overline{x}_t + W_{hh}\overline{h}_{t-1})$$
$$\overline{y}_t = W_{hy}\overline{h}_t$$

这里以一种宽松的方式使用了"tanh"符号，在这种意义上，函数以元素方式应用于 p 维列向量，以 [-1, 1] 中的每个元素创建一个 p 维向量。在本节中，这种宽松的符号将用于几个激活函数，如 tanh 和 sigmoid。在第一个时间戳中，$\overline{h}_{t-1}$ 被假定为某个默认常量向量（例如 0），因为在句子的开头没有来自隐藏层的输入。如果愿意，你也可以学习这个向量。尽管隐藏状态在每个时间戳处都会发生变化，但权重矩阵在不同的时间戳上保持固定。注意，输出向量 $\overline{y}_t$ 是一组连续的值，其维度与词典相同。在 $\overline{y}_t$ 之上应用一个 softmax 层，因此结果可以被解释为概率。隐藏层在有 t 个单词的文本段末尾的 p 维输出 $\overline{h}_t$ 产生它的嵌入，W_{xh} 的 p 维列产生单个单词的嵌入。

由于式（8.1）的递归性质，递归网络具有计算变长输入函数的能力。换句话说，我们可以将式（8.1）的递归式展开，来定义具有 h_t 项输入的函数。例如，从 h_0 开始，它通常固定于某个常量向量（比如 0 向量），我们有 $\overline{h}_1 = f(\overline{h}_0, \overline{x}_1)$ 和 $\overline{h}_2 = f[f(\overline{h}_0, \overline{x}_1), \overline{x}_2]$。注意 $\overline{h}_1$ 是一个只包含 $\overline{x}_1$ 的函数，而 $\overline{h}_2$ 是同时包含 $\overline{x}_1$ 和 $\overline{x}_2$ 的函数。一般来说，它是 $\overline{x}_1, \cdots, \overline{x}_t$ 的函数。由于输出的 $\overline{y}_t$ 是 $\overline{h}_t$ 的函数，所以 $\overline{y}_t$ 很好地继承了这些属性。一般来说，我们可以这样写：

$$\overline{y}_t = F_t(\overline{x}_1, \overline{x}_2, \cdots, \overline{x}_t) \tag{8.2}$$

注意，函数 $F_t(\cdot)$ 随 t 的值而变化，尽管它与前一个状态的关系总是相同的 [基于式（8.1）]。这种方法对于变长输入特别有用。这种设置经常发生在许多领域，如文本，其中的句子长度可变。例如，在一个语言建模应用程序中，考虑到句子中前面所有的单词，函数 $F_t(\cdot)$ 表示下一个单词出现的概率。

8.6.1 RNN 语言建模实例

为了说明 RNN 的工作原理，我们将使用一个简单的例子，在一个由四个单词组成的词汇表上定义一个序列。考虑一下这句话：

The lion chased the deer.

在这种情况下，我们有一个由四个单词组成的词典，这四个单词是"the""lion""chased""deer"。在图 8.12 中，我们展示了从 1 到 4 的每个时间戳中下一个单词的概率预测。理想情况下，我们希望通过前一个单词的概率来正确预测下一个单词的概率。每个热编码输入向量 $\overline{x}_t$ 长度为 4，其中只有一位为 1，其余位为 0。这里的主要灵活性在于隐藏表示的维数 p，在本例中我们将其设置为 2。因此，矩阵 W_{xh} 将是 2×4 矩阵，因此它将一个一次性编码的输入向量映射到一个大小为 2 的隐藏向量 $\overline{h}_t$。实际上，W_{xh} 的每一列都对应这四个单词中的一个，其中一列被表达式 $W_{xh}\overline{x}_t$ 复制。注意，这个表达式被添加到 $W_{hh}\overline{h}_t$ 中，然后使用 tanh 函数进行转换，以生成最终的表达式。最终输出 $\overline{y}_t$ 由 $W_{hy}\overline{h}_t$ 定义。请注意，W_{hh} 和 W_{hy} 的大小分别是 2×2 和 4×2。

在这种情况下，输出是连续的值（不是概率），值越大表示存在的可能性越大。这些连续值最终通过 softmax 函数转换为概率，因此可以将它们作为日志概率的替代品。单词"lion"在第一个时间戳中被预测为值 1.3，尽管这个值似乎（不正确地）被"deer"超过了，因为"deer"对应的值是 1.7。然而,"chased"这个词似乎在下一个时间戳就被正确地预测到了。在所有的学习算法中,人们不能期望准确地预测每个值,而这种误差更有可能在反向传播算法的早期迭代中产生。然而,由于网络是经过多次迭代反复训练的,它在训练数据上产生的误差更少。

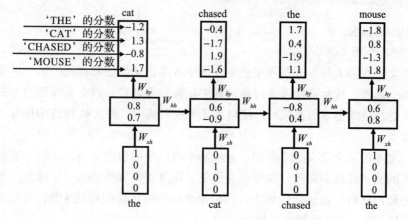

图 8.12 使用递归神经网络进行语言建模的例子

生成语言样本

一旦训练完成,这种方法还可以用来生成一种语言的任意样本。既然每个状态都需要一个输入词,而在语言生成期间没有可用的输入词,那么在测试时如何使用这样的语言模型呢?可以使用 <START> 令牌作为输入来生成第一个时间戳上的令牌的可能性。由于在训练数据中也有 <START> 令牌,所以模型通常会选择一个位于文本片段开始的单词。随后,想法是对每个时间戳(基于预测的可能性)生成的一个令牌进行抽样,然后将其用作下一个时间戳的输入。为了提高顺序预测令牌的准确性,可以使用波束搜索,通过始终跟踪任何特定长度的 b 个最佳序列前缀来扩展最有可能的可能性。b 的值是用户驱动的参数。通过递归地应用此操作,可以生成反映当前特定训练数据的任意文本序列。如果预测到 <END> 令牌,则表示该特定文本段结束。尽管这种方法通常会得到语法正确的文本,但它可能是无意义的。例如,Karpathy、Johnson 和 Fei Fei[94, 222] 合著的一篇人物级 RNN⊖就以莎士比亚的戏剧为训练对象。字符级 RNN 要求神经网络同时学习语法和拼写。在对整个数据集进行了五次迭代学习之后,下面是输出的示例。

KING RICHARD II:
Do cantant,-'for neight here be with hand her,-
Eptar the home that Valy is thee.

NORONCES:
Most ma-wrow, let himself my hispeasures;
An exmorbackion, gault, do we to do you comforr,
Laughter's leave: mire sucintracce shall have theref-Helt.

请注意,在这种情况下有大量的拼写错误,许多单词是不清楚的言语。然而,当训练继续进行到 50 次迭代时,生成了以下的一部分样本:

⊖ 我们使用了长短期记忆网络(LSTM),它是这里讨论的普通 RNN 的变体。

KING RICHARD II:
Though they good extremit if you damed;
Made it all their fripts and look of love;
Prince of forces to uncertained in conserve
To thou his power kindless. A brives my knees
In penitence and till away with redoom.

GLOUCESTER:
Between I must abide.

这段生成的文本在很大程度上与莎士比亚戏剧中古英语的语法和拼写一致，尽管仍有一些明显的错误。此外，这种方法还通过在合理的位置放置新行，以类似戏剧的方式缩进和格式化文本。继续训练更多的迭代可以使输出几乎没有错误，在文献 [95] 中也有一些令人印象深刻的样本。

当然，文本的语义意义是有限的，从机器学习应用的角度来看，人们可能会怀疑生成这种无意义的文本片段的用处。这里的关键是，通过提供额外的上下文输入，如图像的神经表示，神经网络可以提供智能输出，如对图像的语法正确的描述（即标题）。换句话说，语言模型最好通过生成条件输出来使用。

语言建模 RNN 的主要目标不是创建语言的任意序列，而是提供一个架构基础，可以以各种方式对其进行修改，以融合特定上下文的效果。例如，机器翻译和图像字幕等应用程序学习的语言模型以另一个输入为条件，如源语言中的句子或要添加字幕的图像。因此，依赖于应用程序的 RNN 的精确设计将使用与语言建模 RNN 相同的原则，但将对这个基本架构进行小的更改，以合并特定的上下文。

值得注意的是，递归神经网络提供了两种不同类型的嵌入：

1. 在每个时间戳处的隐藏单元的激活包含了在该时间戳之前的片段序列的多维嵌入。因此，递归神经网络提供了序列的每个前缀的嵌入，以及整个序列。

2. 从输入到隐藏层的权重矩阵 W_{xh} 包含了每个单词的嵌入。权重矩阵 W_{xh} 是一个 $p \times d$ 矩阵，用于一个大小为 d 的词典。这意味着这个矩阵的每一列都包含一个单词的 p 维嵌入。这些嵌入提供了 word2vec 嵌入的另一种选择，word2vec 通过在单词窗口上使用更简单的神经架构获得。word2vec 嵌入的详细信息见文献 [6，122，123]。

在依赖于应用程序的设置中，嵌入可能在本质上是上下文敏感的，依赖于用于学习的其他类型的输入。例如，一个图像到文本的应用程序可能以卷积神经网络的嵌入作为输入，因此文本嵌入可能与图像嵌入的上下文合并。我们将在本章后面讨论的图像字幕应用程序中提供这种设置的示例。在所有这些情况下，关键在于以一种明智的方式选择递归单元的输入和输出值，这样就可以反向传播输出误差，并以一种依赖于应用的方式学习神经网络的权重。

8.6.2　通过时间反向传播

在不同的时间戳上聚合正确单词的 softmax 概率的负对数以创建损失函数。式（7.16）中引入了 softmax 函数。如果输出向量 $\bar{y}_t$ 可写成 $[\hat{y}_t^1, \cdots, \hat{y}_t^d]$，首先使用 softmax 函数将其转换为 d 概率的向量：

$$[\hat{p}_t^1, \cdots, \hat{p}_t^d] = \text{softmax}([\hat{y}_t^1, \cdots, \hat{y}_t^d])$$

如果 j_t 是训练数据中时刻 t 的真实词的索引，则如下计算所有 T 时间戳的损失函数 L：

$$L = -\sum_{t=1}^{T} \log(\hat{p}_t^{j_t}) \tag{8.3}$$

这个损失函数与第 6 章中多项式 logistic 回归的损失函数相同。损失函数对原始输出的导数可以计算如下（参考第 6 章）：

$$\frac{\partial L}{\partial \hat{y}_t^k} = \hat{p}_t^k - I(k, j_t) \tag{8.4}$$

这里，$I(k, j_t)$ 是一个指示函数，当 k 和 j_t 相等时，$I(k, j_t)$ 是 1，否则为 0。从这个偏导数开始，可以（在展开的时间网络上）使用第 7 章中的直接反向传播更新来计算相对于不同层的权重的梯度。主要问题是不同时间层的权重共享将对更新过程产生影响。正确使用链规则进行反向传播（参见第 7 章）的一个重要假设是，不同层的权重是不同的，这允许一个相对简单的更新过程。然而，修改反向传播算法来处理共享权重并不困难。

处理共享权重的主要技巧是首先"假装"不同时间层中的参数彼此独立。为此，我们引入时间戳 t 的时间变量 $W_{xh}^{(t)}$、$W_{hh}^{(t)}$ 和 $W_{hy}^{(t)}$。传统的反向传播首先是在假设这些变量彼此不同的前提下进行的。然后，添加权重参数的不同时间化身对梯度的贡献，为每个权重参数创建统一的更新。这种特殊类型的反向传播算法称为通过时间反向传播（BackPropagation Through Time，BPTT）。我们将 BPTT 算法总结如下：

（1）按时间顺序向前输入，计算每个时间戳的错误（以及 softmax 层的负日志丢失）。

（2）在展开的网络中，不考虑不同时间层的权重是共享的，计算边权重在反向方向上的梯度。换句话说，假设权重 $W_{xh}^{(t)}$、$W_{hh}^{(t)}$ 和 $W_{hy}^{(t)}$ 在时间戳 t 与其他时间戳不同。因此，可以使用传统的反向传播来计算 $\frac{\partial L}{\partial W_{xh}^{(t)}}$、$\frac{\partial L}{\partial W_{hh}^{(t)}}$ 和 $\frac{\partial L}{\partial W_{hy}^{(t)}}$。注意，我们已经使用了矩阵微积分符号，其中对一个矩阵的导数是由相应的元素导数矩阵定义的。

（3）对边的不同实例在时间上加所有导数，如下所示：

$$\frac{\partial L}{\partial W_{xh}} = \sum_{t=1}^{T} \frac{\partial L}{\partial W_{xh}^{(t)}}$$

$$\frac{\partial L}{\partial W_{hh}} = \sum_{t=1}^{T} \frac{\partial L}{\partial W_{hh}^{(t)}}$$

$$\frac{\partial L}{\partial W_{hy}} = \sum_{t=1}^{T} \frac{\partial L}{\partial W_{hy}^{(t)}}$$

上面的推导是由多元链式规则的一个直接应用而来的。这里，我们使用了这样一个事实，即每个参数（例如 $W_{xh}^{(t)}$ 的一个元素）的临时副本相对于参数的原始副本（例如 W_{xh} 的相应元素）的偏导数可以设置为 1。在这里，值得注意的是，对权重的时间副本的偏导数的计算与传统的反向传播没有任何不同。因此，为了计算更新方程，只需要围绕传统的反向传播包装时间聚合。通过时间反向传播的原始算法可以归功于 1990 年 Werbos 的开创性工作 [201]，那比递归神经网络的使用变得更加流行要早得多。

截断的通过时间反向传播

训练递归网络的计算问题之一是底层序列可能非常长，因此网络中的层数也可能非常大。这可能会导致计算、收敛和内存使用问题。这个问题是通过使用截断的通过时间反向传播来解决的。这种技术可以看作递归神经网络的随机梯度下降方法。在这种方法中，状态值在正向传播期间被正确计算，但反向传播更新只在长度适中的序列片段（例如 100）上进行。换句话说，只使用相关段上的损失部分来计算梯度和更新权重。这些片段的处理顺序与它们在输入序列中出现的顺序相同。正向传播不需要一次性执行，但它也可以在相关的序列段完成，只要段的最后时间层中的值用于计算在下一层的段的状态值。当前段的最后一层的值用于计算下一段的第一层的值。因此，正向传播总是能够准确地保持状态值，尽管反向传播只使用一小部分损失。

实际问题

每个权重矩阵的项被初始化为 $[-1/\sqrt{r}, 1/\sqrt{r}]$ 中的小值，其中 r 是该矩阵的列数。还可以将输入权重矩阵 W_{xh} 的 d 列中的每一列初始化为对应单词的 word2vec 嵌入 [122, 123]。这种方法是一种预训练。使用这种类型的预训练的具体优势取决于训练数据的数量。当可用的训练数据量很小时，使用这种类型的初始化是有帮助的。

另一个细节是，训练数据通常在每个训练段的开始和结束处包含一个特殊的 <START> 和 <END> 令牌。这些类型的令牌帮助模型识别特定的文本单元，如句子、段落或特定文本模块的开头。在一段文本的开头，单词的分布通常与它在整个训练数据中的分布非常不同。因此，在 <START> 出现之后，模型更有可能选择文本某一段的开始的单词。

还有其他方法用于决定是否在特定的点结束段。一个特定的例子是使用二进制输出来决定序列是否应该在某个特定点继续。注意，二进制输出是附加在其他特定于应用程序的输出之外的。典型地，sigmoid 激活被用来模拟这个输出的预测，而交叉熵损失被用于这个输出。这种方法对于实值序列是有用的。这是因为 <START> 和 <END> 令牌的使用就是为符号序列设计的。然而，这种方法的一个缺点是，它将损失函数从特定于应用程序的公式更改为在序列结束预测和特定于应用程序的需求之间提供平衡的函数。因此，损失函数不同分量的权重将是另一个必须处理的超参数。

训练 RNN 也有一些实际的挑战，这使得设计 RNN 的各种架构增强是必要的。还需要注意的是，在所有实际应用程序中都使用了多个隐藏层（具有长短期内存增强功能），这将在 8.6.3 节中讨论。然而，为清晰起见，以应用程序为中心的展示将使用更简单的单层模型。将这些应用程序中的每一个推广到增强的架构是很简单的。

8.6.3   多层迭代网络

在上述所有应用程序中，为了便于理解，使用了单层 RNN 架构。然而，在实际应用中，为了建立更复杂的模型，使用了多层架构。此外，这种多层架构可以与 RNN 的高级变体结合使用，如 LSTM 架构或门控迭代单元。这些高级架构将在后面的部分介绍。

图 8.13 显示了一个包含三层的深度网络示例。请注意，较高层次的节点接收来自较低层次的输入。隐态之间的关系可以从单层网络中直接推广。首先，我们将隐含层（单层网络）的递归方程重写为一种易于适应多层网络的形式：

$$\overline{h}_t = \tanh(W_{xh}\overline{x}_t + W_{hh}\overline{h}_{t-1})$$
$$= \tanh W \begin{bmatrix} \overline{x}_t \\ \overline{h}_{t-1} \end{bmatrix}$$

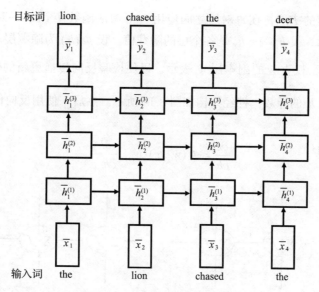

图 8.13 多层递归神经网络

在这里，我们使一个更大的矩阵 $W = [W_{xh}, W_{hh}]$ 包含 W_{xh} 和 W_{hh} 的列。类似地，我们创建了一个更大的列向量，将第一个隐藏层在 $t-1$ 时刻的状态向量和在 t 时刻的输入向量堆叠起来。为了区分上层层的隐藏节点，让我们为隐藏状态添加一个额外的上标，并表示时间戳 t 和层 $k \times \bar{h}_t^{(k)}$ 处的隐藏状态向量。同理，设第 k 个隐藏层的权重矩阵为 $W^{(k)}$。值得注意的是，权重是在不同的时间戳之间共享的（如单层递归网络），但它们不是在不同的层之间共享的。因此，权重上标为 $W^{(k)}$ 中的层索引 k。第一个隐藏层是特殊的，因为它既接收当前时间戳的输入层的输入，也接收前一个时间戳的相邻隐藏状态的输入。因此，矩阵 $W^{(k)}$ 仅在第一层（即 $k = 1$）的大小为 $p \times (d+p)$，其中 d 是输入向量 $\bar{x}_t$ 的大小，p 是隐藏向量 $\bar{h}_t$ 的大小。注意，d 通常不会与 p 相同。通过设置 $W^{(1)}=W$，第一层的递归条件已经在上面显示出来了。因此，让我们关注 $k \geq 2$ 时的所有隐藏层 k。结果表明，$k \geq 2$ 的层的递归条件也非常类似于上式：

$$\bar{h}_t^{(k)} = \tanh W^{(k)} \begin{bmatrix} \bar{h}_t^{(k-1)} \\ \bar{h}_{t-1}^{(k)} \end{bmatrix}$$

在本例中，矩阵 $W^{(k)}$ 的大小为 $p \times (p+p) = p \times 2p$。从隐藏层到输出层的转换与单层网络相同。很容易看出，这种方法是对单层网络情况的一种直接的多层概括。在实际应用中，通常使用两层或三层。为了使用更多的层，访问更多的训练数据以避免过拟合是很重要的。

8.7 长短期记忆

递归神经网络存在与消失和爆炸梯度 [84, 137, 138] 相关的问题。这是神经网络更新中一个常见的问题，其中连续乘以矩阵 $W^{(k)}$ 本质上是不稳定的；它要么导致梯度在反向传播过程中消失，要么以一种不稳定的方式膨胀到大值。这种类型的不稳定性是在不同时间戳处与（递归）权重矩阵逐次相乘的直接结果。

考虑一组连续的 T 层，在每对层之间应用 tanh 激活函数 $\Phi'(\cdot)$。一对隐藏节点之间的共享权重用 w 表示，设 $h_1, \cdots, h_T$ 是各个层的隐藏值。设 $\Phi'(h_t)$ 为隐藏层 t 中激活函数的导数。设第 t 层中共享权重 w 的副本用 w_t 表示，以便检验反向传播更新的效果。令 $\dfrac{\partial L}{\partial h_t}$ 是损失函数对隐藏激活 h_t 的导数。神经架构如图 8.14 所示。然后，使用反向传播得到以下更新方程：

$$\frac{\partial L}{\partial h_t} = \Phi'(w_{t+1}h_t) \cdot w_{t+1} \cdot \frac{\partial L}{\partial h_{t+1}} \tag{8.5}$$

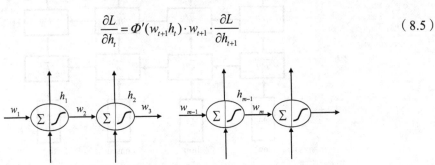

图 8.14   消失和爆炸梯度问题

由于不同时间层的共享权重相同，所以每一层的梯度乘以相同的量 $w_t = w$。当 $w < 1$ 时，这样的乘法将始终倾向于消失，当 $w > 1$ 时，它将始终倾向于爆炸。然而，激活函数的选择也会起作用，因为导数 $\Phi'(w_{t+1}h_t)$ 包含在乘积中。例如，tanh 激活函数的存在，其导数 $\Phi'(\cdot)$ 几乎总是小于 1，往往会增加消失梯度问题的机会。

虽然上面的讨论只是研究了具有一个单元的隐藏层的简单情况，但可以推广到具有多个单元的隐藏层[89]。在这种情况下，可以看出对梯度的更新归结为对同一个矩阵 A 的重复乘法。可以看出如下结果：

引理 8.7.1 设 A 是一个方阵，其最大特征值的模为 λ。然后，当 $\lambda < 1$ 时，随着 t 的增大，A^t 的项趋于 0。另一方面，当我们有 $\lambda > 1$ 时，A^t 发散到较大的值。

通过对角化 $A = P\Delta P^{-1}$ 可以很容易地证明上述结果。则可得 $A^t = P\Delta^t P^{-1}$，其中 Δ 为对角矩阵。Δ^t 的最大对角线项的大小要么随着 t 的增加而消失，要么随着 t 的增加而增长到一个越来越大的值（绝对值），这取决于特征值是小于 1 还是大于 1。在前一种情况下，矩阵 A^t 等于 0，因此梯度消失。在后一种情况下，梯度爆发。当然，这还不包括激活函数的影响，我们可以改变最大特征值的阈值，以建立消失或爆炸梯度的条件。例如，sigmoid 激活导数的最大可能值为 0.25，因此当最大特征值小于 1/0.25=4 时，必然会出现消失梯度问题。当然，我们可以将矩阵乘法和激活函数的作用组合成一个雅可比矩阵（参见表 7.1），它的特征值可以被测试。

看待这个问题的一种方法是，只使用乘法更新的神经网络只擅长于对短序列的学习，因此其天生具有良好的短期记忆但长期记忆较差[84]。为了解决这一问题，一种解决方案是使用长短期记忆网络（LSTM）来改变隐藏向量的递归方程，用长期记忆来增加隐藏状态，从而可以轻松地将值从一个状态复制到下一个状态。LSTM 的操作被设计为对写入长期内存的数据进行细粒度控制。这一原理与 ResNet 等残差卷积神经网络中使用的原理类似，在这些神经网络中，状态被复制到各个层，以便更好地训练。在本节中，我们将详细介绍长短期记忆网络。

　　和前面的部分一样，符号 $\bar{h}_t^{(k)}$ 表示多层 LSTM 的第 k 层的隐藏状态。为了便于标注，我们还假设输入层 $\bar{x}_t$ 可以用 $\bar{h}_t^{(0)}$ 表示（尽管这一层显然没有隐藏）。在递归网络的情况下，输入向量 $\bar{x}_t$ 是 d 维的，而隐藏状态是 p 维的。LSTM 是图 8.13 中递归神经网络架构的增强，其中我们改变了隐藏状态 $\bar{h}_t^{(k)}$ 传播的递归条件。为了实现这个目标，我们有一个额外的 p 维隐藏向量，用 $\bar{c}_t^{(k)}$ 表示，称为细胞状态。我们可以把细胞状态看作一种长期记忆，通过对细胞状态的部分"遗忘"和"增量"操作的组合，至少保留了部分早期状态的信息。文献 [94] 中已经表明，当 $\bar{c}_t^{(k)}$ 应用于文本数据（如文学作品）时，其记忆的本质偶尔是可解释的。例如，$\bar{c}_t^{(k)}$ 中的一个 p 值可能在引用后改变符号，然后只在该引用结束时恢复原状。这种现象的结果是，由此产生的神经网络能够模拟语言中的长期依赖关系，甚至扩展到大量令牌上的特定模式（如引用）。这是通过使用一种温和的方法随时间更新这些细胞状态来实现的，因此在信息存储中有更大的持久性。状态值的持久性避免了那种发生在消失和爆炸梯度问题中的不稳定性。直观地理解这一点的一种方法是，如果不同时间层中的状态有更大程度的相似（通过长期记忆），那么相对于传入权重的梯度就很难有很大的不同。

　　与多层递归网络一样，更新矩阵用 $W^{(k)}$ 表示，用于预乘列向量 $[\bar{h}_t^{(k-1)}, \bar{h}_{t-1}^{(k)}]^{\mathrm{T}}$。然而，这个矩阵的大小⊖是 $4p \times 2p$，因此，将大小为 $2p$ 的向量与 $W^{(k)}$ 相乘，就得到了大小为 $4p$ 的向量。在本例中，更新使用 4 个中间的 p 维向量变量 $\bar{i}$、$\bar{f}$、$\bar{o}$ 和 $\bar{c}$，它们对应于 $4p$ 维向量。中间变量 $\bar{i}$、$\bar{f}$ 和 $\bar{o}$ 分别被称为输入变量、遗忘变量和输出变量，因为它们在更新细胞状态和隐藏状态中扮演的角色。隐藏状态向量 $\bar{h}_t^{(k)}$ 和细胞状态向量 $\bar{c}_t^{(k)}$ 的确定使用了一个多步骤的过程，首先计算这些中间变量，然后从这些中间变量计算隐藏变量。注意中间变量向量 $\bar{c}$ 和初级细胞状态 $\bar{c}_t^{(k)}$ 之间的区别，它们有完全不同的作用。最新情况如下：

$$
\begin{array}{l}
\text{输入门：} \\
\text{遗忘门：} \\
\text{输出门：} \\
\text{新 C 式：}
\end{array}
\begin{bmatrix} \bar{i} \\ \bar{f} \\ \bar{o} \\ \bar{c} \end{bmatrix}
=
\begin{pmatrix} \text{sigm} \\ \text{sigm} \\ \text{sigm} \\ \text{tanh} \end{pmatrix}
W^{(k)}
\begin{bmatrix} \bar{h}_t^{(k-1)} \\ \bar{h}_{t-1}^{(k)} \end{bmatrix}
\quad [\text{建立中间体}]
$$

$$
\bar{c}_t^{(k)} = \bar{f} \odot \bar{c}_{t-1}^{(k)} + \bar{i} \odot \bar{c} \quad [\text{选择性地忘记和增加长期记忆}]
$$

$$
\bar{h}_t^{(k)} = \bar{o} \odot \tanh(\bar{c}_t^{(k)}) \quad [\text{选择性地将长期内存泄露到隐藏状态}]
$$

这里，向量的元素积表示为"$\odot$"，符号"sigm"表示一个 sigmoid 操作。对于第一层（即 $k=1$），上述方程中的符号 $\bar{h}_t^{(k-1)}$ 应替换为 $\bar{x}_t$，矩阵 $W^{(1)}$ 的大小为 $4p \times (p+d)$。在实际实施中，上述更新也使用了偏差⊜，不过为了简单起见，这里略去了。前面提到的更新似乎很神秘，因此需要进一步解释。

　　上述方程序列的第一步是建立中间变量向量 $\bar{i}$、$\bar{f}$、$\bar{o}$ 和 $\bar{c}$，其中前三个在概念上应该被认为是二进制值，尽管它们在 (0, 1) 中是连续的值。将一对二进制值相乘就像在一对布尔值上使用 AND 门。今后我们将把这种操作称为浇口。向量 $\bar{i}$、$\bar{f}$ 和 $\bar{o}$ 被称为输入门、遗忘门和输出门。特别是，这些向量在概念上被用作布尔门，用于决定是否添加到细胞状

⊖　在第一层中，矩阵 $W^{(1)}$ 的大小为 $4p \times (p+d)$，因为它与一个大小为 $(p+d)$ 的向量相乘。

⊜　与遗忘门相关的偏差尤为重要。遗忘门的偏差通常被初始化为大于 1 的值 [93]，因为它似乎可以避免初始化的消失梯度问题。

态、是否忘记细胞状态，以及是否允许从细胞状态泄漏到隐藏状态。对输入、遗忘和输出变量的二进制抽象的使用有助于理解更新所做出的决策类型。在实践中，(0, 1) 中的连续值包含在这些变量中，如果输出被视为一个概率，它可以以一种概率方式强制执行二进制门的效果。在神经网络设置中，为了保证梯度更新所需的可微性，必须使用连续函数。向量 $\bar{c}$ 包含了新提出的细胞状态内容，尽管输入和遗忘门调节了它被允许改变之前的细胞状态（以保持长期记忆）的程度。

四个中间变量 $\bar{i}$、$\bar{f}$、$\bar{o}$ 和 $\bar{c}$ 是用上面第一个方程中第 k 层的权重矩阵 $W^{(k)}$ 建立的。现在让我们来看看第二个等式，它使用中间变量来更新单元格状态：

$$\bar{c}_t^{(k)} = \underbrace{\bar{f} \odot \bar{c}_{t-1}^{(k)}}_{\text{重置?}} + \underbrace{\bar{i} \odot \bar{c}}_{\text{增量?}}$$

这个方程有两部分。第一部分使用 $\bar{f}$ 中的 p 遗忘位来决定前一个时间戳中的哪个 p 细胞状态重置⊖为 0，并使用 $\bar{i}$ 中的 p 输入位来决定是否将来自 $\bar{c}$ 的相应组件添加到每个细胞状态。注意，这种细胞状态的更新是附加的形式，这有助于避免由乘法更新引起的消失梯度问题。我们可以将细胞状态向量视为持续更新的长期记忆，其中遗忘位和输入位分别决定是否从以前的时间戳重置细胞状态并忘记过去，以及是否从之前的时间戳中增加细胞状态，以将当前单词的新信息纳入长期记忆。向量 $\bar{c}$ 包含用于增加细胞状态的 p 量，这些值在 [-1, +1] 中，因为它们都是 tanh 函数的输出。

最后，隐藏状态 $\bar{h}_t^{(k)}$ 使用细胞状态的泄漏更新。隐藏状态更新如下：

$$\bar{h}_t^{(k)} = \underbrace{\bar{o} \odot \tanh(\bar{c}_t^{(k)})}_{\text{向} \bar{h}_t^{(k)} \text{泄露} \bar{c}_t^{(k)}}$$

这里，我们将每个 p 细胞状态的函数形式复制到每个 p 隐藏状态，这取决于输出门（由 $\bar{o}$ 定义）是 0 还是 1。当然，在神经网络的连续设置中，部分门控发生，只有一小部分信号从每个细胞状态复制到相应的隐藏状态。值得注意的是，最终方程并不总是使用 tanh 激活函数。可使用以下替代更新：

$$\bar{h}_t^{(k)} = \bar{o} \odot \bar{c}_t^{(k)}$$

在所有神经网络的情况下，反向传播算法用于训练目的。

为了理解为什么 LSTM 提供了比普通 RNN 更好的梯度流，让我们检查一个简单的 LSTM 的更新，它只有一个层，并且 $p = 1$。在这种情况下，单元格更新可以简化为：

$$c_t = c_{t-1} * f + i * c \tag{8.6}$$

因此，对 c_{t-1} 的偏导数 c_t 为 f，这意味着 c_t 的逆向梯度流乘以遗忘门 f 的值。因为元素级操作，这一结果推广到状态维度 p 的任意值。遗忘门的偏差通常一开始设置为高值，因此梯度流衰减相对较慢。遗忘门 f 在不同的时间戳中也可以是不同的，这减小了消失梯度问题的倾向。隐藏状态可以用细胞状态表示为 $h_t = o * \tanh(c_t)$，因此可以使用单个 tanh 导数计算对 h_t 的偏导数。换句话说，长期细胞状态就像梯度高速公路，它会泄漏到隐藏状态。

⊖ 这里，我们将遗忘位视为二进制的向量，尽管它包含 (0, 1) 中的连续值，可以将其视为概率。如前所述，二进制抽象帮助我们理解操作的概念性质。

8.8 特定于领域的架构的应用

在本节中，我们将回顾卷积神经网络和递归神经网络的一些常见应用。特别是，我们将讨论各种应用，如图像字幕和机器翻译。

8.8.1 自动图像字幕的应用

在图像字幕中，训练数据由图像字幕对组成。例如，图 8.15 左侧的图⊖是从美国国家航空航天局网站获得的。这张照片的标题是" cosmic winter wonderland"。一个网站可能有数十万对这样的图片说明对。这些对被用来训练神经网络的权重。一旦训练完成，将预测未知测试实例的字幕。因此，可以将这种方法看作图像到序列学习的一个实例。

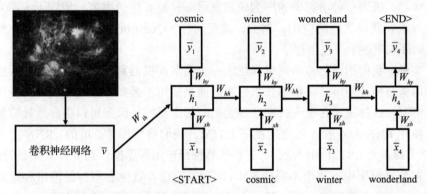

图 8.15 使用递归神经网络添加图像字幕的示例。对于图像的表征性学习，需要一个额外的卷积神经网络。图像由向量 $\overline{v}$ 表示，它是卷积神经网络的输出。图片由美国国家航空航天局（NASA）提供

图像自动标注的一个问题是需要一个独立的神经网络来学习图像的表示。在这种情况下使用卷积神经网络是很自然的。考虑这样一种情况，卷积神经网络产生 q 维向量 $\overline{v}$ 作为输出表示。这个向量随后被用作神经网络的输入，但只有第一个时间戳⊖。为了解释这个额外的输入，我们需要另一个 $p \times q$ 矩阵 W_{ih}，它将图像表示映射到隐藏层。因此，现在需要对各层的更新方程进行如下修改：

$$\overline{h}_1 = \tanh(W_{xh}\overline{x}_1 + W_{ih}\overline{v})$$
$$\overline{h}_t = \tanh(W_{xh}\overline{x}_t + W_{hh}\overline{h}_{t-1}) \quad \forall t \geqslant 2$$
$$\overline{y}_t = W_{hy}\overline{h}_t$$

这里很重要的一点是卷积神经网络和递归神经网络不是单独训练的。虽然为了创建初始化，可以单独训练它们，但最终的权重总是通过网络运行每个图像并将预测的字幕与真实的字幕匹配来共同训练的。换句话说，对于每个图像 - 字幕对，当在预测字幕的任何特定字幕令牌出现错误时，两个网络中的权重都会更新。在实践中，误差是软的，因为每个点的令牌都是按概率预测的。这种方法确保了图像的学习表示 $\overline{v}$ 对预测标题的具体应用是敏感的。

训练完所有的权重后，将测试图像输入到整个系统中，并通过卷积神经网络和递归神经网络。对于递归网络，第一个时间戳处的输入是 <START> 令牌和图像的表示。在以后的时间戳中，输入是在前一个时间戳中预测的最有可能的令牌。还可以使用波束搜索来跟踪 b 个最可能的序列前缀，以便在每个点展开。这种方法与 8.6.1 节讨论的语言生成方法没有太大的不同，除了它是以在递归网络的第一个时间戳中输入到模型中的图像表示为条件的。这将导致对图像相关字幕的预测。

8.8.2　序列到序列学习和机器翻译

就像我们可以把卷积神经网络和递归神经网络放在一起来执行图像字幕一样，我们也可以把两个递归神经网络放在一起来把一种语言翻译成另一种语言。这种方法也被称为序列到序列学习，因为一种语言中的序列映射到另一种语言中的序列。原则上，序列到序列学习可以有机器翻译之外的应用。例如，甚至问答（Question-Answering，QA）系统也可以被视为顺序到顺序学习应用程序。

在下文中，我们用递归神经网络提供了一个简单的机器翻译解决方案，尽管这种应用很少直接用递归神经网络的简单形式来解决。而是使用了递归神经网络的一种变体，即长短期记忆模型。这种模式在学习长期依赖关系时效果更好，因此可以很好地处理较长的句子。由于使用 RNN 的一般方法也适用于 LSTM，我们将使用（简单的）RNN 来讨论机器翻译。8.7 节提供对 LSTM 的讨论，并且将机器翻译应用程序推广到 LSTM 是很简单的。

在机器翻译应用中，两个不同的 RNN 端到端连接，就像卷积神经网络和递归神经网络连接在一起用于图像字幕一样。第一个递归网络使用源语言的单词作为输入。在这些时间戳上不产生输出，而连续的时间戳积累了关于隐藏状态的源句的知识。接着，遇到句末符号，第二个递归网络开始输出目标语言的第一个词。第二个递归网络中的下一组状态将目标语言句子中的单词逐个输出。这些状态还使用目标语言的单词作为输入，这对训练实例可用，但对测试实例不可用（在测试实例中使用预测值）。该架构如图 8.16 所示。

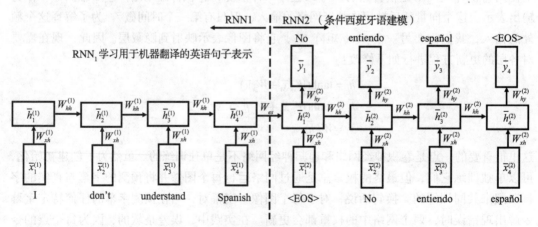

图 8.16　使用递归神经网络的机器翻译。请注意，有两个独立的递归网络，它们有各自的共享权重集。$\overline{h}_4^{(1)}$ 的输出是 4 个单词的英语句子的固定长度编码

图 8.16 的架构类似于自动编码器的架构（见第 9 章），甚至可以用于同一语言的相同句子对，以创建固定长度的句子表示。这两个递归网络分别用 RNN1 和 RNN2 表示，它们

的权重不相同。例如，在 RNN1 中，两个连续时间戳的隐藏节点之间的权重矩阵用 $W_{hh}^{(1)}$ 表示，而 RNN2 中对应的权重矩阵用 $W_{hh}^{(2)}$ 表示。连接两个神经网络的链路的权重矩阵 W_{es} 是特殊的，可以独立于两个网络中的任何一个。如果两个 RNN 中隐藏向量的大小不同，这是必要的，因为矩阵 W_{es} 的维数将不同于 $W_{hh}^{(1)}$ 和 $W_{hh}^{(2)}$。为了简化，我们可以在两个网络中使用相同大小的隐藏向量⊖，并设 $W_{es} = W_{hh}^{(1)}$。RNN1 中的权重用于学习源语言输入的编码，RNN2 中的权重用于使用该编码在目标语言中创建输出句子。我们可以以类似于图像字幕应用程序的方式来看待这个架构，除了我们使用两个递归网络而不是一个卷积 – 循环对。RNN1 的最终隐藏节点的输出是源句的定长编码。因此，不管句子的长度如何，源句的编码取决于隐藏表示的维数。

源语言和目标语言中的语法和句子长度可能不一样。为了在目标语言中提供语法正确的输出，RNN2 需要学习它的语言模型。值得注意的是，与目标语言相关联的 RNN2 单元具有与语言建模 RNN 相同的输入和输出安排方式。同时，RNN2 的输出受到从 RNN1 接收到的输入的制约，这有效地引起了语言的翻译。为了达到这一目的，使用源语言和目标语言中的训练对。该方法通过图 8.16 的架构传递源 – 目标对，并使用反向传播算法学习模型参数。由于 RNN2 中只有节点有输出，所以只反向传播预测目标语言单词的误差，以训练两种神经网络的权重。这两个网络是协同训练的，因此这两个网络的权重都是根据 RNN2 翻译输出的误差进行优化的。实际上，这意味着 RNN1 学习到的源语言的内部表示是对机器翻译应用高度优化的，与使用 RNN1 对源句子进行语言建模所学习到的内部表示有很大的不同。参数学习完成后，源语言中的句子首先通过 RNN1 进行翻译，为 RNN2 提供必要的输入。除了这个上下文输入，RNN2 的第一个单元的另一个输入是 <EOS> 标签，它使 RNN2 输出目标语言中第一个令牌的可能性。使用波束搜索（参见 8.6.1 节）的最有可能的令牌被选择并用作下一个时间戳中递归网络单元的输入。这个过程递归地应用，直到 RNN2 中的一个单元的输出也是 <EOS>。如 8.6.1 节所示，我们使用语言建模方法从目标语言生成句子，但具体的输出取决于源句的内部表示。

将神经网络用于机器翻译是最近才出现的。递归神经网络模型的复杂性大大超过了传统的机器翻译模型。后一类方法使用以短语为中心的机器学习，这种方法通常不够复杂，无法了解两种语言语法之间的细微差别。在实际应用中，采用多层的深层模型来提高性能。

这种翻译模式的一个缺点是，当句子很长时，它们往往效果不佳。为了解决这个问题，人们已经提出了许多解决办法。最近的一个解决方案是，源语言中的句子以相反的顺序输入[180]。这种方法使两种语言中句子的前几个单词在递归神经网络结构中更接近它们的时间戳。因此，目标语言的前几个单词更有可能被正确预测。预测前几个单词的正确性也有助于预测后几个单词，这也依赖于目标语言的神经语言模型。

8.9 总结

本章介绍了几个特定于领域的神经架构，它们被设计来捕捉像图像和序列数据等领域

⊖ 原著 [180] 似乎使用了这个选项。在谷歌神经机器翻译系统[221] 中，这个权重被删除了，这个系统现在在谷歌翻译中使用。

中各种属性之间的自然关系。本章介绍了卷积神经网络和递归神经网络。卷积神经网络是为图像数据设计的，而递归神经网络是为序列数据设计的。本章还提供了一些卷积神经网络的案例研究。此外，本章还讨论了递归和卷积神经网络的一些应用。

8.10　拓展阅读

关于各种类型的递归和卷积神经网络的讨论可以在文献 [6，67] 中找到。关于这些类型的神经网络的视频讲座和课程材料可以在文献 [96] 中找到。文献 [49] 中有一个关于卷积算法的教程。有关应用的简要讨论见文献 [111]。

8.11　练习

1. 考虑一个值为 2、1、3、4、7 的一维时间序列。使用一维过滤器 1、0、1 和零填充进行卷积。

2. 对于长度为 L 的一维时间序列和大小为 F 的过滤器，输出的长度是多少？需要多少填充来保持输出大小为常量值？

3. 考虑一个大小为 $13 \times 13 \times 64$ 的激活体积和一个大小为 $3 \times 3 \times 64$ 的过滤器。讨论是否有可能执行步幅为 2、3、4 和 5 的卷积。对每一种情况展开讨论。

4. 计算出表 8.1 中各列的空间卷积层的大小。在每种情况下，我们都以 $224 \times 224 \times 3$ 的输入图像体积开始。

5. 计算表 8.1 中 D 列各空间层的参数个数。

6. 从选择的神经网络库下载 AlexNet 架构的实现。在 ImageNet 数据大小不同的子集上训练网络，用数据大小绘制前 5 位的错误率。

7. 将图 8.2 左上角的输入体积与图 8.1b 的水平边缘检测过滤器进行卷积。使用没有填充的步幅 1。

8. 在图 8.4 左上角的输入体积的步幅 1 处执行 4×4 池化。

9. 下载文献 [222] 中的字符级 RNN，并在同一位置的"微小莎士比亚"数据集上训练它。经过 5 个时期、50 个时期和 500 个时期的训练后，创建语言模型的输出。你认为这三种输出之间有什么显著差异？

10. 提出一个神经架构来执行序列的二进制分类。

11. 假设你有一个大型的生物序列数据库，其中包含从 $\{A, C, T, G\}$ 中提取的碱基序列。这些序列中有一些包含不同寻常的突变，它们代表碱基的变化。提出一种使用 RNN 的无监督方法（即神经架构）来检测这些突变。

12. 如果给你一个训练数据库，其中标记了每个序列中的突变位置，而测试数据库没有标记，那么你的前一个问题的架构将如何变化？

第 **9** 章

无监督学习

"教育不是注满一锅水，而是点燃一把火。"

——叶芝

9.1 引言

在前几章中讨论的监督学习方法试图了解数据中的特征如何与特定的目标变量相关联。无监督学习方法试图了解特征之间的关系。换句话说，无监督学习方法并没有明确的目标来监督学习过程。相反，无监督方法学习底层数据中的关键模式，这些模式将所有数据点和属性关联在一起，而无须特别关注任何特定的数据项。在监督学习中，特定的属性（如回归器或类标签）更为重要，因此在学习过程中扮演教师（如监督者）的角色。

无监督方法通常学习数据矩阵中的总体趋势，在许多情况下，它们创建关键数据特征的压缩模型。这个压缩模型甚至可以用来重新创建典型数据点的示例。从人类智能的角度来看，我们每天都会经历大量的感官输入，并经常储存这些体验的关键方面。这些经验往往对更具体的任务很有用。在机器学习中也存在类似的情况，无监督学习经常被用于监督学习任务。无监督学习捕捉到的常见关系类型如下。

1. **行关系**：在这种情况下，我们试图了解数据集中的哪些行彼此密切相关。因此，问题简化为在数据中找到重要的聚类。

2. **列关系**：在本例中，目标是通过使用原始数据集的列之间的相互关系和相关性，创建一个由更小列集表示的数据集。这个问题被称为降维问题。

3. **组合行和列关系**：有几种形式的降维也非常适合聚类，因为它们也捕获行之间的关系。这是因为它们同时捕获行和列关系。

在本章中，我们将讨论不同类型的无监督模型，如聚类和降维。聚类和降维都是数据压缩的形式，可以用来以更小的空间近似表示数据。在少量空间中近似表示数据的能力是无监督学习方法的自然特征，这种学习方法试图学习数据中更广泛的模式。无监督模型构建数据的压缩模型，因此可以将每个点 $\bar{X}_i$ 近似表示为自身的函数：

$$\bar{h}_i = F_{\text{compress}}(\bar{X}_i), \bar{X}_i \approx F_{\text{decompress}}(\bar{h}_i)$$

$$\bar{X}_i \approx G(\bar{X}_i) = F_{\text{decompress}}(F_{\text{compress}}(\bar{X}_i))$$

压缩表示 $\overline{h_i}$ 可以被看作是包含 $\overline{X_i}$ 的最重要特征的简洁描述。"隐藏"表示 $\overline{h_i}$ 通常对终端用户是不可见的。从这个隐藏表示中重建一个数据点是近似的，有时可能会从这个点丢失不寻常的信息。隐藏表示可以用于生成建模和离群值检测等各种应用。

9.2 节将介绍降维和矩阵分解的问题，讨论奇异值分解和非负矩阵分解的方法，此外，还将讨论用于非线性降维的神经网络。9.3 节将讨论聚类方法。9.4 节将讨论无监督学习的各种应用。9.5 节将给出总结。

9.2 降维和矩阵分解

考虑一个 $n \times d$ 数据矩阵 D，其中行（或列）之间存在显著的相关性。行（或列）之间存在的关系意味着数据表示中存在固有的冗余。获取这种数据冗余的一种方法是使用矩阵分解。在矩阵分解中，一个 $n \times d$ 的数据矩阵 D 表示为两个小得多的矩阵的乘积：

$$D \approx UV^{\mathrm{T}} \tag{9.1}$$

矩阵 U 的大小为 $n \times k$，矩阵 V 的大小为 $d \times k$，其中 k 远小于 $\min\{n, d\}$。k 的值称为因子分解的秩。人们总是可以精确地使用秩 $k = \min\{n, d\}$ 的分解来重构矩阵，这个秩称为满秩分解。更常见的是使用较小的 k 值，这被称为低秩因子分解，但在这种情况下不可能精确重构。而且，在这种情况下，U 和 V 中项的总数远小于 D 中的项数：

$$(n+d)k \ll nd$$

因此，矩阵 U 和 V 提供了数据的压缩表示，数据矩阵 D 可以近似重构为 UV^{T}。此外，矩阵 UV^{T} 通常在 D 中那些不自然地符合数据总体趋势的条目中存在显著差异。换句话说，这些项都是离群值。事实上，离群值检测是无监督学习对聚类和降维的一种补充形式。

这种分解被称为低秩分解，因为每个 U、V 和 UV^{T} 的秩最多为 $k \ll d$，而 D 的秩可能是 $\min\{n, d\}$。注意，分解总是会有一些残差误差（$D - UV^{\mathrm{T}}$）。事实上，U 和 V 中的项通常是通过求解（$D - UV^{\mathrm{T}}$）中残差误差平方和（或其他聚集函数）最小的优化问题发现的。几乎所有形式的降维和矩阵分解都是以下矩阵 U 和 V 上的优化模型的特殊情况：

使 D 和 UV^{T} 项之间的相似性最大化

s.t. U 和 V 的约束

通过改变目标函数和约束条件，得到了具有不同性质的降维。最常用的目标函数是（$D - UV^{\mathrm{T}}$）中各项的平方和，也定义为矩阵（$D - UV^{\mathrm{T}}$）的（平方）弗罗贝尼乌斯范数。一个矩阵的（平方）弗罗贝尼乌斯范数也被称为它的能量，因为它是关于原点的所有数据点的二阶矩之和。然而，一些具有概率解释的分解形式使用最大似然目标函数。同样地，施加在 U 和 V 上的约束使分解具有不同的性质。例如，如果我们对 U 和 V 的列施加正交约束，这将导致一个称为奇异值分解（Singular Value Decomposition，SVD）或潜在语义分析（Latent Semantic Analysis，LSA）的模型。后一种术语用于文档数据的上下文中。基向量的正交性特别有助于将新的数据点（即应用分解的原始数据集中不包含的数据点）以简单的方式映射到变换空间。另一方面，通过对 U 和 V 施加非负性约束，可以获得更好的语义可解释性。本章将讨论各种类型的缩略语及其相对优势。

9.2.1 对称矩阵分解

奇异值分解可以看作在正半定矩阵上进行的一类分解的推广。一个正方形且对称的 $n \times n$ 矩阵 A 是正半定的，当且仅当对于任意 n 维列向量 $\bar{x}$，我们有 $\bar{x}^T A \bar{x} \geqslant 0$。

正半定矩阵具有可以被对角化为如下形式的性质：

$$A = Q \varDelta Q^T$$

这里 Q 是一个具有标准正交列的 $n \times n$ 矩阵，$\varDelta$ 是一个具有非负项的 $n \times n$ 对角矩阵。由于 $\varDelta$ 具有非负项，所以通常将 $\varDelta$ 表示为另一个 $n \times n$ 对角矩阵 Σ 的平方，并定义对角化如下：

$$A = Q \Sigma^2 Q^T$$

Q 的列被称为特征向量，它表示 n 个向量的标准正交集。因此，我们有 $Q^T Q = I$。$\varDelta$ 的对角线项称为特征值。特征向量和特征值是什么意思？注意，上面的关系可以如下表示（通过与 P 后乘并设置 $Q^T Q = I$）：

$$AQ = Q\Delta$$

如果 Q 的第 i 列为 $\bar{q}_i$，Δ 的第 i 个对角项为 $\delta_i \geqslant 0$，则上述关系可表示为：

$$A\bar{q}_i = \delta_i \bar{q}_i$$

请注意，将特征向量与矩阵 A 相乘只是缩放特征向量的大小，而不改变其方向。正半定矩阵分解是机器学习的基础，因为它被用于各种机器学习应用，如核方法。

也可以将正半定矩阵分解表示为对称矩阵分解的形式：

$$A = Q \Sigma^2 Q^T = \underbrace{(Q\Sigma)}_{U}(Q\Sigma)^T = UU^T$$

注意，这是一个满秩的分解，其中我们不会丢失任何通过分解表示 A 的准确性。

如何将正半定矩阵分解与上一节的一般优化公式联系起来？可以看出，采用低秩分解的对称分解的截断形式可简化为以下矩阵分解：

$$\text{Minimize}_U \| A - UU^T \|^2$$
$$\text{s.t.} U \text{ 上无约束}$$

这里 U 是 $n \times k$ 矩阵而不是 $n \times n$ 矩阵，这里 $k \ll n$。因此，这种分解是低秩的。可以证明，这个问题的最优解产生 $U = Q_k \Sigma_k$，其中 Q_k 是一个 $n \times k$ 矩阵，它的列包含 A 的前 k 个特征向量（即最大特征值的特征向量），而 Σ_k 是一个包含 A 的对应特征值的平方根的对角矩阵。奇异值分解是这种思想在不对称矩阵和矩形矩阵上的自然推广。

9.2.2 奇异值分解

奇异值分解（Singular Value Decomposition，SVD）是对多维数据进行降维的最常见形式。考虑将 $n \times d$ 矩阵 D 分解为 $n \times k$ 矩阵 $U = [u_{ij}]$ 和 $d \times k$ 矩阵 $V = [v_{ij}]$ 的最简单的可能分解作为一个无约束矩阵分解问题：

$$\text{Minimize}_{U,V} \| D - UV^T \|_F^2$$
$$\text{s.t.} U \text{ 和 } V \text{ 上无约束}$$

这里 $\| \cdot \|_F^2$ 适用于矩阵的（平方）弗罗贝尼乌斯范数，即矩阵各项的平方和。矩阵 $(D - UV^T)$

之所以是残差矩阵，是因为它的项包含了对原矩阵 D 进行低秩分解得到的残差误差。该优化问题是矩阵分解的最基本形式，具有常用的目标函数和无约束。这个公式有无穷多个可选的最优解。然而，其中一个⊖是 V 的列是标准正交的，这允许通过简单的轴旋转（即矩阵乘法）对新的数据点（即不包含在 D 中的行）进行转换。上述无约束优化问题的一个显著性质是施加正交约束不会使最优解变差。以下约束优化问题与无约束版本至少共享一个最优解 [50, 175]：

$$\text{Minimize}_{U, V} \| D - UV^T \|_F^2$$

s.t. U 的列向量是正交的

V 的列向量是正交的

换句话说，无约束问题的备选最优解之一也满足正交约束。值得注意的是，即使其他最优解确实存在，但只有满足正交约束的解被认为是奇异值分解，因为它的有趣性质。

解的另一个显著的性质（满足正交性）是它可以用正半定矩阵 D^TD 或 DD^T 的特征分解来计算。可以显示出该解的下列性质：

1. V 的列由 $d \times d$ 正半定对称矩阵 D^TD 的前 k 个单位特征向量定义。对称正半定矩阵的对角化得到具有非负特征值的标准正交特征向量。当 V 确定后，我们还可以将简化的表示 U 计算为 DV，这只是对原始数据矩阵中的行进行行轴旋转操作。这是 V 的列的正交性造成的，得到 $DV \approx U(V^TV) = U$。也可以用这种方法计算不包含在 D 中的任何行向量 $\bar{X}$ 的简化表示 $\bar{X}V$。

2. U 的列也由 $n \times n$ 点积矩阵 DD^T 的前 k 个特征向量定义，其中第 (i, j) 项是第 i 和第 j 个数据点之间的点积相似性。定义比例因子使每个特征向量与其特征值的平方根相乘。也就是说，可以用点积矩阵的比例特征向量直接生成约简表示。这一事实对非线性降维方法有一些有趣的结果，它用另一个相似矩阵代替点积矩阵。当 $n \ll d$ 时，这一方法也适用于线性 SVD，因此 $n \times n$ 矩阵 DD^T 相对较小。在这种情况下，首先通过 DD^T 的特征分解提取 U，然后提取 V 作为 D^TU。

3. 尽管 DD^T 的 n 个特征向量和 D^TD 的 d 个特征向量不同，但 DD^T 和 D^TD 的 $\min\{n, d\}$ 特征值是相同的。所有其他的特征值都是零。

4. SVD 近似矩阵分解的总平方误差等于前 k 个特征向量中不包含的 D^TD 的特征值之和。如果我们将分解 k 的秩设为 $\min\{n, d\}$，我们可以得到一个精确的正交基空间分解，误差为零。

$k=\min\{n, d\}$ 的零误差分解特别有趣。我们将双向分解（零误差）转化为三向分解，得到标准形式的 SVD：

$$D = Q\Sigma P^T = \underbrace{(Q\Sigma)}_{U} \underbrace{P^T}_{V^T} \tag{9.2}$$

其中，Q 是一个 $n \times k$ 矩阵，包含了 DD^T 的所有 $k=\min\{n, d\}$ 非零特征向量；P 是一个 $d \times k$ 矩阵，包含了 D^TD 的所有 $k=\min\{n, d\}$ 非零特征向量。Q 的列称为左奇异向量，而 P 的列称为右奇异向量。此外，Σ 是一个（非负）对角矩阵，其中第 (r, r) 个值等于 D^TD 的第 r 个最大特征值的平方根（与 DD^T 的第 r 个最大特征值相同）。Σ 的对角线项也被称为奇异值。

⊖ 在保留奇异值唯一性的某些条件下，这个解可以是唯一的，直到 U 或 V 的任意列与 -1 相乘。

注意，按照惯例，奇异值总是非负的。P 和 Q 的列的集合都是标准正交的，因为它们是对称矩阵的单位特征向量。很容易验证（使用式（9.2））$D^TD=P\Sigma^2P^T$ 和 $DD^T=Q\Sigma^2Q^T$，其中 Σ^2 是一个对角矩阵，包含了 D^TD 和 DD^T 的前 k 个非负特征值（两者是相同的）。

SVD 被正式定义为零误差的精确分解。奇异值分解（SVD）的近似变体又如何呢？它是矩阵分解的主要目标。在实践中，我们总是使用 $k \ll \min\{n, d\}$ 的值，以得到近似或截断的 SVD：

$$D \approx Q\Sigma P^T \tag{9.3}$$

使用截断的 SVD 是实际设置中的标准用例。在本书中，我们使用术语 "SVD" 总是指截断的 SVD。

就像矩阵 P 的列中包含 D 的 d 维基向量，矩阵 Q 的列中包含 D^T 的 n 维基向量。换句话说，SVD 同时找到点和维数的近似基。SVD 同时为行空间和列空间找到近似基的能力如图 9.1 所示。此外，矩阵 Σ 的对角项提供了不同语义概念的相对优势的量化。

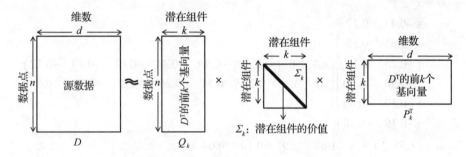

图 9.1　根据 D 和 D^T 的基向量对 SVD 的双重解释

我们可以将 SVD 表示为秩 1 矩阵的加权和。设 Q_i 为 Q 的第 i 列对应的 $n \times 1$ 矩阵，P_i 为 P 的第 i 列对应的 $d \times 1$ 矩阵，然后利用简单的矩阵乘法法则将 SVD 乘积分解为谱形式，分解如下：

$$Q\Sigma P^T = \sum_{i=1}^{k} \Sigma_{ii} Q_i P_i^T \tag{9.4}$$

注意，每个 Q_iP_i 是一个大小为 $n \times d$ 的秩 1 矩阵，弗罗贝尼乌斯范数为 1。此外，有可能证明 $Q\Sigma P^T$ 的弗罗贝尼乌斯范数是由 $\sum_{i=1}^{k}\Sigma_{ii}^2$ 得出的，它是表示中保留的能量的量。最大化的保留能量等同于最小化由截断的（小的）奇异值的平方和定义的损失，因为两者的和总是等于 $\|D\|_F^2$。在近似矩阵中保留的能量与在转换表示中相同，因为距离的平方不随轴旋转而改变。因此，保留奇异值的平方和提供了变换后的表示 DP 的能量。这个观察的一个重要结果是，D 的 $D\overline{p}$ 在 P 的任意列 $\overline{p}$ 上的投影有 L_2 范数，它等于相应的奇异值。换句话说，SVD 很自然地选择了被转换数据显示出最大散度的正交方向。

SVD 的例子

SVD 的一个示例有助于说明其内部工作原理。考虑在包含以下 6 个单词的文档数据集上定义一个 6×6 的矩阵 D：

狮子，老虎，猎豹，捷豹，保时捷，法拉利

数据矩阵 D 如下图所示：

$$D = \begin{array}{c} \\ \text{文档1} \\ \text{文档2} \\ \text{文档3} \\ \text{文档4} \\ \text{文档5} \\ \text{文档6} \end{array} \begin{pmatrix} \text{狮子} & \text{老虎} & \text{猎豹} & \text{捷豹} & \text{保时捷} & \text{法拉利} \\ 2 & 2 & 1 & 2 & 0 & 0 \\ 2 & 3 & 3 & 3 & 0 & 0 \\ 1 & 1 & 1 & 1 & 0 & 0 \\ 2 & 2 & 2 & 3 & 1 & 1 \\ 0 & 0 & 0 & 1 & 1 & 1 \\ 0 & 0 & 0 & 2 & 1 & 2 \end{pmatrix}$$

请注意，这个矩阵表示与汽车和猫相关的主题。前三个文档主要与猫有关，第四个文档与两者都有关，最后两个文档主要与汽车有关。"捷豹"这个词是多义的，因为它既可以对应一辆车，也可以对应一只猫。因此，它经常出现在两类文档中，并作为一个混淆词出现。我们希望执行秩为 2 的 SVD，以分别捕获对应于猫和汽车的两个主要概念。然后，对该矩阵进行 SVD，得到如下分解：

$$D \approx Q\Sigma P^{\mathrm{T}}$$

$$\approx \begin{pmatrix} -0.41 & 0.17 \\ -0.65 & 0.31 \\ -0.23 & 0.13 \\ -0.56 & -0.20 \\ -0.10 & -0.46 \\ -0.19 & -0.78 \end{pmatrix} \begin{pmatrix} 8.4 & 0 \\ 0 & 3.3 \end{pmatrix} \begin{pmatrix} -0.41 & -0.49 & -0.44 & -0.61 & -0.10 & -0.12 \\ 0.21 & 0.31 & 0.26 & -0.37 & -0.44 & -0.68 \end{pmatrix}$$

$$= \begin{pmatrix} 1.55 & 1.87 & 1.67 & 1.91 & 0.10 & 0.04 \\ 2.46 & 2.98 & 2.66 & 2.95 & 0.10 & -0.03 \\ 0.89 & 1.08 & 0.96 & 1.04 & 0.01 & -0.04 \\ 1.81 & 2.11 & 1.91 & 3.14 & 0.77 & 1.03 \\ 0.02 & -0.05 & -0.02 & 1.06 & 0.74 & 1.11 \\ 0.10 & -0.02 & 0.04 & 1.89 & 1.28 & 1.92 \end{pmatrix}$$

重构矩阵是原始文档项矩阵的一个很好的近似。此外，每个点得到一个对应于 $Q\Sigma$ 的行的二维嵌入。很明显，前三个文档的简化表示非常相似，后两个文档的简化表示也是如此。第四个文档的简化表示似乎位于其他文档的表示的中间。这是合乎逻辑的，因为第四个文档同时对应汽车和猫。从这个观点来看，简化表示似乎满足了人们在相对坐标方面所期望的基本直觉。然而，这种表示的一个恼人的特点是很难从嵌入中得到任何绝对的语义解释。例如，P 中的两个潜在向量很难与猫和车的原始概念相匹配。P 的显性潜在向量为 [-0.41, -0.49, -0.44, -0.61, -0.10, -0.12]，其中各分量均为负。第二个潜在向量包含正分量和负分量。因此，主题和潜在向量之间的对应关系不是很清楚。问题的一部分在于，向量既有正分量也有负分量，这就降低了它们的可解释性。奇异值分解缺乏可解释性是其主要弱点，因此有时更倾向于采用其他非负分解形式。

通过梯度下降的交替优化

SVD 为求解无约束矩阵分解问题提供了一种可选的优化方法。如前文所述，无约束矩阵分解问题定义如下：

$$\text{Minimize}_{U,V} J = \frac{1}{2}\| D - UV^{\mathrm{T}} \|_F^2$$

这里，D、U 和 V 分别是大小为 n、d 和 k 的矩阵。k 的值通常比矩阵 D 的秩小得多。在本节中，我们将研究一种使用梯度下降法来寻找无约束优化问题的解的方法。该方法不保证奇异值分解提供的正交解；然而，这个公式是等价的，（理想情况下）应该得到具有相同目标函数值的解。这种方法还有一个优点，它可以很容易地适应更困难的设置，比如矩阵中缺失值的存在。这种方法的一个自然应用是在推荐系统中的矩阵分解。推荐系统使用与 SVD 相同的优化公式；然而，分解得到的基向量不能保证是正交的。

为了实现梯度下降，我们需要计算无约束优化问题对矩阵 $U=[u_{iq}]$ 和 $V=[v_{jq}]$ 中的参数的导数。最简单的方法是计算目标函数 J 对矩阵 U 和 V 中每个参数的导数。首先，将目标函数表示为各个矩阵中的单个项。设 $n \times d$ 矩阵 D 的第 (i, j) 项用 x_{ij} 表示。然后，目标函数可以用矩阵 D、U、V 的项重新表述为：

$$\text{Minimize } J = \frac{1}{2} \sum_{i=1}^{n} \sum_{j=1}^{d} \left(x_{ij} - \sum_{s=1}^{k} u_{is} \cdot v_{js} \right)^2$$

量 $e_{ij} = x_{ij} - \sum_{s=1}^{k} u_{is} \cdot v_{js}$ 为第 (i, j) 项的分解误差。注意，目标函数 J 使 e_{ij} 的平方和最小。我们可以计算目标函数对矩阵 U 和 V 中的参数的偏导数，如下所示：

$$\frac{\partial J}{\partial u_{iq}} = \sum_{j=1}^{d} \left(x_{ij} - \sum_{s=1}^{k} u_{is} \cdot v_{js} \right)(-v_{jq}) \ \forall i \in \{1, \cdots, n\}, q \in \{1, \cdots, k\}$$

$$= \sum_{j=1}^{d} (e_{ij})(-v_{jq}) \qquad \forall i \in \{1, \cdots, n\}, q \in \{1, \cdots, k\}$$

$$\frac{\partial J}{\partial v_{jq}} = \sum_{i=1}^{n} \left(x_{ij} - \sum_{s=1}^{k} u_{is} \cdot v_{js} \right)(-u_{iq}) \ \forall j \in \{1, \cdots, d\}, q \in \{1, \cdots, k\}$$

$$= \sum_{i=1}^{n} (e_{ij})(-u_{iq}) \qquad \forall j \in \{1, \cdots, d\}, q \in \{1, \cdots, k\}$$

我们也可以用矩阵来表示这些导数。设 $E=[e_{ij}]$ 为 $n \times d$ 的误差矩阵。在矩阵微积分的分母布局⊖中，导数可以表示为：

$$\frac{\partial J}{\partial U} = -(D - UV^{\mathrm{T}})V = -EV$$

$$\frac{\partial J}{\partial V} = -(D - UV^{\mathrm{T}})^{\mathrm{T}}U = -E^{\mathrm{T}}U$$

上述矩阵微积分的身份可以通过使用扩展上述右侧矩阵的第 (i, q) 项和第 (j, q) 项的相对乏味的过程来验证，并表明它们等价于（相应的）标量导数 $\frac{\partial J}{\partial u_{iq}}$ 和 $\frac{\partial J}{\partial v_{jq}}$。我们也可以使用梯度下降法来找到最优解。梯度下降的更新如下：

$$U \Leftarrow U - \alpha \frac{\partial J}{\partial U} = U + \alpha EV$$

$$V \Leftarrow V - \alpha \frac{\partial J}{\partial V} = V + \alpha E^{\mathrm{T}}U$$

这里，$\alpha > 0$ 是学习率。

⊖ 在这个布局中，$\frac{\partial J}{\partial U}$ 的第 (i, j) 项是 $\frac{\partial J}{\partial u_{ij}}$。在分子布局中，$\frac{\partial J}{\partial U}$ 的第 (i, j) 项是 $\frac{\partial J}{\partial u_{ji}}$。

优化模型与 SVD 的优化模型一致。如果使用前面提到的梯度下降法（而不是前一章的幂迭代法），通常会得到在目标函数值方面同样好的解，但 U（或 V）的列不是相互正交的。幂迭代法得到有正交列的解。虽然有正交列的标准化 SVD 解通常不通过梯度下降得到，但 U 的 k 列将形成与 Q_k 的列相同的子空间，V 的列将形成与 P_k 的列相同的子空间。还可以向目标函数添加正则化项 $\lambda(\|U\|_F^2 + \|V\|_F^2)/2$。这里 λ 是正则化参数。添加正则化术语会导致以下更新：

$$U \Leftarrow U(1-\alpha\lambda) + \alpha EV \qquad (9.5)$$

$$V \Leftarrow V(I-\alpha\lambda) + \alpha E^{\mathrm{T}}U \qquad (9.6)$$

在矩阵 D 稀疏的情况下，通过从矩阵中抽样项进行更新，可以有效地实现梯度下降方法。这实际上是一种随机梯度下降法。换句话说，我们抽样一个项 (i, j) 并计算它的误差 e_{ij}。随后，我们对 U 的第 i 行 $\bar{u}_i$ 和 V 的第 j 行 $\bar{v}_j$ 进行如下更新，它是一个潜在因素：

$$\bar{u}_i \Leftarrow \bar{u}_i(1-\alpha\lambda) + \alpha e_{ij}\bar{v}_j$$

$$\bar{v}_j \Leftarrow \bar{v}_j(1-\alpha\lambda) + \alpha e_{ij}\bar{u}_i$$

一个周期通过矩阵的抽样项（进行上述更新），直到收敛。事实上，我们可以对矩阵的项进行抽样更新，这意味着我们不需要使用完全指定的矩阵来学习潜在因素。这一基本思想构成了推荐系统的基础，在推荐系统中，部分指定的矩阵用于学习因素。然后用得到的因素将整个矩阵重建为 UV^{T}。

9.2.3　非负矩阵分解

非负矩阵分解是对 U 和 V 施加非负约束的一种高度可解释的矩阵分解类型。因此，将该优化问题定义为：

$$\text{Minimize}_{U,V} \| D - UV^{\mathrm{T}} \|_F^2$$
$$\text{s.t.}$$
$$U \geq 0, V \geq 0$$

如 SVD，$U=[u_{ij}]$ 为 $n \times k$ 矩阵，$V=[v_{ij}]$ 为优化参数的 $d \times k$ 矩阵。注意，优化目标是相同的，但约束是不同的。

这类约束问题通常用拉格朗日松弛法来解决。对于 U 中的第 (i, s) 项 u_{is}，我们引入拉格朗日乘子 $\alpha_{is} \leqslant 0$，而对于 V 中的第 (j, s) 项 v_{js}，我们引入拉格朗日乘子 $\beta_{js} \leqslant 0$。我们可以通过将所有的拉格朗日参数放在一个向量中来创建一个维数为 $(n+d) \cdot k$ 的向量 $(\bar{\alpha}, \bar{\beta})$。拉格朗日松弛法不是对非负性使用硬约束，而是使用惩罚来将约束放松为问题的软版本，它由增广目标函数 L 定义：

$$L = \| D - UV^{\mathrm{T}} \|_F^2 + \sum_{i=1}^n \sum_{r=1}^k u_{ir}\alpha_{ir} + \sum_{j=1}^d \sum_{r=1}^k v_{jr}\beta_{jr} \qquad (9.7)$$

注意，违反非负性约束总是导致一个正惩罚，因为拉格朗日参数不可能是正的。根据拉格朗日优化的方法，增广问题确实是一个极小极大问题，因为我们都需要最小化在拉格朗日参数向量的任何特定值处所有 U 和 V 上的 L，但是我们需要最大化所有拉格朗日参数 α_{is} 和 β_{js} 的有效值上的解。换句话说，我们有：

$$\text{Max}_{\bar{\alpha}\leqslant 0,\,\bar{\beta}\leqslant 0}\text{Min}_{U,V}\,L \qquad (9.8)$$

其中，$\bar{\alpha}$ 和 $\bar{\beta}$ 分别表示 α_{is} 和 β_{js} 中的优化参数向量。这是一个棘手的优化问题，因为它的表达式是在不同的参数集上同时实现最大化和最小化。第一步是计算关于（最小化）优化变量 u_{is} 和 v_{js} 的拉格朗日松弛梯度。因此，我们有：

$$\frac{\partial L}{\partial u_{is}}=-(DV)_{is}+(UV^{\mathrm{T}}V)_{is}+\alpha_{is} \qquad \forall i\in\{1,\cdots,n\},s\in\{1,\cdots,k\} \qquad (9.9)$$

$$\frac{\partial L}{\partial v_{js}}=-(D^{\mathrm{T}}U)_{js}+(VU^{\mathrm{T}}U)_{js}+\beta_{js} \qquad \forall j\in\{1,\cdots,d\},s\in\{1,\cdots,k\} \qquad (9.10)$$

在拉格朗日参数的任何特定值处的（松弛）目标函数的最优值是通过设置这些偏导数为 0 得到的。因此，我们得到以下条件：

$$-(DV)_{is}+(UV^{\mathrm{T}}V)_{is}+\alpha_{is}=0 \qquad \forall i\in\{1,\cdots,n\},s\in\{1,\cdots,k\} \qquad (9.11)$$

$$-(D^{\mathrm{T}}U)_{js}+(VU^{\mathrm{T}}U)_{js}+\beta_{js}=0 \qquad \forall j\in\{1,\cdots,d\},s\in\{1,\cdots,k\} \qquad (9.12)$$

我们想要消除拉格朗日参数，并建立纯用 U 和 V 来表示的优化条件。事实证明，库恩–塔克最优条件 [18] 非常有用。这些条件是对所有参数，有 $u_{is}\alpha_{is}=0$ 和 $v_{js}\beta_{js}=0$。通过将式（9.11）与 u_{is}、式（9.12）与 v_{js} 相乘，我们可以利用库恩–塔克条件将上述方程中的这些烦人的拉格朗日参数剔除。换句话说，我们有：

$$-(DV)_{is}u_{is}+(UV^{\mathrm{T}}V)_{is}u_{is}+\underbrace{\alpha_{is}u_{is}}_{0}=0 \qquad \forall i\in\{1,\cdots,n\},s\in\{1,\cdots,k\} \qquad (9.13)$$

$$-(D^{\mathrm{T}}U)_{js}v_{js}+(VU^{\mathrm{T}}U)_{js}v_{js}+\underbrace{\beta_{js}v_{js}}_{0}=0 \qquad \forall j\in\{1,\cdots,d\},s\in\{1,\cdots,k\} \qquad (9.14)$$

我们可以重写这些优化条件，让一个参数出现在条件的一侧：

$$u_{is}=\frac{(DV)_{is}u_{is}}{(UV^{\mathrm{T}}V)_{is}} \qquad \forall i\in\{1,\cdots,n\},s\in\{1,\cdots,k\} \qquad (9.15)$$

$$v_{js}=\frac{(D^{\mathrm{T}}U)_{js}v_{js}}{(VU^{\mathrm{T}}U)_{js}} \qquad \forall j\in\{1,\cdots,d\},s\in\{1,\cdots,k\} \qquad (9.16)$$

尽管这些条件在本质上是循环的（因为优化参数发生在两边），但它们是迭代更新的自然候选条件。

因此，迭代方法首先将 U 和 V 中的参数初始化为 $(0, 1)$ 中的非负随机值，然后使用从上述最优性条件得到的以下更新：

$$u_{is}\Leftarrow\frac{(DV)_{is}u_{is}}{(UV^{\mathrm{T}}V)_{is}} \qquad \forall i\in\{1,\cdots,n\},s\in\{1,\cdots,k\} \qquad (9.17)$$

$$v_{js}\Leftarrow\frac{(D^{\mathrm{T}}U)_{js}v_{js}}{(VU^{\mathrm{T}}U)_{js}} \qquad \forall j\in\{1,\cdots,d\},s\in\{1,\cdots,k\} \qquad (9.18)$$

然后重复这些迭代以达到收敛。改进的初始化提供了显著的优势，对于这些方法，读者可以参考文献 [109]。在更新过程中，可以通过在分母上加一个小值 $\varepsilon>0$ 来提高数值稳定性：

$$u_{is}\Leftarrow\frac{(DV)_{is}u_{is}}{(UV^{\mathrm{T}}V)_{is}+\varepsilon} \qquad \forall i\in\{1,\cdots,n\},s\in\{1,\cdots,k\} \qquad (9.19)$$

$$v_{js} \Leftarrow \frac{(D^{T}U)_{js} v_{js}}{(VU^{T}U)_{js} + \varepsilon} \qquad \forall j \in \{1,\cdots,d\}, s \in \{1,\cdots,k\} \tag{9.20}$$

我们也可以将ε看作一种正则化参数，其主要目标是避免过拟合。正则化在小数据集中特别有用。

在所有其他形式的矩阵分解中，通过将U和V的每一列标准化为单位范数，可以将分解UV^{T}转换为三向分解$Q\Sigma P^{T}$，并将这些归一化因子的乘积存储在对角矩阵Σ中（即，第i个对角项包含了U和V的第i个归一化因子的乘积）。通常对U和V的每一列使用L_1归一化，或者得到的矩阵Q和P的每一列和为1。有趣的是，这种类型的归一化使得非负分解类似于被称为概率语义分析（Probabilistic Semantic Analysis，PLSA）的密切相关的分解。PLSA和非负矩阵分解的主要区别在于前者使用最大似然优化函数，而非负矩阵分解（通常）使用弗罗贝尼乌斯范数。

解释非负矩阵分解

非负矩阵分解的一个重要性质是，根据底层数据的聚类，它是高度可解释的。从（语义上可解释的）文档数据的角度最容易理解这一点。考虑这样一种情况：矩阵D是一个$n \times d$矩阵，包含n个文档和D个单词（术语）。U和V的第r列U_r和V_r分别包含数据中关于第r个主题（或聚类）的文档成员和单词成员信息。U_r中的n项对应于沿着第r个主题的n个文档的非负分量（坐标）。如果一个文档强烈属于主题r，那么它将在U_r中有一个非常积极的坐标。否则，它的坐标将为零或轻度正的（表示噪声）。类似地，V的第r列V_r提供了第r个聚类的频繁词汇表。与特定主题高度相关的术语在V_r中会有很大的分量。每个文档的k维表示由U的相应行提供。这种方法允许文档属于多个聚类，因为U中的给定行可能有多个正坐标。例如，如果一个文档同时讨论科学和历史，那么它就会有一些包含与科学相关和历史相关词汇的潜在组件。这提供了一个更现实的沿着各种主题的语料库的"部分和"分解，这主要是通过U和V的非否定性实现的。实际上，可以将文档术语矩阵分解为k个不同的一级文档－术语矩阵，这些文档术语矩阵对应于分解所捕获的k个主题。让我们将U_r视为$n \times 1$矩阵，将V_r视为$d \times 1$矩阵。如果第r个分量与科学相关，那么$U_r V_r^{T}$是一个$n \times d$文档－术语矩阵，其中包含原始语料库中与科学相关的部分。然后将文档－术语矩阵的分解定义为以下各分量之和：

$$D \approx \sum_{r=1}^{k} U_r V_r^{T} \tag{9.21}$$

这种分解类似于SVD的谱分解，除了它的非负性通常使它与语义相关的主题更好地对应。

为了说明非负矩阵分解在语义上的可解释性，让我们回顾一下关于奇异值分解的9.2.2.1节中使用的同一个例子，并根据非负矩阵分解创建一个分解：

$$D = \begin{array}{c} \\ \text{文档1} \\ \text{文档2} \\ \text{文档3} \\ \text{文档4} \\ \text{文档5} \\ \text{文档6} \end{array} \begin{pmatrix} \text{狮子} & \text{老虎} & \text{猎豹} & \text{捷豹} & \text{保时捷} & \text{法拉利} \\ 2 & 2 & 1 & 2 & 0 & 0 \\ 2 & 3 & 3 & 3 & 0 & 0 \\ 1 & 1 & 1 & 1 & 0 & 0 \\ 2 & 2 & 2 & 3 & 1 & 1 \\ 0 & 0 & 0 & 1 & 1 & 1 \\ 0 & 0 & 0 & 2 & 1 & 2 \end{pmatrix}$$

这个矩阵代表了与汽车和猫相关的主题。前三个文档主要与猫有关，第四个文档与两者都有关，最后两个文档主要与汽车有关。"捷豹"一词是多义的，因为它既可以对应一辆车，也可以对应一只猫，并且在这两个主题的文档中都存在。

图 9.2a 显示了高度可解释的秩为 2 的非负因子分解。为了简单起见，我们展示了一个只包含整数的近似分解，尽管在实践中最优解（几乎总是）被浮点数所控制。很明显，第一个潜在概念与猫有关，第二个潜在概念与汽车有关。此外，文档由两个非负坐标表示，表明它们与两个主题的相关性。相应地，前三个文档中猫有强正坐标，第四个文档中都有强正坐标，最后两个文档只属于汽车。矩阵 V 告诉我们各题目的词汇如下：

猫：狮子、老虎、猎豹、捷豹

汽车：捷豹、保时捷、法拉利

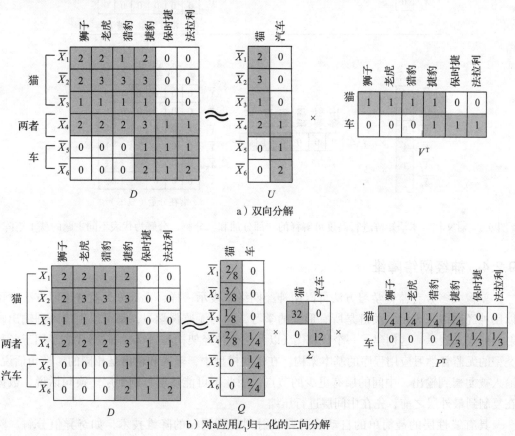

图 9.2   高度可解释的非负矩阵分解

值得注意的是，两个主题的词汇中都包含了多义词"捷豹"，在分解过程中，它的用法会自动从其上下文（即文档中的其他单词）中推断出来。当我们根据式（9.21）将原始矩阵分解为两个秩为 1 的矩阵时，这一事实就变得尤为明显。这种分解如图 9.3 所示，其中显示了猫和汽车的秩 1 矩阵。特别有趣的是，多义词"猎豹"的出现被巧妙地分为两个主题，这大致与它们在这些主题中的用法一致。

任何双向矩阵分解都可以转化为归一化的三向分解，方法是对 U 和 V 的列进行归一化，使它们加 1，并由这些归一化因子的乘积生成一个对角矩阵。图 9.2b 显示了三向归一化表示，它告诉我们更多有关这两个主题的相对频率的信息。由于 Σ 中猫的对角线项是32，而汽车的对角线项是12，这表明猫的主题比汽车更占主导地位。这与观察结果一致，即与猫相关的文档和术语比与汽车相关的文档和术语更多。

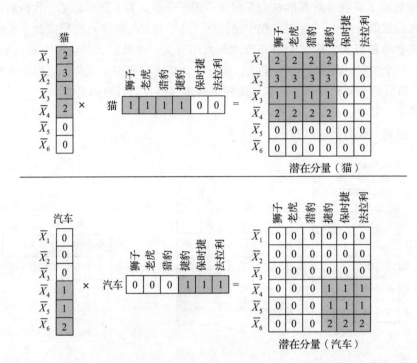

图9.3　对文档－术语矩阵进行高度可解释的"部分加和"分解，分解为代表不同主题的秩1矩阵

9.2.4　神经网络降维

就像大多数有监督学习方法可以用神经网络来表示一样，大部分无监督学习方法也可以用神经网络来表示。关键是所有形式的学习，包括无监督学习，都可以用输入到输出映射的形式来表示，这创建了一个计算图（以及一个神经架构）。自动编码器代表了用于各种类型的无监督学习应用程序的基本架构。在这些模型中，输入和输出是相同的。换句话说，输入被复制到输出，中间的层有更少的节点，因此不可能从层复制到层。换句话说，数据在复制到最外层之前，先在中间层进行压缩。

具有线性层的最简单的自动编码器映射到众所周知的降维技术，如奇异值分解。然而，具有非线性的深度自动编码器映射到传统机器学习中可能不存在的复杂模型。因此，本节的目的是表明两件事：

1. 经典的降维方法，如奇异值分解是浅神经架构的特殊情况。

2. 通过在基本架构中添加深度和非线性，可以生成复杂的非线性嵌入数据。传统的机器学习也可以使用非线性嵌入，但后者仅限于可以紧凑地以封闭形式表示的损失函数。深层神经架构的损失函数不再紧凑；然而，通过进行各种类型的架构更改（并允许反向传播来处理差异的复杂性），它们在控制无监督表示的属性方面提供了前所未有的灵活性。

自动编码器的基本思想是使输出层具有与输入层相同的维度。其思想是尝试重建输入数据实例。自动编码器将数据从输入复制到输出，因此有时被称为复制神经网络。虽然通过简单地将数据从一层复制到另一层来重构数据似乎是一件微不足道的事情，但当中间的单元数量压缩时，这是不可能的。换句话说，每个中间层的单位数通常少于输入（或输出）的单位数。因此，不能简单地将数据从一层复制到另一层。因此，压缩层中的激活保留了数据的简化表示；最终的结果是，这种类型的重构本质上是有损的。这种自动编码器的一般表示在图 9.4a 中给出，其中一个结构显示为三个压缩层。请注意，输出层与输入层有相同数量的单元。这种神经网络的损失函数使用输入和输出特征值的平方和差，以迫使输出尽可能接近输入。

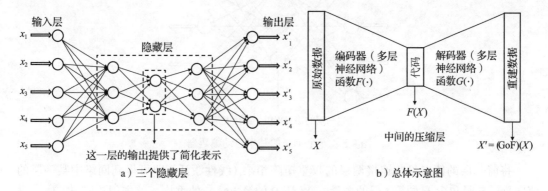

图 9.4 自动编码器的基本原理图

M 层自编码器通常（但不是必须）具有输入和输出之间的对称结构，其中第 k 层的单元数与第 $M-k+1$ 层的单元数相同。而且，M 的值通常是奇数，因此 $(M+1)/2$ 层是最紧凑的层。这里，我们将（非计算的）输入层计算为第一层，因此自动编码器的最小层数将是 3 层，对应于输入层、压缩层和输出层。

在最压缩的层中，数据的简化表示有时也被称为代码，而这一层中的单元数就是简化的维数。在出现瓶颈之前的神经架构的初始部分被称为编码器（因为它创建了一个简化的代码），而架构的最后部分被称为解码器（因为它从代码中重新构建）。自动编码器的总体示意图如图 9.4b 所示。

线性自动编码器与单一的隐藏层

可以在矩阵分解的上下文中理解单一隐藏层自动编码器。在矩阵分解中，我们要将 $n \times d$ 矩阵 D 分解成 $n \times k$ 矩阵 U 和 $d \times k$ 矩阵 V：

$$D \approx UV^{\mathrm{T}} \tag{9.22}$$

在这里，$k \ll n$ 是因子分解的秩。如本章前面所述，传统矩阵分解的目标函数为：

$$\text{Minimize } J = \| D - UV^{\mathrm{T}} \|_F^2$$

这里，符号 $\|\cdot\|_F$ 表示弗罗贝尼乌斯范数。为了优化上述误差，需要学习参数矩阵 U 和 V。虽然在前面几节中已经讨论了梯度下降步骤，但我们的目标是在神经架构中捕获这个优化问题。通过这个练习可以帮助我们了解简单矩阵分解是自动编码器架构的一种特殊情况，它为理解更深层次的自动编码器所获得的收益奠定了基础。

从神经网络的角度来看，我们需要以这样一种方式设计架构：将 D 的行输入神经网络，将原始数据输入神经网络时，从压缩层获得 U 的缩减行。单层自动编码器如图9.5所示，其中隐藏层包含 k 个单位。D 的行输入到自动编码器，而 U 的 k 维行是隐藏层的激活。需要注意的是，解码器中的 $k \times d$ 权重矩阵必须是 V^T，因为根据上面讨论的优化模型，需要能够将 U 的行相乘来重构 $D \approx UV^T$ 的行。

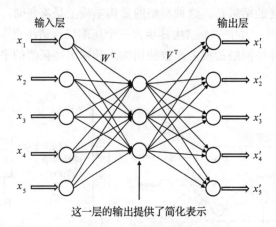

这一层的输出提供了简化表示

图9.5　一个单层的基本自动编码器

将前一层的值向量与连接两层的权重矩阵相乘（线性激活）即可得到网络中某一层的值向量。$\bar{u}_i$ 是包含 U 的第 i 行的向量，$\bar{X}'_i$ 是 D 的第 i 行 $\bar{X}_i$ 的重构。首先用矩阵 W^T 对 $\bar{X}_i$ 进行编码，然后用 V^T 将其解码回来：

$$\bar{u}_i = \bar{X}_i W^T \tag{9.23}$$

$$\bar{X}'_i = \bar{u}_i V^T \tag{9.24}$$

不难看出，式（9.24）是式（9.22）的逐行变式。自动编码器最大限度地减少输入和输出之间的平方和差，这相当于最大限度地减少 $\lVert D - UV^T \rVert_F^2$。因此，神经架构精确地实现了基于优化损失值的矩阵分解目标。事实上，V 中的基向量可以表示成与SVD的前 k 个基向量张成同一子空间。而SVD优化问题有多个全局最优解，且SVD只对应于 V 的列正交且 U 的列正交的最优解。神经网络可能会在SVD的前 $-k$ 个基向量所构成的子空间中找到不同的基，并相应地调整 U，使重构 UV^T 不受影响。

非线性激活

到目前为止，讨论集中在使用神经架构模拟奇异值分解。当人们开始使用非线性激活和多层结构时，自动编码器的真正威力才得以实现。例如，考虑一个矩阵 D 是二进制的情况。在这种情况下，可以使用如图9.5所示的相同神经架构，但也可以在最后一层使用sigmoid函数来预测输出。这个sigmoid层与负对数损失相结合。因此，对于二进制矩阵 $B = [\, b_{ij} \,]$，模型假设如下：

$$B \sim \text{sigmoid}(UV^T) \tag{9.25}$$

在这里，sigmoid函数以元素的方式应用。注意，在上面的表达式中使用～代替了≈，这表明二进制矩阵 B 是一个随机抽取的实例，其参数包含在sigmoid矩阵（UV^T）中。由此得到的分解可以证明等价于逻辑矩阵分解。其基本思想是 UV^T 的第 (i, j) 个元素是伯努利分布的参数，二进制项 b_{ij} 是由带有这些参数的伯努利分布生成的。因此，U 和 V 是使用对数似然损失来学习的。对数似然损失隐式地试图找到参数矩阵 U 和 V，以使由这些参数产生的矩阵 B 的概率最大化。

逻辑矩阵分解是最近才被提出的 [92]，它是一种复杂的二元数据矩阵分解方法，对于具有隐式反馈评级的推荐系统非常有用。隐式反馈是指用户的二元行为，如购买或不购买特定道具。最近这篇关于逻辑矩阵分解的研究 [92] 的解决方法似乎与 SVD 有很大不同，而且它不是基于神经网络方法的。然而，对于神经网络实践者来说，SVD 模型到逻辑矩阵分解模型的变化相对较小，只需要改变神经网络的最后一层。正是这种神经网络的模块化特性吸引了工程师，并鼓励人们进行各种类型的实验。

自编码器在神经网络领域的真正作用是在隐藏层中使用具有非线性激活的深层变量。例如，一个带有三个隐藏层的自动编码器如图 9.4a 所示。为了进一步提高神经网络的表示能力，可以增加中间层的数量。值得注意的是，对于深层自编码器的某些层来说，使用非线性激活函数来增加其表示能力是必要的。如第 7 章所示，当只使用线性激活时，多层网络不会获得额外的能力。

多层的深度网络提供了非凡的表现能力。这个网络的多层提供了分层简化的数据表示。对于像图像这样的数据域，分层简化的表示尤其自然。请注意，在传统机器学习中没有这种类型的模型的精确模拟，而反向传播方法将我们从计算复杂的梯度下降步骤的相关挑战中解救出来。非线性降维可以将任意形状的流形映射到降维表示中。虽然在机器学习中已知几种非线性降维方法，但神经网络与这些方法相比有一些优势：

❑ 许多非线性降维方法都很难将样本外的数据点映射到降维表示，除非这些点预先包含在训练数据中。另一方面，通过网络来计算样本外点的简化表示是一件相对简单的事情。

❑ 通过改变中间阶段使用的层数和类型，神经网络在非线性数据缩减方面具有更大的能力和灵活性。此外，通过在特定的层中选择特定类型的激活函数，可以根据数据的属性设计还原的性质。例如，对二进制数据集使用具有对数损失的逻辑输出层是有意义的。事实上，对于自动编码器的多层变体，在传统机器学习中通常甚至不存在一个精确的对应物。这似乎表明，当使用构建多层神经网络的模块化方法时，发现复杂的机器学习算法往往更自然。

使用这种方法有可能实现特别紧凑的简化。更大的简化总是通过使用非线性单位来实现，它隐式地将扭曲流形映射到线性超平面。在这些情况下最好的简化是因为它更容易使一个弯曲的表面（相对于一个线性表面）通过更多的点。非线性自动编码器的这一特性通常用于数据的二维可视化，方法是创建一个深度自动编码器，其中最紧凑的隐藏层只有二维。这两个维度可以映射到一个平面上以形象化这些点。

图 9.6 显示了真实数据分布的典型行为的示例，其中由深度自动编码器创建的二维映射似乎清楚地分离出不同的类。另一方面，SVD 创建的映射似乎不能很好地分离类。在许多情况下，数据可能包含属于不同类的严重纠缠的螺旋（或其他形状）。线性降维方法不能获得清晰的分离，因为非线性纠缠形状是不可线性分离的。另一方面，具有非线性的深度自动编码器要强大得多，能够解开这些形状。

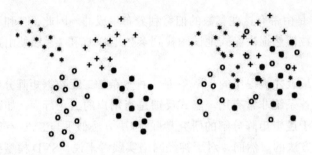

非线性自动编码器的二维可视化　　　　　SVD 的二维可视化

图 9.6　描述非线性自动编码器和奇异值分解（SVD）产生的嵌入之间的典型差异。非线性
　　　　和深度自动编码器通常能够分离出底层数据中纠缠的类结构，这在 SVD 等线性转
　　　　换的约束下是不可能的

9.3　聚类

聚类问题是将数据记录分段分组，以将相似的记录放在同一组中。降维方法更深入地关注矩阵各项之间的关系，而聚类则特别关注行。然而，一些方法，如非负矩阵分解可以用于聚类和降维。聚类方法可以是扁平的，也可以是分层的。在平面聚类中，数据集被一次性划分为一组聚类，聚类之间不存在层次关系。在分层聚类中，聚类被以树状的方式组织为一个分类法。本节将讨论几种聚类方法，其中一些是平面的，而另一些是分层的。

9.3.1　基于代表的算法

顾名思义，基于代表的算法依赖于与代表点的距离（或相似性）来进行聚类。这些代表性的点可以作为大多数聚类点相似的原型。基于代表的算法创建扁平的聚类，它们之间没有层次关系。分区代表可以作为聚类中的数据点的函数创建（例如，平均值），也可以从聚类中的现有数据点中选择。这些方法的主要观点是，在数据中发现高质量的聚类等同于发现高质量的代表集合。一旦确定了代表，就可以使用距离函数将数据点分配给距它们最近的代表。这类方法包含几个方法，如 k-均值、k-中值和 k-中位数算法。在本节中，我们将主要讨论 k-均值算法。

通常，假设聚类的数量（用 k 表示）是由用户指定的。假设一个数据集 $\mathcal{D}$ 包含 n 个数据点，在 d 维空间中用 $\overline{X}_1,\cdots,\overline{X}_n$ 表示。目标是确定 k 个代表 $\overline{Y}_1,\cdots,\overline{Y}_k$，使以下目标函数 O 最小：

$$O = \sum_{i=1}^{n}[\min_j \mathrm{Dist}(\overline{X}_i,\overline{Y}_j)] \tag{9.26}$$

换句话说，需要最小化不同数据点到距它们最近的代表的距离之和。注意，将数据点分配给代表取决于代表 $\overline{Y}_1,\cdots,\overline{Y}_k$ 的选择。在一些代表算法的变体中，如 k-中值算法，假设代表 $\overline{Y}_1,\cdots,\overline{Y}_k$ 是从原始数据库 $\mathcal{D}$ 中提取的，但这显然不能提供最优解决方案。一般来说，本节的讨论不会自动假定代表是从原始数据库 $\mathcal{D}$ 中提取的，除非另有说明。

关于式（9.26）的一个观察是，代表 $\overline{Y}_1,\cdots,\overline{Y}_k$ 和数据点对代表的最优分配是未知的，但它们以一种循环的方式相互依赖。例如，如果已知最优代表，那么最优分配就很容易确定，反之亦然。这种优化问题是用迭代方法来解决的，其中候选代表和候选分配被用来互相改进。因此，泛型 k-代表方法首先使用简单的启发式方法（如从原始数据中随机抽样）初始

化 k 个代表 S，然后迭代地细化代表和聚类分配，如下所示：

- （指派步骤）用距离函数 $\text{Dist}(\cdot,\cdot)$ 将每个数据点分配到 S 中最接近它的代表，对应的聚类用 $C_1,\cdots,C_k$ 表示。
- （优化步骤）确定每个聚类 C_j 的最优代表性 $\overline{Y}_j$，使其局部目标函数 $\sum_{\overline{X}_i \in C_j} [\text{Dist}(\overline{X}_i, \overline{Y}_j)]$ 最小。

在本章的后面，我们将会清楚地看到，这个两步的过程与以期望最大化算法形式存在的聚类分析生成模型密切相关。局部优化的第二步被这种两步迭代方法简化了，因为它不再像式（9.26）的全局优化问题那样依赖于未知的数据点对聚类的分配。通常，优化的代表可以显示为第 j 个聚类 C_j 中数据点的一些中心度量，而精确度量取决于距离函数 $\text{Dist}(\overline{X}_i, \overline{Y}_j)$ 的选择。特别地，对于欧氏距离和余弦相似函数的情况，可以表明每个聚类的最优集中代表是其均值。然而，不同的距离函数可能会导致不同类型的集中代表，这导致了这种更广泛方法的不同变体，例如 k-均值和 k-中位数算法。因此，k-代表方法定义了一组算法，只要对基本框架稍加修改，就可以使用不同的距离标准。带有未指定距离函数的基于代表的算法的通用框架如图 9.7 的伪代码所示。其思想是在多次迭代中改进目标函数。通常，这种增长在早期迭代中是显著的，但在后期的迭代中会减慢。当迭代中目标函数的改进小于用户定义的阈值时，可以允许终止算法。该方法的主要计算瓶颈是分配步骤，其中需要计算所有点代表对之间的距离。对于大小为 n、维数为 d 的数据集，每次迭代的时间复杂度为 $O(k \cdot n \cdot d)$。该算法通常以一个小的常数次迭代结束。

```
Algorithm GenericRepresentative(Database: D, Number of Representatives: k)
begin
    Initialize representative set S;
    repeat
        Create clusters (C₁ ... Cₖ) by assigning each
            point in D to closest representative in S
            using the distance function Dist(·,·);
        Recreate set S by determining one representative Yⱼ for
            each Cⱼ that minimizes ∑_{X̄ᵢ∈Cⱼ} Dist(X̄ᵢ, Yⱼ);
    until convergence;
    return (C₁ ... Cₖ);
end
```

图 9.7 未指定距离函数的通用代表算法

k-均值算法

在 k-均值算法中，用数据点到其最接近代表的欧氏距离的平方和来量化聚类的目标函数。因此，我们有：

$$\text{Dist}(\overline{X}_i, \overline{Y}_j) = \| \overline{X}_i - \overline{Y}_j \|_2^2 \qquad (9.27)$$

这里，$\| \cdot \|_p$ 表示 L_p 范数。$\text{Dist}(\overline{X}_i, \overline{Y}_j)$ 的表达式可以看作用最接近的代表来近似一个数据点的平方误差。因此，总体目标使不同数据点上的误差平方和最小化。这有时也被称为 SSE。在这种情况下，可以证明⊖，对于每个"优化"迭代步骤，最优代表 $\overline{Y}_j$ 是聚类 C_j 中数

⊖ 对于固定的聚类分配 $C_1,\cdots,C_k$，聚类目标函数 $\sum_{j=1}^{k} \sum_{\overline{X}_i \in C_j} \| \overline{X}_i - \overline{Y}_j \|^2$ 相对 $\overline{Y}_j$ 的梯度为 $2\sum_{\overline{X}_i \in C_j} (\overline{X}_i - \overline{Y}_j)$。将梯度设置为 0 将产生作为 $\overline{Y}_j$ 的最优值的聚类 C_j 的平均值。注意，其他聚类对梯度没有影响，因此该方法有效地优化了 C_j 的局部聚类目标函数。

据点的平均值。因此，图 9.7 的泛型伪代码与 $k-$ 均值伪代码之间的唯一区别是距离函数 $\mathrm{Dist}(\cdot,\cdot)$ 的具体实例化，以及选择该代表作为其聚类的局部均值。

9.3.2　自底向上的凝聚方法

层次聚类算法创建以层次分类法的形式排列的聚类。虽然通常使用距离来执行聚类，但许多算法使用其他技术，如基于密度或基于图的方法，作为构建层次结构的子例程。

层次聚类算法非常有用，因为不同的聚类粒度级别提供了不同的特定于应用程序的见解。这提供了聚类的分类，可以通过浏览来了解语义。作为一个具体的例子，考虑由著名的开放目录项目（Open Directory Project，ODP）创建的 Web 页面的分类法[⊖]。在这种情况下，聚类是由手工创建的，但它仍然提供了对使用这种方法可能获得的多粒度洞察力的良好理解。图 9.8 显示了层次结构的一小部分。在最高层次上，Web 页面被组织成诸如艺术、科学、健康等主题。在下一层，科学主题被组织成子主题，如生物学和物理学，而健康主题被分为健身和医疗等主题。这种组织使得用户手动浏览非常方便，特别是当聚类的内容可以用语义可理解的方式描述时。在其他情况下，索引算法可以使用这种层次结构组织。此外，这种方法有时还可以用于创建更好的"平面"聚类。层次聚类算法有两种，分别是自底向上层次聚类算法和自顶向下层次聚类算法。本节将讨论自底向上的分层方法，下一节将讨论自顶向下的方法。

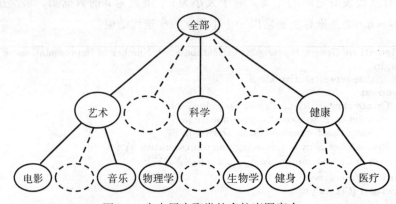

图 9.8　来自层次聚类的多粒度洞察力

在自底向上的方法中，数据点被依次凝聚成更高层次的聚类。该算法从各自聚类中的单个数据点开始，依次将其聚合到更高层次的聚类中。在每次迭代中，选择两个被认为尽可能接近的聚类。这些聚类被合并并替换为一个新创建的合并聚类。因此，每个合并步骤将聚类数量减少 1。因此，需要设计一种方法来测量包含多个数据点的聚类之间的接近度，以使它们可以被合并。正是在选择计算聚类之间的距离时，不同方法之间的大多数差异出现了。

设 n 为 d 维数据库 $\mathcal{D}$ 中的数据点个数，$n_t = n-t$ 为 t 次凝聚后的聚类个数。在任意给定的点上，该方法维护数据中当前聚类之间的 $n_t \times n_t$ 距离矩阵 M。计算和维护这个距离矩阵的精确方法将在后面介绍。在算法的任意迭代中，选取距离矩阵中距离最小的（非对角）项，并合并相应的聚类。这种合并将需要将距离矩阵更新为更小的 $(n_t-1) \times (n_t-1)$ 矩阵。维数减少 1 是因为需要删除合并后的两个聚类的行和列，并在矩阵中添加与新创建的聚类相

⊖　http://www.dmoz.org。

对应的新的距离行和列。这对应于数据中新创建的聚类。确定这个新创建的行和列的值的算法依赖于合并过程中聚类到聚类的距离计算，这将在后面描述。距离矩阵的增量更新过程比从头计算所有距离更有效。当然，假设有足够的内存可用来维持距离矩阵。如果不是这样，那么距离矩阵将需要在每次迭代中完全重新计算，这样的凝聚方法变得不那么有吸引力。对于终止，可以对两个合并聚类之间的距离使用最大阈值，也可以对终止时的聚类数量使用最小阈值。前者的设计目的是自动确定数据中聚类的自然数量，但缺点是需要一个难以直观猜测的质量阈值规范。后一标准的优势在于，可以直观地解释数据中的聚类数量。合并的顺序自然地创建了一个分层的树状结构，说明了不同聚类之间的关系，这被称为树形图。图 9.10a 给出了 6 个数据点 A、B、C、D、E 和 F 连续合并的树形图的例子。

　　带有未指明合并标准的通用凝聚程序如图 9.9 所示。距离编码在 $n_t \times n_t$ 距离矩阵 M 中。这个矩阵提供了使用合并准则计算的两两聚类距离。合并准则的不同选择将在后面描述。矩阵 M 中对应于行（列）i 和 j 的两个聚类的合并需要计算它们的组成对象之间的距离。对于两个分别包含 m_i 和 m_j 对象的聚类，其组成对象之间存在 $m_i \cdot m_j$ 对的距离。例如，在图 9.10b 中，组成对象之间有 $2 \times 4 = 8$ 对距离，用对应的边表示。两个聚类之间的总距离需要作为这些 $m_i \cdot m_j$ 对的函数来计算。下面将讨论计算距离的不同方法。

```
Algorithm AgglomerativeMerge (Data: D)
begin
  Initialize n × n distance matrix M using D;
  repeat
    Pick closest pair of clusters i and j using M;
    Merge clusters i and j;
    Delete rows/columns i and j from M and create
      a new row and column for newly merged cluster;
    Update the entries of new row and column of M;
  until termination criterion;
  return current merged cluster set;
end
```

图 9.9　未指定合并条件的通用凝聚合并算法

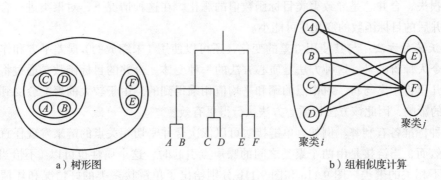

a）树形图　　　　　　　　　　b）组相似度计算

图 9.10　分层聚类步骤的说明

基于组的统计数据

　　下面的讨论假设要合并的两个聚类的索引分别用 i 和 j 表示。在基于组的准则中，两组对象之间的距离是组成对象之间距离 $m_i \cdot m_j$ 对的函数。两组对象之间距离的不同计算方法如下。

1. 最佳（单）链接：在这种情况下，距离等于所有 $m_i \cdot m_j$ 对对象之间的最小距离。这对应于两组之间距离最近的一对对象。合并完成后，需要更新成对距离矩阵 M。删除第 i 行、列和第 j 行、列，并用表示合并聚类的单行和列替换。新的行（列）可以使用 M 中先前删除的行（列）对中的最小值来计算。这是因为其他聚类到合并聚类的距离是最佳链接场景中它们到单个聚类的距离的最小值。对于任何其他聚类 $k \neq i, j$，这等于 $\min \{M_{ik}, M_{jk}\}$（对于行）和 $\min \{M_{ki}, M_{kj}\}$（对于列）。然后更新行和列的索引，以考虑两个聚类的删除和新聚类的替换。最佳链接方法是凝聚方法的一个实例，它非常善于发现任意形状的聚类。这是因为任意形状的聚类中的数据点可以连续地与彼此间距离较小的数据点对的链合并。另一方面，这种链接也可能不恰当地合并不同的聚类，当它是由噪声点引起的时。

2. 最差（完全）链接：在这种情况下，两组对象之间的距离等于两组中所有 $m_i \cdot m_j$ 对对象之间的最大距离。这对应于两组中最远的一对。相应地，矩阵 M 在本例中使用行（列）的最大值进行更新。对于 $k \neq i, j$ 的任意值，这等于 $\max \{M_{ik}, M_{jk}\}$（对于行）和 $\max \{M_{ki}, M_{kj}\}$（对于列）。最差链接准则隐式地试图最小化聚类的最大直径，即聚类中任意一对点之间的最大距离。这种方法也称为完全链接法。

3. 组 - 平均链接：在这种情况下，两组对象之间的距离等于组中所有 $m_i \cdot m_j$ 对对象之间的平均距离。为了计算 M 中合并聚类的行（列），使用矩阵 M 中第 i 行（列）和第 j 行（列）的加权平均值。对于 $k \neq i, j$ 的任意值，它等于 $\dfrac{m_i \cdot M_{ik} + m_j \cdot M_{jk}}{m_i + m_j}$（对于行）和 $\dfrac{m_i \cdot M_{ki} + m_j \cdot M_{kj}}{m_i + m_j}$（对于列）。

4. 最近的质心：在这种情况下，在每个迭代中合并最近的质心。然而，这种方法是不可取的，因为质心丢失了关于不同聚类的相对扩散的信息。例如，只要它们的质心对在相同的距离处，这种方法就不会区分大小不同的聚类的合并对。通常情况下，对较大聚类的合并存在偏差，因为较大聚类的质心在统计上更可能彼此靠近。

5. 基于方差的准则：该准则使合并后的目标函数（如聚类方差）的变化最小化。由于粒度的损失，合并总是导致聚类目标函数值的恶化。在这种情况下，对聚类进行合并，从而使合并后的目标函数的变化尽可能小。

6. 沃德的方法：与其使用方差的变化，还可以使用（未缩放的）误差平方和作为合并标准。令人惊讶的是，这种方法是质心方法的一种变体。合并的目标函数是通过将质心之间的欧几里得距离与每一对中点的调和平均值相乘得到的。由于较大的聚类会受到这个额外因素的影响，因此该方法比质心方法执行得更有效。

各种标准各有利弊。例如，单链接法可以依次合并密切相关点的链来发现任意形状的聚类。然而，当链接是由两个聚类之间的噪声点引起时，这个属性也可以（不恰当地）合并两个不相关的聚类。图 9.11a 和图 9.11b 分别给出了单链接聚类的好情况和坏情况的例子。因此，单链接法的行为依赖于噪声数据点的影响和相对存在。

完全（最坏情况）链接方法试图最小化聚类中任何一对点之间的最大距离。这种量化可以隐式地看作聚类直径的近似。由于它的重点是最小化直径，它将尝试创建聚类，使所有的聚类具有相似的直径。但是，如果数据中的一些自然聚类比其他聚类更大，那么该方法将分解更大的聚类。它还会偏向于创建球形聚类，而不考虑底层数据分布。完全链接法的另一个问题是，它过于重视聚类噪声边缘的数据点，因为它关注的是聚类中任意一对点之间的最大距离。由于在距离计算中使用了多个链接，分组平均数、方差和沃德的方法对噪声更有鲁棒性。

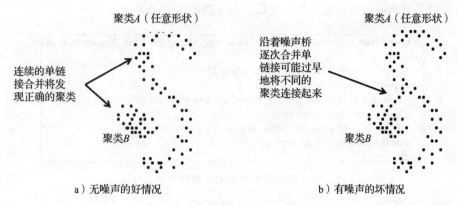

图 9.11 单链接聚类的好与坏情况

凝聚法需要维持一堆排序距离，才能有效地确定矩阵中的最小距离值。初始距离矩阵计算需要 $O(n^2 \cdot d)$ 时间，排序堆数据结构的维护在整个算法过程中需要 $O(n^2 \cdot \log(n))$ 时间，因为在堆中总共会有 $O(n^2)$ 的添加和删除。因此，总运行时间为 $O(n^2 \cdot d + n^2 \cdot \log(n))$。距离矩阵所需的空间是 $O(n^2)$。对于大型数据集来说，空间需求尤其成问题。在这种情况下，一个相似矩阵 M 不能被增量维护，许多层次方法的时间复杂度会急剧增加到 $O(n^3 \cdot d)$。出现这种增长是因为聚类之间的相似性计算需要在合并时显式地执行。

聚类分层方法自然会得到一个聚类的二叉树。与自顶向下的方法相比，自底向上的方法通常难以控制层次树的结构。因此，在需要特定结构的分类法的情况下，自底向上的方法就不那么可取了。

分层方法的一个问题是，它们对合并过程中出现的少量错误非常敏感。例如，如果在某个阶段由于数据集中存在噪声而做出了错误的合并决策，那么就没有办法撤销它，并且错误可能会在后续的合并中进一步传播。事实上，一些分层聚类的变体，如单链接法，由于存在少量噪声点，会相继合并相邻的聚类。然而，有许多方法可以通过特殊处理噪声数据点来减少这些影响。

对于更大的数据集，从空间和时间效率的角度来看，凝聚方法可能变得不切实际。因此，这些方法往往与抽样和其他划分方法相结合，以高效地提供高质量的解决方案。

9.3.3 自顶向下的方法

尽管自底向上的凝聚方法通常是基于距离的方法，但自顶向下的分层方法可以被视为通用的元算法，可以将几乎任何聚类算法作为子例程。由于就不同分支之间的度和平衡而言，采用自顶向下的方法可以对树的全局结构实现更大的控制。

自顶向下聚类的总体方法使用通用的平面聚类算法 $\mathcal{A}$ 作为子程序。该算法在包含所有数据点的根节点初始化树。在每次迭代中，当前树中特定节点上的数据集被分成多个节点（聚类）。通过改变节点选择的标准，可以创建按高度平衡的树或按聚类数量平衡的树。如果算法 $\mathcal{A}$ 是随机化的，例如 k- 均值算法（带有随机种子），则可以在特定节点上对同一算法进行多次试验，并选择最佳算法。自顶向下分裂策略的通用伪代码如图 9.12 所示。该算法使用自顶向下的方法递归地分割节点，直到达到一定的树高度或每个节点包含的数据对象少于预定义的数量。可以用算法 $\mathcal{A}$ 和增长策略的不同实例设计各种各样的算法。注意，算法 $\mathcal{A}$ 可以是任意的聚类算法，而不仅仅是基于距离的算法。

Algorithm *GenericTopDownClustering*(Data: $\mathcal{D}$, Flat Algorithm: $\mathcal{A}$)
begin
   Initialize tree $\mathcal{T}$ to root containing $\mathcal{D}$;
   repeat
     Select a leaf node L in $\mathcal{T}$ based on pre-defined criterion;
     Use algorithm $\mathcal{A}$ to split L into $L_1 \ldots L_k$;
     Add $L_1 \ldots L_k$ as children of L in $\mathcal{T}$;
   until termination criterion;
end

图 9.12   用于聚类的通用自顶向下的元算法

二分 $k-$ 均值

二分 $k-$ 均值算法是一种自顶向下的层次聚类算法，其中采用 $2-$ 均值算法将每个节点精确分割成两个子节点。为了将一个节点分割成两个子节点，使用了几个分割的随机试验，并且使用了对整体聚类目标有最佳影响的分割。这种方法的几个变体使用不同的增长策略来选择要分割的节点。例如，最重的节点可能会先被分割，或者距根的距离最小的节点可能会先被分割。这些不同的选择可以平衡聚类权重或树的高度。

9.3.4   基于概率模型的算法

本书中讨论的大多数聚类算法都是硬聚类算法，其中每个数据点都被确定地分配给一个特定的聚类。基于概率模型的算法是一种软算法，其中每个数据点对许多（通常是所有）聚类的分配概率是非零的。通过将一个数据点分配给一个具有最大分配概率的聚类，聚类问题的软解可以转化为硬解。

基于混合生成模型的基本原理是假设数据是由 k 分布和概率分布 $\mathcal{G}_1, \cdots, \mathcal{G}_k$ 混合生成的。每个分布 $\mathcal{G}_i$ 代表一个聚类，也被称为混合分量。每个数据点 $\overline{X}_i$，其中 $i \in \{1, \cdots, n\}$，由该混合模型如下生成：

1. 选择先验概率为 $\alpha_i = P(\mathcal{G}_i)$ 的混合分量，其中 $i \in \{1, \cdots, k\}$。假设选择了第 r 个。

2. 从 $\mathcal{G}_r$ 生成一个数据点。

生成模型用 $\mathcal{M}$ 表示。不同的先验概率 α_i 和不同分布 $\mathcal{G}_i$ 的参数是事先不知道的。每个分布 $\mathcal{G}_i$ 通常被假定为高斯分布，尽管对于每个 $\mathcal{G}_i$ 可以假定任意（和不同）的分布族。分布 $\mathcal{G}_i$ 的选择很重要，因为它反映了用户对单个聚类（混合分量）的分布和形状的预先理解。每个混合分量分布的参数，如其均值和方差，需要从数据中估计出来，使整体数据具有被模型生成的最大似然。这是通过期望最大化（Expectation-Maximization，EM）算法实现的。不同混合分量的参数可以用来描述聚类。例如，每个高斯分量的均值的估计类似于确定 $k-$ 代表算法中每个聚类中心的均值。在估计了混合分量的参数之后，就可以确定每个混合分量（聚类）的数据点的后验生成（或分配）概率。

假设混合分量 $\mathcal{G}_i$ 的概率密度函数用 $f^i(\cdot)$ 表示。模型生成的数据点 $\overline{X}_j$ 的概率（密度函数）由不同混合分量的概率密度的加权和给出，其中权重为混合分量的先验概率 $\alpha_i = P(\mathcal{G}_i)$：

$$f^{\text{point}}(\bar{X}_j \mid \mathcal{M}) = \sum_{i=1}^{k} \alpha_i \cdot f^i(\bar{X}_j) \qquad (9.28)$$

然后，包含 n 个数据点的数据集 $\mathcal{D}$ 用 $\bar{X}_1, \cdots, \bar{X}_n$ 表示，由模型 $\mathcal{M}$ 生成的数据集的概率密度是特定于点的概率密度的乘积：

$$f^{\text{data}}(\mathcal{D} \mid \mathcal{M}) = \prod_{j=1}^{n} f^{\text{point}}(\bar{X}_j \mid \mathcal{M}) \qquad (9.29)$$

数据集 $\mathcal{D}$ 相对于模型 $\mathcal{M}$ 的对数似然拟合 $\mathcal{L}(\mathcal{D} \mid \mathcal{M})$ 是上述表达式的对数，可以（更方便地）表示为不同数据点上的值的和。由于计算原因，对数似然拟合是首选。

$$\mathcal{L}(\mathcal{D} \mid \mathcal{M}) = \log\left(\prod_{j=1}^{n} f^{\text{point}}(\bar{X}_j \mid \mathcal{M})\right) = \sum_{j=1}^{n} \log\left(\sum_{i=1}^{k} \alpha_i f^i(\bar{X}_j)\right) \qquad (9.30)$$

这种对数似然拟合需要最大化，以确定模型参数。一个显著的观察是，如果从不同的聚类生成的数据点的概率已知，那么就会相对容易地为混合的每个分量分别确定最优模型参数。同时，由不同分量生成的数据点的概率取决于这些最优模型参数。这种循环让人想起 9.3.1 节中优化分区算法的目标函数时的类似循环。在这种情况下，数据点硬分配到聚类的知识提供了为每个聚类确定局部最优聚类代表的能力。在这种情况下，软分配的知识提供了局部估计每个聚类的最优（最大似然）模型参数的能力。这自然提出了一种迭代 EM 算法，其中模型参数和概率分配是相互迭代估计的。

　　设 Θ 为向量，表示描述混合模型所有分量的整个参数集。例如，在高斯混合模型的情况下，Θ 包含了所有分量混合均值、方差、协方差和先验生成概率 $\alpha_1, \cdots, \alpha_k$。然后 EM 算法从 Θ 的初始值（可能对应于数据点随机分配给混合分量）开始，进行如下操作：

　　1.（求期望）给定 Θ 中参数的当前值，假设观测到数据点 $\bar{X}_j$，估计生成过程中选择的分量 $\mathcal{G}_i$ 的后验概率 $P(\mathcal{G}_i \mid \bar{X}_j, \Theta)$。数量 $P(\mathcal{G}_i \mid \bar{X}_j, \Theta)$ 也是我们试图估计的软聚类分配概率。对于每个数据点 $\bar{X}_j$ 和混合分量 $\mathcal{G}_i$ 执行此步骤。

　　2.（最大化期望）给定数据点分配到聚类的当前概率，使用最大似然方法来确定 Θ 中所有参数的值，这些参数在当前分配的基础上最大化对数似然拟合。

　　为了改进最大似然准则，重复执行这两个步骤。当目标函数在一定的迭代次数中没有显著改善时，该算法被称为收敛。下面将详细介绍求期望和最大化期望。

　　求期望使用当前可用的模型参数来计算由混合的每个分量生成的数据点 $\bar{X}_j$ 的概率密度。该概率密度用于计算数据点 $\bar{X}_j$ 由分量 $\mathcal{G}_i$ 生成的贝叶斯概率（模型参数固定于当前参数集 Θ）：

$$P(\mathcal{G}_i \mid \bar{X}_j, \Theta) = \frac{P(\mathcal{G}_i) \cdot P(\bar{X}_j \mid \mathcal{G}_i, \Theta)}{\sum_{r=1}^{k} P(\mathcal{G}_r) \cdot P(\bar{X}_j \mid \mathcal{G}_r, \Theta)} = \frac{\alpha_i \cdot f^{i,\Theta}(\bar{X}_j)}{\sum_{r=1}^{k} \alpha_r \cdot f^{r,\Theta}(\bar{X}_j)} \qquad (9.31)$$

在概率密度函数中添加了上标 Θ，表示它们是根据当前模型参数 Θ 进行评估的。

　　最大化期望要求在假设求期望提供了"正确的"软分配的前提下，对每个概率分布的参数进行优化。为了优化拟合，需要计算对数似然拟合对相应模型参数的偏导数，并将其设为零。这里没有具体描述这些代数步骤的细节，而是描述了作为优化结果计算的模型参数的值。

每个 α_i 的值被估计为当前分配到聚类 i 的点的加权分数，然后将数据点 $\bar{X}_j$ 与 $P(\mathcal{G}_i|\bar{X}_j, \Theta)$ 相关联。因此，我们有：

$$\alpha_i = P(\mathcal{G}_i) = \frac{\sum_{j=1}^{n} P(\mathcal{G}_i|\bar{X}_j, \Theta)}{n} \tag{9.32}$$

在实际应用中，为了在较小的数据集上获得更鲁棒的结果，将分子上每个聚类的期望数据点数增广 1，分母上的总数据点数为 $n+k$，因此估计值为：

$$\alpha_i = \frac{1 + \sum_{j=1}^{n} P(\mathcal{G}_i|\bar{X}_j, \Theta)}{k + n} \tag{9.33}$$

这种方法也称为拉普拉斯平滑。

为了确定分量 i 的其他参数，$P(\mathcal{G}_i|\bar{X}_j, \Theta)$ 的值被视为该数据点的权重。考虑一个 d 维高斯混合模型，其中第 i 个分量的分布定义如下：

$$f^{i,\Theta}(\bar{X}_j) = \frac{1}{\sqrt{|\Sigma_i|(2\cdot\pi)^{(d/2)}}} e^{-\frac{1}{2}(\bar{X}_j - \bar{\mu}_i)\Sigma_i^{-1}(\bar{X}_j - \bar{\mu}_i)} \tag{9.34}$$

其中 $\bar{\mu}_i$ 为第 i 个高斯分量的 d 维均值向量，Σ_i 为第 i 个高斯分量的广义高斯分布的 $d \times d$ 协方差矩阵。$|\Sigma_i|$ 表示协方差矩阵的行列式。结果表明⊖，$\bar{\mu}_i$ 和 Σ_i 的极大似然估计生成了该分量中各数据点的（概率加权）均值和协方差矩阵。这些概率权重是由求期望中的分配概率得到的。有趣的是，这正是马氏 $k-$ 均值方法的代表和协方差矩阵在 9.3.1 节中推导的方式。唯一的区别是数据点没有加权，因为确定性 $k-$ 均值算法使用了硬分配。注意，高斯分布指数中的项是马氏距离的平方。

通过迭代执行求期望和最大化期望来收敛，以确定最优参数集 Θ。在过程的最后，得到了一个概率模型，该模型用生成模型描述了整个数据集。该模型还以求期望的最终执行为基础，提供了数据点的软分配概率 $P(\mathcal{G}_i|\bar{X}_j, \Theta)$。

在实践中，为了最小化估计参数的数量，Σ_i 的非对角项通常设置为 0。在这种情况下，Σ_i 的行列式简化为各维度方差的乘积。这等价于在指数中使用闵可夫斯基距离的平方。如果所有对角线项进一步被限制为具有相同的值，那么就相当于使用了欧几里得距离，混合的所有分量都将具有球形聚类。因此，不同的选择和复杂的混合模型分布提供了不同程度的灵活性来表示每个分量的概率分布。

这种两阶段迭代方法类似于基于代表的算法。求期望可以看作基于距离的分区算法中分配步骤的软版本。最大化期望让人联想到优化步骤，其中特定于分量的最优参数是在固定分配的基础上学习的。概率分布指数中的距离项提供了概率和基于距离的算法之间的自然联系。

求期望在结构上类似于分配步骤，最大化期望类似于 $k-$ 代表算法中的优化步骤。许多混合分量分布可以表示为 $K_1 \cdot e^{-K_2 \cdot \text{Dist}(\bar{X}_i, \bar{Y}_j)}$，其中 K_1 和 K_2 受分布参数约束。这种指数分布的对数似然直接映射到最大化期望目标函数中的一个可加距离项 $\text{Dist}(\bar{X}_i, \bar{Y}_j)$，该距

⊖ 这是通过将 $\mathcal{L}(\mathcal{D}|\mathcal{M})$ [见式（9.30）] 对 $\bar{\mu}_i$ 和 Σ 中的每个参数的偏导数设为 0 来实现的。

离项在结构上与 $k-$ 代表方法中相应的可加优化项相同。对于许多混合概率分布形式为 $K_1 \cdot e^{-K_2 \cdot \text{Dist}(\overline{X}_i, \overline{Y}_j)}$ 的 EM 模型，可以用距离函数 $\text{Dist}(\overline{X}_i, \overline{Y}_j)$ 定义相应的 $k-$ 代表算法。

9.3.5 科赫仑自组织映射

科赫仑自组织映射 [103] 构建一维或二维的嵌入，其中一维的串状或二维的晶格状结构被施加到神经元上。嵌入的维数与晶格的维数相同。它也可以创建三维嵌入并适当地选择晶格结构。我们将考虑在神经元上施加一个二维晶格状结构的情况。正如我们将看到的，这种类型的晶格结构使所有点映射到二维空间以实现可视化。图 9.13a 显示了一个由 25 个神经元组成的 5×5 矩形网格的二维晶格结构示例。图 9.13b 显示了一个含有相同数目神经元的六边形晶格。晶格的形状影响聚类将被映射到的二维区域的形状。

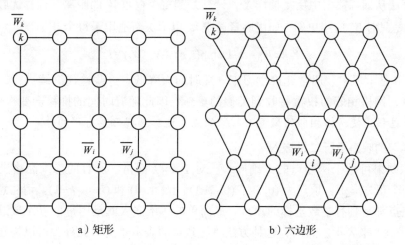

a）矩形　　　　　　　　　　b）六边形

图 9.13　自组织映射的 5×5 晶格结构示例。由于神经元 i 和 j 在晶格上很接近，学习过程会使 $\overline{W}_i$ 和 $\overline{W}_j$ 更接近。在二维表示法中，矩形点阵会导致矩形聚集区域，而六边形点阵会导致二维表示法中六边形聚集区域

使用晶格结构的思想是相邻晶格神经元的 $\overline{W}_i$ 值趋于相似。在这里，定义单独的符号来区分距离 $\|\overline{W}_i - \overline{W}_j\|$ 和晶格上的距离是很重要的。晶格上相邻神经元对之间的距离恰好是一个单位。例如，根据图 9.13a 中的晶格结构，神经元 i 到 j 的距离为 1 个单位，神经元 i 到 k 的距离为 $\sqrt{2^2 + 3^2} = \sqrt{13}$。原始输入空间中的向量距离（如 $\|\overline{X} - \overline{W}_i\|$ 或 $\|\overline{W}_i - \overline{W}_j\|$）用 $\text{Dist}(\overline{X}_i, \overline{Y}_j)$ 这样的符号表示。另一方面，神经元 i 与神经元 j 沿晶格结构的距离用 $\text{LDist}(i, j)$ 表示。注意，$\text{LDist}(i, j)$ 的值只与指数 (i, j) 有关，与向量 $\overline{W}_i$ 和 $\overline{W}_j$ 的值无关。

自组织映射中的学习过程以这样一种方式进行调节，即神经元 i 和 j（基于晶格距离）的紧密程度也会使它们的权重向量偏置，使之更加相似。换句话说，自组织映射的晶格结构在学习过程中起着正则化的作用。正如我们稍后将看到的，将这种类型的二维结构强加到所学习的权重上有助于可视化具有二维嵌入的原始数据点。

整体的自组织映射训练算法以类似于竞争学习的方式进行，从训练数据中抽样 $\overline{X}$，并根据欧氏距离找到优胜神经元。优胜神经元中的权重更新方式与传统的竞争学习算法相似。然而，主要的区别是这种更新的阻尼版本也适用于优胜神经元的格邻。事实上，在这种方

法的软变体中，我们可以将这种更新应用于所有的神经元，而阻尼的水平取决于该神经元与获胜神经元之间的晶格距离。阻尼函数通常位于 [0，1]，通常由高斯核函数定义：

$$\text{Damp}(i, j) = \exp\left[-\frac{\text{LDist}(i, j)^2}{2\sigma^2}\right] \tag{9.35}$$

这里，σ 是高斯核的带宽。使用极小的 σ 值会使其转变为纯优胜者通吃学习，而使用较大的 σ 值会导致更大的正则化，在这种情况下，晶格相邻的单元具有更相似的权重。当 σ 值较小时，只有优胜神经元的阻尼函数为 1，其他所有神经元的阻尼函数为 0。因此，σ 的值是用户可用于调优的参数之一。注意，还有许多其他的核函数可以用来控制正则化和阻尼。例如，可以使用阈值步进核，而不是平滑的高斯阻尼函数，当 $\text{LDist}(i, j) < \sigma$ 时，它的值为 1，否则为 0。

训练算法从训练数据中反复抽样 $\bar{X}$，计算 $\bar{X}$ 到每个权重 $\bar{W}_i$ 的距离。计算优胜神经元的指数 p。不是只对 $\bar{W}_p$ 应用更新（如优胜者通吃），以下更新适用于每个 $\bar{W}_i$：

$$\bar{W}_i \Leftarrow \bar{W}_i + \alpha \cdot \text{Damp}(i, p) \cdot (\bar{X} - \bar{W}_i) \ \forall i \tag{9.36}$$

这里，$\alpha > 0$ 是学习率。通常允许学习率 α 随时间而降低。这些迭代继续进行，直到达到收敛。注意，网格相邻的权重将收到类似的更新，因此随着时间的推移会变得更加相似。因此，训练过程迫使网格相邻的聚类有相似的点，这对可视化是有用的。

使用学习的映射进行二维嵌入

自组织映射可用于诱导点的二维嵌入。对于 $k \times k$ 网格，所有的二维晶格坐标将位于正象限的一个正方形中，顶点为 $(0, 0)$、$(0, k-1)$、$(k-1, 0)$ 和 $(k-1, k-1)$。请注意，晶格中的每个网格点都是具有整数坐标的顶点。最简单的二维嵌入就是用每个点 $\bar{X}$ 最近的网格点（即优胜神经元）来表示。然而，这种方法将导致点的表示重叠。此外，可以构建数据的二维表示，每个坐标为 $\{0, \cdots, k-1\} \times \{0, \cdots, k-1\}$ 的 $k \times k$ 个值之一。这也是自组织映射被称为离散降维方法的原因。可以使用各种启发式方法来消除这些重叠点的歧义。当应用于高维文档数据时，可视化检查通常显示特定主题的文档被映射到特定的局部区域。此外，相关主题（如政治和选举）的文档往往会被映射到邻近区域。图 9.14a 和图 9.14b 分别显示了自组织地图如何用矩形和六角晶格排列四个主题的文档的示例。这些区域的颜色不同，这取决于属于相应区域的文档的大多数主题。

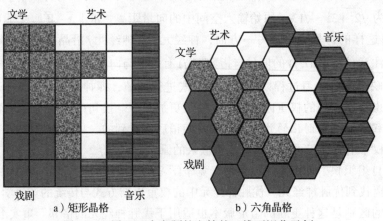

图 9.14　属于四个主题的文档的二维可视化示例

自组织映射与哺乳动物大脑结构的关系有很强的神经生物学基础。在哺乳动物的大脑中，各种类型的感觉输入（如触摸）被映射到细胞的许多折叠平面上，这些折叠平面被称为片[59]。当身体靠近的部分接收到输入（例如触觉输入）时，大脑中物理上靠近的细胞群也会一起激活。因此，（感觉）输入的接近程度映射到神经元的接近程度，就像自组织映射一样。这种类型的神经生物学灵感被用于许多神经架构，例如用于图像数据的卷积神经网络[107, 110]。

9.3.6 谱聚类

谱聚类[129, 164]结合了非线性降维和 $k-$ 均值聚类，允许学习任意形状的聚类。谱聚类结合了行和列相似性，首先使用行相似性创建一个矩阵，然后使用降维创建一个新的表示，其中也包含列相似性。谱聚类使用以下步骤：

1. **（打破聚类间链接）**：设 $S=[s_{ij}]$ 是定义在 n 个数据点上的对称 $n \times n$ 相似性矩阵，其中 s_{ij} 是数据点 i 和 j 之间的相似性，数据点不需要是多维的。在序列或文本数据的情况下，可以使用特定于领域的相似函数（如字符串子序列核[118]）来创建相似性矩阵。S 的对角项设为 0。根据相似性矩阵 S，识别所有对 (i, j)，使数据点 i 和 j 是相互 $k-$ 最近邻。S 中保留相似性值 s_{ij}。否则，s_{ij} 的值设为 0。这一步简化了相似性矩阵，并直观地尝试"打破"聚类间的链接，这样在工程表示中得到的点就不太可能彼此接近。最近邻的数目（k）调节相似性矩阵的稀疏性。

2. **（密集和稀疏区域归一化）**：对于每一行 i，对称矩阵 S 中每一行的和计算如下：

$$S_i = \sum_j s_{ij}$$

直观上，S_i 的值量化了数据点 i 局部性的"密度"。然后，每个相似性值以下关系归一化：

$$s_{ij} \Leftarrow \frac{s_{ij}}{\sqrt{S_i \cdot S_j}} = \frac{s_{ij}}{\text{GEOMETRIC} - \text{MEAN}(S_i, S_j)}$$

其基本思想是将数据点之间的相似性与它们端点的"密度"的几何平均值进行归一化。因此，相似性是相对于局部数据分布的。例如，在一个属于稀疏聚类的局部区域中，两个稍微相似的数据点之间的相似性会被放大，而在一个密集区域中，两个数据点之间的相似性会被弱化。这种类型的调整使相似函数更适应数据局部性的统计。例如，如果一个数据点位于一个非常密集的区域，那么它将有助于在该区域中创建更多的细粒度聚类。与此同时，在稀疏区域创建更少的聚类和更广泛的分离点成为可能。（在空间应用的背景下）理解这一点的直观方法是，人口稀少的阿拉斯加的人口聚类在地理上要比人口稠密的加州的人口聚类大。

3. **（显式特征工程）**：将得到的相似性矩阵 S 对角化为 $S=Q\Delta Q^{\mathrm{T}}$，其中 Q 的列包含特征向量，Δ 是一个包含特征值的对角矩阵。只需要计算 Q 的最大 $r \ll n$ 个特征向量（列）来创建一个较小的 $n \times r$ 矩阵 Q_0。此外，Q_0 的每一行被缩放到单位范数，这样所有工程点（即 Q_0 的行）都位于单位球面上。此时，将 $k-$ 均值算法应用于具有欧氏距离的归一化和工程点。

前两个步骤以依赖数据的方式更改相似性矩阵，因为来自多个点的聚合统计信息用于更改项。对工程表示的各种调整，如降低低阶特征向量，有助于改善聚类数据的表示。谱聚类能够从数据中发现非线性形状的纠缠聚类，这些聚类是使用 $k-$ 均值等方法无法发现的，而 $k-$ 均值只能发现球形聚类。例如，谱聚类将能够发现图 9.11 中的两个聚类，因为对应于两个聚类的相似性矩阵的部分将有非零项。此外，选择适当的相似函数，往往会在稀疏化步骤中断开图 9.11b 所示点的桥。

9.4　为什么无监督学习很重要

大多数人类和动物的学习是无监督学习，这是其他学习形式的基础。例如，人类一直在学习环境的本质，因为他们接受感官输入，并将有用的信息归档。然后，这些信息将用于学习更专门的任务。例如，对一个人来说，在通过观察体验了世界是如何运行的之后，学习物理定律就会容易得多。在机器学习中也有类似的观察，无监督学习通常会使分类等特殊任务更容易执行。无监督方法常用于特征工程、预训练和半监督学习。下面，我们将提供几个用于监督学习的无监督模型示例。

9.4.1　机器学习的特征工程

这类方法被称为核方法，它们使用无监督特征工程来进行分类。值得注意的是，当希望方法显示特定类型的特征时，特征工程也用于改变无监督方法（如聚类）的行为。特征工程用于聚类的一个具体例子是谱方法的使用，其中相似性矩阵的对角化提供了一组新的特征，在这些特征上进行 $k-$ 均值聚类。通过改变相似性矩阵的性质，可以改变底层算法的行为。

在核分类方法中，相似性矩阵是利用相似性函数从数据集构造出来的，相似性函数对距离比点积更敏感。回想一下本章前面的讨论，如果我们有一个 $n \times d$ 数据集，那么 $n \times n$ 相似性矩阵 DD^T 的特征向量会产生一个旋转后的数据集，与 SVD 提供的表示相同。$S = DD^T$ 的第 (i, j) 项是 D 的第 i 行和第 j 行之间的相似性点积。换句话说，如果 $S = [s_{ij}]$ 是相似性矩阵，而 $\bar{X}_i$ 是 D 的第 i 行，则有：

$$s_{ij} = \bar{X}_i \cdot \bar{X}_j$$

奇异值分解生成对角矩阵 Σ 的嵌入 $U = Q\Sigma$，满足：

$$S = DD^T = Q\Sigma^2 Q^T = \underbrace{(Q\Sigma)}_{U}(Q\Sigma)^T = UU^T$$

这里 Q、Σ 和 U 都是 $n \times n$ 矩阵。U 在普通 SVD 中的一个重要性质是最多有 d 列是非零的，因此新的嵌入也是（最多）d 维的。这并不特别令人惊讶，因为 SVD 只是简单地旋转数据集。

核方法使用非线性奇异值分解，其中矩阵 S 是用更敏感的相似函数（如高斯核）构造的，而不是使用点积：

$$s_{ij} \propto \exp(-\| \bar{X}_i - \bar{X}_j \|^2 / \sigma^2) \tag{9.37}$$

使用更敏感的相似函数得到一个新的嵌入 $S = UU^T$，其中 U 的所有 n 列都可能是非零的。因此，新的嵌入可能比普通的 SVD 具有更高的维数。数据集的维数越大，就越容易用线性超平面来分离新表示中的类。因此，在执行分类之前，经常将数据转换到这个新空间。为了理解为什么非线性可分的聚类通过使用对距离更敏感的相似函数变得线性可分，我们将使用一个例子。

考虑这样一个设置，其中数据矩阵 D 是一个 $n \times d$ 的矩阵，其中包含 n 个文档中的每个文档中 d 个单词的频率。数据集包含与艺术、工艺和音乐相对应的三个相关主题类，我们希望构建一个分类器来分离这些类。这些类自然聚集在底层数据中，如图 9.15 所示。不幸的是，这些类不是线性可分的，线性分类器很难将任何特定的类从其他类中分离出来。

现在假设我们可以定义一个相似性矩阵，在这个矩阵中，不同主题的文档之间的大部分相似点接近于零，而相同主题的文档之间的大部分相似点接近于 1。这可以用式（9.37）的高斯核来实现，只要选择适当的带宽 σ。得到的相似性矩阵 S 如图 9.15 所示，具有自然块结构。什么类型的嵌入 U 将产生因子分解 $S = UU^T$？首先让我们考虑一个绝对完美相似函数，其中所有阴影块中的项都是 1，所有阴影块之外的项都是 0。在这种情况下，可以表明（忽略零特征值后）艺术中的每个文档将接收到 $(1, 0, 0)$ 的嵌入，音乐中的每个文档将接收到 $(0, 1, 0)$ 的嵌入，工艺中的每个文档将接收到 $(0, 0, 1)$ 的嵌入。当然，在实践中，我们永远不会有 1 和 0 的精确块结构，而且在块结构中会有显著的噪声/精细趋势。这些变化将被图 9.15 所示的低阶特征向量捕获。即使有这些额外的噪声维数，这种新的表示对分类通常是线性可分的。这里的关键思想是，点积相似性有时不能很好地捕捉数据的详细结构，而具有更精确的以位置为中心的变化的其他相似性函数有时可以捕捉到这些结构。使用高斯核的目的是精确且适当地强调这些以位置为中心的变化。这里唯一的监督是根据样本外性能选择核的带宽。注意，没有必要使用 U 的所有列；我们可以把较小的特征向量作为噪声维去掉。

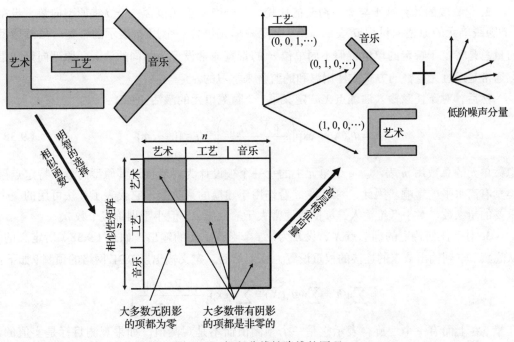

图 9.15 解释非线性降维的原理

基于这个基本思想，我们提供了一个基于 $n \times d$ 数据矩阵 D 的核分类算法示例，其中包含训练行和测试行：

对角阵 $S=Q\Sigma^2 Q^{\mathrm{T}}$；

提取 $U=Q\Sigma$ 的行的 n 维嵌入；

将 U 的行划分为 U_{train} 和 U_{test}；

在 U_{train} 和类标签的训练行应用线性支持向量机以学习模型 $\mathcal{M}$；

对 U_{test} 的每行应用 $\mathcal{M}$ 以产生预测；

该模型与核支持向量机几乎相同，唯一的区别是核支持向量机只使用训练行进行特征工程，然后将测试行拟合到训练空间中。用这种方法将非线性变换推广到样本外行被称为尼斯特罗姆方法。文献 [8] 中描述了核支持向量机的精确特征工程模拟。此外，这种类型的特征工程更常见的是通过使用传统机器学习中的核技巧间接使用，而不是通过特征工程。然而，这些核方法大致相当于上面描述的过程。

9.4.2 特征工程的径向基函数网络

传统的前馈网络包含许多层，其非线性通常是由激活函数的重复组合产生的。另一方面，RBF 网络通常只使用一个输入层、一个隐藏层（带有 RBF 函数定义的特殊行为类型）和一个输出层。在前馈网络中，输入层并不是一个真正的计算层，它只是将输入向前推进。RBF 网络的层数设计如下：

1. 输入层简单地从输入特征传递到隐藏层。因此，输入单元的个数正好等于数据的维数 d。与前馈网络的情况一样，在输入层中不进行计算。在所有前馈网络中，输入单元完全连接到隐藏单元，并向前推进它们的输入。

2. 隐藏层的计算基于与原型向量的比较。每个隐藏单元包含一个 d 维原型向量。设第 i 个隐藏单元的原型向量用 $\bar{\mu}_i$ 表示。第 i 个隐藏单元包含一个用 σ_i 表示的带宽。虽然原型向量总是特定于特定的单位，但不同单位 σ_i 的带宽通常设置为相同的值 σ。原型向量和带宽通常是通过无监督的方式或使用温和的监督来学习的。

然后，对于任意输入训练点 $\bar{X}$，定义第 i 个隐藏单元的激活 $\Phi_i(\bar{X})$：

$$h_i = \Phi_i(\bar{X}) = \exp\left(-\frac{\|\bar{X} - \bar{\mu}_i\|^2}{2 \cdot \sigma_i^2}\right) \quad \forall i \in \{1, \cdots, m\} \quad (9.38)$$

隐藏单元的总数用 m 表示。m 个单元中的每一个被设计为对最接近其原型向量的特定点聚类具有高水平的影响。因此，可以将 m 看作用于建模的聚类数，它代表了算法可用的一个重要的超参数。对于低维输入，m 的值通常大于输入维 d，但小于训练点个数 n。

3. 对于任何特定的训练点 $\bar{X}$，设 h_i 为第 i 个隐藏单元的输出，如式（9.38）所定义的。从隐藏节点到输出节点的连接的权重设置为 w_i。然后，定义输出层 RBF 网络的预测 $\hat{y}$ 如下：

$$\hat{y} = \sum_{i=1}^{m} w_i h_i = \sum_{i=1}^{m} w_i \Phi_i(\bar{X}) = \sum_{i=1}^{m} w_i \exp\left(-\frac{\|\bar{X} - \bar{\mu}_i\|^2}{2 \cdot \sigma_i^2}\right)$$

变量 $\hat{y}$ 在上面有一个迴旋，表示它是一个预测值而不是观测值。如果观测目标是实值的，则可以建立一个最小二乘损失函数，类似于前馈网络。权重 $w_1, \cdots, w_m$ 的值需要在监督下学习。

RBF 网络的一个例子如图 9.16 所示。

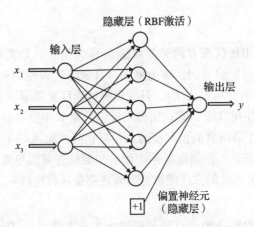

图 9.16　RBF 网络：注意隐藏层比输入层更宽，这是典型的（但不是强制性的）

在 RBF 网络中，有两组计算分别对应于隐藏层和输出层。隐藏层的参数 $\overline{\mu}_i$ 采用无监督学习方式，输出层的参数 $\overline{\mu}_i$ 采用梯度下降的监督学习方式。后者类似于前馈网络的情况。$\overline{\mu}_i$ 可以从数据中抽样，也可以设置为 m 路聚类算法的 m 个质心。也就是说，我们可以用现成的聚类算法将训练数据划分为 m 个聚类，并将 m 个聚类的均值作为 m 个原型。参数 σ_i 被设置为与 σ 相同的值，σ 通常被视为超参数。换句话说，它是调优的一部分数据帽，以优化分类精度。

一个有趣的特殊情况是，当原型被设置为单个训练点时（因此值 m 与训练示例的数量相同）。在这种情况下，RBF 网络可以被证明专门用于机器学习中众所周知的核方法。然而，由于 RBF 网络可以选择不同的原型而不是训练点，这表明 RBF 网络比核方法具有更强的能力和灵活性。

9.4.3　半监督学习

大多数人和动物的学习过程最密切地反映在半监督学习中。并非所有的人类经历都是以任务为中心的；相反，你可以从日常经验中学习到一定程度的背景知识。这种背景知识通常用于以任务为中心的学习。日常的经验（不是以任务为中心的）可以被视为无监督的经验。然而，在大多数情况下，这些经历确实有助于学习更专注的任务。一个重要的发现是，人类大部分时间都在无监督的情况下进行训练，而以任务为中心的学习只在一小部分时间内进行。类似的观察结果也适用于机器学习任务，人们可以通过使用无监督数据来提高监督算法的准确性。在大多数情况下，无监督数据是丰富的，而监督数据是非常有限的。目标是将模型限制在特征空间的一小部分。当有很多未标记的数据可用，而只有一小部分数据被标记时，这一点特别有用。

许多通用的元算法，如自训练、协同训练和预训练，经常用于学习。泛型元算法的目标是利用现有的分类算法来增强未标记数据的分类过程。最简单的方法是自训练，使用平滑假设增量扩展训练数据的标记部分。这种方法的主要缺点是可能导致过拟合。避免过拟合的一种方法是使用协同训练。协同训练对特征空间进行分区，并使用在每个特征空间上训练的分类器独立地标记实例。一个分类器中的标记实例被用作对另一个分类器的反馈，反之亦然。

自训练

自训练过程可以使用任何现有的分类算法 $\mathcal{A}$ 作为输入。分类器 $\mathcal{A}$ 用于增量地将标签分配给它预测最可靠的未标记示例。作为输入，自训练过程使用初始标记集 L、未标记集 U 和用户定义的参数 k（有时可设为 1）。自我训练过程反复使用以下步骤：

1. 对当前标记集 L 使用算法 $\mathcal{A}$，识别出未标记数据 U 中分类器 $\mathcal{A}$ 最自信的 k 个实例。

2. 将标签分配给 k 个最可靠的预测实例，并将它们添加到 U 中。

自我训练的主要缺点是，在训练数据中添加预测标签可能导致在噪声存在的情况下传播错误。另一种称为协同训练的方法能够更有效地避免这种过拟合。

协同训练

在协同训练中，假设特征集可以被分成两个不相交的组 F_1 和 F_2，每个组都足以学习目标分类函数。重要的是选择两个特征子集，使它们尽可能彼此独立。构造了两个分类器，这样每个组上都构造了一个分类器。这些分类器不允许直接相互作用来预测未标记的例子，尽管它们被用来建立彼此的训练集。这就是这种方法被称为协同训练的原因。

设 L 为已标记的训练数据，U 为未标记的训练数据。设 L_1 和 L_2 为每个分类器的标记集。集合 L_1 和 L_2 被初始化为可用的标记数据 L，但它们分别用不相交的特征集 F_1 和 F_2 表示。在协同训练过程中，由于在 L_1 和 L_2 中分别加入了来自最初未标记集 U 的不同的例子，L_1 和 L_2 中的训练实例可能会有所不同。分别使用训练集 L_1 和 L_2 构造了两个分类器模型 $\mathcal{A}_1$ 和 $\mathcal{A}_2$。然后迭代应用以下步骤：

1. 使用标记集 L_1 训练分类器 $\mathcal{A}_1$，并从未标记集 $U-L_2$ 中添加 k 个最可靠的预测实例到分类器 $\mathcal{A}_2$ 的训练数据集 L_2 中。

2. 使用标记集 L_2 训练分类器 $\mathcal{A}_2$，并从未标记集 $U-L_1$ 中添加 k 个最可靠的预测实例到分类器 $\mathcal{A}_1$ 的训练数据集 L_1 中。

在该方法的许多实现中，每个类最可靠的标记示例被添加到其他分类器的训练集中。重复这个过程，直到所有实例都被标记。然后用扩展的训练数据集对这两个分类器进行再训练。这种方法不仅可以用于标记未标记的数据集 U，还可以用于标记不可见的测试实例。在过程的末尾，返回两个分类器。对于不可见的测试实例，可以使用每个分类器来确定类标签分数。测试实例的分数是通过合并两个分类器的分数来确定的。例如，如果使用贝叶斯方法作为基分类器，则可以使用两个分类器返回的后验概率的乘积。

由于两种算法使用的特征集不相交，协同训练方法对噪声具有更强的鲁棒性。一个重要的假设是，相对于一个特定的类，这两个集合中的特征具有条件独立性。换句话说，在类标签固定之后，一个子集中的特征有条件地独立于另一个子集。直觉告诉我们，一个分类器生成的实例似乎随机分布到另一个分类器，反之亦然。因此，这种方法通常比自训练方法对噪声更有鲁棒性。

多层神经网络的无监督预训练

一个具有多层的神经网络称为深层网络。早期的层学习后面的层使用的特性。深度网络本质上很难训练，因为不同层次的梯度的大小通常是非常不同的。因此，神经网络的不同层不能以相同的速度得到训练。神经网络的多层会导致梯度失真，使其难以训练。

虽然神经网络的深度带来了挑战，但与深度相关的问题也严重依赖于网络的初始化方式。一个好的初始化点通常可以解决许多与得到好的解决方案相关的问题。在这种情况下，一项突破性的突破是使用无监督的预训练，以提供鲁棒的初始化[80]。这个初始化是通过以分层方式贪婪地训练网络来实现的。该方法最初是在深度信念网络的背景下提出的，但后来扩展到其他类型的模型，如自动编码器[146, 189]中。在本章中，我们将研究自动编码器方法，因为它的简单性。首先，我们将从降维应用程序开始，因为该应用程序是无监督的，在这种情况下很容易演示如何使用无监督预训练。然而，无监督的预训练也可以用于有监督的应用，如稍加修改的分类。

在预训练中，先学习外部隐藏层的权重，再学习内部隐藏层的权重，采用贪婪的方法对网络进行一次一层的训练。将得到的权重作为传统神经网络反向传播最后一阶段的起始点，对其进行微调。

考虑如图 9.17 所示的自动编码器和分类器架构。由于这些架构有多个层，随机化初始化有时会带来挑战。但是，可以通过贪婪的方式逐层设置初始权重来创建良好的初始化。首先，我们在图 9.17a 所示的自动编码器的背景下描述这个过程，尽管一个几乎相同的过程与图 9.17b 中的分类器相关。在这两种情况下，我们特意选择了神经架构，这样隐藏层的节点数就相似了。

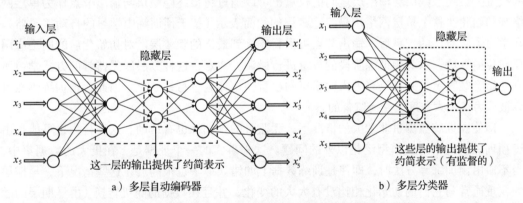

a）多层自动编码器　　　　　　b）多层分类器

图 9.17　多层分类器和多层自动编码器都使用了类似的预训练过程

预训练流程如图 9.18 所示。基本思想是假设两个（对称的）外层隐藏层包含较大维度的一级降维表示，而内层隐藏层包含较小维度的二级降维表示。因此，第一步是通过图 9.18a 的简化网络学习第一层约简表示及其与外层隐藏层相关联的权重。在这个网络中，中间的隐藏层是缺失的，而两个外层隐藏层被折叠成一个单独的隐藏层。假设两个外层隐藏层以一种对称的方式相互关联，就像一个较小的自动编码器。在第二步中，使用第一步的约简表示来学习内层隐藏层的第二层约简表示（和权重）。因此，神经网络的内部部分被视为一个更小的自编码器本身。由于每个预训练的子网络都要小得多，所以权重更容易学习。然后用这组初始权重来用反向传播训练整个神经网络。注意，对于包含任意数量隐藏层的深度神经网络，这个过程可以按层方式执行。

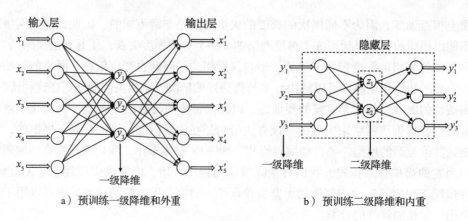

图 9.18　预训练神经网络

到目前为止，我们只讨论了如何在无监督应用程序中使用无监督预训练。一个很自然的问题是如何将预训练用于监督应用程序。考虑一个具有单个输出层和 k 个隐藏层的多层分类体系结构。在预训练阶段，去掉输出层，以无监督的方式学习最终隐藏层的表示。这是通过创建具有 $2 \cdot k-1$ 隐藏层的自动编码器来实现的，其中中间层是监督设置的最终隐藏层。例如，图 9.17b 的相关自动编码器如图 9.17a 所示。因此，额外增加了 $k-1$ 个隐藏层，每个隐藏层在原始网络中都有一个对称对等体。这个网络以与上面讨论的自动编码器架构完全相同的分层方式进行训练。这个自动编码器的权重仅用于初始化进入所有隐藏层的权重。最终隐藏层与输出层之间的权重也可以通过将最终隐藏层与输出节点作为单层网络来初始化。这个单层网络用最终隐藏层的约简表示（基于预训练中学习的自动编码器）。在学习了所有层的权重后，输出节点被重新连接到最终的隐藏层。对初始化后的网络应用反向传播算法，以对预训练阶段的权重进行微调。注意，这种方法以无监督的方式学习所有初始隐藏表示，并且只有进入输出层的权重使用标签进行初始化。因此，预训练仍然可以被认为在很大程度上是无监督的。

即使在训练数据量非常大的情况下，无监督的预训练也有帮助。这种行为很可能是由于预训练有助于解决模型泛化以外的问题。这一事实的一个证据是，在更大的数据集中，当不使用预训练等方法时，即使是训练数据上的错误似乎也很高。在这些情况下，早期层的权重通常与它们的初始化相比没有太大的变化，并且在数据的随机转换（由早期层的随机初始化定义）上只使用少量后期层。因此，网络的训练部分比较浅，加上一些随机变换带来的额外损失。在这种情况下，预训练也可以帮助模型实现深度的全部好处，从而有助于提高在更大的数据集上的预测精度。

理解预训练的另一种方式是，它提供了对数据中重复模式的洞察，这是通过把这些频繁出现的形状放在一起从数字中学习到的特征。然而，这些形状在识别数字方面也有辨别能力。用一些特征来表示数据有助于识别这些特征与类标签之间的关系。这是无监督学习思想的核心，它使用大量可用的标记数据来识别频繁的模式。这一原理由 Geoff Hinton[79] 在图像分类的背景下总结为："要识别形状，首先要学会生成图像。"这种正则化的前提条件是训练过程在参数空间的一个语义相关区域，其中几个重要的特征已经学习过，进一步的训练可以微调和组合它们来进行预测。

9.5 总结

无监督学习方法使用各种技术从数据中发展压缩表示。这种压缩表示可以采用降维数据集的形式，也可以采用数据集中各种聚类的代表形式。线性降维是矩阵分解的一种形式，其中一个数据矩阵可以表示为两个矩阵的乘积。某些形式的线性降维（如非负矩阵分解）与聚类密切相关。

无监督方法用于各种类型的特征工程算法。特征工程的核心思想是创建一个新的数据表示，现有的监督算法可以在其上有效地工作。例子包括核方法和径向基函数网络。为了提高监督方法的准确性，也可以使用无监督方法。无监督方法能够学习数据点所在的流形。有关流形结构的知识减少了分类所需的标记数据量。

9.6 拓展阅读

在文献 [8] 中详细讨论了降维和矩阵分解的方法。关于数据聚类的详细书籍可以在文献 [10] 中找到。在文献 [6] 中可以找到使用自动编码器降维的讨论。特征工程和半监督学习的讨论可以在文献 [8，10] 中找到。文献 [103] 详细讨论了 Kohonen 自组织映射。关于有监督和无监督学习的预训练方法的详细讨论可以在文献 [6] 中找到。

9.7 练习

1. 使用奇异值分解来表示任意 $n \times d$ 矩阵 D 的直通恒等式：
$$(\lambda I_d + D^{\mathrm{T}} D)^{-1} D^{\mathrm{T}} = D^{\mathrm{T}} (\lambda I_n + D D^{\mathrm{T}})^{-1}$$

2. 设 D 为 $n \times d$ 数据矩阵，$\bar{y}$ 为包含线性回归因变量的 n 维列向量。线性回归的正则化解预测了一个测试实例 $\bar{Z}$ 的因变量，公式如下：
$$\mathrm{Prediction}(\bar{Z}) = \bar{Z}\bar{W} = \bar{Z}(D^{\mathrm{T}} D + \lambda I)^{-1} D^{\mathrm{T}} \bar{y}$$

这里，向量 $\bar{Z}$ 和 $\bar{W}$ 分别被视为 $1 \times d$ 和 $d \times 1$ 矩阵。使用练习 1 的结果，说明如何纯粹根据训练点之间或 $\bar{Z}$ 和训练点之间的相似性写出上述预测。

3. 假设已知秩为 k 的 SVD 为 $D \approx Q\Sigma P^{\mathrm{T}}$。展示如何使用这个解来推出一个可选的秩 k 分解 $Q'\Sigma' P'^{\mathrm{T}}$，其中 Q（或 / 和 P）的单位列可能不是相互正交的，并且截断误差相同。

4. **推荐系统**：设 D 是 $n \times d$ 矩阵，其中只指定了项的一小部分。这是推荐系统的常见情况。演示如何将用于无约束矩阵分解的算法应用于这种情况，以便仅使用观察到的项来创建因子。在这种情况下，如何更改式（9.6）的基于矩阵的更新？

5. **有偏矩阵分解**：考虑将一个不完整的 $n \times d$ 矩阵 D 分解为 $n \times k$ 矩阵 U 和 $d \times k$ 矩阵 V：
$$D \approx UV^{\mathrm{T}}$$

假设加上一个约束条件，即 U 的倒数第二列和 V 的最后一列的所有元素都固定为 1。讨论这个模型与在分类模型中加入偏置的模型的相似性。梯度下降是如何修改的？

6. 本书讨论了无约束矩阵分解 $D \approx UV^{\mathrm{T}}$ 的梯度下降更新 [参见式（9.6）]。假设矩阵 D 是对称的，我们要进行对称矩阵分解 $D \approx UU^{\mathrm{T}}$。将对称矩阵分解的目标函数和梯度下降步骤用类似于不对称情况的方法表示出来。

7. 讨论为什么以下整数矩阵分解等价于 $n \times d$ 矩阵 D 的 $k-$ 均值算法的目标函数，其中行包含数据点：
$$\mathrm{Minimize}_{U, V} \| D - UV^{\mathrm{T}} \|_F^2$$

$$\text{s.t.}$$
$$U \text{ 的列相互正交}$$
$$u_{ij} \in \{0, 1\}$$

8. n 个点分成 k 组的数据集的最大可能聚类数是多少？对于目标函数保证不会从一个迭代到下一个迭代恶化的算法的收敛表现，这意味着什么？

9. 假设将数据集表示为一个图，其中每个数据点都是一个节点，一对节点之间的边的权重等于它们之间的高斯核相似性。权重小于特定阈值的边被丢弃。根据这个相似性图解释单链接聚类算法。

10. 本章展示了如何通过使用特征工程阶段将任何线性分类器转换为识别非线性决策边界，在该阶段中，使用适当选择的相似性矩阵的特征向量来创建新的特征。讨论这种预处理对 $k-$ 均值算法发现的聚类性质的影响。

CHAPTER 10

第 **10** 章

强 化 学 习

"人类被视为行为系统是相当简单的。随着时间的推移，我们行为的复杂性在很大程度上反映了我们所处环境的复杂性。"

——赫伯特·西蒙的蚂蚁假说

10.1 引言

人类的学习是一个持续的经验驱动的过程，在这个过程中做出决策，从环境中获得的奖励/惩罚被用来指导未来决策的学习过程。换句话说，智慧生物的学习是通过奖励引导的试错。正如我们所知，几乎所有的生物智能都是以这样或那样的形式，通过与环境的反复试错的交互过程而产生的。由于人工智能的目标是模拟生物智能，因此自然会从生物试错的成功中获得灵感，从而简化高度复杂的学习算法的设计。我们已经在多代理搜索一章中见过这种试错的一种形式（参见第 3 章），其中蒙特卡罗树被用来通过试错来学习最好的国际象棋走法。

在奖励驱动的试错过程中，系统学习与复杂环境交互以获得有回报的结果，这在机器学习的术语中称为强化学习。在强化学习中，试错的过程是由随着时间的推移最大化预期回报的需求所驱动的。这些奖励与我们在前几章的演绎推理系统中讨论的效用函数类型相同。然而，在强化学习的情况下，代理的动作需要以数据驱动的方式完成，而不是通过使用特定于领域的启发式。例如，国际象棋演绎系统对棋子的位置利用人工指定效用函数做出选择（参见第 3 章）。另一方面，在不同位置进行归纳系统实验，以根据自己的经验决定怎么移动棋子最有可能获胜。

近年来，强化学习已被用于创造游戏算法、聊天机器人，甚至是与环境交互的智能机器人。以下是近年来开发的一些强化学习系统的例子：

1. 深度学习者只使用电子控制台的原始像素作为反馈来玩视频游戏。强化学习算法根据显示器预测动作，并将其输入电子游戏控制台。最初，计算机算法会出现很多错误，这些错误反映在系统收到的虚拟奖励中。当学习者从错误中获得经验时，就会做出更好的决定。这正是人类学习玩电子游戏的方式。雅达利平台上最近的一种算法在许多游戏中的表现已经超过了人类水平 [69, 126, 127]。电子游戏是强化学习算法的绝佳测试平台，因为它们可以被视为在各种以决策为中心的设置中所做选择的高度简化表示。简单地说，电子游戏代表了现实生活的玩具微观世界。

2. 人们已经训练了一种深度学习算法 AlphaGo[166]，通过计算机自我对弈来下国际象棋、将棋和围棋。AlphaGo 不仅令人信服地击败了人类顶级棋手，还使用非常规策略击败这些棋手，为人类棋风的创新做出了贡献。这些创新都是 AlphaGo 随着时间的推移不断自我对弈，从而获得奖励驱动体验的结果。

3. 近年来，深度强化学习已被用于自动驾驶汽车，通过利用汽车周围各种传感器的反馈来做出决策。尽管在自动驾驶汽车中使用监督学习（或模仿学习）更为常见，但使用强化学习的选择也得到了认可 [208]。

4. 寻求创造自学习机器人是强化学习的一个任务 [114, 116, 159]。例如，机器人在灵活的配置下移动是非常困难的。在强化学习范式中，我们只激励机器人使用其可用的四肢和电动机尽可能高效地从 A 点到达 B 点 [159]。通过奖励导向型试错，机器人学会滚动、爬行，最终学会走路。

强化学习适用于那些评估简单但很难用演绎系统进行明确推理的任务。例如，在像国际象棋这样复杂的游戏结束时，我们很容易评估玩家的表现，但却很难使用推理方法去明确每种情况下的具体行动。任何人为设计的评估功能都有可能充斥着近似和不准确的东西，这最终会体现在游戏的质量上。这正是像 stockfish 这样的传统象棋软件的弱点所在。在很多情况下，直觉在选择中扮演着重要的角色，这对于一个人来说很难在知识库或特定于领域的评估功能中明确地表达和编码。就像在生物有机体中一样，强化学习提供了一条简化学习复杂行为的途径，即只定义奖励，并让算法学习奖励最大化行为（而不是通过显式推理指定）。所学习到的结果函数可能无法以可理解的方式轻松地表达出来。

10.2 节将介绍多臂老虎机，这是强化学习中最简单的设置；10.3 节将介绍状态的概念；10.4 节将讨论使用直接模拟的最简单的强化学习算法；10.5 节将介绍自举的概念；10.6 节将讨论策略梯度方法；10.7 节将讨论蒙特卡罗树搜索策略的使用；10.8 节将讨论一些案例研究；10.9 节将讨论与深度强化学习方法相关的一系列安全问题；10.10 节将给出总结。

10.2   无状态算法：多臂老虎机

强化学习设置最简单的例子是多臂老虎机问题，它解决了赌徒为了最大化收益而从众多老虎机中选择一台的问题。赌徒怀疑各种老虎机的（预期）奖励是不一样的，因此玩预期奖励最大的老虎机是有意义的。由于老虎机的预期收益是事先不知道的，赌徒必须通过玩不同的老虎机来探索，并利用（开发）所学的知识来最大化奖励。尽管探索一个特定的老虎机可能会获得一些关于它的收益的额外知识，但会带来玩它的风险（可能是徒劳的）。多臂老虎机算法提供精心设计的策略，以优化探索和开发之间的权衡。

探索和开发之间的关键权衡如下。随机尝试老虎机是一种浪费，但有助于获得经验。很少次地尝试老虎机，然后总是选择最好的机器可能导致解决方案在长期看来是糟糕的。人们应该如何在探索和开发之间进行权衡？需要注意的是，对于每次动作，每次试验都提供与之前试验相同的概率分配奖励，因此在这种系统中不存在状态的概念（就像在国际象棋中，行动取决于棋盘状态）。不用说，这样的设置不能捕获更复杂的情况，其中强化学习本质上是为这些情况设计的。在计算机电子游戏中，向特定方向移动光标将获得奖励，这主要取决于电子游戏的状态，而国际象棋的移动则取决于国际象棋棋盘的状态。

赌徒可以使用许多策略来调节探索和开发搜索空间之间的平衡。在下面，我们将简要描述一些用于多臂老虎机系统的常用策略。所有这些方法都具有指导意义，因为它们提供了用于强化学习的广义设置的基本思想和框架。事实上，一些无状态算法也被用于定义强化学习的一般形式的特定于状态的策略。因此，探索这个简化的设置是很重要的。

10.2.1 Naïve 算法

在这种方法中，赌徒在探索阶段使用每台机器进行固定数量的试验。随后，收益最高的机器将在开发阶段永远使用。尽管这种方法乍一看似乎是合理的，但它有许多缺点。第一个问题是，很难确定人们可以自信地预测某台老虎机优于另一台机器的试验次数。估计收益的过程可能需要很长时间，特别是在收益事件比非收益事件少的情况下。使用许多探索性试验将在次优策略上浪费大量精力。此外，如果最后选择了错误的策略，赌徒将永远使用错误的老虎机。因此，永远固定特定策略的方法在现实世界的问题中是不现实的。

10.2.2 ε-贪心算法

ε-贪心算法旨在尽可能快地使用最佳策略，而不会浪费大量的试验。基本的想法是随机选择一部分老虎机作为 ε 部分进行试验。这些探索性试验也是从所有试验中随机选择的（可能是 ε），因此与开发性试验完全交错。在试验的剩余 $(1-\varepsilon)$ 部分，使用迄今为止平均收益最好的老虎机。这种方法的一个重要优点是，可以保证永远不会陷入错误的策略中。此外，由于开发阶段很早就开始了，人们通常会在很长一段时间内使用最佳策略。

ε 值是一个算法参数。例如，在实际设置中，可以设置 $\varepsilon = 0.1$，尽管 ε 的最佳选择将随当前应用程序而变化。通常很难知道在特定设置中使用的 ε 的最佳值。然而，为了从该方法的开发部分获得显著的优势，ε 需要相当小。然而，ε 的值很小时，识别正确的老虎机可能需要很长时间。一种常见的方法是使用退火（annealing），其中 ε 初始值很大，并随时间递减。

10.2.3 上界方法

尽管 ε-贪心策略在动态环境下比 naïve 策略更好，但它在学习新老虎机的收益方面仍然相当低效。在上界策略中，赌徒并不使用老虎机的平均收益。相反，赌徒对没有经过充分尝试的老虎机持更乐观的看法，因此使用具有最佳收益统计上界的老虎机。因此，可以将测试老虎机 i 的上界 U_i 考虑为期望回报 Q_i 与单边置信区间长度 C_i 的和：

$$U_i = Q_i + C_i \tag{10.1}$$

C_i 的值就像是赌徒心中对老虎机日益增加的不确定性的奖励。C_i 值与到目前为止尝试的平均回报的标准差成正比。根据中心极限定理，这个标准差与尝试老虎机 i 的次数的平方根成反比（在 i.i.d. 假设下）。可以估计第 i 台老虎机的平均值 μ_i 和标准差 σ_i，然后设 C_i

为 $K \cdot \sigma_i / \sqrt{n_i}$，其中 n_i 为尝试第 i 台老虎机的次数。这里，K 决定置信区间的水平。因此，很少被测试的老虎机往往有更大的上界（因为有更大的置信区间 C_i），因此将被更频繁地尝试。

不像 ε-贪心算法，试验不再分为两类：探索和开发。选择上界最大的老虎机的过程具有双重效应，即在每次试验中都对探索和开发两个方面进行编码。人们可以通过使用特定的统计置信水平来调节探索和开发之间的平衡。$K=3$ 的选择导致在高斯假设下上界的置信区间为 99.99%。一般情况下，增加 K 会为不确定性提供较大的奖励 C_i，因此与 K 值较小的算法相比，探索所占的区块比例更大。

10.3　强化学习框架

上一节的强盗算法是无状态的。换句话说，在每个时间戳所做的决策都有一个相同的环境，而过去的动作只影响代理的知识（而不是环境本身）。这不是一般的强化学习设置，如电子游戏或自动驾驶汽车，它们有状态的概念（如第 1 章所介绍的）。因此，强化学习系统与基于搜索（或演绎推理）的系统在相同的更广泛的框架内工作。

在玩电子游戏时，特定动作的奖励取决于电子游戏屏幕的状态。在电子游戏中，奖励通常会以分数的形式呈现给玩家，让他们完成特定动作中的一个小条件，分数会随着时间不断累积。在自动驾驶汽车中，在正常状态下猛烈转向汽车的奖励与在显示有碰撞危险的状态下执行相同动作的奖励是不同的。换句话说，我们需要根据特定的系统状态量化每个动作的奖励。这是需要引入的主要领域特定知识（在固有归纳系统中），就像强化学习。在一些应用中，如自动驾驶汽车，奖励的选择可能是非常主观的，而在其他设置，如电子游戏或国际象棋中，移动、赢和输（奖励）的规则是具体的，它们不依赖于领域专家的主观选择。以下是一些状态和相应奖励的例子。

1. 井字游戏、国际象棋或围棋游戏：状态是棋子在任何一点上的位置，而动作与代理所走的棋相对应。奖励是 +1、0 或 −1（取决于赢、平或输），在游戏结束时获得。策略上的精明行为往往不会立即得到奖励。

2. 机器人运动：状态对应于机器人关节的当前配置及其位置。这些动作对应于施加在机器人关节上的力矩。每个时间戳的奖励取决于机器人是否保持直立，以及从 A 点到 B 点的向前移动量。

3. 自动驾驶汽车：状态对应于来自汽车的传感器输入，动作对应于转向、加速和刹车选择。奖励是一个关于汽车的进展和安全的手工制作的功能。

通常需要投入一些精力来定义状态表示和相应的奖励。然而，一旦做出了这些选择，强化学习框架就是端到端系统。

在电子游戏中，玩家是代理，在电子游戏中朝某个方向移动操纵杆是一种动作。环境是电子游戏本身的整个设置。这些动作改变了环境的状态，这是通过电子游戏的显示表明的。环境会给予代理奖励，例如在电子游戏中奖励的分数。动作的后果有时是持久的。例如，玩家可能会巧妙地将光标定位在一个特别方便的点上，并向后移动几步，而当前的动作可能只会因为当前状态的特征而产生较高的奖励。因此，当玩家获得奖励（如电子游戏点）时，不仅需要记录当前状态–动作对，还需要记录过去的状态–动作对（如光标位置）。此外，动作的奖励可能不是确定性的（如纸牌游戏），这增加了复杂性。强化学习的主要目标之一是识别不同状态下动作的内在价值，而不考虑奖励的时机和随机性。然后代理可以根据这些值选择操作。

这个一般原则是从强化学习如何在生物有机体中工作而得出的。假设一只老鼠为了获得奖励而学习通过迷宫。老鼠特定动作的值（例如，左转）取决于它在迷宫中的位置。当达到目标而获得奖励时，老鼠大脑中的突触权重会进行调整，以反映在不同位置上的所有过去的动作，而不仅仅是最后一步。这正是用于深度强化学习的方法，其中神经网络用于预测从感官输入的动作的值（例如，电子游戏的像素），并且过去的动作在各个状态的值根据接收到的奖励（通过更新神经网络的权重）间接更新。代理和环境之间的关系如图 10.1 所示。

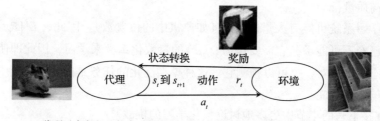

1.代理（老鼠）从状态（位置）s_t开始执行动作a_t（迷宫左转）
2.环境给予老鼠奖励r_t（奶酪/没有奶酪）
3.代理的状态变为s_{t+1}
4.老鼠的神经元根据动作是否获得奶酪来更新突触权重
总结：代理会随着时间的推移学会采取对状态敏感的行动来获得奖励

图 10.1　强化学习的大体框架

从一种状态转换到另一种状态的整个状态、动作和规则集合被称为马尔可夫决策过程。马尔可夫决策过程的主要特性是，在任何特定时间戳的状态编码了环境进行状态转换所需的所有信息，并根据代理的动作分配奖励。有限马尔可夫决策过程（如井字游戏）在有限的步骤中终止，这被称为一个情节。无限马尔可夫决策过程（如连续工作的机器人）没有有限长度的情节，因此被称为无情节或连续的。马尔可夫决策过程可以表示为一系列的动作、状态和奖励，如下所示：

$$s_0 a_0 r_0, s_1 a_1 r_1, \cdots, s_t a_t r_t, \cdots$$

注意，s_t是在执行动作a_t之前的状态，执行动作a_t会得到奖励r_t并转换到状态s_{t+1}。这是本章（和其他几个来源）使用的时间戳约定，尽管其他来源的约定输出r_{t+1}响应在状态s_t的动作a_t（这稍微改变了所有结果的下标）。

奖励r_t只对应于在时间t收到的特定数量的奖励，我们需要对每个状态–动作对长期累积未来奖励的概念，以估计其内在价值。状态–动作对(s_t, a_t)的累积期望报酬$E[R_t|s_t, a_t]$由所有未来期望奖励在折扣因子$\gamma \in (0,1)$处的折扣和给出：

$$E[R_t|s_t, a_t] = E[\, r_t + \gamma \cdot r_{t+1} + \gamma^2 \cdot r_{t+2} + \gamma^3 \cdot r_{t+3}, \cdots, |s_t, a_t] = \sum_{i=0}^{\infty} \gamma^i E[r_{t+i}|s_t, a_t] \qquad (10.2)$$

折扣因子 $\gamma \in (0,1)$ 调节我们在分配奖励时的短视程度。γ 的值是一个小于 1 的特定于应用程序的参数，因为人们认为未来的奖励不如眼前的奖励重要。选择 $\gamma = 0$ 将导致目光短浅地将全部奖励 R_t 设置为 r_t。γ 值越大，长期前景越好，但需要更多数据进行鲁棒学习。如果所有状态 – 动作对的预期累积奖励都能被学习，这就为在每个状态中选择最佳动作的强化学习算法提供了基础。然而，在学习这些值的过程中存在着许多挑战，原因如下：

- ❑ 如果我们定义一个状态敏感的探索 – 开发策略（如多臂老虎机的 ε - 贪婪），以创建随机动作序列来估计 $E[R_t|s_t,a_t]$，$E[R_t|s_t,a_t]$ 的估计值将对所使用的策略敏感。这是因为动作会产生长期的后果，这可能与随后的策略选择相互影响。例如，对于那些使机器人接近悬崖边缘的动作 a_t，一个高度探索性的策略不会学到一个大的 $E[R_t|s_t,a_t]$ 值，即使 a_t 是状态 s_t 的最优动作。习惯上使用 $E^p[R_t|s_t,a_t]$ 表示期望值是特定于策略 p 的。幸运的是，$E^p[R_t|s_t,a_t]$ 仍然非常有助于预测为合理选择策略而采取的高质量行动。

- ❑ 强化学习系统可能有大量的状态（如象棋中的位置数）。因此，$E^p[R_t|s_t,a_t]$ 的显式列表已经不可能了，它需要作为 (s_t,a_t) 的参数化函数来学习，因此即使对于看不见的状态 – 动作对，也可以预测它。这种模型泛化的任务是内置在系统中的机器学习模块的主要功能。

我们将在接下来的小节中更多地讨论强化学习的挑战。

10.4   蒙特卡罗抽样

最简单的强化学习方法是使用蒙特卡罗抽样，其中使用策略 p 对动作序列进行抽样，该策略利用 $E^p[R_t|s_t,a_t]$ 的当前估计值，同时改进这些估计值。每个抽样序列（情节）被称为蒙特卡罗 rollout。该方法是对多臂老虎机算法的推广，多臂老虎机算法通过对不同的武装重复抽样来学习动作值。在无状态的多臂老虎机中，奖励只取决于动作。在一般的强化学习中，我们也有状态的概念，因此，我们必须估计状态 – 动作对的 $E^p[R_t|s_t,a_t]$，而不是简单的动作。因此，关键思想是以状态敏感的方式应用一般的随机抽样策略，如 ε - 贪心策略。在下一节中，我们将介绍一种简单的蒙特卡罗算法，该算法采用 ε - 贪心策略，尽管人们可以使用其他策略设计类似的算法，如上界策略的随机变体或偏置抽样。请注意，状态 – 动作对的学习值对所使用的策略甚至 ε 的值是敏感的。

10.4.1   蒙特卡罗抽样算法

前一节中的 ε - 贪心算法是蒙特卡罗抽样算法的最简单例子，即模拟老虎机来决定哪些动作会获得奖励。在本节中，我们将展示如何将前一节中的无状态贪心算法推广到有状态的设置中（以井字游戏为例）。回想一下，赌徒（多臂老虎机）不断尝试老虎机的不同武器，以学习更有利可图的长期动作。然而，井字游戏环境不再是无状态的，移动的选择取决于井字游戏棋盘的当前状态。在这种情况下，每个棋盘的位置都是一个状态，动作对应于在有效位置放置"×"或"○"。3×3 棋盘的有效状态数以 $3^9 = 19\,683$ 为上限，对应于 9 个位置中每个位置的 3 种可能性（"×"、"○"和空白）。请注意，所有这些 19 683 个位置可能都是无效的，因此它们可能不会在实际的游戏中到达。

不估计多臂老虎机中每个（无状态）行动的值，现在我们基于状态 s 处动作 a 对人类对手的历史表现估计每个状态 – 动作对 (s, a) 的值，其中假设人类对手为玩家 "○"（代理为 "×"）。在折扣因子 $\gamma < 1$ 时，更短的赢家优先，因此，在 r 移动（包括当前移动）后，状态 s 下的动作 a 的非归一化值随着 γ^{r-1}（在赢的情况下）和 $-\gamma^{r-1}$（在输的情况下）而增加。平局的积分为 0。归一化的值表示 $E^P[R_t \mid s_t, a_t]$ 的估计，通过将非归一化的值与状态 – 动作对的更新次数（分别维护）相乘得到。这个表从很小的随机值开始，状态 s 中的动作 a 被贪婪地选择为具有最高归一化值的动作，其概率为 $1-\varepsilon$，否则被选为随机动作。一盘棋的所有走法都在每盘棋结束后计入。在每个动作后都会给予奖励的情况下，有必要用时间折扣值更新已推出情节中的所有过去的动作。随着时间的推移，"×" 玩家的所有状态 – 动作对的值将会被学习，结果移动也将适应人类对手的游戏。

上面的描述假设众包的人类玩家可以训练系统。在大量玩家无法训练的情况下，这可能是个问题。传统上，强化学习需要大量数据，而接触大量玩家通常是不现实的。这种方法的一个缺点是，由此产生的动作也将适应特定人类玩家的游戏风格。例如，如果特定的人类玩家不是专家，反复做出次优动作，那么系统从经验中学习的能力就会受到限制。这类似于人类经验，玩家在任何时候都可以通过与更强或同样强的玩家对抗而获得最好的学习效果。此外，人们甚至可以使用自我对弈来生成这些表格，而无须人工操作。当使用自我对弈时，为 "×" 和 "○" 玩家维护了单独的表格。表格根据 $\{-\gamma^r, 0, \gamma^r\}$ 中的值进行更新，该值取决于从玩家的角度进行移动的赢 / 平 / 输。在多次启动后，ε 值常常减少为 0。在推断时，从 "×" 表或 "○" 表中选择归一化值最高的移动（同时设置 $\varepsilon = 0$）。

井字游戏中蒙特卡罗抽样算法的首要目标是了解每个状态 – 动作对的内在长期价值，因为奖励是在有价值的动作执行很久之后才收到的。通过玩每一场游戏，一些状态 – 动作对比其他更有可能获胜，这一事实最终将反映在状态 – 动作对的表格统计中。在训练的早期阶段，只有非常接近赢 / 输 / 平的状态（即，一步或两步就会产生结果）才会有准确的长期值，而棋盘上的早期位置不会有准确的值。然而，随着这些统计数据的提高，蒙特卡罗 rollout 在做出正确选择方面也变得越来越准确，早期位置的值也开始变得越来越准确。因此，训练过程的目标是执行价值发现任务，确定在特定状态下，哪些行动在长期内真正有益。例如，在井字游戏中做一个聪明的移动可能会设置一个陷阱，这最终会确保胜利。图 10.2a 显示了两种场景的示例（尽管右边的陷阱不那么明显）。因此，人们需要在状态 – 动作对的表中信任一个战略上的好移动，而不仅仅是最后获胜的移动。基于 10.4.1 节的 ε - 贪心算法的试错技术确实会给巧妙的陷阱赋予很高的值。图 10.2b 显示了该表中典型值的例子。注意，图 10.2a 中不太明显的陷阱的值略低，因为在较长时间后确保获胜的移动被 γ 减少，而 ε - 贪心算法的试错在设置陷阱后可能更难找到胜利。

尽管上述方法描述了在对抗性环境下的强化学习，但它也可以用于非对抗性环境。例如，使用人类对手进行训练的情况可以被认为更类似于非对抗性设置，因为不需要自我对弈。人们可以将这种方法用于许多应用，如学习玩电子游戏或训练机器人行走（通过定义适当的奖励）。

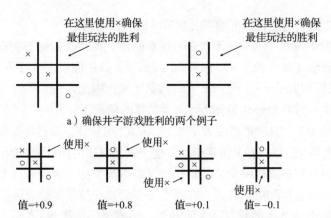

a）确保井字游戏胜利的两个例子

值=+0.9　　　值=+0.8　　　值=+0.1　　　值=−0.1

b）井字游戏中状态–动作对表中的四项。试错学到了确保胜利的招数有很高的值

c）AlphaZero（白色）和stockfish（黑色）在两种不同游戏中的位置[168]：在左边，白方牺牲一个卒子，并让一个走卒，以将黑方白色方格中的象困在黑方的卒子后面。这一策略最终导致白棋获胜，比传统的象棋程序（如stockfish）走得更多。在右边的第二局中，白棋牺牲了一些棋子，以将黑棋引去所有的行动都使局面恶化的位置。不断提升的位置优势是最优秀的人类棋手的特点，而不是像stockfish这样的国际象棋软件，后者的手工评估有时无法准确捕捉位置上的细微差异。强化学习中的神经网络使用棋盘状态作为输入，不需要任何预先假设就能综合评估位置。通过试错产生的数据为训练神经网络参数中间接编码的非常复杂的评估函数提供了唯一的经验。因此，经过训练的网络可以将这些学到的经验推广到新的情况里。这类似于人类如何从之前的游戏中学习，以更好地评估棋子位置。

图 10.2　像 c 这样的大状态空间需要深度学习者

10.4.2　用函数近似器进行蒙特卡罗 rollout

前面提到的井字游戏算法直接存储与单个状态相关的统计信息，这为数据收集提供了不必要的高粒度。最早的强化学习算法使用这种类型的状态 – 动作统计数据收集。这种方法的主要问题是，在许多强化学习设置中，状态的数量太大而无法明确列出。例如，在一盘国际象棋游戏中，可能的状态的数量太大，以至于人类已知的所有位置的集合只是有效位置的极小部分。事实上，10.4.1 节的算法是一种精细化的机械学习形式，其中使用蒙特卡罗模拟来精练和记忆所见状态的长期值。人们了解井字游戏中陷阱的价值只是因为之前的蒙特卡罗模拟游戏多次从那个棋盘位置获得胜利。在像国际象棋这样最具挑战性的环境中，我们必须将从之前的经验中学到的知识归纳到学习者之前从未见过的状态。因此，这种方法在大多数情况下并不是非常有用，因为玩家通常会遇到从未见过的棋盘位置（状态）。当一种学习形式（包括强化学习）被用来将已知的经验归纳到未知的情况时，它是最有用的。在这种情况下，以表格为中心的强化学习形式是严重不足的。

机器学习模型起着函数近似器的作用。与其学习并将所有位置上的所有移动的值制成表格（使用奖励驱动的试错法），不如基于使用之前位置结果的训练模型，将每个移动的值作为输入状态的函数来学习。这样做的目的是让学习者能够在棋盘上发现重要的模式，并将它们整合到对特定位置的评估中。换句话说，用压缩的机器学习模型取代了可能性数量爆炸的显式列表。如果没有这种方法，强化学习就不能用在像井字游戏这样的游戏设置之外。例如，国际象棋的一个可能算法可能使用与 10.4.1 节相同的蒙特卡罗抽样算法，但状态 – 动作对 (s_t, a_t) 的值是通过使用动作后的棋盘状态作为卷积神经网络的输入来估计的。输出是 $E^p[R_t|s_t, a_t]$ 的估计。利用 $E^p[R_t|s_t, a_t]$ 的估计值模拟了 ε - 贪心抽样算法的终止。从 $\{\gamma^{r-1}, 0, -\gamma^{r-1}\}$ 选择的每步棋的折扣真值取决于博弈结果和从 r 到终止的步数。在模拟过程中，神经网络的参数被当作一个训练点来更新，而不是更新每个选择的动作的状态 – 动作对表。将神经网络的输出与 $\{\gamma^{r-1}, 0, -\gamma^{r-1}\}$ 中移动的真值进行比较，更新参数。在推断时，可以选择具有神经网络预测的最大 $E^p[R_t|s_t, a_t]$ 的移动 a_t，而不需要进行 ε - 贪心探索。

尽管前面提到的方法听起来有些幼稚，但通过一些额外的增强（如蒙特卡罗树和极小极大"超前"评估），它是非常有效的。一个具有蒙特卡罗树搜索的复杂系统，被称为 AlphaZero，最近被训练 [168] 下国际象棋。这种算法是使用蒙特卡罗 rollout 的更广泛方法的一种变体。图 10.2c 提供了 AlphaZero 和传统象棋程序 stockfish-8.0 在不同游戏的位置 [168] 的两个例子。在左边的国际象棋位置，强化学习系统做出了一个战略上精明的动作，以牺牲即时物质损失为代价打败对手的象，这是大多数手动的计算机评估所不愿意看到的。在右边的位置上，AlphaZero 牺牲了两个卒子并交换棋子，以逐步将黑棋压缩到所有棋子完全瘫痪的地步。尽管 AlphaZero（可能）在训练过程中从未遇到过这些特定的位置，但它的深度学习者有能力从之前在其他位置的试错经验中提取相关的特征和模式。在这个特殊的例子中，神经网络似乎认识到空间模式代表微妙的位置因素，而不是有形的物质因素（很像人类的神经网络）。值得注意的是，AlphaZero 算法使用了一种蒙特卡罗 rollout 的变体，称为蒙特卡罗树搜索。第 3 章介绍了蒙特卡罗树搜索，它与本节讨论的蒙特卡罗 rollout 方法密切相关。下一节将讨论这些连接。

在现实世界中，状态通常是通过感官输入来描述的。深度学习者使用这种状态的输入表示来学习特定动作的值（例如，在游戏中移动），而不是状态 – 动作对表。即使当状态的输入表示（如像素）非常原始时，神经网络在提取相关见解方面是大师。这类似于人类使用生物神经网络来处理原始的感觉输入，以定义世界的状态，并对动作做出决定。我们没有一个预先记忆的、针对每一种可能的现实情况的状态 – 动作对表。深度学习范式将庞大的状态 – 动作对表转换为参数化模型，将状态 – 动作对映射到值，可以通过反向传播轻松训练。

10.4.3 连接到蒙特卡罗树搜索

使用蒙特卡罗模拟的简单井字游戏算法（也称为 rollout）与蒙特卡罗树搜索密切相关，如第 3 章所述。执行状态 – 动作对的 rollout 和收集统计信息与在蒙特卡罗搜索树中构造统计信息的方式非常相似。蒙特卡罗树中的叶子节点的数量等于 rollout 的数量。蒙特卡罗算法（在前一节中玩井字游戏时讨论过）可以被认为是蒙特卡罗搜索树的一个非常简化的版本。通过执行重复的 rollout 和收集关于胜利和失败的统计信息，实际上是在学习状态中每个可能分支的统计信息。主要的区别在于，井字游戏算法整合了出现在搜索树不同部分的重复状态 – 动作对的统计数据，而不是将它们分开处理（如蒙特卡罗树搜索）。合并树中重复节点的统计信息可以得到更健壮的结果。因此，尽管收集的统计数据非常相似，但蒙特卡罗搜索树并不是由井字游戏算法明确构建的。两种情况下的探索 – 开发策略也相似，都倾向于更有前景的行动；然而，井字算法使用 ε - 贪心算法来执行搜索的探索部分，而蒙特卡罗搜索树一般使用上界方法。然而，这种选择在细节上有微小的差别。一般来说，蒙特卡罗搜索树是一种强化学习的实现，它使用树结构和 rollout 来调节探索和开发过程。蒙特卡罗搜索树历来被用于对抗性的游戏环境中，如国际象棋和围棋。然而，这不是一个硬性约束，因为它也可以利用蒙特卡罗树搜索传统的强化学习设置（如训练机器人）。主要的区别在于，树只需要为单个代理的选择而构造，而不是为树中不同层次的两个敌对代理的选择而构造。事实上，这个改变简化了蒙特卡罗树的构造。

10.5   自举法与时间差异学习

蒙特卡罗抽样方法不适用于非情节设置。在像井字游戏这样的情节设置中，固定长度序列（最多 9 个动作）可以用来描述完整和最终的奖励。在像机器人这样的非情节设置中，玩家被迫根据奖励将荣誉分配给过去无限长的序列。通过蒙特卡罗抽样创建一个真实奖励的样本也有很大的方差，因为特定的结果是一个非常嘈杂的估计，它估计在预期中可能发生什么。噪声随着情节长度的增加而增加，这就增加了所需的 rollout 次数。换句话说，我们需要一种减少随机性的方法，即只抽样少量的动作。不幸的是，在少量的动作之后，一个人将不会到达终止状态，这是最终值估计所需的 [即在式（10.2）中绘制 $E[R_t|s_t, a_t]$ 的样本]。然而，可以用自举法来近似地估计状态的价值，这使得在决策过程中处于更远处的状态总是比决策过程中较早的状态具有更好的现有价值估计。因此，为了更好地估计当前状态的值，可以在一些操作之后使用非终止状态的当前估计值。因此，自举的想法可以总结如下：

定义 10.5.1（自举法） 考虑一个马尔可夫决策过程，在这个过程中，我们对状态的价值（例如，长期回报）进行估计。我们可以使用未来的部分模拟来改进当前时间戳状态的价值估计，方法是将这些模拟动作的折现奖励与模拟结束时达到的状态折扣值相加。

这类方法也被称为时间差异学习。这种类型的自举法最早的例子是塞缪尔的跳棋程序[155]，它没有将自举法与蒙特卡罗 rollout 相结合。相反，它将自举原理与极小极大树相结合；它利用当前位置评价的差值和用同一函数向前看几步得到的极小极大评估作为"预测误差"来更新评估函数。其思想是，向前看得到的极小极大值比没有向前看得到的极小极大值更强，因此可以作为"真理"来计算误差。一般来说，值函数学习还结合了许多与自举法相结合的策略，其中一些使用部分蒙特卡罗 rollout，而另一些使用优化方法，如极小极大树或动态规划。本节将讨论各种此类方法，其中最重要的两种是 Q-学习和 SARSA。

10.5.1 Q- 学习

考虑一个马尔可夫决策过程，其状态、动作和奖励的序列由时间戳 t 处的重复序列

$s_t a_t r_t$ 表示。假设奖励是通过式（10.2）中的折扣因子 γ 获得的。状态–动作对 (s_t, a_t) 的 Q 函数或 Q 值用 $Q(s_t, a_t)$ 表示，并且它是在状态 s_t（在最佳可能的动作选择下）执行动作 a_t 的固有（即长期）值的度量。此值可视为式（10.2）中预期奖励的优化版本 $E^*[R_t | s_t, a_t]$，其中使用的是理论上的最优策略，用于数据收集/探索的特定策略选择无关紧要。我们可以通过在所有可能动作的集合 A 中最大化这个值来选择代理的下一个行为：

$$a_t^* = \mathrm{argmax}_{a_t \in A} Q(s_t, a_t) \tag{10.3}$$

预测的行动对于下一步行动来说是一个很好的选择，尽管它经常与探索分量（例如，ε-贪心策略）相结合，以提高长期训练的结果。这与蒙特卡罗 rollout 中选择动作的方式非常相似。主要的区别在于 $Q(s_t, a_t)$ 是如何计算的，以及如何找到最优策略。

不是使用到终端的显式 rollout 来记录状态–值对的值，而是通过对 s_{t+1} 使用一个简单的步骤来计算 $Q(s_t, a_t)$，然后使用状态 s_{t+1} 的最佳 Q 值估计来更新 $Q(s_t, a_t)$。这种类型的更新称为贝尔曼方程，它是动态规划的一种形式：

$$Q(s_t, a_t) \Leftarrow r_t + \gamma \max_a Q(s_{t+1}, a) \tag{10.4}$$

这种关系的正确性来自 Q-函数的设计是为了最大化未来的折扣收益。我们本质上是提前一步观察所有的动作，以创建一个改进的 $Q(s_t, a_t)$ 估计。式（10.4）的上述更新代替了蒙特卡罗抽样的更新，从而创建了 Q-学习算法。当人们使用从蒙特卡罗抽样的 rollout 中得出的实际结果时，Q-学习方法通过自举法和动态规划的组合来接近可能的最佳结果。此最佳动作用于继续状态–空间抽样的模拟（如蒙特卡罗抽样）。然而，重要的一点是，最好的动作并不是用来采取步骤的。更确切地说，最好的走法是用概率 $(1-\varepsilon)$ 得出的，随机走法是用概率 ε 得出的，以进入算法的下一个迭代。这样做也是为了能够正确地在探索和开发之间进行权衡。继续进行模拟，以随着时间的推移改进 $Q(s, a)$ 的表估计。与蒙特卡罗抽样不同，在如何（用随机探索）采取步骤和如何（以动态规划的最优方式）更新至 $Q(s, a)$ 之间存在二分法。这种二分法意味着无论使用什么策略（例如 ε-贪心或有偏抽样）进行模拟，都将始终计算相同的 $E^*[R_t | s_t, a_t] = Q(s_t, a_t)$ 值，这是最优策略。

在情节序列的情况下，前一节的蒙特卡罗抽样方法改进了序列中较晚（且更接近终止）的状态–动作对的值的估计。在 Q-学习中也是如此，对于距离终止只有一步的状态的更新是准确的。重要的是将 $\hat{Q}(s_{t+1}, a)$ 设置为 0，以防止过程在对情节序列执行 a_t 后终止。因此，状态–动作对值估计的准确性将随着时间的推移从接近终止的状态传播到更早的状态。例如，在井字游戏中，在一个状态下的获胜动作的值将在一次迭代中被准确估计，而在井字游戏中，第一次移动的值将需要通过贝尔曼方程将值从靠后的状态传播到更早的状态。这种类型的传播将需要一些迭代。

在实践中，学习率被用来提供表格更新的稳定性。在状态空间非常小的情况下（如井字游戏），可以在每次移动时使用贝尔曼方程[参见式（10.4）]来明确地学习 $Q(s_t, a_t)$，以更新包含 $Q(s_t, a_t)$ 显式值的数组。然而，式（10.4）太直接了。更一般地，普遍更新使用学习率 $\alpha < 1$ 来进行：

$$Q(s_t, a_t) \Leftarrow Q(s_t, a_t)(1-\alpha) + \alpha[r_t + \gamma \max_a Q(s_{t+1}, a)] \tag{10.5}$$

使用 $\alpha = 1$ 将得到式（10.4）。不断地更新数组将产生一个包含每个移动的正确策略值的表；

例如，参见图 10.2a，了解策略值的概念。图 10.2b 包含这样一个表中四项的例子。注意，这是蒙特卡罗抽样的表格方法的直接替代方法，它将得到与蒙特卡罗抽样的最终表相同的值，但它只适用于像井字游戏这样的玩具设置。

10.5.2　使用函数近似器

与蒙特卡罗抽样方法的情况一样，当状态数太大而无法明确列出时，函数近似器特别有用。这在下棋或玩电子游戏时经常发生。因此，式（10.5）中的更新在大多数时候都是无用的，因为右边的大部分变量即使经过很长一段时间的学习，也不会更新一次。

为了便于讨论，我们将使用雅达利电子游戏设置[126]，在最后几个像素快照的固定窗口中提供状态 s_t。假设 s_t 的特征表示用 $\overline{X_t}$ 表示。神经网络使用 $\overline{X_t}$ 作为由动作集合 A 表示的动作中每一个可能的合理动作 a 的输入和输出 $Q(s_t, a)$。

假设神经网络被权重 $\overline{W}$ 的向量参数化，那么神经网络有 $|A|$ 输出，其中包含了对应于 A 中各种动作的 Q 值。换句话说，对于每个动作 $a \in A$，神经网络都能够计算函数 $F(\overline{X_t}, \overline{W}, a)$，该函数被定义为 $Q(s_t, a)$ 的学习估计：

$$\hat{Q}(s_t, a) = F(\overline{X_t}, \overline{W}, a) \tag{10.6}$$

注意 Q- 函数顶部的回旋，以表明它是使用学习参数 $\overline{W}$ 的预测值。学习 $\overline{W}$ 是使用模型决定在特定时间戳使用哪个动作的关键。例如，在电子游戏中，可能的移动是向上、向下、向左和向右。在这种情况下，神经网络将有四个输出，如图 10.3 所示。以雅达利 2600 游戏为例，输入包含 $m=4$ 个灰度的空间像素映射，代表最后 m 步的窗口[126, 127]。利用卷积神经网络将像素转换为 Q- 值。它是 Q- 网络中最重要的部分。

观测状态
（前四个像素屏幕）　　卷积神经网络

$Q(s_t, a)$中的a="上"
$Q(s_t, a)$中的a="下"
$Q(s_t, a)$中的a="左"
$Q(s_t, a)$中的a="右"

图 10.3　雅达利电子游戏的 Q- 网络

神经网络的权重 $\overline{W}$ 需要通过训练来学习。这里，我们遇到了一个有趣的问题。只有当我们观测到 Q- 函数的值时，我们才能知道权向量。通过观测 Q- 函数的值，我们可以很容易地设置一个以 $Q(s_t, a) - \hat{Q}(s_t, a)$ 表示的损失，以在每个动作之后执行学习。问题是，Q- 函数代表了所有未来行动组合的最大折扣奖励，而在当前没有办法观测它。

这里使用了自举技巧来建立神经网络损失函数。根据定义 10.5.1，我们并不是真的需要观测到的 Q- 值来建立损失函数，只要我们利用未来的部分知识知道 Q- 值的改进估计。然后，我们可以使用这个改进的估计来创建一个替代的"观测"值。这个"观测值"由前面讨论的贝尔曼方程[参见式（10.4）]定义：

$$Q(s_t, a_t) = r_t + \gamma \max_a \hat{Q}(s_{t+1}, a) \tag{10.7}$$

式（10.4）的一个不同之处在于，它的右边使用预测值 $\hat{Q}(s_{t+1}, a)$ 来创建学习中的"真理"，而不是列表值 $Q(s_{t+1}, a)$。毕竟，在使用函数近似的设置中不再保留列表值。也可以用我们的神经网络预测来描述这种关系：

$$Q(s_t, a_t) = r_t + \gamma \max_a F(\overline{X}_{t+1}, \overline{W}, a) \tag{10.8}$$

注意，我们必须首先等待观测状态 $\overline{X}_{t+1}$，并通过执行动作 a_t 获取奖励 r_t，然后才能在等式右侧计算时间戳 t 上的 "观测" 值。这提供了一种自然的方式来表达神经网络在时间戳 t 处的损失 L_t，该方法比较在时间戳 t 处的（代理）观测值 $Q(s_t, a_t)$ 和预测值 $F(\overline{X}_t, \overline{W}, a_t)$：

$$L_t = [Q(s_t, a_t) - F(\overline{X}_t, \overline{W}, a_t)]^2$$

我们也可以直接根据神经网络预测写出损失函数：

$$L_t = \left\{ \underbrace{[r_t + \gamma \max_a F(\overline{X}_{t+1}, \overline{W}, a)]}_{\text{真值} Q(s_t, a_t)} - F(\overline{X}_t, \overline{W}, a_t) \right\}^2 \tag{10.9}$$

因此，我们现在可以通过计算这个损失函数对损失函数的导数来更新权重 $\overline{W}$ 的向量。在神经网络的情况下，这种计算相当于使用反向传播算法。在这里，需要注意的是，使用自举法对时间 $t+1$ 处的预测进行估计的时间 t 处的目标值 $\hat{Q}(s_t, a_t)$ 被反向传播算法视为常量真值。因此，损失函数的导数将这些估计值作为常数，即使这些估计值来自输入为 $\overline{X}_{t+1}$ 的参数化神经网络。不将 $F(\overline{X}_{t+1}, \overline{W}, a)$ 视为常数将导致糟糕的结果。这是因为我们正在处理 $t+1$ 处的预测，以创建一个在时间 t 处的真值的改进的估计 $\hat{Q}(s_t, a_t)$（基于自举原则）。因此，权重需要如下更新：

$$\overline{W} \Leftarrow \overline{W} - \alpha \frac{\partial L_t}{\partial \overline{W}} \tag{10.10}$$

$$= \overline{W} + \alpha \left\{ \underbrace{[r_t + \gamma \max_a F(\overline{X}_{t+1}, \overline{W}, a)]}_{\text{将其视为恒定真值}} - F(\overline{X}_t, \overline{W}, a_t) \right\} \frac{\partial F(\overline{X}_t, \overline{W}, a_t)}{\partial \overline{W}} \tag{10.11}$$

注意，$F(\overline{X}_{t+1}, \overline{W}, a)$ 在上述导数中被视为常数。在矩阵演算表示法中，函数 $F()$ 对向量 $\overline{W}$ 的偏导数本质上是梯度 $\nabla_{\overline{W}} F$。在过程开始时，神经网络估计的 Q- 值是随机的，因为权重 $\overline{W}$ 的向量是随机初始化的。然而，随着时间的推移，估计会逐渐变得更加准确，因为权重会不断改变以减少损失（从而使奖励最大化）。

现在我们提供了 Q- 学习算法所使用的训练步骤列表。在任意给定的时间戳 t 处，当观察到行为 a_t 和奖励 r_t 时，使用以下训练过程更新权重 $\overline{W}$：

1. 使用输入 $\overline{X}_{t+1}$ 通过网络向前传递，计算 $\hat{Q}_{t+1} = \max_a F(\overline{X}_{t+1}, \overline{W}, a)$。如果在执行 a_t 之后终止，则该值为 0。特别对待终止状态是很重要的。根据贝尔曼方程，对于在 t 时刻观测到的动作 a_t，在前一个时间戳 t 处的 Q- 值应为 $r_t + \gamma \hat{Q}_{t+1}$。因此，不使用目标的观测值，我们已经为时间 t 处的目标值创建了一个代理，我们假装这个代理是一个给我们的观测值。

2. 在输入 $\overline{X}_t$ 的网络中正向传播，计算 $F(\overline{X}_t, \overline{W}, a_t)$。

3. 在 $L_t = (r_t + \gamma Q_{t+1} - F(\overline{X}_t, \overline{W}, a_t))^2$ 中建立损失函数，并在输入 $\overline{X}_t$ 的网络中反向传播。注意，这个损失与动作 a_t 对应的神经网络输出节点相关联，所有其他动作的损失为 0。

4. 现在可以在这个损失函数中使用反向传播来更新权向量 $\overline{W}$。即使损失函数的术语 $r_t + \gamma Q_{t+1}$ 也被作为一个从输入 $\overline{X}_{t+1}$ 到神经网络的预测，它被当作一个反向传播算法在梯度计算阶段的（常数）观测值。

训练和预测是同时进行的，因为动作的值被用来更新权重并选择下一个动作。人们倾向于选择 Q-值最大的动作作为相关预测。然而，这种方法可能对搜索空间进行不充分的探索。因此，为了选择下一个动作，需要将最优性预测与策略（如 ε-贪心算法）相结合。预测收益最大的动作被选择的概率为（$1-\varepsilon$）。否则，将选择一个随机动作。ε的值可以从大的值开始，并随着时间的推移减少它们来进行退化。因此，神经网络的目标预测值是使用贝尔曼方程中可能的最佳动作来计算的（最终可能不同于基于 ε-贪心策略的观测动作 a_{t+1}）。这就是为什么 Q-学习被称为一种非保单算法，在这种算法中，神经网络更新的目标预测值是通过使用可能与未来实际观测到的动作不同的动作来计算的。

10.5.3   例子：用于电子游戏设置的神经网络细节

对于卷积神经网络 [126, 127]，屏幕尺寸设置为 84×84 像素，这也定义了卷积网络中第一层的空间占用。输入是灰度的，因此每个屏幕只需要一个单一的空间特征图，尽管在输入层中需要 4 的深度来表示之前的四个像素窗口。采用 3 个卷积层，分别使用尺寸为 8×8、4×4 和 3×3 的过滤器。第一卷积层共使用 32 个过滤器，其他两层各使用 64 个过滤器，卷积使用的步幅分别为 4、2、1。卷积层之后是两个完全连接的层。倒数第二层的神经元数等于 512，最后一层的神经元数等于输出数（可能的动作）。输出层的数量在 4 到 18 之间，并且是特定于游戏的。卷积网络的总体架构如图 10.4 所示。

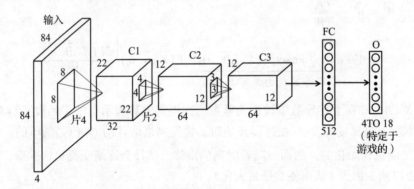

图 10.4   阿塔里环境下的卷积神经网络

所有隐藏层均采用 ReLU 激活，输出采用线性激活来预测实值 Q-值。没有使用池，卷积中的步幅提供了空间压缩。阿塔里平台支持许多游戏，同样的架构也被用于不同的游戏中，以展示其通用性。不同游戏的表现存在差异，尽管在许多情况下人类的表现都被超越了。在需要长期策略的游戏中，算法面临着最大的挑战。尽管如此，相对同质的框架在许多游戏中的出色表现还是令人鼓舞的。

10.5.4   策略上与非策略的方法：SARSA

Q-学习方法属于时间差异学习方法的一类。在 Q-学习中，动作是根据 ε-贪心策略选择的。然而，神经网络的参数是根据每一步的最佳动作与贝尔曼方程来更新的。每一步的最佳可能动作与用于执行模拟的 ε-贪心策略并不完全相同。因此，Q-学习是一种非策略强化学习方法。选择不同的策略来执行操作，而不是选择不同的策略来执行更新，这是因为贝尔曼更新的目的是找到一个最佳策略，而不是评估一个特定的策略，比如 ε- 贪心（蒙特卡罗方法的情况）。在蒙特卡罗抽样等策略上的方法中，动作与更新是一致的，因此更新可以被视为策略评估而不是策略优化。因此，在蒙特卡罗抽样中，改变策略对预测行为的影响比在 Q- 学习中更显著。蒙特卡罗抽样的自举近似也可以使用 SARSA（状态 – 动作 – 奖励 – 状态 – 动作）算法实现，其中下一步的奖励使用 ε- 贪心策略预测的动作 a_{t+1} 更新，而不是从贝尔曼方程最优步骤中更新。设 $Q^p(s,a)$ 为状态 – 动作对 (s,a) 的策略 p（在本例中为 ε- 贪心）的评估，则使用 ε- 贪心在 a_{t+1} 点抽样动作后，更新如下：

$$Q^p(s_t,a_t) \Leftarrow Q^p(s_t,a_t)(1-\alpha) + \alpha(r_t + \gamma Q(s_{t+1},a_{t+1})) \tag{10.12}$$

如果在状态 s_t 处的动作 a_t 导致终止（对于情节过程），那么 $Q^p(s_t,a_t)$ 被简单地设置为 r_t。注意，这个更新不同于式（10.5）的 Q- 学习更新，因为动作 a_{t+1} 包含探索的效果。

在使用函数逼近器时，下一步的损失函数定义如下：

$$L_t = \{r_t + \gamma F(\overline{X}_{t+1},\overline{W},a_{t+1}) - F(\overline{X}_t,\overline{W},a_t)\}^2 \tag{10.13}$$

函数 $F(\cdot,\cdot,\cdot)$ 的定义方法与上一节相同。根据这个损失更新权重向量，然后执行动作 a_{t+1}：

$$\overline{W} \Leftarrow \overline{W} + \alpha \left\{ \underbrace{[r_t + \gamma F(\overline{X}_{t+1},\overline{W},a_{t+1})]}_{\text{将其视为恒定真值}} - F(\overline{X}_t,\overline{W},a_t) \right\} \frac{\partial F(\overline{X}_t,\overline{W},a_t)}{\partial \overline{W}} \tag{10.14}$$

在此，根据式（10.11）将此更新与 Q- 学习中使用的更新进行比较具有指导意义。在 Q- 学习中，我们需要在每个状态中使用最好的可能动作来更新参数，即使实际执行的策略可能是 ε- 贪心算法（这鼓励了探索）。在 SARSA 中，我们使用实际由 ε- 贪心方法选择的动作来执行更新。因此，这是一种策略上的方法。诸如 Q- 学习这样的非策略方法能够将探索与开发分离开来，而策略上的方法则不然。注意，如果我们将 ε- 贪心策略中的 ε 设为 0（即普通贪心算法），那么 Q- 学习和 SARSA 都将专门用于同一算法。然而，这种方法不会很好地工作，因为没有探索。当学习和预测不能分开时，SARSA 是有用的。当学习可以离线进行时，Q- 学习是有用的，然后在 $\varepsilon = 0$ 处用普通贪心算法开发所学策略（不需要进一步的模型更新）。在推理时间使用 ε- 贪心策略在 Q- 学习中是不安全的，因为策略从不为其探索分量支付费用（在更新中），因此不学习如何保持探索安全。例如，一个基于 Q- 学习的机器人从 A 点到 B 点会走最短的路径，即使它是沿着悬崖的边缘，而一个经过 SARSA 训练的机器人则不会。这是因为当探索分量（概率为 ε）被触发时，沿着悬崖边缘行走偶尔会导致从悬崖上掉下去。经过 SARSA 训练的机器人将学习到悬崖边缘路径的探索分量的更大风险，因为它的策略上（而不是贪心策略）更新，因此当学习完成时，它将能够避免这样的路径。另一点是，非策略方法需要更长的时间来收敛，因为更新不同于用于选择动作的策略。例如，在机器人在悬崖边的例子中，策略上的方法会导致机器人经常掉下悬崖，但却无法从中学习，从而使学习更加稳定。换句话说，方法的方差更高。权衡的结果是，在提供足够数据的情况下，非策略方法在长期内往往能得到更优的解决方案。方法的适当选择取决于当前应用程序。在一些应用程序中，例如物理机器人，在非策略方法中，探索事故造成的物理破坏成本太大，以至于无法收集足够的数据。SARSA 也可以用 n 步向前看

（而不是 1 步自举）实现，这使它更接近于 10.4 节的蒙特卡罗抽样。

10.5.5　建模状态与状态 – 动作对

前面几节中主题的一个小变化是了解特定状态的值（而不是状态 – 动作对）。可以通过维护状态值而不是状态 – 动作对来实现前面讨论的所有方法。例如，SARSA 可以通过评估每个可能的动作产生的所有状态值，并基于预定义的策略（如 ε- 贪心策略）选择一个好的状态值来实现。事实上，最早的时间差异学习（TD- 学习）方法保持的是状态值，而不是状态 – 动作对。从效率的角度来看，一次性输出所有动作的值（而不是重复评估每个前进状态）更便于进行基于值的决策。使用状态值而不是状态 – 动作对，只有在策略不能用状态 – 动作对整洁地表达时才有用。例如，我们可能评估国际象棋中有希望的走法的前瞻性树，并报告自举法的一些平均值。在这种情况下，最好评估状态而不是状态 – 动作对。因此，本节将讨论直接评估状态的时间差异学习的变化。

设状态 s_t 的值用 $V(s_t)$ 表示。现在假设你有一个参数化的神经网络，它使用状态 s_t 的观测到的属性 $\overline{X}_t$（例如：雅达利游戏中最后四个屏幕的像素）来估计 $V(s_t)$。这个神经网络的一个例子如图 10.5 所示。那么，如果神经网络计算的函数为 $G(\overline{X}_t, \overline{W})$，参数向量为 $\overline{W}$，则有：

$$G(\overline{X}_t, \overline{W}) = \hat{V}(s_t) \qquad (10.15)$$

注意，决定动作所遵循的策略可能使用一些前瞻性状态的任意评估来决定动作。现在，我们假设我们有一些合理的启发式策略来选择以某种方式使用前瞻性状态值的动作。例如，如果我们评估由一个动作产生的每个向前状态，并根据预定义的策略（例如 ε- 贪心策略）选择其中一个，下面讨论的方法与 SARSA 相同。

图 10.5　用时间差异学习估计状态的值

如果动作 a_t 以奖励 r_t 执行，则结果状态为 s_{t+1}，值为 $V(s_{t+1})$。因此，$V(s_t)$ 的自举真值估计可以通过这个前瞻的帮助得到：

$$V(s_t) = r_t + \gamma V(s_{t+1}) \qquad (10.16)$$

这个估计也可以用神经网络参数来表示：

$$G(\overline{X}_t, \overline{W}) = r_t + \gamma G(\overline{X}_{t+1}, \overline{W}) \qquad (10.17)$$

在训练阶段，需要移动权重，以将 $G(\overline{X}_t, \overline{W})$ 推到 $r_t + \gamma G(\overline{X}_{t+1}, \overline{W})$ 改进的“真”值。与 Q- 学习的情况一样，我们使用自举假设值 $r_t + \gamma G(\overline{X}_{t+1}, \overline{W})$ 是给定给我们的观测值。因此，我们希望最小化以下定义的 TD- 误差：

$$\delta_t = \underbrace{r_t + \gamma G(\overline{X}_{t+1}, \overline{W})}_{\text{“观测”值}} - G(\overline{X}_t, \overline{W}) \qquad (10.18)$$

因此，损失函数 L_t 定义为：

$$L_t = \delta_t^2 = \left[\underbrace{r_t + \gamma\, G(\overline{X}_{t+1}, \overline{W}) - G(\overline{X}_t, \overline{W})}_{\text{"观测"值}} \right]^2 \tag{10.19}$$

在 Q- 学习中，首先将 $\overline{X}_{t+1}$ 输入到神经网络以计算 $r_t + \gamma\, G(\overline{X}_{t+1}, \overline{W})$，计算时间戳 t 时状态的"观测"值。因此，必须等待直到观测到动作 a_t，因此观测到的状态 s_{t+1} 的特征 $\overline{X}_{t+1}$ 是可用的。这种状态 s_t 的"观测"值 [由 $r_t + \gamma\, G(\overline{X}_{t+1}, \overline{W})$ 定义] 用作更新神经网络权重的（常量）目标，当输入 $\overline{X}_t$ 是用来预测状态 s_t 的值时。因此，需要移动基于如下损失函数梯度的神经网络的权重：

$$
\begin{aligned}
\overline{W} &\Leftarrow \overline{W} - \alpha \frac{\partial L_t}{\partial \overline{W}} \\
&= \overline{W} + \alpha \left\{ \underbrace{[r_t + \gamma\, G(\overline{X}_{t+1}, \overline{W})] - G(\overline{X}_t, \overline{W})}_{\text{"观测"值}} \right\} \frac{\partial G(\overline{X}_t, \overline{W})}{\partial \overline{W}} \\
&= \overline{W} + \alpha \delta_t [\nabla G(\overline{X}_t, \overline{W})]
\end{aligned}
$$

该算法是 λ 设为 0 的 $TD(\lambda)$ 算法的一种特例。这种特殊情况仅通过基于下一个时间戳的评估为当前时间戳创建一个自举的"真值"来更新神经网络。这种真值本质上是一种短视的近似值。例如，在一场国际象棋比赛中，强化学习系统可能在许多步骤之前无意中犯了一些错误，它突然在自举预测中显示出很多错误，而之前并没有出现。自举预测中的错误表明，我们已经收到了关于每个过去状态 $\overline{X}_k$ 的新信息，我们可以使用它来更改预测。一种可能是通过提前观察多个步骤来自举（见练习 7）。另一种解决方案是使用 $TD(\lambda)$，它探索了完美蒙特卡罗真值和带平滑衰减的单步近似之间的连续体。对旧预测的调整逐渐以 $\lambda < 1$ 的速率减少。在这种情况下，更新可以显示为 [181]：

$$\overline{W} \Leftarrow \overline{W} + \alpha \delta_t \sum_{k=0}^{t} (\lambda \gamma)^{t-k} \underbrace{[\nabla G(\overline{X}_k, \overline{W})]}_{\text{改变} \overline{X}_k \text{的预测}} \tag{10.20}$$

在 $\lambda = 1$ 时，该方法可以被证明等价于蒙特卡罗评估（即推出一个情节过程到最后）用于计算真值的方法 [181]。这是因为我们总是使用关于错误的新信息来完全纠正我们过去的错误，而不在 $\lambda = 1$ 处折扣，从而创建一个无偏估计。注意，λ 仅用于对步骤进行折扣，而根据式（10.18），γ 也用于计算 TD- 误差 δ_t。参数 λ 是算法特定的，而 γ 是环境特定的。使用 $\lambda = 1$ 或蒙特卡罗抽样可以降低偏差和提高方差。例如，考虑一场象棋比赛，代理爱丽丝和鲍勃在一场比赛中各犯了三个错误，但最终爱丽丝赢了。这个单一的蒙特卡罗 rollout 将不能区分每个具体的错误的影响，并将最终游戏结果的折扣奖励分配给每个棋盘位置。另一方面，n 步时间差异法（即 n 层棋盘评估）可能会看到代理在每个板的位置出错时的时间差异误差，并通过 n 步前瞻检测到。只有在有足够的数据（即更多的博弈）的情况下，蒙特卡罗方法才能区分不同类型的错误。然而，选择很小的 λ 值在学习开局时会有困难（即有更大的偏差），因为具有长期后果的错误不会被检测到。关于开局的此类问题有很好的文献记载 [17, 187]。

塞缪尔著名的跳棋项目 [155] 使用了时间差异学习，同时也推动了特萨罗开发双陆棋 TD- 双陆棋 [185, 186]。使用神经网络进行状态值估计，并在连续移动过程中使用时间差异自举更新其参数。最后的推断是通过对改进的评估函数在浅深度（如 2 或 3）上的极小极大评估来执行的。TD- 双陆棋能够打败几个专家级玩家。它还展示了一些最终被顶级玩家采用的不同寻常的游戏策略。

10.6 策略梯度方法

基于值的方法，如 Q- 学习，试图通过神经网络预测动作的值，并将其与通用策略（如 ε- 贪心策略）相结合。另一方面，策略梯度方法以最大化整体奖励为目标，估计每个步骤中每个动作的概率。因此，政策本身是参数化的，而不是使用值估计作为选择动作的中间步骤。此外，策略梯度方法不能像基于值的方法那样设计成表格方法。这是因为这种方法关注的是通过使用梯度直接寻找参数；显然，离散的表格方法不是参数化的，不能与策略梯度方法一起使用。这使得策略梯度方法从根本上不同于时间差异方法或蒙特卡罗抽样方法，因为函数近似器从一开始就固有地与模型绑定在一起。

用于估计策略的神经网络被称为策略网络，其中输入是系统的当前状态，输出是一组与电子游戏中的各种动作相关的概率（例如，向上、向下、向左或向右移动）。在 Q- 网络的情况下，输入可以是代理状态的观测表示。例如，在雅达利电子游戏设置中，观测状态可以是最后四个像素屏幕。图 10.6 显示了一个策略网络的例子，它与雅达利电子游戏设置有关。将此策略网络与图 10.3 中的 Q- 网络进行比较具有指导意义。给定各种动作的概率输出，我们抛出带有这些概率的面的有偏差的骰子，并选择其中一个动作。因此，对于每一个动作 a，观测到的状态表示 $\overline{X}_t$ 以及当前参数 $\overline{W}$，神经网络能够计算函数 $P(\overline{X}_t, \overline{W}, a)$，这是动作 a 应该被执行的概率。对其中一个动作进行抽样，并观测到该动作的奖励。如果策略不好，动作就更有可能出错，奖励也会很低。根据执行该动作所获得的奖励，更新权向量 $\overline{W}$，供下一次迭代使用。权向量的更新基于相对于权向量 $\overline{W}$ 的策略梯度的概念。估计策略梯度的一个挑战是，一个动作的奖励通常不会立即被观测到，而是紧密地整合到未来的奖励序列中。通常必须使用蒙特卡罗策略 rollout，其中神经网络被用于遵循特定的策略，以估计较长时间内的折扣奖励。

图 10.6 雅达利电子游戏配置的策略网络。将此配置与图 10.3 中的 Q- 网络进行比较具有指导意义

我们希望沿着政策梯度更新神经网络的权重向量，以便修改后的政策会随着时间的推移导致预期折扣奖励的增加。与 Q- 学习一样，在给定视界 H 上的预期折扣奖励是使用式 （10.2）的截断计算的：

$$J = \sum_{i=0}^{H} \gamma^i E[r_{t+i} | s_t, a_t] \qquad (10.21)$$

因此，我们的目标是将权向量更新如下：

$$\overline{W} \Leftarrow \overline{W} + \alpha \nabla J \qquad (10.22)$$

估计 ∇J 梯度的主要问题是神经网络只输出概率。观测到的奖励只是这些输出的蒙特卡罗样本，而我们想要计算期望奖励的梯度 [参见式（10.21）]。常用的策略梯度方法有有限差分法、似然比法和自然策略梯度法。在下文中，我们将只讨论策略梯度。

10.6.1　似然比原则

似然比法是威廉姆斯 [203] 在 REINFORCE 算法的背景下提出的。考虑这样一种情况，我们使用概率向量 $\overline{p}$ 来遵循策略，并且想要最大化 $E[Q^p(s,a)]$，这是状态 s 和神经网络中每个抽样动作 a 的长期期望值。考虑动作 a 的概率为 $p(a)$（由神经网络输出）的情况。在这种情况下，我们想求出随机梯度上升时 $E[Q^p(s,a)]$ 相对于神经网络权向量 $\overline{W}$ 的梯度。从抽样事件中找到期望的梯度是不明显的。然而，对数概率技巧允许我们将期望带入梯度之外，这是状态 – 动作对样本上的加法：

$$\nabla E[Q^p(s,a)] = E[Q^p(s,a)\nabla \log(p(a))] \tag{10.23}$$

我们在假设 a 为离散变量的情况下，通过对单个神经网络权重 w 的偏导数来证明上述结果：

$$\frac{\partial E[Q^p(s,a)]}{\partial w} = \frac{\partial\left[\sum_a Q^p(s,a)p(a)\right]}{\partial w} = \sum_a Q^p(s,a)\frac{\partial p(a)}{\partial w} = \sum_a Q^p(s,a)\left[\frac{1}{p(a)}\frac{\partial p(a)}{\partial w}\right]p(a)$$

$$= \sum_a Q^p(s,a)\left\{\frac{\partial \log[p(a)]}{\partial w}\right\}p(a) = E\left\{Q^p(s,a)\frac{\partial \log[p(a)]}{\partial w}\right\}$$

上述结果也可以在 a 为连续变量的情况下得到（参见练习 1）。连续动作在机器人中经常发生（例如，移动手臂的距离）。

该方法在神经网络参数估计中很容易应用。模拟所抽样的每个动作 a 都与蒙特卡罗模拟得到的长期奖励 $Q^p(s,a)$ 相关联。基于上述关系，期望优势的梯度是通过将该动作的对数概率 $\log(p(a))$（使用反向传播从图 10.6 中的神经网络计算）的梯度与长期奖励 $Q^p(s,a)$（通过蒙特卡罗模拟获得）相乘得到的。

考虑一个简单的国际象棋游戏，最后是赢 / 输 / 和棋，折扣因子为 γ。在这种情况下，每一步棋的长期奖励简单地以 $\{+\gamma^{r-1},0,-\gamma^{r-1}\}$ 的值获得，直到终止时仍有 r 步。奖励的值取决于游戏的最终结果，以及剩余移动的数量（因为奖励折扣）。假设一个最多包含 H 步的游戏。由于采用了多次 rollout，我们得到了神经网络中各种输入状态和相应输出的一整套训练样本。例如，如果我们对 100 次 rollout 运行模拟，我们最多可以得到 $100 \times H$ 个不同的示例。它们中的每一个都将有一个从 $\{+\gamma^{r-1},0,-\gamma^{r-1}\}$ 中获得的长期奖励。对于每一个样本，奖励都是在抽样动作的对数概率的梯度上升更新过程中的权重。

$$\overline{W} \Leftarrow \overline{W} + Q^p(s,a)\nabla \log(p(a)) \tag{10.24}$$

这里，$p(a)$ 是神经网络抽样动作的输出概率。梯度是使用反向传播计算的，这些更新类似于式（10.22）中的更新。这个抽样和更新的过程一直进行到收敛。

请注意，真值类的对数概率的梯度经常用于更新用交叉熵损失的 softmax 分类器，以增加正确类的概率（这与这里的更新在直观上相似）。不同之处在于，我们使用 Q- 值来衡量更新内容，因为我们希望更积极地推动参数朝着高奖励动作的方向发展。还可以在抽样 rollout 的动作上使用小批量梯度上升。由于每个 rollout 的连续样本之间是密切相关的，因此对不同 rollout 随机抽样可以避免相关性引起的局部极小值。

通过基线减少差异：尽管我们使用了长期奖励 $Q^p(s,a)$ 作为优化的数量，但更常见的做法是从这个数量中减去基线值，以获得其优势（即行动超出预期的不同影响）。理想情况下，基线是特定于状态的，但也可以是一个常量。在 REINFORCE 算法的最初工作中，使用了一个恒定的基线（这通常是对所有状态的平均长期奖励的衡量）。即使是这种简单的衡量方法也有助于加快学习速度，因为它降低了表现低于平均水平的概率，增加了表现高于平均水平的概率（而不是以不同的比率增加）。基线的恒定选择不影响程序的偏差，但它减少了方差。一个特定于状态的基线选项是状态 s 在抽样动作 a 之前的值 $V^p(s)$。这样的选择导致优势 $(Q^p(s,a)-V^p(s))$ 与时间差异误差相同。这种选择具有直观意义，因为时间差异误差包含了关于动作差异奖励的额外信息，超出了我们在选择动作之前所知道的信息。关于基线选择的讨论见文献 [141，160]。

以雅达利游戏代理为例，在该代理中，rollout 抽样"向上"移动，并且"向上"的输出概率为 0.2。假设（常量）基线是 0.17，动作的长期奖励是 +1，因为游戏的结果是胜利（没有奖励折扣）。因此，该 rollout 中每个动作的得分是 0.83（减去基线后）。则在该时间步长上，除"向上"外的所有动作（神经网络输出节点）的增益为 0，与"向上"对应的输出节点的增益为 $0.83 \times \log(0.2)$。然后可以反向传播这个增益，以更新神经网络的参数。

使用特定于状态的基线进行调整很容易直观地解释。考虑代理爱丽丝和鲍勃之间的象棋比赛。如果我们使用的基线为 0，那么每一步操作都只能获得与最终结果相对应的奖励，而好操作和坏操作之间的区别也就不明显了。换句话说，我们需要模拟更多游戏来区分位置。另一方面，如果我们使用状态的值（在执行动作之前）作为基线，那么（更精确的）时间差异误差将被用作动作的优势。在这种情况下，具有更大特定于状态的影响的移动将被识别为更高的优势（在单一游戏中）。因此，学习所需的游戏将会更少。

10.6.2　将监督学习与策略梯度相结合

监督学习有助于在应用强化学习之前初始化策略网络的权重。例如，在国际象棋游戏中，玩家可能早前就已经知道某些专家的动作是好的。在这种情况下，我们简单地使用相同的策略网络进行梯度上升，除了根据式（10.23），为每个专家移动分配固定的积分 1 来评估梯度。这个问题变得与 softmax 函数分类相同，其中策略网络的目标是预测与专家相同的移动。我们可以通过一些从计算机评估中获得负积分的坏移动的例子来提高训练数据的质量。这种方法将被认为是监督学习而不是强化学习，因为我们只是使用先验数据，而不是生成 / 模拟我们从中学习的数据（这在强化学习中很常见）。这个概念可以扩展到任何强化学习设置中，在这里可以使用一些先前的动作示例和相关奖励。由于在初始化过程的早期阶段很难获得高质量的数据，因此在这些初始化设置中，监督学习是非常常见的。许多已发表的著作也将监督学习和强化学习交叉使用，以获得更高的数据效率 [114]。

10.6.3　玩家 – 评委算法

到目前为止，我们已经讨论了由评委或玩家主导的方法，方式如下：

1. Q- 学习和 TD(λ) 方法与优化的值函数的概念相结合。这个值函数是一个评委，玩家的策略（例如 ε- 贪心策略）直接源于这个评委。因此，玩家服从于评委，这种方法被认为是评委独有的方法。

2. 策略梯度方法根本不使用值函数，而是直接学习策略动作的概率。这些值通常用蒙特卡罗抽样法估计。因此，这些方法被认为是玩家独有的方法。

注意，策略梯度方法确实需要评估中间动作的优势，到目前为止，这种评估是通过使用蒙特卡罗模拟完成的。蒙特卡罗模拟的主要问题是它的高度复杂性和不能在在线设置中使用。

然而，事实证明，我们可以使用值函数方法来了解中间动作的优势。正如前一节中所述，当策略 p 后面跟着策略网络时，我们使用符号 $Q^p(s_t, a)$ 表示动作 a 的值。因此，我们现在有两个耦合的神经网络：一个策略网络和一个 Q- 网络。策略网络学习动作的概率，Q- 网络学习各种动作的 $Q^p(s_t, a)$ 值，以提供对策略网络的优势估计。因此，策略网络使用 $Q^p(s_t, a)$（带基线调整）来加权其梯度上升更新。Q- 网络使用策略上更新进行更新，如在 SARSA 中一样，策略由策略网络（而不是 ε- 贪心算法）控制。然而，Q- 网络并不像 Q- 学习那样直接决定动作，因为策略决策不在它的控制范围之内（超出了它作为评委的作用）。因此，策略网络是玩家，值网络是评委。为了区分策略网络和 Q- 网络，我们用 $\overline{\Theta}$ 表示策略网络的参数向量，用 $\overline{W}$ 表示 Q- 网络的参数向量。

我们假设时间戳 t 处的状态用 s_t 表示，神经网络输入状态的可观测特征用 $\overline{X}_t$ 表示。因此，下面我们将交替使用 s_t 和 $\overline{X}_t$。考虑在第 t 个时间戳处的情况，其中在带有奖励 r_t 的状态 s_t 的情况下观测到了动作 a_t。然后，对第 $(t+1)$ 步应用以下步骤序列。

1. 使用策略网络中参数的当前状态动作 a_{t+1} 进行抽样。注意，当前状态是 s_{t+1}，因为动作 a_t 已经被观测到了。

2. 设 $F(\overline{X}_t, \overline{W}, a_t) = \hat{Q}^p(s_t, a_t)$ 表示由使用状态和参数 $\overline{W}$ 的观测表示 $\overline{X}_t$ 的 Q- 网络得到的 $Q^p(s_t, a_t)$ 的估计值。用 Q- 网络估计 $Q^p(s_t, a_t)$ 和 $Q^p(s_{t+1}, a_{t+1})$。计算 TD- 误差 δ_t 如下：

$$\delta_t = r_t + \gamma \hat{Q}^p(s_{t+1}, a_{t+1}) - \hat{Q}^p(s_t, a_t)$$
$$= r_t + \gamma F(\overline{X}_{t+1}, \overline{W}, a_{t+1}) - F(\overline{X}_t, \overline{W}, a_t)$$

3. [更新策略网络参数]：设 $P(\overline{X}_t, \overline{\Theta}, a_t)$ 为策略网络预测到的动作 a_t 的概率。更新策略网络的参数如下，

$$\overline{\Theta} \leftarrow \overline{\Theta} + \alpha \hat{Q}^p(s_t, a_t) \nabla_{\Theta} \log[P(\overline{X}_t, \overline{\Theta}, a_t)]$$

其中，α 为策略网络的学习率，$\hat{Q}^p(s_t, a_t) = F(\overline{X}_t, \overline{W}, a_t)$ 的值由 Q- 网络得到。

4. [更新 Q- 网络参数]：更新 Q- 网络参数如下，

$$\overline{W} \Leftarrow \overline{W} + \beta \delta_t \nabla_W F(\overline{X}_t, \overline{W}, a_t)$$

这里，β 是 Q- 网络的学习率。需要注意的是，Q- 网络的学习率一般高于策略网络。然后执行动作 a_{t+1} 以观察状态 s_{t+2}，并且 t 的值递增。在这个 t 值的增量处执行该方法的下一次迭代（通过重复上述步骤）。重复迭代，以执行该方法至收敛。$\hat{Q}^p(s_t, a_t)$ 与 $\hat{V}^p(s_{t+1})$ 的值相同。

如果我们使用 $\hat{V}^p(s_t)$ 作为基线，则优势 $\hat{A}^p(s_t, a_t)$ 定义如下：

$$\hat{A}^p(s_t, a_t) = \hat{Q}^p(s_t, a_t) - \hat{V}^p(s_t)$$

这改变了更新，如下：

$$\overline{\Theta} \leftarrow \overline{\Theta} + \alpha \hat{A}^p(s_t, a_t) \nabla_{\Theta} \log[P(\overline{X}_t, \overline{\Theta}, a_t)]$$

注意，原算法描述中的 $\hat{Q}(s_t, a_t)$ 被 $\hat{A}(s_t, a_t)$ 替换。为了估计 $\hat{V}^p(s_t)$ 的值，一种可能是保持另一组表示值网络的参数（与 Q-网络不同）。TD-算法可以用来更新值网络的参数。然而，事实证明，单一的值网络就足够了。这是因为我们可以用 $r_t + \gamma\hat{V}^p(s_{t+1})$ 代替 $\hat{Q}(s_t, a_t)$。这就产生了一个优势函数，它与 TD-误差相同：

$$\hat{A}^p(s_t, a_t) = r_t + \gamma\hat{V}^p(s_{t+1}) - \hat{V}^p(s_t)$$

换句话说，我们需要一个单一的值网络（参见图 10.5），它起到了评委的作用。上述方法也可以推广到在任意 λ 值处使用 TD (λ) 算法。

10.6.4　持续的动作空间

到此为止所讨论的方法都与离散的动作空间有关。例如，在电子游戏中，玩家可能会有一系列离散的选择，如是否向上、向下、向左或向右移动光标。然而，在机器人应用程序中，可能会有连续的动作空间，我们希望在其中将机器人的手臂移动一定的距离。一种可能是将动作离散为一组细粒度的间隔，并使用间隔的中点作为代表值。我们可以将这个问题视为一个离散选择问题。然而，这并不是一个特别令人满意的设计选择。首先，将固有的排序值（数值）视为分类值，就会失去不同选择之间的顺序。其次，它破坏了可能的动作空间，特别是当动作空间是多维的（例如，机器人的手臂和腿移动的距离的独立维度）。这种方法可能导致过拟合，并大大增加学习所需的数据量。

一种常用的方法是让神经网络输出连续分布的参数（如高斯分布的均值和标准差），然后从该分布的参数中进行抽样，以计算下一步动作的值。因此，神经网络输出的是机械臂移动距离的平均值 μ 和标准差 σ，通过此参数从高斯 $\mathcal{N}(\mu, \sigma)$ 中抽样实际动作 a：

$$a \sim \mathcal{N}(\mu, \sigma) \tag{10.25}$$

在这种情况下，动作 a 表示机器人手臂移动的距离。μ 和 σ 的值可以通过反向传播来学习。在某些情况下，σ 作为超参数预先确定，只需要学习平均值 μ。似然比技巧也适用于这种情况，除了我们使用的是 a 点处密度的对数，而不是动作 a 的离散概率。

10.6.5　策略梯度的利与弊

策略梯度方法在机器人等具有连续状态和动作序列的应用程序中代表了最自然的选择。对于存在多维连续动作空间的情况，动作组合的可能数量可能非常大。由于 Q-学习方法需要计算所有这些动作的最大 Q-值，这一步可能会变得难以计算。此外，策略梯度方法具有较好的稳定性和收敛性。然而，策略梯度方法容易受到局部极小值的影响。虽然 Q-学习方法在收敛行为方面不如策略梯度方法稳定，有时会围绕特定解振荡，但它们有更好的接近全局最优的能力。

10.7　重温蒙特卡罗树搜索

已经在第 3 节中讨论过蒙特卡罗树搜索，它是传统游戏软件所使用的确定性极小极大树的一种概率替代方法（尽管它的适用性并不局限于游戏）。在本节中，我们将重新讨论这个方法，并特别关注围棋，以提供一个案例来研究如何使用这些方法。这也将为实际设置中如何经常使用 rollout 方法提供帮助。

如第 3 章所述，蒙特卡罗树中的每个节点都对应一种状态，每个分支对应一种可能的动作。蒙特卡罗树搜索方法是蒙特卡罗 rollout 方法的一种变体，在这种方法中，为了存储树的分支上有希望的移动的统计信息而显式地构建树，而不是使用状态 – 动作对（如蒙特卡罗 rollout 中一样）。树构造方法并不合并树中重复状态 – 动作对的统计信息（尽管可以通过一些额外的簿记来这样做）。在搜索过程中，当遇到新的状态时，树会随着时间增长。树搜索的目标是选择最好的分支来推荐代理的预测动作。每个分支都与一个基于该分支的树搜索结果的值相关联，以及随着探索的增加而减少的上限"奖励"。该值用于设置探索过程中分支的优先级。在每次探索之后，学习到的分支的优良性都会得到调整，从而使能够带来积极结果的分支在以后的探索中更受青睐。

接下来，我们将描述 AlphaGo 中使用的蒙特卡罗树搜索，作为一个阐述围棋游戏的案例。可以将此描述视为第 3 章中描述的方法的更具体版本。假设每个动作（移动）a 在状态（棋盘位置）s 的概率 $P(s,a)$ 可以用策略网络估计。同时，对于每一次移动，我们都有一个量 $Q(s,a)$，它是状态 s 处移动 a 的质量。例如，在模拟中，$Q(s,a)$ 的值随着获胜次数的增加而增加。AlphaGo 系统使用了一种更复杂的算法，在走了几步之后，它还包含对棋盘位置的一些神经评估（参见 10.8.1 节）。那么，在每次迭代中，状态 s 处移动 a 质量的"上界"$u(s,a)$ 为：

$$u(s,a) = Q(s,a) + K \cdot \frac{P(s,a)\sqrt{\sum_b N(s,b)}}{N(s,a)+1} \tag{10.26}$$

这里，$N(s,a)$ 是在蒙特卡罗树搜索过程中，从状态 s 跟踪动作 a 的次数。换句话说，上界是通过从质量 $Q(s,a)$ 开始获得的，并在其上添加一个依赖于 $P(s,a)$ 的"额外奖励"，以及跟随该分支的次数。将 $P(s,a)$ 按访问次数缩放的想法是为了阻止频繁访问的分支，并鼓励更大的探索。蒙特卡罗方法基于选择具有最大上界的分支的策略，如多臂老虎机方法（参见 10.2.3 节）。这里，式（10.26）右边的第二项为计算上界提供置信区间。当玩家玩分支的次数越来越多时，该分支的探索"奖励"就会减少，因为其置信区间的宽度会下降。超参数 K 控制探索程度。K 值越大，探索倾向越强；K 值越小，探索倾向越强。

在任何给定的状态下，都跟随有最大 $u(s,a)$ 值的动作 a。此方法将递归地应用，直到执行最优动作不会到达现有节点。这个新状态 s' 作为叶子节点添加到树中，并将每个 $N(s',a)$ 和 $Q(s',a)$ 的初始化值设为 0。注意，叶子节点之前的模拟是完全确定的，不涉及随机化，因为 $P(s,a)$ 和 $Q(s,a)$ 是确定可计算的。利用蒙特卡罗模拟方法估计新增加的叶子节点 s' 的值。具体来说，蒙特卡罗 rollout 从策略网络 [例如，使用 $P(s,a)$ 来抽样动作] 返回 +1 或 −1，这取决于输赢。在计算叶子节点后，$Q(s'',a'')$ 和 $N(s'',a'')$ 在从当前状态 s 到叶子节点 s' 的路径上的值 (s'',a'') 更新。$Q(s'',a'')$ 的值保持为蒙特卡罗树搜索过程中从该分支到达的所有叶子节点的评估值的平均值。从 s 进行多次搜索后，选择访问次数最多的边作为相关边，并报告为期望的动作。

使用自举

传统上，蒙特卡罗树搜索通过执行重复的蒙特卡罗 rollout，提供了一种改进的状态 – 行为对值的估计 $Q(s,a)$。然而，使用 rollout 的方法通常可以通过自举而不是蒙特卡罗

rollout 来实现（见定义 10.5.1）。蒙特卡罗树搜索为 n-步时间差异方法提供了一个很好的替代方法。关于策略上的 n-步时间差异方法的一点是，它们使用 ε-贪心策略探索单一的 n-步移动序列，因此往往太弱（增加了探索的深度，但没有扩大探索的宽度）。加强它们的一种方法是检查所有可能的 n-序列，并使用非策略技术（即推广贝尔曼的一步方法）来使用最优的 n-序列。事实上，这是塞缪尔跳棋程序[155]中使用的方法，该程序使用极小极大树中的最佳选项进行自举（后来称为 TD-叶子节点[17]）。这增加了探索所有可能的 n-序列的复杂性。蒙特卡罗树搜索可以为自举提供一个健壮的替代方案，因为它可以从一个节点探索多个分支，生成平均目标值。例如，基于前瞻性的真值可以使用从给定节点开始的所有探索的平均性能。

AlphaGo Zero[168] 自举策略而不是状态值，这种情况极为罕见。AlphaGo Zero 使用每个节点分支的相对访问概率作为该状态下动作的后验概率。换句话说，一个节点上各种分支的访问计数被用来创建访问概率。由于访问决策使用了关于未来的知识（即在蒙特卡罗树的更深节点的评估），这些后验概率与策略网络的概率输出相比得到了改进。因此，后验概率被自举为与策略网络概率相关的真值，并用于更新权重参数（参见 10.8.1 节）。

10.8   案例研究

在下面，我们展示了来自真实领域的案例研究，以展示不同的强化学习设置。我们将在围棋、机器人、对话系统、自动驾驶汽车和神经网络超参数学习中展示强化学习的例子。

10.8.1   AlphaGo：围棋的冠军级对弈

围棋是像国际象棋一样的双人棋盘游戏。双人棋盘游戏的复杂性在很大程度上取决于棋盘的大小和每个位置的有效移动数。棋盘游戏最简单的例子是 3×3 棋盘的井字游戏，大多数人都可以在不需要计算机的情况下最优地解决它。国际象棋是一款具有 8×8 棋盘的复杂得多的游戏，尽管它巧妙地改变了强力攻击方法，即有选择地探索移动的极小极大树，直到达到一定深度，它可以比今天最好的人类表现得更好。围棋极致复杂，因为它的棋盘是 19×19。

玩家玩的是放在棋盘旁边的碗里的白子或黑子。一个围棋棋盘的例子如图 10.7 所示。游戏开始时，棋盘是空的，玩家在棋盘上放棋子，棋盘就会填满。黑棋先走一步，碗里有 181 颗棋子，白棋则有 180 颗。结点的总数等于两个玩家在碗中的棋子总数。玩家在每次移动时都（从碗中）将自己颜色的棋子放置在特定位置，一旦放置完毕就不再移动棋子。对手的棋子可以被包围住。这款游戏的目标是让玩家用棋子包围棋盘，从而比对手控制更大的一块区域。

图 10.7　带有棋子的围棋棋盘

在国际象棋中，一个人在一个特定位置有大约 35 种可能的走法（即树分支因子），而在围棋中，在一个特定位置的平均走法数是 250 种，几乎是一个数列。此外，围棋的平均连续步数（即树的深度）约为 150 步，大约是国际象棋的两倍。从自动化游戏玩法的角度来看，所有这些方面都让围棋变得更加困难。国际象棋软件的典型策略是构建一个极小极大树，其中包含玩家能够达到一定深度的所有走法组合，然后使用国际象棋特有的启发式（如剩余棋子的数量和各种棋子的安全性）来评估最终的棋盘位置。以启发式的方式修剪树的次优部分。这种方法只是蛮力策略的改进版，在这种策略中，所有可能的位置都被探索到给定的深度。即使在适度的分析深度下（每个玩家走 20 步），围棋极小极大树中的节点数量也比可观测宇宙中的原子数量还要多。由于空间直觉在这些环境中的重要性，人类在围棋中的表现总是优于蛮力策略。围棋中强化学习的使用更接近于人类尝试做的事情。我们很少尝试去探索所有可能的移动组合；相反，我们通过视觉学习棋盘上预测有利位置的模式，并尝试朝着预期的方向做出改进。

利用卷积神经网络实现了预测性能较好的空间模式的自动学习。系统的状态以特定点的棋盘位置进行编码，尽管 AlphaGo 的棋盘表示还包括一些额外的特征，如结点状态或出棋后的步数。为了提供完整的状态信息，需要多个这样的空间图。例如，一个特征图将代表每个交叉点的状态，另一个特征图将编码由于出棋而产生的回合数，等等。整数特征图被编码成多个单热点平面。总共可以用 48 个 19×19 像素的二进制平面来表示棋盘。

AlphaGo 利用自己的输赢经验，通过反复的对弈（既使用高手的走法，也与自己对弈），通过一个策略网络来学习不同位置的走法。此外，利用值网络实现对棋盘上每个位置的评估。然后，使用蒙特卡罗树搜索进行最后的推理。因此，AlphaGo 是一个多阶段模型，下面将对其组成部分进行讨论。

策略网络

策略网络将上述棋盘的可视化表示作为输入，并输出状态 s 处动作 a 的概率。这个输出概率用 $p(s,a)$ 表示。注意，围棋的动作对应于在棋盘的每个合理位置上放一颗棋子的概率。因此，输出层使用 softmax 函数激活。两个独立的策略网络使用不同的方法进行培训。这两个网络在结构上是相同的，包含了具有 ReLU 非线性的卷积层。每个网络包含 13 层。除了第一次和最后一次卷积外，大多数卷积层都使用 3×3 过滤器进行卷积。第一个和最后一个过滤器分别与 5×5 和 1×1 过滤器卷积。卷积层是零填充以保持其大小，并使用 192 个过滤器。使用 ReLU 非线性而使用最大池化，是为了维持空间占用。

这些网络通过以下两种方式进行训练。

- 监督学习：从专家玩家中随机抽取样本作为训练数据。输入是网络的状态，而输出是专业玩家执行的动作。这种走法的得分（优势）总是 +1，因为目标是训练网络模仿专家走法，也称为模仿学习。因此，神经网络以所选移动的概率的对数似然作为其增益进行反向传播。这种网络称为 SL- 策略网络。值得注意的是，这些监督形式的模仿学习通常是非常普遍的强化学习，以避免冷启动问题。然而，随后的工作 [167] 表明，放弃这部分学习是一个更好的选择。

- 强化学习：在这种情况下，使用强化学习来训练网络。其中一个问题是，围棋需要两个对手，因此网络要与自己对弈才能产生走法。当前的网络总是与几次迭代中随机选择的网络进行对弈，因此强化学习可以拥有随机的对手池。游戏一直进行到最后，然后根据输赢的不同，每一步都有 +1 或 −1 的优势。这些数据随后被用于训练策略网络。这种网络被称为 RL- 策略网络。

请注意，与最先进的软件相比，这些网络已经是相当强大的围棋玩家，它们与蒙特卡罗树搜索相结合以提高自身性能。

值网络

该网络也是一个卷积神经网络，它以网络的状态作为输入，以 [-1, +1] 中的预测得分作为输出，其中 +1 表示 1 的完美概率。输出是下一个玩家的预测分数，无论它是白棋还是黑棋，因此输入也根据"玩家"或"对手"编码棋子的"颜色"，而不是白棋或黑棋。值网络的结构与策略网络非常相似，只是在输入和输出方面存在一些差异。输入包含一个额外的特征，与下一个玩家是白棋还是黑棋相对应。分数是在最后使用一个单双引号单位计算的，因此值的范围是 [-1, +1]。值网络的早期卷积层与策略网络中的卷积层相同，尽管在第 12 层增加了一个额外的卷积层。一个有 256 个单位的完全连接的层和 ReLU 激活在最后的卷积层。为了训练网络，一种可能性是使用围棋游戏的数据集[223] 中的位置。然而，更可取的选择是与 SL- 策略和 RL- 策略网络进行自我对弈，直到最后生成数据集，从而生成最终结果。利用状态 - 结果对训练卷积神经网络。由于单个游戏中的位置是相关的，在训练中顺序使用它们会导致过拟合。重要的是要从不同的游戏中抽样位置，以防止由于紧密相关的训练示例而导致过拟合。因此，每个训练示例都是从一个不同的自我对弈游戏中获得的。

蒙特卡罗树搜索

使用式（10.26）的简化变型进行探索，相当于在每个节点 s 处设 $K = 1/\sqrt{\sum_b N(s,b)}$。10.7 节描述了蒙特卡罗树搜索方法的一个版本，其中仅使用 RL- 策略网络来评估叶子节点。在 AlphaGo 的例子中，两种方法是结合的。首先，从叶子节点使用了快速蒙特卡罗 rollout 以生成评估 e_1。虽然可以使用策略网络进行 rollout，但 AlphaGo 用一个人类游戏数据库和一些手工制作的特征训练了一个简化的 softmax 函数分类器，以提高 rollout 速度。其次，值网络创建了叶子节点的单独评估 e_2。最终的评估 e 是两个评估的凸组合，即 $e = \beta e_1 + (1-\beta)e_2$。$\beta = 0.5$ 提供了最佳性能，尽管仅使用值网络也提供了紧密匹配的性能（和一个可行的替代方案）。蒙特卡罗树搜索中访问次数最多的分支被报道为预测移动。

AlphaZero：对零人类知识的增强

后来，这个想法被称为 AlphaZero[167]，它消除了人类专家走法（或 SL- 网络）的需要。与单独的策略和值网络不同，单个网络同时输出策略（即动作概率）$p(s,a)$ 和位置的值 $v(s)$。将输出策略概率上的交叉熵损失和值输出上的平方损失相加形成单一损失。原始版本的 AlphaGo 只使用蒙特卡罗树搜索对训练网络进行推理，而零知识版本也使用蒙特卡罗树搜索中的访问计数进行训练。通过基于前瞻性的探索，可以将树搜索中每个分支的访问计数看作 $p(s,a)$ 上的策略改进操作符。这为创建用于神经网络学习的自举式基本真值（见定义 10.5.1）提供了基础。当时间差异学习自举状态值时，这种方法自举学习策略的访问计数。在棋盘状态 s 中，当 τ 为温度参数时，动作 a 的蒙特卡罗树搜索的预测概率为 $\pi(s,a) \propto N(s,a)^{1/\tau}$。$N(s,a)$ 的值是使用类似于 AlphaGo 的蒙特卡罗搜索算法计算的，其中神经网络输出的先验概率 $p(s,a)$ 用于计算式（10.26）。将式（10.26）中 $Q(s,a)$ 的值设为从状态 s 到达的新创建叶子节点 s' 的神经网络的平均输出值 $v(s')$。

AlphaGo Zero 通过将 $\pi(s,a)$ 自举为真值来更新神经网络，而真值的状态值是通过蒙特卡罗模拟生成的。在每个状态 s 处，概率 $\pi(s,a)$、值 $Q(s,a)$ 和访问计数 $N(s,a)$ 通过从状态 s 处开始（重复）运行蒙特卡罗树搜索过程开始更新。使用上一个迭代的神经网络根据式（10.26）选择分支，直到到达树中不存在的状态或到达终端状态。对于每个不存在的状态，将一个新的叶子添加到树中，并将其 Q- 值和访问值初始化为零。根据神经网络对叶子的评价（或根据终端状态的博弈规则），更新从 s 到叶子节点路径上所有边的 Q- 值和访问计数。从节点 s 开始进行多次搜索后，使用后验概率 $\pi(s,a)$ 抽样某个动作进行自我对弈并到达下一个节点 s'。在节点 s' 上重复本节讨论的整个过程，以递归地获得下一个位置 s''。游戏递归进行，来自 $\{-1, +1\}$ 的最终值返回为游戏路径上均匀抽样状态 s 的真值 $z(s)$。注意 $z(s)$ 是从处于状态 s 的玩家的角度定义的。在 $\pi(s,a)$ 中，对于 a 的不同值，已经可以得到概率的真值。因此，可以为神经网络创建一个训练实例，其中包含状态 s 的输入表示、$\pi(s,a)$ 中的自举基本真值概率和蒙特卡罗基本真值 $z(s)$。该训练实例用于更新神经网络参数。因此，如果神经网络的概率和输出值分别为 $p(s,a)$ 和 $v(s)$，则具有权重向量 $\overline{W}$ 的神经网络的损失为：

$$L = [v(s) - z(s)]^2 - \sum_a \pi(s,a) \log[p(s,a)] + \lambda \left\| \overline{W} \right\|^2 \tag{10.27}$$

这里 $\lambda > 0$ 是正则化参数。

AlphaZero[168] 的形式提出了进一步的改进，它可以玩多种游戏，如围棋、将棋和国际象棋。AlphaZero 轻松击败了最好的国际象棋软件 stockfish，也击败了最好的将棋软件（Elmo）。国际象棋的胜利对于大多数顶级玩家来说是特别出人意料的，因为人们总是认为国际象棋的强化学习系统需要太多的领域知识，以赢过一个有手工评估的系统。

性能评价

AlphaGo 在对抗各种计算机和人类对手时显现出了非凡的表现。在与各种计算机对手的比赛中，它在 495 场比赛中赢了 494 场 [166]。即使 AlphaGo 因向对手提供四颗免费棋子而受到阻碍，在与疯石围棋、天顶围棋和帕奇围棋的比赛中，它的胜率分别为 77%、86% 和 99%。它还击败了著名的人类对手，如欧洲冠军、世界冠军和顶级选手。

它的表现中更引人注目的方面是它取得胜利的方式。在很多比赛中，AlphaGo 走了很多非常规的、非常出色的非常规棋，这些棋有时只有在程序获胜后才有意义。在一些案例中，AlphaGo 的走法与传统智慧相悖，但最终揭示了 AlphaGo 在自我对弈中获得的创新见解。在这场比赛之后，一些顶级围棋选手重新考虑了他们在整场比赛中的策略。

AlphaZero 的表现与此类似，它通常会做出物质牺牲，以逐步改善自己的位置并压制对手。这种类型的行为是人类游戏的标志，与传统的国际象棋软件（它已经比人类好得多）非常不同。与手工制作的评估不同，它似乎没有对棋子的物质价值或国王何时能安全处于棋盘中央的先入之见。此外，它通过自己的方式发现了最著名的国际象棋开局，并且似乎对哪个开局"更好"有自己的看法。换句话说，它有自己发现知识的能力。强化学习和监督学习的一个关键区别是，它有能力通过奖励引导的尝试和错误学习，在已知知识之外进行创新。它的行为代表了其他应用程序中的一些承诺。

10.8.2　自学习机器人

自学习机器人代表了人工智能领域的一个重要前沿，通过使用奖励驱动的方法，机器人可以被训练去执行各种任务，如移动、机械维修或对象检索。例如，考虑建造一个身体可以移动的机器人（根据它是如何构建的和可用的运动选择），但它需要学习精确地选择运动，为了保持自身平衡并从 A 点移动到 B 点。作为两足人类，我们甚至不用想就能自然地行走和保持平衡，但这对一个两足机器人来说不是一件简单的事情，因为错误的关节运动选择很容易导致它摔倒。当不确定的地形和障碍物摆在机器人面前时，这个问题就更加困难了。

这种类型的问题自然适用于强化学习，因为很容易判断机器人是否正确行走，但很难指定机器人在每种可能情况下应该做什么的精确规则。在奖励驱动的强化学习方法中，机器人每次从 A 点前进到 B 点时，都会获得（虚拟）奖励。否则，机器人可以采取任何行动，而这没有使用有助于它保持平衡和行走的特定动作选择的知识进行预训练。换句话说，机器人并没有被灌输任何关于行走的知识（除了它会因为使用可用的行动从 A 点到 B 点取得进展而获得奖励）。这是强化学习的经典例子，因为机器人现在需要学习特定的动作顺序，以获得目标驱动的奖励。虽然我们在这个例子中使用移动作为一个具体的例子，但这个通用原则适用于机器人的任何类型的学习。例如，第二个问题是教机器人操作任务，如抓取物体或拧瓶盖。下面，我们将简要讨论这两种情况。

运动技能的深度学习

在这种情况下，向虚拟机器人传授运动技能[160]，使用 MuJoCo 物理引擎[212] 对机器人进行仿真。MuJoCo 物理引擎是多关节接触动力学（Multi-Joint Dynamics with Contact）的缩写。它是一个物理引擎，旨在促进机器人、生物力学、图和动画的研究和发展，在这些领域中需要快速和准确的模拟，而无须构建一个真正的机器人。使用了类人机器人和四足机器人。两足模型的一个例子如图 10.8 所示。这种类型的模拟的优势是使用虚拟仿真并不昂贵，并且避免了自然安全与物理损害的赔偿和费用问题，物理损害一般发生在受到高水平的错误 / 事故影响的实验框架中。另一方面，物理模型提供了更真实的结果。一般来说，在建立物理模型之前，模拟通常可以用于较小规模的测试。

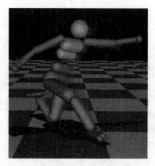

图 10.8   虚拟人形机器人示例。原始图像见文献 [212]

人形模型有 33 个状态维和 10 个驱动自由度，而四足模型有 29 个状态维和 8 个驱动自由度。模型会因为前进而获得奖励，尽管当机器人的质心下降到某一点以下时，情节就会终止。机器人的动作由关节力矩控制。该机器人具有许多特性，如提供障碍物位置、关节位置、角度等的传感器。这些特征被输入神经网络。机器人使用了两个神经网络；一个用于值估计，另一个用于策略估计。因此，采用了用值网络进行优势估计的策略梯度法。这种方法是玩家 – 评委方法的一个实例。

前馈神经网络采用三个隐藏层，分别为 100、50 和 25 tanh 单位。文献 [160] 中的方法需要估计策略函数和值函数，对于隐藏层，这两种情况都使用了相同的架构。然而，值估计器只需要一个输出，而策略估计器需要与动作数量一样多的输出。因此，这两种架构之间的主要区别在于输出层和损失函数的设计方式。广义优势估计器（Generalized Advantage Estimator，GAE）与基于信任的策略优化（Trust-based Policy Optimization，TRPO）相结合使用。参考书目注释包含指向这些方法的具体细节的指针。通过强化学习对神经网络进行 1000 次迭代训练，机器人学会了以视觉愉悦的步态行走。机器人行走的最终结果视频见文献 [211]。随后，谷歌深度学习也发布了类似的结果，其具有更广泛的避开障碍或其他挑战的能力[75]。

视觉运动技能的深度学习

强化学习中第二个且有趣的案例见文献 [114]，在这个实验中，机器人被训练做一些家务活，比如把衣架放在架子上，把一个方块插入到一个形状分类立方体中，把玩具锤的爪子用不同的握把装在钉子下，把瓶盖拧到瓶子上。这些任务的示例如图 10.9a 和机器人的图像所示。这些动作是 7 维关节马达扭矩指令，为了最优地执行任务，每个动作都需要一系列指令。在这种情况下，一个机器人的实际物理模型被用于训练。机器人使用摄像机图像来定位物体并对其进行操作。摄像机图像可以被认为是机器人的眼睛，机器人使用的卷积神经网络与视觉皮层的概念原理相同（基于 Hubel 和 Wiesel 的实验）。尽管乍一看，这款游戏的场景与雅达利的电子游戏非常不同，但在图像框架如何帮助映射策略动作方面，它们有很大的相似之处。例如，雅达利设置也可以在原始像素上使用卷积神经网络。然而，这里有一些额外的输入，对应于机器人和物体的位置。这些任务需要高度的视觉感知、协调和接触动力学的学习，所有这些都需要自动学习。

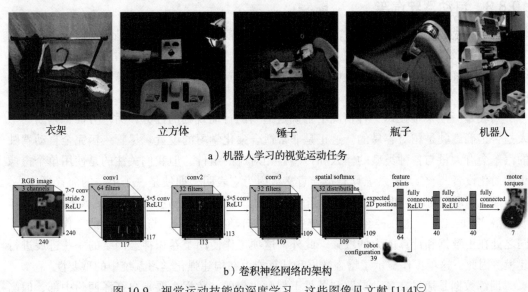

a）机器人学习的视觉运动任务

b）卷积神经网络的架构

图 10.9 视觉运动技能的深度学习。这些图像见文献 [114]⊖

一种自然的方法是使用卷积神经网络将图像帧映射到动作。就像在雅达利游戏中一样，我们需要在卷积神经网络的各个层次中学习空间特征，以便以任务敏感的方式获得相关奖励。卷积神经网络有七层，92 000 个参数。前三层是卷积层，第四层是空间 softmax 函数，第五层是从空间特征图到简洁的两个坐标集的固定转换。这个想法是应用一个 softmax 函数到整个空间特征图的响应。这提供了特征图中每个位置的概率。使用该概率分布的期望位置提供了二维坐标，称为特征点。注意，卷积层中的每个空间特征图创建一个特征点。特征点可以看作空间概率分布上的一种 softmax 算法。第五层与我们通常在卷积神经网络中看到的很不一样，它的设计目的是创建一个适合于反馈控制的视觉场景的精确表示。空间特征点与机器人的配置相连接，这是一个只有在卷积层之后才出现的额外输入。这个连接的特征集被送入两个完全连接的层，每个层有 40 个整流单元，然后与扭矩进行线性连接。需要注意的是，只有与摄像机相对应的观测数据被输入到卷积神经网络的

第一层，而与机器人状态相对应的观测数据被输入到第一层完全连接层。这是因为卷积层不能充分利用机器人的状态，在卷积层处理完视觉输入后，将以状态为中心的输入连接起来是有意义的。整个网络包含大约 92 000 个参数，其中 86 000 个在卷积层。卷积神经网络的架构如图 10.9b 所示。观测包括 RGB 相机图像、联合编码器读数、速度和末端执行器姿态。

完整的机器人状态包含 14 到 32 个维度，如关节角度、末端执行器姿态、物体位置和它们的速度。这提供了一个实用的状态概念。与所有基于策略的方法一样，输出对应于各种动作（电机扭矩）。文献 [114] 中讨论的方法的一个有趣的方面是，它将强化学习问题转化为监督学习。使用了有指导的策略搜索方法，这在本章中没有讨论。这种方法将部分强化学习问题转化为监督学习。感兴趣的读者可以参考文献 [114]，其中也可以找到机器人（使用该系统训练）的表现视频。

10.8.3　自动驾驶汽车

在机器人运动任务的情况下，如果汽车从 A 点前进到 B 点而没有造成事故或其他不受欢迎的道路事故，就会得到奖励。该车配备了各种类型的视频、音频、接近和运动传感器，以便记录观察。强化学习系统的目标是让汽车无论道路状况如何都能安全地从 A 点行驶到 B 点。

驾驶是一项很难在每一种情况下都确定适当的行动规则的任务；另一方面，判断一个人是否正确驾驶是相对容易的。这正是非常适合强化学习的设置。尽管一辆完全自动驾驶的汽车会有大量与各种类型的输入和传感器相对应的组件，但我们关注的是使用单个摄像头的简化设置 [25, 26]。该系统具有指导意义，因为它表明，即使是一个单一的前置摄像头，当与强化学习配对时，也足以完成相当多的工作。有趣的是，这项工作的灵感来自 1989 年波默洛 [142] 的工作，他在神经网络系统中建造了自动陆地车辆，与 25 年前的工作的主要不同之处在于数据和计算能力的增强。此外，这项工作使用了卷积神经网络的一些进展进行建模。因此，这项工作显示了增强数据和计算能力在构建强化学习系统中的重要性。

训练数据是通过在各种道路和条件下驾驶收集的。数据主要来自新泽西州中部，但高速公路数据也来自伊利诺伊州、密歇根州、宾夕法尼亚州和纽约州。虽然在驾驶员位置使用了一个前置摄像头作为决策的主要数据源，但训练阶段使用了另外两个位于前方其他位置的摄像头来收集旋转和移动的图像。这些辅助摄像机并不用于最终决策，但对收集额外数据很有用。附加摄像头的位置确保了它们的图像被移动和旋转，因此它们可以用来训练网络识别汽车位置被破坏的情况。简而言之，这些摄像头对数据增强很有用。对神经网络进行训练，使神经网络输出的转向指令与驾驶员输出的指令之间的误差最小。注意，这种方法倾向于使方法更接近监督学习而不是强化学习。这些类型的学习方法也被称为模仿学习 [158]。模仿学习通常被用作缓冲强化学习系统固有的冷启动的第一步。

涉及模仿学习的场景通常与涉及强化学习的场景相似。在这种情况下，使用强化设置相对容易，即当汽车在没有人为干预的情况下取得进展时给予奖励。另一方面，如果汽车没有进步或需要人工干预，它会受到处罚。然而，这似乎不是文献 [25，26] 的自动驾驶系统的训练方式。自动驾驶汽车设置的一个问题是，在训练过程中总是要考虑到安全问题。尽管大多数可使用的自动驾驶汽车公布的细节有限，但与强化学习相比，在这种情况下，监督学习似乎是首选方法。然而，在有用的神经网络更广泛的架构方面，使用监督学习和强化学习之间的差异并不显著。关于自动驾驶汽车背景下的强化学习的一般性讨论可以在文献 [216] 中找到。

卷积神经网络架构如图 10.10 所示。该网络由 9 层组成，包括归一化层、5 层卷积层和 3 层完全连接层。第一个卷积层使用了一个步幅为 2 的 5×5 过滤器。接下来的两个卷积层都使用了带有 3×3 过滤器的非步幅卷积。这些卷积层之后是三个完全连接层。最终输出值为一个控制值，对应于反向转弯半径。该网络有 2700 万个连接和 25 万个参数。文献 [26] 提供了深度神经网络如何执行转向的具体细节。

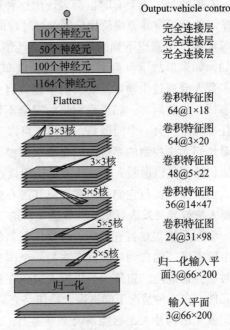

图 10.10　文献 [25] 中讨论的自动驾驶汽车控制系统的神经网络架构（NVIDIA 提供）

最终的汽车在模拟和实际道路条件下进行了测试。在道路测试中，总有一名驾驶员在场，在必要时进行干预。在此基础上，计算了需要人工干预的时间百分比。调查发现，这辆车 98% 的时间都是自动驾驶的。文献 [215] 中有一段视频演示了这种类型的自动驾驶。通过可视化训练后的卷积神经网络的激活图（基于第 8 章讨论的方法），我们得到了一些有趣的观察结果。特别值得一提的是，据观察，这些特征严重偏向于对驾驶很重要的图像学习方面。在未铺设道路的情况下，特征激活图能够检测道路的轮廓。另一方面，如果汽车位于森林中，特征激活图就会充满噪声。请注意，在通用图像数据集上训练的卷积神经网络中不会发生这种情况，因为特征激活图通常包含树木、树叶等有用的特征。这两种情况的区别在于，自动驾驶环境的卷积网络是在目标驱动的情况下训练的，它学会了检测与驾驶相关的特征。森林中树木的具体特征与驾驶无关。

10.9　强化学习的弱点

用强化学习简化高度复杂的学习算法的设计有时会产生意想不到的效果。由于强化学习系统比其他学习系统具有更大的自由度，因此自然会引起一些与安全相关的担忧。虽然生物上的贪婪是人类智力的一个强大因素，但它也是人类行为许多不良方面的根源。简单性是奖励驱动学习的最大优势，但也是它在生物系统中的最大陷阱。因此，从人工智能的角度来看，模拟这样的系统会导致类似的陷阱。例如，糟糕的奖励设计可能导致不可预见的结果，因为系统学习其动作的探索方式。强化学习系统经常可以在设计不完善的电子游戏中学习未知的"作弊"和"黑客"技术，这告诉我们在不完美的现实世界中可能会发生什么。机器人学会了假装拧瓶盖就能更快地获得奖励，只要人类或自动评估器被这个动作骗了。换句话说，奖励功能的设计有时候并不简单。

此外，系统可能试图以"不道德"的方式获得虚拟奖励。例如，一个清洁机器人可能会尝试通过先制造混乱，然后清理它们来获得奖励[13]。可以想象机器人护士的情况会更糟。有趣的是，人类有时也会表现出这种行为。这些令人不快的相似之处是利用生物有机体学习的简单贪婪原则简化机器学习过程的直接结果。追求简单会让机器失去更多的控制，这可能会产生意想不到的效果。在某些情况下，甚至在设计奖励功能时也存在道德困境。例如，如果事故不可避免，自动驾驶汽车应该救它的司机还是两个行人？在这种情况下，大多数人会通过生物本能的反射来拯救自己；然而，激励一个学习系统这样做是完全不同的事情。与此同时，如果驾驶员的安全不是学习系统的首要任务，那么就很难说服驾驶员信任一辆车。另一个问题是，相对于可以直接控制的系统（如手动驾驶汽车），人工操作人员对他们无法控制的系统的安全要求门槛要高得多。因此，自动驾驶汽车的更高安全等级可能仍然不足以说服人类操作人员使用该系统（除非差异足够大）。强化学习系统也容易受到人类操作人员与它们互动和操纵其潜在奖励功能效果的方式的影响；在某些场合，聊天机器人被教导要发表冒犯或种族主义言论。

学习系统很难将它们的经验推广到新的情况中。这个问题被称为分配转移。例如，在一个国家训练的自动驾驶汽车在另一个国家可能表现不佳。同样，强化学习中的探索动作有时也会很危险。想象一个机器人试图在电子设备中焊接电线，而电线周围都是易碎的电子元件。在这种情况下尝试探索动作是充满危险的。这些问题告诉我们，如果不考虑安全，我们就无法构建人工智能系统。事实上，OpenAI[214]等组织已经在确保安全方面发挥了带头作用。文献[13]中还讨论了其中一些问题，并提供了更广泛的可能解决方案的框架。在许多情况下，为了确保安全，人类似乎必须在某种程度上参与到回路中[157]。

最后，强化学习算法需要大量的数据，并且在封闭系统中工作得特别好，在封闭系统中很容易模拟和生成足够的数据。例如，我们可以通过游戏和虚拟机器人的模拟生成无限数量的数据，但要用真正的机器人生成足够的数据就困难得多。因此，尽管机器人的虚拟模拟器在强化学习方面做得非常好，但在真正的机器人上却很难获得类似的结果（因为物理损伤，失败的试验代价很高）。强化学习对数据的需求仍然是其在现实应用中的部署的一个非常严重的障碍。

10.10   总结

本章研究强化学习的问题，在强化学习中，代理以奖励驱动的方式与环境交互，以学习最优动作。强化学习方法有好几类，其中最常见的是 Q- 学习方法和策略驱动方法。近年来，策略驱动方法越来越受欢迎。这些方法中有许多是端到端系统，它们整合了深层神经网络，以接收感官输入并学习优化奖励的策略。强化学习算法用于许多场景，如播放视频或其他类型的游戏、机器人和自动驾驶汽车。这些算法通过实验进行学习的能力通常会导致其他学习形式无法实现的创新解决方案。因为过度简化的学习过程与奖励功能，强化学习算法还提出了与安全相关的独特挑战。

10.11   拓展阅读

萨顿和巴托的书[182]很好地概述了强化学习。在文献[115]中有许多关于强化学习的调查。大卫·西尔弗关于强化学习的讲座可以在 YouTube 上免费获取[213]。时间差异方法由塞缪尔在一个围棋程序中提出[155]，并由萨顿形式化[181]。Q- 学习是沃特金斯在文献 [198] 中提出的。文献 [152] 中引入了 SARSA 算法。文献 [185] 的工作开发了 TD- 双陆棋，这是一个西洋双陆棋游戏程序。

近年来，策略梯度比 Q- 学习方法更受欢迎。策略梯度的似然方法是由 REINFORCE 算法首创的[203]。文献 [183] 给出了这类算法的一些分析结果。在围棋游戏中，策略梯度被用于学习[166]，尽管总体方法结合了许多不同的元素。还可以对特定类型的强化学习方法（如玩家 – 评委方法）进行调查[68]。

蒙特卡罗树搜索在文献 [102] 中提出。随后，它被用于围棋[166, 167]。关于这些方法的调查可以在文献 [31] 中找到。后来版本的 AlphaGo 取消了学习的监督部分，适应了象棋和将棋，在零初始知识的情况下表现得更好[167, 168]。一些国际象棋的 TD- 学习方法，如神经棋[187]、骑士帽[17] 和长颈鹿[108] 已经被探索过，但没有传统引擎那么成功。文献 [114，159，160] 中介绍了几种训练自学习机器人的方法。

10.12　练习

1. 本章给出了动作 a 是离散的情况下的似然比技巧 [参见式（10.23）] 的证明。将这个结果推广到连续值动作。

2. 在本章中，我们使用了一个神经网络，也就是策略网络来实现策略梯度。讨论在不同情况下选择网络架构的重要性。

3. 你有两台老虎机，每台老虎机都有 100 个灯。玩每台机器获得奖励的概率分布是当前点亮的灯光模式的未知（可能是特定于机器的）功能。玩老虎机会以某种明确但未知的方式改变它的光模式。讨论为什么这个问题比多臂老虎机问题更困难。设计一个深度学习解决方案，在每次试验中最优地选择机器，使每次试验在稳定状态下的平均奖励最大化。

4. 想想著名的石头剪刀布游戏。人类棋手经常试图利用前一步的历史来猜测下一步。你会使用 Q- 学习还是基于策略的方法来学习玩这个游戏？为什么？现在考虑这样一种情况：一个人类玩家对三步棋中的一步进行抽样，其概率是每一方之前 10 步棋的历史的未知函数。提出一种深度学习方法，旨在与这样的对手对弈。一个精心设计的深度学习方法会比人类玩家更有优势吗？人类玩家应该使用什么策略来确保与深度学习对手的概率均等？

5. 以井字棋游戏为例，在游戏结束时，玩家会从 {-1, 0, +1} 中获得奖励。假设你了解所有状态的值（假设双方都采取了最优策略）。讨论为什么非终端位置的状态具有非零值。关于中间动作对最后收到的奖励值的信用分配，这告诉了你什么信息？

6. 编写 Q- 学习实现，通过反复与人类对手玩井字游戏来学习每个状态 – 动作对的值。没有使用函数近似器，因此整个状态 – 动作对表使用式（10.4）学习。假设可以将表中的每个 Q- 值初始化为 0。

7. 两步 TD- 误差定义如下：

$$\delta_t^{(2)} = r_t + \gamma r_{t+1} + \gamma^2 V(s_{t+2}) - V(s_t)$$

(a) 针对两步情况提出一种 TD- 学习算法。

(b) 提出一个类似 SARSA 的策略上 n 步学习算法。在设置 $\lambda = 1$ 之后，显示更新是式（10.18）的截断变体。当 $n = \infty$ 时，会发生什么？

(c) 提出 Q- 学习等非策略 n 步学习算法，并讨论其与（b）相比的优缺点。

第 11 章

概率图模型

"无视概率法则的人所挑战的对手很少被打败。"

——安布罗斯·比尔斯

11.1 引言

概率图模型是一种随机变量之间的依赖关系被图捕获的模型。概率图可以被认为是一种特殊的计算图（参见第 7 章），其中节点中的变量对应于随机变量。这个概率计算图中的每个变量都是基于在其传入节点中生成的节点中的变量，以条件方式生成的。这些条件概率可以由领域专家设置，也可以通过数据驱动的方式以边缘概率分布参数的形式学习。这两种不同的方法对应于人工智能的两大流派。

1. **演绎流派**：在这种情况下，边缘的条件概率是由领域专家设置的。这将得到一个没有特殊训练阶段的概率图，它主要用于进行推断。这种模型的一个例子就是贝叶斯网络。

2. **归纳流派**：在这种情况下，边缘通常对应参数化的概率分布，其中的基本参数需要以数据驱动的方式学习。节点中的每个变量都是对传入边上定义的概率分布进行抽样的结果。与传统神经网络的主要区别是边缘计算的概率性质。这类模型的例子包括马尔可夫随机场、条件随机场和受限玻尔兹曼机。此外，机器学习中的许多传统模型，如期望最大化算法、贝叶斯分类器、逻辑回归等，也可以看作这些模型的特殊情况。由于机器学习中的大多数归纳模型都可以简化为计算图（参见第 7 章），在中间阶段使用任何一种概率模型都会创建某种概率图模型。

最早的概率模型类型是贝叶斯网络，其中的概率是由领域专家以特定于领域的方式设置的。这些网络是由 Judea Pearl 提出的[140]。这种网络也被称为推理网络或因果网络，它们被用作利用专家领域知识进行概率推理的工具。

在后来的几年里，归纳形式的概率网络变得更加流行。传统机器学习中的大多数生成模型和判别模型也可以被认作概率图模型的形式，尽管它们在早期并没有被作为图模型提出。然而，这类模型通常以平板图的形式描述为图模型，平板图可以被认为是计算图的基本形式。

与确定性设置中的一般计算图一样，概率图模型可以是无向的，也可以是有向的。在有向模型中，推理只能在一个方向上发生，而在无向模型中，推理可以在两个方向上发生。所有形式的无向计算图总是比有向模型更难训练，因为它们隐式地包含循环。此外，许多有向图模型也包含循环，这使得它们更难训练。值得注意的是，在确定性设置中，无向计算图是极其罕见的——所有的神经网络都是没有循环的有向计算图。然而，在概率情况下，带有循环的计算图更常见。

11.2 节将介绍与贝叶斯网络相对应的概率图模型的基本形式；11.3 节将讨论使用基本概率图模型来解释机器学习中的传统模型；11.4 节将介绍玻尔兹曼机；11.5 节将讨论受限玻尔兹曼机的特定情况，即玻尔兹曼机的特殊情况；11.6 节将讨论受限玻尔兹曼机的应用；11.7 节将给出总结。

11.2 贝叶斯网络

贝叶斯网络又称因果网络或推理网络，其边包含条件概率，节点中的变量是根据传入节点中的变量值生成的。这些条件概率的值，将传入节点的变量值与边的传出节点的变量值联系起来，通常由专家以特定于领域的方式设置。值得注意的是，条件概率不一定与个别边有关。贝叶斯网络是有向无环图（类似于神经网络），给定节点的传入节点被称为其父节点。给定节点的输出节点被称为它的子节点。能到达一个给定节点的所有节点被称为它的祖先，从一个给定节点所能到达的所有节点被称为它的后代。不是直接父节点的祖先称为间接祖先。在下文中，我们将介绍在节点中使用布尔变量的贝叶斯网络，因此每个变量都有可能出现真或假值。这个概率取决于所有传入节点的布尔值的组合。值得注意的是，图的有向性和无环性是贝叶斯网络的常规形式所特有的，而不适用于其他类型的图模型。贝叶斯网络的有向无环特性是有效地将其作为因果模型使用的必要条件；由于关系的循环性质，循环的存在总是使从其他节点值推断某节点值变得困难。然而，对于归纳模型中的许多形式的概率图模型，如受限玻尔兹曼机，图是无向的，因此循环存在于图模型中。

神经网络和贝叶斯网络之间的关系是非常值得注意的。神经网络在有向无环图中使用确定性函数，而贝叶斯网络使用从概率分布中有效抽样的函数。考虑神经网络中一个带有变量 h 的节点，其传入值为 $x_1, x_2, \cdots, x_d$。在这种情况下，神经网络计算出如下确定性函数 $f(\cdot)$：

$$h = f(x_1, \cdots, x_d)$$

这类函数的例子包括线性运算符、sigmoid 运算符或这两种运算符的组合。另一方面，在贝叶斯网络的情况下，将函数定义为一个抽样运算符，其中 h 从随机变量 H 的条件概率分布 $P(H|x_1, \cdots, x_d)$ 中抽样的值，给定其输入：

$$h \sim P(H \mid x_1, \cdots, x_d)$$

这种定义贝叶斯网络的自然方式及其与神经网络的关系如图 11.1 所示。值得注意的是，当一个网络多次运行时，这种类型的随机网络对于相同的输入会产生不同的输出。这是因为现在每个输出都是概率分布的实例化，而不是确定性函数，如 $f(x_1, \cdots, x_d)$。

重要的一点是，传统的贝叶斯网络假设概率分布是完全以特定于领域的方式指定的。随着贝叶斯网络规模的增大，这个假设显然是不现实的。在特定于领域的网络中，随着给定节点的传入节点数量的增加，联合概率分布的指定变得越来越麻烦。正如我们稍后将看到的，许多机器学习超越了贝叶斯网络的原始定义，并试图以数据驱动的方式学习概率。

传统的贝叶斯网络以特定于领域的方式定义概率，本质上是执行因果推理的推理引擎，对应于传统机器学习算法的测试阶段。当包含了学习组件时，这些方法就会演变成机器学习中使用的大量概率图模型。事实上，许多这些概率图模型，如受限玻尔兹曼机，被广泛认为是神经网络的概率版本。

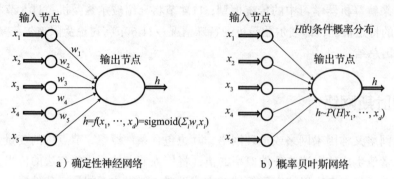

a）确定性神经网络   b）概率贝叶斯网络

图 11.1   确定性神经网络和概率贝叶斯网络的比较

上述节点处计算的概率函数的定义方式暗示了贝叶斯网络满足局部马尔可夫性质，也简称为马尔可夫性质。根据这个属性，给定节点中变量的值只依赖于它的直接父节点，而不是与它没有直接连接的祖先节点：

定义 11.2.1（局部马尔可夫性质）   给定其直接父节点变量的值，该变量的概率在条件下独立于其间接祖先。

值得注意的是，机器学习所有类型的以序列为中心的模型中都使用了马尔可夫性质，如隐马尔可夫模型，而当变量之间的关系不是纯粹的序列关系时，贝叶斯网络则是这些思想的自然泛化。例如，考虑一个贝叶斯网络，其中从变量 h_1 到变量 h_2 有一条边，从变量 h_2 到 h_3 也有一条边，但从变量 h_1 到 h_3 没有边。在这种情况下，局部马尔可夫性质暗示如下内容：

$$P(h_3|h_2, h_1) = P(h_3|h_2)$$

但是请注意，如果从 h_1 到 h_3 存在边，上述条件将不成立。局部马尔可夫性质在贝叶斯网络的情况下是正确的，仅仅因为变量的值被定义为其直接传入节点的变量值的抽样函数；毕竟，所有的间接祖先都定义了父节点的值，这是节点需要的唯一输入。贝叶斯网络中的每个节点都与包含 2^k 概率值的概率表相关联，其中 k 表示节点的入度。因此，概率值表与每个节点相关联，对应于节点的联合概率分布，而不是每条边的单个条件概率。

为了理解贝叶斯网络的局部马尔可夫性质，我们将从贝叶斯网络的一个简单例子开始。考虑图 11.2 所示的网络，其中显示了一个包含 6 个节点的网络。

图 11.2 中的贝叶斯网络描述了美国政治进程中的一个特定场景，对应于两党，即民主党和共和党。模型中的情景对应的是某项立法的可能性，用 X 表示，这一立法受到民主党的支持，但遭

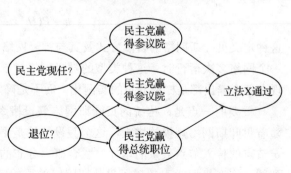

图 11.2   贝叶斯网络的一个例子

到共和党的反对。据推测，这项立法将在选举之后提交审议，选举决定众议院、参议院和总统职位。立法通过的可能性本质上是不确定的，因为人们不知道选举的结果。特别是，该法案获得通过的可能性在很大程度上取决于民主党或共和党在选举后是控制⊖众议院、参议院，还是总统职位。假设一个简单的贝叶斯模型表明，任何一个政党赢得众议院、参议院或总统职位的概率取决于两个因素。第一个因素是现任总统是共和党还是民主党（即大选前），第二个因素是经济状况是否良好。一般来说，在经济不景气的情况下，选民倾向于指责现任总统所属的政党，这对美国的所有选举活动都具有很高的预测能力。因此，人们使用领域知识来建模总统、众议院和参议院选举的各种结果的概率，人们使用一个包含 $2^2 = 4$ 项的表，因为每个节点的进度为 2。对应的概率表如下：

民主党现任？	退位？	民主党赢得众议院	民主党赢得参议院	民主党赢得总统大选
真	真	0.1	0.05	0.25
真	假	0.95	0.55	0.8
假	真	0.9	0.65	0.9
假	假	0.25	0.1	0.3

注意，这两个布尔值是模型的输入，它们基于已知的事实。表中的数值是介于 0 和 1 之间的概率。当然，这是一个相当粗糙的模型，但它说明了我们试图提出的观点。如果我们假设 X 法案得到了民主党的支持，但遭到了共和党的反对，那么当共和党在选举后控制了大量此类机构时，该法案获得通过的可能性最大。对应的表如下所示，它有 $2^3 = 8$ 项，因为立法节点包含 3 条传入边。因此，建模的下一阶段将前一阶段的输出（概率结果）作为其输入，就像神经网络一样。然而，输入是布尔值，因为我们使用的是前一阶段的结果：

民主党赢得众议院	民主党赢得参议院	民主党赢得总统大选	立法通过的概率
真	真	真	0.8
真	真	假	0.7
真	假	真	0.2
真	假	假	0.1
假	真	真	0.6
假	真	假	0.4
假	假	真	0.1
假	假	假	0.05

然后可以使用这些概率对最终输出的结果进行抽样。这种方法可以重复多次，以创建多个输出。这些多重结果可以转化为立法通过的可能性。

11.3 机器学习中的基本概率模型

我们在前面几章看到的许多传统机器学习模型都是概率图模型的特殊情况。在这些情况下，边对应于参数化的概率分布，训练阶段对应于学习这些概率分布参数的过程。在这一点上，期望最大化算法、贝叶斯分类器和逻辑回归分类器可以被视为概率图模型的基本形式。关键的一点是，这种模型的训练比后面讨论的更一般形式的概率图模型要简单。

⊖ 众议院和参议院是美国政府立法部门的两个机构，包括选举产生的代表。

为了理解机器学习中的基本模型是如何被转换成概率图模型的，我们将介绍平板图的概念，这是为了表示这些不同类型的模型而经常使用的概念。平板图显示了模型中的不同变量是如何产生的，它们之间是有条件的。

虽然平板图与计算图不完全相同，但它在概念上是相关的；事实上，平板图可以在许多情况下使用，以快速构建一个等价的计算图。图 11.3a 所示为平板图构造的基本方法。与计算图一样，平板图中的每个节点都包含一个变量（或变量的向量）。平板图显示了不同变量相互生成时的依赖关系。注意，这正是贝叶斯网络所做的。平板图通过给可见节点加阴影和不给隐藏节点加阴影清楚地区分可见变量和隐藏变量。两个节点之间的边表示两个节点之间的概率相关性。当一个节点有许多传入边时，其中的变量是根据所有传入节点中的变量生成的。此外，当相同的生成过程重复多次时，会用一个板显示出来 [见图 11.3a 右下角的插图]，板内显示了变量的实例化次数。

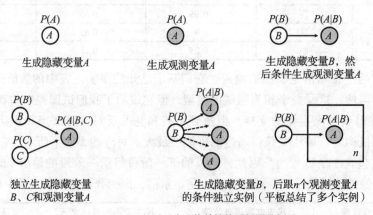

a）显示生成依赖性的平板图的例子

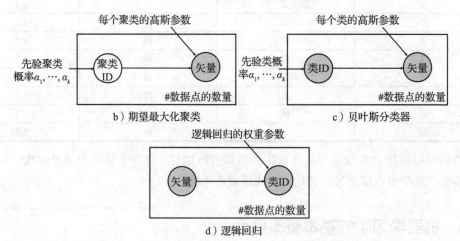

图 11.3   平板图构造的基本方法如图 11.3a 所示。期望最大化算法、贝叶斯分类器和逻辑
　　　　　回归的平板图示例如图 11.3b、图 11.3c 和图 11.3d 所示

图 11.3b、图 11.3c 和图 11.3d 给出了平板图的进一步示例。图 11.3b 的图给出了期望最大化聚类算法，该算法需要两个生成步骤。首先，选择混合的分量，然后从高斯分布生成一个数据点，该数据点是由所选变量决定的。生成过程的重复次数定义了数据点的数量。这个数字包含在图 11.3b 的平板图的右下角。请注意，这个生成过程在 9.3.4 节中进行了讨

论。期望最大化算法与贝叶斯分类器密切相关（参见 6.7 节），其中每个类都类似于一个聚类。生成过程与期望最大化算法完全相同，除了在这种情况下类变量是可见的。此平板图如图 11.3c 所示。请注意，图 11.3b 和图 11.3c 的主要区别在于，类 / 聚类标识符对应的变量在聚类时没有加阴影，而在分类时加了阴影。这是因为数据点的聚类标识符在聚类中是未知的，而在（用于训练数据点的）分类中是已知的。最后，逻辑回归平板图如图 11.3d 所示。请注意，在这种情况下，与贝叶斯分类器的不同之处在于特征变量和类变量的生成顺序是相反的。这是因为在逻辑回归的情况下，类变量是根据特征变量产生的。此外，输入参数的性质不同；在逻辑回归的情况下，为了生成类变量，需要输入权重参数。在本例中，两个变量都加了阴影，因为它们在生成过程中是可见的。

本节的讨论表明，机器学习的许多基本模型都是概率图模型的特殊情况，尽管人们很少以这种方式来看待它们。这类似于支持向量机等许多机器学习模型是确定性神经网络的特殊情况。因此，期望最大化聚类、贝叶斯分类器和逻辑回归都可以被视为概率图模型的特殊情况。许多形式的矩阵分解，如概率潜在语义分析和潜在狄利克雷分配，也可以被认为是概率图模型的基本特殊情况。当输出节点中使用 sigmoid 激活函数时，像逻辑回归这样的一些模型也被认为是确定性神经网络的特殊情况。然而，所有这些模型都是相对初级的，因为图的结构是相对简单的，并且具有有向性。在下一节中，我们将介绍一些无向概率图模型，它们更具挑战性。

11.4 玻尔兹曼机

玻尔兹曼机是一种无向网络，其中 q 单元（或神经元）的索引值来自 $\{1, \cdots, q\}$。每个连接的形式是 (i, j)，其中每个 i 和 j 都是来自 $\{1, \cdots, d\}$ 的神经元。每个连接 (i, j) 都是无向的，并与权重 $w_{ij} = w_{ji}$ 相关联。尽管假设所有节点对之间都有连接，但将 w_{ij} 设置为 0 会删除连接 (i, j)。将权重 w_{ii} 设置为 0，因此不存在自循环。每个神经元 i 都与状态 s_i 相关联。玻尔兹曼机的一个重要假设是，每个 s_i 都是从 $\{0, 1\}$ 中提取的二进制值，尽管可以使用其他约定，如 $\{-1, +1\}$。第 i 个节点也有一个与之相关的偏差 b_i；b_i 的较大值鼓励将第 i 个状态设为 1。玻尔兹曼机是属性间对称关系的无向模型，因此权重总是满足 $w_{ij} = w_{ji}$。状态的可见值表示来自训练示例的二进制属性值，而隐藏状态在本质上是概率性的，用于构建更复杂的模型。玻尔兹曼机中的权重就是它的参数；状态对之间较大的正权重表明状态值的正相关程度高，而较大的负权重表明状态值的负相关程度高。

在本节中，我们假设玻尔兹曼机总共包含 $q=(m+d)$ 种状态，其中 d 为可见状态的数量，m 为隐藏状态的数量。因此，假设训练数据集包含 d 个与相关属性相对应的二进制值。一个特定的状态配置是由状态向量 $\bar{s} = (s_1, \cdots, s_q)$ 的值定义的。如果显式地想在 $\bar{s}$ 中划分可见和隐藏状态，则状态向量 $\bar{s}$ 可以写成 $(\bar{v}, \bar{h})$ 对，其中 $\bar{v}$ 表示可见单元的集合，$\bar{h}$ 表示隐藏单元的集合。$(\bar{v}, \bar{h})$ 中的状态表示与 $\bar{s} = \{s_1, \cdots, s_q\}$ 中相同的集合，但前者对可见单元和隐藏单元有明确的划分。

玻尔兹曼机的目标函数也称为其能量函数，类似于传统前馈神经网络的损失函数。玻尔兹曼机的能量函数是这样建立的：使该函数最小化，鼓励与大的正权重相连的节点对具有相似的状态，与大的负权重相连的节点对具有不同的状态。因此，当玻尔兹曼机的可见状态固定在单个训练点的二进制属性值上时，玻尔兹曼机的训练阶段学习边的权重，以使能量最小化。因此，学习玻尔兹曼机的权重隐式地建立了训练数据集的无监督模型。玻尔兹曼机的特定状态组合 $\bar{s} = (s_1, \cdots, s_q)$ 的能量 E 可以定义为：

$$E = -\sum_i b_i s_i - \sum_{i,j:i<j} w_{ij} s_i s_j \tag{11.1}$$

术语 $-b_i s_i$ 鼓励使用有较大偏差的单位。同样，术语 $-w_{ij} s_i s_j$ 鼓励 s_i 和 s_j 在 $w_{ij} > 0$ 时相似。换句话说，正权重将导致状态"吸引"，负权重将导致状态"排斥"。

第 i 个单位的能量差定义为其两种配置之间的能量差（其他状态固定为预定义值）：

$$\Delta E_i = E_{s_i=0} - E_{s_i=1} = b_i + \sum_{j:j\neq i} w_{ij} s_j \tag{11.2}$$

玻尔兹曼机根据能量差给 s_i 分配一个概率。正能量差的概率大于 0.5。状态 s_i 的概率是通过对能量差应用 sigmoid 函数来定义的：

$$P(s_i = 1 | s_1, \cdots, s_{i-1}, s_{i+1}, s_q) = \frac{1}{1 + \exp(-\Delta E_i)} \tag{11.3}$$

注意，状态 s_i 现在是一个伯努利随机变量，零能量差导致状态的每个二进制结果的概率为 0.5。

对于一组特定的参数 w_{ij} 和 b_i，玻尔兹曼机定义了在各种状态配置上的概率分布。特定配置 $\bar{s} = (\bar{v}, \bar{h})$ 的能量记为 $E(\bar{s}) = E([\bar{v}, \bar{h}])$，定义如下：

$$E(\bar{s}) = -\sum_i b_i s_i - \sum_{i,j:i<j} w_{ij} s_i s_j \tag{11.4}$$

然而，这些配置只有在玻尔兹曼机的情况下才有可能知道 [根据式（11.3）]。式（11.3）的条件分布遵循一个更基本的定义，即特定配置 $\bar{s}$ 的无条件概率 $P(\bar{s})$：

$$P(\bar{s}) \propto \exp(-E(\bar{s})) = \frac{1}{Z} \exp(-E(\bar{s})) \tag{11.5}$$

归一化因子 Z 的定义使得所有可能配置的概率和为 1：

$$Z = \sum_{\bar{s}} \exp[-E(\bar{s})] \tag{11.6}$$

归一化因子也称为配分函数。一般来说，配分函数的显式计算是困难的，因为它包含了与所有可能状态配置相对应的指数数量的项。由于配分函数的难解性，$P(\bar{s}) = P(\bar{v}, \bar{h})$ 的精确计算是不可能的。然而，许多类型的条件概率 [例如，$P(\bar{v}, \bar{h})$] 的计算是可能的，因为这些条件概率是比率，而难以处理的归一化因子从计算中被抵消了。例如，式（11.3）的条件概率遵循配置概率的更基本定义 [参见式（11.5）]，如下：

$$P(s_i = 1 | s_1, \cdots, s_{i-1}, s_{i+1}, s_q) = \frac{P(s_1, \cdots, s_{i-1}, \overset{s_i}{\overbrace{1}}, s_{i+1}, s_q)}{P(s_1, \cdots, s_{i-1}, \underset{s_i}{\underbrace{1}}, s_{i+1}, s_q) + P(s_1, \cdots, s_{i-1}, \underset{s_i}{\underbrace{0}}, s_{i+1}, s_q)}$$

$$= \frac{\exp(-E_{s_i=1})}{\exp(-E_{s_i=1}) + \exp(-E_{s_i=0})} = \frac{1}{1 + \exp(E_{s_i=1} - E_{s_i=0})}$$

$$= \frac{1}{1 + \exp(-\Delta E_i)} = \text{sigmoid}(\Delta E_i)$$

这与式（11.5）的条件相同。我们还可以看到逻辑 sigmoid 函数植根于统计物理中的能量概念。

一种考虑概率设置这些状态的好处的方法是我们现在可以从这些状态中抽样，以创建与原始数据相似的新数据点。这使得玻尔兹曼机成为概率模型而不是确定性模型。机器学习中的许多生成模型（例如用于聚类的高斯混合模型）使用一个顺序过程，首先从先验中抽样隐藏状态，然后在隐藏状态上有条件地生成可见观察结果。这不是玻尔兹曼机的情况，在玻尔兹曼机中，所有状态对之间的依赖关系是无向的；可见状态依赖于隐藏状态就像隐藏状态依赖于可见状态一样。因此，用玻尔兹曼机生成数据可能比在许多其他生成模型中更具挑战性。

11.4.1 玻尔兹曼机如何产生数据

在玻尔兹曼机中，基于式（11.3）的状态之间的循环依赖关系使数据生成的动力学变得复杂。因此，我们需要一个迭代过程从玻尔兹曼机生成样本数据点，使所有状态都满足式（11.3）。玻尔兹曼机使用由前一次迭代中状态值生成的条件分布迭代抽样状态，直到达到热平衡。热平衡的概念是指对不同属性值的抽样所观察到的频率代表它们的长期稳态概率分布。达到热平衡的过程如下。我们从一组随机状态开始，使用式（11.3）计算它们的条件概率，然后使用这些概率再次对状态值进行抽样。注意，我们可以使用式（11.3）中的 $P(s_i|s_1, \cdots, s_{i-1}, s_{i+1}, \cdots, s_q)$ 迭代生成 s_i。运行这个过程很长一段时间后，可见状态的抽样值为我们提供了生成的数据点的随机样本。达到热平衡所需的时间称为过程的老化时间。这种方法被称为吉布斯抽样或马尔可夫链蒙特卡罗（MCMC）抽样。

在热平衡时，生成的点将代表玻尔兹曼机捕获的模型。请注意，生成的数据点中的维度将根据不同状态之间的权重相互关联。在它们之间权重较大的状态将倾向于高度相关。例如，在文本挖掘应用程序中，状态对应于单词的存在，属于一个主题的单词之间将存在相关性。因此，如果玻尔兹曼机在一个文本数据集上经过适当的训练，它将在热平衡时生成包含这些类型的单词相关性的向量，即使状态是随机初始化的。值得注意的是，即使用玻尔兹曼机生成一组数据点，也是一个比许多其他概率模型更为复杂的过程。例如，从高斯混合模型生成数据点只需要直接从抽样的混合分量的概率分布中抽样点。另一方面，玻尔兹曼机的无向性迫使我们运行这个过程到热平衡，只是为了生成样本。因此，对于给定的训练数据集，学习状态之间的权重是一项更加困难的任务。

11.4.2 学习玻尔兹曼机的权重

在玻尔兹曼机中，我们希望以这样的方式学习权重，以便最大化当前特定训练数据集的对数似然。单个状态的对数似然是通过使用式（11.5）中的概率对数来计算的。因此，对式（11.5）取对数可得：

$$\log[P(\overline{s})] = -E(\overline{s}) - \log(Z) \tag{11.7}$$

因此，计算 $\dfrac{\partial \log[P(\overline{s})]}{\partial w_{ij}}$ 需要计算能量的负导数，尽管我们有一个涉及配分函数的附加项。式（11.4）能量函数为线性的，权重为 w_{ij} 系数为 $-s_i s_j$。因此，能量对权重 w_{ij} 的偏导数为

$-s_i s_j$。因此，我们可以得出以下结论：

$$\frac{\partial \log[P(\bar{s})]}{\partial w_{ij}} = \langle s_i, s_j \rangle_{\text{data}} - \langle s_i, s_j \rangle_{\text{model}} \tag{11.8}$$

这里，当可见状态被固定到训练点的属性值时，$\langle s_i, s_j \rangle_{\text{data}}$ 表示运行 11.4.1 节的生成过程得到的 $s_i s_j$ 的平均值。平均是在一小批训练点上完成的。类似地，$\langle s_i, s_j \rangle_{\text{model}}$ 表示热平衡时 $s_i s_j$ 的平均值，不需要将可见状态固定到训练点上，只需要运行 11.4.1 节的生成过程即可。在这种情况下，平均是在多个运行过程到热平衡的实例中进行的。直观地说，我们想要增强状态之间边的权重，当可见状态固定在训练数据点上时，这些状态会一起打开。这正是上面的更新所实现的，它使用了 $\langle s_i, s_j \rangle$ 值中以数据和模型为中心的差异。从上面的讨论可以清楚地看到，为了执行更新，需要生成两种类型的示例。

1. **以数据为中心的样本**：第一类样本将可见状态固定到从训练数据集中随机选择的向量上。隐藏状态初始化为概率为 0.5 的伯努利分布的随机值。然后根据式（11.3）重新计算每个隐藏状态的概率。隐藏状态的样本将从这些概率中重新生成。这个过程重复一段时间，达到热平衡。此时，隐藏变量的值提供了所需的示例。注意，可见状态被固定在相关训练数据向量的相应属性上，因此不需要对它们进行抽样。

2. **模型样本**：第二种样本对训练数据点的状态固定没有任何约束，人们只是想从不受限制的模型中获取样本。方法与上面讨论的相同，除了可见和隐藏状态都初始化为随机值，并不断进行更新，直到达到热平衡。

这些示例帮助我们创建权重的更新规则。从第一类样本，可以计算 $\langle s_i, s_j \rangle_{\text{data}}$，当可见向量固定到训练数据 $\mathcal{D}$ 中的向量，而隐藏状态允许变化时，该值表示节点 i 和节点 j 状态之间的相关性。由于使用了小批量的训练向量，因此可以获得多个状态向量样本。$\langle s_i, s_j \rangle$ 的值是吉布斯抽样得到的所有状态向量的平均积。同样，我们可以用吉布斯抽样得到的以模型为中心的样本的 s_i 和 s_j 的平均乘积来估计 $\langle s_i, s_j \rangle_{\text{model}}$ 的值。一旦计算出这些值，就会使用以下更新：

$$w_{ij} \Leftarrow w_{ij} + \alpha \underbrace{(\langle s_i, s_j \rangle_{\text{data}} - \langle s_i, s_j \rangle_{\text{model}})}_{\text{对数概率的偏导数}} \tag{11.9}$$

偏差的更新规则与此类似，只是状态 s_j 被设置为 1。我们可以通过使用可见并连接到所有状态的假偏置单元来实现这一点：

$$b_i \Leftarrow b_i + \alpha(\langle s_i, 1 \rangle_{\text{data}} - \langle s_i, 1 \rangle_{\text{model}}) \tag{11.10}$$

请注意，$\langle s_i, 1 \rangle$ 的值仅仅是从以数据为中心的样本或以模型为中心的样本的一小批训练示例中抽样的 s_i 值的平均值。

上述更新规则的主要问题是它在实践中很慢。这是因为蒙特卡罗抽样程序，它需要大量样本，以达到热平衡。有更快的方法来近似这个冗长的过程。在下一节中，我们将在玻尔兹曼机的简化版本的上下文中讨论这种方法，即所谓的受限玻尔兹曼机。

11.5 受限玻尔兹曼机

在玻尔兹曼机中，隐藏和可见单元之间的连接可以是任意的。例如，两个隐藏状态可能包含它们之间的边，也可能包含两个可见状态。这种类型的广义假设造成了不必要的复杂性。玻尔兹曼机的一个自然的特例是受限玻尔兹曼机（Restricted Boltzmann Machine，RBM），它是二分的，并且只允许隐藏和可见单元之间的连接。图 11.4a 显示了一个受限玻尔兹曼机的例子。在这个特定的示例中，有三个隐藏节点和四个可见节点。每个隐藏状态都连接到一个或多个可见状态，尽管在隐藏状态对和可见状态对之间没有连接。受限玻尔兹曼机也被称为簧风琴 [170]。

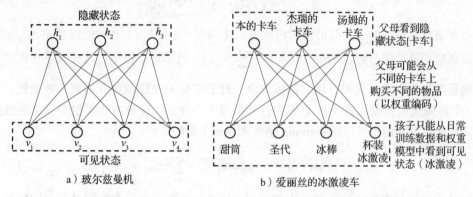

图 11.4 受限玻尔兹曼机。注意在可见或隐藏单元之间没有相互作用的限制

我们假设隐藏单元是 $h_1, \cdots, h_m$，可见单元是 $v_1, \cdots, v_d$。与可见节点 v_i 相关的偏差用 $b_i^{(v)}$ 表示，与隐藏节点 h_j 相关的偏差用 $b_j^{(h)}$ 表示。注意上标，以区分可见节点和隐藏节点的偏差。可见节点 v_i 与隐藏节点 h_j 之间的边的权重用 w_{ij} 表示。权重的表示法在受限玻尔兹曼机中也略有不同（与玻尔兹曼机相比），因为隐藏和可见单元是分开索引的。例如，我们不再有 $w_{ij} = w_{ji}$，因为第一个索引 i 总是属于一个可见节点，而第二个索引 j 属于一个隐藏节点。在从上一节推断方程时，记住这些符号上的差异是很重要的。

为了提供更好的解释性，我们将在本节中使用一个正在运行的示例，即图 11.4b 中基于玻尔兹曼机的"爱丽丝的冰激凌车"示例。想象一下这样一种情况，训练数据对应的四个位代表爱丽丝每天从父母那里收到的冰激凌。这些代表了我们示例中的可见状态。因此，爱丽丝可以收集四维训练点，因为她每天会收到（0 到 4 种）不同类型的冰激凌。然而，这些冰激凌是爱丽丝的父母从三辆卡车中的一辆⊖或多辆上（图中的隐藏状态）买给她的。这些卡车的类型爱丽丝是不知道的，尽管她知道她的父母从三辆卡车购买冰激凌（而且不止一辆卡车可以用来制作一天的冰激凌套装）。爱丽丝的父母都是优柔寡断的人，他们做决定的过程很不寻常，因为他们在选择了卡车之后就会改变主意，反之亦然。挑选某种冰激凌的可能性取决于挑选的卡车以及这些卡车的权重。同样，被选中卡车的可能性取决于人们想买的冰激凌和相同的权重。因此，爱丽丝的父母可以在选择卡车之后不断改变选择冰激凌的想法，在选择冰激凌（一段时间）之后继续选择卡车，直到他们每天做出最后的决定。正如我们将看到的，这种循环关系是无向模型的特征，爱丽丝的父母使用的过程类似于吉布斯抽样。

⊖ 在没有选择卡车的情况下，这个例子在语义可解释性方面很棘手。即使在这种情况下，各种冰激凌的概率也非零，这取决于偏差。人们可以通过添加一个总是被选中的假卡车来解释这种情况。

　　二分约束的使用极大地简化了 RBM 中的推理算法，同时保持了该方法以应用为中心的能力。如果我们知道所有可见单元的值（当提供训练数据点时，这是很常见的），那么隐藏单元的概率就可以一步计算出来，而不需要经过烦琐的吉布斯抽样过程。例如，每个隐藏单元的值为 1 的概率可以直接写成可见单元值的逻辑函数。也就是说，将式（11.3）应用于受限玻尔兹曼机可以得到：

$$P(h_j = 1 | \bar{v}) = \frac{1}{1 + \exp[-b_j^{(h)} - \sum_{i=1}^{d} v_i w_{ij}]} \quad (11.11)$$

这个结果直接由式（11.3）得出，它将状态概率与 $h_j = 0$ 和 $h_j = 1$ 之间的能量差 ΔE_j 联系起来。当观察到可见状态时，ΔE_j 的值是 $b_j + \sum_i v_i w_{ij}$。一旦学习了权重，这种关系在创建每个训练向量的简化表示时也很有用。具体来说，对于带有 m 个隐藏单元的玻尔兹曼机，可以将第 j 个隐藏值的值设为式（11.11）中计算的概率。注意，这种方法提供了二进制数据的实值简化表示。我们也可以用 sigmoid 函数来表示上面的方程：

$$P(h_j = 1 | \bar{v}) = \text{sigmoid} \left[b_j^{(h)} + \sum_{i=1}^{d} v_i w_{ij} \right] \quad (11.12)$$

还可以使用隐藏状态的示例一步生成数据点。这是因为可见单元和隐藏单元之间的关系在 RBM 的无向和二分体系结构中是相似的。也就是说，我们可以利用式（11.3）得到：

$$P(v_i = 1 | \bar{h}) = \frac{1}{1 + \exp\left[-b_i^{(v)} - \sum_{j=1}^{m} h_j w_{ij}\right]} \quad (11.13)$$

我们也可以用 sigmoid 函数来表示这个概率：

$$P(v_i = 1 | \bar{h}) = \text{sigmoid} \left[b_i^{(v)} + \sum_{j=1}^{m} h_j w_{ij} \right] \quad (11.14)$$

使用 sigmoid 的一个很好的结果是，通常可以创建一个与 sigmoid 激活单元密切相关的前馈网络，在这个网络中，玻尔兹曼机学到的权重被用于输入 – 输出映射的有向计算。然后使用反向传播对网络的权重进行微调。我们将在 11.6 节中给出这种方法的示例。

　　请注意，权重对可见和隐藏状态之间的相关性进行了编码。一个较大的正权重意味着这两种状态可能同时存在。例如，在图 11.4b 中，父母可能更有可能从本的卡车上买甜筒和圣代，而他们更有可能从汤姆的卡车上买冰棒和杯装冰激凌。这些倾向被编码在权重中，权重以循环的方式调节可见状态选择和隐藏状态选择。这种关系的循环性带来了挑战，因为选择冰激凌和选择卡车之间的关系是双向的；这就是吉布斯抽样的存在理由。虽然爱丽丝可能不知道冰激凌来自哪辆卡车，但她会注意到训练数据中位之间的相关性。事实上，如果爱丽丝知道 RBM 的权重，她可以使用吉布斯抽样生成 4 位点，代表她未来将收到的"典型"冰激凌示例。即使是模型的权重，爱丽丝也可以从例子中学习到，这是无监督生成模型的本质。假设存在 3 种隐藏状态（卡车）和足够多的四维训练数据点的例子，爱丽丝可以学习可见冰激凌和隐藏卡车之间的相关权重和偏差。下一节将讨论用于此的算法。

11.5.1　训练 RBM

　　RBM 的权重计算是使用与玻尔兹曼机相似的学习规则来实现的。特别是，可以创建一个基于小批量的高效算法。权重 w_{ij} 被初始化为小值。对于当前的权重 w_{ij} 集合，它们被如下更新。

- □ 正阶段：该算法使用一小批训练实例，并使用式（11.11）在恰好一步内计算每个隐藏单元的状态概率。然后由这个概率生成每个隐藏单元的状态的一个样本。对小批训练实例中的每个元素重复此过程。计算了 v_i 的不同训练实例与 h_j 的生成实例之间的相关性，用 $\langle v_i, h_j \rangle_{\mathrm{pos}}$ 表示。这种相关性本质上是每一对可见和隐藏单元之间的平均乘积。

- □ 负阶段：在负阶段中，算法从随机初始化的状态开始，利用式（11.11）和式（11.13）反复进行热平衡，以计算可见和隐藏单元的概率。如果 v_i、h_j 和整个过程重复多次，则使用这些概率来绘制样本。采用与正阶段相同的方法，用多个样本计算平均积 $\langle v_i, h_j \rangle_{\mathrm{neg}}$。

- □ 然后可以使用玻尔兹曼机中使用的相同类型的更新：

$$w_{ij} \Leftarrow w_{ij} + \alpha(\langle v_i, h_j \rangle_{\mathrm{pos}} - \langle v_i, h_j \rangle_{\mathrm{neg}})$$
$$b_i^{(v)} \Leftarrow b_i^{(v)} + \alpha(\langle v_i, 1 \rangle_{\mathrm{pos}} - \langle v_i, 1 \rangle_{\mathrm{neg}})$$
$$b_j^{(h)} \Leftarrow b_j^{(h)} + \alpha(\langle 1, h_j \rangle_{\mathrm{pos}} - \langle 1, h_j \rangle_{\mathrm{neg}})$$

其中，$\alpha > 0$ 表示学习率。每个 $\langle v_i, h_j \rangle$ 是通过在小批量中平均 v_i 和 h_j 的乘积来估计的，尽管 v_i 和 h_j 的值分别在正阶段和负阶段用不同的方法计算。此外，$\langle v_i, 1 \rangle$ 表示小批量中 v_i 的平均值，$\langle 1, h_j \rangle$ 表示小批量中 h_j 的平均值。

根据图 11.4b 中的爱丽丝的卡车来解释上面的更新是很有帮助的。当某些可见位的权重（例如，甜筒和圣代）高度相关时，上述更新将倾向于将权重推向可以用卡车和冰激凌之间的权重来解释这些相关性的方向。例如，如果甜筒和圣代是高度相关的，但所有其他相关性都非常弱，这可以解释为这两种冰激凌和一辆卡车之间的权重都很高。在实践中，相关性将复杂得多，相关权重的模式也将复杂得多。

11.5.2 对比发散算法

上述方法的一个问题是达到热平衡和生成负样本所需的时间。然而，事实证明，通过将可见状态固定到一个小批的训练数据点上，可以在很短的时间内运行蒙特卡罗抽样，并且仍然可以获得一个很好的梯度近似。对比发散方法的最快变体使用了一个蒙特卡罗抽样的额外迭代（在正阶段所做的），以生成隐藏和可见状态的样本。首先，通过将可见单元固定到一个训练点（在正阶段已经完成了）来生成隐藏状态，然后使用蒙特卡罗抽样从这些隐藏状态再次（恰好一次）生成可见单元。用可见单元的值代替热平衡时的值作为抽样状态。隐藏单元将使用这些可见单元再次生成。因此，正阶段和负阶段之间的主要区别只是迭代的次数，即从训练点的可见状态的相同初始化开始运行该方法。在正阶段，我们只使用简单计算隐藏状态的一半迭代。在负阶段，我们至少使用了一次额外迭代（以从隐藏状态重新计算可见状态，并再次生成隐藏状态）。这种迭代次数上的差异是导致两种情况下状态分布的差异的原因。直觉告诉我们，迭代次数的增加会导致分布偏离当前权重向量所提出的数据条件状态。因此，更新中 $\langle v_i, h_j \rangle_{\mathrm{pos}} - \langle v_i, h_j \rangle_{\mathrm{neg}}$ 的值量化了对比发散量。这种对比发散算法的最快变体被称为 CD_1，因为它使用一个（额外的）迭代来生成负样本。当然，使用这种方法只是对真实梯度的一个近似。通过增加额外迭代次数到 k 次，其中重构数据 k 次，可以提高对比发散的准确性。这种方法被称为 CD_k。k 值的增加以牺牲速度为代价得到更好的梯度。

在早期的迭代中，使用 CD_1 就足够了，尽管在后期阶段可能没有帮助。因此，在训练中应用 CD_k 的同时，逐步增加 k 的值是一种自然的方法。我们可以将这个过程总结如下：

1. 在梯度下降的早期阶段，权重是非常不精确的。在每次迭代中，只使用了一个额外的对比发散步骤。此时一步就足够了，因为只需要一个粗略的下降方向就可以改善不精确的权重。因此，即使执行 CD_1，在大多数情况下也能获得良好的方向。

2. 当梯度下降接近一个更好的解时，需要更高的精度。因此，使用对比发散的两步或三步（即 CD_2 或 CD_3）。一般情况下，在固定的梯度下降步数后，可以使马尔可夫链步数加倍。文献 [173] 中提倡的另一种方法是在每 10 000 步之后，用 1 创建 CD_k 中的 k 值。文献 [173] 中 k 的最大值为 20。

对比发散算法可以扩展到 RBM 的许多其他变体。训练受限玻尔兹曼机的一个很好的实用指南可以在文献 [78] 中找到。本指南讨论了几个实际问题，如初始化、调优和更新。下面，我们将简要介绍其中一些实际问题。

11.5.3　实际问题和即兴

在用对比发散训练 RBM 时存在几个实际问题。虽然我们一直假定蒙特卡罗抽样过程生成二进制样本，但情况并非如此。蒙特卡罗抽样的一些迭代直接使用计算的概率 [参见式（11.11）和式（11.13）]，而不是抽样的二进制值。这样做是为了减少训练中的噪声，因为概率值比二进制样本保留更多的信息。然而，隐藏状态和可见状态的处理方式有一些不同。

- 隐藏状态抽样的即兴：对于正样本和负样本，CD_k 的最终迭代根据式（11.11）计算隐藏状态作为概率值。因此，无论是正的还是负的样本，用于计算 $\langle v_i, h_j \rangle_{\text{pos}} - \langle v_i, h_j \rangle_{\text{neg}}$ 的 h_j 的值总是一个实值。这个实值是一个分数，因为在式（11.11）中使用了 sigmoid 函数。

- 可见状态抽样的即兴：因此，可见状态的蒙特卡罗抽样的即兴总是与 $\langle v_i, h_j \rangle_{\text{neg}}$ 的计算有关，而不是与 $\langle v_i, h_j \rangle_{\text{pos}}$ 有关，因为可见状态总是固定在训练数据上。对于负样本，蒙特卡罗程序总是根据式（11.13）在所有迭代上计算可见状态的概率值，而不是使用 0-1 值。这不是隐藏状态的情况，隐藏状态直到最后一次迭代都是二进制的。

迭代地使用概率值而不是抽样的二进制值在技术上是不正确的，并且不能达到正确的热平衡。然而，无论如何，对比发散算法是一种近似，这种方法以牺牲一些理论错误为代价，减少了显著的噪声。噪声的降低是概率输出更接近期望值的结果。

权重可以从一个平均值为零、标准差为 0.01 的高斯分布初始化。较大的初始权重可以加快学习速度，但最终可能导致模型略差。可见偏差初始化为 $\log(p_i / (1 - p_i))$，其中 p_i 是第 i 维值为 1 的数据点的分数。隐藏偏差的值被初始化为 0。

小批量的大小应该在 10 到 100 之间。例子的顺序应该是随机的。对于类标签与示例关联的情况，应以标签在批处理中的比例近似于整个数据的方式选择小批量处理。

11.6 受限玻尔兹曼机的应用

在本节中，我们将研究受限玻尔兹曼机的几个应用。这些方法对于各种非监督应用程序都非常成功，尽管它们也用于监督应用程序。在实际应用程序中使用 RBM 时，通常需要从输入到输出的映射，而普通 RBM 仅用于学习概率分布。输入到输出的映射通常是通过构造一个前馈网络来实现的，该网络的权重是由学习到的 RBM 获得的。换句话说，人们通常可以推导出一个与原始 RBM 相关的传统神经网络。

在这里，我们将讨论 RBM 中节点状态的概念与相关神经网络中节点的激活之间的区别。节点的状态是从式（11.11）和式（11.13）定义的伯努利概率中抽样的二进制值。另一方面，关联神经网络中的一个节点的激活是由在式（11.11）和式（11.13）中使用 sigmoid 型函数得到的概率值。许多应用程序使用相关神经网络节点的激活，而不是训练后原始 RBM 中的状态。请注意，在更新权重时，对比发散算法的最后一步也利用了节点的激活，而不是状态。在实际设置中，激活的信息更丰富，因此是有用的。激活的使用与传统的神经网络架构是一致的，其中可以使用反向传播。反向传播的最后阶段的使用对于将该方法应用于受监督的应用程序至关重要。在大多数情况下，RBM 的关键作用是执行无监督的特征学习。因此，在有监督学习的情况下，RBM 的作用往往只是一个预训练。事实上，预训练是 RBM 的重要历史贡献之一。

11.6.1 降维与数据重构

RBM 最基本的功能是降维和无监督特征工程。RBM 的隐藏单元包含数据的简化表示。但是，我们还没有讨论如何使用 RBM（很像自动编码器）重构数据的原始表示。为了理解重构过程，我们首先需要理解无向 RBM 与有向图模型的等价性 [104]，其中计算发生在特定方向。实体化有向概率图是实体化传统神经网络（源自 RBM）的第一步，在传统神经网络中，可以用实值 sigmoid 激活代替 sigmoid 的离散概率抽样。

尽管 RBM 是一个无向图模型，但人们可以"展开"RBM 以创建一个有向模型，在该模型中推理发生在特定的方向上。一般来说，一个无向 RBM 可以被证明等价于一个具有无限层数的有向图模型。当可见单元固定为特定值时，展开特别有用，因为展开中的层数折叠到原始 RBM 中的层数的两倍。此外，通过将离散概率抽样替换为连续的 sigmoid 单元，该有向模型可以作为一个虚拟的自动编码器，具有编码器部分和解码器部分。虽然 RBM 的权重已经用离散概率抽样训练过，但它们也可以用在相关的神经网络中，并进行一些微调。这是一种启发式的方法，将从玻尔兹曼机（即权重）学到的东西转换为具有 sigmoid 单位的传统神经网络的初始权重。

RBM 可以看作一个无向图模型，它使用相同的权重矩阵从 $\overline{h}$ 学习 $\overline{v}$，就像从 $\overline{v}$ 学习 $\overline{h}$ 一样。如果仔细检查式（11.11）和式（11.13），你会发现它们非常相似。主要的区别是，这些方程使用不同的偏差，它们使用彼此的权重矩阵的转置。换句话说，对于某个函数 $f(\cdot)$，可以将式（11.11）和式（11.13）改写为如下形式：

$$\bar{h} \sim f[\bar{v}, \bar{b}^{(h)}, W]$$

$$\bar{v} \sim f[\bar{h}, \bar{b}^{(v)}, W^{\mathrm{T}}]$$

函数 $f(\cdot)$ 通常由二进制 RBM 中的 sigmoid 函数定义，它构成了这类模型的主要变体。忽略偏差，可以用两个有向链接替换 RBM 的无向图，如图 11.5a 所示。注意，这两个方向的权重矩阵分别为 W 和 W^{T}。然而，如果我们将可见状态固定到训练点上，就可以执行这些操作的两次迭代，以实数近似重构可见状态。换句话说，我们用传统的神经网络来近似这个训练的 RBM，方法是用连续值 sigmoid 激活（作为一种启发式）代替离散抽样。这种转换如图 11.5b 所示。换句话说，我们不使用"~"的抽样操作，而是用概率值来替换样本：

$$\bar{h} = f[\bar{v}, \bar{b}^{(h)}, W]$$

$$\bar{v}' = f[\bar{h}, \bar{b}^{(v)}, W^{T}]$$

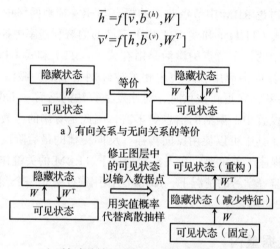

a）有向关系与无向关系的等价

b）近似实值神经网络的离散图形模型

图 11.5　使用训练过的 RBM 来近似训练过的自动编码器

注意，$\bar{v}'$ 是 $\bar{v}$ 的重构版本，它将包含实值（与 $\bar{v}$ 中的二进制状态不同）。在这种情况下，我们使用的是实值激活，而不是离散样本。因为不再使用抽样，所有的计算都是按照期望来执行的，所以我们只需要对式（11.11）进行一次迭代，就可以学习简化表示。此外，只需对式（11.13）进行一次迭代，即可学习重构数据。预测阶段只在从输入点到重构数据的单一方向上工作，如图 11.5b 的右侧所示。我们修改式（11.11）和式（11.13），将传统神经网络的状态定义为实值：

$$\hat{h}_j = \frac{1}{1 + \exp[-b_j^{(h)} - \sum_{i=1}^{d} v_i w_{ij}]} \qquad (11.15)$$

对于包含 $m \ll d$ 个隐藏状态的集合，实值约简表示为 $(\hat{h}_1, \cdots, \hat{h}_m)$。创建隐藏状态的第一步相当于自动编码器的编码器部分，这些值是二进制状态的期望值。然后可以将式（11.13）应用到这些概率值上（无须创建蒙特卡罗实例化），以重构可见状态，如下所示：

$$\hat{v}_i = \frac{1}{1 + \exp[-b_i^{(v)} - \sum_j \hat{h}_j w_{ij}]} \qquad (11.16)$$

尽管 $\hat{h}_j$ 确实表示第 j 个隐藏单元的期望值，但将 sigmoid 函数再次应用到 $\hat{h}_j$ 的实值版本中，只提供了 v_i 的期望值的一个粗略的近似。然而，实值预测 $\hat{v}_i$ 是 v_i 的近似重构。请注意，为了进行这种重构，我们使用了与有 sigmoid 单元的传统神经网络类似的操作，而不是麻烦的概率图模型的离散样本。因此，我们现在可以使用这个相关的神经网络作为一个很好的起点来微调权重与传统的反向传播。这种类型的重构类似于第 9 章讨论的自动编码器体系结构中使用的重构。

在第一印象中，当传统的自动编码器可以实现类似的目标时，训练 RBM 没有什么意义。然而，当将多个 RBM 堆叠在一起时，这种使用经过训练的 RBM 来推导传统神经网络的广泛方法特别有用，就像一个人可能创建多个神经网络层一样。堆叠 RBM 的训练不面临与深度神经网络相关的挑战，特别是与消失和爆炸梯度问题相关的挑战。正如简单的 RBM 为浅层自动编码器提供了一个很好的初始化点一样，堆叠 RBM 也为深度自动编码器提供了一个很好的起点 [81]。这一原则导致了在不使用 RBM 的常规预训练方法被开发之前，使用 RBM 进行预训练的想法的发展。正如本节所讨论的，还可以将 RBM 用于其他以简化为中心的应用程序，如协同过滤和主题建模。

11.6.2 协同过滤的 RBM

上一节展示了如何使用受限玻尔兹曼机作为无监督建模和降维的自动编码器的替代品。然而，降维方法也用于各种相关应用，如协同过滤。在下面的文章中，我们将为推荐系统提供一个以 RBM 为中心的方法。该方法基于文献 [154] 中提出的技术，它是网飞公司获奖作品的集成组件之一。

使用评级矩阵的挑战之一是它们不被完全指定。这使得设计用于协同过滤的神经架构比传统的降维更加困难。其基本思想是根据用户所观察到的评级，为每个用户创建不同的训练实例和不同的 RBM。所有这些 RBM 共享权重。另一个问题是，单位是二进制的，而评级的值可以从 1 到 5。因此，我们需要一些处理附加约束的方法。

为了解决这个问题，RBM 中的隐藏单元被允许是 5 路 softmax 单位，以对应从 1 到 5 的评级值。换句话说，隐藏单元是用独热编码的形式来定义的。独热编码自然地用 softmax 函数建模，它定义了每个可能位置的概率。第 i 个 softmax 单元对应第 i 部电影，给该电影的特定评级的概率是由 softmax 概率分布定义的。因此，如果有 d 部电影，我们总共就有 d 个这样的独热编码评级。独热编码可见单元对应的二进制值用 $v_i^{(1)}, \cdots, v_i^{(5)}$ 表示。注意，在固定的 i 和变化的 k 的情况下，$v_i^{(k)}$ 只有一个值可以是 1。隐藏层被假定包含 m 个单元。对于 softmax 单元的每个多项结果，权重矩阵有一个单独的参数。因此，结果 k 的可见单元 i 与隐藏单元 j 之间的权重用 $w_{ij}^{(k)}$ 表示。此外，对于可见单元 i，我们有 5 个偏差，对于 $k \in \{1, \cdots, 5\}$，用 $b_i^{(k)}$ 表示。隐藏单元只有一个偏差，第 j 个隐藏单元的偏差用 b_j 表示（没有上标）。用于协同过滤的 RBM 的体系结构如图 11.6 所示。这个例子包含了 $d=5$ 部电影和 $m=2$ 个隐藏单元。在本例中，图中显示了两个用户萨亚尼和鲍勃的 RBM 体系结构。以萨亚尼为例，她只对两部电影进行了评级。因此，在她的情况下总共会出现 $2 \times 2 \times 5 = 20$ 个连接，尽管为了避免图中的聚类，我们只显示了它们的一个子集。在鲍勃的情况下，他有 4 个观察到的评级，因此他的网络将总共包含 $4 \times 2 \times 5=40$ 个连接。请注意，萨亚尼和鲍勃都对电影《E.T.》进行了评级，因此，从这部电影到隐藏单元的连接将在相应的 RBM 之间共享权重。

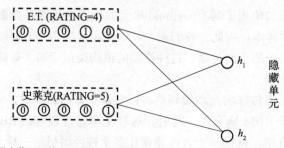

a）用户萨亚尼的RBM架构（观测到的评级：《E.T.》和《史莱克》）

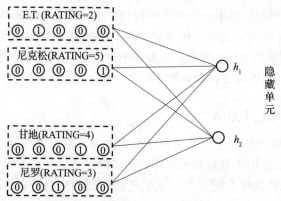

b）用户鲍勃的RBM架构（观测到的评级：《E.T.》《尼克松》《甘地》和《尼罗》）

图 11.6   根据观测到的评级显示了两个用户的 RBM 架构

隐藏状态的概率是二进制的，并使用 sigmoid 函数定义：

$$P(h_j = 1 | \overline{v}^{(1)}, \cdots, \overline{v}^{(5)}) = \frac{1}{1 + \exp[-b_j - \sum_{i,\ k} v_i^{(k)} w_{ij}^k]} \tag{11.17}$$

与式（11.11）的主要区别是可见单元也包含一个上标，以对应不同的评级结果。否则，情况几乎是相同的。然而，可见单元的概率定义与传统 RBM 模型不同。在这种情况下，可见单元是使用 softmax 函数定义的：

$$P(v_i^{(k)} = 1 | \overline{h}) = \frac{\exp[b_i^{(k)} + \sum_j h_j w_{ij}^{(k)}]}{\sum_{r=1}^{5} \exp[b_i^{(r)} + \sum_j h_j w_{ij}^{(r)}]} \tag{11.18}$$

训练是用蒙特卡罗抽样完成的。它与早期技术的主要区别在于可见状态是由多项式模型生成的。权重训练的更新如下：

$$w_{ij}^{(k)} \Leftarrow w_{ij}^{(k)} + \alpha[\langle v_i^{(k)}, h_j \rangle_{\text{pos}} - \langle v_i^{(k)}, h_j \rangle_{\text{neg}}] \forall k \tag{11.19}$$

注意，对于一个单独的训练示例（即用户），只更新所有隐藏单元的可见单元的权重。换句话说，尽管权重在不同的用户之间共享，对于数据中的每个用户，使用的玻尔兹曼机是不同的。图 11.6 中展示了用于两个不同训练示例的玻尔兹曼机的示例，鲍勃和萨亚尼的架构是不同的。然而，代表 E.T. 的单元的权重是共享的。这种类型的模型也可以用传统的神经架构来实现，其中每个训练实例使用的神经网络是不同的 [6]。传统的神经架构等效于矩阵分解技术。玻尔兹曼机倾向于给出与矩阵分解技术有些不同的评级预测，尽管精确度是相似的。

进行预测

一旦学习了权重，就可以用它们来进行预测。然而，预测阶段使用实值激活而不是二进制状态，很像有 sigmoid 和 softmax 函数单元的传统的神经网络。首先，我们可以使用式（11.17）来了解隐藏单元的概率。设第 j 个隐藏单元为 1 的概率用 $\hat{p}_j$ 表示。然后，使用式（11.18）计算未观测到的可见单元的概率。计算式（11.18）的主要问题是，它是用隐藏单元的值来定义的，根据式（11.17），这些隐藏单元仅以概率的形式为人所知。然而，人们可以简单地用式（11.18）中的 $\hat{p}_j$ 替换每个 h_j，以计算可见单元的概率。请注意，这些预测提供了每项的每个可能评级值的概率。如果需要，这些概率也可以用来计算评级的期望值。尽管这种方法从理论的角度来看是近似的，但它在实践中工作得很好，而且速度非常快。通过使用这些实值计算，可以将 RBM 有效地转换为传统的神经网络体系结构，其中隐藏层为逻辑单元，输入和输出层为 softmax 单元。虽然原始论文 [154] 没有提到它，但甚至可以通过反向传播来调整这个网络的权重（参见练习 1）。

RBM 方法和传统的矩阵分解方法一样有效，尽管它倾向于给出不同类型的预测。从使用以集成为中心的方法的角度来看，这种类型的多样性是一种优势。因此，结果可以与矩阵分解方法相结合，以产生与集成方法自然相关的改进。集成方法通常在精度相近的不同方法相结合时表现出较好的改进效果。

11.6.3　条件因子分解：一个简洁的正则化技巧

在文献 [154] 的基于 RBM 的协同过滤工作中隐藏着一个整洁的正则化技巧。这个技巧不是特定于协同过滤应用程序的，但是可以在 RBM 的任何应用程序中使用。这种方法在传统的神经网络中不是必需的，在传统神经网络中可以通过加入额外的隐藏层来模拟，但它对 RBM 特别有用。在这里，我们以更一般的方式描述这个技巧，而不需要对协同过滤应用程序进行特定的修改。在一些具有大量隐藏单元和可见单元的应用中，参数矩阵 $W = [w_{ij}]$ 的大小可能比较大。例如，在一个有 $d = 10^5$ 个可见单元和 $m = 100$ 个隐藏单元的矩阵中，我们将有 1000 万个参数。因此，为了避免过拟合，需要超过 1000 万个训练点。一种自然的方法是假设权重矩阵的低秩参数结构，这是正则化的一种形式。其思想是假设矩阵 W 可以表示为两个低秩因子 U 和 V 的乘积，它们的大小分别为 $d \times k$ 和 $m \times k$。因此，我们有下式：

$$W = UV^{\mathrm{T}} \tag{11.20}$$

这里，k 是分解的秩，通常比 d 和 m 都小得多。然后，不需要学习矩阵 W 的参数，可以分别学习 U 和 V 的参数。这种类型的技巧经常用于各种机器学习应用程序，其中的参数表示为一个矩阵。一个具体的例子是因子分解机，它也用于协同过滤 [148]。这种方法在传统的神经网络中是不需要的，因为可以通过将两层之间带有 k 个单元的额外线性层与两层之间 W 的权重矩阵相结合来模拟它。这两层的权重矩阵分别为 U 和 V^{T}。

11.7　总结

本章讨论了概率图模型，可以将其视为第 7 章讨论的计算图类型的概率变体。计算图的计算方法是由图中各点的条件分布生成数据点，它们与许多经典模型中使用的平板图密切相关。与确定性计算图不同，概率计算图通常是无向的。所有这些特征使得概率计算图比确定性图更难训练。这些模型既可以用于无监督模型，也可以用于监督模型，尽管它们在监督学习中的使用更常见，因为这些模型具有天生的生成特性。

11.8   拓展阅读

文献 [104] 中有对概率图模型的全面处理。贝叶斯网络概述见文献 [35，91，140]。从人工智能的角度对概率图模型的处理可以在文献 [153] 中找到。

玻尔兹曼模型家族最早的变种是 Hopfield 网络 [86]。最早使用蒙特卡罗抽样学习玻尔兹曼机的算法在文献 [2, 82] 中提出。文献 [63，145] 中讨论了马尔可夫链蒙特卡罗方法，其中许多方法对玻尔兹曼机也是有用的。文献 [112] 提供了基于能量的模型的教程。

11.9   练习

1. 本章讨论玻尔兹曼机如何用于协同过滤。尽管对比发散算法的离散抽样用于学习模型，但推理的最后阶段是使用实值 sigmoid 和 softmax 函数激活完成的。讨论如何利用这一事实来使用反向传播对所学习的模型进行微调。
2. 实现受限玻尔兹曼机的对比发散算法。并对一个给定的测试实例，实现推导隐藏单元概率分布的推理算法。使用 Python 或你选择的任何其他编程语言。
3. 提出一种利用 RBM 进行离群值检测的方法。

第 12 章

知 识 图 谱

"任何傻瓜都知道，重点是要理解。"

——阿尔伯特·爱因斯坦

12.1 引言

虽然知识图谱早在人工智能出现的早期就以各种形式存在，但最近由于谷歌的搜索引擎使用了这个概念，这个术语才得以普及。知识图谱的最早形式被称为非语义网络，它被设计来支持演绎推理方法。这些语义网络是实体之间关系的图表示，其中节点对应于概念，边对应于实体之间的关系。在早期，有几次将这些方法用于自然语言处理应用程序的尝试，如词义消歧。事实上，词汇和词汇之间的关系和词汇的现代表示是用知识图谱来表示的，如词典。

许多早期形式的语义网络是为了支持传统知识库中的命题逻辑或一阶逻辑而建立的。随后，人们提出了这种语义网络的变体 [90]。在语义网络中，每条边对应于一组可能的关系类型中的一种。因此，并不是所有的边都表示同一种关系，不同的边对应不同类型的关系。在早期，这种表示被称为"知识图谱"。这些早期的作品形成了最终由谷歌推广的搜索方法的基础。理解知识图谱从一开始就用于人工智能应用程序是很重要的，而搜索代表了人工智能应用程序中使用的思想的扩展视图。搜索似乎是知识图谱的一个合理应用，因为许多查询都与查找与其他已知实体相关的实体有关；毕竟，知识图谱是关于实体及其之间关系的丰富信息来源。

术语"知识图谱"随后通过谷歌为增强其搜索结果而使用的图结构知识库而流行起来。谷歌通过抓取互联网上的各种数据源（包括互联网上的半结构化数据，如维基百科）创建了这种图结构知识。这个知识库非常有用，可以提供具有纯基于内容的搜索所无法提供的详细程度的搜索结果。例如，谷歌搜索"亚伯拉罕·林肯"会得到一个信息框，其中包含关于亚伯拉罕·林肯的一些事实，比如他的出生日期、他担任总统的年份等。该信息是从包含实体（例如，人名、地点、甚至日期）以及关系（例如，"出生在"）的知识库中提取出来的。这种图结构的信息存储库，通常称为知识图谱，现在在互联网搜索之外的许多不同环境中使用。例如，它包括各种类型的开源、图结构的数据库，如语义网和互联网中的其他链接实体。一些可以在互联网上公开获得的知识图谱示例包括维基数据、雅戈和词网。许多开源知识库在构建过程中使用彼此的输入，而其他知识库则是通过协作来编辑和创建的。

像谷歌这样的搜索提供者创建了它们自己的内部知识库，专门为不同类型的实体（例如，人、地点和事物）提供搜索结果。这样的图谱通常是由从互联网抓取的半结构化存储库中构建的，它们由文本数据（如维基百科）主导。一般来说，谷歌搜索结果依赖于互联网上可用的开源信息（通常以非结构化或半结构化形式出现）。部分信息以知识图谱的形式转换为知识库。在大多数情况下，需要结合使用语言和机器学习方法对从互联网上抓取的半结构化数据构建知识图谱。知识图谱的一个例子是词网[124]，它包含了单词之间的关系及其不同形式的语义描述。相应的知识图谱包含了与相似类词对应的节点，以及它们之间的各种关系。

知识图谱与一阶逻辑中出现的知识库密切相关。一阶逻辑中的谓词定义任意数量对象之间的关系，而知识图谱自然地以图的形式编码对象对之间的关系。在一个知识图谱中，一对对象之间的每条边都可以被视为具有两个参数的一阶逻辑的谓词。简单地说，一阶知识中的谓词可以是 n 元关系，而知识图谱中的边则是二元关系。因此，知识图谱中的边可以被表示为一个三元组，即对应于边的两个端点以及边所表示的关系类型的三元组。虽然对象之间关系的固有二元性质乍一看可能有些限制，但它所支持的表示的图性质具有许多优点。许多属于数据挖掘和机器学习的机器可以更容易地利用这样的图表示（而不是对应于 n 元关系的超图表示）。因此，知识图谱比基于形式逻辑的知识库更容易支持归纳形式的学习。

多年来，在人工智能、搜索和语义网等不同领域的研究人员的努力下，知识图谱的概念慢慢地发展起来。这种多样性是该概念支持的应用程序多样性的直接结果。因此，目前这一概念相当不正式，最近对如何适当定义它存在一些争论[53, 139]。如文献[53, 139]中的讨论所述，知识图谱有不同的定义，适用于不同类型的图结构数据库，包括互联网或语义互联网中使用的资源描述符框架[56, 143]。因此，我们试图使用一个尽可能通用的定义，它不依赖于特定的设置，例如语义网。保尔海姆[139]给出了一个有用的定义：

"知识图谱主要描述真实世界实体及其相互关系，以图的形式组织；定义模式中实体的可能类别和关系；允许任意实体彼此潜在地相互关联；涵盖各种主题领域。"
注意，这个定义只关注知识的组织，而没有讨论知识图谱实际上是如何使用的。与实体相对应的类通常按树结构层次排列，或者更一般地按有向无环图排列。类也被称为概念，底层的层次结构也被称为本体。例如，在一个电影数据库中，电影的高级概念可以是幻想，它的子类可以是科幻。然而，科幻类也可能是科学类的一个子类。因此，概念的排列并不总是严格地分层。一个特定的类可能对其内部允许的值有限制，本体也将包含该信息。

本体的一个重要组成部分是模式。模式的概念与传统数据库中使用的概念类似，它表明不同的概念如何相互关联，并最终组织为实体之间关系的数据库表。例如，一个导演的概念可以用"直接"关系与一个电影概念联系起来，但两个电影概念不能用这种关系联系起来。换句话说，模式是知识图谱的数据库表示的"计划"。"模式"一词经常被用作包含本体的通用术语，因为它是知识图谱结构的"蓝图"。知识图谱的本体也被称为 T 盒子。实体/关系的实际实例（例如，汤姆·汉克斯在《拯救大兵瑞恩》中扮演的角色）被称为 A 盒子。一个知识图谱通常包含一个 A 盒子和一个 T 盒子。为了消除歧义，A 盒子中的每个节点都与一个唯一的标识号相关联，因为有可能有两个具有相似内容的不同节点。A 盒子是知识图谱的主体，它建立在 T 盒子（知识图谱的蓝图）之上。A 盒子的大小通常比 T 盒子大几个数量级，它被认为是机器学习知识图谱中更重要的部分。在某些情况下，当知识图谱只包含对象实例时，T 盒子（蓝图）是缺失的。

文献 [53] 中的另一种定义是：

"知识图谱获取信息并将其集成到本体中，并应用推理器获得新知识。"

第二个定义似乎在某种程度上更具限制性，因为这一定义表明，为了获得新知识，必须使用某个推理器，而文献 [139] 中的定义并没有指出对如何使用该推理器的任何限制。对推理器使用的限制可能是这样一个事实，即知识图谱最初与演绎推理中使用的传统知识库密切相关。正如我们稍后将看到的，一个知识图谱也可以被视为一阶知识库的特殊情况，其中知识图谱的每条边都可以被视为具有两个输入（节点）和一个输出（关系类型）的谓词。与所有知识库一样，这种知识图谱也包含断言，它可能以 if-then 的形式表示。从这个角度来看，知识图谱可以被看作知识库的一种特殊形式，其中的图结构可以被许多类型的推理和学习算法所利用。

最近的许多应用都将机器学习方法应用于知识图谱，以推断和提取新的知识。与演绎推理方法相比，在知识图谱上使用机器学习已经成为其使用的主要模式。事实上，异构信息网络分析的整个领域都集中在这些方法的发展上 [178]，尽管信息网络分析本身就被认为是一个领域。信息网络对应于实体之间具有各种类型关系的图，尽管节点并不总是与层次分类法或模式（本体）相关联。在最宽松的知识图谱定义中，不一定要有与类实例相关联的本体。任何包含这些类实例之间关系的图也可以被认为是一个知识图谱（尽管是一个有些不完整的图，因为它缺少 T 盒子）。大多数信息网络都属于这一类。

同样，雅虎为了做出实体推荐而使用的知识图谱文献 [22] 可以被认为是一个知识图谱，尽管其中的本体信息是有限的。文献 [53] 中的定义排除了这种结构作为知识图谱的可能性，因为知识图谱不包含足够的本体信息。相反，它只是实体之间的一个连接网络。然而，其他的研究确实认为这样的结构是一个知识图谱。因此，在更广泛的文献中，对于什么可以被视为知识图谱存在一些意见上的差异。在本书中，我们选择使用尽可能宽松的定义，以包含不同类别的方法。通常，一个知识图谱将包含来自本体的概念以及它们在互连结构中的实例。

知识图谱有什么应用？对于知识图谱的具体使用方式，人们还没有达成共识。尽管在早期，演绎推理方法是人工智能的主要方法（并且在早期版本的语义网络中被广泛使用），但今天的情况并非如此。在国际象棋和机器翻译领域，大多数演绎推理的伟大成功现在已经被归纳学习方法所取代。这一革命是许多领域数据可用性增加的直接结果。推测在未来的人工智能中，演绎推理方法将主要对归纳学习方法起到辅助作用；演绎推理的主要目标是利用那些没有足够可用数据的领域的背景知识来减少数据需求。的确，知识图谱可以也应该与归纳学习方法一起使用；此外，它们可能允许使用不完整、不一致和冲突的信息来创建本体实例。这种一般化可以让归纳学习方法从固有的噪声数据中获得最强大和不明显的推断，但在聚合基础上允许优秀的推断。

如前所述，知识图谱与异构信息网络的概念密切相关，异构信息网络包含一组实体，以及它们之间的关系。知识图谱中的边是不同类型的，对应于不同实体之间的不同类型的关系。事实上，异构信息网络框架是知识图谱的最通用表示，因为它提供了最通用的图结构，可以用来表示知识图谱。因此，我们将使用知识图谱的最一般的定义来表示实体的网络结构以及它们之间不同类型的关系。这些节点通常是对象的实例或对象类型，它们定义了知识图谱中的本体。因此，节点要么是实例节点，要么是概念节点。图中不同对象的实体类型（实例–类型节点）通常使用层次本体来指定，尽管这些节点没有必要出现在知识图谱中。此外，在本书中使用的定义中，没有限制如何使用这样的结构，无论它是与演绎推理方法还是归纳学习方法相结合。

12.2 节将介绍知识图谱以及一些示例，还将提供知识图谱的真实示例；12.3 节将讨论构造知识图谱的过程；12.4 节将讨论知识图谱的应用；12.5 节将给出总结。

12.2　知识图谱概述

我们首先用一个基于实体搜索的例子来激发知识图谱，这是最常用知识图谱的地方。搜索应用程序尤其具有指导意义，因为许多查询都与查找与其他已知实体相关的实体或查找有关特定实体的一般信息相关联。考虑这样一种情况：用户在一个纯粹以内容为中心的搜索引擎中输入搜索词"芝加哥公牛队"（不使用知识图谱）。这个词对应的是芝加哥著名的篮球队，而不是位于芝加哥的某一种动物。如果不使用知识图谱，搜索结果通常不会包含与篮球队足够相关的信息。即使返回了相关的互联网页面，搜索结果的上下文也不能说明结果对应于特定类型的实体这一事实。换句话说，考虑与基于实体的搜索相关的特定上下文和关系是很重要的。另一方面，如果读者在谷歌上尝试这个查询，很明显会返回正确的实体（以及与球队相关的实体的有用信息），即使搜索没有被大写为专有名词。类似地，搜索"我附近的中餐馆"就会得到用户 GPS 或网络位置附近的中餐馆列表。这在以内容为中心的搜索过程中往往很难实现。在所有这些情况下，搜索引擎都能够识别具有特定名称的实体，或者遵守与其他实体之间特定关系的实体。在某些情况下，例如在搜索"芝加哥公牛队"的情况下，信息框会与搜索结果一起返回。信息框对应于实体的各种属性的表格表示。信息框返回许多类型的命名实体，如人员、地点和组织。一个用于搜索总统"约翰·肯尼迪"的信息框示例显示了以下结果，这些结果是从约翰·肯尼迪的维基百科第一页[一]中提取出来的：

名单 / 字段	内容
生日	1917 年 5 月 29 日
政党	民主党
配偶	杰奎琳·布维尔
父母	老约瑟夫·肯尼迪；罗斯·肯尼迪
母校	哈佛大学
职务	美国众议院；美国参议院；美国总统
服兵役	是

请注意，这类信息相当丰富，包括不同类型的家庭关系、隶属关系、日期等数据。这些信息以知识图谱的形式编码在谷歌中。显示信息的性质取决于搜索的类型，返回的信息框也可能不同，这取决于当前的搜索类型。谷歌通过收集开放的数据源来创建这些知识图谱；

[一] https://en.wikipedia.org/wiki/John_F._Kennedy。

这个问题将在后面的一节中重新讨论。

在搜索环境中，人们经常将机器学习技术与图的结构结合起来，以发现用户可能感兴趣的其他类型的实体。例如，如果用户搜索电影《星球大战》，这通常意味着他们可能对电影中主演的特定类型的演员（例如，伊万·麦格雷戈）感兴趣，或者他们可能对特定类型的电影（例如，科幻）感兴趣。在许多情况下，这种类型的附加信息会与搜索结果一起返回。因此，知识图谱是一种丰富的表示，可以用来提取实体之间有用的连接和关系。这使得它在回答以关系为中心的搜索问题时特别有用，比如："谁在《星球大战》中扮演欧比旺·克诺比？"然后，通过搜索欧比旺·克诺比和星球大战实体之间的关系，人们往往可以推断出伊万·麦格雷戈女士这个实体是通过合适的边类型与这两个实体相连接的。响应此类查询的关键在于能够将自然语言查询转换为图结构查询。因此，将自由形式查询的非结构化语言转换为知识图谱的结构化语言需要一个单独的过程。这个问题将在本章后面讨论。这种形式的搜索也被称为问答，沃森人工智能系统就是这样一个系统的例子。实际上，最初的沃森系统确实在搜索过程中使用了类似的知识库结构化表示（尽管当前的变体非常不同，这取决于手头的应用程序）。

知识图谱可以看作知识库的一种高级形式，其中表示实体之间的关系网络，以及实体的层次分类法。本体构建在基本对象之上，这些对象作为分类法的叶子节点，属于特定的类。类对应于对象的类型。从知识图谱的角度来看，每个对象或类都可以表示为一个节点。属性对应于对象和类可能具有的属性类型。分类法的上层对应于概念节点，而下层对应于实例（实体）节点。这些关系对应于类或类的实例之间相互关联的方式。这些关系由知识图谱中的边表示，它们可以对应于分类法任何层次的节点之间的边。然而，最常见的情况是关系边出现在实例节点之间，也有一些可能出现在概念节点之间。与所有知识库一样，这种知识图谱也包含断言，断言可能以假设的形式表示。然而，在许多机器学习设置中，这样的断言可能根本不存在。

在知识图谱中，与本体的概念节点相关联的关系在本质上通常是分层的，并形成树状图或（更常见的）有向无环图。这是因为层次结构中的概念节点通常是从一般节点到具体节点组织的。例如，电影是一种对象类型，动作电影是一种电影类型。另一方面，知识图谱的实例节点（即本体的叶子节点）可能与任意拓扑连接在一起，因为它们对应于对象实例之间相互关联的任意方式。知识图谱中的概念节点（或类）通常与面向对象编程范式中的类自然对应。因此，它们可以从父节点继承各种类型的属性。此外，还可以通过使用面向对象编程中的类相关方法将知识图谱中的节点与事件关联起来。事实上，面向对象编程的概念是在 20 世纪 90 年代发展起来的，重点是开发这样的知识库。帕特里克·亨利·温斯顿是面向对象编程的早期支持者，他是人工智能演绎流派的创始人之一。在他早期的一本关于 C++ 编程语言的书中，温斯顿描述了能够设计分层数据类型，以及它们周围的实例和方法的用处。这种类型的编程范式非常适合知识图谱的构建，并且也用于现代编程语言中。

为了理解知识图谱的本质，我们在图 12.1 中提供了一个样本知识图谱的例子。图 12.1a 的插图显示了电影数据库中不同对象类型的层次结构。注意，图 12.1a 中只显示了不同对象类型的快照。尽管图 12.1a 以树形结构的形式显示了对象类型的层次结构，但这个层次结构通常以有向无环图（而不是树）的形式存在。此外，不同类型的对象（如电影和演员）

会有不同的分类，它们有自己的层次结构，这适合它们特定的论域。这个层次结构中最低层次的叶子节点包含对象的实例。对象的实例也通过关系连接，这取决于特定实例对的一个节点与另一个节点的关联方式。例如，个人实例可以使用"定向"的关系连接到电影实例。与概念级图（有向无环图）相比，实例级图可能有一个完全任意的结构。实例级关系由图 12.1a 底部的云显示。图 12.1a 中所示的节点对应于概念节点，它们对应于这个特定示例中的树结构。然而，更常见的是这样的节点以有向无环图的形式排列（其中一个节点可能没有唯一的父节点）。图 12.1a 中的云的扩展如图 12.1b 所示。在本例中，我们聚焦于两部电影的小快照，分别对应于《拯救大兵瑞恩》和《幸福终点站》。两部电影都由史蒂文·斯皮尔伯格执导，演员汤姆·汉克斯主演。史蒂文·斯皮尔伯格凭借《拯救大兵瑞恩》获得最佳导演奖。此外，约翰·威廉姆斯凭借《幸福终点站》获得了 BMI 音乐奖。这些关系如图 12.1b 所示，它们对应于不同类型的边，如"参演""主演"等。从某种意义上说，当我们将一个知识图谱视为知识库的一个特定示例时，这些边中的每一条都可以被视为知识库中的一个断言。例如，导演和电影之间的边可以解释为"史蒂文·斯皮尔伯格导演了《拯救大兵瑞恩》"。

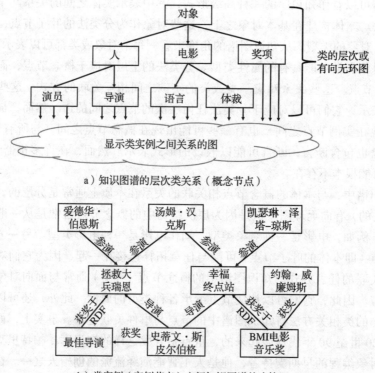

a）知识图谱的层次类关系（概念节点）

b）类实例（实例节点）之间知识图谱的小快照

图 12.1　一个知识图谱包含了层次类关系和实例之间的关系

在许多知识图谱中，本体的类部分是由类型属性捕获的。每种对象类型都有自己的一组实例、方法和关系。事实上，图 12.1b 中的每个对象实例节点都可以通过标记为"类型"的边连接到图 12.1b 中的类节点。此外，还可以根据实体的类型将其他属性与实体关联起来。这些附加信息创建了丰富的表示形式，在各种应用程序中都很有用。人们可以把知识图谱看作网络科学中使用的信息网络概念的一般化版本。这种丰富的信息不仅对回答直接的问题（通过演绎推理方法）很有用，还可以用来补充归纳学习中数据驱动的例子。近年来，知识图谱的许多应用，包括谷歌搜索，都至少在一定程度上关注知识图谱上的机器学习。

在许多情况下，知识图谱是通过使用资源描述框架（也称为 RDF）来形式化表示的。边通常被表示为一个三元组，包括边的源（实体）、边的目的（实体），以及这两个实体之间的关系类型。这个三元组有时被称为主语、谓语、宾语。表 12.1 给出了基于图 12.1 的三元组的例子。注意，在知识图谱中，主语是指向链接的来源，客体是指向链接的目的地。知识图谱中的边有时可能与附加属性相关联。例如，如果一个人和地点之间的关系类型对应于一个事件，那么边就有可能与事件的日期相关联。因此，边可以与附加属性相关联，这些属性可以通过扩展与实体之间的关系相关联的 RDF 三元组来表示。通常，知识图谱非常丰富，它们可能包含许多 RDF 三元组形式以外的信息。

表 12.1 基于图 12.1 的知识图谱的 RDF 三元组示例

人物	事件	内容
爱德华·伯恩斯	参演	拯救大兵瑞恩
汤姆·汉克斯	参演	拯救大兵瑞恩
汤姆·汉克斯	参演	幸福终点站
凯瑟琳·泽塔－琼斯	参演	幸福终点站
史蒂文·斯皮尔伯格	主演	拯救大兵瑞恩
史蒂文·斯皮尔伯格	主演	拯救大兵瑞恩
史蒂文·斯皮尔伯格	获奖	最佳导演
最佳导演	获奖于	拯救大兵瑞恩
约翰·威廉姆斯	获奖	BMI 音乐奖项
BMI 音乐奖	获奖于	幸福终点站

可以从 RDF 三元组的关系数据库角度查看知识图谱，并借用许多数据库概念以应用到知识图谱。关键是有许多不同类型的三元组对应于不同的关系类型和实体类型。当使用知识图谱时，终端用户有时很难知道哪些类型的实体与特定类型的关系相连接。关系数据库通常使用模式来描述，模式提供关于不同表中哪些属性彼此相关以及这些表如何通过共享列相互链接的信息。在知识图谱中，"表"对应于特定类型实体之间的特定类型的关系（RDF 三元组），一个列可以被多个表共享。这些"共享列"对应于特定类型的节点，这些节点使用各种类型的关系发生在其他节点上。关系类型也是生成的三元组表中的列之一。例如，在前面提到的知识图谱中，只有人类型可以是一个电影类型的导演（关系类型）。这些信息对于理解知识图谱的结构非常重要。因此，知识图谱通常与模式一起提供，模式描述哪些类型的实体以特定类型的关系相互连接。并不是所有的知识图谱都与模式一起提供。模式是知识图谱的理想组成部分，但不是基本组成部分。合并模式的主要挑战是，数据库需要预先设置模式，而增量和协作编辑的知识库在修改和附加现有模式时需要更大程度的灵活性。这一挑战在最早的知识库之一——自由基中得到了解决，它使用了一种新颖的以图为中心的数据库设计，简称为图 d。其想法是允许社区贡献者根据所添加的数据修改现有的模式。关于这个知识库和底层图数据库的更多细节将在 12.2.4 节中讨论。

在一些知识图谱中，为了表示得丰富，还增加了位置和时间。当知识图谱中的事实会随着时间而变化时，这一点尤为重要。知识图谱中的一些事实不随时间而改变，而另一些事实却随时间而改变。例如，即使一部电影的导演是预先确定的，并在电影上映后保持不变，但所有国家的领导人会随着时间的推移而变化，尽管时间尺度不同。同样，年度事件（如科学会议）的地点可能每年都在变化。因此，允许知识图谱随时间更新是至关重要的，因为添加了新数据，实体/关系也更新了。大多数以图为中心的数据库设计方法都支持这类功能。关于地点和时间戳的实际信息可以与相应的 RDF 三元组一起存储。

一般来说，没有一个单一的表示方法可以一致地表示所有类型的知识图谱。在大多数情况下，它们有一些共同特征：

- ❑ 它们总是包含代表实体的节点。
- ❑ 它们总是包含对应于关系的边。这些边由 RDF 三元组表示，它们是对象的实例。知识图谱的这部分也被称为 *A* 盒子。
- ❑ 在大多数情况下，分级分类法和本体与节点相关联。本体部分有时被称为 *T* 盒子。在这种情况下，模式还可能与为 RDF 三元组的数据库表建立计划的知识图谱相关联。

知识图谱的其他几个特征（例如逻辑规则的存在）是可选的，并且在许多现代知识库中没有包含。大多数知识图谱将同时包含 ABox 和 TBox，尽管一些简化的知识图谱（如异构信息网络）可能只包含 ABox。

知识图谱可以覆盖广泛的领域，也可以是特定于领域的。前一种类型的知识图谱被称为开放领域知识图谱，通常涵盖可在互联网上搜索的各种实体（因此可以在互联网搜索中使用）。这种知识图谱也可以用于像沃森这样的开放领域问答系统。开放领域知识图谱的例子包括自由基、维基百科和雅虎。另一方面，特定于领域的知识图谱，如词网或基因本体，将涵盖特定领域的实体（如英语单词或基因信息）。在各种商业环境中也构建了特定于领域的知识图谱，如网飞公司知识图谱、亚马逊产品图以及各种类型的以旅游为中心的知识图谱。这样的知识图谱在比较狭窄的应用中很有用，比如蛋白质搜索或电影搜索。在每种情况下，实体都是根据当前应用程序域选择的。例如，亚马逊产品图可能包含对应于产品、制造商、品牌名称、图书作者等的实体。产品的这些不同方面之间的关系对于产品搜索和执行客户推荐都非常有用。事实上，产品图可以被视为产品内容的丰富表示，并可用于设计基于内容的算法（本质上是归纳学习算法）。类似地，网飞公司产品图将包含与电影、演员、导演等对应的实体。以旅游为中心的知识图谱将包含与城市、历史遗迹、博物馆等相对应的实体。在每种情况下，都可以利用知识图谱中丰富的连接来执行特定于领域的推理。在下文中，我们将提供一些在不同类型设置下的真实世界知识图谱的例子。

12.2.1   例子：词网

词网是一个包含英语名词、动词、形容词和副词的词汇数据库。这些词被分成认知同义词集，也称为同义词集。尽管词网提供了一些与词典相同的功能，但它根据所编码的关系的复杂性捕获了更丰富的关系。词网可以表示为单词之间的关系网络，它超越了简单的相似概念。词网中单词之间的主要关系是同义关系，由其约 11.7 万个同义词集表示。多义词（即具有多种含义的词）出现在多个句法集中，一次出现对应于每一种可能的含义。

句法集还具有它们之间的编码关系，例如通用和特定之间的关系。这些类型的关系是超从属关系（也称为超名或从属关系）。例如，"家具"的一种特殊形式就是"床"。词网区分了类型和实例。例如，"铺位"是一种床，而"比尔·克林顿"是总统的一个例子。实例总是关系层次结构中的叶子节点。

同义关系对应于部分－整体关系。例如，腿是椅子等家具的一部分。然而，并不是所有类型的家具都有腿。注意，如果椅子有腿，那么所有特定类型的椅子都有腿，但一般椅子可能没有腿。因此，部分是向下继承而不是向上继承。

具体的关系类型很大程度上取决于构成词的词性。例如，动词可以有与强度相对应的关系（如"像"和"爱"），而形容词可以有与反义词相对应的关系（如"好"和"坏"）。动词根据它们的专一程度有层次结构。树底部的动词被称为托宾词，它们往往更具体地指向树的底部（靠近叶子节点）。一条沿树的路径的一个例子可以是交流－说话－耳语。在某些情况下，当相应的事件相互关联时，描述事件的动词是链接的。例子包括"买付"和"成功尝试"。请注意，为了购买，必须付钱；同样地，要想成功，就必须尝试。

在不同的词性中也有一些关系，比如来自同一词干的单词。例如，"颜料"和"用颜料绘画"来自同一个词干，但它们是不同的词类。这些词代表了语义相似的词之间产生的语义碰撞，它们有相同的词干和意思。

一般来说，可以将词网看作一个知识图谱，其中同义词组（句法集）是节点，边是关系。同时，单个单词之间的关系也以一种或另一种形式进行编码。词网中丰富的关系特性使其成为自然语言处理中各种类型的机器学习应用程序的宝贵资源。词网中的信息为机器学习应用提供了有用的信息。例如，词网经常被用于与文本机器学习应用程序配对，通过对单词之间关系的更深入的知识来丰富应用程序。

词网还提供了其他开放领域的知识图谱。从一个或多个不同的知识图谱中提取一些知识图谱是很常见的。在这种情况下，词网特别有用，因为它被用来提取许多知识库。雅虎[177]就是一个例子，它源于维基百科、词网和地名。

12.2.2　例子：雅虎

YAGO（雅虎）是另一个伟大的本体（Yet Another Great Ontology）的缩写，这个开放领域的本体是由马克斯·普朗克计算机科学研究所开发的。这个本体有 1000 万个实体（截至 2020 年），它包含大约 1.2 亿个关于这些实体的事实。雅虎包含了关于人、地点和事物的信息，并将空间和时间信息集成到本体中。雅虎本体的一个小子集（改编自本体的网站[224]）如图 12.2 所示。注意，有些关系是用日期标记的，这为本体提供了时间维度。

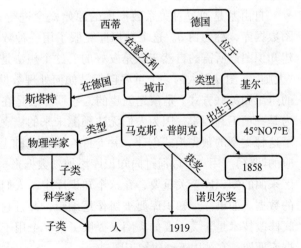

图 12.2　取自雅虎网站的雅虎知识图谱的快照

雅虎链接到数据库百科全书本体，这两个本体都被沃森人工智能系统用于问答。由于雅虎是由开源数据构建的（这可能是错误的），其中的一些信息（例如关系）可能是假的。其关系的准确性已由人工评估，发现准确性约为 95%。这种类型的本体验证在许多开放领域设置中非常常见，在这些设置中，信任或置信度得分与每个关系相关联。雅虎中的每个关系都有其置信度的注释，这在各种类型的学习应用程序的上下文中很有帮助。雅虎从词网的层次结构中提取了音乐和科学等主题领域的内容。最新版本的知识图谱被称为雅虎 3[119]，它使用来自维基百科的多种语言的信息来构建本体。雅虎本体可免费下载，并已被广泛应用于各种应用，如搜索和问答。

12.2.3　例子：数据库百科全书

与雅虎一样，数据库百科全书[16]是从开放源代码（如维基百科）中提取的，它包含大量实体，包括各种关系中的人、位置和事物。数据库百科全书包含与雅虎非常相似的数据类型，并且以多种语言提供。数据库百科全书英文版知识库以 458 万个实体为基础，其中422 万个实体属于本体层次，包括 144.5 万人、73.5 万个位置、41.1 万个创意作品（如音乐专辑、电影、电子游戏）、24.1 万个组织（如公司、教育机构）、25.1 万种物种和 6000 种疾病。当考虑所有语言中的数据库百科全书时，这些版本总共描述了 3830 万个实体。完整的数据库百科全书数据集包含以 125 种不同语言编写的 3800 万个标签和摘要、2520 万个图像链接，2980 万个外部网页链接、8090 万个维基百科类别链接、4120 万个雅虎类别链接。数据库百科全书与其他各种知识图谱相连接。数据库百科全书 2014 版包含 30 亿个关系（RDF 三元组），其中 20% 是从英语维基百科中提取的，其余的是从其他语言维基百科中提取的。像雅虎一样，数据库百科全书可以免费下载[225]，用于搜索和回答问题等各种应用程序。数据库百科全书经常用于企业搜索和信息集成。

12.2.4　例子：自由基

虽然自由基目前还不可用，但就历史意义而言，它是一个重要的知识图谱。自由基是一个协作创建的知识库，最早由丹尼·韦利斯在 2000 年提出。这是为大规模使用而创建的最早的知识图谱表之一。

自由基是通过对关系数据库的原始概念进行一些修改而构建的，它使用了一种新的图数据库，称为图 d。这个数据库克服了用一种数据库格式表示图的挑战，这种格式对创建知识图谱所需的自然步骤是友好的。这个想法是为了创造一个全球互联的事物和概念的"大脑"。图 d 引入的一个重要创新是如何处理数据库模式。在传统数据库中，模式（即表的组织和关联方式）是预先创建的，数据库表是在此计划的基础上创建和维护的。这被认为是一项不利因素，因为人们无法预测未来的概念将如何同现有的概念相联系。图 d 避免了这种类型的预先模式创建，并允许在增量基础上向数据库添加内容（以及对模式进行相应的调整）。用户可以通过向知识库添加新数据来执行对模式的调整。这种能力对于创建社区来源的知识库至关重要，在这个知识库中，人们无法控制未来将向知识库添加什么类型的数据。如果一个知识库要被协作地编辑，并且它还包含一个模式，那么有效和复杂的模式修改技术是至关重要的。图 d 提供了第一个用于以协作方式进行动态图和模式编辑的数据库框架，它被用于创建知识图谱。

这一努力发展成为自由基[24]知识图谱，该图谱由元网公司所有。为了实现协同增长，通过使用元网查询语言的基于 HTTP 的图形查询应用程序编程接口，允许公众对自由基进行读写访问。自由基中的每个实体都与一个唯一的识别号码相关联，以消除同名实体的歧义（例如，得克萨斯州的巴黎与法国的巴黎）。每个这样的识别号码都被视为一个独特的条形码。例如，乔治·克鲁尼的身份证号是 014zcr。原始版本的图 d 在如何执行修改方面有限制；例如，可以将行追加到关系表中，但这样的行被视为只读对象，只能在异常情况下删除。这家公司最终被谷歌收购。因此，谷歌的知识图谱整合了自由基中可用的知识。最终，谷歌关闭了自由基，并将其所有数据转移到维基数据库，这是一个更大的开源项目。维基数据构成了当今互联网上可用的许多开放源码半结构化和非结构化数据的基础。与维基数据库等公开可用的知识图谱不同，谷歌的知识图谱是谷歌用于解析互联网查询的商业系统。在不同的领域中都有这样的商业知识图谱的例子，比如脸书和网飞的知识图谱。

12.2.5 例子：维基数据

维基数据是由维基媒体基金会合作托管的知识库，它的数据被其他维基媒体项目（如维基百科和维基共享）使用。维基百科以非结构化格式表示知识，而维基共享是媒体对象（如图像、声音和视频）的存储库。维基数据为用户提供了使用 SPARQL 查询语言（它已经普及了）查询知识库的工具。维基数据是协作编辑的，它为用户提供向知识库添加新事实的功能。

SPARQL 查询语言（发音为 sparkle）是一种非常适合于图数据库的数据库查询语言。SPARQL 是 SPARQL 协议和查询语言（SPARQL Protocol And Query Language）的递归缩写。该语言的结构和语法与传统多维数据库中使用的结构化查询语言非常相似。但是，它也有支持查询和编辑图数据库的功能。SPARQL 现在已经成为处理知识图谱（特别是 RDF 表示）的事实上的标准。

维基数据是当今最大、最全面的开放知识库资源之一。维基数据、维基百科和维基共享是密切相关的，其中一个存储库中的数据经常用于扩展其他存储库中的数据。其中，只有维基数据可以被认为是包含所有类型对象的综合知识图谱。维基百科一半以上的文章都使用了维基数据的数据。由于许多知识库依赖于从维基百科上抓取的数据，很明显，各种知识库中的许多数据都是由维基数据继承的。从这个意义上说，大多数现有知识库的来源都是以一种或另一种形式通过协作编辑的信息来实现的，尽管知识库可能是通过使用半结构化和非结构化数据处理来构建的。这并不特别令人惊讶，因为互联网本身在最基本的层次上就是协作编辑的产物。知识库的构建是一个问题，将在 12.3 节详细讨论。

12.2.6 例子：基因本体

基因本体（Gene Ontology，GO）知识库[15]是一个包含基因功能信息的知识图谱。与所有知识图谱一样，数据以人读和机器读的格式提供。知识图谱是生物医学研究中大规模分子生物学和遗传学实验计算分析的基础。知识图谱还提供了许多基本信息，说明与基因相关的各种生化过程是如何相互作用的。GO 本体主要包括三个方面。

- ❑ 分子功能：基因产物具有催化、转运等多种功能。分子功能可以由单个基因产物执行，如蛋白质、RNA 或分子复合物。
- ❑ 细胞成分：这些代表基因产物执行功能的细胞位置，如线粒体或核糖体。
- ❑ 生物过程：这些过程代表由多个分子活动完成的更大的过程，如 DNA 修复或信号转导。

基因本体是知识图谱的一个例子，其中的类是分层的，而不是树状结构。一个节点可以有多个父节点，因此本体表现为一个有向无环图。图 12.3 显示了生物过程的基因本体的快照。这显然是对实际数据的粗略简化，实际数据包含了与节点和链接相关联的更丰富的元信息。由于生物数据的丰富性和底层实体之间的各种关系，计算生物学领域的各种类型的知识图谱尤其丰富。生物领域知识图谱的其他例子包括 KEGG[226] 和 UniProt[14]。

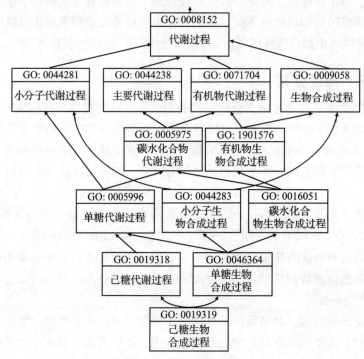

图 12.3　从基因本体网站改编的基因本体的小快照

12.3　如何构建知识图谱

知识图谱是真实世界中实体的一个非常丰富和结构化的表示，它需要从半结构化到高度非结构化的数据显式地管理或构造。构建知识图谱的方式取决于为构建图收集数据的来源。构建方法取决于原始数据的来源。对于像维基数据这样的开源知识图谱，工作主要是合作的。另一方面，像词网这样的知识图谱是通过专家的策划过程创建的。文献 [130] 给出了构建知识图谱的不同方法的表格。我们在表 12.2 中提供了这些信息。

表 12.2　知识图谱构建方法 [130]

构建方法	模式	示　　例
策划	是	Cyc/OpenCyc [113]、词网 [124]、UMLS [23]
协作	是	维基数据 [190]、自由基 [24]
自动半结构化	是	雅虎 [177]、数据库百科全书 [16]、自由基 [24]
自动非结构化	是	知识库 [191]、内尔 [34]、帕蒂 [192]、普洛斯佩拉 [193]、深海 / 初级 [132]
自动非结构化	否	混响 [54]、奥利 [165]、棱柱 [55]

基于表 12.2，我们列出了四种主要的知识图谱创建方式：

1. 在策划方法中，知识图谱由一小群专家创建。换句话说，做出贡献的团队是封闭的，并且仅限于一小部分人。据推测，限制在一小部分人确保了招聘的人是专家，并且得到的知识图谱是高质量的。这种方法的主要问题是它不能很好地扩展到大型知识库。然而，这种方法在需要高质量的标准化知识图谱的专业领域尤其有效。

2. 在协作方法中，知识图谱的构建方法与策划方法相似，只是构建知识图谱的人是一群开放的志愿者。尽管知识图谱对"群众智慧"的贡献是开放的，但对于谁可能做出贡献仍然可能有一些部分的控制。这样做是为了避免垃圾邮件或与开放平台相关的其他不良特征的影响。协作方法确实比策划方法具有更好的伸缩性，但图谱有时可能包含错误或不一致。因此，置信度或信任值通常与所构建的知识图谱中的关系相关联。

3. 在自动半结构化方法中，知识图谱的边是自动从半结构化文本中提取出来的。这种提取可以采用多种形式，比如特定于领域的规则和机器学习方法。这种半结构化数据的一个例子是维基百科上的信息框（它们本身是众包的，尽管不是以知识图谱的形式）。

4. 在自动非结构化方法中，通过机器学习和自然语言处理技术自动从非结构化文本中提取边。这种机器学习技术的例子包括实体和关系提取。这个更广泛的领域被称为自然语言处理中的信息提取。请注意，表 12.2 中有两个单独的条目，这取决于数据库模式是否与知识图谱相结合。

上述方法列表并不是详尽无遗的。在许多情况下，需要组合来自不同来源的数据来创建知识图谱，或者可以组合使用上面的一些方法。在某些情况下，知识图谱可以结合策划和协作工作来构建。类似地，尽管电影知识图谱可以由电影对应的数据构建，但不同电影的数据可能有不同的来源，如关系数据或非结构化数据。这是因为来自大型生产者的内容可能作为关系数据可用，而关于小型家庭生产的数据可能需要从非结构化来源中提取。在这种情况下，需要从不同来源的数据中精心构建知识图谱。

当需要为推荐和相关应用程序从产品中创建知识图谱时，会遇到许多特殊的挑战。这是因为这样的图谱通常不能从开源信息中创建，但需要依赖多个零售商，他们可能会以各种不同的格式提供这些信息。同样，保持知识图谱的新鲜度也可能是一个挑战，因为信息会随着时间不断发展。因此，数据集成和动态更新在知识图谱中至关重要。因此，大多数知识图谱都可以通过图数据库得到支持，这些数据库能够执行这些类型的动态更新。

12.3.1 知识图谱的一阶逻辑

上述构建知识图谱的不同方法提供了对领域特定规则在构建知识图谱中可能扮演的角色的理解。这些规则可以从传统知识库中提取。这种规则的一个例子如下 [174]：

$$\forall x, y[\text{Married}(x, y) \Rightarrow \text{SameLocation}(x, y)]$$

人们可以使用这种类型的规则快速填充知识库中的边，方法是重复识别它们之间有"已婚"关系的节点对，然后在它们之间插入"生活在同一位置"的边。在图上使用机器学习方法提取规则的反向过程也是可能的。例如，如果一个知识图谱在"已婚"关系存在的绝大多数时间中包含"生活在同一位置"的边，那么可以使用关联挖掘方法 [4] 提取上述规则。这可以通过为每一对实体创建关系列表，然后从这些实体集合中找到常见模式来实现。这些模式可用于使用文献 [4] 中讨论的关联挖掘方法创建规则。尽管规则可能不是绝对的真理（在大多数演绎推理方法的情况下），领域专家可能经常从语义的角度来决定哪些规则是有意义的。随后，提取的规则可用于填充图中的附加边。

12.3.2　从非结构化数据中提取

在上述方法中，从非结构化数据中提取是最有趣的情况，因为构建知识图谱本身就是一项机器学习任务。在非结构化数据提取的情况下，甚至实体也可能不能直接使用，可能需要从非结构化数据中识别它们。这些类型的任务属于自然语言处理领域的范围。与这个问题相关的自然语言处理的具体领域是信息提取。为了提取知识图谱的节点和边，需要执行两个关键步骤。

1. 命名实体识别：在这种情况下，需要从非结构化数据（例如文本中的句子）中识别重要实体，如人员、地点和日期。

这些实体表示知识图谱中的节点。例如，考虑以下句子，

比尔·克林顿住在离 IBM 大楼几英里远的纽约。比尔·克林顿和他的妻子希拉里·克林顿在总统任期结束后搬到了纽约。

对于这个文本段，需要确定哪些令牌对应于哪种类型的实体。在这种情况下，系统需要识别"纽约"是一个地点，"比尔·克林顿"是一个人，而"IBM"是一个组织。

2. 关系提取：一旦提取了实体，为了在知识图谱中创建边，需要提取实体之间的关系。这些关系用于在知识图谱中创建边。关系的例子如下，

位于（比尔·克林顿，纽约）

妻子（比尔·克林顿，希拉里·克林顿）

要提取的关系类型的性质将取决于人们试图构建的知识图谱的类型。

值得注意的是，与实体相对应的层次类可能还需要从各种来源中提取。在许多情况下，知识图谱的构建是领域专家的特别工作，它既是一门科学，也是一门艺术。然而，由于在许多情况下的命名实体识别和关系提取以及该过程的重要模块，我们提供了这些过程的简要概述。

使用信息提取系统有许多不同的设置。开放信息提取任务是无监督的，并且事先不知道要挖掘的实体的类型。此外，弱监督方法要么扩展一小组初始关系，要么使用来自外部来源的其他知识库来学习语料库中的关系。虽然最近在文献中提出了这种方法，但更常见的是使用监督方法。在这种观点中，假设要学习的实体的类型和它们之间的关系是预先定义的，带有标签的训练数据（即文本段）是可用的，其中包含这些实体和关系的例子。因此，在命名实体提取中，可以在培训数据中提供带有标签的人员、地点和组织示例。在关系提取中，可随自由文本提供需要挖掘的特定关系的示例。随后，使用在训练数据上学习的模型，从未标记的文本中提取实体和关系。因此，许多重要的信息提取方法本质上是受监督的，因为它们从前面的示例中了解特定类型的实体和关系。各种各样的机器学习方法，如基于规则的方法和隐马尔可夫模型被用来从文本数据中提取实体和关系。对这些方法的完整讨论超出了本书的范围。请读者参考文献 [7，156] 中对这些方法的详细描述。

12.3.3　处理不完全性

由于知识图谱构建方法的冗长和特殊性，知识图谱存在固有的不完全性。例如，众所周知，在知识图谱中，许多个人实体缺少关键的个人特征（如教育背景和出生日期）。此

外，知识图谱中经常会出现错误，这些错误可能是由人工错误（在协同构建的情况下）、自动提取过程中源文本中的错误或自动提取过程本身造成的。此外，解决知识图谱中缺失的链接或值的自动化方法也可能是错误的来源。在很多情况下，这种自动化方法与策划和众包相结合，以减少构建过程中的错误。

有许多自动化技术被用于处理知识图谱构建中的不完全性。其基本原理类似于协同过滤应用中的不完全数据归因。例如，在推荐系统中，可以可视化用户和项目的图，其中连接用户和项目的边被标记为它们的评级。人们经常使用矩阵分解（参见 9.2.3 节）来重建这个不完整的用户和项目图。请注意，任何图都是一个矩阵，它可以被分解，这些因子的乘积重建一个校正/完成的图。与协同过滤的情况类似，还可以分解与知识图谱相关的矩阵。知识图谱是一个异构的信息网络，因此存在多个 $n \times n$ 矩阵 $D_1, \cdots, D_m$，定义在 n 个实体上的每 m 条边都有一个。也就是说，矩阵 D_i 只包含知识图谱中某一特定类型（如电影－演员）链接的权重。因此，如果 m 的值很大，可能的矩阵数也会很大。在这种情况下，我们使用共享矩阵分解来创建知识图谱的潜在表示：

$$D_i \approx U_i V^{\mathrm{T}} \quad \forall i \in \{1, \cdots, m\}$$

在这种情况下，V 是 $n \times k$ 共享因子，矩阵 $U_1, \cdots, U_m$ 是对应于 m 个不同实体类型的 $n \times k$ 因子矩阵。然后模型最小化以下目标函数：

$$J = \| D_1 - U_1 V^{\mathrm{T}} \|_F^2 + \sum_{i=2}^{m} \beta_i \| D_i - U_i V^{\mathrm{T}} \|_F^2$$

可以使用梯度下降优化参数。在这里，$\beta_2, \cdots, \beta_m$ 是调节不同边类型重要性的平衡因子。这些通常是通过数据驱动的方式来学习的，方法是最大化知识图谱中保留边的预测准确性。对于梯度下降，计算 J 对矩阵的导数并用于更新。其中梯度下降更新如下：

$$U_1 \Leftarrow U_1 - \alpha \frac{\partial J}{\partial U_1} = U_1 + \alpha(D_1 - U_1 V^{\mathrm{T}})V$$

$$U_i \Leftarrow U_i - \alpha \frac{\partial J}{\partial U_i} = U_i + \alpha\beta_i(D_i - U_i V^{\mathrm{T}})V \ \forall i \geq 2$$

$$V \Leftarrow V - \alpha \frac{\partial J}{\partial V} = V + \alpha(D_1 - U_1 V^{\mathrm{T}})^{\mathrm{T}} U_1 + \alpha \sum_{i=2}^{m} \beta_i(D_i - U_i V^{\mathrm{T}})^{\mathrm{T}} U_i$$

其中，非负超参数 α 表示学习率。更新是重复的收敛。这种计算梯度的通用方法类似于第 9 章中讨论的矩阵分解技术。一般来说，有各种各样的复杂分解技术可以用来重建知识图谱。详细描述见文献 [117，130]。

12.4　知识图谱的应用

使用知识图谱的经典应用是搜索，因为知识图谱可以用来响应复杂的查询，比如查找实体之间的特定关系。谷歌搜索中的许多查询响应使用知识图谱来创建对实体之间的关系敏感的搜索结果。在早期，知识图谱被视为知识库的变体，可以用于不同类型的演绎推理方法。搜索算法在许多方面与演绎推理方法相似，尽管在许多情况下也存在归纳机器学习的元素。知识图谱的使用已经扩展到许多其他形式的机器学习技术，如聚类和分类。事实上，异构信息网络的广阔领域探索了知识图谱在此类应用中的使用。下面，我们将简要介绍知识图谱的不同应用。

12.4.1 搜索中的知识图谱

知识图谱被广泛应用于各种搜索应用。事实上，术语"知识图谱"是谷歌在搜索的上下文中创造出来的，尽管更广泛的概念已经在许多领域（如物联网、语义网和人工智能）进行了探索。像谷歌知识图谱一样，微软在其搜索引擎中使用了一个叫作萨托里的知识库。此外，许多特定于领域的搜索应用程序使用产品图，这是知识图谱的特殊形式。在这些情况下，搜索应用程序以与已知产品相关的其他产品或实体为目标。

在知识图谱的上下文中，有几种方法可以使用搜索应用程序。例如，搜索查询"Barack Obama's education"会产生一个奥巴马参加过的教育机构的时间列表，以及它们的图片（参见图 12.4）。纯粹基于内容的搜索很难实现这种类型的响应。据推测，一个知识图谱表被用来返回奥巴马通过一个表明从属关系的链接连接到的机构实体。

图 12.4 谷歌搜索查询"Barack Obama's education"生成的结果示例

解决此类查询的真正问题是理解当前查询的语义。例如，在关于奥巴马的教育情况的查询中，需要能够推断出查询字符串的一部分"奥巴马"指的是一个实体，而其余部分指的是实体的关系。这通常是解决此类查询最困难的部分。在很多情况下，为了查询知识图谱，会使用与完整句子相对应的复杂自然语言查询。例如，考虑以下搜索查询："查找所有因史蒂文·斯皮尔伯格执导的电影获得奖项的演员 – 电影组合。"在这种情况下，为此类查询提供响应的挑战就更大了。这个问题通常会被转化为学习问题，其中自然语言查询被转换为更结构化的查询，可以机械地应用于知识图谱。人们可以认为这个问题在某种程度上类似于机器翻译，其中一种语言的句子被转换成另一种语言的句子。请注意，机器翻译方法在 8.8.2 节中讨论。

什么类型的结构化查询语言适合于知识图谱？查询基于 RDF 的知识图谱的关键语言是 SPARQL，在前面的一节（参见 12.2.5 节）中对此进行了简要讨论。SPARQL 语言在语法上类似于 SQL 查询语言，除了它是为 RDF 数据库而不是关系数据库设计的。与 SQL 一样，它包含选择和查询等命令，以为需要返回的内容创建清晰的语法。与任何编程语言一样，它可以很容易地被解析器和编译器以一种无二义性和独特的方式理解（不像自然语言，它总是更难以理解）。许多公开可用的本体（如雅虎）与基于 SPARQL 的查询系统紧密集成，因此在这样的知识库中构建搜索功能相对容易。

在实践中，人们通常希望使用自然语言查询而不是 SPARQL 查询。因此，一个自然的步骤是将自然语言查询转换为 SPARQL 查询。这可以通过在自然语言查询和 SPARQL 查询之间构建机器翻译模型来实现。为了处理学习中的冷启动问题，可以首先手动（或通过特设翻译方法）构建这样一个模型的训练数据。例如，由专家手工构建的规则可用于创建候选查询，这些查询可由人工专家进一步（手工）筛选。自然语言查询和 SPARQL 查询的结果对可用于训练机器学习模型，如序列到序列的自动编码器 [6]。随后，用户单击搜索引擎查询的隐含反馈可用于从该机器学习模型的输出构建进一步的训练数据。例如，对于自然语言查询（以及相应翻译的 SPARQL 查询），如果用户单击特定的搜索结果，则生成的 SPARQL 查询将得到积极的反馈，以创建该搜索结果。这种正反馈可用于生成序列到序列学习算法的进一步训练数据。文献 [47，98，194，204] 中提供了一些关于自然语言查询和 SPARQL 之间翻译的讨论。注意，其中一些技术 [98, 194] 使用传统的机器翻译方法，如解析树。然而，如果有足够的数据可用，那么构建一个经过训练并能提供更准确结果的机器翻译系统就更有意义了。

然而，查询表示对之间的训练并不是在知识图谱中响应搜索查询的唯一方法。在许多情况下，人们可以直接在成对的问题和表示这些问题的答案的知识图谱的子图之间进行训练。然而，这种方法要求学习系统首先通过机器学习表示（如记忆网络）访问知识图谱。这些方法的例子在文献 [27，28] 中进行了讨论。

12.4.2 聚类知识图谱

聚类知识图谱有助于创建知识图谱的简明摘要，并发现相关实体和关系。例如，在电影的知识图谱中，可以通过聚类知识图谱发现类似类型的电影、演员或导演。这个问题本质上与异构信息网络的聚类问题相同。聚类同构网络问题是一个老问题，经典的解决方法有吉尔文·纽曼算法 [64]、林克尼汉算法 [100] 和 METIS 算法 [97]。然而，所有这些方法都是为图包含单一类型边的情况设计的。当链接类型明确地融入聚类过程中时，可以获得更高质量的聚类。有几种方法可以实现这一目标：

1. 可以使用共享矩阵分解来创建每个实体的表示。为了创建不完整知识图谱的完整版本，这个共享矩阵分解方法在前面的部分中也进行了讨论。我们假设总共有 n 种链接类型和 m 种实体类型。对于与第 i 个链接类型（总共 m 个链接类型）关联的 $n \times n$ 矩阵 D_i，执行以下分解：

$$D_i \approx U_i V^{\mathrm{T}} \quad \forall i \in \{1, \cdots, m\}$$

在这种情况下，V是$n \times k$共享因子，矩阵$U_1, \cdots, U_m$是对应m种不同链接类型的$n \times k$因子矩阵。通过聚类V中的行，可以在使用多种类型关系的单个聚类中聚类不同类型的实体。或者，$U_1, \cdots, U_m$的第j行连接V的第j行提供了第j个实体的多维表示。这种扩展表示也可以用于聚类。下面将讨论创建嵌入的方法。

2. 在某些情况下，内容属性与实体节点相关联。因此，在建模过程中，文本属性必须作为一阶公民使用。这些类型的设置也可以使用共享矩阵分解方法来处理，其中为内容属性设置了单独的矩阵。使用文本属性结合网络结构进行聚类的方法示例在文献 [179, 195] 中进行了讨论。

不管矩阵是如何建立的（有或没有内容），创建下面的目标函数：

$$J = \| D_1 - U_1 V^T \|_F^2 + \sum_{i=2}^{m} \beta_i \| D_i - U_i V^T \|_F^2$$

$U_1, \cdots, U_m$的第j行连接V的第j行提供了第j个实体的多维表示。参数可以使用梯度下降来优化：

$$U_1 \Leftarrow U_1 - \alpha \frac{\partial J}{\partial U_1} = U_1 + \alpha (D_1 - U_1 V^T) V$$

$$U_i \Leftarrow U_i - \alpha \frac{\partial J}{\partial U_i} = U_i + \alpha \beta_i (D_i - U_i V^T) V \quad \forall i \geq 2$$

$$V \Leftarrow V - \alpha \frac{\partial J}{\partial V} = V + \alpha (D_1 - U_1 V^T)^T U_1 + \alpha \sum_{i=2}^{m} \beta_i (D_i - U_i V^T)^T U_i$$

更新是重复的收敛。这里，α是学习率。注意，这种方法几乎与用于处理不完全性的方法相同（参见 12.3.3 节）。对于异构信息网络的聚类，人们提出了各种各样的方法。文献 [178] 对这些方法进行了概述。

12.4.3   实体分类

实体分类问题也被称为信息和社会网络分析领域的集体分类问题。除了以应用为中心的使用，实体分类还用于填补知识图谱中的缺失信息。该应用通常用于推断信息网络中节点的缺失特性。例如，假设我们在信息网络中插入了一个新的人物节点，但我们不知道它是演员节点还是导演节点。但是，通过分析其与其他节点的关系，可以高度确定地推断出该节点的类型。例如，演员节点与导演节点通过不同类型的链接（例如，演员节点的参演链接和导演节点的执导链接）连接到电影。

对于同构网络，集体分类的基本原则依赖于同构原则。这一原则表明标签相似的节点之间是相互连接的。因此，节点可以根据它们与其他标记节点的（结构）距离适当地分类。然而，在异构网络的情况下，这种简单化的同构原则可能并不总是很有效。原因在于，在这种异构网络中，节点的属性取决于从一个节点发出的链路类型的特定模式，以及与此类链路类型相关联的更广泛的结构模式。

最简单的链路预测方法是使用嵌入方法将每个节点转换为多维表示。可以使用上一节（关于聚类）中使用的方法来创建每个对象的多维表示。也就是说，将每个链接类型的矩阵D_i分解为$D_i \approx U_i V^T$。随后，创建以下目标函数：

$$J = \| D_1 - U_1 V^{\mathrm{T}} \|_F^2 + \sum_{i=2}^{m} \beta_i \| D_i - U_i V^{\mathrm{T}} \|_F^2$$

此目标函数与用于创建聚类嵌入的目标函数相同（参见 12.4.2 节）。矩阵 V 包含第 i 行第 i 个节点的 k 维表示。因此，为了应用现成的分类器，可以使用 V 行的这种 k 维表示将问题转化为多维分类问题。标记的节点对应于训练数据，而未标记的行对应于测试数据。在第 6 章中讨论的任何方法都可以用于分类过程。为了提高分类精度，可以采用样本外方式选择嵌入的参数 $\beta_2, \cdots, \beta_m$ 的值。文献 [105] 中提出了另一种有趣的对此类图进行集体分类的方法。还可以在嵌入过程中加入某种程度的监督。

12.4.4　链接预测和关系分类

最后，一个重要的问题是链接预测和关系分类，这两个问题在异构信息网络环境下几乎是同一个问题。链接预测问题预测了不同的节点对，其中的链接最可能出现在特定的链接类型。在同构网络中，在链接预测中，只需预测哪些节点对之间的链接在未来最有可能出现。然而，在异构信息网络中，问题变得更加复杂，因为人们不仅要预测链接是否发生，而且还要预测一对节点之间的链接类型。在关系分类中，给定一对节点，说明这一对节点之间存在链接的信息。利用这些信息，我们必须预测链接的类型。关系分类问题是链接预测问题的一个较简单的子问题，其中已经知道一个链接出现在一对节点之间，并且必须将一个特定的关系类型与该链接关联起来。请注意，链接预测问题会自动执行关系分类，因为每个预测链接都有与其相关联的关系类型。

与本节前面讨论的问题一样，嵌入方法是一种经过时间考验的方法，可以解决知识图谱中的大多数机器学习问题。其中一个原因是，知识图谱的内在结构相当复杂，有大量不同类型的实体和链接。然而，嵌入方法将所有节点转换为相同的多维表示，因此可以在大多数问题上以统一的方式加以利用。

链接预测问题与处理知识图谱中的不完全性问题相同，如第 12.3.3 节所述。这一节讨论的方法是基于矩阵分解的。此外，本章讨论的几个应用，如聚类和分类是基于类似的矩阵分解方法的。与本节前面讨论的应用程序的情况一样，可以将第 i 个链接矩阵的节点-节点链接矩阵分解为 $D_i \approx U_i V^{\mathrm{T}}$。随后，可以检查每个 $U_i V^{\mathrm{T}}$ 的项，以检查形成第 i 种类型链接的倾向。每个 i 的 $U_i V^{\mathrm{T}}$ 值最大的项可以被认为是⊖第 i 种类型的链接，这是未来最有可能形成的。此外，在关系分类问题中，可以先从矩阵 $D_1, \cdots, D_m$ 开始，其中，项已通过缩放归一化为相同的平均值。随后，在分解后，可以比较 $U_1 V^{\mathrm{T}}, \cdots, U_m V^{\mathrm{T}}$ 中相应项的值。如果 $U_j V^{\mathrm{T}}$ 的第 (p, q) 项在矩阵 $U_1 V^{\mathrm{T}}, \cdots, U_m V^{\mathrm{T}}$ 集合中值最大，则边 (p, q) 可归为链接类型 j。

关系分类的另一种方法是通过连接单个节点的表示来创建节点对的多维表示。请注意，可以通过为每个节点使用 $d*m$ 属性来获得第 i 个节点的多维表示。对于每一个 m 类型的链接，每个节点都有一个属性，如果从该节点到第 i 个节点存在一条边，则该属性的值为 1。然后可以根据相应节点对的标签创建训练数据。可以使用现成的多维分类器对这些

⊖ 在大多数情况下，人们感兴趣的是来自特定节点的传入或传出链接。对于从第 j 个节点传出的链接，可以提取每个 U_i 的第 j 行 $\bar{u}_{ij}$，并将该行与 V^{T} 相乘，以创建预测的行向量 $\bar{u}_{ij} V^{\mathrm{T}}$。对于进入第 j 个节点的链接，可以提取 V 的第 j 行 $\bar{v}_j$，并创建 $U_i \bar{v}_j^{\mathrm{T}}$ 作为预测的列向量。

数据进行训练。对于关系未知的给定节点对，可以使用训练过的分类器来预测关系类型。

12.4.5   推荐系统

知识图谱可以自然地与推荐系统结合使用，特别是因为推荐系统已经使用了各种矩阵分解模型。例如，考虑一个电影数据库，其中有一组连接的实体，对应于演员、导演、电影等。对应于 m 种不同链接类型的 $n \times n$ 矩阵用 $D_1, \cdots, D_m$ 表示。如前所述，我们将每个矩阵 $D_i = U_i V^{\mathrm{T}}$ 分解，其中 U_i 的大小为 $n \times k$，V 的大小为 $n \times k$。

此外，还可以为实体设置一个评级矩阵 R。评级矩阵的大小为 $u \times n$，因为总共有 u 个用户对 n 个实体进行了评级。关键的一点是，评级矩阵没有完全指定，这往往会使学习过程更具挑战性。然后将评级矩阵分解为：

$$R \approx MV_1^{\mathrm{T}}$$

这里 M 是一个 $u \times k$ 矩阵，它包含用户因子。因此，该推荐问题的总体目标函数为：

$$J = \| R - MV^{\mathrm{T}} \|_F^2 + \sum_{i=1}^m \beta_i \| D_i - U_i V^{\mathrm{T}} \|_F^2$$

在上面的优化问题中，存在一些符号的滥用，因为 $(R - UV^{\mathrm{T}})$ 的弗罗贝尼乌斯范数只在指定的 R 的项上聚合，而忽略了缺失的项。这个优化问题可以通过使用与第 12.3.3 节中讨论的技术类似的梯度下降技术来解决。然而，需要注意的是，评级矩阵并没有完全指定，因此只能使用观察到的项来进行更新。我们将梯度下降步骤的推导留作练习（参见练习 5）。注意，我们有 m 个超参数 $\beta_1, \cdots, \beta_m$，对应不同链接类型的权重。这些超参数可以通过在梯度下降过程中提供评级子集来估计推荐模型的准确性，然后通过设置超参数来最大化这些评级的预测模型的准确性。一旦学习了矩阵 M、U_i 和 V，就可以将不完全评级矩阵重构为 $R \approx MV^{\mathrm{T}}$。

也可以将该方法扩展到单一类型的实体（例如，电影或导演）。在这种情况下，矩阵 R 的大小为 $u \times n_1$，其中包含用户对 n_1 项的评级。然后，我们提取 V 中对应于被评级实体类型的 n_1 行，以创建更小的矩阵 V_1。换句话说，V_1 的大小是 $n_1 \times k$，它包含 V 的行的子集。在这种情况下，可以对上述目标函数进行修改，使目标函数的第一项为 $(R - MV_1^{\mathrm{T}})$ 的弗罗贝尼乌斯范数的平方。然后将评级矩阵重构为 $R \approx MV_1^{\mathrm{T}}$。

12.5   总结

多年来，知识图谱已经在不同的社区中用于各种应用程序，如语义互联网、知识库表示和异构信息网络分析。知识图谱在一阶逻辑上与知识库密切相关，只是它们以图中的边的形式表示关系（谓词）。此外，与一阶逻辑的限制性术语相比，知识图谱大大简化了，这使得它们更容易使用。谷歌在 2012 年推广了知识库，作为增强搜索和查询处理的一种方式。然而，使用异构信息网络或本体的更广泛的原则先于关于知识图谱的文献。知识图谱是利用策划、基于规则的方法或完全自动化的学习方法构建的。在许多情况下，图谱可以从非结构化数据的半结构化数据作为起点构建。一旦构建了知识图谱，它们就可以用于各种各样的应用程序，如搜索、聚类、实体分类、关系分类和推荐系统。与基于推理的应用程序相比，近年来在机器学习应用程序中使用知识图谱更为常见。许多机器学习方法的一个统一主题是能够从底层图结构设计多维特征，然后可以与现成的聚类和分类方法一起使用。

12.6 拓展阅读

机器学习背景下知识图谱的概述可以在文献 [130] 中找到。对异构信息网络的概述可以在文献 [178] 中找到。在文献 [7，156] 中讨论了从非结构化文本构建知识图谱的自动化方法。知识图谱推荐方法概述见文献 [135，196，197]。

12.7 练习

1. 考虑一个包含在不同类型场所发表的文章的科学文章库。你需要创建一个异构网络，该网络包含三种类型的对象，分别对应于文章、场所和作者。提出可以从这个异构信息网络构建的各种关系类型。假设你有与作者的主题（按层次分类）相对应的作者和场所的附加信息。讨论如何使用此信息创建本体，以支持知识图谱中的低层实例。

2. 请考虑 URL https://dblp.uni-trier.de/xml/ 提供的 DBLP 发布数据库。实现一个程序来创建练习 1 中讨论的异构信息网络。可以省略涉及创建概念层次结构的步骤。

3. 考虑一个在不同国家出现的电影库。对于每一部电影，你都有一个与类型相对应的等级分类。你需要创建一个包含四种对象的异构网络，分别对应于电影、原产国、演员和导演。提出你可以从这个异构信息网络构建的各种关系类型。提出一个与异构信息网络配对的本体，以创建一个知识图谱。

4. 请考虑 URL https://www.imdb.com/ interfaces/ 中提供的 IMDB 电影数据库。实现一个程序来创建练习 3 中讨论的异构信息网络。包含一个基于电影类型的电影对象的概念层次结构。

5. 计算 12.4.5 节中介绍的优化模型的梯度下降步骤。式中，梯度下降步骤为：

$$M \Leftarrow M + \alpha EV$$

$$U_i \Leftarrow U_i + \alpha \beta_i (D_i - U_i V^T) V$$

$$V \Leftarrow V + \alpha E^T M + \alpha \sum_{i=1}^{m} \beta_i (D_i - U_i V^T)^T U_i$$

其中，α 为学习率，E 为误差矩阵 $E = R - MV^T$，其中 R 的缺失项在 E 中设为 0。也就是说，如果 R 的第 (i, j) 项缺失，则 E 的第 (i, j) 项为 0。

6. 演示如何使用随机梯度下降而不是梯度下降来执行练习 5 中的步骤。

第 13 章

综合推理与学习

"在数据不足的基础上形成不成熟理论的诱惑是我们这个行业的祸根。"
——阿瑟·柯南·道尔在《恐惧谷》中虚构的人物夏洛克·福尔摩斯

13.1 引言

在前几章中，我们讨论了人工智能的两大思想流派，分别对应于演绎推理和归纳学习。演绎推理方法对应于搜索、命题逻辑和一阶逻辑等技术，而归纳学习方法对应于线性回归、支持向量机和神经网络等技术。早期的人工智能领域主要由演绎推理方法和符号人工智能主导。这种主导情况是由于有限的数据可用性和有限的计算能力，这阻碍了以学习为中心的方法。然而，随着数据的可用性和计算能力的提高，学习方法变得越来越流行。此外，演绎推理方法未能实现它们的承诺。然而，在归纳学习方法中，总是使用一些演绎假设来减少对数据的要求，因此在整个过程中总是涉及演绎推理的一些元素。这些元素有时以先验假设的形式出现，用来减少学习过程中的数据需求。在最小二乘回归优化模型中，这种先验假设的例子如下：

在学习线性回归预测 $y = \overline{W} \cdot \overline{X}$ 中的参数向量 $\overline{W}$ 时，在训练数据上的预测准确性几乎相同的两个 $\overline{W}$ 值之间进行选择时，应该选择一个尽可能简洁的参数向量 $\overline{W}$（例如，具有小 L_2 范数）。简明的解决方案在测试数据上的准确性通常更高，即使它在训练数据上的准确性稍微差一些。

这种类型的假设通常作为一种正则化形式被纳入学习算法的目标函数中。正则化在目标函数中增加了一个惩罚，这个惩罚与参数向量 $\overline{W}$ 的平方范数成正比。关键是它采用了先验假设，假设范数越小的参数向量越好。因此，正则化是一种微妙的演绎推理形式，被嵌入许多学习算法中（尽管很少从这个角度来看待它）。这样做的原因之一是仅使用正则化项来执行 $\overline{W} = 0$ 中的建模结果，这显然不是一个有用的和信息丰富的结果。还有几种执行正则化的有用方法，它们通常看起来更类似于演绎推理。例如，如果由于对问题域的具体了解而对参数空间施加约束，那么通过允许在有限的解决方案空间中（使用有限的数据）构建更精确的模型，通常可以提高潜在预测的准确性。在这种情况下，即使在建模中没有使用数据，也常常可以（比基于规范的正则化）获得更多信息的结果。在几乎所有这些情况下，在给定的预测准确性水平上，领域知识的使用降低了学习算法的数据需求。

一般来说，在归纳学习算法中纳入某种形式的演绎推理的核心原因是减少潜在的数据需求。例如，纯演绎推理算法只使用领域知识而没有数据。然而，这种算法有很大的偏差，这基于领域专家的先验假设。近年来，由于数据的可用性越来越强，学习算法变得越来越受欢迎。然而，在大多数情况下，总是使用某种类型的假设来减少数据需求。

将演绎推理纳入归纳学习的另一个原因是，前一类方法通常很容易解释，而（纯）归纳学习方法则不太容易解释。演绎推理方法是可解释的，因为在知识库中使用的语句通常来自于关于论域的可解释事实。另一方面，机器学习模型中的假设通常被编码为包含无数参数的神秘函数，这使得整个模型有些难以解释。在处理神经网络等复杂模型时，这一点尤为明显。通过归纳学习和演绎推理方法的结合，人们通常能够创造出可以从相对较少的例子中学习的方法，而且这些方法往往也更易于解释。

在归纳学习和演绎推理方法之间做出选择时，数据可用性的重要性已被我们在许多游戏程序中的经验反复证实。最早形式的国际象棋程序使用极小极大树与手工制作的特定于领域的评估函数相结合。这些类型的方法将在第 3 章讨论，它们显然属于演绎流派的思想。几乎所有的顶级象棋程序都是使用这种方法设计的（直到最近）。随着时间的推移，利用监督学习设计了国际象棋程序的评估函数，然后设计了强化学习方法。最近的国际象棋下棋方法将蒙特卡罗搜索树与沿着每棵分支树的成功概率的统计估计相结合。在传统的象棋程序中，只有人工设计的评估函数与这种树相结合。这种搜索树与数据驱动分析的结合可以被视为人工智能演绎流派和归纳流派之间的一种混合方法。事实上，大多数学习方法使用某种假设或其他假设，通过将特定于领域的偏差纳入学习中来减少数据需求。合并这种类型的偏差也可能导致误差，因为特定于领域的知识可能不能反映许多可以通过数据驱动方式学习的功能的具体特征。虽然领域知识在存在有限数据时几乎总是有用的，但当存在足够数量的数据和足够强的计算能力时，它有时会阻碍构建更强大的模型。因此，在不适当的强特定于领域的假设所导致的偏差和数据缺失引起的方差（即随机误差）之间存在一种自然的权衡。这种权衡在机器学习中被称为偏差－方差权衡。下一节将讨论这种权衡。值得注意的是，这种权衡在人类学习中也很自然地存在，在人类学习中，决策往往是通过先前的信念和从现实生活中观察到的额外知识之间的权衡来实现的。对事件的强烈先验偏见会导致误差，就像基于很少的观察做出的决定也会导致误差一样。最好的决策通常结合使用这两种不同的获取知识的方法。

为了理解归纳和演绎流派的结合如何导致一个更健壮的模型，我们将使用正则化作为一个测试用例。考虑一个设置，其中有少量的数据用于学习线性回归模型的参数。在这种情况下，我们希望学习以下 n 个训练对 $(\overline{X}_i, y_i)$ 和 d 维参数向量 $\overline{W}$ 以及偏差 b 的模型：

$$y_i \approx \overline{W} \cdot \overline{X}_i^{\mathrm{T}} + b$$

可建立如下优化模型：

$$J = \sum_{i=1}^{n} (y_i - W \cdot \overline{X}_i^{\mathrm{T}} - b)^2$$

我们可以通过梯度下降以完全数据驱动的方式来学习 $\overline{W}$ 和 b。这是经典的归纳学习。注意，使用少量的数据来学习线性模型将导致样本外数据的高度误差的结果，因为不同的训练数据集将有随机的细微差别，这将显著影响较小的数据集的预测。这表明，在有些情况下，归纳学习很难做出准确的预测。

另一方面，如果数据有限，我们可以利用当前的领域知识设置 $\overline{W}$ 和 b。例如，令 μ 是基于分析人员对当前域的知识的目标向量的平均值（而不是目标向量的平均值⊖）。然后，人们可能会考虑做出假设，除非人们有关于特征属性的影响的额外知识，向量 $\overline{W}$ 应该没有影响（即有小的 L_2 范数），而偏差 b 是目标属性在当前域中的平均值。这导致设置 $\overline{W}=0$，$b=\mu$，这就产生了对每个点的 $y_i=\mu$ 的预测。显然，就不同数据点的可变性而言，这个解决方案提供的信息不是太多（尽管大多数演绎推理方法通常提供的信息更多）。然而，在缺乏足够数据的情况下，这是一个合理的起点。事实上，如果训练点的数量非常少，这种简单的预测可能比通过最小化 $\sum_i\|y_i-\overline{W}\cdot\overline{X_i^{\mathrm{T}}}-b\|^2$ 得到的纯归纳学习模型更准确。

损失分量和正则化分量与归纳学习和演绎推理的关系如图 13.1 所示。在演绎推理的情况下，通常会出现预测不能适应潜在假设的真实复杂性的情况（例如预测到域均值的每个点）。这是因为演绎系统通常是迟钝的工具，使用有限的人类知识无法适应特征空间的不同部分的细微差别，隐含在数据中的知识常常比任何人类可以解释和编码成一个知识库的知识更复杂。演绎推理系统在适应不同情况的复杂性时缺乏灵活性，这是一个普遍的问题，它被称为偏差。另一方面，纯归纳系统可能会由于个体训练数据集的太多差异而产生误差。换句话说，如果我们将训练数据集更改为不同的数据集，对同样的测试点的预测可能会完全不同。显然，这种类型的不稳定性也是一个问题，它被称为方差，当数据可用性很小时，方差就会增加。一个关键点是，通过整合归纳学习和演绎推理，通常可以提高预测的准确性（在有限的数据下）。这个想法从演绎推理系统中一个合理的假设开始，只有在归纳学习过程中有足够的证据时才能推翻它。事实上，这正是人类不断获取知识/假设，利用它们进行预测，并在预测与先验假设不匹配时，通过增量学习更新他们的知识/假设的方法。

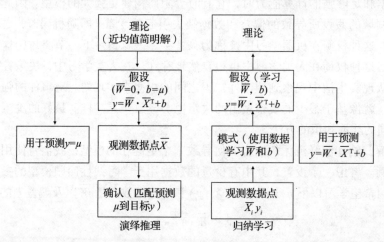

图 13.1　在机器学习的正则化分量和损失分量的背景下回顾人工智能的两大流派。仅基于正则化（演绎）分量创建预测器将为每个测试实例生成域均值为 μ 的预测值，这显然是不准确的。与此同时，归纳方法可能对较小的数据集给出较差的预测，因为训练数据集的具体细微差别（域均值可能会更准确）

在这两种思想流派之间找到一个合适的媒介的方法是创建一个结合数据和领域知识的目标函数。虽然我们经常将正则化机器学习模型视为纯归纳系统，但它们也可以被视为归

⊖　换句话说，当 n 的值很大时，我们期望 μ 大致等于 $\sum_{i=1}^n y_i/n$。

纳学习（通过使用数据）和演绎推理（通过强加无数据简洁性／领域知识假设）的组合。这就得到线性回归的目标函数[⊖]：

$$J = \underbrace{\frac{1}{2}\sum_{i=1}^{n}(y_i - \overline{W} \cdot \overline{X}_i^{\mathrm{T}} - b)^2}_{\text{学习}} + \underbrace{\frac{\lambda}{2}\|\overline{W}\|^2 + \frac{\lambda}{2}(b-\mu)^2}_{\text{假设}} \qquad (13.1)$$

其中 λ 为正则化参数，它控制演绎推理分量的影响。正则化参数 λ 的选择控制了 1 为假设的每个部分提供的权重。这种权重控制了由不适当的强特定于领域的假设引起的误差和由数据缺乏引起的随机误差之间的权衡。因此，这种方法将已知的理论（例如，预测接近域均值的简明解更好）结合到归纳学习系统中。线性回归中归纳学习和演绎推理的具体结合如图 13.2 所示。

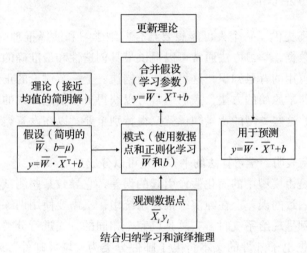

结合归纳学习和演绎推理

图 13.2　以人工智能中的两种流派和正则化学习为例

上述论述提供了归纳学习和演绎推理结合的最基本的例子。然而，在实践中，更复杂的集成形式是可能的。一些例子如下：

- ❑ 人们可以在归纳学习系统中使用语言学领域知识，以减少不同语言之间的序列到序列翻译系统对训练数据的需求。现代不同语言之间的翻译器基于循环自动编码器的归纳学习，尽管增加语言领域知识在减少数据需求方面有很大的余地。
- ❑ 当归纳学习被用于像物理学这样的科学时，人们可以使用科学定律来改进预测。当属性表示相互之间关系已知的变量时，可以使用底层关系来改进预测。
- ❑ 人们可以使用图像的领域知识来减少对图像分类的训练数据的需求。例如，提取图像相关特征的先验模型可以用于新的和不同的任务。这种方法是被称为迁移学习的思想的本质，其中连续使用归纳学习系统来获得知识和更新它也被看作两种思想流派的一种整合形式。

在许多情况下，特征变量和目标之间存在已知和"可靠"的关系（例如，物理定律），不使用这些知识似乎是一种浪费。因此，在学习算法中以某种形式加入这类知识是很常见的。

在人工智能的早期，数据的缺乏是一个更重要的因素，即使有足够的数据，计算能力

也是有限的。这种情况在很大程度上促成了符号化人工智能和神经网络等归纳学习系统上的演绎推理系统。然而，随着数据可用性和计算能力的提高，像深度神经网络这样的归纳学习系统近年来越来越受欢迎。这两种思想流派的融合进一步有助于将学习范围扩大到日益复杂的场景。本章将重点讨论这个过程及其基础原则。

13.2 节将介绍机器学习中的偏差–方差权衡；13.3 节将讨论结合推理和学习的通用元框架，该元框架也可用于提高纯归纳学习方法的准确性；13.4 节将讨论迁移学习方法；13.5 节将讨论终身学习方法；13.6 节将讨论人工智能的神经符号方法；13.7 节将给出总结。

13.2 偏差–方差权衡

偏差–方差权衡提供了一个人可能想要结合归纳学习和演绎推理的思想流派的理由。虽然只要有足够的数据，学习方法通常可以提供最具创造性和最准确的模型，但如果当它确实可用时回避了可用的背景知识，这将是一个错误。上一节讨论的正则化方法是结合这些思维方式的一种非常原始的方法，人们通常可以获得更多信息形式的背景知识。如果可用数据的数量有限，这些类型的背景知识就变得特别重要，以在没有类似例子的情况下进行预测。

偏差–方差权衡表明，学习算法的平方误差可以分成三个部分。

1. 偏差：偏差是由模型中的简化假设引起的误差，它导致某些测试实例在不同的训练数据集选择中存在一致的误差。在纯演绎推理系统中，不需要使用训练数据，因此每次将一个特定的测试实例呈现给系统时，它总是以完全相同的方式进行分类。例如，考虑一种情况，有人试图根据电子邮件的文本将电子邮件分类为"垃圾邮件"或"非垃圾邮件"。一个人有这样的背景知识，许多垃圾邮件都包含"免费！"。领域专家可能会使用各种其他特殊的规则。在这种情况下，如果特殊规则有些不正确，或者它们捕获垃圾邮件的能力不完整，那么执行分类将导致测试实例出现错误。此外，即使在线性回归等归纳学习系统中，也会对特征变量与因变量之间关系的性质做出假设（如关系的线性）。这样的假设往往是错误的，即使有无限数量的数据可用，它们也会导致特定训练实例的一致误差。一般来说，对模型的任何不适当的强假设都会造成偏差。现实世界中的大多数模型都做了这样不恰当的假设。用乔治·博克斯的话来说，"所有的模型都是错误的，但有一些是有用的。"几乎所有的模型都有非零偏差，这就促成了这一原理。

2. 方差：方差是由于无法以统计鲁棒的方式了解模型的所有参数而引起的，特别是当数据有限且模型倾向于有更多的参数时。高方差的存在表现为对当前特定训练数据集的过拟合。例如，如果在 d 维中用少于 d 个训练数据点运行线性回归模型，那么当使用不同的训练数据集时，在同一个测试实例上就会得到截然不同的预测。显然，所有这些不同的预测都不可能是正确的，事实是，在样本外测试点上，几乎所有的预测都可能存在高度误差，因为模型调整了当前特定训练数据集的变化和细微差别。这些变化对于小的训练数据集特别明显，在不同的训练数据集上对同一测试实例的预测的高水平变化被称为方差。值得注意的是，一个高方差模型通常会在训练数据上提供一个具有欺骗性的高准确性，这并不能很好地推广到样本外测试数据。甚至可以设想这样一种情况，一个人在训练数据上获得 100% 的准确率, 而在测试数据上的表现却非常差。例如, 用少于 d 个训练实例在 d 维数据上训练线性回归模型将显示这种类型的行为。

3. 噪声: 噪声是由数据的固有误差引起的。例如, 数据收集机制经常在数据中包含所有类型的意外误差。例如, 如果要对目标属性是温度的数据集进行线性回归, 那么由于硬件的限制而在收集数据时产生的误差将导致模型预测与观测值不同。这种类型的误差称为噪声。

以上描述提供了对偏差 – 方差权衡的定性观点。在下面, 我们将提供一个更正式和数学性的观点。

正式的视图

从上面的讨论中可以清楚地看到, 偏差不仅存在于具有演绎推理分量的模型中, 也存在于做出特定于领域的特定类型假设的归纳系统中。一般来说, 在归纳学习系统中加入任何一种前提 (例如特征与因变量之间的线性关系) 都会导致偏差。大多数归纳学习系统都有直接或间接的前提。例如, 在归纳学习系统中, 选择大程度的正则化也会导致偏差。减少正则化的权重会减少偏差, 但会增加方差。选择正确的正则化水平对于适当地调节这种权衡很重要。

在本节中, 我们将至少使用部分归纳设置来检验偏差和方差之间这种权衡的性质, 在该设置中, 一些训练数据可以影响分类 (尽管某种程度的固定领域知识或简化假设可能会增加偏差)。在给定固定领域知识的情况下, 使用纯演绎系统来执行分析是没有意义的, 在这个系统中, 测试实例将输出相同的结果。我们假设生成训练数据集的基数分布为 $\mathcal{B}$, 可以从这个基数分布生成数据集 $\mathcal{D}$:

$$\mathcal{D} \sim \mathcal{B} \tag{13.2}$$

可以用许多不同的方法绘制训练数据, 比如只选择特定大小的数据集。现在, 假设根据从 $\mathcal{B}$ 中提取的训练数据集, 我们有一些定义良好的生成过程。下面的分析并不依赖于从 $\mathcal{B}$ 中提取训练数据集的特定机制, 也不依赖于基分布的样子。

访问基分布 $\mathcal{B}$ 相当于访问无限的训练数据资源, 因为可以无限次地使用基分布来生成训练数据集。在实践中, 这种基分布 (即无限的数据资源) 是不可用的。作为一个实际问题, 分析人员使用一些数据收集机制收集到有限的实例 $\mathcal{D}$。然而, 在有限数据集上训练时, 可以生成其他训练数据集的基分布的概念存在对于在理论上量化误差的来源是有用的。

现在假设分析人员在 d 维度中有一个含 t 个测试实例的集合, 用 $\overline{Z}_1, \cdots, \overline{Z}_t$ 表示。这些测试实例的因变量用 $y_1, \cdots, y_t$ 表示。为了讨论的清晰, 让我们假设测试实例和它们的依赖变量也是由第三方从相同的基分布 $\mathcal{B}$ 中生成的, 但只提供给分析人员访问特性表示 $\overline{Z}_1, \cdots, \overline{Z}_t$, 不能访问因变量 $y_1, \cdots, y_t$。因此, 分析人员的任务是使用训练数据集 $\mathcal{D}$ 的单一有限实例来预测 $\overline{Z}_1, \cdots, \overline{Z}_t$ 的因变量。

现在假设因变量 y_i 与其特征表示 $\overline{Z}_i$ 之间的关系由未知函数 $f(\cdot)$ 定义为:

$$y_i = f(\overline{Z}_i) + \varepsilon_i \tag{13.3}$$

在这里, 符号 ε_i 表示固有噪声, 它与所使用的模型无关。尽管假设 $E[\varepsilon_i] = 0$, 但 ε_i 的值可以是正的或负的。如果分析人员知道这个关系对应的函数 $f(\cdot)$ 是什么, 那么他们就可以简单地将这个函数应用到每个测试点 $\overline{Z}_t$ 上，以近似因变量 y_i，剩下的不确定性是由固有噪声引起的。

问题是分析人员不知道实际中的函数 $f(\cdot)$ 是什么。注意，这个函数是在基分布 $\mathcal{B}$ 的生成过程中使用的，整个生成过程就像分析人员无法使用的甲骨文数据库一样。分析人员只有这个函数的输入和输出的例子。显然，分析人员需要开发某种类型的模型 $g(\overline{Z}_i, \mathcal{D})$，以便以数据驱动的方式近似该函数。

$$\hat{y}_i = g(\overline{Z}_i, \mathcal{D}) \tag{13.4}$$

注意，在变量 $\hat{y}_i$ 上使用了迴旋（即 '^' 符号），以表示它是由特定算法预测的值，而不是 y_i 的观测值（真值）。

学习模型（包括神经网络）的所有预测函数都是估计函数 $g(\cdot, \cdot)$ 的例子。一些算法（如线性回归和支持向量机）可以用简明易懂的方式表达，尽管其他学习算法可能无法用这种方式表达：

$$g(\overline{Z}_i, \mathcal{D}) = \underbrace{\overline{W} \cdot \overline{Z}_i^{\mathrm{T}}}_{\text{用}\mathcal{D}\text{学习}\overline{W}} \quad [\text{线性回归}]$$

$$g(\overline{Z}_i, \mathcal{D}) = \underbrace{\mathrm{sign}\{\overline{W} \cdot \overline{Z}_i^{\mathrm{T}}\}}_{\text{用}\mathcal{D}\text{学习}\overline{W}} [\text{SVM}]$$

大多数神经网络被算法表示为在不同节点上计算的多个函数的组合。计算函数的选择包括其特定参数设置的影响，如线性回归或支持向量机中的系数向量 $\overline{W}$。单元数较多的神经网络需要更多的参数才能完全学习其函数。这就是在同一个测试实例中预测的方差出现的地方；当使用不同选择的训练数据集时，具有较大参数集 $\overline{W}$ 的模型将学习这些参数的非常不同的值。因此，不同的训练数据集对同一测试实例的预测也会有很大的不同。这些不一致增加了错误。另一方面，单元较少的神经网络将倾向于构建具有高度偏差的刚性模型。在某些情况下，简化假设（或特定于领域的假设）可以添加到归纳学习算法中，这会增加偏差，尽管这通常会减少方差。

偏差 – 方差权衡的目标是根据偏差、方差和（特定于数据的）噪声来量化学习算法的预期误差。为了讨论的通用性，我们假设目标变量的数值形式，这样就可以直观地用预测值 $\hat{y}_i$ 与观测值 y_i 之间的均方误差来量化误差。这是回归中错误量化的一种自然形式，尽管我们也可以根据测试实例的概率预测将其用于分类。在测试实例集 $\overline{Z}_1, \cdots, \overline{Z}_t$ 型上定义了学习算法 $g(\cdot, \mathcal{D})$ 的均方误差 MSE，如下：

$$\mathrm{MSE} = \frac{1}{t}\sum_{i=1}^{t}(\hat{y}_i - y_i)^2 = \frac{1}{t}\sum_{i=1}^{t}(g(\overline{Z}_i, \mathcal{D}) - f(\overline{Z}_i) - \varepsilon_i)^2$$

以独立于特定训练数据集选择的方式估计误差的最佳方法是计算训练数据集的不同选择的期望误差：

$$E[\mathrm{MSE}] = \frac{1}{t}\sum_{i=1}^{t}E\{[g(\overline{Z}_i, \mathcal{D}) - f(\overline{Z}_i) - \varepsilon_i]^2\}$$

$$= \frac{1}{t}\sum_{i=1}^{t}E\{[g(\overline{Z}_i, \mathcal{D}) - f(\overline{Z}_i)]\}^2 + \frac{\sum_{i=1}^{t}E(\varepsilon_i^2)}{t}$$

第二个关系式是将第一个方程右边的二次表达式展开，然后利用 ε_i 在大量测试实例上的平均值为 0 这一事实得到的。

在右边的平方项内加减 $E[g(\overline{Z}_i, \mathcal{D})]$，可以进一步分解上述表达式的右边：

$$E[\text{MSE}] = \frac{1}{t}\sum_{i=1}^{t} E\{[(f(\overline{Z}_i) - E[g(\overline{Z}_i, \mathcal{D})]) + (E[g(\overline{Z}_i, \mathcal{D})] - g(\overline{Z}_i, \mathcal{D}))]^2\} + \frac{\sum_{i=1}^{t} E[\varepsilon_i^2]}{t}$$

我们可以在右边展开二次多项式得到：

$$E[\text{MSE}] = \frac{1}{t}\sum_{i=1}^{t} E\{[f(\overline{Z}_i) - E[g(\overline{Z}_i, \mathcal{D})]]^2\}$$

$$+ \frac{2}{t}\sum_{i=1}^{t} \{f(\overline{Z}_i) - E[g(\overline{Z}_i, \mathcal{D})]\}\{E[g(\overline{Z}_i, \mathcal{D})] - E[g(\overline{Z}_i, \mathcal{D})]\}$$

$$+ \frac{1}{t}\sum_{i=1}^{t} E\{[E[g(\overline{Z}_i, \mathcal{D})] - g(\overline{Z}_i, \mathcal{D})]^2\} + \frac{\sum_{i=1}^{t} E[\varepsilon_i^2]}{t}$$

上述表达式右边的第二项计算为 0，因为其中一个乘数是 $E[g(\overline{Z}_i, \mathcal{D})] - E[g(\overline{Z}_i, \mathcal{D})]$。经过简化，我们得到：

$$E[\text{MSE}] = \underbrace{\frac{1}{t}\sum_{i=1}^{t}\{f(\overline{Z}_i) - E[g(\overline{Z}_i, \mathcal{D})]\}^2}_{\text{偏差}^2} + \underbrace{\frac{1}{t}\sum_{i=1}^{t} E[\{g(\overline{Z}_i, \mathcal{D}) - E[g(\overline{Z}_i, \mathcal{D})]\}^2]}_{\text{方差}} + \underbrace{\frac{\sum_{i=1}^{t} E[\varepsilon_i^2]}{t}}_{\text{噪声}}$$

换句话说，平方误差可以分解为（平方）偏差、方差和噪声。方差是防止神经网络泛化的关键术语。一般来说，具有大量参数的神经网络的方差会更高。另一方面，模型参数太少会导致偏差，因为没有足够的自由度来模拟数据分布的复杂性。随着模型复杂性的增加，偏差和方差之间的权衡如图 13.3 所示。显然，存在一个优化模型复杂性的点，在这个点上性能得到了优化。此外，训练数据的缺乏会增加方差。然而，仔细选择设计可以减少过拟合。减少过拟合的一个方法是将领域知识融入学习过程中。

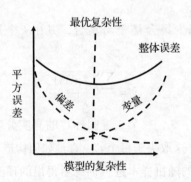

图 13.3 偏差和方差之间的权衡通常会导致模型的最优复杂性

13.3 一个泛型演绎 – 归纳集合

本节讨论用于组合不同模型的通用元框架。考虑一种情况，其中我们有两种算法，将函数 $f_1(\overline{X}_i)$ 和 $f_2(\overline{X}_i)$ 作为输出 $\overline{y}_i$ 的两种不同估计：

$$y_i \approx \hat{y}_i^1 = f_1(\overline{X}_i)$$
$$y_i \approx \hat{y}_i^2 = f_2(\overline{X}_i)$$

我们假设函数 $f_1(\cdot)$ 是用演绎算法计算的，而函数 $f_2(\cdot)$ 是用归纳学习算法计算的。在这种情况下，可以使用集成方法将两种算法结合起来。特别地，将两种算法的预测结合起来，形成超参数 $\alpha \in (0, 1)$ 的统一预测：

$$\hat{y}_i = \alpha \hat{y}_i^1 + (1-\alpha)\hat{y}_i^2$$

选择 $\alpha = 1$ 是一个纯演绎算法，而选择 $\alpha = 0$ 则是一个纯归纳算法。不同的 α 值将在偏差和方差之间提供不同的权衡。

　　将两种算法结合起来的方法如下所示。将一部分数据拿出来，不用于训练归纳学习算法。这部分通常很小，可能包含几百个点。数据的其余部分用于学习 $f_2(\cdot)$ 函数。同时将领域知识与演绎推理相结合，以定义函数 $f_1(\cdot)$。一旦已知 $f_1(\cdot)$ 和 $f_2(\cdot)$，则将式（13.3）的预测应用于不同 α 值的保留数据。例如，可以计算对 $\alpha \in \{0, 0.2, 0.4, 0.5, 0.6, 0.8, 1.0\}$ 的预测。对于这些 α 的不同值，将预测值 $\hat{y}_i$ 与给出的数据上的观测值 y_i 进行比较，并计算误差度量（如数值因变量的 MSE）。误差度量的性质取决于当前因变量的性质。在给出的数据上提供最小误差的 α 值被用来结合归纳和演绎学习算法。值得注意的是，正则化机器学习可以被认为是演绎 – 归纳集成的一个例子。

归纳整体方法

　　值得注意的是，集成方法不仅仅用于机器学习中归纳和演绎学习方法的结合。仅使用归纳学习方法就可以构造各种模型分量。本章的目的不是详细讨论归纳集成方法，因为它们并不代表归纳和演绎方法的组合。因此，我们将非常简要地讨论一些这样的方法，只是为了对这些方法在实践中如何工作有一个概念。对于归纳集成方法的详细讨论，请参考文献 [161]。一般来说，集成方法可以减少偏差或方差，尽管后者更常见。因此，我们首先讨论方差减少。

方差减少

　　一个特别常见的方差减少集合是平均集合，其中 k 个具有相似性质的算法的预测 $f_1(\cdot), \cdots, f_k(\cdot)$ 被平均：

$$\hat{y}_i = \frac{\sum_{j=1}^k f_j(\overline{X}_i)}{k}$$

预测 $f_j(\cdot)$ 可以是一个二进制标签、一个二进制标签的真实分数或者一个回归的真实分数。这种类型的集合有许多变体，这取决于每个 $f_j(\overline{X}_i)$ 是如何构造的：

- ❏ 当每个 $f_i(\cdot)$ 是对数据的随机样本进行训练后得出的预测时，集合称为装袋（带替换的抽样）或子抽样（不带替换的抽样）。文献 [30] 中提出了装袋。
- ❏ 当每个 $f_i(\overline{X}_i)$ 使用训练数据中的随机特征样本构建时，得到的集成被称为特征装袋。特征装袋方法在文献 [83] 中进行了讨论。
- ❏ 当每个 $f_i(\cdot)$ 是随机分割的决策树时，所得到的集成称为随机森林。在这种方法中，从随机抽样的属性包中选择每个节点上用于分割的属性作为最优属性。在决策树的每个节点上，随机抽样的属性包可能是不同的。集成分量的分数 $f_i(\cdot)$ 是该树的叶子节点中属于真类的实例的分数。

注意，如果选择的属性在树的每个节点上都是相同的，那么最终的方法就会减少为特征装袋。第 6 章的 6.9.3 节提供了对随机森林的详细讨论。

一般来说，归纳集成方法是非常流行的，因为它们增加了预测的鲁棒性。这种归纳集成方法减少了特定数据集中随机细微差别所引起的预测方差。因此，它们对于较小的数据集特别有用，因为它们可以减少由当前数据集的特定变化引起的预测错误。

减少偏差

减少偏差的一个著名方法是助推。在助推中，每个训练实例都有一个权重，使用这些权重来训练不同的分类器。权重是根据分类器的性能迭代修改的。换句话说，未来模型的构建依赖于以前模型的结果。因此，该模型中的每个分类器都是在加权训练数据集上使用相同的算法 $\mathcal{A}$ 构建的。基本思想是通过增加这些实例的相对权重来关注在未来迭代中分类错误的实例。假设这些错误分类实例中的错误是由分类器偏差造成的。因此，增加错误分类实例的实例权重将产生一个新的分类器，用于纠正对这些特定实例的偏差。通过迭代使用这种方法并创建各种分类器的加权组合，可以创建总体偏差较低的分类器。

最著名的助推方法是 AdaBoost 算法。为了简单起见，下面的讨论将假设二进制类场景。假设类标签是从 {-1, +1} 中提取的。该算法的工作原理是，根据上一次迭代的分类结果，将每个训练示例与一个在每次迭代中更新的权重关联起来。因此，基本分类器需要能够处理加权实例。权重既可以通过直接修改训练模型，也可以通过对训练数据的（有偏差的）引导程序抽样来加入。为了讨论这个话题，读者应该重温关于稀有类学习的部分。错误分类的实例在后续迭代中被赋予更高的权重。注意，这对应于在以后的迭代中有意让分类器对全局训练数据进行偏置，但减少了特定模型 $\mathcal{A}$ 认为"难以"分类的某些局部区域的偏差。

在第 t 轮中，第 i 个实例的权重为 $W_t(i)$。算法开始时 n 个实例中每个实例的权重为 $1/n$，并在每次迭代中更新它们。如果该实例被错误分类，则其（相对）权重增加到 $W_{t+1}(i) = W_t(i)e^{\alpha_t}$，而在正确分类的情况下，权重减少到 $W_{t+1}(i) = W_t(i)e^{-\alpha_t}$。这里选择 α_t 作为函数 $\frac{1}{2}\log_e((1-\varepsilon_t)/\varepsilon_t)$，其中 ε_t 为模型在第 t 次迭代中错误预测训练实例的比例（$W_t(i)$ 加权后计算）。当分类器对训练数据的准确率达到 100%（$\varepsilon_t = 0$）时，该方法终止，或者它的性能比随机（二进制）分类器（$\varepsilon_t \geq 0.5$）差。另一个终止准则是，助推轮的数量以用户定义的参数 T 为上界。算法的整体训练部分如图 13.4 所示。

```
Algorithm AdaBoost(Data Set: 𝒟, Base Classifier: 𝒜, Maximum Rounds: T)
begin
    t = 0;
    for each i initialize W₁(i) = 1/n;
    repeat
        t = t + 1;
        Determine weighted error rate εₜ on 𝒟 when base algorithm 𝒜
                is applied to weighted data set with weights Wₜ(·);
        αₜ = ½logₑ((1 − εₜ)/εₜ);
        for each misclassified X̄ᵢ ∈ 𝒟 do Wₜ₊₁(i) = Wₜ(i)eᵅᵗ;
            else (correctly classified instance) do Wₜ₊₁(i) = Wₜ(i)e⁻ᵅᵗ;
        for each instance X̄ᵢ do normalize Wₜ₊₁(i) = Wₜ₊₁(i)/[∑ⱼ₌₁ⁿ Wₜ₊₁(j)];
    until ((t ≥ T) OR (εₜ = 0) OR (εₜ ≥ 0.5));
    Use ensemble components with weights αₜ for test instance classification;
end
```

图 13.4　AdaBoost 算法

还需要解释的是，一个特定的测试实例是如何与集成学习者分类的。将不同轮助推过程中产生的模型分别应用到试验实例中。对第 t 轮测试实例的预测 $p_t \in \{-1, +1\}$ 进行 α_t 加权，并对这些加权预测进行聚合。这个聚合的符号 $\sum_t p_t \alpha_t$ 提供了测试实例的类标签预测。注意，在这种方法中，精度较低的分量的权重较小。

$\varepsilon_t \geq 0.5$ 的错误率与随机（二进制）分类器的预期错误率相同或更差。这就是这种情况也被用作终止标准的原因。在一些助推的实现中，当 $\varepsilon_t \geq 0.5$ 时，权重 $W_t(i)$ 被重置为 $1/n$，助推过程继续使用重置的权重。在其他实现中，ε_t 被允许增加到 0.5 以上，因此测试实例的一些预测结果 p_t 用权重 $\alpha_t = \log_e((1-\varepsilon_t)/\varepsilon_t)$ 的负值被有效地反转。

助推主要侧重于减少偏差。由于更关注分类错误的实例，误差的偏差分量减少了。集成决策边界是简单决策边界的复杂组合，每个决策边界都针对训练数据的特定部分进行优化。例如，如果 AdaBoost 算法在一个具有非线性决策边界的数据集上使用线性支持向量机，它将能够通过使用不同的助推阶段来学习数据不同部分的分类来学习这个边界。由于该方法注重减少分类器模型的偏差，因此能够结合许多弱（高偏差）学习者来创建一个强学习者。因此，该方法一般应用于个体集成分量中方差低的较简单的（高偏差）学习者。尽管它关注的是偏差，但在抽样重新加权时，助推偶尔可以稍微降低方差。这种减少是由于在随机抽样（尽管重新加权）的实例上重复构建模型。方差减少的数量取决于所使用的重新加权方案。在两轮之间不那么激烈地修改权重将导致方差更好地减少。例如，如果在助推轮之间的权重没有被修改，那么助推方法默认为装袋，这只会减少方差。因此，可以从不同的角度利用助推变量来探讨偏差–方差权衡。然而，如果一个人试图使用普通 Ada-Boost 算法与高方差的学习者，可能会发生严重的过拟合。

助推很容易受到噪声较大的数据集的影响。这是因为助推假设错误分类是由错误建模的决策边界附近的实例的偏差分量造成的，而它可能只是数据的错误标签的结果。这是数据固有的噪声成分，而不是模型。在这种情况下，不适当地助推将分类器过度训练为数据的低质量部分。事实上，现实世界中有许多有噪声的数据集，在这些数据集中，助推的效果并不好。在数据集没有过多噪声的情况下，它的准确性通常优于装袋。

13.4　迁移学习

迁移学习是指先前学习到的归纳假设被迁移到一个新的环境中，并将其作为预测模型。尽管迁移学习通常被视为一种纯归纳学习机制，但它实际上至少具有一些与演绎推理原则相同的特征。演绎推理的关键在于，它从一个知识库开始，然后成为所有进一步推理的基础。在迁移学习中，这种“知识库”是通过不同数据集或数据域上的另一种归纳机制来学习的。然后，这个习得的模型就变成了“长期”知识（即假设），可以在各种设置中重复使用。迁移学习和演绎推理的共同特点是，假设是由外部机制提供的，针对的是当前特定的预测场景。假设可以被视为长期的、可重用的模型，而训练过程可以被视为短期的、数据驱动的模型。请注意，在演绎推理中使用的所有假设也都是以这样或那样的方式通过科学观察（即数据驱动）得出的。从这个意义上说，迁移学习可以被视为与归纳学习和演绎推理相结合的设置密切相关。虽然它们在用于预测的核心算法机制方面似乎有很大的不同，但使用预定义知识的原理非常相似。迁移学习的最大好处之一是减少了使用外部资源来学习模型所产生的数据需求，这一点并不特别令人惊讶。然而，与大多数演绎推理系统不同，迁移学习方法并不总是导致可解释的模型。此外，预测分量（使用先前学到的知识）通常不是推理系统，即使它从外部来源借鉴了学到的模型。

迁移学习是生物学中最常见的学习形式之一，也是生物获得巨大智能的关键之一。生物环境中迁移学习的一些例子如下：

1. 生物将染色体一代一代地传递下去。大脑的大部分神经架构直接或间接地编码在这种遗传物质中。这种转换形式可以被看作在进化的生物合集中学习的智能迁移学习的一种形式。回想一下，生物进化是归纳学习的一种形式。事实上，所有的生物智能都归功于随着时间的推移，从一代到下一代不断传递知识的能力，同时继续跨代的归纳进化过程（生物生存的实验结果导致进一步的改进）。

2. 在各种形式的科学中，科学家根据观察作出假设，以建立理论。这是归纳学习的一种形式。然而，一旦这些假设成为理论，它们就成为用于进行预测的"科学知识"。物理学的基本理论，如牛顿的万有引力理论和爱因斯坦的相对论，都属于这一类。例如，爱因斯坦的相对论植根于对光速恒定的实验观察。基于这些类型的经验观察创造假设和理论是一个归纳过程。这些理论随后被用来预测现实世界的现象（例如，卫星或水星的轨道）。这些预测可以被视为从牛顿力学或相对论等现有理论演绎推理的形式。然而，理论本身是通过归纳学习的过程来学习的。这整个过程可以被视为迁移学习的一种形式，在此过程中，归纳学习的理论最终成为演绎推理系统中被广泛接受的组成部分。

一般来说，迁移学习可以被视为一种长期学习的形式，它允许重用来自数据丰富领域的知识。这些数据被转换成知识（转移模型），这些知识被不同类型的应用程序反复使用。

迁移学习在图像和文本等领域的特征工程中特别常见。关键思想是，这些领域通常能够很好地执行在广泛的一般化设置中学习的特征。从概念的角度来看，知识库可以被看作长期学习并将在可预见的未来使用的知识的集合。迁移学习方法虽然通常被视为归纳学习方法，但也可以从一个角度来看待，即所学的知识往往具有长期的使用价值（就像知识库一样）。然后，将所学知识与新数据的归纳模型结合起来，以在稍有不同的环境下进行预测。由此产生的模型通常用于对新数据进行预测。在一些领域，如图像数据，从长期使用中获得的知识采取在图像网等大型数据存储库中预先训练的神经网络模型（如埃里克斯网）的形式。因此，可以以类似于知识库的方式查看数据存储库及其学习模型，因为它是长期重复使用的。在下面，我们提供一些例子，说明迁移学习是如何在不同类型的领域中使用的。

13.4.1 图像数据

关于图像数据的一个关键点是，从特定数据集中提取的特征在数据源之间是高度可重用的。例如，如果在不同数据源中使用相同数量的像素和颜色通道，那么表示猫的方式就不会有太大变化。在这种情况下，代表广泛图像的通用数据源是有用的。例如，图像网数据集 [217] 包含了从日常生活中遇到的 1000 种类别中提取的 100 多万张图像。所选的 1000 个类别和数据集中图像的巨大多样性具有代表性和详尽性，人们可以使用它们来提取图像的特征，用于通用设置。例如，从图像网数据中提取的特征可以用来表示一个完全不同的图像数据集，方法是将其通过预先训练的卷积神经网络（如埃里克斯网），并从完全连接的层中提取多维特征。这种新的表示可以用于完全不同的应用程序，如聚类或检索。这种方法非常常见，很少有人从头开始训练卷积神经网络。从倒数第二层提取的特征通常被称为FC7 特征，这是对埃里克斯网中使用的层数的继承。尽管在其他模型中层的数量可能不同，但是术语"FC7"的使用现在已经相当标准了。

这种现成的特征提取方法 [147] 可以被视为一种迁移学习，因为我们使用的是像图像网这样的公共资源来提取特征，这些特征可以被视为可存储的"知识"。在没有足够的训练数据的情况下，这些知识可以用来解决不同的问题。这种方法已经成为许多图像识别任务的标准实践，许多软件框架（如咖啡）都提供了对这些特征的直接访问 [227, 228]。事实上，咖啡提供了一个预先训练过的模型的"动物园"，可以下载和使用 [228]。如果有一些额外的训练数据可用，我们可以使用它来微调更深层的层（即更接近输出层的层）。早期层（靠近输入）的权重是固定的。只训练较深的层，而保持较早的层不变的原因是较早的层只捕获像边这样的原始特征，而较深的层捕获更复杂的特征。原始特征不会随着当前应用程序发生太多变化，而更深层次的特征可能对当前应用程序很敏感。例如，所有类型的图像都需要不同方向的边来表示它们（在早期层中捕获的），但与卡车车轮相对应的特征将与包含卡车图像的数据集相关。换句话说，早期的层倾向于捕获高度可泛化的特性（跨不同的计算机视觉数据集），而后期的层倾向于捕获特定于数据的特性。

FC7 中可用的特征也可以用于搜索应用程序。例如，如果希望搜索与另一个图像相似的图像，那么所有图像都可以映射到 FC7 表示。FC7 表示是多维的，距离函数相似度对应于语义相似度。这不是图像的原始像素表示的情况，在大多数情况下，两个像素之间的距离提供了很少的语义；例如，特定图像的方向可能会对距离函数产生巨大的影响。文献 [134]讨论了由卷积神经网络派生的特征在数据集和任务之间的可转移性。

13.4.2　文本数据

文本是由具有语义意义的单词创建的，尽管一个小集合可能不包含关于单词之间关系的这种类型的信息。例如，考虑以下单词之间的类比：

国王之于王后，正如男人之于女人。

换句话说，国王和王后的关系类似于男人和女人的关系。这类信息通常隐藏在语法结构中（即句子中单词的距离）。此外，这些类型的语义关系是一致的，并且在不同的集合之间不会发生显著的变化。有没有一种方法可以（从一个大型的、标准化的文本语料库中）在单词之间创建一个数字表示，以使这些数字表示之间的距离反映潜在的语义距离？如果可以创建这样的表示，那么可以将其视为一个"知识库"，可以无缝地跨不同的设置和文本集合使用。

语言的一个重要特性是，单词的用法和语义意义在不同的集合中大致一致，但有细微的变化。因此，从一个文档集合中获得的单词的多维表示可以用于另一个文档集合。人们通常可以使用互联网上可用的大量文档集合（如在线百科全书）来学习单词的多维表示。因此，这些庞大的文档集合间接地充当了知识库，对于不同类型的应用程序来说，这些知识库是高度可重用的。由于语言的结构往往嵌入句子中词与词之间的距离中，因此在特定的窗口内使用词的共现来创建嵌入是很自然的。或者，可以尝试直接使用神经架构来处理完整的句子和提取单词嵌入。

在递归神经网络的情况下，考虑从输入到隐藏层的权重矩阵 W_{xh}，如第 8 章所述。这里使用的符号基于图 8.10。权重矩阵 W_{xh} 是一个 $p \times d$ 矩阵，用于一个大小为 d 的词典。这意味着这个矩阵的每 d 列包含一个单词的 p 维嵌入。递归神经网络可以应用于从大量在线句子集合（如百科全书）中提取的句子。训练后的神经网络可以用来提取权重矩阵，权重矩阵包含嵌入的信息。

上述神经嵌入仅提供了提取这种表示的一种选择。另一种方法是使用 word2vec 嵌入，它可以使用词语窗口中传统的神经架构获得。虽然本书中没有讨论 word2vec 嵌入，但请读者参考文献 [6，122，123] 对这种嵌入方法的详细讨论。因此，我们可以在像维基百科这样的大型文档集合中学习这些单词嵌入，然后使用单词嵌入作为其他任务的转移表示。事实上，word2vec 嵌入本身就非常有用，通常可以从各种自然语言工具包下载，作为预先训练过的模型。

13.4.3 跨域迁移学习

前面的迁移学习的例子集中在一个单一的数据领域。第二种迁移学习适用于不同的领域。这种方法被称为翻译学习。在这种方法中，关键是使用涉及两个领域的数据共现的自然来源来识别不同领域特征之间的对应数据。例如，与标题同时出现的图像是对应关系的说明，可以使用此信息将图像特征转换为文本特征，反之亦然。然后使用这些对应信息在可用数据有限的领域中进行推断。例如，考虑这样一种情况，我们有一组带标签的文档，我们希望将图像与这些相同的标签关联起来，即使不存在包含图像标签的训练数据。在这种情况下，图像和文本之间的对应信息非常有用，因为它告诉我们图像如何映射到文本文档。这些信息可用于对图像进行分类。文本和图像之间的对应甚至可以用于搜索。如果文本和图像都嵌入一个共同的表示中，那么可以使用关键字搜索图像，即使这些图像没有包含在对应信息中。人们可以将图像特征和文本特征之间的转换视为一种"知识库"，利用它可以对图像进行分类，即使图像没有标签。为了理解这一点，考虑一种情况，其中有 n 对对应的图像和文本对。图像的维数为 m，而文本的维数为 d。因此，图像矩阵 M 的大小为 $n \times m$，而文本矩阵 T 的大小为 $n \times d$。对文本矩阵和图像矩阵进行排序，使文本矩阵的第 i 行和图像矩阵的第 i 行之间存在一一对应关系。然后，可以对秩 $k \ll \min\{m,d\}$ 的矩阵进行如下共享矩阵分解（见第 9 章）：

$$M \approx UV^{\mathrm{T}}$$
$$T \approx UW^{\mathrm{T}}$$

共享矩阵 U 的大小为 $n \times k$，矩阵 V 的大小为 $m \times k$，矩阵 W 的大小为 $d \times k$。U 的每一行对应于 n 对中一个的表示。然后可以通过优化以下目标函数来确定矩阵 U、V 和 W：

$$J = \| M - UV^{\mathrm{T}} \|_F^2 + \beta \| T - UW^{\mathrm{T}} \|_F^2$$

在这里，β 是一个非负平衡因子，它决定了文本和图像矩阵的相对重要性。可以使用梯度下降来学习矩阵 U、V 和 W。具体来说，可以使用以下更新：

$$U \Leftarrow U + \alpha(M - UV^{\mathrm{T}})V + \alpha\beta(T - UW^{\mathrm{T}})W$$
$$V \Leftarrow V + \alpha(M - UV^{\mathrm{T}})^{\mathrm{T}}U$$
$$W \Leftarrow W + \alpha\beta(T - UW^{\mathrm{T}})^{\mathrm{T}}U$$

这里，α是学习率。注意（$M-UV^{\mathrm{T}}$）和（$T-UW^{\mathrm{T}}$）分别是图像域和文本域的分解误差矩阵。反复进行上述更新以收敛，得到三个矩阵U、V和W。在实践中，这种类型的学习是使用随机梯度下降而不是梯度下降来进行的。在随机梯度下降中，更新以入口方式执行，其方式类似于第9章讨论的矩阵分解技术。

从表征的角度来看，矩阵U至关重要，因为它为文本和图像表征提供了共享空间。然而，U中表示的定义仅适用于在对应数据中文本和图像数据记录已经可用（并彼此匹配）的样本内矩阵。注意，梯度下降法步骤描述如何在对应数据中创建共享表示的图像文本对，而不是描述如何创建一个独立的图像或一个独立的文本文档（从其他域没有对应信息）的共享表示。在实践中，可以对新数据使用这种方法，其中数据项是独立的文档或图像，此类对应信息不可用。因此，一个很自然的问题出现了：一旦构建了这个模型，如何才能仅从单个域创建新数据的共享表示。为了理解这一点，关键是要注意，我们只需要存储V和W，就可以近似地重建U。对于样本外数据，正是使用了这种近似的重建。矩阵V包含图像特征到k维共享空间的映射，因此称为图像特征表示矩阵。同样，矩阵W是文本特征表示矩阵W。这两个矩阵在独立的基础上近似翻译原始矩阵时非常有用。

接下来，我们描述如何从图像矩阵M和图像特征矩阵V，或从文本矩阵T和文本特征表示矩阵W中近似重建U。使用单个域的重建不完全相同（也不是使用所有域获得的那么准确），第一步是分别构造矩阵V和W的伪逆V^+和W^+：

$$V^+ = (V^{\mathrm{T}}V)^{-1}V^{\mathrm{T}} \tag{13.5}$$
$$W^+ = (W^{\mathrm{T}}W)^{-1}W^{\mathrm{T}} \tag{13.6}$$

值得注意的是$V^+V=W^+W=I$，但是（更大的）矩阵VV^+和WW^+并不等同于单位矩阵。换句话说，V^+和W^+分别是V和W的左逆，但不是右逆。矩阵VV^+和WW^+被称为投影矩阵，与之相乘可以降低基矩阵的秩（单位矩阵是投影矩阵的一种特殊情况）。

我们可以通过将这些矩阵与伪逆的转置右乘来提取M和T的特征表示。将$M\approx UV^{\mathrm{T}}$和$T\approx UW^{\mathrm{T}}$分别与$[V^+]^{\mathrm{T}}$和$[W^+]^{\mathrm{T}}$右乘，得到：

$$M[V^+]^{\mathrm{T}} \approx UV^{\mathrm{T}}[V^+]^{\mathrm{T}} = U[V^+V]^{\mathrm{T}} = UI = U$$
$$T[W^+]^{\mathrm{T}} \approx UW^{\mathrm{T}}[W^+]^{\mathrm{T}} = U[W^+W]^{\mathrm{T}} = UI = U$$

换句话说，一旦学习了矩阵V和W，就可以使用它们的伪逆来提取嵌入。上述第一次提取仅从图像域获得，而第二次提取仅从文本域获得。需要注意的是，U的两次不同提取会有所不同，也不会与上述优化模型中得到的U值完全匹配。根据β的值，无论是图像还是文本提取都可能提供真实共享表示的更精确的近似。这是因为U的值是用两个矩阵分解$M\approx UV^{\mathrm{T}}$和$T\approx UW^{\mathrm{T}}$的平方误差的加权组合估计的，其中β定义了两个近似的相对权重。

尽管这种重建的不准确的性质可能不受抽样数据欢迎，当数据对的数量远远大于每个域的维度，这种方法有时可能会有实际用途，因此人们从长远来看会预存储V和W，而不是矩阵U（它不能在新的对象集上重用）。请注意，同样的嵌入矩阵U可以从文本矩阵（通过计算$T[W^+]^{\mathrm{T}}$）或图像矩阵（通过计算$M[V^+]^{\mathrm{T}}$）中提取——在嵌入提取过程中，不需要来自两种模式的矩阵（因为训练已经使用成对对应信息为两种模式创建了共享空间）。我们可以应用这种思想，即将图像或文本矩阵与伪逆矩阵的转置相乘，以提取共享空间中样本外数据的表示（即使替代模态中的表示不可用）。给定行向量$\overline{X}$对应的新图像或行向量$\overline{Y}$对应的文本，可以将其转换为 k 维行向量 $\overline{X}_1$ 和 $\overline{Y}_1$，如下所示：

$$\overline{X}_1 = \overline{X}[V^+]^T$$

$$\overline{Y}_1 = \overline{Y}[W^+]^T$$

关键在于 $\overline{X}_1$ 和 $\overline{Y}_1$ 是同一共享空间中的特征，它们的属性值直接具有可比性。由于联合特征空间的存在，图像域的训练数据和模型也变成了文本域的模型，反之亦然。因此，考虑我们有标记的文本数据 T_l、未标记的图像数据 M_u，以及文本和图像之间的对应数据 (M, T) 的情况。注意，对应的图像矩阵 M 通常与在特定应用中遇到的未标记的图像矩阵 M_u 不同，这两个矩阵甚至可能没有相同的行数（即使它们有相同的特征）。同样，用于对应的文本矩阵 T 也可能与在特定应用中使用的带标签的文本矩阵 T_l 不同。在这种情况下，迁移学习的步骤如下：

1. 根据上述优化模型，利用对应数据 (M, T) 提取矩阵 V 和 W。矩阵 V 和 W 表示预先学习的关键模型，它们可以在各种应用程序中重用。我们还可以存储 V^+ 和 W^+ 的伪逆，而不是 V 和 W。

2. 对于带标签的文本矩阵 T_l，创建其翻译后的表示 $D_l = T_l[W^+]^T$。

3. 对于未标记图像矩阵 M_u，创建其翻译后的表示 $D_u = M_u[V^+]^T$。请注意，D_l 和 D_u 位于相同的共享空间，具有相同的特征，尽管它们是从不同的数据模式中提取的。

4. 使用任何现成的分类器，其中 D_l 作为训练数据，D_u 作为测试数据。

利用矩阵 V 和 W，我们可以将图像数据和文本数据转换到相同的特征空间。因此，现在可以使用现成的分类器，它隐式地使用带标签的文本作为训练数据，而使用未标记图像作为测试数据。在某种意义上，矩阵 V 和 W 可以被视为来自对应数据的"知识库"，当来自任意领域的训练数据可用时，它们可以用于任何新的学习或搜索情况。更多关于翻译学习方法的细节见文献 [44，136]。

这些方法也被用于跨语言迁移学习。在跨语言迁移学习中，创建一个共同属性空间，其中可以嵌入两种不同语言的文档。除了两个不同的矩阵对应的是两种语言文档的词频之外，它的一般原理与跨域迁移学习相似。然后可以使用一种语言的训练数据来预测另一种语言的测试数据。跨语言迁移学习首先学习矩阵 V 和 W，然后利用它们翻译到同一共享空间的一般原则与跨域迁移学习相同。关于跨语言迁移学习的更多细节见文献 [136]。

13.5 终身机器学习

关于迁移学习的讨论让我们对人工智能到底需要什么有了一定的了解，才能确保从学习中获得的知识不会在每次任务后被丢弃，而是积累到未来的学习任务中。终身学习，也被称为元学习，可以被视为迁移学习中固有的更广泛原则的大规模概括，因为它（通过学习）随着时间的推移积累新知识，然后随着时间的推移重复使用这些存储的知识或假设（如演绎推理）。然而，终身学习远比迁移学习更广泛，因为它在学习过程中，在广泛的数据源上结合了各种类型的无监督和有监督学习方法。迁移学习的一个共同特征是它通常只使用两个任务，并利用一个任务从另一个任务中学习。另一方面，终身学习通常与大量的顺序任务相关，第一个 $(n-1)$ 任务用来学习第 n 个任务，n 的值随着时间不断增长。这些任务也可以同时进行，会随着时间的推移不断接收数据。迁移学习和终身学习的另一个重要区别是前者在学习过程中经常使用非常相似的任务。另一方面，无监督学习可能使用的数据源和任务都有很大的不同。例如，在元学习中，将各种类型的无监督和有监督学习任务结合起来是很常见的。这类似于人类随着时间的推移可能经历的经验和学习过程的多样性。

终身机器学习最接近人类的学习方式，持续处理感官输入，将它们提取到大脑的神经网络中，然后随着时间的推移使用这些获得的知识。人类的大多数学习都是以无监督学习的形式进行的，其中数据是在头脑中没有任何特定目标的情况下不断从环境中吸收的。这种类型的学习有助于理解数据的不同属性之间的关系。这些关系可以用于各种类型的以目标为重点的任务。从这个角度来看，终身学习与半监督学习有很多相似之处（参见9.4.3节）。值得注意的是即使迁移学习与共现信息可以被视为一种半监督学习，其中共现数据是一种无监督形式的输入，这告诉我们有关数据分布在两个领域的关联空间的各种形状。在本节中，我们将首先讨论双任务迁移学习现象的自然概括，并说明如何构建终身学习机制。在本节中，我们将描述一种非常通用的机制，它结合了监督学习、无监督学习以及共现数据。我们注意到，这个框架只是为了对终身学习应该如何工作给出一个一般性的理解，而不是针对所有设置的一个包治百病的解决方案。

终身学习的启发性示例

本节提供了一个具有启发性的终身学习示例，该示例将监督学习、无监督学习和共现学习结合在一个单一框架中，覆盖大量任务和数据集。假设终身学习的定义如下：

1. 反映学习系统在不同场景下的不同功能的一组数据集。例如，人类在其一生中需要处理各种各样的"数据源"，如视觉、听觉和其他各种感官刺激。为简单起见，我们假设机器学习应用程序的数据源可以表示为多维矩阵。尽管这是对机器学习数据集的巨大复杂性的大规模过度简化，但它提供了对该方法的一般原则的理解。我们假设总共有 k 个数据集，用 $D_1, \cdots, D_k$ 表示。第 i 个数据集的矩阵大小由 $n_i \times d_i$ 给出。

2. 对于第 i 个数据集，我们总共有 t_i 个任务。为了简单起见，我们假设每个数据集都有一个监督学习任务和一个无监督学习任务。假设监督学习任务为最小二乘回归，无监督学习任务为降维。因此，对于第 i 个数据集，我们有一个 n_i 维的数值向量，用 $\bar{y}_i$ 表示。此外，目标向量 $\bar{y}_i$ 不需要在不同的领域具有相同的语义解释（例如，对某项的喜欢程度），尽管当目标向量具有相同的解释时，该方法的威力将大大增加☺。列向量 $\bar{y}_i$ 包含 D_i 的第 n_i 列的 n_i 数值目标。在无监督学习的情况下，我们假设所有的数据集都需要降到相同的维数 s。在人类的情况下，大多数学习发生在无监督模式下，并且降维问题是这个抽象的过程的总简化。

3. 有不同的任务或数据集对终身学习没有用处，除非有一种方法能将从这些任务中学到的知识联系起来。人类很自然会这样做，因为不同的刺激同时被接收，不同的知识是相互关联的。当然，并非所有的数据都是相关的，尽管不同的事件之间通常有足够的相互关系，以获得一个更完整的学习过程。在这里，我们考虑简化的抽象，即在所有可能的

　☺　在许多情况下，即使目标向量有不同的解释，也可以进行这种类型的学习。

$\binom{k}{2}+k$ 对数据集（包括 i 和 j 相同的 k 对数据集）的子集 S 之间有共现矩阵：

$$S = \{(i, j) : 1 \leqslant i \leqslant j \leqslant k\}$$

对于每对 $(i, j) \in S$，我们有一个共现矩阵 C_{ij}，它告诉我们数据集 D_i 和 D_j 的行之间的相似性。矩阵 C_{ij} 的大小为 $n_i \times n_j$，C_{ij} 的第 (p, q) 项告诉我们 D_i 的第 p 行与 D_j 的第 q 行之间的相似性。注意，假设自相似矩阵 $(i = j)$ 总是包含在 S 中。因此第 i 个自相似矩阵用 C_{ii} 表示。因此，集合 S 至少包含 k 个（通常更多）元素。自相似矩阵是对称的，是与降维相关的无监督学习的关键。

有了所有这些信息，学习模型的目标是创建一个内部的知识表示，可以用来对任何监督学习任务进行预测。换句话说，给定 n_r 维的新数据记录 $\overline{X}$（与 D_r 属于同一个域，但行向量 $\overline{X}$ 不包含在 D_r 中），目标是基于第 r 域的监督模型预测 $\overline{X}$ 的数值目标值。注意，可以只从第 r 域的监督标签执行学习；然而，和迁移学习一样，当第 r 域中可用的数据标签有限时，这种方法可能不能很好地工作。值得注意的是，这种设置本质上是迁移学习设置的扩展视图，主要的区别在于，在终身学习的情况下，可能会有大量数据集和任务。此外，终身学习通常是渐进的，尽管我们将把这个问题的讨论推迟到以后。现在，我们将简单地讨论不同任务的批处理。

多任务学习算法

在本节中，我们将介绍执行学习所需的多任务学习算法。我们假设数据集 $D_1, \cdots, D_k$ 由简化矩阵 $U_1, \cdots, U_k$ 表示。第 r 个矩阵 U_r 的大小为 $n_r \times s$，其中 s 为数据集降的维数。这些学习矩阵是由它们的特征之间的相互关系（无监督学习）、不同数据集上的标签（监督学习）以及不同矩阵之间的共现数据设计而成的。在无监督学习的情况下，我们使用与标准降维相同的对称矩阵分解（使用每个自相似矩阵 C_{rr}）：

$$C_{rr} \approx U_r U_r^{\mathrm{T}} \quad \forall r \in \{1, \cdots, k\}$$

注意，如果选择 C_{rr} 作为包含 D_r 的行之间的点积的矩阵，如果分解时没有其他约束那么矩阵 U_r 可以通过使用 C_{rr} 的特征分解⊖产生 D_r 的 SVD。但是，在这种情况下，标签和共现数据还会造成其他约束。首先，注意可以使用带有 s 维权向量 $\overline{W}_1, \cdots, \overline{W}_k$（列向量）的工程矩阵 $U_1, \cdots, U_k$ 来预测标签：

$$U_r \overline{W}_r \approx \overline{y}_r \quad \forall r \in \{1, \cdots, k\}$$

最后，利用共现数据来创建满足相似性规则的矩阵：

$$C_{ij} \approx U_i U_j^{\mathrm{T}} \quad \forall (i, j) \in S$$

我们注意到 $i = j$ 的情况包含在上述方程中，尽管我们（早些时候）已经单独展示过它，因为它是一种降维形式。同样值得注意的是，在许多实际应用程序中，C_{ij} 的所有条目可能都不可用（和在评级矩阵中一样）。在这种情况下，优化模型只能在指定的条目上构建，就像在推荐系统中一样。

然后，我们可以结合上述所有预测，创建一个基于优化的单一目标函数，如下所示：

⊖ 点积矩阵是正半定的，可以对角化为 $C_{rr} \approx Q\Sigma^2 Q^{\mathrm{T}}$，其中 $n_r \times s$ 矩阵 Q 有正交列，Σ 是 $s \times s$ 对角矩阵。此时，$U_r = Q\Sigma$ 为 D_r 的 s 维降维。

$$J = \sum_{i,\,j \in S} \| C_{ij} - U_i^{\mathrm{T}} U_j \|_F^2 + \beta \sum_{r=1}^{k} \| U_r \overline{W}_r - \overline{y}_r \|^2$$

注意，无监督（降维）项和共现约束都包含在上述目标函数的第一项中。这两个术语都可以被视为无监督学习的形式。第二项对应于监督学习。超参数 β 调节无监督学习和有监督学习之间的权衡水平。该优化模型可以用迁移学习的随机梯度下降法求解。

一旦特征矩阵 $U_1, \cdots, U_k$ 已经被学习，它们可以用来构建训练模型。因此，训练模型是在 s 维空间中构建的，而不是在原来的表示中构建。因此，模型 $\mathcal{M}_1, \cdots, \mathcal{M}_k$ 是在这些简化表示的基础上构造的。这些模型本质上由 s 维向量 $\overline{W}_1, \cdots, \overline{W}_k$ 表示，用于线性回归。如果一组域包含具有相同语义意义的标签，则可以将这些域的模型合并为一个单独的模型。只要不同领域的对象之间的相似度值在相同的尺度上，并且具有相同的语义意义，就可以做到这一点。作为一个实际问题，这有时很难实现，除非相似性值有一个特定的语义解释（例如，在同一等级上的一个对象的相似程度）。

在迁移学习的情况下，可以利用新的向量与 U_r 中的向量之间的相似性，将第 r 域中新的行向量 $\overline{X}$ 映射到降 s 维的空间（对应于行向量 $\overline{u}_r$）。设 $\overline{s}_r$ 为 U_r 的每一行与行向量 $\overline{u}_r$ 之间 n_r 相似度的列向量：

$$U_r \overline{u}_r^{\mathrm{T}} = \overline{s}_r$$

两边同时乘以 U_r 的伪逆，得到如下结果：

$$\underbrace{[U_r^+ U_r]}_{I_r} \overline{u}_r^{\mathrm{T}} = \overline{U}_r^+ \overline{s}_r$$

我们也可以将上式写成如下行向量形式：

$$\overline{u}_r = \overline{s}_r^{\mathrm{T}} [U_r^+]^{\mathrm{T}}$$

注意，这种转换类似于迁移学习中使用的映射（见 13.4.3 节）。一旦构造了约简表示，就使用第 r 域中的模型 $\mathcal{M}_r$ 对其进行分类。在最小二乘回归的情况下，数值预测为 $\overline{W}_r \cdot \overline{u}_r^{\mathrm{T}}$。因此，总体做法可以总结如下：

1. 使用相似性矩阵和特定于任务的数据来学习 k 个特定于领域的嵌入矩阵 $U_1, U_2, \cdots, U_k$。这个嵌入是通过上面讨论的优化模型来学习的。如果标签和相似性矩阵在领域的某些子集中具有相同的语义意义，那么跨不同领域的嵌入将在这些领域集合中产生可比较的特征。

2. 在相似性矩阵和具有相同语义意义的标签的领域的每个子集上创建监督模型。

3. 对于特定领域中的任何新测试实例，使用在适当领域（子集）上构建的模型执行监督预测。

以上描述是对终身学习一般过程的简化。在许多情况下都会出现一些复杂的情况。在下面，我们将讨论其中的一些复杂性。

增加知识获取

本节讨论的方法假设所有数据都以批模式一次性可用。在实践中，终身学习是一个循序渐进的过程，来自不同领域的新数据会随着时间的推移而递增。此外，相似性值也可能是高度不完整的（如推荐矩阵）。然而，随机梯度下降方法可以相对容易地处理这种情况，因为更新是对于相似性矩阵的单个条目，而不是对矩阵的行。因此，当接收到新条目时，可以使用它们来初始化随机梯度下降更新。旧的条目还可以用于执行更新，以确保它们的影响不会随着时间的推移而被遗忘（除非特别希望这样做）。

13.6　神经符号人工智能

前一节介绍了一个通用的演绎－归纳集成，就其实现的目标而言，它相当原始。在神经符号方法中，符号方法（如基于一阶逻辑的方法或搜索方法）与神经网络紧密结合。与此同时，由于在过程中融入了符号方法，这些方法往往比纯机器学习方法更具有可解释性。与归纳－演绎集成的一般形式不同，神经符号方法倾向于将符号方法与学习方法更紧密地结合起来。这使得这些方法比归纳－演绎集成的一般形式更强大。这些方法有一个程序执行器，为了实现符号方法，程序执行器需要做出离散决策。这些离散决策可以通过以下两种方式之一来实现。第一种方法使用基于搜索等优化方法的预定义步骤序列。第二种方法使用强化学习来学习最佳的决策顺序。第一种方法更接近演绎推理方法，而第二种方法是归纳学习方法。

神经符号学习的一般原则是创建可被神经网络读取的知识库表示。知识库的表示可以使用传统的神经网络（如卷积神经网络、递归神经网络或图神经网络）来构建，尽管它们几乎总是像自动编码器这样的无监督方法。神经网络的精确选择取决于需要转换为内部表示的知识库或存储库的类型。例如，卷积神经网络适用于图像数据，而图神经网络适用于知识图谱。然后，控制器读取这种表示，控制器通常使用强化学习或通过强化学习和搜索等其他推理算法的组合来训练。在某些应用程序中，当问答系统不需要知识库时，可能根本不使用知识库。例如，基于图像识别的问答系统可能不需要知识基础（超出训练本身），而开放领域的问答系统（如 IBM 的沃森）则需要这样的知识基础。这是因为开放领域的问答系统通常需要跨广泛领域的大量知识基础——主要的挑战是这远远超出了仅使用问答对就可以合理编码到系统参数中的内容。

控制器从知识库的表示（作为一个长期记忆）接收输入，并使用输入－输出示例完成控制器的具体训练。输入－输出示例可以是特定应用程序中的问题和答案对，以及与问题相关的数据项。例如，数据项可以是与问题相关的图像，尽管在许多设置中可能不需要这样的附加数据项。问题和数据项可能也需要转换为神经嵌入，以使控制器有效地使用这些信息。为了以结构

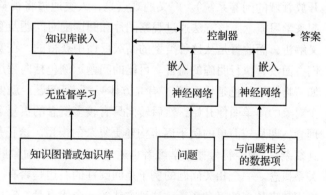

图 13.5　问答系统的架构示例

化的方式对输入（问题）做出响应（答案），控制器可能需要对如何查询知识库做出离散的选择。这些选择可以使用推理和学习方法的结合来实现。还可以使用问答对（以及数据项）以端到端方式训练控制器。在这种情况下有许多选择，例如使用强化学习网络或使用序列到序列的递归神经网络。图 13.5 显示了整个方法的概述。

其中的一个关键点是利用无监督学习将知识库转换为多维嵌入。例如，一个知识图谱可能会为图的每个节点创建一个嵌入。然后可以将知识图谱存储为一个矩阵，其中图的每一行对应于节点，其多维属性对应于节点的嵌入。这种类型的嵌入通常会编码大量结构信息，比如某个特定节点以及与之相关的其他节点在图中的位置。这样的知识库规模非常大，它的大多数条目可能与某个特定查询无关。因此，控制器能够访问知识图谱的相关部分以对查询提供响应是非常重要的。这可以通过使用注意机制来实现，其中控制器查询知识图谱中特定节点的嵌入情况。例如，关于电影《拯救大兵瑞恩》的导演身份的问题，需要访问与代表该电影及其直接邻居的节点相对应的知识图谱的部分。换句话说，控制器需要以某种方式访问与知识图谱的这一部分相对应的节点的嵌入。在传统的搜索中，人们通过索引来使用推理算法访问知识库的部分内容。注意机制使用控制器发出与知识库中与当前查询相关的部分相关的命令。然后，控制器可以使用知识库的这些部分对知识库的其他部分进行进一步查询。这种迭代过程可以通过将控制器建模为递归神经网络自然地实现。递归神经网络重复地输出知识库中需要从其中提取节点嵌入的位置。最优位置可以通过控制器的强化学习算法（如REINFORCE）输出（见第 10 章），这个位置用于访问知识库的这些部分。然而，控制器不需要只用强化学习来训练，这是一种归纳学习机制。利用问题与节点的相关标签之间的关键字匹配，可以训练控制器访问嵌入知识图谱的相关部分（节点）。在这种情况下，可以在匹配节点的位置开始搜索，以检索相关嵌入。这些可以作为控制器内部神经网络的输入，为查询提供响应。这种方法的优点是需要的训练数据更少——强化学习算法非常需要数据。在这种情况下，由于搜索方法与神经网络嵌入紧密结合，这种方法可以被视为神经符号技术。

图像问答

为了解释神经符号人工智能的广泛概念，我们将使用一个图像问答的例子。最近提出了一种使用图像和文本进行神经符号概念学习的正式方法[120]。这种方法是为学习图像问答而设计的，尽管更广泛的原则可能适用于其他设置。这个问答系统不需要知识库（就像一个开放领域的问答系统）。广义的观点是，人类通过将视觉感知与对这些视觉概念的讨论联合起来学习概念。该方法通过观察图片和阅读配对问题及答案学习视觉概念、单词和句子的语义解析，而监督是从这种类型的高级反馈中获得的，在实际标记一个图像中的概念来识别它们方面没有执行明确的监督。可能的问题示例包括向程序显示一个立方体的图像，以及问诸如“物体的颜色是什么？”“有立方体吗？”等问题。就像人类的概念学习一样，它从具有较少对象的简单图像开始，然后转向具有较多概念的更复杂图像。这种方法类似于课程学习的理念，即从较简单的例子逐步构建更复杂的模型。这正是人类学习课程学习的方式（从简单到复杂）。神经符号概念学习者也通过在这些基于对象的概念的基础上解释对象指称来学习关系概念。一个相关问题的例子是问圆柱的右边是否有一个物体。使用这些类型的问答对分析了越来越多的复杂场景。这种方法的一个优点是，它可以学习视觉概念及其与语言的符号表征的联系。学习到的概念可以在其他视觉语言应用程序（如图像字幕）中明确解释和部署。

第一步是使用视觉感知模块构建基于对象的场景表示。给定一个输入，图像为图像生成对象建议。对象建议是当前图像中可能存在的对象的列表。可以训练特定类型的卷积神经网络，如 Mask R-CNN[74]，以为图像中的目标生成这些类型的建议。例如，如果一个图像包含一个立方体或一个人，这种方法可以生成一个包围框，将图像的这些部分包围起来。

然后使用这些建议来生成图像的潜在表示（我们称之为场景表示）。然后将输入问题转换为特定于领域的语言。用一个准符号程序执行器根据场景表示来推断答案。程序执行器根据导出的场景表示执行程序并回答问题。程序执行器是符号的、确定性的，并且相对于视觉表示（来自图像）和概念表示（来自文本），它具有完全可微分的设计，因此在训练期间可以支持基于梯度的优化。

视觉感知模块从图像中提取包围框，并利用卷积神经网络提取其特征。同时提取了原始图像的特征。这些不同的表示被连接起来以表示整个对象。此外，还提取了与物体形状和颜色相对应的视觉特征。这些类型的特征是使用不同类型的神经网络来实现的，这些神经网络在文献 [120] 中被称为"神经运算符"。

该方法的另一个重要组成部分是语义解析模块，该模块将自然语言问题转换为结构化形式，称为领域特定语言。这个领域特定语言取决于问题所提出的领域的特定类型；这个问题通常是在原始操作的层次结构的帮助下组成的，就像在数据库领域中使用的任何查询语言一样。请注意，计算机科学中的任何查询语言几乎总是被内部编译器解析为树结构。例如，每个数据库 SQL 查询总是可以映射到一个树结构，它用于响应数据库中的查询。因此，关键的一点是能够将一个自然语言查询映射到树结构。换句话说，我们需要一个能将序列转换成树的神经网络。为了实现这一目标，我们使用了递归神经网络的一种高级变体，称为门控递归单元（Gated Recurrent Unit，GRU）。输入到 GRU 的是自然语言问题，输出的是查询的结构化形式。我们可以将这个结构化查询的嵌入看作一个可以输入到控制器的"潜在程序"。领域特定语言的基本操作具有几种推理能力，例如过滤具有特定概念类型的对象或查询对象的属性（如颜色）。因此，当放置一个基于颜色过滤对象并查询图像中对象形状的自然语言查询时，经过翻译的领域特定语言将在其基本操作中包含这些概念。

控制器使用领域特定语言中解析的问题。控制器需要学习如何将"潜在程序"作为输入，并定义一个操作序列来响应查询。在数据库领域，这是一件简单的事情，因为数据库表示是定义良好的（SQL 查询也是如此），因此可以创建一个纯推理算法来响应查询。然而，在这种情况下，我们使用的是知识库的潜在表示，这可能不容易解释。因此，需要教会控制器如何从图像中对象的潜在表示中提取相关信息。为了实现这个目标，查询的中间结果以概率方式存储。例如，当一个物体被根据它的形状从图像中过滤时，概率将与图像中的每个物体相关联，对应于它是否是被过滤的物体。

对于答案，文献 [120] 中的方法使用多项选择设置，其中返回一个固定答案集中的一个答案。例如，考虑这样一种情况，一个图像中有一个拿着笔的人，问题如下：

这个人身上有笔吗？

语义解析器使用文献 [120] 中讨论的领域特定语言将问题转换为以下形式：

$$\text{Exist}\{\text{Filter}(\text{Man}, \text{Relate}[\text{Have}, \text{Filter}(\text{Pen})])\}$$

术语"Exist""Filter"和"Relate"对应于领域特定语言中使用的基本运算符，就像 SQL 查询语言在数据库领域中使用基本运算符"Select"和"Project"一样。如果这个人拿着一支笔的话，这个多项选择题的答案是"Yes"。在文献 [120] 中使用的设置中，从 18 个候选答案中返回一个；其中一些答案完全不相关，而两个相关的答案是"Yes"或"No"。这 18 种可能性中的每一种都是强化学习程序输出的 18 种可能动作中的一种。因此，控制器学习如何输出离散动作来响应给定问题的潜在表示。这是通过使用强化学习来实现的，其中结构化查询被映射到动作。文献 [120] 中使用了 REINFORCE 算法（见第 10 章）来为查询提供响应。

13.7   总结

本章讨论归纳学习和演绎推理方法与集成的潜在整合。这种方法的动机可以从偏差 – 方差权衡中得到。演绎推理方法有较高的偏差，而归纳学习方法有较高的方差。这两种方法的结合通常可以得到更准确的结果，特别是对于较小的数据集。对于较小的数据集，还可以结合多种归纳方法以获得更好的鲁棒性。另一个重要的一点是，演绎推理方法是可解释的，而归纳学习方法是不可解释的。这两种方法的结合往往更具有可解释性，同时保留了归纳学习方法的预测能力。

集成的概念也有助于提高纯归纳方法的预测能力，尽管这些方法不是本章的重点。各种集成方法，如装袋、子抽样、特征装袋和随机森林，以不同的方式构建和组合预测器，以获得更鲁棒的结果。近年来，为了减少人工智能对数据的需求，人们发展了神经符号学习和迁移学习等技术。在神经符号方法中，通过神经网络的特征工程将知识库转换为内部表示。这些设计的特征被控制器利用，控制器通过强化学习单独训练以访问知识库，这样它就可以使用输入 – 输出对进行训练。这种方法对于问答系统特别有用。

13.8   拓展阅读

本章介绍了偏差 – 方差权衡，它是机器学习中多模型结合的理论基础。文献 [161] 概述了偏差 – 方差权衡。文献 [71] 中详细讨论了不同类型的集成方法。布尔曼介绍了装袋法和随机森林 [29, 30]。文献 [83] 引入了特征装袋。文献 [120] 中提出了神经符号概念学习者。迁移学习方法的研究见文献 [136]。在文献 [60] 中讨论了一种将传统机器学习与一阶逻辑相结合的方法。

13.9   练习

1. k- 最近邻分类器的偏差是随 k 值的增加而增大还是减小？方差会怎样呢？当我们将 k 值设置为数据大小 n 时，分类器会做什么？
2. 通过修剪来减小树的高度，决策树的偏差是增大还是减小？方差呢？
3. 假设一个模型在训练数据和测试数据上提供了非常差（但相似）的准确性。（偏差、方差和噪声中）误差最可能的来源是什么？
4. 在贝叶斯分类器中使用拉普拉斯平滑对偏差和方差有什么影响？
5. 假设你将一个基于规则的归纳分类器修改为一个两阶段分类器。在第一阶段，使用特定于领域的规则来决定测试实例是否符合这些条件。如果是，则使用特定于领域的规则执行分类。否则，使用基于规则的归纳分类器的第二阶段对测试实例进行分类。这种修改如何影响基于归纳规则的分类器的偏差和方差？
6. 假设决策树顶层的分割是由人类专家使用特定于领域的条件选择的。其他级别的分割以数据驱动的方式选择。这个决策树的偏差和方差与纯归纳决策树的偏差和方差相比如何？
7. 假设你的线性回归模型在训练和测试数据上显示了相似的准确性。如何修改正则化参数？
8. 袋装分类器的偏差和方差与袋装分类器集合中的单个分类器的偏差和方差相比如何？

参 考 文 献

[1] B. Abramson. Expected-outcome: a general model of static evaluation. *IEEE transactions on PAMI* 12, pp. 182–193, 1990.

[2] D. Ackley, G. Hinton, and T. Sejnowski. A learning algorithm for Boltzmann machines. *Cognitive Science*, 9(1), pp. 147–169, 1985.

[3] C. Aggarwal. Data classification: Algorithms and Applications, *CRC Press*, 2014.

[4] C. Aggarwal. Data mining: The textbook, *Springer*, 2015.

[5] C. Aggarwal. Recommender systems: The textbook. *Springer*, 2016.

[6] C. Aggarwal. Neural networks and deep learning: A textbook. *Springer*, 2018.

[7] C. Aggarwal. Machine learning for text. *Springer*, 2018.

[8] C. Aggarwal. Linear algebra and optimization for machine learning: A textbook, *Springer*, 2020.

[9] C. Aggarwal, J. B. Orlin, and R. P. Tai. Optimized crossover for the independent set problem. *Operations Research*, 45(2), pp. 226–234, 1997.

[10] C. Aggarwal and C. Reddy. Data clustering: Algorithms and applications, *CRC Press*, 2013.

[11] A. Aho and J. Ullman. Foundations of computer science. *Computer Science Press*, 1992.

[12] R. Ahuja, T. Magnanti, and J. Orlin. Network flows: Theory, algorithms, and applications, *Prentice Hall*, 1993.

[13] D. Amodei *at al.* Concrete problems in AI safety. *arXiv:1606.06565*, 2016. https://arxiv.org/abs/1606.06565

[14] R. Apweiler, *et al.* UniProt: the universal protein knowledgebase. *Nucleic acids research*, 32(1), D115–119, 2004. https://www.uniprot.org

[15] Ashburner *et al.* Gene ontology: tool for the unification of biology. *Nature Genetics*, 25(1), pp. 25–29, 2000.

[16] S. Auer, C. Bizer, G. Kobilarov, J. Lehmann, R. Cyganiak, and Z. Ives. DBpedia: A Nucleus for a Web of Open Data. *The Semantic Web*, Springer, Vol. 4825, pp. 722–735, 2007.

© Springer Nature Switzerland AG 2021
C. C. Aggarwal, *Artificial Intelligence*, https://doi.org/10.1007/978-3-030-72357-6

[17] J. Baxter, A. Tridgell, and L. Weaver. Knightcap: a chess program that learns by combining td (lambda) with game-tree search. *arXiv cs/9901002*, 1999.

[18] D. Bertsekas. Nonlinear programming. *Athena Scientific*, 1999.

[19] D. Bertsimas and J. Tsitsiklis. Simulated annealing. *Statistical Science*, 8(1), pp. 10–15, 1993.

[20] C. M. Bishop. Pattern recognition and machine learning. *Springer*, 2007.

[21] C. M. Bishop. Neural networks for pattern recognition. *Oxford University Press*, 1995.

[22] R. Blanco, B. B. Cambazoglu, P. Mika, and N. Torzec. Entity Recommendations in Web Search. *International Semantic Web Conference*, 2013.

[23] O. Bodenreider. The Unified Medical Language System (UMLS): Integrating biomedical terminology. *Nucleic Acids Research*, 32, pp. D267–270, 2004.

[24] K. Bollacker, C. Evans, P. Paritosh, T. Sturge, and J. Taylor. Freebase: a collaboratively created graph database for structuring human knowledge. *ACM SIGMOD Conference*, pp. 1247–1250, 2008.

[25] M. Bojarski *et al*. End to end learning for self-driving cars. *arXiv:1604.07316*, 2016. https://arxiv.org/abs/1604.07316

[26] M. Bojarski *et al*. Explaining How a Deep Neural Network Trained with End-to-End Learning Steers a Car. *arXiv:1704.07911*, 2017. https://arxiv.org/abs/1704.07911

[27] A. Bordes, S. Chopra, and J. Weston. Question answering with subgraph embeddings. *arXiv preprint arXiv:1406.3676*, 2014.

[28] A. Bordes, N. Usunier, S. Chopra, and J. Weston. Large-scale simple question answering with memory networks. *arXiv preprint arXiv:1506.02075*, 2015.

[29] L. Breiman. Random forests. *Journal Machine Learning archive*, 45(1), pp. 5–32, 2001.

[30] L. Breiman. Bagging predictors. *Machine Learning*, 24(2), pp. 123–140, 1996.

[31] C. Browne *et al*. A survey of monte carlo tree search methods. *IEEE Transactions on Computational Intelligence and AI in Games*, 4(1), pp. 1–43, 2012.

[32] A. Bryson. A gradient method for optimizing multi-stage allocation processes. *Harvard University Symposium on Digital Computers and their Applications*, 1961.

[33] M. Campbell, A. J. Hoane Jr., and F. H. Hsu. Deep blue. *Artificial Intelligence*, 134(1–2), pp. 57–83, 2002.

[34] A. Carlson, J. Betteridge, B. Kisiel, B. Settles, E. R. H. Jr, and T. M. Mitchell.Toward an Architecture for Never-Ending Language Learning. *Conference on Artificial Intelligence*, pp. 1306–1313, 2010.

[35] E. Charniak. Bayesian networks without tears. *AI magazine*, 12(4), 50, 1991.

[36] G. Chaslot *et al*. Progressive strategies for Monte-Carlo tree search. *New Mathematics and Natural Computation*, 4(03), pp. 343–357, 2008.

[37] W. Clocksin and C. Mellish. Programming in Prolog: Using the ISO standard. *Springer*, 2012.

[38] W. Cohen. Fast effective rule induction. *ICML Conference*, pp. 115–123, 1995.

[39] W. Cohen. Learning rules that classify e-mail. *AAAI Spring Symposium on Machine Learning in Information Access*, 1996.

[40] T. Cormen, C. Leiserson, R. Rivest, and C. Stein. Introduction to algorithms. *MIT Press*, 2009.

[41] C. Cortes and V. Vapnik. Support-vector networks. *Machine Learning*, 20(3), pp. 273–297, 1995.

[42] R. Coulom. Efficient selectivity and backup operators in Monte-Carlo tree search. *International Conference on Computers and Games*, pp. 72–83, 2006.

[43] T. Cover and P. Hart. Nearest neighbor pattern classification. *IEEE Transactions on Information Theory*, 13(1), pp. 1–27, 1967.

[44] W. Dai, Y. Chen, G. Xue, Q. Yang, and Y. Yu. Translated learning: Transfer learning across different feature spaces. *NIPS Conference*, pp. 353–360, 2008.

[45] M. Deisenroth, A. Faisal, and C. Ong. Mathematics for Machine Learning, *Cambridge University Press*, 2019.

[46] K. A. De Jong. Doctoral Dissertation: An analysis of the behavior of a class of genetic adaptive systems. *University of Michigan Ann Arbor*, MI, 1975.

[47] M. Dubey *et al.* Asknow: A framework for natural language query formalization in sparql. *European Semantic Web Conference*, 2016.

[48] R. Duda, P. Hart, W. Stork. *Pattern Classification*, Wiley Interscience, 2000.

[49] V. Dumoulin and F. Visin. A guide to convolution arithmetic for deep learning. *arXiv:1603.07285*, 2016.
https://arxiv.org/abs/1603.07285

[50] C. Eckart and G. Young. The approximation of one matrix by another of lower rank. *Psychometrika*, 1(3), pp. 211–218, 1936.

[51] S. Edelkamp, S. Jabbar, and A. Lluch-Lafuente. Cost-algebraic heur istic search. *AAAI* pp. 1362–1367, 2005.

[52] T. Fawcett. ROC Graphs: Notes and Practical Considerations for Researchers. *Technical Report HPL-2003-4*, Palo Alto, CA, HP Laboratories, 2003.

[53] L. Ehrlinger and W. Wob. Towards a Definition of Knowledge Graphs. *SEMANTiCS*, 48, 2016.

[54] A. Fader, S. Soderland, and O. Etzioni. Identifying relations for open information extraction. *Conference on Empirical Methods in Natural Language Processing*, pp. 1535–1545, 2011.

[55] J. Fan, D. Ferrucci, D. Gondek, and A. Kalyanpur. Prismatic: Inducing knowledge from a large scale lexicalized relation resource. *NAACL HLT 2010 First International Workshop on Formalisms and Methodology for Learning by Reading*, pp. 122-127 2010.

[56] M. Farber and A. Rettinger. A Statistical Comparison of Current Knowledge Bases. *CEUR Workshop Proceedings*, 2015.

[57] M. Fitting. First-order logic and automated theorem proving. *Springer*, 2012.

[58] K. Fukushima. Neocognitron: A self-organizing neural network model for a mechanism of pattern recognition unaffected by shift in position. *Biological Cybernetics*, 36(4), pp. 193–202, 1980.

[59] S. Gallant. Neural network learning and expert systems. *MIT Press*, 1993.

[60] A. Garcez, M. Gori, L. Lamb, L. Serafini, M. Spranger, and S. Tran. Neural-symbolic computing: An effective methodology for principled integration of machine learning and reasoning. *arXiv preprint arXiv:1905.06088*, 2019.

[61] M. Garey and D. Johnson. Computers and Intractability, *Freeman*, 2002.

[62] I. Gent, C. Jefferson, and P. Nightingale. Complexity of n-queens completion. *Journal of Artificial Intelligence Research*, 59, 815–848, 2017.

[63] W. Gilks, S. Richardson, and D. Spiegelhalter. Markov chain Monte Carlo in practice.*CRC Press*, 1995.

[64] M. Girvan and M. Newman. Community structure in social and biological networks. *Proceedings of the National Academy of Sciences*, 99(12), pp. 7821–7826, 2002.

[65] F. Glover. Tabu Search: A Tutorial. *Interfaces*, 1990.

[66] D. Goldberg. Genetic algorithms for search, optimization, and machine learning, *Addison Wesley*, 1989.

[67] I. Goodfellow, Y. Bengio, and A. Courville. Deep learning. *MIT Press*, 2016.

[68] I. Grondman, L. Busoniu, G. A. Lopes, and R. Babuska. A survey of actor-critic reinforcement learning: Standard and natural policy gradients. *IEEE Transactions on Systems, Man, and Cybernetics*, 42(6), pp. 1291–1307, 2012.

[69] X. Guo, S. Singh, H. Lee, R. Lewis, and X. Wang. Deep learning for real-time Atari game play using offline Monte-Carlo tree search planning. *Advances in NIPS Conference*, pp. 3338–3346, 2014.

[70] D. Hassabis, D. Kumaran, C. Summerfield, and M. Botvinick. Neuroscience-inspired artificial intelligence. *Neuron*, 95(2), pp. 245–258, 2017.

[71] T. Hastie, R. Tibshirani, and J. Friedman. The elements of statistical learning. *Springer*, 2009.

[72] K. He, X. Zhang, S. Ren, and J. Sun. Delving deep into rectifiers: Surpassing human-level performance on imagenet classification. *IEEE International Conference on Computer Vision*, pp. 1026–1034, 2015.

[73] K. He, X. Zhang, S. Ren, and J. Sun. Deep residual learning for image recognition. *IEEE Conference on Computer Vision and Pattern Recognition*, pp. 770–778, 2016.

[74] K. He, G. Gkioxari, P. Dollar, and R. Girshick. Mask R-CNN. *ICCV*, 2017.

[75] N. Heess *et al.* Emergence of Locomotion Behaviours in Rich Environments. *arXiv:1707.02286*, 2017.
https://arxiv.org/abs/1707.02286
Video 1 at: https://www.youtube.com/watch?v=hx_bgoTF7bs
Video 2 at: https://www.youtube.com/watch?v=gn4nRCC9TwQ&feature=youtu.be

[76] R. High. The era of cognitive systems: An inside look at IBM Watson and how it works. *IBM Corporation, Redbooks*, 2012.

[77] G. Hinton. Connectionist learning procedures. *Artificial Intelligence*, 40(1–3), pp. 185–234, 1989.

[78] G. Hinton. A practical guide to training restricted Boltzmann machines. *Momentum*, 9(1), 926, 2010.

[79] G. Hinton. To recognize shapes, first learn to generate images. *Progress in Brain Research*, 165, pp. 535–547, 2007.

[80] G. Hinton, S. Osindero, and Y. Teh. A fast learning algorithm for deep belief nets. *Neural Computation*, 18(7), pp. 1527–1554, 2006.

[81] G. Hinton and R. Salakhutdinov. Reducing the dimensionality of data with neural networks. *Science*, 313, (5766), pp. 504–507, 2006.

[82] G. Hinton and T. Sejnowski. Learning and relearning in Boltzmann machines. *Parallel Distributed Processing: Explorations in the Microstructure of Cognition*, MIT Press, 1986.

[83] T. K. Ho. The random subspace method for constructing decision forests. *IEEE Transactions on Pattern Analysis and Machine Intelligence*, 20(8), pp. 832–844, 1998.

[84] S. Hochreiter, Y. Bengio, P. Frasconi, and J. Schmidhuber. Gradient flow in recurrent nets: the difficulty of learning long-term dependencies, *A Field Guide to Dynamical Recurrent Neural Networks*, IEEE Press, 2001.

[85] J. Holland. Adaptation in natural and artificial systems: an introductory analysis with applications to biology, control, and artificial intelligence. *MIT Press*, 1992.

[86] J. J. Hopfield. Neural networks and physical systems with emergent collective computational abilities. *National Academy of Sciences of the USA*, 79(8), pp. 2554–2558, 1982.

[87] D. Hubel and T. Wiesel. Receptive fields of single neurones in the cat's striate cortex. *The Journal of Physiology*, 124(3), pp. 574–591, 1959.

[88] P. Hurley and L. Watson. A Concise Introduction to Logic. *Wadsworth*, 2007.

[89] H. Jaeger and H. Haas. Harnessing nonlinearity: Predicting chaotic systems and saving energy in wireless communication. *Science*, 304, pp. 78–80, 2004.

[90] P. James. Knowledge graphs. *Linguistic Instruments in Knowledge Engineering: proceedings of the 1991 Workshop on Linguistic Instruments in Knowledge Engineering*, Tilburg, The Netherlands, pp. 97–117, Elsevier, 1992.

[91] F. Jensen. An introduction to Bayesian networks. *UCL press*, 1996.

[92] C. Johnson. Logistic matrix factorization for implicit feedback data. *NIPS Conference*, 2014.

[93] R. Jozefowicz, W. Zaremba, and I. Sutskever. An empirical exploration of recurrent network architectures. *ICML Confererence*, pp. 2342–2350, 2015.

[94] A. Karpathy, J. Johnson, and L. Fei-Fei. Visualizing and understanding recurrent networks. *arXiv:1506.02078*, 2015.
https://arxiv.org/abs/1506.02078

[95] A. Karpathy. The unreasonable effectiveness of recurrent neural networks, *Blog post*, 2015.
http://karpathy.github.io/2015/05/21/rnn-effectiveness/

[96] A. Karpathy, J. Johnson, and L. Fei-Fei. Stanford University Class CS321n: Convolutional neural networks for visual recognition, 2016.
http://cs231n.github.io/

[97]   G. Karypis, and V. Kumar. A fast and high quality multilevel scheme for partitioning irregular graphs. *SIAM Journal on scientific Computing*, 20(1), pp. 359–392, 1998.

[98]   E. Kaufmann, A. Bernstein, and R. Zumstein. Querix: A natural language interface to query ontologies based on clarification dialogs. *International Semantic Web Conference*, pp. 980–981, 2006.

[99]   H. J. Kelley. Gradient theory of optimal flight paths. *Ars Journal*, 30(10), pp. 947–954, 1960.

[100]   B. Kernighan and S. Lin. An efficient heuristic procedure for partitioning graphs. *Bell System Technical Journal*, 1970.

[101]   S. Kirkpatrick, C. Gelatt, and M. Vecchi. Optimization by simulated annealing. *Science*, 229(4598), pp. 671–680, 1983.

[102]   L. Kocsis and C. Szepesvari. Bandit based monte-carlo planning. *European Conference on Machine Learning*, 2006.

[103]   T. Kohonen. The self-organizing map. Neurocomputing, 21(1), pp. 1–6, 1998.

[104]   D. Koller and N. Friedman. Probabilistic graphical models: principles and techniques. *MIT Press*, 2009.

[105]   X. Kong *et al.* Meta path-based collective classification in heterogeneous information networks. *ACM CIKM Conference*, 2012.

[106]   J. Koza. Genetic programming. *MIT Press*, 1994.

[107]   A. Krizhevsky, I. Sutskever, and G. Hinton. Imagenet classification with deep convolutional neural networks. *NIPS Conference*, pp. 1097–1105. 2012.

[108]   M. Lai. Giraffe: Using deep reinforcement learning to play chess. *arXiv:1509.01549*, 2015.

[109]   A. Langville, C. Meyer, R. Albright, J. Cox, and D. Duling. Initializations for the nonnegative matrix factorization. *ACM KDD Conference*, pp. 23–26, 2006.

[110]   Y. LeCun, L. Bottou, Y. Bengio, and P. Haffner. Gradient-based learning applied to document recognition. *Proceedings of the IEEE*, 86(11), pp. 2278–2324, 1998.

[111]   Y. LeCun, K. Kavukcuoglu, and C. Farabet. Convolutional networks and applications in vision. *IEEE International Symposium on Circuits and Systems*, pp. 253–256, 2010.

[112]   Y. LeCun, S. Chopra, R. M. Hadsell, M. A. Ranzato, and F.-J. Huang. A tutorial on energy-based learning. *Predicting Structured Data*, MIT Press, pp. 191–246,, 2006.

[113]   D. Lenat. CYC: A large-scale investment in knowledge infrastructure. *Communications of the ACM*, 38(11), pp. 33–38, 1995.

[114]   S. Levine, C. Finn, T. Darrell, and P. Abbeel. End-to-end training of deep visuomotor policies. *Journal of Machine Learning Research*, 17(39), pp. 1–40, 2016. **Video at:** https://sites.google.com/site/visuomotorpolicy/

[115]   Y. Li. Deep reinforcement learning: An overview. *arXiv:1701.07274*, 2017. https://arxiv.org/abs/1701.07274

[116]   L.-J. Lin. Reinforcement learning for robots using neural networks. *Technical Report*, DTIC Document, 1993.

[117]   Y. Lin, Z. Liu, M. Sun, Y. Liu, and X. Zhu. Learning entity and relation embeddings for knowledge graph completion. *AAAI Conference*, 2015.

[118] H. Lodhi, C. Saunders, J. Shawe-Taylor, N. Cristianini, and C. Watkins. Text classification using string kernels. *Journal of Machine Learning Research*, 2, pp. 419–444, 2002.

[119] F. Mahdisoltani, J. Biega, and F. Suchanek. YAGO3: A Knowledge Base from Multilingual Wikipedias. *Conference on Innovative Data Systems Research*, 2015.

[120] J. Mao, C. Gan, P. Kohli, J. Tenenbaum, and J. Wu. The neuro-symbolic concept learner: Interpreting scenes, words, and sentences from natural supervision. *arXiv preprint arXiv:1904.12584*, 2019.

[121] P. McCullagh and J. Nelder. Generalized linear models *CRC Press*, 1989.

[122] T. Mikolov, K. Chen, G. Corrado, and J. Dean. Efficient estimation of word representations in vector space. *arXiv:1301.3781*, 2013.
https://arxiv.org/abs/1301.3781

[123] T. Mikolov, I. Sutskever, K. Chen, G. Corrado, and J. Dean. Distributed representations of words and phrases and their compositionality. *NIPS Conference*, pp. 3111–3119, 2013.

[124] G. Miller. WordNet: A Lexical Database for English. *Communocations of the ACM*, 38(11), pp. 39–41 1995.
https://wordnet.princeton.edu/

[125] M. Minsky and S. Papert. Perceptrons. An Introduction to Computational Geometry, *MIT Press*, 1969.

[126] V. Mnih *et al.* Human-level control through deep reinforcement learning. *Nature*, 518 (7540), pp. 529–533, 2015.

[127] V. Mnih, K. Kavukcuoglu, D. Silver, A. Graves, I. Antonoglou, D. Wierstra, and M. Riedmiller. Playing atari with deep reinforcement learning. *arXiv:1312.5602.*, 2013.
https://arxiv.org/abs/1312.5602

[128] A. Newell, J. Shaw, and H. Simon. Report on a general problem solving program. *IFIP Congress*, 256, pp. 64, 1959.

[129] A. Ng, M. Jordan, and Y. Weiss. On spectral clustering: Analysis and an algorithm. *NIPS Conference*, pp. 849–856, 2002.

[130] M. Nickel, K. Murphy, V. Tresp, and E. Gabrilovich. A review of relational machine learning for knowledge graphs. *Proceedings of the IEEE*, 104(1), pp. 11–33, 2015.

[131] N. J. Nilsson. Logic and artificial intelligence. *Artificial intelligence*, 47(1–3), pp. 31–56, 1991.

[132] F. Niu, C. Zhang, C. Re, and J. Shavlik. Elementary: Large-scale knowledge-base construction via machine learning and statistical inference. *International Journal on Semantic Web and Information Systems (IJSWIS)*, 8(3), pp. 42–73, 2012.

[133] P. Norvig. Paradigms in Artificial Intelligence Programming: Case Studies in Common LISP, *Morgan Kaufmann*, 1881.

[134] M. Oquab, L. Bottou, I. Laptev, and J. Sivic. Learning and transferring mid-level image representations using convolutional neural networks. *IEEE Conference on Computer Vision and Pattern Recognition*, pp. 1717–1724, 2014.

[135] E. Palumbo, G. Rizzo, and R. Troncy. Entity2rec: Learning user-item relatedness from knowledge graphs for top-n item recommendation. *ACM Conference on Recommender Systems*, pp. 32–36, 2017.

[136] S. Pan and Q. Yang. A survey on transfer learning. *IEEE Transactions on Knowledge and Data Engineering*, 22(10), pp. 1345–1359, 2009.

[137] R. Pascanu, T. Mikolov, and Y. Bengio. On the difficulty of training recurrent neural networks. *ICML Conference*, 28, pp. 1310–1318, 2013.

[138] R. Pascanu, T. Mikolov, and Y. Bengio. Understanding the exploding gradient problem. *CoRR, abs/1211.5063*, 2012.

[139] H. Paulheim. Knowledge Graph Re?nement: A Survey of Approaches and Evaluation Methods. *Semantic Web Journal*, 1–20, 2016.

[140] J. Pearl. Causality: models, reasoning and inference. *MIT press*, 1991.

[141] J. Peters and S. Schaal. Reinforcement learning of motor skills with policy gradients. *Neural Networks*, 21(4), pp. 682–697, 2008.

[142] D. Pomerleau. ALVINN: An autonomous land vehicle in a neural network. *Technical Report*, Carnegie Mellon University, 1989.

[143] J. Pujara, H. Miao, L. Getoor, and W. Cohen. Knowledge Graph Identification. *International Semantic Web Conference*, pp. 542–557, 2013.

[144] J. Quinlan. C4.5: programs for machine learning. *Morgan-Kaufmann Publishers*, 1993.

[145] R. M. Neal. Probabilistic inference using Markov chain Monte Carlo methods. *Technical Report CRG-TR-93-1*, 1993.

[146] M.' A. Ranzato, Y-L. Boureau, and Y. LeCun. Sparse feature learning for deep belief networks. *NIPS Conference*, pp. 1185–1192, 2008.

[147] A. Razavian, H. Azizpour, J. Sullivan, and S. Carlsson. CNN features off-the-shelf: an astounding baseline for recognition. *IEEE Conference on Computer Vision and Pattern Recognition Workshops*, pp. 806–813, 2014.

[148] S. Rendle. Factorization machines. *IEEE ICDM Conference*, pp. 995–100, 2010.

[149] F. Rosenblatt. The perceptron: A probabilistic model for information storage and organization in the brain. *Psychological Review*, 65(6), 386, 1958.

[150] D. Rumelhart, G. Hinton, and R. Williams. Learning internal representations by back-propagating errors. In *Parallel Distributed Processing: Explorations in the Microstructure of Cognition*, pp. 318–362, 1986.

[151] D. Rumelhart, G. Hinton, and R. Williams. Learning internal representations by back-propagating errors. In *Parallel Distributed Processing: Explorations in the Microstructure of Cognition*, pp. 318–362, 1986.

[152] G. Rummery and M. Niranjan. Online Q-learning using connectionist systems (Vol. 37). *University of Cambridge, Department of Engineering*, 1994.

[153] S. Russell, and P. Norvig. Artificial intelligence: a modern approach. *Pearson Education Limited*, 2011.

[154] R. Salakhutdinov, A. Mnih, and G. Hinton. Restricted Boltzmann machines for collaborative filtering. *ICML Confererence*, pp. 791–798, 2007.

[155] A. Samuel. Some studies in machine learning using the game of checkers. *IBM Journal of Research and Development*, 3, pp. 210–229, 1959.

[156] S. Sarawagi. Information extraction. *Foundations and Trends in Satabases*, 1(3), pp. 261–377, 2008.

[157] W. Saunders, G. Sastry, A. Stuhlmueller, and O. Evans. Trial without Error: Towards Safe Reinforcement Learning via Human Intervention. *arXiv:1707.05173*, 2017. https://arxiv.org/abs/1707.05173

[158] S. Schaal. Is imitation learning the route to humanoid robots? *Trends in Cognitive Sciences*, 3(6), pp. 233–242, 1999.

[159] J. Schulman, S. Levine, P. Abbeel, M. Jordan, and P. Moritz. Trust region policy optimization. *ICML Conference*, 2015.

[160] J. Schulman, P. Moritz, S. Levine, M. Jordan, and P. Abbeel. High-dimensional continuous control using generalized advantage estimation. *ICLR Conference*, 2016.

[161] G. Seni and J. Elder. Ensemble methods in data mining: improving accuracy through combining predictions. *Synthesis lectures on data mining and knowledge discovery*, 2(1), pp. 1–126, 2010.

[162] E. Shortliffe. Computer-based medical consultations: MYCIN. *Elsevier*, 2002.

[163] P. Seibel. Practical common LISP. *Apress*, 2006.

[164] J. Shi and J. Malik. Normalized cuts and image segmentation. *IEEE Transactions on Pattern Analysis and Machine Intelligence*, 22(8), pp. 888–905, 2000.

[165] M. Schmitz *et al.* Open language learning for information extraction. *Joint Conference on Empirical Methods in Natural Language Processing and Computational Natural Language Learning*, pp. 523–534, 2012.

[166] D. Silver *et al.* Mastering the game of Go with deep neural networks and tree search. *Nature*, 529.7587, pp. 484–489, 2016.

[167] D. Silver *et al.* Mastering the game of go without human knowledge. *Nature*, 550.7676, pp. 354–359, 2017.

[168] D. Silver *et al.* Mastering chess and shogi by self-play with a general reinforcement learning algorithm. *arXiv*, 2017. https://arxiv.org/abs/1712.01815

[169] K. Simonyan and A. Zisserman. Very deep convolutional networks for large-scale image recognition. *arXiv:1409.1556*, 2014. https://arxiv.org/abs/1409.1556

[170] P. Smolensky. Information processing in dynamical systems: Foundations of harmony theory. *Parallel Distributed Processing: Explorations in the Microstructure of Cognition*, Volume 1: Foundations. pp. 194–281, 1986.

[171] R. Smullyan. First-order logic. *Courier Corporation*, 1995.

[172] J. Springenberg, A. Dosovitskiy, T. Brox, and M. Riedmiller. Striving for simplicity: The all convolutional net. *arXiv:1412.6806*, 2014. https://arxiv.org/abs/1412.6806 h

[173] N. Srivastava, R. Salakhutdinov, and G. Hinton. Modeling documents with deep Boltzmann machines. *Uncertainty in Artificial Intelligence*, 2013.

[174] D. Stepanova, M. H. Gad-Elrab, and V. T. Ho. Rule induction and reasoning over knowledge graphs. *Reasoning Web International Summer School*, pp. 142–172, 2018.

[175] G. Strang. An introduction to linear algebra, Fifth Edition. *Wellseley-Cambridge Press*, 2016.

[176] G. Strang. Linear algebra and learning from data. *Wellesley-Cambridge Press*, 2019.

[177] F. M. Suchanek, G. Kasneci, and G. Weikum. Yago: A Core of Semantic Knowledge. *WWW Conference*, pp. 697–706, 2007.

[178] Y. Sun and J. Han. Mining heterogeneous information networks: principles and methodologies. *Synthesis Lectures on Data Mining and Knowledge Discovery*, 3(2), pp. 1–159, 2012.

[179] Y. Sun, C. Aggarwal, and J. Han. Relation strength-aware clustering of heterogeneous information networks with incomplete attributes. *Proceedings of the VLDB Endowment*, 5(5), pp. 394–405, 2012.

[180] I. Sutskever, J. Martens, G. Dahl, and G. Hinton. On the importance of initialization and momentum in deep learning. *ICML Confererence*, pp. 1139–1147, 2013.

[181] R. Sutton. Learning to Predict by the Method of Temporal Differences, *Machine Learning*, 3, pp. 9–44, 1988.

[182] R. Sutton and A. Barto. Reinforcement Learning: An Introduction. *MIT Press*, 1998.

[183] R. Sutton, D. McAllester, S. Singh, and Y. Mansour. Policy gradient methods for reinforcement learning with function approximation. *NIPS Conference*, pp. 1057–1063, 2000.

[184] C. Szegedy, W. Liu, Y. Jia, P. Sermanet, S. Reed, D. Anguelov, D. Erhan, V. Vanhoucke, and A. Rabinovich. Going deeper with convolutions. *IEEE Conference on Computer Vision and Pattern Recognition*, pp. 1–9, 2015.

[185] G. Tesauro. Practical issues in temporal difference learning. *Advances in NIPS Conference*, pp. 259–266, 1992.

[186] G. Tesauro. Td-gammon: A self-teaching backgammon program. *Applications of Neural Networks*, Springer, pp. 267–285, 1992.

[187] S. Thrun. Learning to play the game of chess *NIPS Conference*, pp. 1069–1076, 1995.

[188] A. Veit, M. Wilber, and S. Belongie. Residual networks behave like ensembles of relatively shallow networks. *NIPS Conference*, pp. 550–558, 2016.

[189] P. Vincent, H. Larochelle, Y. Bengio, and P. Manzagol. Extracting and composing robust features with denoising autoencoders. ICML Confererence, pp. 1096–1103, 2008.

[190] D. Vrandecic and M. Krotzsch. Wikidata: a free collaborative knowledgebase. *Communications of the ACM*, 57(1), pp. 78–85, 2014.

[191] X. Dong, E. Gabrilovich, G. Heitz, W. Horn, N. Lao, K. Murphy, T. Strohmann, S. Sun, and W. Zhang. Knowledge Vault: A Web-scale Approach to Probabilistic Knowledge Fusion. *ACM KDD Conference*, pp. 601–610, 2014.

[192] N. Nakashole, G. Weikum, and F. Suchanek. PATTY: A Taxonomy of Relational Patterns with Semantic Types. *Joint Conference on Empirical Methods in Natural Language Processing and Computational Natural Language Learning*, pp. 1135–1145, 2012.

[193] N. Nakashole, M. Theobald, and G. Weikum. Scalable knowledge harvesting with high precision and high recall. *WSDM Conference*, pp. 227–236, 2011.

[194] C. Wang *et al.* Panto: A portable natural language interface to ontologies. *European Semantic Web Conference*, 2007.

[195] C. Wang *et al.* Incorporating world knowledge to document clustering via heterogeneous information networks. *ACM KDD Conference*, 2015.

[196] H. Wang, F. Zhang, X. Xie, and M. Guo. DKN: Deep knowledge-aware network for news recommendation. *WWW Conference*, pp. 835–1844, 2018.

[197] X. Wang, D. Wang, C. Xu, X. He, Y. Cao, and T. S. Chua. Explainable reasoning over knowledge graphs for recommendation. *AAAI Conference*, 2019.

[198] C. J. H. Watkins. Learning from delayed rewards. *PhD Thesis*, King's College, Cambridge, 1989.

[199] K. Weinberger, B. Packer, and L. Saul. Nonlinear Dimensionality Reduction by Semidefinite Programming and Kernel Matrix Factorization. *AISTATS*, 2005.

[200] P. Werbos. The roots of backpropagation: from ordered derivatives to neural networks and political forecasting (Vol. 1). *John Wiley and Sons*, 1994.

[201] P. Werbos. Backpropagation through time: what it does and how to do it. *Proceedings of the IEEE*, 78(10), pp. 1550–1560, 1990.

[202] B. Widrow and M. Hoff. Adaptive switching circuits. *IRE WESCON Convention Record*, 4(1), pp. 96–104, 1960.

[203] R. J. Williams. Simple statistical gradient-following algorithms for connectionist reinforcement learning. *Machine Learning*, 8(3–4), pp. 229–256, 1992.

[204] M. Yahya *et al.* Natural language questions for the web of data. *Joint Conference on Empirical Methods in Natural Language Processing and Computational Natural Language Learning*, pp. 379–390, 2012.

[205] S. Zagoruyko and N. Komodakis. Wide residual networks. *arXiv:1605.07146*, 2016. https://arxiv.org/abs/1605.07146

[206] M. Zeiler and R. Fergus. Visualizing and understanding convolutional networks. *European Conference on Computer Vision*, Springer, pp. 818–833, 2013.

[207] D. Zhang, Z.-H. Zhou, and S. Chen. Non-negative matrix factorization on kernels. *Trends in Artificial Intelligence*, pp. 404–412, 2006.

[208] http://selfdrivingcars.mit.edu/

[209] http://www.bbc.com/news/technology-35785875

[210] https://deepmind.com/blog/exploring-mysteries-alphago/

[211] https://sites.google.com/site/gaepapersupp/home

[212] http://www.mujoco.org/

[213] https://www.youtube.com/watch?v=2pWv7GOvuf0

[214] https://openai.com/

[215] https://drive.google.com/file/d/0B9raQzOpizn1TkRIa241ZnBEcjQ/view

[216] https://www.youtube.com/watch?v=1L0TKZQcUtA&list=PLrAXtmErZgOeiKm4sg
NOknGvNjby9efdf

[217] http://www.image-net.org/

[218] http://www.image-net.org/challenges/LSVRC/

[219] http://code.google.com/p/cuda-convnet/

[220] https://www.cs.toronto.edu/~kriz/cifar.html

[221] https://arxiv.org/abs/1609.08144

[222] https://github.com/karpathy/char-rnn

[223] https://github.com/hughperkins/kgsgo-dataset-preprocessor

[224] https://www.mpi-inf.mpg.de/departments/databases-and-information-systems/research/
yago-naga/yago/

[225] https://wiki.dbpedia.org/

[226] https://www.genome.jp/kegg/

[227] http://caffe.berkeleyvision.org/gathered/examples/feature_extraction.html

[228] https://github.com/caffe2/caffe2/wiki/Model-Zoo

机器学习：从基础理论到典型算法（原书第2版）

作者：[美]梅尔亚·莫里 等 ISBN：978-7-111-70894-0 定价：119.00元

情感分析：挖掘观点、情感和情绪（原书第2版）

作者：[美] 刘兵 ISBN：978-7-111-70937-4 定价：129.00元

优化理论与实用算法

作者：[美]米凯尔·J.科申德弗 等 ISBN：978-7-111-70862-9 定价：129.00元

对偶学习

作者：秦涛 ISBN：978-7-111-70719-6 定价：89.00元

神经机器翻译

作者：[德]菲利普·科恩 ISBN：978-7-111-70101-9 定价：139.00元

机器学习：贝叶斯和优化方法（原书第2版）

作者：[希]西格尔斯·西奥多里蒂斯 ISBN：978-7-111-69257-7 定价：279.00元

推荐阅读

机器学习理论导引

作者：周志华 王魏 高尉 张利军 著　书号：978-7-111-65424-7　定价：79.00元

本书由机器学习领域著名学者周志华教授领衔的南京大学LAMDA团队四位教授合著，旨在为有志于机器学习理论学习和研究的读者提供一个入门导引，适合作为高等院校智能方向高级机器学习或机器学习理论课程的教材，也可供从事机器学习理论研究的专业人员和工程技术人员参考学习。本书梳理出机器学习理论中的七个重要概念或理论工具（即：可学习性、假设空间复杂度、泛化界、稳定性、一致性、收敛率、遗憾界），除介绍基本概念外，还给出若干分析实例，展示如何应用不同的理论工具来分析具体的机器学习技术。

迁移学习

作者：杨强 张宇 戴文渊 潘嘉林 著　译者：庄福振 等　书号：978-7-111-66128-3　定价：139.00元

本书是由迁移学习领域奠基人杨强教授领衔撰写的系统了解迁移学习的权威著作，内容全面覆盖了迁移学习相关技术基础和应用，不仅有助于学术界读者深入理解迁移学习，对工业界人士亦有重要参考价值。全书不仅全面概述了迁移学习原理和技术，还提供了迁移学习在计算机视觉、自然语言处理、推荐系统、生物信息学、城市计算等人工智能重要领域的应用介绍。

神经网络与深度学习

作者：邱锡鹏 著　ISBN：978-7-111-64968-7　定价：149.00元

本书是复旦大学计算机学院邱锡鹏教授多年深耕学术研究和教学实践的潜心力作，系统地整理了深度学习的知识体系，并由浅入深地阐述了深度学习的原理、模型和方法，使得读者能全面地掌握深度学习的相关知识，并提高以深度学习技术来解决实际问题的能力。本书是高等院校人工智能、计算机、自动化、电子和通信等相关专业深度学习课程的优秀教材。